ROB HUME, ROBERT STILL,
ANDY SWASH, HUGH HARROP

Die Vögel —Europas

Sämtliche Kleider, Unterarten,
alle Bestimmungsaspekte, Mauser,
Status, Verbreitung, Lebensraum

KOSMOS

Impressum

Übersetzt von **Dr. Volker Dierschke** unter Mitarbeit
von **Peter H. Barthel**.

Titel der Originalausgabe:
Europe´s Birds
An identification guide

41 William Street, Princeton, New Jersey 08540
99 Banbury Road, Oxford OX2 6JX
press.princeton.edu
erschienen unter der ISBN 978-0-691-17765-6

Mit 4700 Farbfotos und 540 Verbreitungskarten.
Mit 6 Illustrationen auf dem Vorsatz von Paschalis Dougalis/KOSMOS.

Umschlaggestaltung von **Sigrid Walter**, Würzburg, unter Verwendung von Fotos verschiedener Kleider von Bartmeisen. Das große Foto auf der Umschlagvorderseite zeigt ein adultes Männchen (Foto von **Thomas Grüner**). Die anderen Fotos zeigen: ein juveniles Männchen (Mitte links), ein Weibchen (links unten) und Flugstudien, mit Ausnahme des Hauptfotos stammen alle Fotos der Umschlagvorderseite aus dem Innenteil des Buchs.

MIX
Papier aus verantwortungsvollen Quellen
FSC
www.fsc.org
FSC® C015829

Gedruckt auf chlorfrei gebleichtem Papier

Für die deutschsprachige Ausgabe:

Pfizerstraße 5–7, 70184 Stuttgart

ISBN 978-3-440-17606-1
Projektleitung: Stefanie Tommes
Lektorat: Barbara Kiesewetter, Redaktionsbüro München
Satz: typopoint GbR, Ostfildern; Barbara Kiesewetter, Redaktionsbüro, München
Produktion: Markus Schärtlein
Druck und Bindung: Printer Trento, Trento
Printed in Italy / Imprimé en Italie

Aufbau der Artbeschreibungen

Siehe S. 12–13 für weitere Erläuterungen

Gefährdungsgrad (global und in Europa)

Hinweis auf ähnliche Arten

Status und Monate des Vorkommens in Deutschland

Bei Singvögeln ist ihre Mauserstrategie angegeben

Im detaillierten Text sind die wichtigsten Kennzeichen hervorgehoben

Beschreibung der Stimme

Beschreibung der Flugweise und Kennzeichnung reiner Nachtzieher

Wichtige Unterscheidungsmerkmale sind in den Bildlegenden angegeben

Vergleichsfotos im selben Maßstab

Karte des Brut-, Durchzugs und Überwinterungsgebiets

Kurzbeschreibung des Lebensraums

Information zu allen in Europa vorkommenden Unterarten

Angabe, welches Kleid in welchen Monaten zu sehen ist

Oft schnell erfassbare Vergleichsabbildungen oder Tabellen, wo nötig

FINKENVERWANDTE

FINKENVERWANDTE UND SPERLINGE IM FLUG *S. 482–483*

LC **Gimpel** *Pyrrhula pyrrhula*

LC ❷ | **G** 15,5–17 cm | **SP** 22–29 cm

Großer, kompakter, breitköpfiger, kurzschnäbeliger Fink. **Bürzel und Steiß weiß**, bläulich schwarze Flügel mit breiter **weißer Flügelbinde** in allen Kleidern. Leise und zurückgezogen, aber nicht unbedingt scheu. Beim Fressen papageiähnliche Aktion; rüttelt gelegentlich. Ruf eindeutig. ♂ | **Kappe, Kinn und Schnabel schwarz**, Oberseite grau, **Brust rosarot**. ♀ | Kappe und Kinn schwarz, Oberseite graubraun, Unterseite **ungestrichelt gräulich rosabeige**. **JK** | wie ♀, aber Kopf einfarbig, Kappe und Kinn nicht schwarz.

S | Ruft tief, hohl flötend *püh* oder *juuh*, besonders penetrant im Frühjahr. Leise zwitschernder Gesang mit schrillen und knarrenden Tönen. Vögel der SSP. *pyrrhula* lassen oft einen trompetenartigen Ruf vernehmen.

F | Plump, kurzhalsig, breitflügelig. Bürzel und Steiß weiß (breiter als beim Bergfink, *S. 500*). Flügel von unten hell; weißer Steiß und eckiger, dunkler Schwanz kennzeichnend. Selten in größeren Trupps.

Hakengimpel *S. 496*

Häufiger Brutvogel, sehr häufiger Wintergast

Laubwälder, Obstgärten, Parks, große Gärten

Sechs SSPP., Unterschiede meist gering, aber ***pyrrhula*** (N-, O-Europa) größer als südliche SSPP., ♂ unten tief rot, weißer Bürzel reicht bis auf den blaugrauen Rücken; ***europaea*** (N-, W-Europa) blass; ***pileata*** (Britische Inseln) klein; ***iberiae*** (SW-Europa) ♂ kräftig rosa, ♀ hell und grau; ***rossikowi*** (N-Türkei, Kaukasus) ♂ kräftig rot, ♀ dunkel graubraun; ***caspica*** (Aserbaidschan) im Übergang zu ***rossikowi***, klein, aber mit großem Schnabel.

♀ ♂

Kopf einfarbig

JK Mai–Okt

♂ ganzjährig SSP. ***pyrrhula***

♀ ganzjährig

weißer Bürzel

SSP. ***pileata***

♂ ganzjährig

SSP. ***europaea***

486

Bilder vermitteln einen Eindruck vom Lebensraum

Auswahl erstklassiger Fotos

Inhalt

Einführung

Dieser umfassende fotografische Bestimmungsführer für die wild lebenden Vögel Europas kann von jedem genutzt werden, der sich für Vögel begeistert. Er richtet sich an jeden, der mehr über Vögel erfahren und all die faszinierenden Arten bestimmen möchte, die Europa zu bieten hat. Er ermöglicht auch einen Einblick in die Vielfalt der europäischen Vögel, ihren Status und ihre Wanderungen, ihre Lebensräume und ihr Verhalten: Vogelbeobachtung geht schließlich weit über das einfache Bestimmen hinaus. Mit Tausenden von informativen Bildern bereitet das Durchblättern des Buchs zudem viel Freude.

Eher ein Bestimmungshandbuch als ein Feldführer im Taschenformat, werden hier 928 Arten beschrieben und illustriert. Als Nachfolger des Bestsellers „Britain's Birds" von Princeton WILD*Guides* setzt es das äußerst erfolgreiche Format und den Grundgedanken dieses Buchs fort. Es wurde von demselben Team von Autoren, Redakteuren, Designern und Fotografen zusammengestellt, die alle auch erfahrene und weit gereiste Vogelbeobachter sind und wissen, worauf es ankommt.

In diesem Buch wird „Europa" im Süden durch das Mittelmeer (einschließlich seiner Inseln) und im Osten durch das Kaspische Meer und das Uralgebirge begrenzt. Die isolierten atlantischen Inselgruppen der Azoren, Kanaren und Madeira werden ebenfalls abgedeckt.

Das Buch behandelt alle in Europa heimischen Vögel und alle Arten, die als Ausnahmeerscheinungen aus anderen Regionen der Welt hierher gelangt sind (Stand März 2021). Es wird auch kurz auf Arten eingegangen, die als Gefangenschaftsflüchtlinge oder nach Einführung durch den Menschen sich selbst erhaltende Populationen gebildet haben. Zwei nur historisch nachgewiesene Arten (der weltweit ausgestorbene Kanarenausternfischer *Haematopus meadewaldoi* und der wahrscheinlich inzwischen ausgestorbene Eskimobrachvogel *Numenius borealis*) werden nicht behandelt (der Riesenalk *Pinguinus impennis* ist bereits viel früher ausgestorben). Leider ist auch der im Buch enthaltene Dünnschnabel-Brachvogel mutmaßlich weltweit ausgestorben, und das Laufhühnchen ist wohl als europäischer Brutvogel verschwunden.

Viele Menschen leisteten unschätzbare Hilfe bei der Erstellung dieses Buchs und haben zu seiner Genauigkeit beigetragen (sie alle werden auf *S. 624* dankend erwähnt). Besondere Erwähnung verdient jedoch **Chris Batty**, der Tausende von Fotos überprüft hat, um die Bestimmung, das Alter und das Geschlecht der abgebildeten Vögel zu kontrollieren, und der auch in vielerlei anderer Hinsicht unermesslich hilfreich war. Die Fotos und ihre Präsentationsweise zeichnen dieses Buch zweifelsohne aus. Obwohl viele von den Autoren selbst aufgenommen wurden, haben nicht weniger als 349 Vogelfotografen weltweit großzügig und enthusiastisch dazu beigetragen, die unvermeidlichen Lücken zu füllen. Es besteht jedoch kein Zweifel daran, dass die Produktion des Buchs ohne eine besonders enge Zusammenarbeit mit der **Agami Photo Agency** in den Niederlanden (www.agami.nl) nicht möglich gewesen wäre, die den Zugang zu einer unübertroffenen Anzahl von qualitativ hochwertigen Bildern vieler der besten europäischen Vogelfotografen geschaffen hat. Die Sichtung und Auswahl der zu verwendenden Bilder wurde zu einer informativen, lohnenden und äußerst angenehmen Aufgabe. Dies ermöglichte es auch, dass die überwiegende Mehrheit der Bilder, einschließlich derjenigen von extremen Raritäten, Individuen zeigen, die tatsächlich in Europa fotografiert wurden. Alle beteiligten Fotografen werden im Abschnitt „Danksagung" auf den *Seiten 624–627* genannt.

Für jede regelmäßig in Europa vorkommende Art gibt es eine Verbreitungskarte und eine Angabe zum Erhaltungszustand, beides von BirdLife International als weltweite Autorität für solche Fragen freundlicherweise zur Verfügung gestellt *(S. 622)*.

Wissenschaftliche Namen der Arten und Unterarten in diesem Buch folgen den Vorgaben der International Ornithological Community (IOC), die offiziellen deutschsprachigen Bezeichnungen denjenigen der Deutschen Ornithologen-Gesellschaft (als komplette Listen abrufbar auf deren Webseite: www.do-g.de).

Die aktuellen Umweltveränderungen und -belastungen, die nach jahrzehntelangen Forschungen und Kampagnen endlich das öffentliche Bewusstsein erreicht haben, verstärken den Handlungsbedarf zum Schutz der Vögel und ihrer Lebensräume weltweit. Dieses Buch soll den Menschen helfen zu erkennen, welche schönen, seltenen und bedrohten Vögel sie sehen. Dies ist vielleicht ein Anstoß, sie in vollem Umfang schätzen und ihre Lebensweise verstehen zu lernen, die Ursachen ihres Rückgangs einzuschätzen und sich für ihr und unser aller Überleben in einer sich rasch verändernden Umwelt einzusetzen. Wenn das Buch ein erster kleiner Schritt auf diesem Weg ist, hat sich unsere Mühe gelohnt.

Das im Buch behandelte Gebiet mit Ländern, Schlüsselregionen und Hauptmerkmalen

In der Tabelle sind Großregionen **FETT IN GROSSBUCHSTABEN** gedruckt (Länder innerhalb dieser Regionen sind mit denselben Farben hinterlegt); **Länder** sind fett gedruckt und mit ihren internationalen KFZ-Kennzeichen abgekürzt; wichtige Inseln sind hell gedruckt.

AL	**Albanien**
AND	**Andorra**
AM	**Armenien**
KLA	**KLEINASIEN**
A	**Österreich**
AZ	**Aserbaidschan**
AZO	AZOREN (P)
BIH	**Bosnien-Herzegowina**
BAL	BALEAREN (E)
BLK	**BALKAN**
B	**Belgien**
BG	**Bulgarien**
BY	**Belarus**
KAN	KANAREN (E)
CH	**Schweiz**
KOR	Korsika (F)

KRI	Krim (UA)
CY	**Zypern**
CZ	**Tschechien**
D	**Deutschland**
DK	**Dänemark**
EST	**Estland**
GR	**Griechenland**
E	**Spanien**
FAR	**Färöer**
FIN	**Finnland**
F	**Frankreich**
GE	**Georgien**
KN	**Grönland**
HR	**Kroatien**
H	**Ungarn**
IBE	**IBERIEN**

IRL	**Irland**
IS	**Island**
I	**Italien**
JMA	Jan Mayen (N)
LV	**Lettland**
FL	**Liechtenstein**
LT	**Litauen**
L	**Luxemburg**
MAK	**MAKARONESIEN**
MAD	Madeira (P)
MC	**Monaco**
MD	**Moldau**
NMK	**Nordmazedonien**
M	**Malta**
MNE	**Montenegro**
NL	**Niederlande**

N	**Norwegen**
PL	**Polen**
P	**Portugal**
RO	**Rumänien**
SRB	**Serbien**
RUS	**Russland (europäisch)**
SAR	Sardinien (I)
SKA	**SKANDINAVIEN**
S	**Schweden**
SLO	**Slowenien**
SK	**Slowakei**
RSM	**San Marino**
TR	**Türkei**
UA	**Ukraine**
UK	**Vereinigtes Königreich**
RKS	**Kosovo**

Zur Benutzung dieses Buchs

Dieses Buch verfolgt einen einfachen Schritt-für-Schritt-Ansatz, kombiniert mit detaillierten Beschreibungen, Vergleichen und großen Fotoserien, um Ihnen zu helfen, einen gesehenen Vogel zu bestimmen. Dies erfordert jedoch gute Sichtbedingungen und sorgfältige Beobachtung, hängt aber auch von der jeweiligen Art ab und bleibt manchmal dennoch schwierig. Die Bestimmung erfordert Sorgfalt und Objektivität, gepaart mit einem gewissen Grad an realistischem Einschätzungsvermögen und Selbstkritik.

Der Bestimmungsprozess

1 Wenn Sie einen unbekannten Vogel sehen, schauen Sie genau hin und versuchen Sie, alle Punkte zu beachten, die für eine Bestimmung wichtig sein könnten, einschließlich Gestalt und Struktur, Farben, Mustern, Verhaltensweisen und Stimme.

2 Durchsuchen Sie die Galerie mit den Miniaturbildern *(S. 14–19)*, um die passende Vogelgruppe zu finden, vielleicht eine Ente, eine Möwe, einen Specht, eine Drossel oder einen Finken. Die Vögel in diesem Buch sind logisch geordnet, wobei die Klassifizierung (systematische Ordnung) beibehalten wird, aber manchmal abweicht, um Vergleiche zu erleichtern (z. B. werden Mauersegler neben den Schwalben und Falken neben den Greifvögeln behandelt, obwohl sie nicht miteinander verwandt sind).

3 Schlagen Sie den entsprechenden Abschnitt auf, wo eine kurze Einführung jeweils hilft, die Bestimmung einzugrenzen. In manchen Fällen gibt es immer noch viele Möglichkeiten, und wo dies hilfreich ist, werden diese weiter in Untergruppen unterteilt. Dies hilft Ihnen, sich auf die richtige Art zu konzentrieren und andere auszuschließen, die ebenfalls in Betracht gezogen werden müssen, um die Optionen auf eine Handvoll Möglichkeiten zu reduzieren. Die Angaben in den einzelnen Artbeschreibungen sollten es Ihnen dann ermöglichen, dem Vogel einen Namen zu geben.

4 ***Wenn etwas nicht stimmt***, sehen Sie sich die Informationen über häufig verwechselte Gruppen/Arten in der Einleitung an oder ziehen Sie die Möglichkeit eines entflogenen exotischen Käfigvogels, eines sehr seltenen Durchzüglers oder einer Ausnahmeerscheinung in Betracht.

5 Mit zunehmender Erfahrung werden Sie in der Lage sein, das Buch recht schnell nach der wahrscheinlichsten Gruppe oder der passendsten Art zu durchsuchen, doch führen voreilige Schlüsse oft zu Fehlern.

Mögliche Verwechslungsarten sind in einem violetten Feld hervorgehoben (mit einem Seitenverweis, es sei denn, sie befinden sich auf derselben oder der gegenüberliegenden Seite). Man sollte aber daran denken, dass seltene Vögel genau das sind: Sie sind selten! In den meisten Fällen hat man also die häufigere Alternative vor sich.

Die Fotos zeigen Vögel in ähnlichen Posen und bei ähnlicher Beleuchtung, um den Vergleich zu erleichtern – dennoch täuscht man sich allzu schnell. In der Realität werden die Farben durch Faktoren wie strahlende oder trübe Sichtbedingungen und Reflexionen von Wasser oder Laub beeinflusst, auch durch die Qualität der benutzten optischen Hilfsmittel. Nahaufnahmen lassen alle Details des Gefieders erkennen, aber aus großer Entfernung zeigt sich ein einfacheres, breiteres Farbmuster mit weniger Einzelheiten. Um „Experte" zu werden, muss man in der Lage sein, Vögel aus größerer Entfernung oder bei schlechterer Sicht zu erkennen. Ein Erlenzeisig am Futterhaus im Garten oder eine Singdrossel auf dem Rasen sind leicht zu erkennen, aber die Identifizierung eines weit entfernten „Punkts" am Himmel oder in einer Baumkrone erfordern mehr Erfahrung.

Viele Merkmale bestimmter Arten werden erst mit Erfahrung deutlich und lassen sich in einem Buch nur schwer veranschaulichen – sind aber für die Identifizierung von entscheidender Bedeutung. Jede Art hat ihren eigenen Charakter (manchmal auch als „Jizz" oder Habitus bezeichnet), und einige haben sogar einen besonderen „Gesichtsausdruck". Oft hilft das Verhalten weiter: Ein großer, eng zusammenhaltender Schwarm schwarzer Vögel sind eher Stare als Amseln. Bei einem Vogelschwarm an der Küste könnte es sich um Alpenstrandläufer oder Knutts handeln, aber nicht um eher im Binnenland vorkommende Flussuferläufer, bei einem Trupp von 100 größeren Watvögeln um Rotschenkel oder Uferschnepfen, aber kaum um Grünschenkel. Ein großer Tauchvogel, der sich auf einem Pfahl oder einer Boje niederlässt, sollte ein Kormoran sein, aber kein Seetaucher. Ein Laubsänger, der wiederholt den Schwanz abwärts schlägt, ist eher ein Zilpzalp als ein Fitis. Glücklicherweise hört ein aufmerksamer Beobachter nie auf, solche wichtigen Feinheiten der Bestimmung zu erlernen. Dadurch wird die Beschäftigung mit Vögeln ein Leben lang nie langweilig.

Vogeltopografie

Die Fotos zeigen die wichtigsten in diesem Buch verwendeten Bezeichnungen (weitere für besondere Gruppen spezifische Begriffe werden in deren entsprechenden Einleitungen behandelt).

Flügelbinde und Flügelstreif: Viele Vogelarten zeigen arttypische, längs über den Flügel verlaufende, helle Bänder. Oft werden sie von den hellen Spitzen der Großen und/oder Mittleren Armdecken gebildet, sind dann auch beim stehenden Vogel sichtbar, meist recht schmal und werden **Flügelbinden** genannt (Beispiel Blaumeise). Dagegen wird ein oft sogar breiter **Flügelstreif** von den hellen, meist weißlichen Basen der Schwungfedern gebildet und ist nur im Flug oder beim Flügelstrecken auffallend, sonst aber unter den Flügeldecken verborgen (Beispiel Sanderling).

Alterskennzeichen, Geschlechtsbestimmung und Mauser

Vögel derselben Art können sich je nach Alter, Geschlecht und Jahreszeit, den Auswirkungen von Abnutzung und Ausbleichen (Verblassen) der Federfarben und -muster sowie dem Mauserzustand (Austausch alter Federn durch neue) unterscheiden. In einigen Fällen können getrennte geografische Populationen mit konstanten Unterschieden als Unterarten (Subspezies) betrachtet werden. Es ist nicht möglich, in diesem Buch jeden Gefiederzustand zu zeigen, aber alle wichtigen sind beschrieben oder abgebildet.

Bei Arten wie dem Zaunkönig oder dem Waldkauz sehen Männchen (♂) und Weibchen (♀) das ganze Jahr über gleich aus, auch die Jungvögel sind sehr ähnlich. Im anderen Extremfall sehen Männchen und Weibchen sehr unterschiedlich aus, manche zeigen ein unterschiedliches Pracht- und Schlichtkleid (oder Sommer- und Wintergefieder), und Jungvögel (Juvenile) können von älteren unausgefärbten Vögeln (Immaturen) unterschieden werden. Bei größeren Arten kann es mehrere Jahre dauern, bis sie das endgültige Alterskleid eines Altvogels (Adult) angelegt haben.

Bei den Fotolegenden in diesem Buch sind meist die Monate angeben, in denen das gezeigte Kleid wahrscheinlich zu sehen ist. Dabei ist zu bedenken, dass der Wechsel von einem Gefieder zum nächsten allmählich über einen Zeitraum von Wochen oder sogar Monaten erfolgt.

Ein Fotobestimmungsbuch erfordert einen anderen Ansatz als die meisten gezeichneten Feldführer. Alle müssen genau sein, aber hochauflösende Nahaufnahmen (die Vogelbeobachter zunehmend selbst machen) zeigen oft Details, die früher nur bei einem zu Beringungszwecken gefangenen Vogel oder bei einem Museumspräparat erkennbar waren. Ein Vogel kann nicht als „adult" bezeichnet werden, wenn z. B. einige hellspitzige Flügeldecken zeigen, dass er gerade ein Jahr alt ist. Das macht die Sache etwas schwieriger, ermöglicht aber auch eine genauere Diskussion über die Altersbestimmung.

Im Allgemeinen sind erwachsene Männchen im Prachtkleid am buntesten, nicht brütende und unausgefärbte Männchen ähneln eher den Weibchen, und Jungvögel sind am unauffälligsten. Bei wenigen Arten (Wassertretern und Mornellregenpfeifer) sind die Geschlechterrollen und das Gefieder vertauscht, die Weibchen also am buntesten. Die Männchen der meisten Arten sind größer als die Weibchen, aber bei Greifvögeln ist es umgekehrt und der Größenunterschied kann besonders ausgeprägt sein.

Kleiderfolge

In diesem Buch werden einfache Begriffe verwendet, um die Kleider und Altersstufen zu beschreiben, die wie folgt definiert sind:

Jugendkleid (JK)	**erster Winter (1W)**	**erster Sommer (1S)**	**zweiter Winter (2W)**	**zweiter Sommer (2S)**	**Alterskleid (AK)**
das erste Gefieder, in dem ein Jungvogel fliegen kann	entsteht durch Teilmauser der Kopf-/Körperfedern im Herbst	nach weiterer Teilmauser und/oder Ausbleichen im folgenden Frühjahr	in der Regel ein komplett neues Federkleid nach einer Vollmauser im Spätsommer/Herbst	und so weiter bis zum Erreichen des Alterskleids	ganzjährig identisch oder kann in Prachtkleid **(PK)** und Schlichtkleid **(SK)** unterschieden werden

Diese Bildfolge zeigt die Veränderung des Gefieders der Zwergmöwe durch fünf Mausern über einen Zeitraum von 2 Jahren, vom Jungvogel zum adulten Vogel.

Zusammenfassend können Vögel im Jugend-, ersten Winter- und ersten Sommerkleid, also bis zu einem Jahr alt, als im **1. Lebensjahr (1LJ)** befindlich bezeichnet werden. Einige Arten werden im Alter von einem Jahr erwachsen und haben kein erkennbares erstes Sommerkleid. Vögel, die noch nicht alt genug sind, um zu brüten, werden zusammenfassend als **„immatur" (Imm)** bezeichnet. Das Prachtkleid ist in der Regel im Frühjahr und Sommer am buntesten. Ausnahmen sind die meisten männlichen Enten, die im Winter am hübschesten sind: Im Sommer mausern sie in ein düstereres Schlichtkleid *(S. 21)*. Große Möwen mit weißem Kopf im Prachtkleid bekommen im Schlichtkleid einen gestreiften „Winterkopf", der aber im Januar schon wieder weiß werden kann.

Beispiele für Gefiederfolgen sind in den entsprechenden einleitenden Abschnitten des Buchs enthalten, siehe Stockente *(S. 21)*, Haubentaucher, Sterntaucher und Kormoran *(S. 72)*, Lachmöwe (*S. 106* und *109*), Silbermöwe *(S. 108–109)*, Spatelraubmöwe *(S. 146)*, Sanderling *(S. 154)*, Erlenzeisig *(S. 480)* und Rohrammer *(S. 508)*, sowie in einigen der Artbehandlungen, wie z. B. Sturmmöwe *(S. 116)*, Rotfußfalke *(S. 313)* und Amsel *(S. 385)*.

Kurze Erläuterung der Mauser

Federn sind zwar widerstandsfähig, müssen aber ersetzt werden, da sie sich stark abnutzen und ihre Farbe verändern, wenn sie der Sonne und dem Salzwasser ausgesetzt sind. Dieser Federwechsel wird „Mauser" genannt. Bei den meisten Arten erfolgt sie in einer strengen Reihenfolge, aber der Zeitpunkt kann variieren, und eine vollständige Mauser, bei der alle Federn ersetzt werden, kann Wochen oder Monate dauern, sodass der Wechsel von einem Kleid zum anderen allmählich erfolgt. Bei großen oder markant gefärbten Arten lässt sich der Mauserzustand bei guter Sicht recht leicht erkennen, bei kleineren und unscheinbaren Vögeln oft nur auf guten Fotos oder in der Hand.

Innerhalb der Arten ist die Färbung bemerkenswert einheitlich, verblasst jedoch durch Sonneneinstrahlung (Ausbleichen) oder Abnutzung (Abrieb). Bestimmte Federn (z. B. das helle Grau von Möwen und Seeschwalben oder das Grau einer Ringeltaube) werden mit der Zeit dunkler, da die Farbe der Oberfläche abgerieben wird. Schwarz, Grau oder Grün können mit der Zeit brauner werden. Selbst ein relativ einfarbiger Vogel kann durch diese Einwirkungen seine Grundfärbung etwas verändern, wodurch sie möglicherweise nicht mit der beschriebenen übereinstimmt. Pigmente wie Melanin erzeugen dunkle Federpartien, die sich weniger stark abnutzen als unpigmentierte helle Federränder. Infolgedessen können die Federn überraschend ausfransen und die Muster sich verändern.

Bei einem Brachvogel beispielsweise nutzen sich die hell gezackten Federsäume buchstäblich ab, wodurch sich das gefleckte Muster in ein einfarbig dunkles verändert, ohne dass die Federn ersetzt werden. Viele Möwen verlieren weiße Flecke in den schwarzen Flügelspitzen, die selbst wiederum durch Ausbleichen bräunlicher werden. Bei einigen Arten, wie z. B. Finken, Ammern und Drosseln brechen die hellen Federsäume im Frühjahr rasch ab, sodass darunter leuchtend bunte Farben zum Vorschein kommen und ihr Prachtkleid ohne Mauser entsteht. Ein adulter Steinadler trägt schwärzliche Körperfedern (frisch), die fast wahllos mit bräunlicheren Federn (älter) und blasseren, ausgeblichenen Federn (etwa 1 Jahr alt) durchsetzt sind.

Die Mauser kann auch große Auswirkungen auf die Gestalt und das Zeichnungsmuster haben, wenn einige Federn abgeworfen wurden oder noch nicht völlig nachgewachsen sind, was zu deutlichen Lücken führt. Man denke nur an die Flügel von Möwen mit ausgeprägten grauen, schwarzen und weißen Mustern, die aufgebrochen sein können, da einige Federn hell und neu sind, andere ganz fehlen oder erst teilweise nachgewachsen und wieder andere alt und verblasst sind. Während der Mauser entstehen durch abgeworfene oder nachwachsende Federn Lücken in Flügeln und Schwanz oder offensichtliche Unterbrechungen in den Mustern, wie z. B. Flügelbinden, bis alle neuen Federn ausgewachsen sind und das normale Muster wiederhergestellt ist. Zu beachten ist auch, dass Federn (z. B. Schwanzspieße) abbrechen können.

Die Mauser ist entweder eine **Vollmauser** (alle Federn an Kopf, Körper, Flügeln und Schwanz werden ersetzt) oder **Teilmauser** (meist sind nur Kopf und Körper sowie einige Flügeldecken betroffen, nicht aber die Schwung- und Steuerfedern). Eine vollständige Mauser beginnt in der Regel mit den innersten Handschwingen, die anderen Federn werden in der Zeit erneuert, die nötig ist, um alle Handschwingen zu erneuern. Die meisten Arten schließen ihre Mauser in einer einzigen ununterbrochenen Folge ab. Eine vollständige Mauser dauert selbst bei kleinen Arten mehrere Wochen, beim Stieglitz zum Beispiel durchschnittlich 77 Tage. Andere legen eine Mauserunterbrechung ein, meist während der Zugzeit, um sie später abzuschließen.

Diese adulten **Trauerseeschwalben** zeigen, wie sich das Aussehen eines Vogels durch Abnutzung (Federn werden durch Abnutzung der helleren Oberfläche dunkler), Ausbleichen (Federn werden blasser) und den allmählichen Verlauf der Mauser (die mehrere Wochen dauert) verändern kann, wobei häufig komplexe Zwischenstadien zu beobachten sind. Die Mauser muss immer berücksichtigt werden, wenn ein Vogel nicht ganz so wie erwartet aussieht. **Mai**: schwarzer Kopf/schwarze Unterseite; makelloser Schwanz; dunkle (abgenutzte) innere Arm- und äußere Handschwingen (gewachsen im vorangegangenen Jul–Aug); neuere, hellere äußere Arm- und innere Handschwingen (gewachsen Jan–Feb). **Jul**: Schwarz von Kopf und Unterseite ab Mai/Anfang Jun durch Weiß ersetzt, an der Stirn beginnend. Alte Steuerfedern (gewachsen Okt) durch Abnutzung spitz, neue (gewachsen Mär/Apr) abgerundet. Innere Armschwingen, äußere Handschwingen und deren Deckfedern dunkel, aber auch hellere Federn werden jetzt dunkler. **Aug**: Körper überwiegend weiß; Schwungfedern unterschiedlich alt, schwärzlich, braun und hellgrau.

Die meisten **Nicht-Singvögel** mausern als Altvögel zweimal im Jahr: im Herbst/Winter (August–Dezember) eine **Vollmauser** und im Frühjahr (März–Mai) eine **Teilmauser**. Watvögel können die Mauser während des Zugs unterbrechen und im Winterquartier abschließen. Große Greifvögel mausern fast ununterbrochen, aber kleine Greifvögel haben eine ausgeprägtere, einmalige Jahresmauser (z. B. Bussarde, Mai–September). Viele Entenvögel und wenige andere Arten (z. B. Kraniche, Rallen) werfen das gesamte Großgefieder gleichzeitig ab und werden für 20–40 Tage flugunfähig.

Die adulte Trauerseeschwalbe (oben) durchläuft eine **Vollmauser**, die Ende Mai/Juni mit dem Kopf und im Juli/August mit dem Schwanz und den Flügeln beginnt, aber während des Zugs unterbrochen und im Januar/Februar abgeschlossen wird. Vor dem Heimzug im Frühjahr findet eine **Teilmauser** statt, die den Kopf, den Körper, den Schwanz, die inneren Handschwingen und einige Flügeldecken umfasst, aber die inneren Handschwingen werden bereits ab November, meistens aber im Februar, erneut gemausert, jedoch mit Unterbrechung während des Heimzugs im Frühjahr.

Sperlingsvögel (oder Singvögel: in diesem Buch von Schwalben und Lerchen ab *S. 344* bis hin zu Finken und Ammern auf *S. 522*) durchlaufen meist eine Mauser vom Jugendkleid ins erste Winterkleid schon bald nach dem Ausfliegen. Adulte Vögel mausern im Spätsommer nach der Brutzeit ins Schlichtkleid. Im Spätwinter oder Frühjahr mausern beide Altersgruppen vor der Brutzeit. Innerhalb dieses Musters gibt es **vier hauptsächliche Mauserstrategien**, die sich jedoch im Detail unterscheiden. Die angegebenen typischen Zeiträume können von Art zu Art variieren. Das Alter kann anhand von Merkmalen wie dem Unterschied zwischen alten (juvenilen) und frisch gemauserten (adulten) Flügeldecken bei Vögeln im ersten Jahr bestimmt werden. Die Stelle, an der die beiden Federn verschiedenen Alters aneinanderstoßen, wird Mausergrenze genannt (s. Fotos Zitronenzeisig, *rechts*).

Diese Zitronenzeisig-Weibchen verdeutlichen den Unterschied zwischen den Großen Armdecken von einem Vogel im ersten Sommer (einige juvenile Federn, andere frisch gemauserte des Adulttyps) im Vergleich mit einem adulten Vogel (gleichaltrige Deckfedern).

Aktiv mausernde Vögel können für eine kurze Zeit Merkmale (etwa alte und neue Flügeldecken) zeigen, die mit anderen Altersgruppen assoziiert werden. Nachfolgend werden die vier Strategien zusammengefasst. In den Artbeschreibungen wird für die regelmäßig vorkommenden Sperlingsvögel mit dem entsprechenden Symbol (❶, ❷, ❸ oder ❹) angegeben, welcher Strategie sie folgen.

❶ **Typ 1** kennzeichnet nur **eine Vollmauser** pro Jahr [Juni–September] sowohl für Alt- als auch für Jungvögel. Jungvögel sind anfangs leicht zu unterscheiden, nach der Mauser aber nicht mehr (d. h. erster Winter ist identisch mit dem Alterskleid).

❷ **Typ 2** betrifft eine **Teilmauser** [Juli–September] für Juvenile und eine **Vollmauser** [Juni–September] für Adulte. Juvenile können Handschwingen mausern, aber nicht deren Handdecken, im Gegensatz zu den Adulten: neue Handschwingen mit alten (juvenilen) Deckfedern nach der Mauser unterscheiden Vögel im ersten Winter von Adulten. Adulte zeigen eine Federgeneration, Vögel im ersten Jahr bis zum nächsten Sommer zwei Generationen.

❸ **Typ 3** umfasst eine **Teilmauser** [Juli–September] und eine **zweite Teilmauser** [Januar–April] bei Jungvögeln und eine **Vollmauser** [Juni–Oktober] und eine **Teilmauser** [Januar–April] bei Altvögeln. Wenn die Teilmauser keine Schwungfedern einschließt, sind die Flügelfedern der adulten Vögel alle gleich alt, während die Flügeldecken der einjährigen Vögel zwei Altersstufen aufweisen. Anhand dieses Unterschieds (der Mausergrenze) lässt sich unter günstigen Umständen das Alter bestimmen. Wenn die Wintermauser der adulten Vögel ebenfalls einige Flügeldecken umfasst, weisen sowohl die einjährigen als auch die adulten Vögel einen Altersunterschied innerhalb der Flügeldecken auf; eine Altersbestimmung kann dann möglich oder unmöglich sein. Einige Individuen können drei verschiedene Altersstufen der Flügeldecken aufweisen. Die Wintermauser kann aufgrund einer Mauserunterbrechung einige Schwungfedern umfassen, weshalb die Altersbestimmung dann unzuverlässig ist.

❹ **Typ 4** betrifft eine **Teilmauser** [Juli–September] und eine **Vollmauser** [Dezember–März] sowohl bei Jung- als auch bei Altvögeln.

Der **Trauerschnäpper** ist ein Beispiel für einen Sperlingsvogel mit einer Mauserstrategie vom **„Typ 3"** (❸): Den Übergang vom Jugend- zum Alterskleid illustrieren diese Fotos.

1 Jugendkleid
(Geschlechter nicht unterscheidbar)
Jun–Jul
Kopf und Oberseite gefleckt.
Durch **TEILMAUSER** im **Jul–Aug** entsteht das

2 erste Winterkleid
(Geschlechter oft ununterscheidbar)
Sep–Mär
Juveniler Flügel/Schwanz, aber neue, ungefleckte Kopf- und Körperfedern.
TEILMAUSER im **Mär–Apr** führt zum

3 ersten Sommerkleid [♂]
Mär–Aug
Schwarz-weiß, mit noch juvenilem Flügel und Schwanz (brütet in diesem Kleid).
VOLLMAUSER im **Jun–Aug** führt ins

4 Schlichtkleid [♂]
Aug–Mär
Ähnlich erstem Winterkleid (oder Weibchen), aber Flügel und Schwanz schwarz.
TEILMAUSER im **Mär–Apr** führt zum

5 Prachtkleid [♂]
Mär–Aug
Schwarz-weiß mit schwärzlichen Flügel- und Steuerfedern (können verblasst sein).
VOLLMAUSER im **Jun–Aug** führt ins

4 Schlichtkleid [♂]
Aug–Mär

Alle Fotos in diesem Buch sind entsprechend dem abgebildeten **Gefiedertyp** beschriftet (und, wenn es sich um eine Übergangsform handelt, mit dem tatsächlichen Aufnahmedatum in eckigen Klammern). Wenn das Geschlecht oder das Alter bekannt ist, wird dies zusammen mit dem Zeitraum angegeben, in dem dieses Kleid zu sehen sein könnte (in einigen Fällen ist die betreffende Art während eines Teils dieses Zeitraums normalerweise nicht in Europa). Bei einigen Arten lassen sich die Individuen möglicherweise nicht einem bestimmten Gefiedertyp zuordnen, sodass die Bildunterschriften entweder/oder-Kategorien angeben, z. B. **♀/JK**, **1W/AK** oder **1LJ/AK**, wenn das adulte Weibchen und der Jungvogel gleich aussehen, oder wenn Individuen im ersten Winter oder im ersten Lebensjahr nicht von den Adulten zu unterscheiden sind, oder wenn das Foto keine entscheidenden Unterschiede erkennen lässt. Obwohl einige Unterschiede zwischen den Kleidern nur geringfügig sind, wie z. B. bei Vögeln im ersten Sommer, die sich von den erwachsenen Vögeln durch das Vorhandensein heller Spitzen an einigen Flügeldecken unterscheiden, ist das Erkennen solcher Feinheiten informativ und kann bei der Bestimmung einiger Arten hilfreich sein.

Die Artbeschreibungen

Die in diesem Buch behandelten Arten sind nach ihrer Verwandtschaft auf 38 Gruppen verteilt. Für jede von ihnen gibt es einen einleitenden Abschnitt, der über ihre Artenzahl und Gemeinsamkeiten informiert und gegebenenfalls weitere Unterteilungen vornimmt.
Es ist wichtig, alle Informationen zu nutzen: Eine Kombination von Faktoren ist für eine exakte Bestimmung immer besser als nur ein oder zwei Merkmale. Studieren Sie die Fotos und beachten Sie die Bildunterschriften, lesen Sie die Beschreibungen und Anmerkungen, aber prüfen Sie auch den Status, die Verbreitungskarte und die bevorzugten Lebensräume.
Jeder Vogel **kann** zwar nahezu überall vorkommen, aber fast immer ist der Vogel, den Sie sehen, am richtigen Ort, im passenden Lebensraum und zur angemessenen Jahreszeit.

Die Artbeschreibungen folgen hinsichtlich Reihenfolge der Informationen und benutzten Terminologie einem einheitlichen Schema. Das Buch ist mit vielen Querverweisen versehen, damit Vergleiche mit ähnlichen Arten schnell erfolgen können. Gegebenenfalls werden potenzielle Verwechslungsarten mit einem Symbol (Auge) in einem violetten Kasten hervorgehoben: *Kursiv* gedruckte Artnamen weisen auf seltene Durchzügler oder Ausnahmeerscheinungen in der gesamten Region, mit einem Sternchen (*) gekennzeichneten Arten sind „Gefangenschaftsflüchtlinge" oder eingebürgert. Gegebenenfalls führen Verweise am Anfang der Seite zu Vergleichstafeln mit ähnlichen oder verwandten Arten (z. B. „Gänse im Flug"). Man sollte immer alle verfügbaren Informationen berücksichtigen, um Fehlbestimmungen zu minimieren.

Ordnung/Familie

Erhaltungszustand: Status globale Rote Liste IUCN
Status europäische Rote Liste IUCN (falls zutreffend, *s. u.*)

Maße

Übersicht u. Beschreibung

Stimme und Flugbild

Deutscher Name | Wissenschaftlicher Name

Ähnliche Arten

Mauserstrategie (Sperlingsvögel) ist in einem Kreis angegeben, z. B. ❸ – *S. 11*

Vergleichstafel(n)

Vergleichstafel(n)
- Ganzjährig anwesend
- Sommervogel
- Wintergast
- Durchzügler

Status in Deutschland/Europa

Bevorzugte Lebensräume

Bildlegenden
Alter des gezeigten Vogels: ein Symbol für ♂ oder ♀ ohne Zusatz = Vogel adult oder im Prachtkleid.

Datumsbereiche, z. B. Sep–Mär, geben die Monate an, in denen ein bestimmtes Gefieder gesehen werden kann. [Monat] in eckigen Klammern gibt den Monat an, in dem das Foto gemacht wurde (bei Übergangskleidern und sofern hilfreich).

Anmerkungen
Hervorhebung wichtiger Merkmale

Codes für den Erhaltungszustand
Rote Liste der IUCN (*S. 622*)
(schwarz/rot umrandet = in der Europäischen Roten Liste)

	RE	regional ausgestorben
	PE	möglicherweise ausgestorben
CR	CR	vom Aussterben bedroht
EN	EN	stark gefährdet
VU	VU	gefährdet
NT	NT	potenziell gefährdet
LC	LC	nicht gefährdet

Vergleichsarten auf derselben Seite stehen in einem farbig hinterlegten Kasten

Unterarten (SSPP.) Wenn in Europa mehrere Unterarten (Subspezies) vorkommen, werden sie hier mit ihrem Verbreitungsgebiet aufgeführt.

Ähnliche Arten

Das Feld „Ähnliche Arten" weist auf andere Arten hin, die sehr ähnlich sind oder unter bestimmten Umständen verwechselt werden können, und, kursiv gedruckt, ähnliche seltene Arten oder etablierte Ausreißer (mit einem Sternchen (*) gekennzeichnet), die überprüft werden sollten.

Namen, Arten und Unterarten Jede Vogelart trägt einen **deutschen Namen** und einen **wissenschaftlichen Namen** (in Kursivschrift). Der wissenschaftliche Name besteht aus zwei Teilen: Der erste fasst als Gattungsname eng verwandte Arten zusammen, durch den zweiten entsteht dann eine einzigartige Kombination für jede Art. Unterschiede im Aussehen und in der Stimme innerhalb des Verbreitungsgebiets einer Art können ausreichen, um Unterarten zu unterscheiden, die wissenschaftlich mit einem dritten Wort bezeichnet werden. **Die in diesem Buch verwendeten wissenschaftlichen und deutschen Namen folgen den Vorgaben von IOC und Deutscher Ornithologen-Gesellschaft.**
Unterschiede zwischen den Unterarten lassen sich oft nur an Serien von Bälgen in Museumssammlungen erkennen. Im Freiland kann man sie häufig nur anhand der Region zuordnen, in der man sie als Brutvögel sieht. Mit Ausnahme weniger Arten, die eine große Anzahl von Unterarten aufweisen, die sich ähneln und/oder ineinander übergehen, werden die in Europa vorkommenden Subspezies (Abk: SSP., Plural SSPP.) und ihr geografisches Verbreitungsgebiet aufgeführt. Für Unterarten, die sich deutlich genug unterscheiden, um auch im Freiland bestimmt werden zu können, wird eine kurze Beschreibung gegeben.

Maßangaben Größe (**G**) (Schnabel- bis Schwanzspitze) und Flügelspannweite (**SP**) werden als Bandbreite angegeben (ggf. für ♂ und ♀ getrennt). Die Interpretation ist jedoch wichtig: Ein sehr langer Schnabel oder lange Schwanzfedern können die Größe irreführend angeben, und ein schlanker Vogel, der die gleiche Länge wie ein rundlicher hat, kann in Wirklichkeit viel kleiner aussehen. Subjektive Größeneinschätzungen können für Arten *innerhalb* von Gruppen gegeben werden, gelten aber nicht für andere Gruppen (z. B. ist die Amsel eine „große" Drossel, die viel größere Krickente jedoch eine „kleine" Ente).

Erhaltungszustand Der Erhaltungszustand der einzelnen Arten ist mit einem Symbol neben dem deutschen Namen angegeben. Er basiert auf der globalen Roten Liste 2020, die von BirdLife International herausgegeben wird. Informationen zu den verwendeten Kategorien finden sich auf *S. 622* (und zusammengefasst auf der vorderen Umschlagklappe). Für natürlich und regelmäßig in Europa vorkommende Arten ist ein zweites Symbol enthalten, das den Status auf der europäischen Roten Liste angibt.

Überblick und Beschreibung Die Artbeschreibungen beginnen mit einer Zusammenfassung des allgemeinen Aussehens und Verhaltens der Art sowie den Grundmerkmalen, die beiden Geschlechtern und allen Altersgruppen gemeinsam sind. Darauf folgt eine Beschreibung des Gefieders der Altvögel, meist mit dem Männchen beginnend und gegebenenfalls nach Pracht- und Schlichtkleid getrennt, gefolgt vom Weibchen und schließlich mit dem Jugendkleid und späteren unausgefärbten Kleidern endend. Der Begriff „adult" allein benutzt bedeutet, dass die Geschlechter gleich aussehen; ebenso sind Pracht- und Schlichtkleid identisch, sofern nicht anders angegeben. **Fett** gedruckte Wörter beschreiben besonders wichtige Merkmale zur Artbestimmung.
Die verwendeten Abkürzungen bedeuten: ♂ = Männchen; ♀ = Weibchen; **AK** = Alterskleid, ganzjährig vom adulten Vogel gezeigtes Kleid, wenn vorhanden stattdessen **PK** = Prachtkleid oder **SK** = Schlichtkleid des Altvogels; **JK** = Jugendkleid (juvenil); **1W** = erster Winter; **1S** = erster Sommer; **2W** = zweiter Winter (usw.); **1LJ** = erstes Lebensjahr (usw.); **Imm** = immatur, unausgefärbt. Kombinationen wie z. B. **♀/1W** (Weibchen oder erster Winter) bedeuten, dass Weibchen und Jungvögel im ersten Winter einander sehr ähnlich sind.

Das **Symbol 3** (in schwarzem Kreis) steht für das Alter, ab dem ein Vogel das Alterskleid trägt. Oft ist es schwierig, das Alter unausgefärbter Vögel exakt zu bestimmen (wie bei vielen Möwen), da sich das Gefieder unterschiedlich schnell entwickelt.
S | steht für „Stimme", die Gesänge und/oder Rufe der Art, die für die Bestimmung oft grundlegend sind. Obwohl es schwierig ist, sie in Worte zu fassen, wurde versucht, sie als Hilfe zu umschreiben, falls man den Vogel bereits gehört hat, oder um darauf hinzuweisen, welche Stimme man erwarten kann.
F | beschreibt Flugbild, Flugverhalten und oft auch Gefiedermuster (oder Strukturen, wie z. B. einen gegabelten Schwanz), die dann sichtbar sind, beim stehenden oder schwimmenden Vogel aber oft nicht. Gegebenenfalls wird die typische Schwarmgröße/das typische Verhalten erwähnt. Ein eventuell angefügter schwarzer Punkt **F●** bedeutet, dass es sich um eine rein nachtaktive Art handelt.

Verbreitungskarte, Status und Lebensraum Für jede regelmäßig vorkommende Art ist eine **Karte** enthalten, auf der die Verbreitung von Brut-, Überwinterungs- und Durchzugsgebieten auf der Grundlage der neuesten Informationen von BirdLife International dargestellt ist.
Das **Statuskästchen** gibt an, wie häufig oder selten die Art in Deutschland oder Europa vorkommt und zu welcher Jahreszeit sie meist anzutreffen ist. **Sommervögel** verlassen Europa im Winterhalbjahr, **Durchzügler** erscheinen während des Zugs zumindest in Teilen Europas. Der Begriff **Ausnahmegast** wird für nur sehr selten und weit abseits ihrer regulären Zugwege Europa besuchenden Arten verwendet; für sie wird ihr wahrscheinliches Herkunftsgebiet angegeben.
Das Feld **Lebensräume** gibt den/die Lebensraumtyp(en) an, in dem/denen die Art am wahrscheinlichsten vorkommt.
Im gesamten Text werden **Himmelsrichtungen** wie folgt angegeben: N = Norden, S = Süden, O = Osten, W = Westen, Z = Zentral, auch kombiniert, z. B. SW = Südwesten.

Die Vogelfamilien

Diese Galerie mit kleinen Fotos von typischen Vertretern aus jeder Familie der Vögel Europas ermöglicht es, schnell zu den entsprechenden Seiten mit der jeweiligen **EINFÜHRUNG**, den betreffenden Unterabschnitten oder gar direkt zu den Artbeschreibungen zu finden.

ENTENVÖGEL *(S. 20)*

Schwäne
S. 26–27

Gänse
S. 28–37

Halbgänse
S. 36–37

Enten
S. 38–47

Tauchenten
S. 48–66

Meeresente **Säger**

LAPPENTAUCHER, SEETAUCHER und KORMORANE *(S. 72)*

Kormorane
S. 84–86

Seetaucher
S. 80–83

Lappentaucher
S. 75–79

SEEVÖGEL *(S. 87–89)*

Tölpel
S. 90

Sturmvögel
S. 91–97

Sturmschwalben
S. 97–99

Alke *S. 101–105*

SELTENE SEEVÖGEL

Siehe S. *539–545* für andere (seltene) Seevögel, die teilweise in ihrer Gestalt von den hier gezeigten abweichen.

GROSSVÖGEL AM WASSER *(S. 198)*

Reiher, Dommeln
S. 212–215

weiße Reiher
S. 209–211

Löffler
S. 208

Ibisse
S. 203

Störche *S. 206–207*

Kraniche *S. 204–205*

Flamingos *S. 202*

Pelikane
S. 200–201

MÖWEN und SEESCHWALBEN *(S. 106–107)*

Möwen *S. 114–131*

Seeschwalben *S. 136–145*

RAUBMÖWEN *(S. 146)*

Raubmöwen *S. 150–153*

RALLEN und SUMPFHÜHNER *(S. 216)*

Teich-, Bläss- und Purpurhühner
S. 218–220

Rallen
S. 221

Sumpfhühner
S. 216–217

Wachtelkönig
S. 221

WATVÖGEL *(S. 154)*

Schnepfen
S. 193–195

kleine Regenpfeifer
S. 170–171

große Regenpfeifer
S. 166–169

Kiebitze
S. 163–165

Strandläufer
S. 174–176, 184–192

Wasserläufer
S. 177–179

große Schnepfen/ Brachvögel
S. 180–183

Triele
S. 160

Säbelschnäbler, Stelzenläufer
S. 158–159

Austernfischer, Steinwälzer
S. 158, 161

Wassertreter
S. 196–197

Brachschwalben, Rennvögel *S. 156–157, 160*

HÜHNERVÖGEL (sowie Laufhühnchen) *(S. 222)*

Raufußhühner
S. 228–233

Glattfußhühner
S. 224–226

Fasane
S. 227

TRAPPEN *(S. 236)*

Trappen
S. 236–238

Alle mindestens so groß wie Fasane

GREIFVÖGEL *(S. 265)*

Geier
S. 268–269

Adler
S. 279–281, 292–298

Milane
S. 278, 282

Weihen
S. 283–287

Fischadler
S. 278

Bussarde
S. 272–275

Sperber
S. 302–305

FALKEN *(S. 306)*

EULEN *(S. 250)*

Eulen *S. 251–264*

NACHTSCHWALBEN *(S. 248)*

Nachtschwalben *S. 249*

LUFTJÄGER *(S. 339)*

Segler
S. 340–343

Schwalben
S. 344–347

„HÖHERE LANDVÖGEL" *(S. 320)*

Eisvögel
S. 324–325

Papageien
S. 618–619

Racken *S. 327*

Bienenfresser *S. 326*

Wiedehopfe *S. 328*

Kuckucke
S. 321–323

TAUBEN und FLUGHÜHNER *(S. 239)*

Flughühner
S. 246–247

Tauben
S. 241–245

SPECHTE *(S. 329)*

Spechte
S. 331–338

Wendehälse
S. 337

SPERLINGSVÖGEL 1/2 (**fett** gedruckte Seitenzahlen verweisen auf einleitende Abschnitte)

AMERIKANISCHE SPERLINGSVÖGEL

Ausnahmsweise erscheinende nordamerikanische Sperlingsvögel *(S. 609–615)* gehören entweder zu den hier gezeigten Familien oder sind ihnen recht ähnlich. Diese erste Übersicht und weitere Hinweise sollten es ermöglichen, diese Arten zu finden.

Pirole *S.* ***376***

Würger
S. ***466****–470*

Krähen
S. ***471****, 474–477*

Elstern
S. ***471****, 479*

Häher
S. ***471****, 473, 478*

Wasseramseln
S. ***381***

Stare
S. ***378****–380*

Seidenschwänze
S. ***376****, 377*

SPERLINGSVÖGEL 2/2 (**fett** gedruckte Seitenzahlen verweisen auf einleitende Abschnitte)

Lerchen
S. ***348****–357*

Pieper
S. ***348****, 360–365*

Stelzen
S. ***348****, 366–371*

Drosseln
S. ***383****, 384–387*

Zaunkönige
S. ***372***

Braunellen
S. ***373****–375*

Drosslinge
S. ***382***

Bülbüls
S. ***382***

Kleiber
S. ***452****–455*

Baumläufer
S. ***452****, 456–457*

Mauerläufer
S. ***452****, 456*

Schmätzer *S.* ***383****, 390–411*

Goldhähnchen
S. ***413****, 414*

Zweigsänger, Zistensänger, Prinien
S. ***412–413****, 415–447*

Schnäpper
S. ***448****-451*

Meisen
S. ***452****, 458–465*

Finken
S. ***480****, 484–503*

Sperlinge
S. ***480****, 504–507*

Ammern
S. ***508****–522*

Entenvögel leben auf Gewässern und an deren Ufern, rasten oder schlafen sicher vor Feinden auf dem Wasser, manche suchen aber auch an Land nach Nahrung. **3 Schwäne; 12 Gänse [3 Ausnahmegäste] mit mehreren Unterarten + 1 eingebürgerte Art + einige Gefangenschaftsflüchtlinge; 2 Halbgänse** und **45 Enten [einige Ausnahmegäste] + mehrere eingeführte Arten und Gefangenschaftsflüchtlinge**.

SCHWÄNE *(S. 22, 26–27, 69)*
Sehr groß, weiß (ein Gefangenschaftsflüchtling schwarz); schwimmen, gründeln, laufen und fressen auf offenem Gelände, aber nicht sehr beweglich. **Flug** Gerade, kraftvoll. **Geschlechts- und Altersbestimmung, Mauser** Keine jahreszeitlichen Unterschiede, Geschlechter ähnlich. *Siehe Alter und Mauser, gegenüber.*

HÖCKERSCHWAN

Bestimmung: Größe, Schnabelfarbe und -muster, Stimme, Flügelgeräusch im Flug.

HALBGÄNSE *(S. 23, 36–37, 71)*
Große, schwere Enten; laufen geschickt auf Schlamm oder trockenem Land in Wassernähe. **Flug** Schwer, direkt. **Geschlechts- und Altersbestimmung, Mauser** Jahreszeitlich bedingte Unterschiede gering; Geschlechter ähneln einander; Jungvögel sind im ersten Jahr matter gefärbt.

BRANDGANS

Bestimmung: Färbung von Schnabel, Beinen, Gefieder und Flügelmuster.

GÄNSE *(S. 23, 28–37, 68–69)*
Große, gesellige Vögel von typischer Gänsegestalt, die sich am Wasser aufhalten. Einige eingeführte Arten, andere in den meisten Teilen Europas arktische Wintergäste. **Flug** Können große Schwärme bilden (meist an traditionellen Rastplätzen); dramatisch und lautstark. **Geschlechts- und Altersbestimmung, Mauser** Keine jahreszeitlichen Veränderungen außer dem Ausbleichen alter Federn; Geschlechter sehen gleich aus. *Siehe dazu gegenüberliegende Seite.*

GRAUGANS

Bestimmung: Gesamtfärbung, Kontraste, Schnabelmuster, Schnabel- und Beinfarbe, Stimme. **GRAUE GÄNSE** sind graubraun, beachte Schnabel- und Beinfarbe, Flügelmuster, Feinheiten der Gestalt, Kopf-/Körperkontraste. **Alter** Jungvögel sind weniger sauber gebändert und haben oberseits runde Federn (nicht gerade abgeschnitten). **MEERESGÄNSE** sind an Kopf, Hals und Brust arttypisch schwarz und weiß und haben schwarze Schnäbel und Beine. Jungvögel matter gefärbt.

ENTEN *(S. 24–25, 38–71, 532–537)*
Kleiner als Gänse, Hals und Beine kürzer. Dazu gehören Gründelenten, Tauchenten und Meeresenten. **Flug** Schnell, direkt; *s. S. 38*. **Geschlechts- und Altersbestimmung, Mauser** Gefieder nach Jahreszeit und Geschlechtern unterschiedlich; Jungvögel ähnlich Weibchen, aber bei einigen Arten unterscheidbar; unausgefärbte Männchen behalten Jugendflügel. *Siehe auch gegenüberliegende Seite.*

STOCKENTE

Bestimmung: Schnabel-, Bein- und Körperfärbung sowie Kopf- und Flügelzeichnung. **GRÜNDELENTEN** ernähren sich vegetarisch im Wasser gründelnd, auf Schlamm oder Wiesen, die meisten laufen recht gut; Männchen sind die meiste Zeit des Jahres bunt, Weibchen brauner. **TAUCHENTEN** (einschließlich **SÄGERN**, **RUDERENTEN** und **MEERESENTEN**) tauchen von der Oberfläche nach tierischer Nahrung; stehen manchmal am Ufer, laufen aber schlecht.

Altersbestimmung und Mauser

SCHWÄNE *(S. 22, 26–27, 69)*
Jungvögel graubraun, werden bis 1S weiß; auch Schnabelfärbung erst nach 1LJ wie bei Altvögeln.

GRAUE GÄNSE *(S. 23, 28–37, 68–69)*
Federn der Oberseite bei Altvögeln gerade abgeschnitten mit weißlichen Spitzen, die eine Querbänderung bilden, bei Jungvögeln rund.

ENTEN *(S. 24–25, 38–71, 532–537)*
Männchen im Winter/Frühjahr am buntesten (PK), mausern aber im Sommer in ein bräunliches SK.

JK
Aug–Jan

Jungvögel mausern Kopf/Körper Aug–Sep und erneut Okt–Jan.

♂PK
Okt–Mai

STOCKENTE

♂SK
Jun–Sep

Weibchen sehen das ganze Jahr über gleich aus; Jugendkleid ähnlich, aber junge Männchen bekommen bis zum Frühwinter bunte Federn.

♀
ganzjährig

Altvögel mausern Kopf/Körper zum Sep–Nov ins PK. Vollmauser nach der Brut Jun–Aug (dann vorübergehend flugunfähig), Männchen früher als Weibchen.

MÖGLICHE VERWECHSLUNGSGRUPPEN Blässhühner, Lappentaucher, Seetaucher, Alke und Kormorane schwimmen alle und können für Enten gehalten werden. **Blässhühner** auf offenem Wasser oft mit Enten vermengt: runder Rücken und kurzer Schwanz (andere Rallen normalerweise an Land oder Ufer, haben längere Beine, laufen mit aufgestelltem Schwanz, können aber schwimmen). **Lappentaucher** mit runderem Körper, spitzem Schnabel, fast schwanzlos. **Seetaucher** lang gestreckt, kurzschwänzig, mit Dolchschnabel; **Alke** gedrungen, plump, kurzflügelig. **Kormorane** größer, mit längerem Schwanz und Hakenschnabel.

Schwäne im Flug

Unausgefärbte Sing- und Zwergschwäne haben eher einfarbige Oberflügel.

Unausgefärbter Höckerschwan zeigt den stärksten Kontrast: dunkle Flügeldecken/helle Armschwingen.

Adulte Schwäne haben komplett weiße Flügel.

HÖCKERSCHWAN
(S. 26)

Riesig; Kopfprofil und Schnabel beste optische Merkmale, auch lautes Wummern der Flügel unverwechselbar; ruft im Flug nicht. Schwanz überragt Füße weit.

ZWERGSCHWAN
(S. 27)

Kleiner als Singschwan, Hals kürzer (doch schwer zu beurteilen). Ruft höher, weniger trompetend als Singschwan, meist nur zwei Töne.

SINGSCHWAN
(S. 27)

Riesig; Kopfprofil zugespitzt dreieckig; Zehen überragen Schwanzspitze. Ruft trompetend *huup-hup hup*, kein Flügelwummern.

Flug kraftvoll und direkt mit lang gestrecktem Kopf und Hals. Oft in formlosen Gruppen (besonders Singschwäne auch in Keilformation oder Wellenlinie), landen mit steif angewinkelten Flügeln, abgewinkeltem Hals und vorgestreckten Beinen, bevor sie auf das Wasser platschen oder mit einem kurzen Lauf auf dem Boden landen. Beim Auffliegen ist eine längere Anlaufstrecke zu Fuß über das Wasser platschend oder an Land rennend nötig.

Gänse und Halbgänse im Flug

BLÄSSGANS *(S. 30)*
Schnell, agil, in Linien oder Keilformation. Im **AK Bauch schwarz gebändert** (noch nicht im 1W). Scharfe, helle, lachende Rufe mit jodelndem Klang.

KURZSCHNABELGANS *(S. 28)*
In langen Reihen, Keilformation oder dichten Trupps. Kopf und Hals kurz und dunkel. Nasaler, sprudelnder, tiefer Chor, durchsetzt mit hohem *uink-uink*.

WALD- und **TUNDRASAATGANS** *(S. 29)*
Langflügelig, Waldsaatgans auch langhalsig. Ruft nasal, tief *ang-ang*, eher ruffaul.

GRAUGANS *(S. 31)*
In Linien- und Keilformation, auch in unförmigen Trupps. Kopf groß, klobig und hell. Ruft wie Hausgans *gaang-gag-gag*.

Regelmäßig vorkommende Enten im Flug

ZWERGSÄGER (S. 56)
SCHELLENTE (S. 52)
KRAGENENTE (S. 66)
SPATELENTE (S. 53)
EISENTE (S. 64)
SCHECKENTE (S. 61)
TRAUER-ENTE (S. 62)
SAMTENTE (S. 63)
PRACHT-EIDERENTE (S. 60)
BERGENTE (S. 49)
EIDER-ENTE (S. 58)
REIHERENTE (S. 48)
♂ 1W
♂ 1W
PRACHT-EIDERENTE (S. 60)
EIDERENTE (S. 58)
MOORENTE (S. 50)

LC Höckerschwan

LC *Cygnus olor*

G 140–160 cm | **SP** 200–240 cm

Sehr groß, meist **wenig scheu**. Hals s-förmig oder aufrecht, Kopf **nach unten geneigt**. Flügel oft etwas aufgestellt (besonders beim „Drohen"). Schwanz spitz, **meist angehoben gehalten**. **AK** | weiß; **Schnabel orange**, aber **Höcker, Basis und Spitze schwarz**. **JK** | braun, Flügel weißlich (mit wachsendem Alter zunehmend weiß); Schnabel grau, Spitze und Unterkante schwarz, noch ohne Höcker. **Schwarz zwischen Auge und Schnabel**.

S | Häufig schnarchend oder fauchend, auch quietschend.

F | Flügel erzeugen einzigartiges, rhythmisches, **lautes Wummern**.

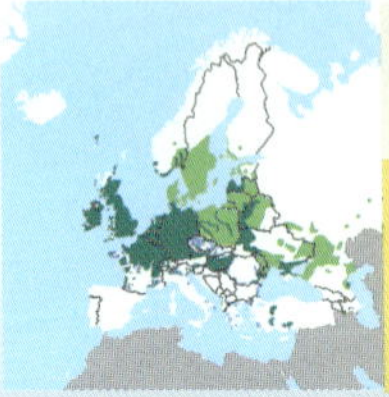

Mittelhäufiger Brut- und Gastvogel

Küstengewässer, Seen, Flüsse, Wiesen, Felder

Geschlechter gleich gefärbt, aber bei Brutpaaren hat das Männchen den größeren Höcker.

JUVENILE SCHWÄNE gleichen in der Form den Altvögeln, tragen aber ein eintönig graubraunes Gefieder (wird im Lauf des Winters weißer). Schnabel blasser als bei Altvögeln, aber am Färbungsmuster sind die Arten bereits zu erkennen.

Höckerschwan *immutabilis* – lokal häufige genetische Variante, bei der bereits Jungvögel weiß gefärbt sind; Jung- und Altvögel haben fleischfarbene Beine.

Zwergschwan
Cygnus columbianus

G 115–130 cm | **SP** 170–195 cm

Kleinster Schwan (Größe aber oft schwer zu schätzen); stets wachsam. Hals relativ kurz und dick, kann beim Fressen aber recht dünn und „gebogen" wirken. Langer, meist **waagerecht gehaltener** Schnabel. Schwanz kurz, rund, tief gehalten. **AK** | weiß; **rundlicher gelber Fleck** an Schnabelbasis. **JK** | **blasser und grauer** als Höckerschwan-**JK**, mit höherem Alter weißer; **Schnabelmuster wie Altvogel**, aber blassrosa oder himbeerrot, Basisfleck erst grau, im Lauf des Winters gelber werdend.

F | Flügel „knarren", aber ohne lautes Wummern des Höckerschwans.

Zwei SSP.: ***bewickii*** (weit verbreitet); ***columbianus*** („Pfeifschwan", Ausnahmegast aus N-Amerika) mit nur winzigem gelbem Fleck an der Basis des schwarzen Schnabels; mitunter Übergangsformen.

S | Bellende bis trompetende Laute, aber sanfter klingend als beim Singschwan; meist ein oder zwei Töne.

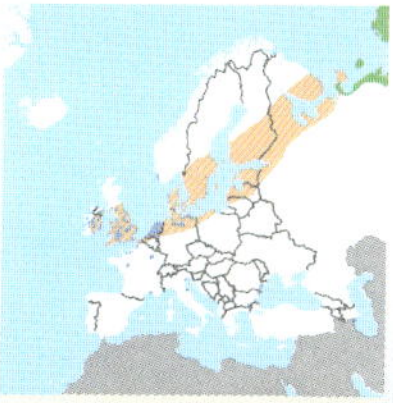

AK

SSP. ***columbianus***

AK
ganzjährig

SSP. ***bewickii***

Mittelhäufiger Wintergast Sep–Apr

Brütet an Süßwasserseen in der Tundra; im Winter Gewässer, Felder, Wiesen

ZWERGSCHWAN

gelber Fleck gerundet, meist unter schwarzem Streifen, bei manchen aber gelb über den Schnabelfirst hinweg

Singschwan *Cygnus cygnus*

G 140–160 cm | **SP** 205–235 cm

Ähnlich Zwergschwan, aber so groß wie Höckerschwan; meist scheu. Bei Alarm Hals aufrecht, aber bei Entspannung gebogen. Langer Schnabel meist **waagerecht gehalten**. Schwanz kurz, rund, **tief gehalten**. **AK** | weiß; schwarzer Schnabel mit **langem gelbem Keil** von der Basis bis vor das Nasenloch. **JK** | wie Zwergschwan, aber Schnabelmuster wie Altvogel: dunkel, aber mit **spitzem weißlichem Keil**, der im Lauf des Winters blassgelb wird.

F | Flügelschläge ohne wummernde Geräusche des Höckerschwans.

S | Tiefes, nasales Trompeten, oft drei bis vier Töne in Serie. Trupps sehr ruffreudig.

gelber Fleck keilförmig, über das Nasenloch hinaus; Schnabelfirst meist gelb

SINGSCHWAN

Obwohl sie während der Brutzeit territorial sind, bilden alle drei Schwanenarten im Winter Trupps (manchmal zu Hunderten, oft gemischt) und besuchen Grünland und Rapsfelder.

AK
ganzjährig

schwach gerundeter Schwanz wird nach unten gehalten

Sehr seltener BV, mittelhäufiger WG Okt–Apr

Brütet in Taiga und Tundra; im Winter Gewässer, Wiesen und Felder

GÄNSE IM FLUG *S. 23*

LC Kurzschnabelgans *Anser brachyrhynchus*

LC **G** 64–76 cm | **SP** 137–161 cm

Mittelgroße, rundliche, dunkle Gans mit kleinem Kopf/Schnabel und gebändertem, silbergrauem Rücken. Im Winter oft in großen Schwärmen von Hunderten bis Tausenden. **AK** | **runder dunkler Kopf im Kontrast zur hell bräunlichen Brust**; **Flanken dunkler als Rücken**; helle Federsäume geben der blaugrauen Oberseite eine gebänderte Erscheinung. **Kurzer**, **dunkler Schnabel** mit **rosa** Fleck. Beine **rosa**. **JK** | eintöniger, Oberseite wirkt geschuppt; dunkler Schnabel und rosa Beine gegenüber junger Blässgans diagnostisch.

S | Tiefe, nasale Rufe im Mix mit hohen, scharfen *uink-uink*-Rufen.

Tundra-/Waldsaatgans | Blässgans *S. 30*

Seltener Durchzügler und Wintergast Sep–Mai

Brütet an Süßwasserseen, in Wiesen und auf Inseln; überwintert am Meer, an Seen, auf Grün- und Ackerland

F | Im Vergleich zur Saatgans Rücken/Oberflügel heller und grauer, aber hintere Flanken dunkler. Grau am Vorderflügel schmaler und dunkler als bei Graugans (*S. 31*); breite weiße Schwanzspitze. Flugverbände können linien-, v-förmig oder geklumpt angeordnet sein und ändern oft die Form.

AK

Unterflügel heller als bei den Saatgänsen

Form und Farbanteile am Schnabel bei Kurzschnabel- und Saatgänsen variabel.

Oberseite silbergrau, gerade weiße Bänder, weniger braun als bei Saatgans.

AK
ganzjährig

JK
Jun–Mär

LC LC

Wald- und Tundrasaatgans

Anser fabalis, A. serrirostris

G 69–88 cm | **SP** 140–174 cm

Große, dunkle Gänse: Kopf/Schnabel länger als bei Kurschnabelgans (aber in gemischten Trupps oft schwer auszumachen); schlanker als Graugans. **AK** | kräftig braun; recht langer **dunkler Kopf hebt sich von heller Brust ab**; Rücken dunkelbraun, **fein weiß gebändert**; Flanken im gleichen Farbton wie Oberseite. **Beine orange oder gelborange**, aber Farbe bei schlechtem Licht schwer erkennbar. **JK** | Oberseite unregelmäßig geschuppt.

S | Ruft *ang-ang* oder *jok-ak-ak*, tiefer als Blässgans *(S. 30)* und Kurzschnabelgans, weniger gackernd als Graugans, eher ruffaul.

F | Dunkel, langhalsig; kein auffälliges Grau auf Oberflügel, Unterflügel einfarbig dunkel; schmales helles „U" auf dunklem Schwanz.

Kurzschnabelgans | Graugans *S. 31*

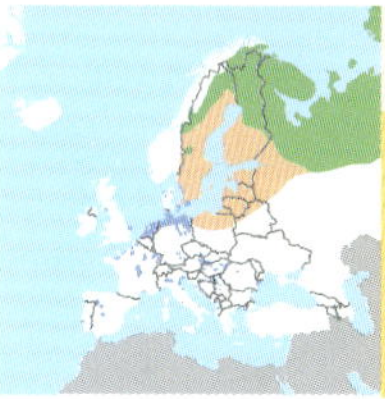

Tundrasaatgans DZ, WG, Waldsaatgans selten

Brütet an Seen in Taiga und Tundra; im Winter an Süßgewässern und Küsten, auf Wiesen und Äckern

SAATGANS-ARTEN

Waldsaatgans *(A. fabalis)* und **Tundrasaatgans** *(A. serrirostris)* werden inzwischen als eigenständige Arten geführt.

KURZSCHNABELGANS
Schnabel: klein, mit rosa Fleck (Größe variabel).

TUNDRASAATGANS
Schnabel mit **schmalem orangem Band** und dicker schwarzer Basis; kürzer und dicker als bei Waldsaatgans, länger als bei Kurzschnabelgans. Hals dunkel, kontrastiert zu heller Brust (wie bei Kurzschnabelgans), kürzer als bei *fabalis*.

WALDSAATGANS
Schnabel lang, **überwiegend orange**. Hals länger als bei Kurzschnabel- und Tundrasaatgans.

GÄNSE IM FLUG S. 23

LC Blässgans *Anser albifrons*

LC **G** 64–78 cm | **SP** 130–160 cm

Mittelgroße, kräftig gezeichnete, sehr agile Gans (fliegt leicht auf); zwei Unterarten. **AK** | braun mit **weißem Streifen** entlang der Flanken. **Weiße Stirn**, senkrecht zum Kopf abgesetzt. Bauch **schwarz gebändert**, bei manchen Vögeln ganz schwarz. Beine kräftig **orange**. Bei europäischer SSP. ***albifrons*** Schnabel **blassrosa**; Grönländische SSP. ***flavirostris*** dunkler, „ölig" braun, schwarze Bauchbänder noch ausgedehnter, Schnabel größer und **orange** (in schlechtem Licht schwer erkennbar). **JK / 1W** | bis Nov oder später kein Weiß an Stirn; keine schwarzen Bauchstreifen: Kombination aus orangen Beinen und rosa Schnabel als Unterschied zu anderen jungen Gänsen.

S | Hohe, lachende bis bellende Rufe wie *kü-jück* oder *kjü-jo-jo*. Im Trupp auffällig hell klingend.

Zwerggans | Graugans
Kurzschnabelgans S. 28

Häufiger Durchzügler und Wintergast Sep–Apr

Brütet and Seen in der Tundra; im Winter an Küsten und Gewässern, auf Wiesen und Feldern

F | **AK** graue Unterflügel, auffällige schwarze Bauchbänderung. **JK** abgesehen vom weißen Steiß einfarbig grau; grauer Vorderflügel weniger auffällig als bei Kurzschnabelgans. Fliegt in langen Ketten oder V-Form.

Graugans *Anser anser*

G 74–84 cm | **SP** 149–168 cm

Große, kräftige, **großköpfige** Gans (Statur wie Hausgans). Verbreitet eingebürgerte, zutrauliche Trupps, anderenorts noch „echte" Wildvögel mit großer Scheu. **AK** | hellgrau, großer **oranger Schnabel mit breiter Basis und heller Spitze** (nicht immer deutlich). Beine **rosa** (bei eingebürgerten Vögeln manchmal orange). Kann etwas Weiß an Schnabelbasis und schwarze Flecke am Bauch haben (an Blässgans erinnernd, die aber kleiner, dunkler und dünnschnäbeliger ist). **JK** | mit hellen wellenförmigen Bändern auf Oberseite.

S | Geräuschvoll, Trupps permanent kommunizierend; ruft wie Hausgans rau *ang-ang-ang* oder gackernd.

F | Ober- und Unterflügel kontrastreich vorne hellgrau, hinten dunkel. Fliegt geordnet in Ketten oder V-Form, aber nicht geklumpt und ohne ständige Positionswechsel.

AK

Schwaches Licht verursacht starke Kontraste; **Brust hell**; auffällig **weißer Steiß**.

SSP. ***anser***

AK ganzjährig

Graugänse sind auffällig größer und kräftiger gebaut als andere graue Gänse.

Zwei Unterarten: ***anser*** (weit verbreitet); ***rubrirostris*** (O-Europa) größer, heller, Schnabel rosa.

Mittelhäufiger Brutvogel, häufiger Gastvogel

Brütet an Seen, in Sümpfen, in Städten; ganzjährig an Gewässern, auf Wiesen und Feldern

Blässgans [JK]

Zwerggans *Anser erythropus*

G 56–66 cm | **SP** 115–135 cm

Wie kleine, kompakte Blässgans, aber oben weniger gebändert, weniger Schwarz auf Unterseite, Kopf klobiger, Hals kürzer, **Schnabel kleiner**. Beim Fressen **schnellere Bewegung**. **AK** | **Weiß auf Stirn zieht sich bis über das Auge**. **Schnabel kräftig rosa**. Deutlicher **gelber Lidring**, auch aus Distanz (schwach bei Blässgans). **JK** | ohne weiße Stirn, aber mit **gelbem Lidring**; **heller Nagel** am Schnabel *(siehe gegenüber)*

S | Ähnlich Blässgans, aber noch höher.

F | Wie Blässgans, direkter Größenvergleich kann Bestimmung erleichtern.

Schwer zwischen anderen Arten zu finden: erst nach großer weißer Blesse suchen, dann Lidring/Schnabel prüfen; schnelle Bewegung kann als Hinweis dienen.

AK

AK ganzjährig

Sehr seltener WG Okt–Mär, auch ausgesetzt

Brütet an Seen und in Tundra; überwintert an Küsten und Süßgewässern, auf Wiesen

Blässgans

LC Kanadagans *Branta canadensis*

LC **G** 80–110 cm | **SP** 155–180 cm

Große, **langhalsige** Gans, meist wenig scheu. **AK** | braun mit heller Bänderung und **heller Brust**. **Schwarzer Hals mit weißem Kinnfeld**. **Schnabel und Beine schwarz**, auffälliges weißes Körperende. **JK** | wie **AK**, aber matter, mit schmaleren/runderen Federspitzen auf der Oberseite.

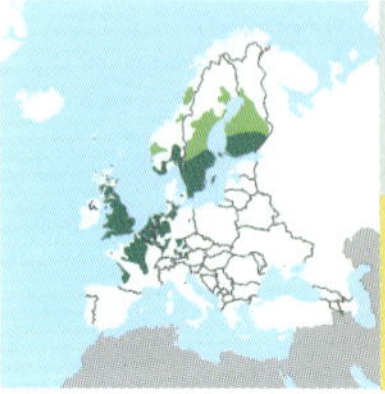

Seltener Brutvogel, mittelhäufiger Gastvogel

Parkgewässer, Seen, Flüsse, Sümpfe, Wiesen, Felder

S | Laut, tief, trompetend *honk* oder *arr-honk*.

AK

F | Schlaksig, langhalsig; dunkel mit heller Brust und auffälligem weißen Körperende; lange, dunkle Flügel.

Kanadagans-Trupps haben seltener andere Gänse bei sich als z. B. Bläss- oder Saatgänse.

AK

Kräftige Statur, aber schlankeste Gans mit längstem Hals bei aufrechter Haltung.

Behält im ersten Jahr einige abgenutzte, rundliche Jugendkleidfedern an der Oberseite.

AK
ganzjährig

UNTERSCHEIDUNG Kanada-/ Zwergkanadagans

KANADAGANS
Sanft abfallende Stirn, langer Schnabel, langer Hals

großer Körper

ZWERGKANADAGANS
Steile Stirn, kurzer Schnabel, kurzer Hals

kleiner Körper

LC Zwergkanadagans *Branta hutchinsii*

G 55–75 cm | **SP** 120 cm

Wie eine **kleine** Kanadagans, aber mit **steiler Stirn**, **kurzem Schnabel** und kürzerem Hals. Drei Unterarten nachgewiesen, ***hutchinsii*** ist wahrscheinlichster Ausnahmegast *(siehe gegenüber)*.

S | Recht hoch, rhythmisch *ah-ia* oder *uh-juh*, Trupps klingen eher nach Kurzschnabelgans *(S. 28)* als nach Kanadagans.

AK
ganzjährig

Ausnahmeerscheinung aus N-Amerika, aber meist Gefangenschaftsflüchtling

(Feucht-)Wiesen

Kanada- und Zwergkanadagans haben jeweils mehrere Unterarten, die in Europa als Ausnahmeerscheinungen auftauchen können oder oft aus Gefangenschaft entkommen.

UNTERARTEN KANADAGANS
In Europa lebende, eingebürgerte Population gehört zur „Atlantischen" Kanadagans (SSP. ***canadensis***). Groß, durchschnittlich am hellsten, schwarzer Hals scharf vom braunen Rücken abgesetzt, klares Weiß.

Ausnahmegäste aus N-Amerika selten, gehören zu kleineren Unterarten, die sich durch Kopf und Schnabel unterscheiden: Beachte Ausdehnung von Hell/Weiß an Halsbasis und Vorderbrust, aber auch Größe und Gestalt – eingedenk der Überschneidung von Unterarten und Geschlechtern (Männchen durchschnittlich 5 % größer als Weibchen).

„Todds Kanadagans" (SSP. ***interior***)
Ebenso groß wie „Atlantische Kanadagans", aber dunkler brauner Rücken geht in den kürzeren schwarzen Hals über; Brust durchschnittlich dunkler. *Nur sicher bestimmbar, wenn in Begleitung von ziehenden Gänsen aus dem Nordwesten, z. B. Grönländischen Bläss-, Kurzschnabel- oder Weißwangengänsen.*

(ACHTUNG: Die sogenannte **„Kleine Kanadagans"** (SSP. ***parvipes***) ist nicht ausreichend definiert und möglicherweise keine eindeutige Unterart.)

UNTERARTEN ZWERGKANADAGANS
„Richardsons Zwergkanadagans"
(SSP. ***hutchinsii***) Plumper Körper, kurze Beine, hellste Brust; 5–10 % mit dunklem Streifen unter dem Kinn.

„Ridgways Zwergkanadagans"
(SSP. ***minima***) Kleinste SSP., kleiner Schnabel, kurzer Hals, relativ lange Beine. Dunkelbraun, Brust violett überhaucht; Flügeldecken mit dunklem Band vor heller Spitze; Kinn weiß.

„Taverners Zwergkanadagans"
(SSP. ***taverneri***) Wie „Richardsons", aber durchschnittlich größer und dunkler, Kopf runder (wie die hellbrüstigere Kanadagans SSP. *interior*); 40–75 % haben dunklen Streifen unter dem Kinn.

Weißwangengans

Branta leucopsis

G 58–70 cm | **SP** 120–142 cm

Kleine, auffällig gefärbte Gans (ohne Braun). Scharfer Kontrast zwischen schwarzer Vorder- und heller Unterseite. Kurzer Schnabel und Beine schwarz. **Schwarzer Hals** erweitert sich zu schwarzer Brust, **Bauch weiß**. Gesicht weiß mit schwarzem Augenstreif. **AK** | Oberseite **schwarz-weiß-grau gebändert**. **JK** | matter als AK mit unregelmäßiger Bänderung auf Oberseite. **1W** | wird kräftiger schwarz-weiß, aber noch mit braunerer, unregelmäßiger Bänderung auf Oberseite bis **2W**.

*Kaisergans S. 69

F | Helle Unterflügel; stahlgraue Oberflügel mit schwarzer Spitze; Unterseite schwarz-weiß. Truppformationen unregelmäßig, langgezogene oder wellenförmige Ketten.

Sehr seltener BV, häufiger WG Sep–Mai

Küsten, Seen, Flüsse, (Feucht-)Wiesen

AK

S | Ruft kurz bellend *ka* oder *kau*, Tonhöhe variabel; Trupps stimmfreudig.

AK ganzjährig

Wirkt aus Entfernung schwarz-weiß.

Behält auf dem Rücken einige abgetragene Federn des Jugendkleids bis zum zweiten Kalenderjahr.

1S Aug–Mai

GÄNSE IM FLUG *S. 23*

LC Ringelgans

LC *Branta bernicla*

G 55–62 cm | **SP** 105–117 cm

Kleine Gans (Länge wie Stockente *(S. 40)*, wirkt aber größer); marine Art, bevölkert Salzwiesen und schwimmt um algenbewachsene Felsen, auch auf Feldern und Wiesen. **Dunkel mit auffallend weißem Körperende**; **Kopf**, **Hals und Brust schwarz**. Drei/vier Unterarten *(siehe gegenüber)*. **AK** | weißer Halsseitenfleck. **JK** | feine helle Bänderung auf Flügeln, kein Halsseitenfleck. **1W** | entwickelt im Lauf des Winters allmählich Halsseitenfleck.

S | Stimmfreudig, tief rollend *rrott*; bei rufenden Trupps wirkt die Stimme schneller und höher.

Nahrungssuche in dichten Schwärmen, bei Gefahr Halsrecken und Weglaufen vor Auffliegen. In diesem Trupp befinden sich nur Altvögel.

F | Langflügelige, gedrungene, dunkle Gans mit schwarzem Bereich von Kopf bis Brust; leuchtend weißes Körperende. Fliegt in unregelmäßigen Formationen, kleine Trupps in Ketten und V-Form.

Mittelhäufiger Durchzügler und Wintergast Sep–Mai

Brütet in arktischer Tundra; im Winter Watten, Salzwiesen, küstennahe Felder

RINGELGANS-UNTERARTEN

„Hellbäuchige Ringelgans" (SSP. *hrota*) Oben am braunsten; scharfer Kontrast zwischen **schwarzer Brust und hellem Bauch**; Flanke weißlich mit grauen Streifen (nach hinten dunkler). **Bauch hell (auch zwischen den Beinen)**. Schlank, krakelige weiße Halsflecke.

„Dunkelbäuchige Ringelgans" (SSP. *bernicla*) Dunkel. Schwarze Brust scharf gegen brauneren Bauch abgesetzt (abhängig von Blickwinkel und Licht). **Weiße Halsseitenflecke** können sich am Vorderhals treffen. **Einfarbig grauer Rücken**. Flanken hell gestreift; **Bauch bis zwischen die Beine dunkel**.

„Pazifische Ringelgans" (SSP. *nigricans*) Dunkelste Form, oben dunkelbraun, **weiß leuchtender Flankenfleck**, dahinter zwei bis drei dunkle Streifen. Wenig Kontrast zwischen Brust und Bauch; **Bauch bis zwischen die Beine dunkel**. **Weiße Halsseitenflecke treffen sich am Vorderhals**; Kopf rund.

Selten sind „graubäuchige" Vögel (taxonomischer Status unklar, nicht abgebildet), variabel gefärbt zwischen *hrota* und *nigricans* (vielleicht Hybriden); wie *hrota*, aber Bauch dunkler bräunlich grau, zwischen den Beinen aber hell, Flanken diffuser hell, Rücken dunkler; breitere Halsseitenflecke können sich am Vorderhals treffen.

Rothalsgans

Branta ruficollis

G 54–60 cm | **SP** 110–125 cm

Auffällige kleine Gans, die dennoch überraschend leicht in großen Trupps anderer Gänse „verschwindet".
AK | schwarz-weiß mit **kräftig rostroten Feldern** an Kopf und Hals; schwarze Brust, weißer Bauch; **breiter weißer Flankenstreifen**.
JK | hat braune Bänder auf Oberflügel und matter gefärbten Kopf/Hals als **AK**. **1W** | wie AK, aber oft mit zusätzlichen schmalen weißen Binden auf den Flügeldecken, Kopf/Hals etwas matter.

S | Hoch und scharf *kik-wik*.

F | Kleine, langflügelige Gans; wirkt schwarz-weiß mit schmalen weißen Bändern auf dem Oberflügel.

AK

Sehr seltener WG Sep–Mai; auch Gefangenschaftsflüchtlinge

Brütet in Tundra; im Winter auf Feldern, Seen

AK

AK

GÄNSE IM FLUG *S. 23* | HALBGÄNSE IM FLUG *S. 23–24*

LC Brandgans

LC *Tadorna tadorna*

G 55–65 cm | **SP** 100–120 cm

Große, kräftige, langbeinige Ente, zu sehen auf trockenem Grund, Schlamm oder Wasser. Altvögel eindeutig erkennbar; Jungvögel weniger deutlich gezeichnet, aber ebenfalls kaum verwechselbar. **AK** | **leuchtend weiß** mit schwärzlich grünem Kopf, **schwarzen Feldern** entlang des Rückens und **breitem orangebraunem Brustband**. Beine rosa. **Schnabel leuchtend rot**, beim ♂ | mit großem Schnabelhöcker (Okt–Apr). ♀ | hat oft weiße Flecke an Kinn und im Gesicht. **JK** | Größe und Gestalt wie **AK**, wirkt aber dünnhalsig. Kopf und Hals dunkel bräunlich, Gesicht und Kehle weiß; Rücken braun; kein Brustband. **Beine gräulich**, **Schnabel rosa**. Erinnert an junge Nilgans, aber Körper weißer.

S | Pfeifendes Flügelschlaggeräusch; ganz unterschiedliche Rufe, u. a. pfeifende Töne und tiefes nasales Gackern.

Intensiv roter Schnabel aufgeworfen, löffelartig; schwarzer Schulterstreifen, orangebraunes Brustband.

Seltener Brutvogel, häufiger Gastvogel

Brütet an Watten und Lagunen, Seen und Flüssen; im Winter meist an Küsten, auch auf Feldern

F | Groß, kräftig, lang gestreckt, lange Flügel. Überwiegend weiß; Flügel weiß mit schwarzen Schwungfedern.

LC

Rostgans
Tadorna ferruginea

G 58–70 cm | **SP** 110–135 cm

Große, kräftig gebaute Ente; Gestalt und Größe wie Brandgans, aber langbeiniger. **Intensiv orangebraun mit hellerem Kopf**; Schnabel und Beine schwarz. **♂PK** | schwarzer Halsring; **♂SK/♀** | Gesicht weißer; **JK** | Kopf grau

S | Schnelle, schnatternde und trompetende Rufe.

F | Deutlicher weißer Vorderflügel und schwarz-weißer Unterflügel.

Beachte ähnliche Gefangenschaftsflüchtlinge: **Kapgans* S. 71; **Halsbandgans T. tadornoides* (ohne Abb.), ♂ vollständig dunkel, aber ♀ gräulich orange-beige mit vollständig weißem Kopf und Hals.

♂PK
Okt–Apr

♀AK
ganzjährig

Seltener Brut- und Gastvogel, ganzjährig

Seen und Lagunen, Flüsse, trockene Hänge

LC

Nilgans
Alopochen aegyptiaca

G 63–73 cm | **SP** 110–120 cm

Mittelgroße, aufrecht stehende Gans; langer Körper und lange Beine, aber Hals relativ kurz. **AK** | hell; Rücken olivbraun, nach hinten grauer oder rötlicher; **Kopf und Brust hell**, kleiner schwarzer Fleck im unteren Brustbereich. Scheitel hell; dunkle Maske und Halsring. Schnabel klein, rosa und schwarz. Beine rosa. Auffällig weißer Vorderflügel oft auch im Stehen sichtbar. **JK** | Kopf braun, Stirn und Kehle weiß.

S | Monotones, sich wiederholendes, rhythmisches Bellen oder Lallen bei Gefahr, verschiedene zischende und würgende Laute.

F | Schnell, direkt; auffällig weißer Vorderflügel (im **1S** bis Mai fleckig).

AK

Jungvögel einfarbiger als AK, Kopf dunkler.

JK
Jun–Feb

Graue Form mit hellem Kopf und schwach ausgeprägter Maske.

AK
ganzjährig

Rötliche Form hat deutliche Maske.

AK
ganzjährig

Eingebürgerter, mittelhäufiger Brutvogel

Seen, Felder, Wiesen

Die Ententypen

GRÜNDELENTEN fressen an der Wasseroberfläche und schwimmen mit leicht aufgestelltem Schwanz auf freiem Wasser oder in überschwemmter Vegetation. Manche fressen an Land, oft nachts. Schneller, wendiger Flug; schnelles Auffliegen von Wasser und Land.

TAUCHENTEN enden rund, halten ihren Schwanz flach und tauchen aus dem Schwimmen ab. Einige schwimmen tagsüber oder beim Schlafen in Trupps; andere verteilen sich bei der Nahrungssuche. Einige stehen zwar am Ufer, können aber schlecht laufen. Flug niedrig, gerade und schnell, aber weniger wendig als bei Gründelenten, mit Anlauf beim Auffliegen; Landung auf dem Wasser, nicht auf Land. **SÄGER** (außer Zwergsäger) mit länglicher Gestalt, langer Schnabel gezähnt. **RUDERENTEN** halten den Schwanz oft hoch. **MEERESENTEN** (wie Eider- und Trauerente) sind tauchende Enten, die außer beim Brüten nur auf dem Meer leben; im Winterhalbjahr gelegentlich auf Binnengewässern unter dort häufigeren Entenarten.

VU Marmelente

VU *Marmaronetta angustirostris*

G 39–42 cm | **SP** 55–60 cm

Kleine, helle, fleckige Ente; Geschlechter gleich. **AK** | matt sandbraun mit dunklerem Rücken und mehr oder weniger deutlicher **dunkler Maske**; **Schnabel dunkel**. Flanken **hellbeige gefleckt**, nicht gestrichelt. Stirn und untere Gesichtshälfte hell, darin schwärzlicher Fleck um das Auge; **kurze, herunterhängende Haube** (beim ♀ kürzer). Schnabel schmal, dunkelgrau, an Spießente erinnernd. **JK** | wie AK, aber Flankenfleckung undeutlicher.

S | Stumm, abgesehen von scharfen Pfiffen bei der Balz.

Spießente [♀] *S.43*

Ausnahmegast aus S-Europa

Flachland, seichte Seen

F | Blass, ohne markantes Muster, Hinterflügel hell, Flügelbug dunkel, Unterflügel weiß.

LC
LC

Pfeifente *Mareca penelope*

G 43–50 cm | **SP** 72–85 cm

Mittelgroße Ente, kleiner als Stockente *(S. 40)*, größer als Krickente *(S. 44)*, kurzbeinig, **kurzschnäbelig**, **weißer Bauch**, oft grasend. **Graue Beine und grauer Schnabel** sind nützliche Merkmale. Ruffreudig beim Grasen und Schwimmen. **♂PK** | Körper hell bläulich grau (bei Krickente dunkler), **hinten schwarz-weiß**. **Kopf rotbraun**, **Stirn/Vorderscheitel gelbbraun**. Weißes Flügelfeld kann auch im Schwimmen sichtbar sein. **♂1W** | ohne Weiß auf Flügel. **♂SK** | wie ♀, aber rötlicher, **mit weißem Flügelfeld**. Bunte Übergangsformen im Herbst. **♀** | gebändert/gepunktet, nicht gestreift wie Stock-/Schnatterente *(S. 42)* oder Spießente *(S. 43)*, graubraun bis **gelbbraun** mit grauerem Kopf und variablem dunkleren Bereich hinter dem Auge; wirkt auf Distanz oft dunkel. **Weißer Bauch**, **einfarbige Flanke**.

Kanadapfeifente S. 532
♀: Sichelente *S. 532*

S | Unverwechselbar: ♂ mit explosivem Pfiff *pjiuuu*; ♀ knurrend *ra-kraa*. Im Trupp sehr ruffreudig.

F | Schnell; nach hinten ragende, spitz zulaufende Flügel und kurzer spitzer Schwanz. ♂ mit weißem Flügelfeld und dunklem Hinterflügel. **♂1W** wie AK, aber Flügel matter gefärbt. ♀ Vorderflügel matt; bräunlicher Hinterflügel schmal weiß umrandet. Bei Störung gemeinsames Auffliegen von Trupps.

Sehr seltener BV, häufiger DZ und WG Jul–Mai

Brütet an Tümpeln in Tundra, an Seen, in Marschen; im Winter Küste, Grünland, Seen, Flüsse

VERGLEICH DER WEIBCHEN *S. 46* | ENTEN IM FLUG *S. 24–25*

LC Stockente

LC *Anas platyrhynchos*

G 50–60 cm | **SP** 81–95 cm

Bekannte große Gründelente. Seltener in so dichten Trupps wie Pfeifente *(S. 39)* oder Löffelente. Frisst an Wasseroberfläche, gründelt, aber Nahrungssuche oft entfernt vom Wasser. **♂PK** | breite braune Bänder entlang des hellen Körpers; schwarz-weißes Körperende. Kopf grün (mit Blau-/Purpurglanz) über weißem Halsring. **Schnabel gelb**; **Beine orange**. **♂SK** | wie rötliches ♀, aber **Schnabel gelb**; Kappe und Augenstreif grünschwarz. **♀** | matt **braun**, Flanke mit v-förmigen Abzeichen vor cremefarbenen Federrändern; Bauch braun. Cremeweißer Streifen auf Schwanz. Dunkler Augenstreif; Schnabel braun mit orangen/gelben Bereichen. **Beine orange**. **JK** | wie ♀, aber Scheitel dunkler, Brust gestreift (weniger gepunktet) und Schwanz brauner *(S. 21)*.

S | **♀** lautes, kurzes Quaken und lange, grobe, abfallende Serien längerer Quaklaute. **♂** leises Quaken, nasale Pfiffe. Leise pfeifendes Flügelgeräusch.

Löffelente | ♀: *Dunkelente S. 532*
Viele frei fliegende Stockenten zeigen Einflüsse domestizierter Varianten, oft mit weißen Flecken; einige ♂ hellbraun, dunkelbrauner Kopf, andere schwärzlich braun, weiße Brust und gelber Schnabel.

F | Groß, langhalsig, langflügelig; Flügelschläge zumeist unter Körperebene. Purpurblauer Flügelspiegel zwischen zwei parallelen weißen Streifen; Unterflügel weiß.

Häufiger Brut- und Gastvogel

Seen, Flüsse, Sümpfe; auch Küsten, Felder, Wiesen, Parks

In Europa kommt die SSP. ***platyrhynchos*** vor.

♀

♂PK

Im Sommer verlieren ♂ im Schlichtkleid die kräftigen Farben und Muster, wirken grau oder rötlich; Kopf grauer als bei ♀; Schnabel bleibt gelb.

langer Schnabel geht in lange, flache Stirn über

♂SK
Jun–Nov
[Nov]

♀
ganzjährig

♂PK
Okt–Mai

LC
LC

Löffelente *Spatula clypeata*

G 44–52 cm | **SP** 73–82 cm

Mittelgroße, großköpfige Gründelente mit **langem**, **breitem Schnabel**. Körper länglich, tief liegende Schultern, Kopf niedrig gehalten und nach vorn gestreckt. Frisst an der Wasseroberfläche, beim Gründeln ragen die langen, spitzen Flügel nach oben. Manchmal in dichten Trupps. Frisst/rastet im Wasser oder in seichten Uferbereichen, kaum auf trockenem Land. **♂PK** | Kopf grünlich schwarz (dunkler als Stockente) mit **gelbem Auge** und schwarzem Schnabel; **Brust weiß**, Flanken orangebraun, **Körperende schwarz-weiß**. **♂SK** | wie ♀, aber Körper oft rötlicher, Kopf dunkler und im Herbst mit **weißlichem Sichelfleck** vor dem Auge (Ausdehnung und Helligkeit individuell variabel). Auge gelb. **♀** | am besten an Gestalt und großem Schnabel erkennbar, matt hellbraun, an Flanken dunkel gefleckt; Kopf heller graubraun; Bauch braun, Beine orange (wie Stockente). **JK** | wie ♀, aber feiner gezeichnet.

Stockente
♂SK: Blauflügelente S. 533

S | Ruft leise, ♂nasal *tu-tuk*, ♀ heiser quakend. Lautes Flügelgeräusch beim Auffliegen.

F | ♂ Vorderflügel hellblau; Spiegel dunkelgrün, ohne weiße Linie am Hinterrand. ♀ Vorderflügel graublau; breite weiße Binde auf Flügelmitte. **♂1W** Vorderflügel matter blau; dünne weißliche Flügelbinde. **♀1W** Vorderflügel bräunlich.

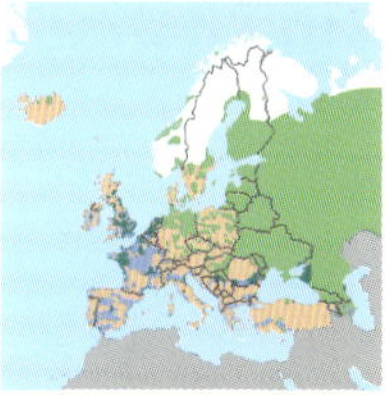

Seltener Brut-, mittelhäufiger Gastvogel

Flache Seen, nasse Wiesen, Watten

VERGLEICH DER WEIBCHEN *S. 46* | ENTEN IM FLUG *S. 24–25*

LC Schnatterente

LC *Mareca strepera*

G 46–56 cm | **SP** 78–90 cm

Große, längliche Gründelente, ähnlich Stockente, aber Kopf eckiger mit steilerer Stirn und schlankem Schnabel. Viereckiger weißer Spiegel auf den inneren Armschwingen (wirkt geschlossen oft dreieckig). **♂PK** | grauer Körper mit hellerem Kopf, Körperende schwarz (ohne Weiß). **♂SK** | wie ♀, aber Kopf grauer; Körper und Rücken fein grau gebändert, Körperende schwarz. **♀** | hellbraun mit dunkelbraunen Flecken; Kopf heller graubraun oder beige, schwach gezeichnet; Schwanz matt, weniger Weiß als bei Stockenten-♀; Bauch mit deutlich abgegrenztem weißem Feld. Schnabelseiten orange; Beine orangegelb. **JK/1W** | wie ♀, aber Bauch fleckig und Brust mehr gestrichelt; kleiner weißer Flügelspiegel (eher wie Pfeifenten-♀).

S | ♂ mit nasalem Quaken, klingt härter als Stockente; vom Spätsommer an recht ruffreudig.

Stockente *S. 40* | Pfeifente *S. 39*

Der typische weiße Spiegel ist nicht immer sichtbar.

Mittelhäufiger Brut- und Gastvogel

Seen, offene Sumpflandschaft, Lagunen

F | Schlank, schmalflügelig; schnellere Bewegungen als Stockente. Oberflügel dunkel mit Kastanienbraun und Schwarz, auffälliger weißer Spiegel nah am Körper auf Armflügel; ♀ mit weißem Bauch.

C
U

Spießente *Anas acuta*

G 51–62 cm | **SP** 79–87 cm

Große, kräftige, aber elegante, an der Wasseroberfläche fressende oder grasende Ente; gegenüber Stockente Schnabel schlanker, Hals/Schwanz länger. **♂PK** | grauer Körper mit weißer Brust, von dort weißer Streifen bis hinter dunklen Kopf. Körperende schwarz mit beigegelbem Fleck und langem Schwanzspieß (auch aus größerer Distanz gut erkennbar). Beine grau; Schnabel bläulich mit schwarzem Streifen. **♂SK** | kann verwirren: hell verwaschen bräunlich mit schwachen Binden und Stricheln, oben dunkle Muster, zunehmend mit grauen Flecken; gelblich brauner Kopf mit langem, blau-schwarzem Schnabel. **♀/JK/♀1W** | braun mit dunkelbraunen Flecken und hellbeigen Federsäumen; Kopf einfarbig beigebraun, weniger gestrichelt als bei Stockenten-♀. Schnabel und Beine grau.

S | ♂ pfeift; ♀ mit kurzen, tiefen Quaklauten.

♀: Stockente S. 40

Blaugrau an Beinen und Schnabel schließt Stock-, Löffel- und Schnatterente aus, aber nicht Pfeifente.

F | Lang, schlank; schmale Flügel. ♂ mit langem Schwanz, grünlichem Flügelspiegel; ♀ mit langem weißem Flügelhinterrand.

Sehr seltener BV, mittelhäufiger DZ/WG Jul–Mai

Brütet in Tundra, Mooren, Salzwiesen; im Winter Watten, Seen, Feuchtwiesen

ENTEN IM FLUG *S. 24–25*

LC Krickente *Anas crecca*

LC **G** 34–38 cm | **SP** 53–59 cm

Kleine, agile Gründelente mit grün schillerndem Flügelspiegel (im Schwimmen oft verborgen). **♂PK** | **dunkelgrau** mit **weißem Streifen** entlang der Flanke und schwarz gesäumtem, **rahmfarbenem Dreieck** am Körperende; Kopf dunkelbraun mit **beige umrandetem, grün schillerndem Feld** an der Kopfseite. **Schnabel und Beine schwarz**. **♀/♂SK** | kräftig gefleckt, dunkel- bis graubraun; auffälliger **weißer Streifen nahe Schwanz**. **JK** | wie ♀, aber feiner gestrichelt.

Carolinakrickente S. 533
Seltene kleine Gründelenten S. 533

Seihen im Flachwasser/Schlamm.

S | Oft aus dem Verborgenen oder entfernt zu hören: ♂ hoher, scharfer, klingelnder Pfiff *krück* oder *krie* (zunächst nicht an Ente erinnernd); ♀ mit tiefem, nasalem Quaken.

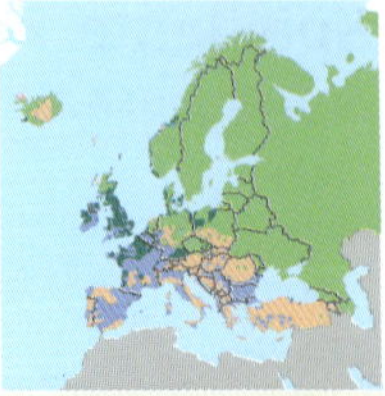

Seltener Brutvogel, mittelhäufiger Gastvogel

Brütet an Gewässern, Mooren, Sümpfen; im Winter Binnen- und Küstengewässer

F | Flink mit schnellem Flügelschlag; Trupps mit Wendungen wie Limikolen; fast senkrechtes Auffliegen. Weißer Streifen über Flügelspiegel breiter als darunter; grüner Flügelspiegel schließt Knäkente aus. ♀ mit dunklem Außenflügel (Knäkente hell).

Schlichtkleid-♂ wie ♀; oft mit dunkler Kappe und heller Wange; jegliche graue Streifen weisen Vogel als ♂ aus. Im Sep–Okt wird schnell wieder das Prachtkleid angelegt.

Das Grün an Flügel und Kopf kann bei Gegenlicht violett schimmern.

Knäkente

Spatula querquedula

G 37–41 cm | **SP** 59–67 cm

Kleine Gründelente; etwas größer als Krickente; ♂ im Frühjahr unverwechselbar. **♂PK** | **weiße Sichel über Auge**; Kopf und Brust warm braun; helle, über den Flügeln hängende Schirmfedern. **♂SK** | wie dunkles ♀ mit breiteren weißen Streifen über und unter Auge, Kinn weiß. **♀/JK** | wie Krickente, aber Flankenflecke breiter, dunkelbraune Kappe; dunkelbrauner Augenstreif, dunkler und weißlicher Wangenstreifen; **langer weißlicher Streifen über Auge** (in der Mitte dünn). Deutlicher **heller Fleck nahe Schnabelbasis**.

♀: Krickente | *Seltene kl. Gründelenten S. 533*

Im Frühjahr gern in hoher Vegetation von Überschwemmungsflächen verborgen.

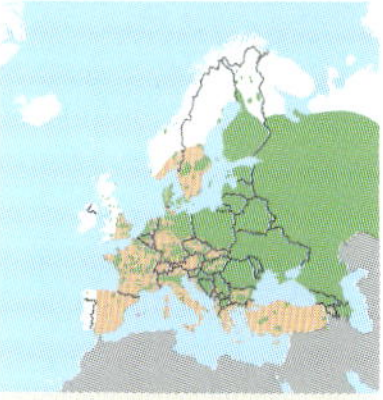

Seltener Brutvogel und Durchzügler
Mär–Sep

Flache Seen, nasse Wiesen

S | Sporadisch: ♂ im Frühjahr mit hölzernem Schnarren; ♀ nasal *ga-ga-ga* und leises Quaken.

F | ♂ Vorderflügel hellblau. ♀ auf Flügelmitte milchgrauer Streifen bis zum Handflügel. Weiße Streifen vor und hinter Flügelspiegel gleich breit (wie Stockente *S. 40*, bei Krickente unterschiedlich breit). Von unten deutlich abgesetzte schwärzliche Flügelvorderkante.

Schlichtkleid-♂ (Mai–Sep) ähnlich **JK**, aber Unterseite ungefleckt weiß: wie ♀, aber dunkler; Kopf meist gröber gemustert; Vorderflügel bläulicher, Spitzen der Große Decken breiter weiß; Band am Hinterflügel grüner.

Fällt im Herbst besonders durch das Kopfmuster auf; dunkel olivbrauner Flügelspiegel und gräulicher Vorderflügel helfen bei der Bestimmung.

ENTEN IM FLUG *S. 24–25*

Bestimmung gefleckter weiblicher/junger Gründelenten

Diese an der Wasseroberfläche und gründelnd fressenden Enten können sich sehr ähnlich sehen. Bei fliegenden Vögeln ist auf das Unterflügelmuster und den Kontrast Unterflügel/Körper zu achten. Bei stehenden Vögeln sind Gestalt, Schnabelgröße und -farbe, Kopfform, Bauchfärbung und Beinlänge wichtig.

Bestimmung von gefleckten weiblichen/jungen Gründelenten

	Löffelente *(S. 41)*	**Stockente** *(S. 40)*	**Schnatterente** *(S. 42)*	**Spießente** *(S. 43)*
Schnabel	orange, löffelförmig	diffus orange und braun	klar ausgebildete orange Seite	grau
Beine	kräftig orange		blass orange	grau
Bauch	braun		klar begrenzt weiß	hell bräunlich weiß

KRICKENTE *(S. 44)* zum Größenvergleich: durchschnittlich 30 % kleiner als die anderen hier gezeigten Enten.

Kolbenente *Netta rufina*

G 53–57 cm | **SP** 85–90 cm

Große, massige, großköpfige Ente; liegt hoch auf dem Wasser; meist an der Wasseroberfläche fressend, auch tauchend. **♂PK | fuchsbrauner Kopf mit orangem Scheitel**, scharfer Kontrast zu schwarzem Hals; Oberseite hellbraun, Unterseite weiß mit schwarzer Brust und schwarzem Hinterende; Schnabel und Auge rot. **♂SK** | insgesamt bräunlich, dunkle Kappe reicht bis knapp unter das Auge; Wangen hell beigeweiß; **Schnabel und Auge rot**. **♀/JK** | Körper hellbraun; obere Kopfhälfte braun mit dunklerem Augenfleck, **untere Hälfte hell beigeweiß**; Schnabel dunkelgrau mit rosa Fleck nahe Spitze. (Trauerenten-♀ ähnlich, aber insgesamt dunkler, mit einförmig dunklen Flügeln).

S | Meist stumm, bei der Balz hoch metallisch schnarrend.

♀: Trauerente *S. 62*

F | Dunkler Körper, helle Flanke und breiter weißer Flügelstreif über den ganzen Flügel; beim ♂ auch Flügelvorderkante weiß.

Seltener Brutvogel, mittelhäufiger Gastvogel

Große Seen, salzige Lagunen; im Winter meist Süßwasserseen

Schlichtkleid-♂ (Mai–Sep) ähnelt jungem ♂, aber Iris und Schnabel rot.

ENTEN IM FLUG *S. 24–25*

LC NT Reiherente *Aythya fuligula*

G 40–47 cm | **SP** 65–72 cm

Mittelgroße, rundköpfige Tauchente mit **Schopf am Hinterkopf**. Schnabel flach, grau mit **schwarzer Spitze**. **♂PK** | **schwarz-weiß** (Purpurglanz an Kopfseiten). **Kopf, Brust und Rücken schwarz**; **Flanke rein weiß**. Nach unten hängender Schopf; gelbe Augen. **♀** | intensiv dunkel schokoladenbraun, **kleiner Schopf am Hinterkopf** (oft nur „Beule") schließt Bergente aus. **♀/♂SK/JK** | können weiße Flecke an Schnabelbasis zeigen, oft deutlich ausgeprägt, aber selten so ausgedehnt wie bei der Bergente. Oft weißlicher Unterschwanz (weniger auffällig als bei Moorente). **♂1W** | wird allmählich schwärzer auf der Oberseite und weißer an der Flanke.

S | Lautes, hartes Schnarren; bei der Balz vom ♂ blubberndes Pfeifen.

Bergente | *Ringschnabelente S. 534*
♀: Moorente *S. 50*
♀: *Kanadabergente S. 534*

F | Schnell, direkt; lange weiße Binde über ganzen Flügel (bei Tafelente grau, *S. 51*).

Mittelhäufiger Brutvogel, häufiger Wintergast

Seen, Lagunen, Flüsse, geschützte Küstenabschnitte

Bergente *Aythya marila*

G 42–51 cm | **SP** 71–80 cm

Mittelgroße Tauchente, Gestalt ähnlich Reiher- und Tafelente, aber massiger. Körper breiter als bei Reiherente, Schnabel breiter mit **kleinerer schwarzer Spitze**; **rundlicher Kopf** mit steiler Stirn und **ohne Schopf**. **♂PK** | in der Mitte hell, an den Enden schwarz, **weiße Flanke** schließt Tafelente und **grau melierter Rücken** Reiherente aus. **♂SK** | Flanke brauner. **♀** | graubraun bis rötlich braun, Rücken mit feinen weißen Binden. **Ausgedehnter weißer Fleck von der Schnabelbasis bis zur Stirn**; heller Ohrfleck (variabel in Ausdehnung und Helligkeit). **JK/♀1W** | ähnelt Reiherente, aber **größer**, **rundlicher Kopf** und breiterer Schnabel (dunkle Spitze größer und undeutlicher als im **AK**). Weißer Fleck an Schnabelbasis klein oder diffus; kann hellen Ohrfleck zeigen.

Reiherente | *Kanadabergente S. 534*
Die Bergente bevorzugt Meere – Trupps auf See sind wahrscheinlich keine Reiher- oder Tafelenten *S. 51*.

S | Meist stumm; nasales Blubbern bei balzenden ♂, kurzes Knurren beim ♀; im Flug kurz *ahng*.

F | Schnell, direkt; langer weißer Streif über ganzen Flügel (bei Tafelente grau).

Sehr seltener Brutvogel, mittelhäufiger Wintergast Sep–Mai

Brütet in Tundra, an Seen und Küsten im Norden; im Winter vor allem auf dem Meer

In Europa SSP. ***marila***.

♀ grauer und robuster als Reiherente, aus der Distanz aber ähnlich.

♀

Grauer Rücken im Kontrast zum dunklen Kopf.

♂PK

♂1W
Okt–Mär

1W- und Schlichtkleid-♂ ähneln sich und erinnern weniger an ♀ als bei der Reiherente; mit fortschreitender Mauser werden der Rücken grau, der Kopf schwärzer und die Flanken weiß, dabei gibt es verschiedene Übergangsstadien.

Weißer Fleck an Schnabelbasis bei 1W kleiner als im AK.

♀1W
Okt–Mär

Im Sommer weißer Wangenfleck und größerer Fleck an Schnabelbasis.

♀
Mär–Sep

♀
Sep–Mär

♂PK
Sep–Jun

 ENTEN IM FLUG *S. 24–25*

NT LC Moorente *Aythya nyroca*

G 38–42 cm | **SP** 60–67 cm

Kleine Tauchente, wie schlankes, kräftig gefärbtes Reiherenten-♀ mit langem Schnabel. **♂PK** | glänzend kastanienbraun mit dunklerem Rücken und Halsband; **Unterschwanz weiß**, schwarz begrenzt. **Auge weiß**. Grauer Schnabel mit schwachem Band. **♂SK** | matter, Auge weiß. **♀** | dunkelbraun, auf dem Rücken schwärzer; Auge dunkel. Sanft ansteigendes, zugespitztes Kopfprofil. **Oberseite stets ungezeichnet** (graue Binden bei Hybriden *(S. 67)* (Reiherenten-♀ kann weißen Unterschwanz haben, aber weniger leuchtend). **JK** | wie ♀, aber dunklere Kappe/hellere Wange, Weiß am Unterschwanz matter oder fein dunkel gesprenkelt.

♀: Reiherente *S. 48*

S | Meist stumm, trockenes Schnurren.

Sehr seltener Brutvogel und Durchzügler Sep–Apr

Seen/Teiche mit Schilfufer und Bäumen

F | Langes weißes Band über ganzen Flügel; Unterflügel weiß.

♀ (links) und ♂ mit gestrecktem Hals, ansteigendes Kopfprofil und dunkles Halsband gut sichtbar.

Tafelente *Aythya ferina*

G 42–49 cm | **SP** 67–75 cm

Mittelgroße Tauchente mit rundlichem Rücken; Schwanz wird meist nach unten gehalten; tagsüber oft zusammen mit etwas kleineren, aktiveren Reiherenten *(S. 48)* rastend. Kopf rundlich, langer Schnabel geht in flach ansteigende Stirn über. **♂PK** | hellgrau, an beiden Enden dunkel; Kopf rotbraun, in gutem Licht leuchtend; Auge rot; helles Band über dunklem Schnabel. **♀/♂SK** | variabel; graubraun, vorn und hinten dunkler. **♀** | Brust und Körperende braun, grauer Körper diffus braun gefleckt; Kopf hellbraun mit weißlichem Augenring, etwas Weiß um Schnabel und an Kehle, heller Streifen auf Wange; langer, grauer Schnabel. **JK/♀1W** | matt braun mit dunkelbrauner Kappe, helle Felder auf Wange, neben Schnabel und am Kinn.

♀/JK: Bergente *S. 49* | *Rotkopfente S. 535*
Riesentafelente S. 535
♀/JK: *Ringschnabelente S. 534*

S | Bei der Balz ♂ mit nasalem, nachhallendem Pfiff, ♀ mit trockenem Schnarren.

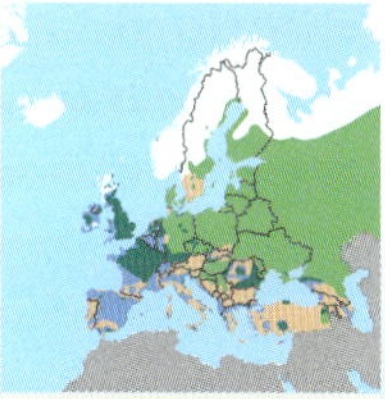

Seltener Brutvogel, mittelhäufiger Gastvogel

Brütet an flachen Gewässern; im Winter auf Seen

♀

F | Schnell, direkt; kurzer Anlauf beim Auffliegen. Breites hellgraues Band entlang der Hinterflügel, am hellsten bei ♀ (bei Reiher-/Bergente weiß).

♂PK

♂SK
Mai–Sep
[Aug]

Schlichtkleid-♂ ähnlich ♀, aber Auge rot und Kopf ohne helle Markierungen.

♀ AK sind variabel gefärbt, Altersbestimmung oft schwer: JK/1W ähneln blassen ♀ AK, sind aber an abgetragenen, ausgeblichenen Schirmfedern und Flügeldecken zu erkennen.

♀
ganzjährig

♀
ganzjährig

♂PK
Sep–Mai

ENTEN IM FLUG *S. 24–25*

LC Schellente
LC *Bucephala clangula*

G 40–48 cm | **SP** 62–77 cm

Mittelgroße, rundliche Tauchente mit großem, rundem Kopf; häufig tauchend, aber oft in Trupps mit eingezogenem Kopf und langem, aufgestelltem Schwanz ruhend. **♂PK** | aus Distanz auffällig **schwarz-weiß**; Kopf grünlich schwarz mit **rundem weißem Fleck** zwischen Auge und Schnabel. Augen gelb, Beine orange. **♂SK** | wie ♀, aber weißes Flügelfeld größer, oft angedeuteter weißer Fleck nahe Schnabel. **♀** | **dunkel: grauer Körper**, dunkelbrauner Kopf oft zwischen Schultern ruhend; weißes Halsband; **dreieckiger Schnabel** mit oranger Binde. Weißes Flügelfeld (oft verborgen). Augen gelb oder weiß. **JK/1W** | wie ♀, aber Hals dunkler; Männchen entwickelt im Lauf des Winters weißen Körper und Schnabelfleck.

In Europa kommt SSP. ***clangula*** vor.

Spatelente

S | ♂ bei der Balz mit quäkendem Ruf; ♀ mit tiefem Knurren. Lautes, klingelndes Flügelschlaggeräusch (besonders bei adulten ♂), dadurch oft zuerst zu hören.

Seltener BV, mittelhäufiger WG Okt–Apr

Brütet an Waldseen; im Winter an der Küste und auf Binnengewässern

F | ♂ Innenflügel weiß, Außenflügel schwarz; **Unterflügel schwarz**. ♀ Innenflügel überwiegend weiß mit zwei dunklen Binden; Bauch weiß. **JK** wie ♀, aber dunkle Binde auf weißem Hinterflügel (wie Spatelenten-♀).

LC
NT

Spatelente

Bucephala islandica

G 44–54 cm | **SP** 77–83 cm

Mittelgroße, rundliche Tauchente mit großem Kopf, steiler Stirn und dickem Nacken; kräftiger, dreieckiger Schnabel leicht aufgeworfen und mit wulstiger Spitze, wirkt in Frontansicht spitz (Schnabelspitze bei Schellente breiter). **♂PK** | größtenteils weiß, schwarzer Rücken mit **Reihe weißer Flecken** und Keil zwischen Brust und Flanke, Kopf bläulich schwarz mit **langem weißem halbmondförmigem Gesichtsfleck** bis über Augenhöhe. **♂SK** | wie ♀, aber größeres weißes Flügelfeld. **♀** | matt grau mit dunkelbraunem Kopf, weißem Halsband und weißer Unterseite; runderer Scheitel und längeres Kopfprofil als Schellente; Schnabel dunkel mit gelbem Fleck oder schmalem, blass orangegelbem Band. (ACHTUNG: nordamerikanische Vögel (mögliche Ausnahmegäste) haben von Nov–Mär vollständig gelben Schnabel). **JK / 1W** | wie ♀, aber ohne Weiß im Vorderflügel; ♂ entwickeln im Lauf des Winters weißen Gesichtsfleck.

Schellente

S | Kurze, grunzende Laute; ♂ bei der Balz mit hart raspelndem Doppellaut. Klingelndes Flügelschlaggeräusch.

Irrgast aus Island/ N-Amerika, auch Gefangenschaftsflüchtling

Tümpel und Seen in der Tundra

F | Beim ♂ weißer Vorderflügel mit schwarzer Binde. Beim ♀ Vorderflügel überwiegend grau.

ENTEN IM FLUG *S. 24–25*

LC Gänsesäger

LC *Mergus merganser*

G 58–68 cm | **SP** 78–94 cm

Großer, länglicher, langschnäbeliger Entenvogel, nur mit Mittelsäger verwechselbar (aber siehe Haubentaucher, *S. 78*). Steht oft am Ufer und zeigt die **leuchtend roten Beine**. **♂PK** | **lachsfarben überhaucht weiß** (im Abendlicht gelblich), Rücken schwarz. Großer, **grünlich schwarzer Kopf**; Auge dunkel. Kräftiger, dunkelroter Hakenschnabel. **♂SK** | wie ♀, Kopf braun, aber großes weißes Flügelfeld. **♀** | **hellgrauer Körper**, Brust und unterer Hals weißlich; **scharfe Grenze zu rotbraunem oberem Hals** und Kopf. **Deutlich begrenzter weißer Kinnfleck**. Langer roter Schnabel. Bauch weiß, oft orange getönt. **JK/1W** | wie ♀, aber mit Streifen zwischen Schnabel und Auge, matterem Schnabel und weniger Weiß auf dem Flügel.

S | Tiefe krächzende Flugrufe.

In Europa kommt SSP. ***merganser*** vor.

Schlichtkleid und 1W ♂ mausern mit allmählichem Wechsel von grau/braun zu schwarzweiß ins Prachtkleid, dabei treten verschiedene Übergangsstadien auf.

Mittelsäger

Kopf kann flach wirken, bei gesträubten Scheitelfedern auch rund.

Sehr seltener Brutvogel, mittelhäufiger Wintergast Okt–Apr

Brütet in Baumhöhlen an Flüssen und Seen; überwintert an Küsten, auf Seen und Flüssen

F | Schnell, direkt; lang, kreuzförmig, ausgestreckter Hals. ♂ Armflügel weiß (ohne schwarze Binden), Handflügel schwarz. ♀ Hinterer Armflügel weiß (meist ohne Binde), Vorderflügel grau, Handflügel schwärzlich.

LC
NT

Mittelsäger

Mergus serrator

G 52–58 cm | **SP** 67–82 cm

Großer, länglicher, langschnäbeliger Entenvogel, ♂ auffällig gemustert und mit dramatischen Posen bei der Balz. **♂PK** | Kopf und Rücken dunkel, weißes Band über **grauer Flanke**, **dunkle Brust** (insgesamt deutlich dunkler als Gänsesäger-♂). Weißes Halsband, Kopf grünlich schwarz **mit langem**, **zerzaustem Schopf**. **Auge rot**. Schnabel schlank, kräftig rot. **♂SK/♀/JK/1W** | bräunlich grau (dunkel in düsterem Licht), weniger kräftig und dunkler grau als Gänsesäger. Brauner Kopf mit dünnem, kurzem Schopf geht allmählich in bräunlich graue Brust über. Schnabel rot; schmaler heller Zügelstreif; heller Kinnfleck diffus begrenzt.

S | Bei der Balz ♂ „niesend" *tschiä*, ♀ mit knarrenden Rufen.

Gänsesäger | *Kappensäger* *S. 535*

Sehr seltener Brutvogel, seltener Wintergast Sep–Mai

Brütet an Küsten und Flüssen; im Winter auf dem Meer

F | Langer Körper, Hals ausgestreckt, Flügel gerade und schmal; schnelle Flügelschläge unterhalb der Körperachse. ♂ Armflügel überwiegend weiß mit zwei schwarzen Binden; Handflügel schwärzlich. ♀ hinterer Armflügel weiß mit einer schwarzen Binde; Vorderflügel grau; Handflügel schwärzlich.

Schlichtkleid und 1W ♂: Bei der Mauser ins Prachtkleid treten verschiedene Übergangsstadien auf. Seltener als Gänsesäger stehen Mittelsäger am Ufer und zeigen ihre lebhaft orange gefärbten Beine.

ENTEN IM FLUG *S. 24–25*

LC Zwergsäger *Mergellus albellus*

LC **G** 38–44 cm | **SP** 56–69 cm

Kleiner, lebhafter Entenvogel mit kleinem Kopf und kurzem Schnabel; oft im Schilf oder unter über das Ufer hängenden Büschen verborgen. **♂PK** | unverwechselbar: **größtenteils weiß**, Flanke hellgrau, schwarze Maske. Aus geringer Distanz schwarzer Nacken unter weißem Schopf, dünne schwarze Bruststreifen, schwarzer Rücken und graues Körperende besser erkennbar. **♂SK** | wie ♀, Brust weißer. **♀** | bleigrauer Körper; recht kleiner, **rotbrauner** Kopf (unteres Drittel weiß), schwärzer im Augenbereich. **JK** | wie ♀, aber Kopf rötlicher, ohne dunklen Augenfleck. **♂1W** | Weiß kommt im Lauf des Winters durch.

S | Heiseres Krächzen, sonst meist still.

♀/♂1W: *Schwarzkopf-Ruderente* [♂SK]

Mittelhäufiger Wintergast Sep–Apr

Waldseen, große Flüsse; im Winter auf Seen, in Meeresbuchten

F | Länglich, aber zugleich dickbäuchig. **♂/♀** Oberflügel schwärzlich mit breitem weißem Feld auf Armflügel. Fliegt schnell und direkt mit schnellen, tiefen Flügelschlägen.

Die Männchen umwerben die Weibchen den ganzen Winter hindurch. Oft werfen sie den Kopf nach hinten – typisch für die Balz von Tauchenten.

Weißkopf-Ruderente
Oxyura leucocephala

G 43–48 | **SP** 55–65 cm

Europas einheimische Ruderente: mittelgroße, plumpe Tauchente mit rundlichem Rücken und breitem Körper. **Langer Schwanz** auffällig aufgestellt oder kaum sichtbar flach gehalten. Schnabel stets dick und an der **Basis geschwollen** (nicht so bei Schwarzkopf-Ruderente). **♂PK** | Körper rostbraun; **weißer Kopf** mit schwarzem Auge, kleine schwarze Kappe, weißer Hinterhals, schwarzes Halsband. Schnabel hellblau. **♂SK** | sandbraun mit größerer schwarzer Kappe. **♂1S** | kann fast vollständig schwarzen Kopf haben, kräftig blauer Schnabel. **♀/JK** | fein gebändert, schwarze Kappe reicht bis unter das Auge, breiter schwärzlicher Wangenstreif; Schnabelbasis geschwollen.

S | Gewöhnlich stumm.

Schwarzkopf-Ruderente

F | Schwerfällig, buckelig, langschwänzig, dunkle Flügel.

♂PK

♀

Ausnahmeerscheinung aus S-Europa

Flache Süßwasserseen

♂1S
Apr–Sep

♀
ganzjährig

♂SK
Sep–Feb

♂PK
Mär–Sep

Anders als bei den meisten Enten sind die Männchen der beiden Ruderenten-Arten im Sommer viel farbenfroher als im Winter.

Schwarzkopf-Ruderente
Oxyura jamaicensis

G 35–43 cm | **SP** 50–55 cm

Kleine Tauchente mit rundlichem Rücken, großem Kopf und langem Schwanz (oft auf das Wasser gedrückt, auffällig nur wenn angehoben). **♂PK** | kräftig rotbraun, **weißes Gesicht eingefasst** von breiter schwarzer Kappe, Nacken und Hals; Schnabel blau. **♂SK** | dunkel, schwarze Kappe, **weißes Gesicht**; Schnabel wird im Winter grau. **♀/JK** | matt braun, Gesicht dunkel mit **heller Wange, durch die ein dunkles Band läuft**.

S | Meist still.

Stellenweise eingebürgert, aber meist wieder ausgerottet, da invasiv

Süßwasserseen

F | klein, plump, schnell, niedrig; Oberflügel einfarbig braun.

♀

♂SK

♂SK
Sep–Feb
(vgl. Zwergsäger-♀)

♀
ganzjährig

♂PK
Apr–Sep

ENTEN IM FLUG *S. 24–25*

NT EN Eiderente

Somateria mollissima

G 60–70 cm | **SP** 95–105 cm

Große, kräftig gebaute Meeresente mit keilförmigem Kopf und meist angehobenem Schwanz. Es gibt keine häufigen ähnlichen Enten, aber Jungvögel und Männchen im Schlichtkleid können verwirren. **♂PK** | schwarz-weiß mit lachsfarbener Brust (kann ausbleichen oder gelblicher werden); weißer Rücken, weißer Fleck an Hinterflanke; Bauch/Schwanz schwarz; Nacken grün. Langer weißer Keil auf Schnabelseiten. **♂SK** | gescheckt; Kopf, Brust und Rücken braunschwarz. Hell grünlich grauer Schnabel geht in hellen Überaugenstreif über. **♂1W** | ebenso oder sehr dunkel mit weißerer Brust und gefleckter Oberseite. **♀** | kräftig braun, gebändert; auf Entfernung dunkel; auffällig gebänderte Flanke, Rücken gescheckt/gebändert. Hellbrauner Keil neben dem Schnabel (dieser mit heller Spitze). **JK** | wie ♀, aber diffuser gemustert, grauer braun.

S | ♂ balzt nasal *a-haua*, ♀ ruft guttural *gak-ak-ak-ak-ak*.

♀: Prachteiderenten-♀ *S. 60*
♀: Scheckenten-♀ *S. 61*
♀: *Plüschkopfenten*-♀ *S. 537*

F | ♂ vorn/oben weiß, hinten/unten schwarz; ♀ Armschwingen dunkel, einfarbig oder von zwei weißen Linien eingefasst.

Seltener Brutvogel, häufiger Gastvogel

Brütet an Küsten; im Winter auf dem Meer

Nördliche ♀ (SSP. ***faeroeensis***) sind dunkler und feiner gebändert als südliche (SSP. ***mollissima***); alle sind durch Abnutzung der hellen Federsäume im Winter dunkler als im Sommer.

EIDERENTEN-UNTERARTEN

LC Prachteiderente

LC *Somateria spectabilis*

G 55–63 cm | **SP** 87–100 cm

Große, kräftige Meeresente; abseits des regulären Vorkommens sehr seltener Begleiter von Eiderenten; beachte ungewöhnliche Färbung von mausernden/jungen Eiderenten. ♂ einfach, aber ♀ schwer bestimmbar. **♂PK** | Körper schwarz, weiße Linie an Flanke und weißer Fleck an Hinterflanke, Brust lachsrosa; **Kopf hell blaugrau**, **Schnabel rot** mit **gelborangem Schnabelhöcker**. **♂SK** | Kopf und Brust düster bräunlich. **♂1W** | dunkelbraun, **Schnabel rötlich**, **Schnabelhöcker gelb**. **♀** | rostbraun, Flanke mit feinen **v-förmigen Bändern** (bei Eiderente geradere Bänder). Aus der Nähe sind kleine „Segel" auf dem Rücken, zu einem „Lächeln" hochgezogene, dunkle Schnabelwinkel und ein kurzer „Keil" vor dem **kleinen Schnabel mit dunkler Spitze** erkennbar, dadurch freundlicherer Gesichtsausdruck als Eiderente.

S | Meist stumm.

Eiderente *S. 58*

In N-Norwegen können alle drei in Europa vorkommenden Eiderenten-Arten zusammen beobachtet werden; Prachteiderenten-Trupps sind oft recht scheu.

Ausnahmeerscheinung aus N-Europa

Brütet in der Tundra; im Winter mit Eiderenten im Küstenmeer

F | **♂PK** schwarz-weiß mit rosa Vorderseite, Kopf und Schnabel farbenfroh. **♀** braun, Unterflügel weiß (von Eiderente nur am Kopfprofil zu unterscheiden, *S. 61*).

U C

Scheckente

Polysticta stelleri

G 42–48 cm | **SP** 68–77 cm

Mittelgroße Meeresente mit eckigem Kopf; oft mit anderen Eiderenten-Arten zusammen, aber deutlich von diesen zu unterscheiden. **♂PK** | unverwechselbar: **blass orange**, Rücken und Körperende schwarz; **weißer Kopf** mit schwarzem Halsband und **dunklem Nackenfleck**. **♂SK/♀/Imm** | dunkelbraun, schwach gebändert; heller Augenring; Schnabel dick, einfarbig grau und ohne Befiederung der Seiten, die Eider-/Prachteiderente zeigen *(Kasten rechts)*; Schwanz spitz.

S | Meist stumm.

♀: Eiderenten-♀ *S. 58*

Scheckenten kommen in N-Skandinavien und in der nördlichen Ostsee vor (Nov–Apr), sind aber seltener als Eider-/Prachteiderenten.

F | **♂PK** auffällig schwarz-weiß mit bräunlicher Unterseite. ♀ dunkel mit zwei weißen Linien am Hinterflügel, erinnert an Stockente *(S. 40)*, aufblitzende weiße Unterflügel.

Ausnahme-erscheinung aus Nordasien

Meeresküsten

BESTIMMUNG EIDERENTEN-♀

Wichtig: Kopf- und Schnabelprofil, Form des Schnabelwinkels

 ENTEN IM FLUG *S. 24–25*

LC **Trauerente** *Melanitta nigra*

LC **G** 44–54 cm | **SP** 70–84 cm

Mittelgroße Meeresente; kräftig gebaut, dennoch durch spitzen Schwanz und dünnen Hals von eleganter Gestalt. Auf dem Meer in lockeren Gruppen, die sich auf den Wellenkämmen zeigen, oft mit gerecktem Hals und aufgestelltem Schwanz. Richtet sich mit gesenktem Kopf aus dem Wasser auf, um mit den Flügeln zu schlagen. Beine schwärzlich. Taucht meist mit angelegten Flügeln ab. **♂PK** | **vollständig schwarz**, abgesehen von orangegelbem Oberschnabel direkt vor dem Höcker an der Schnabelbasis. **♂SK/♂1W** | braun, ab Nov schwarze Flecke. **♀/JK** | dunkelbraun, schwach gebändert, **schwarzbraune Kappe**, **hellbräunliche Wangen**, Gesicht und Kehle dunkler. Im Sommer ausgeblichen, z. T. oben unregelmäßig hell gefleckt (erinnert an Kolbenenten-♀, aber dunkler, im Flug mit einfarbigen Flügeln).

S | ♂ pfeift bei Balz und im Flug *pjü*, ♀ knarrend *karrr.*

Pazifiktrauerente S. 536
♀: Kolbenente *S. 47*

Trauerenten fliegen in Ketten „achterbahnartig" über den Wellen auf und ab. Schwärme von Nichtbrütern/Mauservögeln können den ganzen Sommer über zu sehen sein.

Häufiger Gastvogel, ganzjährig

Brütet an Gewässern in Taiga und Tundra; im Winter auf dem Meer

F | Ohne Weiß auf Hinterflügel; Außenflügel heller als Innenflügel.

Samtente *Melanitta fusca*

G 51–58 cm | **SP** 79–97 cm

Oft zusammen mit Trauerenten, an **weißem Flügelfeld** erkennbar (aber oft verborgen). Eckiger, keilförmiger Kopf erinnert an Eiderente *(S. 58)*, aber Samtente schlanker und Schwanz kurz. Taucht mit geöffneten Flügeln ab. **♂ PK** | schwarz mit kleinem **weißem Halbmond** unter hellem Auge; Schnabel gelb mit schwarzem First; **Beine rot**. **♂ SK/♀** | sehr dunkel braun mit **weißem Wangenfleck** und **hellem Feld nahe Schnabel**. Schnabel an Basis breit, verjüngt sich (leicht aufgeworfen) zu schmaler Spitze; Beine rötlich. **JK/♀ 1W** | wie AK ♀ mit deutlicher Kopfzeichnung, Bauch weißlich. **♂ 1W/♂ 1S** | wie **AK**, aber noch einige JK-Federn auf Oberseite, Bauch weißer, bis Mittsommer.

S | Heiserer Doppelruf des ♂ bei der Balz.

♀: Kragenenten-♀ *S. 66*
Seltene Meeresenten S. 536

Schwimmende Samtenten verbergen gern ihr weißes Flügelfeld, oft nur als dünne weiße Linie zu sehen. Bei längerer Beobachtung von Meeresenten-Trupps sind oft Flügelschläge zu sehen – dann blitzen die Flügelfelder auf.

Mittelhäufiger Wintergast
Okt–Mai

Brütet an N-europäischen Küsten und Tümpeln; im Winter auf See

F | Auffälliges weißes Feld auf Hinterflügel.

Bauch weiß (bei ♀ AK dunkel)

Schnabelspitze schlank, leicht aufgeworfen

 ENTEN IM FLUG *S. 24–25*

Eisente *Clangula hyemalis*

VU

LC

G ♂ 49–62 cm (inkl. 10–15 cm Schwanz) | ♀ 39–47 cm | **SP** 65–82 cm

Kleine Meeresente mit vielen Gefiedertypen, aber typischer Gestalt: gedrungener, rundlicher Körper, runder Kopf; **kurzer**, **hoher**, **dreieckiger Schnabel**. ♂ | lange, biegsame mittlere Schwanzfedern (s. Spießente, *S. 43*, aber Eisente steht niemals auf Schlamm oder Gras). **♂SK** | dunkelbraun, rostbraun gestreift; Kopf und Brust schwarz, **heller Gesichtsfleck**. **♂PK** | **weiß**, **Rücken dunkelbraun**, herabhängende hellgraue Schulterfedern; schwarzes Brustband, graue Flanke; **dunkler zweifarbiger Kopffleck** unter leuchtend **weißem Scheitel**; Schnabel dunkel mit rosa Ring. ♀ | im Winter (PK) dunkle Ober- und helle Unterseite; weißer Kopf mit dunkler Kappe und dunklem Wangenfleck; Schnabel grau. Im Sommer (SK) dunkler, dunkle Kappe und Wangenfleck größer, dadurch nur dünne weißliche Linie hinter dem Auge; Hals weiß. **JK** | (manchmal einzeln, manchmal Binnenland) wie ♀, aber graueres Gesicht, **weißlich um Auge**, **größerer dunkler Wangenfleck**. **♂1W** | erreicht nur langsam das AK-Muster.

Häufiger Wintergast Okt–Mai

Brütet in küstennaher Tundra; im Winter auf dem Meer

Auffällige Gefiederwechsel durch komplexes Mauserschema und Ausbleichung: Körpergefieder des **JK** (zu **1W**) wird Sep–Dez gewechselt; mausert Kopf/Körper nochmals (zu **1S**) Apr–Mai, dann Flügel Jul–Aug. **♂AK** mausert Kopf/Körper Apr–Mai, Flügel/Schwanz Jun–Okt (flugunfähig Jul–Aug); Kopf/Körper nochmals Sep–Okt, Kopf/Hals Okt–Nov. **♀AK** wie ♂, aber etwas später.

S | ♂ ruft häufig nasal jodelnd *a-ou-li*; auch leise tiefe *gak*-Rufe. ♀ ruft nasal quakend und *gat-gat*.

F | **♂SK** dunkler Unterflügel, dunkle Brust, weißer Bauch.

♂SK

JK Jun–Sep

Auf dem Wasser plump, fast alkenartig; dreieckiger Schnabel, runder Kopf; taucht mit leicht abgespreizten Flügelspitzen ab.

♀SK Mai–Jun

♂SK Mai–Jun

Eisenten fliegen in langgezogenen Trupps über dem Meer umher, oft zusammen mit Trauer-/Samtenten *(S. 62–63)*.

F | **♂PK** ausgedehnt weiß mit dunklem Brustband. **♀** Flügel sehr dunkel, Oberkörper hinten dunkel mit weißen Seiten wie Trottellumme *(S. 103)* oder Tordalk *(S. 102)*.

LC Kragenente
LC *Histrionicus histrionicus*

G 38–43 cm | **SP** 65–68 cm

Kleine, rundliche Meeresente mit kleinem Schnabel. Weiße Kopfflecke in allen Kleidern. **♂PK** | dunkel schieferblau mit rostroter Flanke; **großer**, **weißer Gesichtsfleck** läuft als Streifen entlang des Scheitels rostrot weiter; Wangenfleck, Halsband und **Bruststreifen weiß**. Komplizierte Mauser: **♂SK/♂1W** | wie ♀, aber mit Spuren des **PK**. **♀/JK** | dunkelbraun mit **weißem Wangenfleck** und undeutlichen weißlichen Markierungen über und unter dem Auge (vgl. Muster am Kopf der größeren Samtente).

S | Pfeifende Laute bei der Balz, sonst meist still.

♀/♂SK: Samtenten-♀ *S. 63*

Beim Stehen auf Steinen sind beide Geschlechter erstaunlich gut getarnt.

Ausnahmegast aus Island, Gefangenschaftsflüchtling

Brütet an schnell fließenden Flüssen; im Winter an der Küste

F | **♂** dunkel mit weißer Linie entlang des Rückens; Flügel ganz dunkel. **♀** Flügel und Körper dunkel, aber Bauch etwas heller.

Enten-Hybriden

Beim Brüten vermischen sich Entenarten häufiger als die meisten anderen Vögel, vor allem in Gefangenschaft. Hybriden unterscheiden sich danach, welche Art das Männchen beisteuerte. Weibliche Hybriden sind meist schlechter erkennbar als männliche. Hybriden zeigen Merkmale beider beteiligten Arten, erinnern aber oft sehr an dritte Arten. Es gibt zahlreiche Kombinationen. Unten sind deutliche und weniger auffällige Beispiele für Männchen gezeigt. Wenn es um seltene Entenarten außerhalb ihres Verbreitungsgebiets geht, sollten stets Hybriden in Betracht gezogen werden, besonders bei Moorente *(S. 50)*, Rotkopfente *(S. 535)* und Kanadabergente *(S. 534)*.

Stockente × Spießente

Männchen kombiniert Farben und Gestalt beider Eltern, von beiden deutlich unterschieden.

Löffelente × Schnatterente

Wie Schnatterente, aber das eigenartige Kopfmuster enthält das Grün der Löffelente.

Pfeifente × Kanadapfeifente

Intermediär oder näher bei einem Elternteil. Heller Kopf mit dunklem Band, häufig grauer Körper.

Reiherente × Tafelente

Wie Bergente mit Schopf oder Kanadabergente mit hellem Rücken; breite schwarze Schnabelspitze.

Reiherente × Moorente

Wie Moorente, aber mit angedeutetem Schopf und dunklerem Auge, oder wie Reiherente mit dunkler Flanke.

Tafelente × Moorente

Wie Moorente, aber oft rötliches Auge, grauerer Körper, wenig Weiß am Unterschwanz.

Reiherente × Ringschnabelente

Ähnlich Ringschnabelente, aber mit Schopf; an grauer Flanke kann weißer Keil der Vorderflanke fehlen.

Bergente × Reiherente

Beide Geschlechter wie Bergente, aber mehr Schwarz am Schnabel; Männchen dunkler, mit kleinem Schopf.

GÄNSE IM FLUG *S. 23*

EINBÜRGERUNGEN, GEFANGENSCHAFTSFLÜCHTLINGE UND AUSNAHMEGÄSTE

Einige Enten-, Gänse- und Schwanenarten können als aus Haltungen entflogene Vögel auftauchen, andere stammen aus Einbürgerungsprojekten. Hier werden einige häufiger anzutreffende Arten vorgestellt, die einheimischen (wild lebenden) Arten ähneln und dadurch Verwirrung auslösen können. Schnee- und Zwergschneegans können auch als seltene Ausnahmegäste auftreten.

Zwergschneegans | **Kaisergans* | ACHTUNG: Hybriden aus Kanadagans *(S. 32)* und anderen Gänsen haben oft einen weißen Kopf, aber dunkle Beine.

LC
LC

Schneegans *Anser caerulescens*

G 65–75 cm | **SP** 133–156 cm

Mittelgroße untersetzte Gans; zwei Unterarten: ***caerulescens*** und ***atlanticus***, die sich trotz erheblicher Überschneidung in durchschnittlicher Größe unterscheiden. **AK** | beide Unterarten **rein weiß** (häufigste Morphe), nur Flügelspitzen schwarz; Schnabel und Beine rosarot. Bei ***caerulescens*** auch dunkle Morphe: **weißer Kopf**, **dunkel blaugrauer Körper**, hellere Flügel. **JK / 1W** | oben hell bräunlich grau, weißer Hals, dunkler Augenstreif, dunkler Schnabel und graue Beine.

S | Gackernde Laute und laut *ang-ak-ak-ak*.

F | Schwarze Flügelspitzen hinter grauem Feld an Flügelvorderkante.

Ausnahmegast aus N-Amerika; vielerorts eingebürgert und entflogen

Felder, Wiesen

AK

AK weiße Morphe ganzjährig

Beachte entkommende Hausgänse (meist größer, weniger kompakt)

1W
Okt–Mär

Gestalt/Proportionen wie Altvogel, aber graubraun

SSP. ***caerulescens*** **dunkle Morphe**

AK ganzjährig

„Offener" Bereich entlang Schnabelkanten ergibt „grinsenden" Gesichtsausdruck.

SSP. ***caerulescens*** **intermediäre Morphe**

AK ganzjährig

Zwergschneegans

Anser rossii

Gefangenschaftsflüchtling, auch seltener Gast aus N-Amerika

Felder, Wiesen

G 53–66 cm | **SP** 115–130 cm

Kleine, kurzhalsige Gans mit schwarzen Flügelspitzen; sehr ähnlich der Schneegans, aber kleiner, Kopf runder; **Schnabel kurz, mit grauer Basis**, ohne „grinsenden" Effekt. **JK/1W** | matter, graubraun verwaschen, dunkler Augenstreif.

NT Kaisergans

Anser canagicus

Gelegentlich aus Gefangenschaft

Seen, Wiesen

G 68–89 cm | **SP** 120 cm

Mittelgroße, bleigraue Gans (Federsäume bräunlich) mit dunklen Bändern, **weißem Kopf/Hinterhals**, schwarzem Vorderhals und weißem Schwanz. Schnabel rosa, **Beine leuchtend orange** (Schneegans hat rosa Beine und keine Binden auf Oberseite).

Streifengans

Anser indicus

Gefangenschaftsflüchtling, Heimat Mittelasien

Seen, Flüsse

G 71–76 cm | **SP** 140–160 cm

Mittelgroße, hellgraue Gans; zwei schwarze Bänder am weißen Kopf, weißer Halsstreifen; sehr heller Vorderflügel. Beine orange.

LC Schwarzschwan

Cygnus atratus

Gefangenschaftsflüchtling, manchmal brütend, Heimat Australien

Seen, Flüsse, Feuchtwiesen

G 110–140 cm | **SP** 160–200 cm

Unverwechselbarer großer, **schwarzer** Schwan mit rotem Schnabel und **weißen Schwingen** (auffällig im Flug).

Oft in Gesellschaft von Höckerschwänen *(S. 26)*, manchmal deren Familien begleitend.

LC Mandarinente

Aix galericulata

G 41–49 cm | **SP** 65–75 cm

Mittelgroße, an der Wasseroberfläche fressende Ente, oft in oder nahe Bäumen. **♂PK** | unverwechselbar: **breites weißes Band über Auge** und unter langem, bis zum Rücken reichendem Schopf; unter dem Gesicht breiter oranger Fächer. Aufrechte **orange „Segel"** am Rücken. **♂SK** | wie ♀, aber schwächere „Brille", matt oranges Feld auf Wange, Schnabel blass orange-rosa oder rot. **♀/JK** | kleinköpfig; dunkelbraun, Brust fein weiß gestrichelt, **Flanke grob getupft**; dicker Schopf über feiner, weißer „Brille"; Kinn weiß; kleiner grauer Schnabel mit **hellem Nagel**.

♂SK/♀: Mandarin- und Brautente sehr ähnlich

S | Im Flug hohes, quietschendes Pfeifen.

F | Klein, dunkel, schnell fliegend; recht eintönig; dunkler Oberflügel mit schillerndem Flügelspiegel, dünner weißer Flügelhinterrand.

Sehr seltener Brutvogel, aus Asien eingebürgert

Seen/Flüsse in Waldgebieten, Parks

LC Brautente *Aix sponsa*

G 47–54 cm | **SP** 66–73 cm

Aus Gefangenschaft oder N-Amerika

Seen im Waldland

Mittelgroße, an der Wasseroberfläche fressende Ende. ♂ | unverwechselbar: schwarz-weiß gemusterter Kopf, herabhängender Schopf mit weißem Rand; Rücken dunkel, Flanke beige, von schwarzen und weißen Streifen begrenzt. ♀ | wie Mandarinenten-♀, aber breitere weiße „Brille", Flankenfleckung kleiner/undeutlicher, **dunkle Schnabelspitze**.

BESTIMMUNG VON *AIX*-♀

Zimtente *Spatula cyanoptera*

G 47–54 cm | **SP** 66–73 cm

Kleine Gründelente. ♂**PK** | **kastanienbraun**, blauer Vorderflügel; Auge rot; schwärzlicher Schnabel lang, kräftig, an der Spitze breit. ♀**/**♂**SK/JK** | wie Blauflügelente, aber wärmer braun, schwächer gezeichneter Kopf (weißer Fleck nahe Schnabel matter, dunkler Augenstreif reicht bis kurz vor den dunklen Nacken); Auge kräftiger rotbraun; Schnabel kräftiger/breiter, löffelförmig.

GF, Heimat N-Amerika

Seen, Sümpfe

Blauflügelente S. 533

LC Gelbbrust-Pfeifgans *Dendrocygna bicolor*

G 45–53 cm | **SP** 75–85 cm

Mittelgroße, langbeinige, langschnäbelige Ente aus Amerika/Afrika. Intensiv gelbbraun mit einfarbigem Kopf. Rücken schwarz-rotbraun gebändert; Flanke hellbraun mit langen Streifen. Schnabel und Beine grau.

F | Oberflügel dunkel, Schwanz weiß mit schwarzer Endbinde; Unterflügel schwarz.

Gefangenschaftsflüchtling, Ausnahmegast

Seen, Sümpfe

Kapgans *Tadorna cana*

G 71–76 cm | **SP** 120–130 cm

Wie eine dunkle Rostgans *(S. 37)*. ♂ | mit grauem Kopf; ♀ | hat grauen Kopf mit weißem Gesicht.

GF, Heimat Afrika

Seen

LC Moschusente *Cairina moschata*

G 66–84 cm | **SP** 120–140 cm

Große, kräftige amerikanische Ente; verbreitet domestiziert, dabei sehr variable Färbung. Überwiegend glänzend schwärzlich; langer Schnabel mit rosa Band und rotem Höcker an der Basis. Bei domestizierten/entflogenen Vögeln oft Kopf und Unterseite weiß; Schnabel und Gesicht runzelig rot.

Lokal ausgesetzt

Flüsse, Teiche

Lappentaucher, Seetaucher und Kormorane

Wasservögel, die die meiste Zeit schwimmend und tauchend verbringen; Beine setzen am Körperende an.

LAPPENTAUCHER 6 Arten [1 Ausnahmegast] *(S. 73, 75–79, 538)*
Klein bis mittelgroß, rundlich; spitzer Schnabel; winziger Schwanz. Gesellig. Stets auf dem Wasser; können stehen, aber nicht laufen. Schwimmen hoch auf dem Wasser, Hals ausgestreckt oder eingezogen; tauchen von der Wasseroberfläche aus, kleinere Arten „verschwinden" mit schneller Rolle und ploppen wie Korken wieder auf. **Flug** schnell, direkt, große Füße ragen nach hinten heraus. **Alters- und Geschlechtsbestimmung, Mauser** Geschlechter sind gleich, auffällige saisonale Unterschiede gibt es beim schmucken Kopfgefieder; Jungvögel zunächst mit gestreiftem Kopf, aber schon im Winter den Altvögeln sehr ähnlich. Bei Jungvögeln Mauser von Kopf-/Körpergefieder Jul–Dez und wieder Jan–Mai; Altvögel mausern Kopf-/Körpergefieder von Jan–Apr ins Prachtkleid, Vollmauser ins Schlichtkleid Jun–Nov.

Bestimmung: Sommer: Größe | Farbe/Muster von Kopf/Hals; Winter: Schnabelform/-farbe | Kopfmuster

SEETAUCHER 5 Arten [1 Ausnahmegast] *(S. 73, 74, 80–83, 538)*
Mittelgroß bis groß; Schnabel dolchförmig, Schwanz kurz. Einzeln oder in lockeren Trupps; stets auf dem Wasser, nur zum Brüten auf Nest am Ufer; können nicht aufrecht stehen oder laufen. Liegen tief im Wasser, Hals gestreckt, tauchen mit glatter Rolle von Wasseroberfläche ab. **Flug** Schnell, direkt; mit langen, schmalen Flügeln, wenig agil, Hals ausgestreckt, Füße über Körper hinausragend. Unterseite und Unterflügel weiß, dunkles Band am Oberrand der Flanke. **Alters- und Geschlechtsbestimmung**, **Mauser** Geschlechter sind gleich, es gibt aber deutliche saisonale Unterschiede: Altvögel mausern Kopf-/Körpergefieder von Feb–Apr ins Prachtkleid, Vollmauser ins Schlichtkleid von Sep–Dez. Jungvögel haben im Winter auf der Oberseite „rundere" (weniger eckige) Federränder; Mauser von Kopf-/Körpergefieder Nov–Feb und Apr–Mai.

Bestimmung: Sommer: Färbung/Muster von Kopf/Kehle/Rücken; Winter: Schnabelform | Färbungsmuster von Kopf/Hals/Flanke

KORMORANE 4 Arten [1 Ausnahmegast] *(S. 74, 84–86, 538)*
Mittelgroß bis groß; langer Schnabel mit stumpfem Haken; große Füße (Schwimmhäute zwischen allen vier Zehen). Gesellig. Liegen tief im Wasser mit aufrechtem oder gebogenem Hals, langer Schwanz dabei flach auf Wasseroberfläche; tauchen mit Rolle oder kleinem Sprung von der Wasseroberfläche ab. Stehen häufig auf Steinen, Sandbänken, Hafenmolen, Bojen etc. (Lappen-/Seetaucher niemals), aufrecht oder etwas gebeugt, Flügel oft weit ausgestreckt; manche Arten rasten (und brüten) in Bäumen. **Flug** Oft in Ketten oder keilförmigen Trupps, auffälliger langer Schwanz; Kormorane sind auch über Land fliegend zu sehen, mitunter hoch kreisend. **Alter/Geschlecht**, **Mauser** Geschlechter sind gleich; Altvögel ganz dunkel oder mit weißen Markierungen im Frühjahr: Vollmauser Jun–Dez, Mauser von Kopf-/Körpergefieder Jan–Apr. Jungvögel brauner, mit zunehmendem Alter Annäherung an Alterskleid; Jungvögel mausern Kopf-/Körpergefieder Aug–Dez, dann ausgedehnte Mauser von Feb–Dez und nochmals Jun–Dez, dabei verschiedene Übergangskleider.

Bestimmung: Kopfmuster | Schnabelgröße | Färbung der Unterseite

MÖGLICHE VERWECHSLUNGSGRUPPEN: Blässhühner *(S. 219)*. Tauchenten *(S. 48–55)* und Alke *(S. 100)* können an See- oder Lappentaucher erinnern.

Bestimmung von Lappentauchern im Winter

HAUBENTAUCHER *(S. 78)*
langer **rosa Schnabel**; schwarze Kappe; **weißer Überaugenstreif über schwarzem Zügel**; **leicht gesträubter Kopf**; weiße Wange; schmaler Hals; am Nacken nur schmaler dunkler Bereich, Vorderhals weiß

ROTHALSTAUCHER *(S. 79)*
dunkler Schnabel mit **gelber Basis**; vor dem Auge dunkel, rundliche schwarze Kappe, düster weißliche Wange; dicker Hals; **am Nacken breiter dunkler Bereich**, Vorderhals düster

OHRENTAUCHER *(S. 77)*
kurzer gerader Schnabel; **schräge Stirn**, **flacher Scheitel**; flacher Rücken; dunkle Kappe deutlich von **weißer Wange** abgesetzt

SCHWARZHALSTAUCHER *(S. 76)*
kurzer, **leicht aufgeworfener Schnabel**; **steile Stirn**; Rücken rundlich; dunkle Kappe geht in weißliche Wange über

ZWERGTAUCHER *(S. 75)*
matt beige und braun; dunkler runder Scheitel

Bestimmung von Seetauchern im Winter

GELBSCHNABELTAUCHER *(S. 83)*
Kopfseiten und Hals hellbraun, Kontrast zu dunklerem Scheitel und Hinterhals; Schnabel hell, gewinkelt, erscheint aufgeworfen

EISTAUCHER *(S. 82)*
dunkler Scheitel von Weiß um Auge unterbrochen; Scheitel/Hinterhals dunkler als oder in gleichem Farbton wie Rücken; kein weißer Flankenfleck

STERNTAUCHER *(S. 80)*
hell, aus Entfernung „silbrig"; „Knopfauge" in hellem Gesicht; Scheitel/Hinterhals relativ hell, dunkler Bereich am Hinterhals schmal

PRACHTTAUCHER *(S. 81)*
Dunkel des Oberkopfs reicht bis zum Auge; Scheitel/Hinterhals heller als Rücken; weißer Flankenfleck (vgl. Pazifiktaucher *S. 538*)

Kormorane und Seetaucher im Flug

Lappentaucher im Flug

Zwergtaucher
Tachybaptus ruficollis

L 23–29 cm | **W** 40–45 cm

Sehr kleiner, brauner, gedrungener Lappentaucher; schwimmt wie ein Korken, sitzt gelegentlich am Ufer, aber selten aufrecht stehend. Auge dunkel.
PK | **sehr dunkel** mit **kastanienbraunem Gesicht**, orangebrauner Flanke und hellem, strubbeligem Körperende; Schnabel kurz mit hellgelbem Fleck an der Basis. **SK/1W** | heller und brauner als **PK**; Rücken dunkel, Flanke heller beige, dunkle Kappe im Kontrast zur hellen Wange, aber weniger schwarz-weiß als alle anderen kleinen Lappentaucher; Schnabel mit **weißlichem Fleck** an der Basis. **JK** | Gesicht und Scheitel dunkel, Wange gestreift; Schnabel kurz und dick.

S | Lauter, bibbernder Triller, auch im Duett. Jungvögel mit verschiedenen kurzen, dünnen Pfeiflauten. Im Winter meist stumm.

Schwarzhalstaucher S. 76
Bindentaucher S. 538

F | Flügel dunkelbraun; wirkt beim Flitzen über das Wasser langhalsiger, Füße ragen über Körperende hinaus.

Mittelhäufiger Brutvogel und Wintergast

Seen, Flüsse, Sümpfe; im Winter auch an Küsten

Es kommen zwei SSPP. vor: ***ruficollis*** (verbreitet) mit braunem Auge; ***albescens*** (Kaukasus) mit gelbem Auge.

Alle SSP. ***ruficollis***

LC VU

Schwarzhalstaucher

Podiceps nigricollis

G 28–34 cm | **SP** 45–50 cm

Kleiner Lappentaucher mit rundem Rücken. Schnabel kurz, schmal, **leicht aufgeworfen**, ganz dunkel; **steile Stirn**; Kopf rund, höchster Punkt in Scheitelmitte. Meist einzeln oder zu zweit, mitunter aber große, dichte Ansammlungen. **PK** | **schwarz** mit kupferroter Flanke, **herabhängende goldgelbe Ohrbüschel** hinter rotem Auge. **SK** | schwarz-weiß. Meist geht schwarze Kappe hinter dem Auge allmählich in düstere Wange über (anders als bei Ohrentaucher), manchmal aber doch deutlicher Kontrast; unterer Teil der Wange heller, zieht sich als weißlicher Keil am Hinterkopf hoch; breiter dunkler Strei-fen entlang Hinterhals; Vorderhals grau. Rote Augen fallen oft auch aus Entfernung auf. **JK** | dünne weiße Streifen am Kopf. **1W** | verliert Streifen; wie **SK**, aber Gesicht und Hals orangebeige, an Zwergtaucher erinnernd.

Ohrentaucher | Zwergtaucher *S. 75*

Dort, wo sie häufig sind, sammeln sich Schwarzhalstaucher zu lebhaften Trupps; beachte die verschiedenen Mauserstadien in diesem Trupp.

S | Leise Triller und ansteigende Pfeiftöne; im Winter stumm.

Seltener BV und DZ

Brütet an Seen; im Winter auf Seen und an Küsten

In Europa lebt SSP. ***nigricollis***.

F | Weiß am Hinterflügel reicht bis auf den Handflügel (kein Schulterfleck wie beim Ohrentaucher).

Ohrentaucher

Podiceps auritus

G 31–38 cm | **SP** 46–55 cm

Recht kleiner Lappentaucher mit flachem Rücken. Schnabel kurz, **gerade**, dunkel mit **heller Spitze**; **Stirn langsam ansteigend**; Scheitel flach, am Hinterkopf am höchsten. Weniger gesellig als andere kleine Lappentaucher: meist einzeln oder zu zweit, kann aber mit Schwarzhalstauchern zusammen sein. **PK** | schwarzer Kopf mit **aufgerichtetem gelbem Ohrbüschel** hinter dem Auge; **Hals und Flanke rostrot**. **SK** | schwarz-weiß. Schwarze Kappe **scharf von weißer Wange abgesetzt**; schmaler schwarzer Streifen entlang Hinterhals; hellgrauer Vorderhals. Typisch: weißlicher Fleck vor dem intensiv roten Auge. **JK** | Kopf kräftig schwarz-weiß gestreift. **1W** | verliert Streifen; wie **SK**, aber düstere braune Flecke an Kopf und Hals, erinnert an Schwarzhalstaucher (oder einen kleinen Rothalstaucher).

Schwarzhalstaucher
Rothalstaucher S. 79

Im Frühjahr werden die Wangen dunkler, das Gelb erscheint am Kopf; im Herbst werden die Wangen weiß, das Gelb geht (so wie hier) nach und nach verloren.

S | Zur Brutzeit schwaches Trillern; sonst stumm.

Sehr seltener BV und WG

Brütet an Seen; im Winter auf Seen und im Küstenmeer

In Europa lebt SSP. ***auritus***.

F | Weiß nur auf hinterem Armflügel; meist kleiner weißer Schulterfleck.

LAPPENTAUCHER IM FLUG *S. 75* | LAPPENTAUCHER IM WINTER *S. 73*

LC Haubentaucher

LC *Podiceps cristatus*

G 46–51 cm | **SP** 59–73 cm

Größter Lappentaucher, aber wegen des dünnen, oft eingezogenen Halses Größe oft schwer einzuschätzen (kann plump oder schlank wirken). Schwarze Kappe reicht nur **bis zum Oberrand des Auges**; **weißes Feld über schwarzem Streif vom Schnabel zum Auge**. **Dolchförmiger rosa** Schnabel; Auge rot. Häufig elegant von Wasseroberfläche abtauchend. Einzeln, in Paaren oder größeren Gruppen. **PK** | **rotbraun-schwarze Haube**; Gesicht, Vorderhals und Brust **weiß**. **SK** | Hals weiß; schmale dunkle Linie entlang Hinterhals. **JK** | unauffällig hellbraun mit weißlicher Brust; schwarz-weiße Kopfstreifung, die durch Mauser bis zum Winter verschwindet, dann wie Altvögel im **SK**.

Rothalstaucher

Brutpaare balzen häufig mit abgespreizten Hauben und synchronem Kopfwenden.

S | Im Sommer laut rollend *korrr*. Küken permanent laut pfeifend *pli-pli-pli*. Haubentaucher bestimmen im Sommer die Geräuschkulisse vieler Gewässer, rufen aber gelegentlich auch im Winter.

Mittelhäufiger Brut- und Gastvogel

Brütet an Seen und Flüssen; im Winter auf Seen, Flüssen, an Küsten

In Europa lebt SSP. ***cristatus***.

F | Schnell, direkt; Hals schlaksig; Füße groß, über Körperende ragend, etwas hängend. Weiße Felder auf schmalen Flügeln.

Rothalstaucher

LC VU

Podiceps grisegena

G 40–46 cm | **SP** 55–60 cm

Mittelgroßer Lappentaucher mit kräftigem Schnabel (dunkel, an **Basis gelb**), dickem Hals und großem Kopf. Dunkle Kappe reicht bis unter dunkles oder gelbes (nicht rotes) Auge; kein Weiß vor dem Auge. Einzeln oder in Paaren, stellenweise 50 oder mehr, oft zusammen mit anderen Lappentauchern. **PK** | schwarze Kappe mit kurzem Schopf; **Wange silbrig grau, weiß umrandet**; **Hals und Brust rostrot**. **SK** | schwarz, weiß und graubraun (wie düsterer, dicker Haubentaucher oder großer Ohrentaucher). Untere Kopfhälfte schmutzig grau oder matt weiß, mit angedeutetem weißem Keil hinter der Wange. **Breites dunkles Band entlang** Hinterhals; **Vorderhals graubraun** bis rötlich beige. **JK** | Schnabel und Auge gelblich; Gesicht gestreift, Hals rostrot, aber im **1W** wie **SK**.

Haubentaucher
Ohrentaucher *S. 77*

Taucht mit leichtem Sprung ab, anders als das „gleitende" Abtauchen des Haubentauchers.

S | Zur Brutzeit stimmfreudig: grob *gahrk*, auch klagende und wiehernde Rufe; im Winter stumm.

Seltener Brut- und Gastvogel

Brütet an schilfbestandenen Seen und Teichen; im Winter auf Seen, Flüssen, an Küsten

Zwei SSPP.: ***grisegena*** weit verbreitet; ***holbollii*** (Ausnahmeerscheinung aus N-Amerika) mit größerem Schnabel.

F | Schnell, direkt; große, über Körper hinausragende Füße. Landet mit der Brust voran. Weiße Felder auf schmalem Flügel.

SEETAUCHER IM FLUG *S. 74* | SEETAUCHER IM WINTER *S. 73*

LC Sterntaucher
LC *Gavia stellata*

G 55–67 cm | **SP** 91–110 cm

Kleinster Seetaucher. **Hals aufrecht, Kopf und Schnabel etwas aufwärts gerichtet**; spitzer Schnabel aufgeworfen, **Oberseite gerade**. Im Winter geselligster Seetaucher. **PK** | Rücken einfarbig graubraun. Kopf grau mit feinen, weißen Streifen am Hinterhals; **schmaler, dunkelroter Kehlfleck**. **SK** | sehr hell; Rücken grau, fein **weiß gesprenkelt**; Flanke weiß, dunkel gefleckt. Brust und Vorderhals weiß; Scheitel und **schmales** Band am Hinterhals dunkel graubraun; **weißes Gesicht** mit **dunklem „Knopfauge"**. **JK** | wie **SK**, aber Vorderhals und Wangen brauner; feine weiße Winkel auf dem Rücken. **1W** | wie **JK**, aber kleine, weiße Strichel auf dem Rücken (bei Altvögeln stärker gesprenkelt). **1S** | wie **PK**, aber einige Federn der Oberseite alt und ausgeblichen.

Prachttaucher

S | Im Winter stumm; im Sommer Duett aus langgezogenen, heulenden (teils vibrierenden) Rufen des Männchens und rauem Gackern des Weibchens. Flugruf gänseartig tief und rau.

Mittelhäufiger DZ u. WG

Brütet an kleinen Seen in Tundra und Taiga; überwintert auf dem Meer

typisches Flugprofil mit gesenktem Hals

F | Länglich; lange, **schmale Flügel** oben dunkel, unten weiß; schmale dunkle Flankenlinie; **Kopf/Schnabel leicht gesenkt**; herausragende Füße relativ klein, wirkt daher vorn länger und hinter den Flügeln kürzer als andere Seetaucher. Flügelschläge schneller und tiefer als andere Seetaucher; typisches Auf und Ab des Kopfes im Takt mit Flügelschlägen.

Prachttaucher
Gavia arctica

G 63–75 cm | **SP** 100–122 cm

Mittelgroßer Seetaucher. Hals gewunden; Schnabel **dolchförmig**, **waagerecht gehalten**. Hinterkörper eher schmal, **dicker** Kopf auf dünnem Hals (Eistaucher mit breitem Körper, Kopf und Hals gleich breit). Taucht mit leichtem Rückwärtsruck des Kopfes ab. **PK** | Rücken schwarz mit ovalem Feld weißer Flecken. Kopf grau, Gesicht dunkler; Hals gestreift mit **breitem**, **schwarzem Kehlfleck**. **SK** | Oberseite schwärzlich, aber **Hinterhals heller als Rücken** (anders als Eistaucher). **Weißes Feld an Hinterflanke** im Schwimmen meist sichtbar. Flügeldecken weiß gefleckt. **JK** | wie **SK**, aber brauner mit hellen Säumen der Rückenfedern. **1W** | wie **SK**, aber noch hell gesäumte Federn des **JK** auf Rücken; Flügeldecken dunkel. **1S** | wie **SK**, aber wenige oder keine weißen Flecke auf Flügeldecken. **2S** | wie **PK**, aber Kehlfleck bräunlich schwarz.

In Europa kommt SSP. ***arctica*** vor.

Eistaucher *S. 82*
Pazifiktaucher S. 538
Sterntaucher

S | Im Sommer lautes, hohes, rhythmisches Heulen. Flugruf rau *karr-arr-arr*.

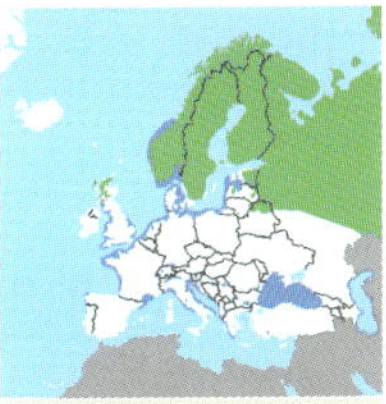

Seltener DZ u. WG

Brütet an großen Seen mit Inseln; überwintert auf Meer und Seen

typisches Flugprofil mit geradem Hals

F | Langer, gerader, **dicker** Hals wirkt **röhrenförmig** und wird nur **selten gesenkt**; große, weit herausragende Füße, dadurch wirken Flügel „mittiger" als beim Sterntaucher. Flug geradlinig mit tiefen, steifen Flügelschlägen.

Eistaucher

LC LC *Gavia immer*

Gelbschnabeltaucher
Prachttaucher *S. 81*

G 73–88 cm | **SP** 122–148 cm

Großer, dickhalsiger Seetaucher mit unterschiedlich stark ausgeprägter „Beule" an der Stirn. An der Basis breiter, **dolchförmiger Schnabel**, der **waagerecht gehalten** wird. **PK** | **Kopf schwarz**; Hals schwarz mit seitlichem Feld weißer Streifen; Brust weiß; Rücken schwarz mit Reihen **viereckiger weißer Flecken**. **Schnabel dunkel**. **SK** | Oberseite dunkelgrau mit einigen weißen Flecken; Kehle und Vorderhals weiß (erinnert an unausgefärbten Kormoran *(S. 84)*, aber Schwanz sehr kurz). **Scheitel und Hinterhals dunkler als Rücken** (dagegen etwas heller beim Prachttaucher), mit **weißer Einbuchtung** über einem **dunklen**, **vorn offenen Halsband**. Rücken fein gebändert (weniger geschuppt als beim Prachttaucher). **Flanke dunkel** (kein weißes Feld wie beim Prachttaucher). Schnabel grau/weißlich mit **dunkler Oberseite und Spitze**. **JK/1W/1S** | wie **SK**, aber oberseits stärker geschuppt, Kopf brauner. **2W** | wie **SK**, aber Rücken einfarbig.

Sehr seltener WG Okt–Apr

Brütet an großen Seen in Tundra; im Winter auf dem Meer

F | Großer Kopf, kaum abgesenkt; lange, zentral ansetzende Flügel; Flügelschläge schneller als bei den kleineren Seetauchern, aber großer Schnabel und massiger Körperbau sind die besten Hinweise. Dunkles Flankenband.

S | Schnelle, lachende Laute, gelegentlich auch auf dem Meer zu hören; am Brutplatz laut, ansteigend heulend *hoo-wüh-wüh-wüh-wü-a*.

T
U

Gelbschnabeltaucher

Gavia adamsii

Eistaucher

G 77–90 cm | **SP** 135–150 cm

Großer, massiger Seetaucher mit dickem Hals und großem Kopf, meist **aufwärts gerichtet**; unterschiedlich geformte „Beule" an Stirn. An der Basis breiter Schnabel, Unterkante mit Winkel, dadurch **aufgeworfen** wirkend. **PK** | Kopf schwarz; Hals schwarz mit seitlichem Feld weißer Streifen; Brust weiß; Rücken schwarz mit **Reihen großer**, **viereckiger**, **weißer Flecken**. **Schnabel gelblich bis elfenbeinweiß**. **SK** | oben dunkelgrau mit einigen weißen Flecken; Kehle und Vorderhals weiß; **schmales**, **dunkelbraunes Band entlang Hinterhals**; dunkles, vorn offenes Halsband, oft vorn mit bräunlicher Verbindung beider Seiten über der weißen Brust. Oberseite des Schnabels nur **nahe Basis dunkel**; **Spitze und Schneidekanten hell**. **JK / 1W / 1S** | brauner als **SK**, mit breitem, **beigeweißem Wellenmuster** auf Oberseite, dadurch relativ hell wirkend. Kopf überwiegend hell; Scheitel, Mitte des Hinterhalses und offenes Halsband braun; **dunkler Wangenfleck**; dunkles Auge in hellem Gesicht; unterer Hals gelblich beige. **2W** | wie **SK**, aber Rücken einfarbig.

S | Lachende Rufe; traurig klingendes, ansteigendes *uuuh-u-u-uh* im Brutgebiet; im Winter stumm.

Sehr seltener Wintergast/Durchzügler
Okt–Apr

Meeresgewässer

F | Der am kräftigsten gebaute Seetaucher, dickbäuchig, langsame Flügelschläge; großer heller Kopf und aufgeworfener heller Schnabel können zu sehen sein.

KORMORANE IM FLUG S. 74

LC Kormoran
LC *Phalacrocorax carbo*

G 77–94 cm | **SP** 121–149 cm

Großer, dunkler Wasservogel. Nahrungssuche allein, in kleinen Gruppen oder auch riesigen Schwärmen; gemeinschaftliches Rasten, oft in Bäumen. Taucht mit sanfter Rolle ab. Steht aufrecht, oft zum Trocknen abgespreizte Flügel *(S. 72)*, aber auch „liegend" mit Hals s-förmig angelegt und dickem Schnabel nach oben gerichtet; Stirn flach ansteigend. **PK** | schwärzlich, **Kinn und Hüfte weiß**. Im Frühjahr einige weißliche Kopffedern oder überwiegend weißer Kopf. Auge grün. **SK** | Wange/Kehle matt weiß; nacktes, gelbes Gesicht. **JK** | schwarzbraun, zum Winter hin Unterseite weißer; Oberkopf bis zum Auge dunkel; Kinn weißlich, Gesicht gelb. **Imm** | fleckig schwarz, Unterseite weißer; orangegelbes Gesicht, **Kinn weißlich**; Auge dunkel bis **2W**.

Krähenscharbe
Ohrenscharbe S. 538

F | Gleichmäßiger Flügelschlag, Hals ausgestreckt; **langer**, **breiter**, **gerundeter Schwanz**; breite Flügel. Gruppen von 5–100 Vögeln in V-Form oder Ketten; oft Gleitphase; „Abkippen", um an Höhe zu verlieren.

Mittelhäufiger Brut- und Gastvogel

Brütet an Gewässern und Küsten; im Winter Gewässer aller Art

Hals einheitlich dick

SK

S | Tiefe, gutturale Rufe.

SK
Jun–Mär

PK
SSP. ***carbo***
[Mär]

PK
SSP. ***sinensis***
[Feb]

PK
SSP. ***carbo***
Jan–Jun
[Mär]

Imm
ganzjährig

Erreicht im Verlauf von 3–4 Jahren das Alterskleid: 1S (1 Jahr alt) glänzende Flecke am Rücken; 2W Oberseite überwiegend glänzend, Unterseite weiß, dunkel gefleckt; 2S (2 Jahre alt) Bauch bläulich schwarz gefleckt; 3W wie adult, aber Flügelfedern neu (schwarz), älter (dunkel) und aus JK (hellbraun).

Es kommen zwei SSPP. vor: ***sinensis*** (Binnenland) glänzt blaugrün, ***carbo*** mehr purpurn; ***sinensis*** (nördliche Küsten) hat im Frühjahr mehr Weiß am Kopf; eher paralleles weißes Band hinter eckiger gelber Haut *(siehe unten)*

KORMORAN-UNTERARTEN

Die Unterscheidung von ***carbo*** und ***sinensis*** ist schwierig. Die nackte gelbe Haut unter dem Auge ist spitz bei ***carbo***, aber gerader abgeschnitten bei den meisten ***sinensis***.

SSP. ***carbo***

Winkel 30°–72°

SSP. ***sinensis***

Winkel 66°–111°

Krähenscharbe
Gulosus aristotelis

G 68–78 cm | **SP** 95–110 cm

Großer, dunkler Seevogel; wie ein kleiner, zierlicher Kormoran. Gesellig, Nahrungssuche mitunter in **großen Trupps**; rastet nicht in Bäumen. Taucht mit deutlichem Sprung von der Wasseroberfläche aus ab. Flügel breit. Häufig mit ausgestreckten Flügeln stehend. **Schnabel schmal** mit kleinem Haken; rundlicher Kopf mit **steiler Stirn**. **SK** | grünlich schwarz; Schnabelwinkel und Kehle gelb **(ohne Weiß)**. Auge smaragdgrün. **PK** | **aufgerichtete Federtolle**. **JK** | dunkelbraun; Kopf bis unter das Auge dunkel; weißlicher Kinnfleck und Lidring. Beine hell, selten gelblich. Oft helles Feld aus abgetragenen Federn bis **1S**. **Imm** | Oberseite matt grünlich schwarz, Unterseite braun; Auge im zweiten Lebensjahr gelbgrün.

Kormoran
Ohrenscharbe S. 538

Springt oft beim Abtauchen (Kormoran rollt).

Sehr seltener Wintergast Sep–Apr

Brütet an Felsküsten; im Winter im Küstenmeer

F | Geradlinig; schnelle Bewegung, kein Gleiten (Kormoran langsamer, schwerfälliger); fliegt meist flach über dem Wasser, weder hoch noch über Land. Hals schlank; Flügel weit hinten am Körper ansetzend; Schwanz relativ kurz.

S | Grunzende Laute, ♂ am Nest mit gackernden Rufen.

Es kommen zwei SSPP. vor: ***aristotelis*** (NO-Atlantik) und ***desmarestii*** (Mittelmeer) – Schnabel heller/länger; im AK Federtolle länger vorhanden als bei ***aristotelis***; JK mit hellerem Flügelfeld und weißerer Unterseite (vgl. Kormoran). Beine können hellgelb sein.

JUGENDKLEIDER VON KORMORAN UND KRÄHENSCHARBE IM VERGLEICH

KORMORANE IM FLUG S. 74

LC Zwergscharbe

LC *Microcarbo pygmaeus*

G 45–55 cm | **SP** 80–90 cm

Gestalt und Haltung wie Kormoran, aber **kleiner**, Hals dicker und **Schnabel kürzer**. Meist in vegetationsreichen Feuchtgebieten und Flussdeltas, aber an Flüssen auch in der Nähe von Siedlungen. Bei Wärme mitunter hoch kreisend. **AK** | schwarzbraun mit hellerem Glanz auf Oberflügel. **PK** | im Frühjahr Kopf mit **Bronzeglanz** und feinen weißen Stricheln, die sich schnell abnutzen; Gesichtshaut schwarz. Schnabel schwarz, bis Mai/Jun heller werdend. **SK** | Kopf **matt braun**; Schnabel gelblich. **JK** | düster braun, Kinn und Bauch weißlich. AK wird im Verlauf von 3–4 Jahren erreicht, vielschichtiges Mauserschema mit ausgedehnten, komplexen Abschnitten, dadurch etliche Übergangsstadien.

PK
Feb–Jul
[Apr]

Früh in der Brutzeit sind am braunen Kopf und Hals kurzzeitig feine weiße, haarförmige Federn zu sehen.

Sehr seltener Gastvogel

Seen, Sumpfgebiete, Flüsse

F | Langer Schwanz schmal oder gefächert; Kopf ausgestreckt, dicker Hals mit Knick nahe am Körper; schnelle Flügelschläge, im Gleitflug Flügel gebogen.

S | In Kolonien grunzende, krächzende und quakende Laute, sonst stumm.

JK

Schwanz/Hinterkörper länger als Hals/Kopf

JK / 1W
Jun–Apr

neue, intakte Schwanzfedern

Bis Mai/Jun wird der Schnabel hell, weiße Federn am Kopf gehen verloren.

PK
Feb–Jul

alte, stark abgenutzte Schwanzfedern

Im Wasser typisches Kormoran-Profil mit gestrecktem Hals und aufwärts gerichtetem Schnabel, Rücken oft fast unter Wasser.

JK / 1W
Aug–Apr

Seevögel sind rein marine Vögel, die nur zum Brüten an Land kommen. Am besten zu sehen an der Küste (ins Meer ragende Halbinseln oder Buchten, bei Sturm) oder von Schiffen aus. Einige nachtaktive Arten sind tagsüber nicht in Kolonien zu sehen. Sturm kann Seevögel vereinzelt ins Binnenland verschlagen.

„RÖHRENNASEN" 35 Arten [17 Ausnahmegäste] Mehrere Familien mit röhrenförmigen Nasenöffnungen auf dem Schnabel zur Salzausscheidung. **Geschlechts- und Altersbestimmung, Mauser** Geschlechter und Altersklassen (außer bei Albatrossen) gleich; keine jahreszeitlichen Veränderungen.

Sturmtaucher 11 Arten [3 Ausnahmegäste] *(S. 91–95, 539)* und **Eissturmvogel** *(S. 91)*. Klein bis groß, langflügelig. Schwimmen auf dem Meer (auch in Trupps); tauchen zur Nahrungssuche. Sturmtaucher besuchen Nisthöhlen nur bei Dunkelheit; Eissturmvögel brüten an Steilküsten. **Flug** Niedrig über dem Wasser mit wenigen Flügelschlägen zwischen Gleitphasen, bei starkem Wind hoch hinaus scherend.

Bestimmung: Größe | Färbung von Ober- und Unterseite | Unterflügelmuster | Schnabelfarbe und Kopfzeichnung

Sturmvögel 11 Arten [8 Ausnahmegäste] *(S. 96–97, 539–541)* Wie kleine Sturmtaucher; rundes Gesicht, kurzer Schnabel, einige langschwänzig. **Flug** Lebhaft, schneller Wechsel von Flügelschlägen und Gleitphasen, in starkem Wind nur gleitend.

Bestimmung: Muster weißer Gefiederpartien | Kopfzeichnung | Schnabelgröße und -form | Schwanzform

Sturmschwalben/Wellenläufer 8 Arten [2 Ausnahmegäste] *(S. 98–99, 541)* Sehr klein, dunkel; kleiner Kopf, Flügel angewinkelt oder eher bogenförmig; Schwanz gerundet oder unauffällig gegabelt. **Flug** niedrig über dem Wasser, manchmal über Wellen trippelnd (selbst nahe am Strand bei Sturm).

Bestimmung: Vorhandensein/Fehlen eines weißen Bürzels | Schwanzform | Oberflügelmuster | Unterflügelmuster | Färbung der Unterseite

Albatrosse 3 Arten [alle Ausnahmegäste] *(S. 543)* und **Riesensturmvogel [Ausnahmegast]** *(S. 541)* Sehr groß, sehr lange Flügel, dicker Hakenschnabel und kurzer Schwanz. **Flug** Gleiten über das Meer, Wind und Aufwinde über den Wellen werden für Flüge mit möglichst wenig Aufwand ausgenutzt. **Geschlechts- und Altersbestimmung, Mauser** Geschlechter gleich, keine jahreszeitlichen Veränderungen, aber mehrere Jahre in Jugendstadien: Jungvögel dunkler/matter gefärbt als Altvögel, andere Schnabelfarbe.

Bestimmung: Größe, Schnabelfarbe | Weißverteilung, besonders auf Unterflügel

TÖLPEL 5 Arten [4 Ausnahmegäste] *(S. 90, 542)* Sehr große, langflügelige Stoßtaucher mit dickem Hals, dolchförmigem Schnabel und spitzem Schwanz. **Flug** oft höher über dem Wasser mit gleichmäßigen Flügelschlägen zwischen Gleitphasen, aber auch niedrig über dem Wasser, in den Wind „kippend"; im Wind gelegentlich flache Flügelschläge, kommen gut mit Stürmen zurecht. **Geschlechts- und Altersbestimmung, Mauser** Geschlechter gleich, keine jahreszeitlichen Veränderungen; Jungvögel dunkel, erreichen nach mehreren Jahren allmählich das Alterskleid (Übergangsstadien bei den „weißen" Arten gescheckt oder gefleckt).

Bestimmung: Gestalt, Färbungstyp | genaue Verteilung von Schwarz und Weiß auf Flügel/Schwanz bzw. von Weiß an Bauch/Unterflügel | Gesichtszeichnung, Kehlstreifen

FREGATTVÖGEL 2 Arten [beide Ausnahmegäste] *(S. 544)* Sehr langflügelig, langer Gabelschwanz (gespreizt oder zu einer Spitze zusammengelegt); schlank, Hakenschnabel, kleine Füße. **Flug** Lange Gleitphasen auf spitzen, angewinkelten Flügeln; auch hohes Kreisen; akrobatischer Nahrungserwerb (Verfolgung anderer Seevögel, Aufnahme von der Wasseroberfläche, flaches Eintauchen). **Geschlechts- und Altersbestimmung**, **Mauser** Männchen ganz dunkel; Weibchen (größer als Männchen) und Jungvögel mit Weiß an Kopf und Unterseite.

Bestimmung: genaues Muster der weißen Markierungen (Weibchen, Jungvögel); Männchen schwierig ohne Körpermaße und Farbe des Gefiederglanzes

TROPIKVÖGEL 2 Arten [1 Ausnahmegast] *(S. 97, 544)* Wie große Seeschwalben mit dickem, spitzem Schnabel und langem Schwanz; laufunfähig. **Flug** gleichmäßig, direkt, beim Stoßtauchen akrobatisch. Großer Kopf-/Schnabelbereich geht in schlaksigen Körper über; Schwanz kurz und schmal, aber sehr lange, biegsame zentrale Federn. **Geschlechts- und Altersbestimmung**, **Mauser** Geschlechter gleich (Männchen mit längeren Schwanzspießen); Jungvögel ohne Schwanzspieße und auf Rücken dunkel gebändert, ansonsten Flügelmuster wie bei Altvögeln.

Bestimmung: Muster der Ober- und Unterflügel

Seevögel im Vergleich

RASTENDE STURMTAUCHER Auf dem Meer rastende Sturmtaucher und Eissturmvögel können mit Möwen verwechselt werden. Aus geringer Entfernung sind die diagnostischen „Röhrennasen“ zu erkennen.

Alke 11 Arten [5 Ausnahmegäste] *(S. 100–105, 545)* Spezialisierte Seevögel mit Schwimmhäuten und entweder spitzem oder dickem, farbenfrohem Schnabel. Meist schwarz-weiß oder dunkelbraun-weiß gefärbt. Typische Gestalt: großer Kopf, dicker Hals; tonnenförmiger Körper; kurzer Schwanz; kleine, schmale Flügel. Die kurzen Beine setzen weit hinten an, aufrechte Haltung auf angewinkelten Beinen. Beim Schwimmen tief im Wasser liegend, Kopf aufrecht; Nahrungstauchen von der Oberfläche aus, Flügel werden zum Antrieb genutzt. Fast ganzjährig auf dem Meer, nur zum Brüten an Felsküsten. Einige (z. B. Tordalk) überwintern z. T. nah an der Küste, andere (z. B. Papageitaucher) auf hoher See, können aber bei Sturm in Landnähe verschlagen werden. Meist große, dichte Brutkolonien (z. B. Trottellumme auf Felsabsätzen und Papageitaucher in Höhlen an steinigen oder grasigen Hängen), Gryllteisten brüten dagegen in Einzelpaaren am Fuß von Steilküsten. Altvögel kommen schon im zeitigen Frühjahr an Land. Junge Papageitaucher brechen allein zur offenen See auf, bei anderen Arten (z. B. Trottellumme) springen die Küken flugunfähig von den Felsen herab und werden von einem Elternteil auf See begleitet. **Flug** schnell, geradlinig und niedrig, mit schwirrenden Flügelschlägen und ohne Gleitphasen, außer beim Anflug auf den Brutplatz. Papageitaucher können mit angewinkelten Flügeln in Aufwinden über den Brutfelsen in der Luft „stehen". **Geschlechts- und Altersbestimmung, Mauser** Geschlechter gleich. Altvögel mit auffälligen saisonalen Unterschieden; Jungvögel ähneln den Altvögeln im Schlichtkleid.

Bestimmung: Größe | Schnabelform und -färbung | Details des Kopfmusters (im Winter)

Trottellummen in der Brutkolonie.

Mögliche Verwechslungsgruppen: Im Flug **Möwen** *(S. 106)* (lange, gebogene Flügel, kurzer, eckiger Schwanz, aber Flug variiert je nach Größe und Wetterbedingungen); **Seeschwalben** *(S. 107)* (schlanker Schnabel, angewinkelte Flügel, gegabelter Schwanz); **Raubmöwen** *(S. 146)* (schlank, langflügelig, oft dunkel). Auf dem Wasser Möwen und Raubmöwen (meist gebeugt, Hinterende/Flügel lang und aufgestellt). Andere häufig auf dem Meer anzutreffende Vögel sind Entenvögel *(S. 20)*, Kormorane, Seetaucher und Lappentaucher *(S. 72)*.

LC Basstölpel
LC *Morus bassanus*

G 85–97 cm | **SP** 170–192 cm

Großer, eleganter Seevogel mit dolchförmigem Schnabel, schmalem, spitzem Schwanz und langen Flügeln. **AK | strahlend weiß**, **schwarze Flügelspitzen**: auffällig auch aus großer Distanz. Kopf gelblich. **JK** | dunkelbraun; durch kleine weiße Punkte erscheinen Kopf und Hals gräulich *(siehe auch S. 88)*. **Imm | schwarz-weiß gescheckt**; 2–3 Jahre alte Vögel mit gelblichem Kopf.

S | Am Brutplatz tiefes, nasales Gackern.

F | Gleichmäßiger Flug, einzeln oder in Ketten, deutlich über dem Wasser oder knapp über die Wellen scherend; ab und zu Kreisen und **Stoßtauchen**. Flug wirkt auch bei Sturm bedacht: Kopf/Hals gestreckt und leicht angehoben, länger als der **spitze Schwanz**; Flügel straff, gerade, mit seichten Abwärtsschlägen der Flügelspitzen (anders als Möwen, bei denen die Flügel gebogen sind).

Seltene Tölpel S. 542

Seltener BV (nur Helgoland) und GV

Brütet an Steilküsten, sonst auf dem Meer

AK
ganzjährig

AK
ganzjährig

Imm
3 Jahre alt
ganzjährig

Dreijährig: Typischerweise nur wenige dunkle Armschwingen und Steuerfedern, wenige kleine schwarze Flecke auf Rücken. Weniger weit fortgeschrittene Vögel mit „Klaviertastatur" am Hinterflügel und mehr schwarzen Flecke auf Rücken; weiter fortgeschrittene schon ähnlich AK.

Imm
1–(2) Jahre alt
ganzjährig

Typischer einjähriger Vogel:
Einige bleiben bis ins 2. Lebensjahr so dunkel.

Imm
1–(2) Jahre alt
ganzjährig

Imm
(1)–2 Jahre alt
ganzjährig
Spätes 1. oder 2. Jahr:
einige 2-jährige Vögel stärker weiß gescheckt

JK
Aug–Dez

Kontinuierliche Flügelmauser, dadurch bis zu drei Federgenerationen gleichzeitig vorhanden (evtl. asymmetrisch). Die Individuen entwickeln sich unterschiedlich schnell, Gefieder variabel und Altersbestimmung oft nicht eindeutig.

Schwimmt beim Rasten oder nach Tauchgängen hoch auf dem Wasser.

Stürzt oft fast senkrecht ins Wasser, Eintauchen mit starkem Spritzen. Nahe der Wasseroberfläche evtl. schräges Eintauchen.

LC VU

Eissturmvogel

Fulmarus glacialis

G 43–52 cm | **SP** 101–117 cm

Recht großer, möwenähnlicher Seevogel, der weder stehen noch laufen, sondern allenfalls etwas „robben" kann; an Steilküsten fast ganzjährig anzutreffen. Gefieder der Geschlechter und Altersklassen zu allen Jahreszeiten gleich, hellgrau-weiß. Grauer Oberflügel mit dunkleren Flügelspitzen **(ohne Schwarz)** und weißlichem Handwurzel-Fleck. **Bürzel und Schwanz einfarbig grau** (anders als alle Möwen). Unterflügel mit dunklem Rand.

S | Am Brutplatz lautes, tiefes, kehliges Gackern.

Zwei SSPP.: ***glacialis*** (weit verbreitet); ***auduboni*** (Subarktis) größer, aber Schnabel kleiner.

Sehr seltener BV (nur Helgoland), mittelhäufiger GV

Brütet an Steilküsten, manchmal an Gebäuden, auch etwas landeinwärts; auf See

Sturmvögel *S. 96* | *Seltene Sturmvögel S. 540–541*

F | Flügel gerade, steif, beim Gleiten um Klippen auch angewinkelt; schnelle, leicht elastische Flügelschläge in ruhiger Luft, aber meisterhaftes Gleiten in starkem Wind. Grau mit **großem**, **weißem Kopf**.

Nach Abnutzung oder während Mauser wirkt Oberseite fleckig.

Dunkle Morphe im Norden häufiger: Kopf und Körper düster bräunlich grau. Es gibt Übergangsformen zur hellen Morphe.

Schwimmt aufrecht und leicht vorgebeugt, Kopf und Schwanz gereckt.

weißer Kopf mit dunklem Augenfleck, Schnabel gedrungen

NT

Dunkelsturmtaucher

Ardenna grisea

G 40–50 cm | **SP** 93–106 cm

Kantiger, großer, dunkler Sturmtaucher. Recht kräftiger, länglicher (nicht dickbäuchiger) Körper; lange, schmale, spitze Flügel, an Körpermitte ansetzend, oft angewinkelt gehalten (wirkt wie junger Basstölpel halber Größe). Geschlechter und Altersklassen zu allen Jahreszeiten gleich. **Dunkelbraun**; von oben etwas hellerer Hinterrand des Armflügels, diffus **weißliches Längsband über Unterflügel**, das in gutem Licht silbrig weiß aufleuchten kann.

Beachte Verwechslungsgefahr mit dunklen **Balearensturmtauchern** (kleiner, kürzere Flügel) und dunklen Raubmöwen.

S | Am Brutplatz nasale Rufe.

Sehr seltener Durchzügler Aug–Nov in der Nordsee, bei Sturm auch küstennah

Auf See

Balearensturmtaucher *S. 92* | Raubmöwen *S. 148–149* | *Bulwersturmvogel S. 97* | *Seltene dunkle Sturmvögel/Sturmtaucher S. 539*

F | Bei starkem Wind wenige Flügelschläge nahe der Wasseroberfläche vor langen, hohen, kurvigen Gleitphasen. Fliegt bei ruhigem Wetter niedrig, drei bis sieben schnelle steife Flügelschläge zwischen Gleitphasen von 3–5 Sekunden.

Typischer Sturmtaucher-Flug: mit dem Bauch zum Wind aus den Wellen scherend, um mit schwungvollem Gleiten Geschwindigkeit aufzunehmen.

Kleine Sturmtaucher

Die vier kleinen Sturmtaucher-Arten sind sich in Gefiederfärbung, Gestalt und Verhalten sehr ähnlich. Geschlechter und Altersklassen sehen zu allen Jahreszeiten gleich aus. Alle besuchen nur nachts die Brutkolonien (Ansammlungen vor den Kolonien schon vor dem Dunkelwerden), daher sind sie am besten tagsüber auf dem Meer zu sehen. Niedriger **Flug** verteilt oder in Ketten; bei ruhigem Wetter mit schnellen, steifen Flügelschlägen und kurzem Gleiten, bei starkem Wind mit langen Gleitphasen und steilem Aufsteigen (Bauch zum Wind gerichtet). Aus der Distanz wirken sie wie Kreuze, die abwechselnd helle Unter- und dunkle Oberseite zeigen. Dabei sind Atlantiksturmtaucher besonders auffällig schwarz-weiß.

CR Balearensturmtaucher
CR *Puffinus mauretanicus*

G 34–39 cm | **SP** 78–90 cm

Kleiner dunkelbrauner Sturmtaucher im W-Mittelmeer (spärlich im Atlantik). Kleiner und heller als Dunkelsturmtaucher, kürzere Flügel; dunkle Kappe undeutlich abgegrenzt, dunkle Wangen gehen in hellen Hals über. **Kein Weiß an Hinterflanke**.

S | In Kolonie gedehnte kehlige Rufe.

F | Dickbäuchig; flatternder Flug mit schnellen Flügelschlägen.

Dunkelsturmtaucher *S. 91*

VU Mittelmeer-Sturmtaucher
VU *Puffinus yelkouan*

G 30–35 cm | **SP** 70–84 cm

Im Mittelmeer meist der häufigste Sturmtaucher, beim Seawatching und von Fährschiffen aus gut zu sehen. Oben **dunkelbraun**, zu hellerem Braun als beim Balearensturmtaucher ausbleichend, aber individuelle Variation; dunkle Kappe, mit kleinem, weißem Keil hinter der dunklen Wange. Dunklere Formen im W-Mittelmeer oft brauner am Bauch, oft schwer vom Balearensturmtaucher zu unterscheiden.

S | Lautes, raues Gackern in Kolonie.

F | Schneller Flug niedrig über den Wellen, schnelle Flügelschläge, kurze Gleitphasen.

LC Atlantiksturmtaucher
LC *Puffinus puffinus*

G 30–35 cm | **SP** 71–83 cm

Kleiner, schlanker, im Atlantik häufiger Sturmtaucher. Oberseite **schwärzlich** (kann zu Braun ausbleichen), wirkt in intensivem Licht grauer; Unterseite weiß. Dunkle Kappe bis unter das Auge, deutlich von weißer Kehle und weißem Keil am Hinterkopf abgesetzt, Halsseite grau; **weißer Fleck an Hinterflanke**.

S | In Kolonie krächzende und tiefe, langgezogene Laute.

F | Schnelle Flügelschläge zwischen Gleitphasen. Im Wind eleganter und fast nur gleitend, dabei seitlich hin und her kippend.

LC Barolosturmtaucher
NT *Puffinus baroli*

G 25–30 cm | **SP** 58–67 cm

Sehr kleiner, schwarz-weißer Sturmtaucher, im NO-Atlantik um Azoren und Kanaren; kleine, schwarze Kappe über **weißem**, **rundlichem Gesicht**. Weiße Binde und silbriges Feld auf Armflügel.

S | In Kolonie helle, lachende Rufe, höher als Atlantiksturmtaucher.

F | Schnelle Flügelschläge, aber relativ langsam; Flügel beim Gleiten leicht gebogen; landet mit erhobenen Flügeln.

Bis vor Kurzem mit dem **Boydsturmtaucher** (*P. boydi*, Ausnahmegast von den Kapverden) und **Audubonsturmtaucher** (*P. lherminieri*, Ausnahmegast aus W-Atlantik/Karibik) oder dem **Zwergsturmtaucher** (*P. assimilis*, aus dem Indischen Ozean und Südpazifik) zu einer Art zusammengefasst. *P. boydi* etwas größer, Oberflügel einfarbiger, Gesicht und Unterschwanzdecken dunkler. *P. lherminieri* wie *boydi*, aber minimal kleiner mit größerem Schnabel (Unterscheidung auf See kaum möglich).

Balearensturmtaucher

Ausnahmegast aus SW-Europa Jul–Okt

Brütet in Steilküsten; auf See

Mittelmeer-Sturmtaucher

Ausnahmegast aus dem Mittelmeerraum

Brütet in Steilküsten; auf See

Atlantiksturmtaucher

Sehr seltener Durchzügler Mai–Okt

Brütet in Steilküsten, Geröllhängen; auf See

Barolosturmtaucher

Möglicher Ausnahmegast aus dem N-Atlantik

Brütet in Höhlen/Felsspalten; auf See

Große Sturmtaucher

Vier in Färbung, Gestalt und Verhalten sehr ähnliche Arten. Geschlechter und Altersklassen ganzjährig gleich. Koloniebesuche bei Nacht (Ansammlungen vor Kolonie in Dämmerung). **Flug** bei ruhigem Wetter niedrig, langsam, recht träge; bei stärkerem Wind lange Gleitphasen und steiles Aufsteigen.

LC Kappensturmtaucher

Ardenna gravis

G 43–51 cm | **SP** 105–122 cm

Groß, oben dunkelbraun, unten weiß mit dunklen Flecken auf Bauch und Unterflügel; scharfer Kontrast bei **dunkelbrauner Kappe** und weißem Halbmond am Schwanzansatz. **Schnabel schwärzlich**. Vgl. Atlantiksturmtaucher *(S. 93)*.

S | Auf See stumm.

F | Flügelschläge steifer und schneller als bei Corysturmtaucher, eher wie Eissturmvogel; bei Sturm hohes Ausscheren aus Wellentälern beim Gleiten.

LC Corysturmtaucher

LC *Calonectris borealis*

G 50–56 cm | **SP** 118–126 cm

Großer, kräftig gebauter Sturmtaucher. **Braun-weiß**; beim Schwimmen dunkel, Brust und Flanke weiß, aber Kopf grauer. Im Flug schwaches „W" auf der Oberseite; Weiß am Schwanzansatz (individuell variabel). **Graue Kappe geht in weiße Kehle über**, Hals kann in schwachem Licht grau wirken; Unterseite **strahlend weiß**. Schnabel vor dunklem Wasser **blassgelb**.

S | Laute raue und nasale Laute (sehr ähnlich Sepiasturmtaucher), in Kolonie oder an abendlichen Sammelplätzen.

F | Bei ruhigem Wetter träge, mit zwei bis vier langsamen, gleichmäßigen, flachen Flügelschlägen (oft scheinbar um gesenkte Flügelspitze drehend, manchmal die Wasseroberfläche berührend), gefolgt von Gleitphasen auf gebogenen Flügeln. Bei stärkerem Wind aktiver; bei Sturm hoch aufsteigend. Basstölpel im JK *(S. 90)* ist größer, Schnabel und Schwanz sind länger und spitzer.

In tief stehender Abendsonne wirken schwimmende Vögel kontrastreich, leuchtend weiß an Brust und Flanke.

Eissturmvogel *S. 91* | Atlantiksturmtaucher *S. 93*

LC

Sepiasturmtaucher
Calonectris diomedea

G 44–49 cm | **SP** 117–135 cm

Großer, kräftiger, **braun-weißer** Sturmtaucher mit **diffuser Kappe** und **gelbem Schnabel** (ersetzt Corysturmtaucher im Mittelmeer). Deutliches „W“ auf dem Oberflügel; Unterflügel weiß, dunkle Spitze mit **weißer Linie entlang jeder Handschwinge** (ganz dunkel bei Corysturmtaucher); ein dunkler Fleck auf Handdecken des Unterflügels (zwei beim Corysturmtaucher), meist nur auf Fotos zu erkennen.

S | Laute, raue, nasale Töne, meist dreifach *ga-oo-ha*, abends um Kolonie.

NT

Kapverden-Sturmtaucher
Calonectris edwardsii

G 42–47 cm | **SP** 100–112 cm

Wie Cory- und Sepiasturmtaucher, aber etwas kleiner. **Schnabel dunkelgrau** mit schwarzer Binde; dunkles „W“ auf der Oberseite; dunkle Kappe deutlich von weißer Kehle abgesetzt. Unterflügel wie Corysturmtaucher.

F | Wie Corysturmtaucher, aber manchmal fünf bis sieben Flügelschläge zwischen Gleitphasen.

Kappensturmtaucher

Ausnahmegast aus dem N-Atlantik, zumeist Spätsommer/Herbst

Auf See

Corysturmtaucher

Ausnahmegast aus dem N-Atlantik

Brütet an Steilküsten; sonst auf See

Sepiasturmtaucher

Ausnahmegast aus dem N-Atlantik

Brütet an Steilküsten; sonst auf See

Kapverden-Sturmtaucher

Möglicher Ausnahmegast aus dem N-Atlantik

Auf See

Eissturmvogel *S. 91*

Pterodroma Sturmvögel

Drei *Pterodroma*-Arten brüten auf den ostatlantischen Inseln (*P. feae* nur auf den Kapverden, außerhalb des Bearbeitungsgebiets. Mittelgroße, langflügelige Seevögel, etwa so groß wie Atlantiksturmtaucher *(S. 93)*: oben dunkel graubraun mit **subtilem, dunklem „W" auf dem Oberflügel**; **Bürzel/Schwanz grau**; **dunkler Augenfleck** und düsterer Unterhals; **Unterkörper leuchtend weiß**, aber **Unterflügel dunkel**. Sehr schwer voneinander unterscheidbar, Körpermaße (besonders Schnabel) sehr nützlich. Zeit der **Handschwingenmauser** hilfreich: ***madeira*** Aug–Dez, ***feae*** Mär–Aug, ***deserta*** Okt–Apr.

Madeirasturmvogel hat schlankeren Schnabel als Desertassturmvogel

F | Schnell mit ausgeprägtem Gleiten in steilen Kurven auf angewinkelten Flügeln; bei starkem Wind pendelartig hin- und herschaukelnd.

VU Desertassturmvogel
VU *Pterodroma deserta*

NT Kapverdensturmvogel
Pterodroma feae [nicht abgebildet]

G 33–36 cm | **SP** 86–94 cm

Außer in der Hand (Maße!) nicht unterscheidbar: **Desertassturmvogel** hat einen etwas größeren Schnabel als **Kapverdensturmvogel**, aber Differenz < 3 mm. Extrem ähnlich dem Madeirasturmvogel, aber etwas kräftiger gebaut, mit langsameren, mehr möwenähnlichen Flügelschlägen; Flügelspitze minimal länger und breiter; deutlicheres dunkles „W" auf dem Oberflügel, kein weißer Streifen auf dem Unterflügel. Schnabel gedrungener, höher.

S | Stöhnende oder ächzende Töne, tiefer als Madeirasturmvogel, oft *gon-gon*.

EN Madeirasturmvogel
EN *Pterodroma madeira*

G 30–35 cm | **SP** 80–90 cm

Etwas kleiner, leichter gebaut und dünnschnäbeliger als Desertas-/Kapverdensturmvogel; **Bürzel/Schwanz grau**; viele haben langen, **weißen Streifen** auf Unterflügel.

S | Am Nest lautes, klagendes Heulen *oh-o-ooeh*, etwas höher als Desertassturmvogel.

Desertassturmvogel

Madeirasturmvogel

Weißschwanz-Tropikvogel S. 544

Rotschnabel-Tropikvogel

Phaeton aethereus

G 45–50 cm (zzgl. Schwanzspieße von 46–56 cm) | **SP** 100–115 cm

Wie eine große, stämmige Seeschwalbe *(S. 107)* mit **dickem**, **rotem Schnabel**. **AK** | **sehr lange**, **biegsame Schwanzspieße**. Weiße Oberflügel mit dunklen Bändern; **Flügelspitze schwarz**. **JK** | ohne Schwanzspieße; Oberseite stark gebändert.

S | In Kolonie schrille Pfiffe.

In Europa kommt SSP. ***mesonauta*** vor.

F | Schnell, gleitend oder direkt mit flachen Flügelschlägen; wegen dunkel gebändertem Rücken/Vorderflügel, weißem Hinterflügel und schwarzer Flügelspitzen starker Dreifarbeffekt.

Dunkelsturmtaucher *S. 91*
Swinhoewellenläufer S. 541

Bulwersturmvogel

Bulweria bulwerii

G 26–28 cm | **SP** 67 cm

Kleiner, **dunkelbrauner**, sturmtaucherähnlicher Seevogel mit **langen**, **leicht angewinkelten**, **spitzen Flügeln** und recht langem, **spitz zulaufendem (nicht gegabeltem)** Schwanz. Helles Band über Oberflügel oft auffallend; Hinterflügel und Unterflügel können hell reflektieren; recht großer, dicker Schnabel.

S | Am Nest tiefe, bellende Rufe.

F | Schwankender Flug dicht über den Wellen auf und ab, Flügel deutlich vorgestreckt.

Weißgesicht-Sturmschwalbe

Pelagodroma marina

G 18–21 cm | **SP** 38–45 cm

Kleine, zierliche, langbeinige Sturmschwalbe mit gerundeten Flügeln. Oben **hell bräunlich grau** mit **hellgrauem Halbmond** an Basis des schwarzen Schwanzes, Schwungfedern schwärzlich; **weißes Gesicht mit dunkler Kappe und Augenmaske**; Unterseite weiß.

S | Stöhnendes, klagendes *uu-aa-uu* am Nest.

In Europa kommt SSP. ***marina*** vor.

F | Lebhaft, hüpfend; trippelt auf Wasseroberfläche.

Möglicher Ausnahmegast aus tropischen Meeren

Nistet in Steilküsten; auf See

Rotschnabel-Tropikvogel

Möglicher Ausnahmegast aus dem N-Atlantik

Nistet in Felslöchern; auf See

Bulwersturmvogel

Möglicher Ausnahmegast aus dem N-Atlantik

Nistet in Erdlöchern nahe Küste

Weißgesicht-Sturmschwalbe

Alle einander ähnlich

Buntfuß-Sturmschwalbe

Ausnahmegast aus dem N-Atlantik

Auf See

Sturmwellenläufer

Sehr seltener Durchzügler Sep–Nov

Nistet in Felsspalten an Steilküsten, an Geröllhängen, in Ruinen; auf See

Wellenläufer

Sehr seltener Durchzügler Sep–Nov

Nistet in Felsspalten an Steilküsten, an Geröllhängen; auf See

Madeirawellenläufer Azorenwellenläufer

Möglicher Ausnahmegast aus dem N-Atlantik

Nistet in Felsspalten nahe Küste; auf See

LC Buntfuß-Sturmschwalbe

Oceanites oceanicus

G 16–18,5 cm | **SP** 38–42 cm

Dunkle Sturmschwalbe mit **weißem Bürzel** und **gerundetem oder geradem Schwanz** (angehobene Schwanzseiten ergeben konkaven Effekt), **breites**, **graues Oberflügelband** erreicht nicht Vorderkante des Flügels (wie beim Wellenläufer); **ganz dunkler Unterflügel** (weißes Band bei Sturmwellenläufer), breites, weißes Bürzelfeld reicht bis zur Hinterflanke. Mausernde Vögel wirken fleckig.

F | Stetig, schwalbenartig, mit gleichmäßigem Flügelschlag; bei der Nahrungssuche niedrig hüpfend, mit angehobenen Flügeln über Wellen trippelnd. Flügel breiter als bei Sturmwellenläufer, Vorderkante leicht gerundet, in geradlinigem Flug spitz zulaufend; Hinterrand gerader als bei Wellenläufer. Lange Beine überragen Schwanz (können aber nach vorn gehalten werden).

In Europa kommt SSP. ***oceanicus*** vor.

LC Sturmwellenläufer

LC *Hydrobates pelagicus*

G 15–16 cm | **SP** 37–41 cm

Winziger, zierlicher Seevogel mit weißem Bürzel (erinnert an Mehlschwalbe, *S. 346*). Meist bei niedrigem Flug über dem Meer zu sehen, oft von Schiffen aus, denen sie folgen können. Schwärzlich braun, abgesehen von **großem**, **weißem**, weit auf die Seiten ausgedehntem **Bürzelfeld** und **breitem**, **weißem Band auf Unterflügel**. **JK** | Schwache, feine, helle Binde auf Oberflügel.

S | Bei nächtlichen Besuchen der Bruthöhle schnurrende und grunzende Rufe.

F | Leichte, je nach Umständen rollende, stürzende oder wirbelnde Bewegung. Flügel nach hinten gebogen, leicht gerundete Spitzen; Schwanz breit, gerundet; Füße überragen nicht den Schwanz.

Zwei SSP.: ***pelagicus*** (weit verbreitet); ***melitensis*** (Mittelmeer), mit durchschnittlich längeren Flügeln und kräftigerem Schnabel.

Schwarzbauch-Sturmschwalbe S. 541

VU NT

Wellenläufer

Oceanodroma leucorhoa

G 18–21 cm | **SP** 43–48 cm

Dunkelbraun, größer als Sturmwellenläufer, relativ kleines, v- oder w-förmiges weißes Bürzelfeld (selten fehlend). Helles Oberflügelband erreicht Vorderkante des Flügels. Unterflügel ganz dunkel. **JK** | helles Oberflügelband kräftiger, grauer. Brutplätze abgelegener als bei Sturmwellenläufer, aber nach Herbststürmen wahrscheinlicher an Küsten oder gar im Binnenland anzutreffen.

S | Nisthöhlen werden nachts besucht, dabei langes, hohes Gurren, betont durch höhere Doppellaute.

F | Unstet mit plötzlichem Abkippen oder Hochgleiten. Flügel lang, angewinkelt (Flügelbug oft bis Höhe des Kopfes); Schwanz gegabelt oder eingekerbt (schwer zu sehen); Schwanzform sehr variabel.

In Europa kommt SSP. ***leucorhoa*** vor.

LC LC

Madeirawellenläufer

Oceanodroma castro

VU VU

Azorenwellenläufer

Oceanodroma monteiroi

G 20 cm | **SP** 43–49 cm

Aufgrund von Brutzeit, Mauser und morphologischen Details werden Madeira- und Azorenwellenläufer als eigenständige Arten betrachtet, doch ist die Bestimmung auf See unmöglich. Große, mit angewinkelten Flügeln fliegende Wellenläufer-Arten mit leicht eingekerbtem Schwanz; schmaler, weißer Bürzelfleck in U-Form; helles Oberflügelband endet vor der Vorderkante des Flügels. Füße überragen den Schwanz nicht.

S | Am Nest lassen beide Arten ein kehliges Gurren hören, das von scharfem Quietschen und „Hicksern" unterbrochen wird.

Swinhoewellenläufer S. 541

Alke im Flug

Alke im Winter

K: Krabbentaucher | *Gelbschopflund, Silberalk S. 545*

U N

Papageitaucher

Fratercula arctica

G 28–34 cm | **SP** 50–60 cm

Klein, schwarz-weiß; bunter, dreieckiger Schnabel; großer, runder Kopf; kurzer, rundlicher Schwanz. An Klippen oft mit Tordalken *(S. 102)* und Trottellummen *(S. 103)*, brütet aber in Erdlöchern. **PK** | oben einfarbig schwarz, Gesicht grau; unten weiß. **Schnabel hoch**, **dreieckig**, **rot-gelb-grau** (mit 1 Furche im 2. LJ, 1½ im 3. LJ, 2 im 4. LJ). Innerhalb einer Kolonie Schnäbel der ♂ größer als die der ♀, aber Variation zwischen Kolonien. **Beine orange**. **SK** | wie **PK**, aber Gesicht dunkler; Schnabel kleiner, matter und dunkler. **JK** | Schnabel klein, matt; Wange düster (Krabbentaucher mit dunklerer Wange und weißen Stricheln am Rücken). **1J** | bleibt auf See, Schnabel farblos.

Sehr seltener Wintergast (nur Nordsee)

Brütet an grasigen Hängen von Felsküsten; im Winter auf See

S | Ruft am Brutplatz kurz und rau *aohr*.

F | Kurzer, rundlicher Körper; flache, schwirrende Flügelschläge; Ober- und **Unterflügel schwarz** (kein weißer Hinterrand); Gesicht hell, umgeben von schwarzem Kragen; Hinterflanke schwarz.

Nach der Brutzeit Gesicht düster, Schnabel kleiner.

Papageitaucher | *Langschnabel- und Silberalk S. 545*

LC LC

Krabbentaucher

Alle alle

G 17–19 cm | **SP** 40–48 cm

Sehr klein, plump, schwarz-weiß, **schwarzer Schnabel kurz und dick**; kurzer, gerundeter Schwanz. Schwimmt mit aufgestelltem Schwanz und hängenden Flügelspitzen, die beim Abtauchen abgespreizt werden. **PK** | Kopf, Hals und Oberseite schwarz, weiße Strichel an Schulter, schmale weiße Flügelbinde; Unterseite weiß. **SK/1W** | **Kappe und Wange scharf abgegrenzt schwarz**; Kinn, Kehle und Hals weiß. **Weiße Strichel** verbleiben an Schulter. **JK** | etwas brauner als Altvögel (junger Papageitaucher hat düstere Wange und einfarbigen Rücken).

Sehr seltener Durchzügler Okt–Nov

Brütet an Steilküsten; auf See, nach Stürmen an Küsten

Zwei SSP.: ***alle*** (Island, Spitzbergen); ***polaris*** (Franz-Josef-Land) größer

Erschöpfte, bei Sturm an die Küste verschlagene Vögel schwimmen oft mit gesenktem Kopf und hängenden Flügeln.

S | Am Brutfelsen summieren sich Singflüge zu brummendem Chor aus kurzem Jaulen, zwitschernden Rufen und langen Trillern. Abseits der Kolonien stumm.

F | Niedrig, schnell; Trupps manchmal mit schnellen Wendungen wie kleine Limikolen; Körper gedrungen, Kopf groß; Schwanz breit; Flügel schmal, schwarz, weißer Hinterrand am Armflügel; Unterflügel schwärzlich.

ALKE IM FLUG *S. 100*

LC Tordalk *Alca torda*

LC **G** 38–43 cm | **SP** 60–69 cm

Kleiner, schwarz-weißer Seevogel mit **stumpfem Schnabel** und spitzem Schwanz. Brütet in Felsspalten, meist in Gesellschaft von Trottellummen; steht aufrecht auf Tarsus und Fuß. Auf See, dicker Hals aufrecht gehalten, Schwanz oft aufgestellt. **AK** | Kopf, Hals und Oberseite einfarbig **schwarz** mit schmaler, weißer Flügelbinde; Unterseite einfarbig weiß; schwarzer **Schnabel hoch**, **stumpf**, mit **weißem Band** und **weißer Linie zum Auge**. **PK** | Weiß auf Brust reicht **spitz** in dunklen Vorderhals hinein. **SK** | Scheitel schwarz; Stirn, Kehle und Wange weiß mit dunkler Linie auf der Wange (weniger scharf begrenzt als bei der Trottellumme); Schnabel wie **PK**, aber ohne weiße Linie zum Auge. **JK** | anfangs an geringer Größe und Ruf erkennbar. **1W** | wie **SK**, aber Schnabel ganz schwarz.

S | Am Brutplatz tief knarrend *urrr*; auf See rufen Jungvögel laut und weittragend *plii-u*.

Trottellumme
Dickschnabellumme *S. 104*
Eisente *S. 64*

BV Helgoland, seltener WG Okt–Mär

Brütet an Felsküsten; im Winter auf See

Es kommen zwei SSPP. vor: ***torda*** (Skandinavien, Ostsee); ***islandica*** (Island, NW-Europa) durchschnittlich minimal kleiner.

F | Über dem Meer schneller Schwirrflug; Körper oval, Flügel schmal. Schwer von Trottellumme zu unterscheiden, außer wenn Schnabelform erkennbar, aber Tordalk schwärzer und etwas kürzer, gedrungener, dickhalsiger; am Hinterkörper **breite**, **weiße Seiten**; Armflügel mit schmalem, weißem Hinterrand; **Unterflügel und Achsel ungezeichnet weiß**.

Erschöpfter Vogel an der Küste wirkt gedrungen, Kopf eingezogen, Schwanz aufgestellt.

Trottellumme *Uria aalge*

G 38–46 cm | **SP** 61–73 cm

Kleiner, schwarzbraun-weißer Seevogel mit **spitzem Schnabel** (dünner als bei Dickschnabellumme) und kurzem, eckigen Schwanz. Brütet auf Felssimsen, steht aufrecht auf Tarsus und Fuß. Auf See langes, flaches Profil, Hals gestreckt oder eingezogen. **AK** | Kopf, Hals und Oberseite einfarbig **dunkelbraun** bis schwärzlich mit kurzer weißer Flügelbinde; Unterseite weiß mit **dunklen Stricheln an der Flanke**; spitzer, schwarzer Schnabel. **PK** | Weiß auf Brust **rund** entlang der Untergrenze des dunklen Halses. Einige (besonders im Norden) haben weißen Lidring und Linie hinter dem Auge („Ringellumme"). **SK/1W** | Scheitel/Nacken dunkel; Wange und Kehle weiß mit **deutlich abgegrenzter dunkler Linie über die Wange** hinweg; schmaler, dunkelbrauner Kragen. **JK** | anfangs an geringer Größe und Ruf erkennbar.

Tordalk
Dickschnabellumme *S. 104*
Eisente *S. 64*

BV Helgoland, mittelhäufiger GV

Brütet an Felsküsten; im Winter auf See

Zwei SSPP.: südliche ***albionis*** brauner als die schwärzeren ***aalge*** im Norden, aber starke Überlappung.

SK

Erschöpfte Vögel nah an der Küste, manchmal an der Wasserkante strandend.

S | Am Brutplatz langgezogenes, hartes, nasales Gurren; auf See rufen Jungvögel laut und weittragend *plii-u*.

F | Über dem Meer schneller Schwirrflug (niedrig, nur beim Anflug an Brutplatz höher). Schwer von Tordalk zu unterscheiden, außer wenn Schnabelform erkennbar, aber an beiden Enden spitzer und dick in der Mitte mit schmalen, an der Körpermitte ansetzenden Flügeln; Weiß am Hinterkörper zieht sich seitlich weniger weit nach oben als beim Tordalk; Armflügel mit schmalem, weißem Hinterrand; **dunkle Achsel**.

ALKE IM FLUG S. 100

LC Dickschnabellumme
LC *Uria lomvia*

G 40–44 cm | **SP** 64–75 cm

Kleiner, schwarzbraun-weißer Seevogel mit **dickem**, **spitzem Schnabel** (dicker als bei der Trottellumme, spitzer als beim Tordalk). **AK** | Oberseite **dunkelbraun** bis schwärzlich, Unterseite weiß; **Flanke ohne Strichel**; **weißer Streifen entlang der Schneidekanten des Schnabels**. **PK** | Weiß der Brust läuft **spitz** in den dunklen Vorderhals hinein. **SK/1W** | dunkle Kappe reicht bis unter das Auge **(kein Weiß hinter dem Auge)**. Kann dunklen Kinnstreif zeigen. **JK** | an geringer Größe und Ruf erkennbar; bis Sep voll ausgewachsen.

S | Tiefes, nasales Gurren, härter als bei Trottellumme.

Trottellumme S. 103 | Tordalk S. 102

Dickschnabellummen (zwei, oben Mitte) brüten gern in gemischten Alkenkolonien; hier mit Trottellummen und Tordalk (oben rechts).

F | Schneller Schwirrflug, wie bei den ähnlichen Arten. Gedrungene ovale Gestalt mit schlanken Flügeln, dicker Bauch; weniger spitz wirkend als Trottellumme. **Achsel ohne Flecke**.

Ausnahmegast aus der Arktis

Brütet an Felsküsten in N-Europa; im Winter auf See

In Europa kommt SSP. ***lomvia*** vor.

Gryllteiste

Cepphus grylle

G 32–38 cm | **SP** 49–58 cm

Kleiner, ovaler Seevogel; schlanker, dolchförmiger Schnabel. Schwimmt auf See oder in Häfen; sitzt auf Felsen, Molen und Hafenmauern (nicht hoch in Klippen). **PK** | schwarz; **ovales weißes Flügelfeld** aus großer Entfernung erkennbar. **Beine leuchtend rot. SK** | Kopf und Körper weiß, grau gefleckt; Rücken schwarz-grau gebändert; Flügel schwarz mit weißem Feld. **JK** | Flanke schwarz-weiß gebändert; Kopf bräunlich; Flügelfeld grau gebändert. **1W** | wie **SK**, aber weißes Flügelfeld mit schwarzen Flecken/Binden. **1S** | wie **PK**, aber dunkle Partien bräunlich. **2J/3J** | wie **PK**, aber nur von Jun–Jul.

S | Hohe, zirpende Rufe.

Lappentaucher im Schlichtkleid *S. 73*

1W > 1S
[Feb]

Mausernde Vögel sehen grau-weiß marmoriert aus, aber das weiße Flügelfeld bleibt deutlich.

F | Tief, schwirrend; ovales, weißes Flügelfeld auf Oberseite und weißer Unterflügel auffällig, besonders im Prachtkleid.

Sehr seltener Gastvogel

Brütet an felsigen Küsten; im Winter auf See, auch Häfen

Fünf sehr ähnliche SSPP.: ***mandtii*** (arktische Inseln) mit größtem weißen Flügelfeld und weißestem Kopf/Körper im Winter; ***grylle*** (Ostsee) größer und langflügeliger

PK
Feb–Aug

Beim während der Brutzeit rufenden Altvogel fällt der rote Schlund auf.

SK

PK

JK > 1W
Jun–Mai

Brütet in Einzelpaaren oder kleinen Gruppen um felsige Inselchen oder am Fuß größerer Klippen.

PK
Feb–Aug

SK
Aug–Mär

PK
Feb–Aug

Möwen sind kräftig gebaute, langflügelige Vögel mit Schwimmhäuten. Sie haben einen robusten Schnabel, der bei kleineren Arten spitz, bei den größeren aber dick und mehr oder weniger hakenförmig ausgeprägt ist. Mit Ausnahme einiger Kleider in den ersten Lebensjahren zeigen sie viel Weiß im Gefieder, die Oberseite ist grau bis schwarz. Sie fliegen auf etwas gebogenen oder angewinkelten Flügeln, sind gute Schwimmer und können gut an Land laufen.

31 Arten [15 brütend; 3 seltene Durchzügler; 13 Ausnahmegäste] mit einigen gut erkennbaren Unterarten

Möwen sind zwar häufig am Wasser anzutreffen, z.B. beim Übernachten, doch von dort aus suchen sie die verschiedensten Lebensräume auf, von der offenen See bis zum Gebirge, von naturnahen Feuchtgebieten bis hin zur stark vom Menschen geprägten Agrarlandschaft; selbst viele Städte werden von ihnen bevölkert. An Küsten kann der Tagesablauf von den Gezeiten bestimmt werden. Einige Arten sind in Teilen Europas sehr häufig, so wie die Silbermöwe im Nordwesten, die Mittelmeermöwe im gleichnamigen Gebiet oder die Lachmöwe in weiten Teilen des Binnenlandes. Andere Arten brüten in sehr abgelegenen Gebieten und sind meist nur als Durchzügler zu beobachten. **Flug** Direkt und kraftvoll mit gleichmäßigen Schlägen der gebogenen, oft etwas angewinkelten Flügel, aber auch Gleitphasen. Trupps fliegen in langen Reihen oder in Keilform. Die Flugweise wirkt akrobatisch und kann plötzliche Wendungen enthalten, besonders beim Anflug an Rast- und Nahrungsplätze. Viele Arten kreisen regelmäßig am Himmel, einige fangen im Flug auch Insekten. **Geschlechts- und Altersbestimmung**, **Mauser** (s. auch *S. 108–109*) Die Geschlechter sind gleich gefärbt, doch gibt es Größenunterschiede. Oft treten deutliche jahreszeitliche Unterschiede auf. So sind Altvögel entweder weißköpfig im Sommer und am Kopf gestrichelt im Winter, oder sie haben im Sommer einen dunklen und im Winter einen hellen Kopf. Jungvögel unterscheiden sich deutlich von Altvögeln, sind meist brauner und weisen eine andere Färbung von Kopf, Flügel, Schnabel und Beinen auf. Je nach Art dauert es 2–4 Jahre, bis das Alterskleid erreicht ist, mit mehreren Übergangsstadien dazwischen. Unausgefärbte Möwen sind meist schwerer zu bestimmen als die adulten, je älter sie werden, desto leichter wird es. Das Prachtkleid wird bereits zu Beginn des Frühjahrs angelegt, geht aber schon im Frühsommer wieder verloren. Besonders bei den dunkelköpfigen Arten gibt es auffällige Übergangsstadien. Aufgrund von individueller Variation, Übergangsstadien während der Mauser und Effekten durch Abnutzung können Möwen selbst für erfahrene Beobachter sehr schwer zu bestimmen sein. Selbst wenn vielleicht nur die Altvögel identifiziert werden können – erfreuen Sie sich einfach am interessanten Verhalten der Möwen!

Altersbestimmung der **Lachmöwe** über 2 Jahre (s. *S. 109* für weitere Details)

Bestimmung: Alter/Jahreszeit | Schnabel-/Beinfarbe | Kopfzeichnung | Flügelmuster | Details der Flügelspitze und anderer Gefiederpartien
Zur Benennung der Gefiederpartien von Möwen siehe S. 108/109.

Ein Trupp von Silber- und Dreizehenmöwen sowie einer Mantelmöwe bei der Nahrungsaufnahme.

MÖGLICHE VERWECHSLUNGSGRUPPEN – *siehe Vergleich auf S. 88–89*

Seeschwalben sind schlanker, dünnschnäbeliger, kurzbeiniger, langschwänziger.
Raubmöwen *(S. 146)* sind stärker an Meer und Küste gebunden; sie sind dunkler/brauner und weniger gestrichelt oder gemustert als die meisten unausgefärbten Möwen.
Sturmtaucher *(S. 92)* sind strikt marin, fliegen niedrig oder schwimmen, stehen aber niemals am Strand oder im Hafen, so wie es Möwen häufig tun.

Seeschwalben wirken wie schlanke Möwen mit dunkler Kappe, spitzem Schnabel, kurzen Beinen und Gabelschwanz. **19 Arten [9 Ausnahmegäste]; 2 mit ausgeprägten Unterarten**.

Alle Seeschwalben sind Langstreckenzieher, die zumeist auf dem Meer vor W-Afrika oder weiter südlich überwintern und im Frühjahr nach Europa zurückkehren. Die häufigeren Arten bilden zwei Gruppen: Seeschwalben der Meeresküsten und Sumpfseeschwalben.

Seeschwalben der Meeresküsten (7 Arten regelmäßig) schließen Fluss- und Zwergseeschwalben ein, die oft auch im Binnenland brüten, wie auch Küstenseeschwalben in N-Skandinavien und Island. Bei den meisten Arten verläuft der Zug über See, aber einige ziehen auch über Land. Dennoch sind diese Seeschwalben stark an Küsten gebunden, wo sie an Lagunen, Stränden und in Dünen brüten. Alle sind grundsätzlich hellgrau-weiß gefärbt, nur die Kappe ist im PK schwarz. Sie erinnern an Möwen, unterscheiden sich von diesen aber durch spitzen Schnabel, kurze Beine und gegabelten Schwanz (einige haben lange äußere Steuerfedern). **Flug** Möwenartig, aber schneller, leichter und eleganter mit schmaleren, stärker angewinkelten Flügeln; größere Arten dennoch recht kraftvoll. Nahrungssuche oft aus dem Rüttelflug senkrecht ins Wasser, manchmal wird Beute auch von der Oberfläche aufgepickt.

SUMPFSEESCHWALBEN (3 Arten) brüten an Binnengewässern und sind auf dem Zug weit über Binnenland und Küsten verbreitet. Sie sitzen oft auf Bojen, Pfählen, Treibgut und dergleichen. Alle haben einen kurzen, eingekerbten Schwanz, lange äußere Steuerfedern fehlen. Im Prachtkleid sind sie viel dunkler als die Seeschwalben der Meeresküsten, im Schlichtkleid aber mit dunkler Kappe und hellem Gefieder durchaus ähnlich. **Flug** Recht federnd, schaukelnd. Kein Stoßtauchen, stattdessen fliegen sie gegen den Wind und sammeln mit plötzlichen Wendungen Nahrung von der Wasseroberfläche auf. Die meisten Möwen können sich ebenso verhalten, aber nur Zwergmöwen *(S. 122)* tun dies häufiger.

Geschlechts- und Altersbestimmung, **Mauser** Geschlechter gleich. Deutliche saisonale Unterschiede: Außer bei Zwergseeschwalbe Scheitel im PK vollständig schwarz, im SK teilweise weiß (bei der Brandseeschwalbe ab Juni, bei der Küstenseeschwalbe nicht vor Erreichen des Winterquartiers). Die komplexe Mauser weist Unterschiede auf: Einige beginnen mit der Flügelmauser vor dem Herbstzug, andere erst im Winterquartier. Einige (z. B. Flussseeschwalben) mausern den Flügel zweimal pro Jahr und zeigen dann drei oder gar vier verschieden alte Federgenerationen (im Feld sichtbar). Andere (z. B. Küstenseeschwalben) mausern die Flügel nur einmal im Jahr, sodass er einheitlicher aussieht. Das Jugendkleid ist braun/gebändert, wird aber schnell gegen ein den Altvögeln ähnliches SK getauscht, wobei Steuer- und Schwungfedern bis zum folgenden Jahr erhalten bleiben.

Ein Trupp im Frühjahr ziehender Fluss- und Brandseeschwalben mit einer Lachmöwe. Dunkle Markierungen auf den Handflügeln der Flussseeschwalben schließen Küstenseeschwalben aus.

Bestimmung: Größe | grau/schwarzer Farbton | Schnabelfarbe | Beinfarbe | Flügelmuster | Verhalten bei Nahrungssuche

Mögliche Verwechslungsgruppen – Möwen haben kräftigeren Körperbau, kürzeren Schnabel und meist einen kürzeren, gerundeten oder eckigen Schwanz.

Mauserverlauf bei Möwen

Wie andere Vögel wechseln Möwen ihr Gefieder in einer bestimmten Reihenfolge, wodurch es abgrenzbare Kleider gibt. Da Möwenfedern groß und stark gemustert sind, ist der Vorgang leicht zu erkennen und hier für Arten erläutert, die das Alterskleid nach 2 Jahren (Lachmöwe) bzw. nach 5 Jahren (Silbermöwe) erreichen. Das Verstehen des Mauserverlaufs ist der Schlüssel zur Altersbestimmung einer Möwe, welche wiederum wichtig für die Artbestimmung sein kann.

Handschwingenmauser

Handschwingen werden der Reihe nach gemausert, von der innersten (H1) zur äußersten (H10). Die Nummerierung der Handschwingen erlaubt eine präzise Beschreibung des Mauserablaufs. Dies ist besonders bei der Bestimmung einiger nah verwandter Arten wichtig, ebenso wie die Jahreszeit, in der die Mauser stattfindet.

Beim hier abgebildeten Vogel zeigt eine Kerbe am Flügelhinterrand, wo nach dem Abwurf der alten die neuen Handschwingen nachwachsen: **H1** und **H2** voll ausgewachsen; **H3** fast ausgewachsen; **H4** wachsend; **H5** gerade erscheinend; [H6] fehlt (abgeworfen); **H7–H10** sind alt, die weißen Spitzen sind abgenutzt (vgl. vollständigen Flügel *oben rechts*).

Silbermöwe – 4 Jahre bis zum Alterskleid (4)

Lachmöwe – 2 Jahre bis zum Alterskleid (2)

ANMERKUNG: Die meisten Vögel im 2W sind vom adulten SK nicht unterscheidbar. Einige mögen aber noch an dunklen Abzeichen auf den Handschwingen erkennbar sein

Übergangskleider im Frühjahr und Herbst, mit weißem Gesicht/unvollständiger Kapuze.

Küken Mai–Jun im Nest, Dunenkleid zu Jugendkleid

Jugendkleid Jun–Aug [Jul]

1. Sommerkleid Mär–Okt [Apr]

1. Winterkleid Jul–Apr [Feb]

2. Winterkleid [Altvogel-Schlichtkleid] Aug–Mär [Nov]

[Feb]

Altvogel-Prachtkleid Feb–Aug [Mai]

1. Mauser
JUGENDKLEID
↓
1. WINTERKLEID
Neues Kopf- und Körpergefieder ersetzt Braun aus Jugendkleid.

2. Mauser
1. WINTERKLEID
↓
1. SOMMERKLEID
Anlegen einer Kapuze variabler Ausdehnung, Flügel- und Schwanzzeichnung bleichen aus, Federn bis zu 1 Jahr alt.

3. Mauser
1. SOMMERKLEID
↓
2. WINTERKLEID
[ALTVOGEL-SCHLICHTKLEID]
Kopf wird weiß; Schnabel-/Beinfarbe intensiver; neue Flügelfedern.

ab 4. Mauser
ALTVOGEL-PK ⟶ ALTVOGEL-PK
Teilmauser nur von Kopf- und Körpergefieder
ALTVOGEL-PK ⟶ ALTVOGEL-SK
Vollmauser
Reihenfolge bleibt nun lebenslang erhalten.

● 4. Mauser | ALTVOGEL-PRACHTKLEID | 5.+ Mauser | ALTVOGEL-SCHLICHTKLEID | 5.+ Mauser

JUGENDKLEID | 1. Mauser | 1. WINTERKLEID | 2. Mauser | 1. SOMMERKLEID | 3. Mauser | 2. WINTERKLEID | ● 4. Mauser

Jun | Jul | Aug | Sep | Okt | Nov | Dez | Jan | Feb | Mär | Apr | Mai | Jun | Jul | Aug | Sep | Okt | Nov | Dez | Jan | Feb | Mär

1. Kalender- ⟵ jahr | 2. Kalender- jahr ⟶ | 3. Kalender- jahr ⟶

3. Winterkleid Mai–Mär [Jan]

Altvogel-Schlichtkleid Mai–Mär [Okt]

Altvogel-Prachtkleid Feb–Sep [Jun]

3. Sommerkleid Mär–Okt [Apr]

2. Sommerkleid Feb–Okt [Jun]

kein Braun im Flügel; neue weiße Kopffedern ab Januar

5. Mauser
2. SOMMERKLEID
↓
3. WINTERKLEID
Ausgedehnte Vollmauser

6. Mauser
3. WINTERKLEID
↓
3. SOMMERKLEID
Teilmauser nur von Kopf- und Körpergefieder

7. Mauser
3. SOMMERKLEID
↓
4. WINTERKLEID
[ALTVOGEL-SK]
Vollmauser: Kopf und Körper.

ab 8. Mauser
ALTVOGEL-SK ⟶ ALTVOGEL-PK
Teilmauser: Kopf- und Körpergefieder.
ALTVOGEL-PK ⟶ ALTVOGEL-SK
VOLLMAUSER
Reihenfolge bleibt nun lebenslang erhalten.

Einige können als 4. Winterkleid und 4. Sommerkleid erkennbar sein (etwas Braun im Flügel, dunkle Schnabelmarkierungen)

● 8. Mauser | ALTVOGEL-PK | 8.+ Mauser | ALTVOGEL-SK | 8.+ Mauser

2. SOMMERKLEID | 5. Mauser | 3. WINTERKLEID | 6. Mauser | 3. SOMMERKLEID | 7. Mauser | 4. WINTERKLEID [ALTVOGEL] | ● 8. Mauser

Jun | Jul | Aug | Sep | Okt | Nov | Dez | Jan | Feb | Mär | Apr | Mai | Jun | Jul | Aug | Sep | Okt | Nov | Dez | Jan | Feb | Mär

4. Kalender- jahr ⟶ | 5. Kalender- jahr ⟶

Regelmäßig vorkommende Möwen im Flug (Jugendkleid, 1. Winterkleid)

Siehe Anmerkung auf *S. 127* bezüglich der Bestimmung von Armenienmöwen im Jugend- und 1. Winterkleid außerhalb des Brutgebiets.

Regelmäßig vorkommende Möwen im Flug (Altvögel)

MANTELMÖWE
(S. 123)
SK
HERINGSMÖWE
(S. 124)
PK
SK
MITTELMEERMÖWE
(S. 126)
SK
SILBER-
MÖWE
(S. 128)
STEPPENMÖWE
(S. 129)
3W
SK
ARMENIENMÖWE
(S. 127)
SK
MITTELMEERMÖWE
(S. 126)
STEPPENMÖWE
(S. 129)
AK
typischerweise
hat H10 eine
ausgedehnte
weiße Spitze
SK
MANTELMÖWE
(S. 123)
PK
PK
SSP. fuscus
SSP. graellsii
HERINGSMÖWE
(S. 124)
PK
SILBERMÖWE
(S. 128)
SK
EISMÖWE
(S. 130)
POLARMÖWE
(S. 131)
SK
SSP.
glaucoides
SK
SSP.
kumlieni

MÖWEN IM FLUG *S. 110–113*

Dreizehenmöwe

VU VU

Rissa tridactyla

3 **G** 37–42 cm | **SP** 93–105 cm

Recht kleine Hochseemöwe mit rundem Kopf, schmalen Flügeln und kurzem Schwanz. **Beine kurz**, **schwärzlich** (manchmal braun). Nicht an Land Nahrung suchend. **PK** | Kopf weiß, Schnabel gelb (ohne roten Fleck); **Auge schwarz**. **SK** | **grauer Nacken**, dunkler **Wangenfleck**. **JK** | **Schnabel schwarz**; **dunkles Flügelband**, **schwarzer Kragen**. Allmähliche Veränderung während **1W** (Kragen verschwindet) und **1S** (Flügelband bleicht aus und wird lückig). **2W/2S** | wie **AK**, aber düstere Kopfzeichnung (wie SK) auch im Sommer, oft noch schwarz am Schnabel.

S | In Brutkolonie sehr ruffreudig: scharf, etwas nasal *kitti-wäh*.

In Europa lebt SSP. ***tridactyla***.

PK: Sturmmöwe *S. 116*
JK: Zwergmöwe *S. 122* | Schwalbenmöwe

Steht recht aufrecht auf schmalen Vorsprüngen (in **dichten Kolonien**), an Klippen und Gebäuden.

Seltener Brutvogel (nur Helgoland), mittelhäufiger Gastvogel

Brütet an Steilküsten und Gebäuden an Küsten, Rast auch am Strand; im Winter auf See

F | Flügel schmal, spitz zulaufend; bei starkem Wind steiler Flug in Schräglage. Im **AK Flügelspitze schwarz** (keine weißen Flecke); Handflügel heller als Armflügel; **Unterflügel weiß**. **JK** mit schwarzem Kragen; **schwarzes „W" auf Flügeln**, von grauem Rücken unterbrochen; Unterflügel weiß (dunkles Unterflügelband bei Schwalbenmöwe). **1W/1S** ausgedehnte Mauser (Okt–Jun): verliert Kragen, dunkles „W" bleicht im Frühjahr aus; Hinterflügel weiß. **2W/2S** wie **AK**, aber schwarze Streifen auf Handdecken und äußeren Handschwingen.

Schwalbenmöwe
Xema sabini

(2) **G** 30–36 cm | **SP** 80–87 cm

Kleine Hochseemöwe mit **schwarz-grau-weißen Dreiecken** auf dem geöffneten Flügel. Schwanz gegabelt. Taubenartiger Kopf; Schnabel kurz und dick. Pickt Nahrung von der Wasseroberfläche, schwimmend oder im Flug. **PK | Kapuze grau**; **schwarzer Schnabel mit gelber Spitze**; Handflügel schwarz mit **weißen Handschwingenspitzen** (die sich abnutzen). **SK** | Kopf weiß, Nacken und Ohrfleck schwarz. **JK/1W** | Scheitel, Brustseite und Rücken graubraun mit dunklen Bändern. **1S/2W** | Grau entwickelt sich erst am Rücken, dann auf den Flügeldecken; schmutzig grauer Bereich an Halsseite und Brust.

Es kommen zwei ähnliche SSPP. vor: ***palaearctica*** (von Spitzbergen ostwärts); ***sabini*** (Nearktis) AK/1S etwas heller.

S | Ruft scharf *kik*, ähnlich Seeschwalben.

JK: Dreizehenmöwe | Zwergmöwe *S. 122* | PK: Lachmöwe *S. 119*

Das dreifache Dreieckmuster ist immer viel deutlicher als bei unausgefärbten Dreizehenmöwen. Die weißen Striche in der Flügelspitze sind nur bei deren starker Spreizung zu sehen. Altvögel im Schlichtkleid sind in Europa selten anzutreffen.

Seltener DZ Aug–Okt

Brütet in arktischer Tundra; Zug über dem Meer

F | Breite, angewinkelte Flügel erlauben ein hohes Maß an Beweglichkeit. Das **dreifache Dreieck auf dem Oberflügel** ist diagnostisch (auch wenn das schwarze Armflügelband bei jungen Dreizehenmöwen im 1S fast fehlen kann, kommen bei diesen niemals solch sauber ausgeprägte Dreiecke vor). Dunkles Unterflügelband, besonders im **JK**.

Das Mauserschema ist gegenüber anderen Möwen vertauscht: Vollmauser im frühen Frühjahr vor dem Zug nach Norden; Teilmauser im Winter nach der Rückkehr in den Süden.

In allen Kleidern klares, weißes Dreieck auf Hinterflügel.

LC Sturmmöwe *Larus canus*

LC ③ **G** 40–46 cm | **SP** 100–115 cm

Mittelgroße, sehr weit verbreitete Möwe. **PK** | Kopf weiß, Oberseite mittelgrau; Flügelspitze schwarz-weiß; **Auge dunkel**; Schnabel gelb, **ohne roten Fleck**; **Beine grünlich gelb**. **SK** | Kopf gestrichelt (wirkt bei manchen Vögeln wie dunkle Kapuze); Schnabel matter als **PK**, oft mit dunkler Binde. **JK** | Oberseite braun mit feinen hellen Federsäumen; Flanke und Unterschwanz weiß mit brauner Bänderung, deren Ausdehnung individuell variiert. **1W** | Rücken einfarbig grau (manche noch mit übrig gebliebenen Federn des JK); Flügel braun mit beigen Federsäumen. **1S** | grauer Rücken dunkler als ausgeblichener Flügel. **2LJ** | wie mattes **AK**, aber mehr Schwarzbraun an Flügelspitze.

PK: Dreizehenmöwe *S. 114*
1W: Schwarzkopfmöwe *S. 120*
Ringschnabelmöwe S. 547
1W, SK: Reliktmöwe S. 551

Juvenile wirken länglich, mit kleinem Kopf und Schnabel; Rücken wird im Herbst grau, aber einige braune Federn können bis zum Winter zurückbleiben.

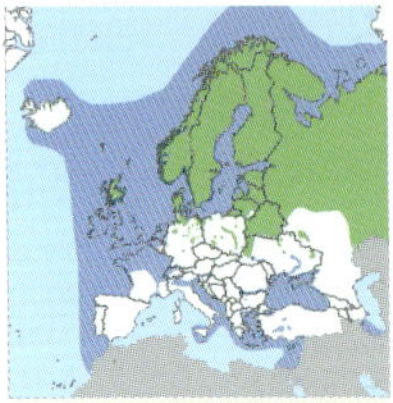

Mittelhäufiger Brutvogel, häufiger Gastvogel

Brütet in Mooren, an Küsten, in Städten; im Winter verbreitet Küste und Binnenland

S | Hoch quiekend *kiiiä, klii-ju* und langes, lachendes *ki-ki-ki-kliii-a kliii-a*.

F | **AK** Flügelspitze schwarz mit **großen, weißen Flecken** auf den beiden äußersten Handschwingen. **1W** Handflügel ausgeblichen schwärzlich, Armflügel brauner; **scharf abgegrenzte, schwarze Schwanzendbinde**. **2W** wie **AK**, aber kleine, weiße Flecke an weiter ausgedehnter schwarzbrauner Flügelspitze.

SSP. ***canus*** weit verbreitet; wird nach Osten hin dunkler mit mehr Schwarz an Handschwingen, Übergang zur SSP. ***heinei***. Ausnahmegast aus N-Amerika ist SSP. ***brachyrhynchus*** mit durchschnittlich kürzerem Schnabel und mehr Weiß in der Flügelspitze, auch als Art betrachtet.

Korallenmöwe
Larus audouinii

(4) **G** 44–52 cm | **SP** 117–128 cm

Mittelgroße, schmalflügelige, helle Möwe mit langer „Schnauze“; **Beine grau**; **Auge dunkel**. **AK** | Rücken hellgrau; Unterseite heller grau; Kopf ganzjährig weiß. Schnabel rot mit schwarzer Binde. Weiße Flecke auf schwarzer Flügelspitze (bis Aug abgenutzt). **JK** | überall braun, mit schmalen beigen Federsäumen auf der Oberseite; Schnabel rosagrau mit schwarzer Spitze. Um Auge dunkler Anflug; Schirmfedern mit **schmalen, hellen Säumen**. **1W** | Rücken hellgrau; dunkle Maske. Schnabel grau bis rosa mit schwarzer Spitze; Basis bis **1S** röter. **2W/2S** | hellgrau, Flügelspitze und Schwanzband schwärzlich. **3W/3S** | wie **AK**, aber kleinere weiße Flecke an Flügelspitze.

Silbermöwe *S. 128*
Steppenmöwe *S. 129*
Mittelmeermöwe *S. 126*

Juvenile wirken länglich, mit langem Flügel und langem, kräftigem Schnabel; Kombination von grauen Beinen und rosagrauem Schnabel eindeutig.

S | Typisches Möwen-Stakkato, nasale Laute und kreischende Rufe.

Ausnahmegast aus dem Mittelmeerraum

Brütet auf felsigen Inseln; im Winter an Sand- oder Felsküsten, Lagunen

F | **AK** mit schwarzer Flügelspitze und kleinem, weißem Subapikalfleck; Unterflügel weiß mit stark kontrastierender schwarzer Spitze. **JK** dunkelbraun, Bürzel weiß, Hinterflügel und Schwanzband schwarz; Unterflügel dunkel mit weißem Band über Flügelmitte. **1W** bekommt graueren Rücken. **2W/2S** hellgrau, Handdecken, Hinterflügel und Schwanzband schwärzlich.

JK mit schwarzem Flügelhinterrand und Schwanzband sowie weißem Band über Unterflügel; 1W ähnlich, aber Rücken grau.

Große weiße Flecke an Flügelspitze, nutzen sich bis Aug ab.

LC VU Dünnschnabelmöwe

Chroicocephalus genei

(2) **G** 37–42 cm | **SP** 90–102 cm

Kleine, relativ langhalsige Möwe; silbergrau und weiß mit **hellem Kopf**. Flache Stirn geht in langen, spitzen Schnabel über, am längsten bei ♂. Wirkt größer als die ähnliche Lachmöwe: erscheint gedrungener auf dem Wasser, aber langbeiniger an Land. **PK** | Kopf und Körper weiß, mit (individuell unterschiedlich starkem) **rosa** Anflug; **Schnabel rot bis schwärzlich**; **Beine rot**. Auge weißlich oder beige (besonders im Osten) bis mittelbraun (meist im Westen). **SK** | oft hellgrauer Ohrfleck; Schnabel orange: Auge hell. **JK** | hellgrau und weiß mit Braun an Hals und Rücken; dunkler Ohrfleck; schlanker Schnabel; lange Beine. **1W** | Kopf weiß, Rücken hellgrau; Auge hell; Schnabel und Beine hellorange.

Lachmöwe
Bonapartemöwe S. 550

Steht mitunter mit lang gerecktem Hals; zur Brutzeit oft intensiv rosa, Schnabel kann schwärzlich aussehen.

S | Ruft *kriier*, ähnlich Lachmöwe, aber etwas härter und rollender.

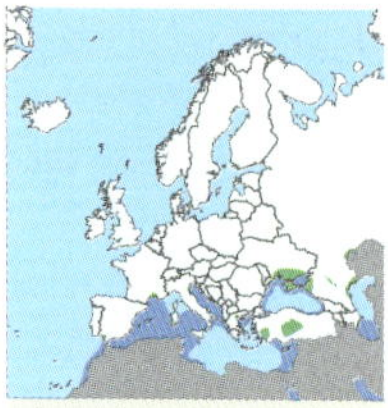

Ausnahmegast aus dem Mittelmeerraum

Brütet an Seen, Salinen und Lagunen; im Winter an der Küste

F | Langflügeliges, langköpfiges Profil; weiß und hellgrau mit breitem, **weißem Feld auf Handflügel** und schwarzem Hinterrand der Flügelspitze. Unterflügel zur Spitze hin dunkler, im Kontrast zu von unten **weißen äußeren Handschwingen**. **1W** mit schwachem, braunem Band auf Armflügel, braunem Band entlang des Hinterflügels und schwarzbraunem Schwanzband.

Schnabel deutlich länger und dicker als bei Lachmöwe, besonders bei ♂

Schnabelfarbe variiert von hell bis sehr dunkel rot; wirkt oft fast schwarz.

Beim Stehen oder Schwimmen langer, grauer Rücken und kleine, schwarze Flügelspitze (Lachmöwe hat kürzer grauen Rücken und längere Flügelspitze).

Lachmöwe

Chroicocephalus ridibundus

(2) **G** 35–39 cm | **SP** 86–99 cm

Kleine, ruffreudige Möwe; weit verbreitet und in sehr verschiedenen Lebensräumen anzutreffen. **PK** | silbergrau und weiß mit **dunkelbrauner Kapuze** und dünner weißer Klammer hinter dem Auge (Kapuze bleicht aus, behält aber einen dunklen Rand, **weißliches Gesicht** während Frühjahrs- und Sommermauser). Schnabel dunkelrot (ohne Kontrast zur Kapuze). Flügelspitze schwarz. **SK** | Kopf weiß mit dunklem Ohrfleck; Beine und Schnabel **intensiv rot**. **JK** | Hals, Rücken und Flügel **dunkel ingwerbraun** und silbergrau. **1W** | Kopf und Hals weiß mit **dunklem Ohrfleck**; Rücken grau, aber braune Federn auf den Flügeln; Auge dunkel. **1S** | fleckige oder komplette Kapuze; braune Flügelfedern bleichen aus.

Schwarzkopfmöwe *S. 120*
Zwergmöwe *S. 122*
PK: Schwalbenmöwe *S. 115*
Dünnschnabelmöwe
Seltene dunkelköpfige Möwen *S. 550–551*

Juvenile sind dunkel, zumeist braun an Hals und Oberseite; zudem schwarzer Ohrfleck und dunkles Band unter dem Scheitel.

S | Schrill kreischend *kriäärr* oder *chrää*, auch kurz *kek* oder doppelt *kekek*.

Häufiger Brut- und Gastvogel

Brütet an Seen und Küsten; im Winter weit verbreitet

F | Leichter Flug auf spitzen, angewinkelten Flügeln; kreist, pickt von der Wasseroberfläche und jagt Insekten. **AK weißer Vorderflügelkeil**; schwarzer Hinterrand der Flügelspitze, dieser aber unterseits **schwärzlich** mit weißen äußeren Handschwingen. **JK/1W/1S** schwarze Streifen entlang des weißen Handflügels; Unterflügel grau, deutlich von den weißen äußeren Handschwingen abgesetzt.

Schwarzbrauner Flügelhinterrand, bleicht aus; braunes Armflügelband bleicht bis 1S zu Hellbraun aus; weißer Vorderflügel mit schwarzen Streifen.

Dunkle Kapuze entwickelt sich während der Mauser zum **PK** oder **1S** von hinten nach vorne, geht aber bei der Mauser ins **SK** von vorn nach hinten verloren, dadurch übergangsweise ein „weißes Gesicht".

geschlossene Flügelspitze stellt einen schmalen, schwarzen Keil mit kleinen weißen Flecken und weißem Unterrand dar

MÖWEN IM FLUG *S. 110–113*

LC Schwarzkopfmöwe

LC *Ichthyaetus melanocephalus*

③ **G** 37–40 cm | **SP** 94–102 cm

Kleine, helle Möwe mit **dicken Schnabel** und rundem Kopf. **PK | Flügelspitze weiß; schwarze Kapuze** mit breiten, **weißen Augenklammern**; **roter Schnabel im Kontrast** zur Kapuze. **SK | hellgrau und weiß**; Kopf weiß mit schwärzlichem Bereich um das Auge und grauem Nacken; Schnabel und Beine rot bis schwärzlich. **JK** | Oberseite braun mit beigen Federsäumen; Brust hell beigebraun; Schnabel schwarz. **1W** | Rücken hellgrau, Unterseite weiß; dunkler Bereich hinter dem Auge; weiße Augenklammern; Schnabel dick, schwärzlich (etwas Orange/Rot an Basis); Flügelspitze schwärzlich. **2W** | wie **SK**, aber schwarze Flecke an Flügelspitze; oft deutliche breite Maske. **2S** | vollständige Kapuze, Schnabel und Beine wie **PK**, aber schwarze Flecke an Flügelspitze.

S | Typischer nasaler Ruf, an- und wieder absteigend *jaahu*, durch den Einzelvögel in gemischten Möwentrupps schnell auffallen.

Lachmöwe *S. 119*
1W: Sturmmöwe *S. 116*
Seltene dunkelköpfige Möwen *S. 550–551*

Sehr seltener Brutvogel und Durchzügler Mär–Okt

Brütet an Gewässern und in Salzwiesen; im Winter an der Küste

Juvenile mit beigen Federsäumen am braunen Rücken, graue Große Flügeldecken (bilden Band) und graubraune Brustseite/Flanke.

F | AK Flügelspitze und Unterflügel weiß. **1W** mit dunklem Vorder- und Hinterflügel, dazwischen und auf dem Rücken hellgrau; Handschwingen schwärzlich. **1S** dunkle Bereiche werden durch Ausbleichung brauner. **2LJ** Oberflügel hellgrau, mit schwarzen Streifen; Unterflügel weiß.

Heller Rücken (ausgeblichene 1S Sturmmöwe ähnlich, aber mit dunklerem „Sattel").

Fischmöwe

Ichthyaetus ichthyaetus

(3) **G** 58–67 cm | **SP** 146–162 cm

Große Möwe, größer als Mittelmeermöwe, **langes Kopf/Schnabel-Profil**, weiße Augenklammern. **AK** | hellgrau und weiß, schwarze Flügelspitze; **Beine gelb**; langer, gelber Schnabel mit schwarzroter Binde. **PK** | **schwarze Kapuze**. **SK** | Kopf weiß mit **dunkler Maske**. **JK** | Rücken und Flügel beigebraun mit weißlichen Federsäumen. **1W** | Rücken grau mit braunen Flecken; dunkle Maske, fleckiger Kragen. **2W** | wie **1W**, aber einfarbiger grau. **2S** | mit schwärzlicher Kapuze.

S | In Kolonie tiefe, kehlige Rufe.

Imm: Mittelmeermöwe *S. 126* Armenien- *S. 127*, Steppen- *S. 129* und Silbermöwe *S. 128*

Die Kombination von langem Schnabel, weißen Augenklammern, dunkler Maske und großer Gestalt erleichtert die Bestimmung von Jungvögeln.

Ausnahmegast aus SO-Europa

Brütet in Sümpfen und auf Inseln in Seen; im Winter an der Meeresküste

F | **AK** weiße Flügelspitze mit schwarzem Band. **JK** schwärzlicher Hinterflügel, graue Flügelmitte; weißer Schwanz mit schwarzer Endbinde. **1W** grauer Rücken, Flügel braun mit dunkleren Schwungfedern; schwarze Schwanzbinde. **2W** Schwanzbinde reduziert, schwarze Flügelspitze und Handdecken, dazwischen weißes Feld. **3LJ** wie **AK**, aber mehr Schwarz an Flügelspitze.

LC Zwergmöwe
LC *Hydrocoloeus minutus*

(2) **G** 24–28 cm | **SP** 62–69 cm

Sehr kleine, schlanke Möwe; fliegt bei Nahrungssuche auf und ab (wie Trauerseeschwalbe) und pickt Beute von Wasseroberfläche. **PK** | hellgrau und weiß mit schwarzer Kapuze (keine weiße Augenklammer); Flügelspitze weiß; Schnabel dunkel; Beine rot. **SK** | Scheitel etwas schwärzlich, dunkler Ohrfleck; Beine rosa. **JK** | Oberseite schwarz-braun gebändert; Brustseite dunkelbraun. **1W** | Rücken hellgrau; Kopf/Hals wie **SK**; dunkles Band diagonal über Armflügel. **1S** | dunkle Bereiche auf Flügel werden brauner; Kapuze schwarz oder fleckig. **2W** | wie **SK**, aber schwarze Flecke an Flügelspitze (bleiben bis **2S**).

1W Dreizehenmöwe *S. 114* | Schwalbenmöwe *S. 115*
Lachmöwe *S. 119* | Trauerseeschwalbe *S. 136*
1W, SK: *Rosenmöwe S. 546* | *Bonapartemöwe S. 550*

JK/1W-Zwergmöwen haben einen weißen Unterflügel, matt schwärzliche Federn erscheinen dort erst im 2W ab Jul/Aug.

Sehr seltener Brutvogel, mittelhäufiger Durchzügler und Wintergast

Brütet an Seen; im Winter auf Seen, an Küsten und auf hoher See

F | Federnder, flatteriger Flug, mitunter hoch aufsteigend. **AK** Oberflügel hellgrau mit **weißem Hinterrand**, **Flügelspitze weiß**; Unterflügel **schwärzlich mit weißem Rand**. **JK** Hinterhals und Brustseite schwärzlich (dünner Kragen wie Dreizehenmöwe); **schwärzliches „W"** über Flügel und Hinterrücken. **1W** Rücken/Bürzel grau; dunkles Band nahe Hinterrand des Armflügels, Streifen auf inneren Handschwingen (bei Dreizehenmöwen weißer). **2W** wie **AK**, aber schwarze Flecke oder Streifen auf Handflügel; Unterflügel mattschwarz gefleckt.

S | Ruft nasal *kek*.

Mantelmöwe *Larus marinus*

(4) **G** 61–74 cm | **SP** 144–166 cm

Größte, räuberischste Möwe. Altvögel mit schwarzem Rücken und weißem Kopf, höchstens mit Heringsmöwe zu verwechseln. Großer, breiter Kopf; sehr kräftiger Schnabel (besonders ♂). **PK** | oben schwarz, dunkler und mit mehr Weiß in Flügelspitze als die meisten Heringsmöwen. Beine lang, rosa bis weißlich. **SK** | Kopf bleibt weitgehend weiß (bei Heringsmöwe bis Feb gestrichelt). **JK / 1W** | großer, schwarzer Schnabel; Kopf und Unterseite hell (heller als Silber- und Heringsmöwen gleichen Alters); Oberseite grob schwarz-braun-beige gemustert. **2W** | Oberseite zunehmend schwarz. **3W** | ähnlich **AK**, aber Flügel mit braunen Bereichen (Ausdehnung individuell verschieden).

Heringsmöwe *S. 124* | *Dominikanermöwe S. 548* | Imm: Silbermöwe *S. 128*

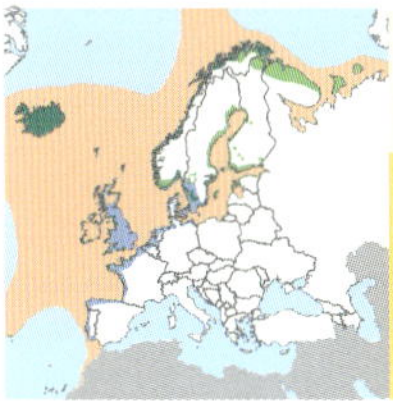

Sehr seltener BV, mittelhäufiger DZ und WG

Brütet an Küsten (auch Klippen); im Winter an Küste, seltener im Binnenland

S | Ruft viel tiefer als andere Möwen, laut und bellend *kla-ou*.

F | Lange, gebogene Flügel; kräftige, gleichmäßige Flügelschläge; kreist gut im Wind. **AK** Rücken und Flügel schwarz, ohne Kontrast zwischen Flügelspitze und Rest des Flügels. **JK / 1W** wie helle juvenile Silbermöwe, aber heller Bereich der inneren Armschwingen weniger kontrastreich und Oberseite grob grau-braun gemustert. **2LJ** und **3LJ** mit immer mehr Schwarz auf der Oberseite.

ACHTUNG: Einige Vögel erreichen erst nach 6 Jahren das volle AK.

Weitere Zwischenstadien (2W und 3W) sind auf *S. 132* abgebildet.

MÖWEN IM FLUG *S. 110–113*

LC Heringsmöwe *Larus fuscus*

LC (4) **G** 48–56 cm | **SP** 117–134 cm

Häufige Großmöwe in N- und W-Europa. Altvögel mit dunkler Oberseite, höchstens mit der größeren Mantelmöwe zu verwechseln; unausgefärbte Vögel fleckig braun, manchmal schwer zu bestimmen. Drei Unterarten (siehe *rechte Seite*). **PK** | oben **dunkelgrau**, abgesehen von der schwarz-weißen Flügelspitze sonst weiß; **Beine intensiv gelb**. **SK** | Kopf/Brust graubraun; Beine matt gelb. **JK / 1W** | hellbeige, kräftig grau-braun gefleckt; Schirmfedern mit **schmalen**, **weißen Säumen**; Große Decken nutzen sich ab und werden dunkelbraun. **2W / 3W** | werden oberseits grauer, mehr oder weniger stark dunkelbraun gefleckt (**AK** wird individuell unterschiedlich schnell erreicht, daher Altersbestimmung unsicher): **2W** Oberseite matt dunkelbraun, aber ab **3S** Kopf und Unterseite rein weiß.

F | **AK** grauer Oberflügel mit schwarzer Flügelsitze (kein Kontrast bei SSP. ***fuscus*** oder Mantelmöwe); kleine weiße Flecke in der Flügelspitze; dunkelgrau unter den Schwungfedern. **JK / 1W** Handschwingen ganz dunkel; je ein dunkles Band am Hinterflügel und auf Flügelmitte; breite, schwarze Schwanzendbinde von gleichmäßiger Breite. **2W** dunkelgrauer „Sattel" zwischen braunen Flügeln.

Mantelmöwe *S. 123*
Mittelmeer-, Armenienmöwe *S. 126–127*
Imm: Silbermöwe *S. 128*
Imm: Steppenmöwe *S. 129*
Dominikaner-, Kamtschatkamöwe *S. 548–549*

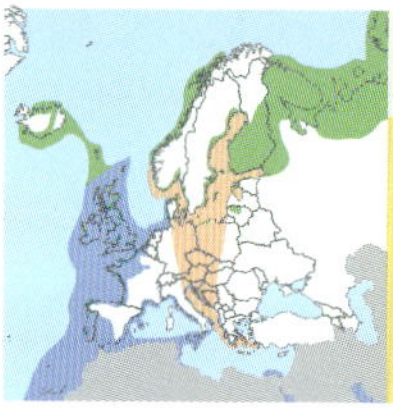

Mittelhäufiger BV, häufiger GV Mär–Okt

Brütet in Mooren, Klippen, Dünen und auf Gebäuden; im Winter Küste und Binnenland

S | Ruft tiefer und nasaler als Silbermöwe *kiau*; auch lachende Rufreigen tiefer als bei Silbermöwe (auch von über das Binnenland ziehenden Trupps zu hören).

Weitere Zwischenstadien (2W und 3W) sind auf *S. 133* abgebildet.

Unterarten der Heringsmöwe
In Europa brüten drei Unterarten: ***graellsii*** (Britische Inseln) am hellsten; ***intermedius*** (NW-Europa) dunkler, es gibt aber Übergänge; ***fuscus*** am schwärzesten, eventuell separate Art, **„Baltische Heringsmöwe"** (Ostsee, zieht nach S und O; selten in W-Europa) relativ lange Flügel, kleiner Kopf, schmaler Schnabel und kurze Beine; Altvogel oben schwarz ohne Kontrast zur Flügelspitze; auch im Winter nahezu weißer Kopf. Anders als andere Unterarten, die nach dem ersten Lebensjahr von Mai–Nov alle Schwungfedern mausern (nur die äußersten 1–2 Handschwingen wachsen im Okt noch), ersetzt ***fuscus* bis Okt–Nov nur die 1–4 innersten Federn**, den Rest nach dem Zug. Ein/zwei SSPP. als Ausnahmegast: „Tundramöwe" ***heuglini*** und vielleicht ***barabensis*** aus Sibirien.

Bestimmung gelbfüßiger Möwen

Heringsmöwe, Mittelmeermöwe, Armenienmöwe, Steppenmöwe und Silbermöwe verursachen oft Bestimmungsprobleme. Die wichtigsten Unterschiede in Muster und Färbung der Schwungfedern sind hier zusammengestellt.

Flügelspitze der Altvögel | **Flügel und Schirmfedern in JK / 1W**

Das Muster auf den Schirmfedern kann hilfreich sein, es gibt aber beträchtliche Variationen und Ausbleichungseffekte.

Heringsmöwe

SSP. *graellsii*

Schwarz ausgedehnt, auf äußersten sechs Federn, leichter Kontrast zu dunkelgrau; zwei kleine Subapikalflecke.

Handflügel ganz dunkel; Armflügel mit dunklen Bändern am Hinterrand und auf Flügelmitte.

Dunkelbraun, schmale helle Säume.

Mittelmeermöwe *(S. 126)*

Schwarz ausgedehnt; ein weißer Subapikalfleck, selten Spitze von H10 ganz weiß; breites, schwarzes Band auf H5.

Handflügel dunkel; innere Handschwingen etwas heller.

Basen bilden dunkle „Sichel"; nur Spitzen hell gesäumt.

Armenienmöwe *(S. 127)*

Schwarz ausgedehnt und eckig, ohne Einbuchtungen auf den sieben äußersten Federn.

Handflügel dunkel; innere Handschwingen dunkelbraun-silbergrau gestreift.

Dunkelbraun mit hellen Spitzen, weißlich verblassend.

Steppenmöwe *(S. 129)*

Hellgraue „Finger" reichen in Schwarz von H7–H10 hinein; H10 mit langer weißer Spitze; meist schwarzes Band auf H5. Unten lange weiße „Zunge" auf H10.

Handflügel dunkel; innere Handschwingen zur Basis hin etwas heller gestreift.

Basen bilden dunkle „Sichel"; nur Spitzen hell gesäumt.

Silbermöwe *(S. 128)*

SSP. *argenteus*

SSP. ***argentatus*** wie Steppenmöwe. SSP. ***argenteus*** mit schwarzem Band vor weißer Spitze von H10; schwarzer Fleck auf Außenfahne von H5.

Handflügel dunkel, aber innere Handschwingen bilden helles „Fenster"; Armflügel mit hellen Deckfedern vor dunklem Hinterrand.

Braun mit beigen Säumen und Spitzen in „Eichenblattmuster".

MÖWEN IM FLUG *S. 110–113*

LC Mittelmeermöwe
LC *Larus michahellis*

(4) **G** 52–58 cm | **SP** 120–140 cm

Häufige Großmöwe in S- und O-Europa. **AK** | Kopf weiß, Oberseite grau (dunkler als Silbermöwe, heller als Heringsmöwe); Flügelspitze schwarz-weiß. Schnabel groß, kräftig gelb mit rotem Fleck. Beine gelb; Auge dunkelgelb mit rotem Ring. **SK** | von Jul–Sep Kopf hinter dem Auge gestrichelt, dann **ganz weiß** (Silber- und Heringsmöwe bis Jan/Feb dunkel gestrichelt). **JK** | matt graubraun. **1W** | braun, Kopf weißer mit schwacher Maske und grauem „Schal". **Schirmfedern dunkel mit schmalen hellen Spitzen** (bei manchen Vögeln auch helle Säume). Später Altersbestimmung unsicher, aber **2W** | zunehmend grau auf Oberseite. **3W** | oben grau mit braunen Flecken, unten weiß; Schnabel schwärzlich bis kräftig gelb mit schwarzer Binde. Einige **3LJ/4LJ** wie **AK**, aber mit schwarzer Schnabelbinde, sehr ähnlich Armenienmöwe.

Heringsmöwe *S. 124*
Armenienmöwe | Silbermöwe *S. 128*
Steppenmöwe *S. 129*
Kamtschatkamöwe S. 549

Es gibt zwei SSPP.: ***michahellis*** (weit verbreitet): ***atlantis*** (ostatlantische Inseln) *(oben)* **SK** mit variabler, angedeuteter Kapuze; selbst **3W** oft noch mit schwarzer Schnabelbasis.

Sehr seltener Brutvogel, seltener Gastvogel

Brütet an Felsen und auf Inseln; im Winter oft im Binnenland

S | Nasale, bellende Laute, tiefer als Silbermöwe. Lachende Rufreihe langsam, Töne deutlich getrennt.

F | **AK** Oberflügel grau; mehr Schwarz in Flügelspitze als Silbermöwe, mit großem, weißem Subapikalfleck oder weißer Spitze an äußerster Handschwinge (s. *S. 125*). **1W** Armflügel braun, leicht aufgehelltes Feld im Bereich der inneren Handschwingen; breite schwarze Schwanzendbinde, am breitesten in der Mitte. **2W** Rücken grau. **3W** wie **AK**, aber etwas Braun auf Oberflügel und dunkle Flecke am Schwanz.

wenige wie Armenienmöwe mit Schwarz am Schnabel

ACHTUNG: Adulte Silbermöwen aus dem Ostseeraum können blassgelbe Beine haben, aber Kopf und Brust sind im Winter gestrichelt.

Weitere Zwischenstadien (2W und 3W) sind auf *S. 133* abgebildet.

Armenienmöwe *Larus armenicus*

(4) **G** 52–60 cm | **SP** 120–140 cm

Große, elegante Möwe; sehr ähnlich Mittelmeermöwe, aber Schnabel kürzer und dicker; langbeiniger, aufrechter Stand. **PK** | grau-weiß; Schnabel **lebhaft gelb** mit rotem Fleck und oft auch **schwarzer Binde**. Beine intensiv gelb; Auge meist dunkel. **SK** | Hinterhals dunkel gefleckt; Schnabel gelb mit schwarzer Binde, mit oder ohne Rot (ähnlich bei einigen Mittelmeermöwen): ♂ mit längerem Schnabel und flacherem Kopf, ♀ rundköpfiger. **JK/1W** | Oberseite gräulich mit braunen Flecken. Kopf weiß, grau um das Auge. Unterseite weiß; dunkle Flecke an Hinterhals und Brustseite; Schnabel schwarz; Beine rosa. **1S** | hellbraun, einige nach Ausbleichung fast weiß. **2W** | Rücken grau, Flügel graubraun-weißlich gebändert, Schirmfedern überwiegend hell; Kragen und Brust dunkelbraun gefleckt; Schnabel matt mit dunkler Binde; Beine rosa. **3W** | Oberseite grau mit braunem Anflug auf Flügeldecken; Schirmfedern dunkelbraun gefleckt; Flügelspitze schwarzbraun; Schnabel und Beine wie **AK**; Auge dunkel.

Mittelmeermöwe
Steppenmöwe *S. 129*
Heringsmöwe *S. 124*
Silbermöwe *S. 128*

Kein Vorkommen in Mitteleuropa

Brütet an Seen, in Sümpfen; im Winter Küste, flache Lagunen

S | Tiefe nasale und lachende Rufe, ähnlich Mittelmeermöwe.

F | **AK** ausgedehnt schwarze Flügelspitze (Schwarz auf sieben äußersten Handschwingen) mit gerader Abgrenzung gegen Grau; ein weißer Subapikalfleck, seltener zwei (s. *S. 125*). **1W/2W** wie Mittelmeermöwe, aber Schnabel kürzer, innere Handschwingen streifig, Unterflügel hell; schwarze, gleichmäßig breite Schwanzendbinde. **3W** wie **AK**, aber brauner Anflug, kleiner, weißer Subapikalfleck und wenige dunkle Flecke am Schwanz.

ACHTUNG: Außerhalb des Brutgebiets (und besonders außerhalb Europas) ist die Bestimmung wegen der großen Ähnlichkeit zu anderen Arten oft unmöglich. Dies Bild im **JK** wurde in Israel aufgenommen, wo auch die nahezu identisch aussehende SSP. ***barabensis*** der Heringsmöwe vorkommt.

Weiteres Zwischenstadium (2S) ist auf *S. 133* abgebildet.

LC Silbermöwe *Larus argentatus*

LC ④ **G** 54–60 cm | **SP** 123–148 cm

Häufige Großmöwe in N- und W-Europa. **AK** | Oberseite **hellgrau**; schwarze Flügelspitze mit weißen Flecken (die kleinsten bis Mai abgenutzt). **Auge hell** mit gelbem/orangem Liding; **Schnabel gelb mit rotem Punkt**, **Beine rosa**. Nördliche SSP. ***argentatus*** größer und dunkler als SSP. ***argenteus*** in W-Europa (die heller ist als Sturmmöwe, *S. 116*). **PK** | Kopf und Körper weiß. **SK** | Kopf stark gestrichelt. **JK/1W** | graubraun, ausbleichend; Schirmfedern mit **hellen Säumen und Einkerbungen**. Schnabel und Auge dunkel. Gefieder durch Ausbleichung bis **1S** heller. **2W** | Basis und Spitze des Schnabels hell; Auge hell. **3W** | hellgrauer Rücken; Schnabel gelb mit dunklen Markierungen und rötlichem Fleck. **2LJ/3LJ** Entwicklung unterschiedlich schnell, daher Altersbestimmung unzuverlässig.

Steppenmöwe | gelbfüßige Möwen *S. 126–127*
Imm: Mantelmöwe *S. 123*
Kanadamöwe S. 548 | „Thayermöwe" S. 547
Beringmöwe S. 549

Extreme Vögel N-Skandinaviens (SSP. ***argentatus***, nach S ziehend) haben mehr Weiß in der Flügelspitze, oft mit sehr wenig Schwarz auf der Unterseite. In Island ähnliche Vögel möglicherweise durch Hybridisation mit Eismöwe.

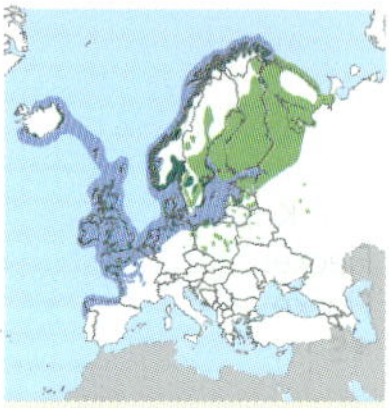

Mittelhäufiger Brutvogel, häufiger Gastvogel

Brütet an Klippen, in Dünen, auf Gebäuden (auch Binnenland); im Winter Küste und Binnenland

S | Hohe, schrille, jauchzende und tiefe Rufe, häufig *gäg-gäg-gäg*, besonders am Brutplatz lachende Rufreihen.

F | Kraftvoll; kreist und gleitet gut. **AK** Flügelspitze schwarz, zwei weiße Subapikalflecke (oder ganz weiße Spitze der äußersten Feder, *S. 125*). Schwungfedern von unten hellgrau. **JK/1W** Flügelspitze dunkel, **auffallend helles Feld über innere Handschwingen**; dunkles Hinterflügelband; breite schwarzbraune Schwanzendbinde, am breitesten in der Mitte. **2LJ/3LJ** Rücken wird grau; helle innere Handschwingen bleiben eindeutiges Kennzeichen.

dunkles Hinterflügelband, aber im Gegensatz zur Heringsmöwe kein Band auf Flügelmitte

Altvogelkopf reicht von leicht gezeichnet bis stark gefleckt/gestrichelt, Nov–Mär

Einige Brutvögel der Ostsee haben blassgelbe Beine (s. Mittelmeermöwe), aber Kopf und Brust sind im Winter gestrichelt.

Weitere Zwischenstadien (2W und 3W) sind auf *S. 132* abgebildet.

Steppenmöwe *Larus cachinnans*

(4) **G** 55–60 cm | **SP** 138–147 cm

Häufig mit breiter Brust und gerecktem Hals aufrecht stehende Großmöwe, Rücken steil zu langer Flügelspitze abfallend; flache Stirn und eckiger Hinterkopf, Auge sitzt relativ weit vorne; Beine lang und dünn. Manche Vögel weniger eindeutig, Bestimmung kann durch Hybriden und Übergangsformen erschwert sein. ♂ mit langem, gleichmäßig breitem Schnabel. Bei ♀ Schnabel und Beine kürzer. **AK** | Rücken hellgrau; schwarz-weiße Flügelspitze; **Kopf ganzjährig weiß**. Auge gelb oder dunkel, mit rotem Ring. Schnabel grünlich gelb mit blassem rotem Fleck. Beine blassgelb oder rosagrau. **SK** | Schnabel oft mit dunkler Binde. **JK / 1W** | bräunlich; Kopf und Unterseite weißlich, Hinterhals dunkler; bis Sep neue graue Rücken-/Schulterfedern mit dunklen Flecken; Schirmfedern schwärzlich mit weißer Spitze, bilden zusammen eine dunkle „Sichel"; Flügelspitze schwärzlich; Schnabel und Auge dunkel. **2LJ** | wie **1W**, aber Rücken grau, einfarbig oder mit feinen, dunklen Stricheln oder Ankermustern; dunkler „Schal". **3LJ** | Rücken und Flügel einfarbig grau.

S | Tiefe, bellende Rufe, ähnlich Heringsmöwe; lachende Rufreihe höher als bei Mittelmeermöwe.

Silbermöwe
gelbfüßige Möwen *S. 126–127*
Imm: Korallenmöwe *S. 117*
Imm: Mantelmöwe *S. 123*

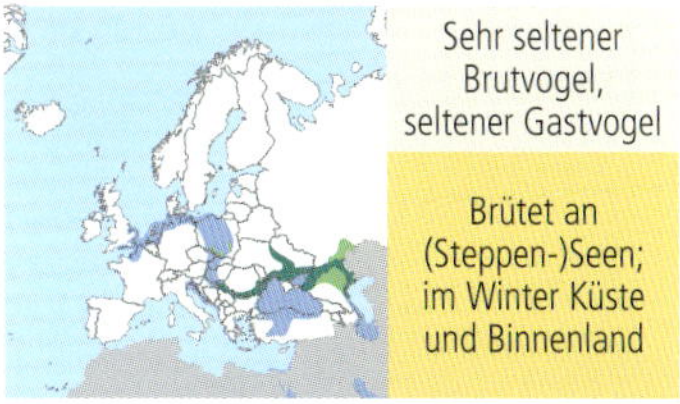

F | In allen Kleidern **helle Unterflügel**. **AK** Schwarz auf äußersten sechs bis sieben Handschwingen, in die **hellgraue „Finger" hineinreichen** (s. *S. 125*). **1W** breite, schwarze Schwanzendbinde gleichbleibender Breite; zwei dunkle Bänder auf Armflügel sowie schwarzes Hinterflügelband, aufgehellte innere Handschwingen. **2W** heller Armflügel mit dunklem Hinterflügelband; scharf abgegrenzte schwarze Schwanzendbinde. **3W** wie **AK**, aber dunklere Handdecken, weniger Weiß in Flügelspitze und einige dunkle Flecke am Schwanz.

MÖWEN IM FLUG *S. 110–113*

WEISSFLÜGELIGE GROSSMÖWEN Eismöwe und **Polarmöwe** sind große, helle Möwen, die im Gegensatz zu allen anderen Großmöwen der Region kein Schwarz auf dem Flügel zeigen. In den verschiedenen Altersstadien haben die beiden Arten ein sehr ähnliches Gefieder, sie können jedoch folgendermaßen unterschieden werden:

Eismöwe (hinten): **größer** als Silbermöwe; stämmiger Körper; **Stirn steigt relativ flach zu eckigem Hinterkopf an**; großer Kopf, kräftiger Nacken, starrer Blick, tiefes Kinn und **langer** Schnabel bewirken „grimmigen" Gesichtsausdruck; Flügelspitze **überragt leicht** den Schwanz.

Polarmöwe (vorne): **Größe wie Silbermöwe oder etwas kleiner**; rundliche Brust; rundlicher Kopf mit **steiler Stirn** und **hohem, rundem Scheitel**; runder Nacken, kurzes Kinn und **kurzer** Schnabel verleihen „freundlichen Gesichtsausdruck"; lange Flügel **überragen deutlich** den Schwanz.

LC LC

Eismöwe *Larus hyperboreus*

④ G 63–68 cm | **SP** 138–158 cm

Polarmöwe | Silbermöwe *S. 128*
Beringmöwe S. 549

Sehr seltener Wintergast Nov–Mär

Brütet an (Steil-) Küsten; im Winter an Küsten, seltener im Binnenland

AK | helllgrau und weiß; **Flügelspitze weiß**; Schnabel gelblich mit rotem Fleck; Beine rosa. **PK** | Kopf weiß; Auge gelb mit gelbem Ring. **SK** | wie **PK**, aber Kopf/Brust braun gestrichelt/gefleckt. **JK** | beige, kaffeebraun gefleckt/gebändert; **Flügelspitze hellbeige**; Schwanz beigebraun. Ausbleichung zu **1W** | Schnabel rosa mit **scharf abgegrenzter schwarzer Spitze**. Auge dunkel. **1S** | wie **1W**, aber weiß gefleckt. **2W** | wie **1W**, aber Auge hell; Rücken etwas grauer; Schnabel rosa mit dunkler Binde und heller Spitze. **3W** | Unterseite größtenteils hellgrau; Flügelspitze weiß.

S | Bellende und kreischende Rufe ähnlich Silbermöwe; im Sommer leicht erstickter, klingelnder Ruf.

F | Kraftvoll, langflügelig. **AK** hellgrau; Flügelspitze und -hinterrand weiß. **1W/2W** auffallend hellbeige, Handflügel hell; Schwanz gebändert, aber ohne dunkle Endbinde.

Rund um die Arktis werden bis zu vier SSPP. unterschieden; ***hyperboreus*** und ***leuceretes*** brüten in Europa, sind aber kaum unterscheidbar.

JK/1W sehr variabel; einige sind unten dunkler als oben, andere sind ganz hell (s. Foto auf *S. 132*).

Weitere Zwischenstadien (2W und 3W) sind auf *S. 132* abgebildet.

Polarmöwe *Larus glaucoides*

(4) **G** 52–60 cm | **SP** 123–139 cm

AK | hellgrau und weiß; **Flügelspitze weiß**; Schnabel gelb mit rotem Fleck; Beine dunkelrosa. **PK** | Kopf weiß; Auge gelb mit dunkelrotem Ring. **SK** | wie **PK**, aber Kopf/Brust graubraun gestrichelt. **JK/1W** | hellbeige, hellbraun gefleckt; Flügelspitze und Schwanz beigebraun. **Schnabel bräunlich, schwarze Spitze allmählich in hellere Basis übergehend**. Auge dunkel. Einige Vögel bis **1S** ausbleichend, dann fast weiß. **2W** | einige graue Federn auf Oberseite; Schnabel matt graurosa mit heller Spitze und dunkler Binde; Auge wird allmählich heller. **3W** | Oberseite hellgrau, Flügelspitze weiß.

Eismöwe | Silbermöwe S. 128 | *„Thayermöwe" S. 547* | *Elfenbeinmöwe S. 546*

Sehr seltener WG Okt–Mär, manche ganzjährig

Küsten, besonders Häfen, seltener im Binnenland

Drei Unterarten: ***glaucoides*** **(Polarmöwe**, Grönland**)** **und** ***kumlieni*** **(„Kumlienmöwe"**, Ausnahmegast aus NO-Kanada) zeigen Übergänge und manche Vögel sind schwer zu bestimmen; ***thayeri*** **(„Thayermöwe"**, Ausnahmegast aus N-Amerika) ist recht eindeutig (s. *S. 547*).

SSP. ***kumlieni*** („Kumlienmöwe")

1W | Flügelspitze beige bis braun mit ***dunklen Streifen***, feine beige Federränder.

AK | Flügelspitze mit ***grauen Streifen*** und weißen Flecken (Ausdehnung und Muster individuell recht variabel).

S | Wie Silbermöwe, aber etwas höher.

F | Breiter Flügelansatz, Flügelspitze schmaler als bei Eismöwe; dickbäuchiger, aber Größe/Gestalt oft schwer einzuschätzen. **AK** weiße Flügelspitze. **1W/2W** hellbeige mit heller Flügelspitze, weder dunkles Hinterflügelband noch dunkle Schwanzendbinde. SSP. ***kumlieni*** Armflügel und Schwanz dunkler, dunkles Hinterflügelband.

ACHTUNG: Wenn nicht anders angegeben, betreffen alle Abbildungen auf dieser Seite die SSP. ***glaucoides***.

Weitere Zwischenstadien (2W und 3W) sind auf *S. 132* abgebildet.

Regelmäßig vorkommende Großmöwen (unausgefärbt)

MANTELMÖWE *(S. 123)*

SILBERMÖWE *(S. 128)*

EISMÖWE *(S. 130)*

POLARMÖWE *(S. 131)*

STEPPENMÖWE *(S. 129)*

HERINGSMÖWE *(S. 124)*

MITTELMEERMÖWE *(S. 126)*

ARMENIENMÖWE *(S. 127)*

Siehe Anmerkung auf *S. 127* zu Fotos von JK/1W-Armenienmöwen, die außerhalb Europas aufgenommen wurden.

ACHTUNG: Beine können im 2LJ und 3LJ blassgelb oder intensiv gelb (wie AK) sein.

Regelmäßig vorkommende Seeschwalben im Flug (Altvögel im Prachtkleid)

Regelmäßig vorkommende Seeschwalben im Flug (Jugendkleid)

SEESCHWALBEN IM FLUG S. 134–135

LC Trauerseeschwalbe

LC *Chlidonias niger*

G 22–26 cm | **SP** 56–62 cm

Kleine Seeschwalbe mit dünnem Schnabel und kurzen Beinen. **PK** | Oberseite grau, **Unterseite schwarz** (nach der Brutzeit weiß gefleckt, da Schwarz allmählich verloren geht). Schnabel und Beine schwarz. **SK** | Oberseite grau, Unterseite weiß. **Schwarze Kappe**, die bis in den Nacken und auf die Wangen reicht; weiß um das Auge. **Dunkler Fleck an Brustseite**. Beine dunkel rötlich. **JK** | wie **SK**, aber Rücken braun gebändert.

Weißflügel-Seeschwalbe
Weißbart-Seeschwalbe S. 138
SK, JK: Zwergmöwe S. 122

F | Fliegt gegen den Wind, pickt Nahrung von Wasseroberfläche. **PK** Oberseite dunkelgrau, **Unterseite rußig schwarz**, Unterschwanz weiß. **SK** Rücken mittelgrau, Bürzel heller grau; Unterseite weiß mit **dunklem Fleck an Brustseite**. **JK** kein kräftiges Muster auf der Oberseite: Rücken graubraun; Armflügel gräulich, vorn und hinten dunkler; einige Vögel mit dunklerem Rücken und hellerem Bürzel (Weißflügel-Seeschwalbe hat dunkleren Rücken, hellere Flügel, weißen Bürzel).

S | Ruft quiekend *ki-ki-ki* oder nasal *kjäh*; in Kolonie Chor langer quiekender Laute.

Seltener Brutvogel und Durchzügler
Apr–Sep

Brütet an Seen und Sümpfen; auf dem Zug Seen, Küste

SSP. ***surinamensis*** als Ausnahmegast aus N-Amerika (oben); **PK** | Kopf/Brust tiefschwarz; **JK** | **Scheitel grau**, Ohrdecken schwarz, großer schwarzer Fleck vor **grauer Flanke**. SSP. ***niger*** in Europa weit verbreitet.

Weißflügel-Seeschwalbe

Chlidonias leucopterus

G 20–24 cm | **SP** 50–56 cm

Klein, der Trauerseeschwalbe sehr ähnlich, aber etwas plump, mit **längeren Beinen** und **kürzerem Schnabel**. **PK** | **glänzend schwarz** (nach der Brutzeit immer mehr Weiß im Gefieder), **Schwanz und Vorderflügel weiß**. Schnabel schwarz, **Beine rot**. **SK** | Oberseite grau, Unterseite weiß. **Schwarze Kappe** reicht bis auf Nacken und Wange; weiß rund um das Auge. Brust weiß und **ungezeichnet** (**kein dunkler Fleck an der Seite** wie bei Trauerseeschwalbe). **JK** | Kopf wie **SK**; Rücken **dunkelbraun**; Flügel grau mit braunen Bändern.

Trauerseeschwalbe
Weißbart-Seeschwalbe *S. 138*
SK, JK: Zwergmöwe *S. 122*

F | Fliegt gegen den Wind, pickt Nahrung von Wasseroberfläche. Flügel relativ gerade ausgestreckt, Flugweise steifer als bei den anderen Sumpfseeschwalben. **PK** schwarz-weiß. **SK** Rücken hellgrau, **Bürzel fast weiß**; unten weiß **(Brustseite ohne Fleck)**. Oft mit schwärzlichem Streifen entlang der Mitte des Unterflügels. **JK Rücken dunkel** (bildet deutlichen „Sattel"); Flügel hell, **Bürzel weiß**.

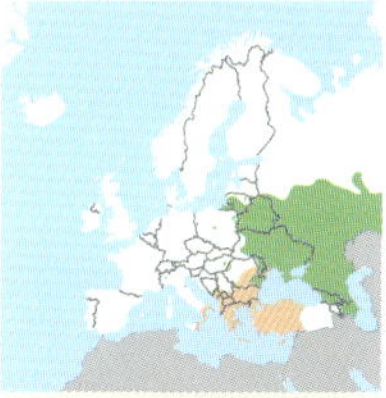

Sehr seltener BV und DZ
Apr–Sep

Brütet an sumpfigen Gewässern; Seen, Küste

S | Kurz und etwas rau *kek*; in Kolonie laut, raspelnd *tsche-re*.

dunkler Rücken im Kontrast zu weißem Bürzel und hellen Flügeln; keine Spur eines Flecks an der Brustseite

während der Mauser schwarze Flecke, aber kein ausgeprägter dunkler Brustseitenfleck

im PK Unterflügeldecken schwarz (bei Trauerseeschwalbe hell)

SEESCHWALBEN IM FLUG *S. 134–135*

LC Weißbart-Seeschwalbe
LC *Chlidonias hybrida*

G 24–28 cm | **SP** 57–63 cm

Kleine, robust gebaute Sumpfseeschwalbe mit langem, dickem Schnabel und langen Beinen. **PK** | Oberseite grau, Unterseite dunkelgrau; schwarze Kappe deutlich von **weißer Wange** und **weißer Kehle** abgesetzt. Schnabel und Beine rot. **SK** | Oberseite hellgrau, unten weiß; nur Andeutung eines dunklen Brustseitenflecks; Kappe schwärzlich, weiß gestrichelt (im Gegensatz zu den anderen Sumpfseeschwalben am Kopf ohne deutliche Abzeichen). Schnabel schwarz mit rötlicher Basis; Beine braun oder schwärzlich. **JK** | Kopf wie **SK**, aber bräunlich verwaschen; Rücken dunkelbraun gebändert; Flügel hell bräunlich grau.

S | Ruft kurz und scharf *zrrik*; in Kolonie raspelnd *tscherp*.

Trauerseeschwalbe *S. 136*
Weißflügel-Seeschwalbe *S. 137*
SK, JK: Flussseeschwalbe *S. 142*

F | Direkt, bei Nahrungssuche an Wasseroberfläche pickend. **PK** oben mittelgrau, **unten schwärzlich**, Wange und Steiß weiß. **SK** oben hellgrau (wie Flussseeschwalbe, *siehe S. 142)*, aber Bürzel grauer, Schwanz kürzer). **JK** Flügel silbrig grau; Rücken bis Aug/Sep braun gebändert (mehr wie Weißflügel-Seeschwalbe), dann grau; Schulterfedern braun gebändert. Graues Hinterflügelband (wie juvenile Flussseeschwalbe, aber ohne schwärzlichen Vorderflügel). Schwanz mit dunkler Spitze und weißen Seiten (Flussseeschwalbe hat helle Spitze und schwärzliche Seiten).

Sehr seltener BV und DZ Apr–Sep

Brütet an Seen, Sümpfen; auf dem Zug Seen und Küste

In Europa lebt SSP. ***hybrida***.

Zwergseeschwalbe
Sternula albifrons

G 21–25 cm | **SP** 41–47 cm

Sehr kleine, schnelle, sehr helle, langflügelige Seeschwalbe. **PK** | hellgrau-weiß; Kappe und Zügel schwarz; ganzjährig **weiße Stirn**. **Gelber Schnabel** mit schwarzer Spitze; Beine gelborange. Geschlossener Flügel zeigt schwarze Unterkante. **SK** | wie **PK**, aber Schnabel dunkel, Zügel weiß. **JK** | gebändert, Scheitel dunkel; Beine gelblich.

S | Ruft rau *gwät*; auch gereiht *kirre-kit*.

F | Schneller, direkter Flug mit schnellen, tiefen Flügelschlägen. Bei der Nahrungssuche unregelmäßiger, oft **schnell rüttelnd** und dann kopfüber ins Wasser tauchend. **Äußere Handschwingen schwärzlich**.

Antillenseeschwalbe S. 553
JK: Brandseeschwalbe [JK] *S. 141*
JK: Rosenseeschwalbe [JK] *S. 144*

Beim Rütteln hat die Zwergseeschwalbe die schnellsten Flügelschläge unter den Seeschwalben.

Sehr seltener Brutvogel (nur Küste), seltener Durchzügler Apr–Sep

Brütet am Strand; auf dem Zug an der Küste, selten im Binnenland

In Europa lebt SSP. ***albifrons***.

SEESCHWALBEN IM FLUG *S. 134–135*

LC Lachseeschwalbe

LC *Gelochelidon nilotica*

G 35–42 cm | **SP** 76–86 cm

Mittelgroße, hellgrau-weiße Seeschwalbe; **rundlicher Kopf** ohne Schopf; Schwanz kurz; Schnabel **kräftig und ganz schwarz** (vgl. juvenile Brandseeschwalbe); Beine schwarz. **PK** | Rücken grau, Unterseite weiß; rundliche schwarze Kappe. **SK** | Kopf weiß mit kleinem **dunklem Fleck hinter dem Auge**. **JK** | Scheitel grau gestrichelt, Wange dunkler; Rücken hell sandbraun; Schnabelbasis anfangs hell, wird aber rasch dunkel. **1W** | sehr hell; Scheitel weiß, kleiner dunkler Fleck hinter dem Auge; Nacken gräulich; Schnabel schwarz.

S | Ruft tief und nasal *kä-wick*.

Brandseeschwalbe

F | Lange, nach hinten geschwungene Flügel; Kopf kurz; Schwanz leicht gekerbt. Jagt über Land; normalerweise kein Stoßtauchen. **AK** Bürzel und Schwanz hellgrau. Handflügel wird durch Abnutzung dunkler, kann aber bis Aug hell bleiben; neue Handschwingen mit **dunklem Hinterrand** auf Ober- und Unterseite (bei Brandseeschwalbe schwächer). **JK / 1W** Rücken grau; Hellbraun auf Flügeldecken; Bürzel weißlich; Schwanz hellgrau mit weißer Spitze.

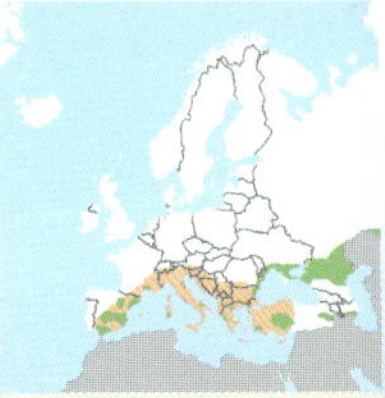

Sehr seltener Brutvogel und Durchzügler Apr–Sep

Brütet an Seen und Lagunen; auf dem Zug an der Küste

In Europa SSP. ***nilotica***.

Brandseeschwalbe

Thalasseus sandvicensis

G 37–43 cm | **SP** 85–97 cm

Mittelgroße, sehr helle, grau-weiße Seeschwalbe mit kurzem Schopf; Schwanz kurz; schmaler, **schwarzer** Schnabel mit gelber Spitze (im **JK** ganz schwarz); Beine schwarz. Größer, langschnäbeliger und heller als Fluss- und Küstenseeschwalbe. **AK** | Rücken silbrig grau, Unterseite rein weiß; schwarze Kappe mit struppigem Schopf (ab Jun Stirn weiß). **JK** | Kappe dunkel; Rücken und Flügeldecken gebändert; Schwanz hellgrau mit weißen Seiten, dunklen Ecken/Spitze; Schnabel und Beine schwärzlich. **1W** | ab Jul/Aug mit schwärzlicher Maske, Stirn weiß, Rücken einfarbig grau; Flügel und Schwanz wie **JK**.

S | Charakteristischer Flugruf: laut, schrill, rhythmisch *kär-rick*. Jungvögel eintönig „flehend" *srrri*.

Lachseeschwalbe
Fluss- *S. 142*, Küstenseeschwalbe *S. 143*
Rosenseeschwalbe *S. 144*
JK: Zwergseeschwalbe *S. 139*
Rüppell-, Schmuckseeschwalbe S. 554

F | Langflügelig; fliegt hoch, direkt, schnell; taucht aus der Höhe mit Spritzen ins Wasser. **AK** Unterseite weiß; nach der Mauser im Herbst sehr hell, im Frühjahr äußere vier bis fünf Handschwingen etwas dunkler, durch Abnutzung bis Jul schwarz. **JK/1W** Oberflügel grau, braun gefleckt. Schwanz kurz, gekerbt, Spitze schwärzlich. Sehr junge Vögel folgen den Eltern und betteln um Futter.

Seltener Brutvogel (nur Küste), mittelhäufiger Durchzügler Mär–Okt

Brütet an Stränden, in Dünen, an Lagunen; auf dem Zug an der Küste, selten im Binnenland

Zwei SSPP. nachgewiesen: ***sandvicensis*** (weit verbreitet); ***acuflavidus*** (Ausnahmegast aus N-Amerika, manchmal als eigene Art betrachtet), **SK** (Aug–Mär) mit etwas kürzerem, dickerem Schnabel, schmaleren weißen Säumen an den Innenfahnen der äußeren Handschwingen und schärferer Abgrenzung zwischen schwarzem Nacken und weißem Scheitel.

SEESCHWALBEN IM FLUG *S. 134–135*

LC Flussseeschwalbe

LC *Sterna hirundo*

G 34–37 cm | **SP** 70–80 cm

Sehr ähnlich Küstenseeschwalbe, aber längere Beine (und im Flug äußere Handschwingen undurchsichtig). **PK** | Oberseite grau, Unterseite heller grau. **Angelegte Flügelspitze dunkelgrau mit Kontrast zu hellen, darüber liegenden Federspitzen**. Schnabel rot mit schwarzer Spitze. **SK** | Stirn weiß (ab Jul), unten weiß; Schnabel schwärzlich. **JK** | Rücken ingwerbraun; Kappe schwarz, helle Stirn beigebraun getönt; Schulter **schwärzlich**; Schnabel orange mit schwarzer Spitze. **1W** | einige hellgraue Federn auf Rücken, Flügel ausgeblichen. **1S** | wie **SK**, aber Handschwingen einfarbig oder äußere noch aus **JK** (die meisten 1S-Vögel bleiben im Winterquartier). **2S** | wie **PK**, aber einige wie **SK**.

Zwei SSPP.: ***hirundo*** (weit verbreitet); ***longipennis*** (Ausnahmegast aus Asien), **PK** unterseits dunkler, Schnabel schwärzlich.

Rosenseeschwalbe *S. 144* | SK/Imm: Weißbart-Seeschwalbe [SK] *S. 138*
Brandseeschwalbe *S. 141* | *Forster- S. 553, Aleutenseeschwalbe S. 552*

S | Ruft scharf kit, zeternd *kt-kt-kt*, lang nasal *kiärrr*.

F | Rüttelt vor dem Stoßtauchen (aber auch Nahrungsaufnahme von Wasseroberfläche wie bei Sumpfseeschwalben, *S. 136–138*, besonders an Binnengewässern). Im Vergleich zur Küstenseeschwalbe längerer Armflügel, breiterer Handflügel, Schnabel/Kopf/Hals länger (vor den Flügeln lang), im **PK** Schwanz kürzer; innere Handschwingen durchscheinend, **äußere undurchsichtig**. Oberflügel mit Kontrast zwischen hellen inneren und dunklen äußeren Handschwingen, weniger auffällig Apr–Mai; bis Jul/Aug dunkle Streifen auf fünf bis sechs äußeren Handschwingen, innere ganz hell. **SK** ähnlich Weißbart-Seeschwalbe, aber Bürzel heller, Schwanz länger. Dunkler als Brandseeschwalbe.

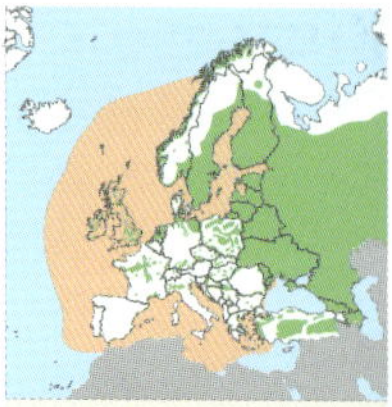

Seltener Brutvogel, mittelhäufiger Durchzügler Apr–Okt

Brütet an Stränden, in Salzwiesen und an Binnengewässern; auf dem Zug weit verbreitet

Küstenseeschwalbe
Sterna paradisaea

G 33–39 cm | **SP** 66–77 cm

Sehr ähnlich Flussseeschwalbe, aber Beine sehr kurz (und im Flug alle Handschwingen durchscheinend). **PK** | Oberseite grau, Unterseite etwas heller grau mit davon abgesetzter weißer Wange. **Angelegter Flügel einfarbig grau**. **Schnabel dunkelrot**. **SK** | (in Europa sehr selten zu sehen) Stirn weiß (ab Sep/Okt), Unterseite weiß; Schulter dunkelgrau; Schnabel schwarz. **JK** | Rücken bräunlich; schwarze Kappe, Stirn beige; Schulter dunkelgrau; Schnabelbasis rot. Bis zum Herbst (Jul–Sep) wird der Rücken grau mit schwarz-brauner „Schuppung", Stirn weiß, **Schnabel schwarz**. **1S** | nicht von **SK** unterscheidbar, außer wenn dunkler Vorderrand des Armflügels und dunkelgraue Flecke auf den Armschwingen erhalten bleiben (die meisten **1S**-Vögel verbleiben südlich von Europa).

Rosenseeschwalbe *S. 144*
Brandseeschwalbe *S. 141*
Forsterseeschwalbe S. 553
Aleutenseeschwalbe S. 552

S | Ruft scharf *kit*; lang nasal *kiärrr*, etwas schriller und höher als Flussseeschwalbe.

F | Leicht, federnd; rüttelt und taucht zögerlich. Im Vergleich zur Flussseeschwalbe Armflügel kürzer, Handflügel länger und spitzer zulaufend, Schnabel/Kopf/Hals kürzer (vor den Flügeln **kurz**); im **PK** längerer Schwanz; **alle Handschwingen durchscheinend**; keine Flügelmauser im Herbst, Stirn bis Sep/Okt schwarz.

Seltener Brutvogel (nur Küste), mittelhäufiger Durchzügler Apr–Okt

Brütet an Stränden, Tundra; auf dem Zug an Küsten, seltener Binnenseen

LC Rosenseeschwalbe *Sterna dougallii*

LC **G** 33–36 cm | **SP** 67–76 cm

Kleine, sehr helle Seeschwalbe; Oberseite grau, Unterseite weiß oder hellrosa. **PK** | **Unterseite weiß, rosa überhaucht** (Rosa bleicht aus, kann aber auch bis Okt erhalten bleiben). Lange, schwarze Kappe zieht sich am Hinterhals hinunter. Schwarzer Streifen entlang des angelegten Flügels. Schwanz sehr lang. Schnabel im Frühjahr ganz **schwarz**, wird bis Jun/Jul an der **Basis dunkelrot**, bis Aug rot mit schwarzer Spitze. **SK** | Stirn ab Okt weiß; Schulter dunkelgrau; Schnabel schwarz. **JK** | Oberseite grau, schwärzlich geschuppt; Stirn dunkel (wird allmählich weißer); Kappe schwarz; Schnabel und Beine schwärzlich. **1S** | wie **SK**, aber Schulter dunkler und stärkerer Kontrast zwischen neuen inneren (hellgrau) und abgetragenen äußeren Handschwingen (dunkel).

S | Ruft kennzeichnend zweisilbig *tschu-wik*. In Kolonie recht schnelle, tiefe, raue Rufe *krrähk* oder *kitter-i-tik*.

Fluss- *S. 142* | Küstenseeschwalbe *S. 143*
Brandseeschwalbe *S. 141*
JK: Zwergseeschwalbe *S. 139*
Forsterseeschwalbe S. 553

Ausnahmegast aus W-Europa

Brütet auf kleinen Felseninseln; auf dem Zug an Küsten, selten Binnenland

F | Recht steif, schnelle flache Flügelschläge; taucht oft direkt aus dem Flug heraus, ohne Rütteln. Rundlicher Kopf, langer Schnabel. **PK auffallend hell**; sehr langer Schwanz; schwärzliche äußere Handschwingen (wie Brand- und Fluss-, aber anders als Küstenseeschwalbe). Unterflügel mit dunklen Stricheln, aber ohne geschlossenen Hinterrand; innere Handschwingen durchscheinend. **JK** Rücken dunkel geschuppt, dunkle Strichel am Schwanz. Wie juvenile Flussseeschwalbe mit heller Flügelmitte und dunklem Hinterflügelband, aber Schulter weniger schwarz; Unterflügel wie **AK**. Bis **1W** (Sep) Rücken einfarbiger grau, Schwungfedern dunkler und brauner.

Ein Jungvogel wirkt mit dunklem Schnabel, dunklen Beinen und dunkler Schuppung auf der Oberseite wie eine kleine, schlanke juvenile Brandseeschwalbe. Anders als bei jungen Fluss- und Küstenseeschwalben ist die Stirn meist grau.

In Europa SSP. ***dougallii***.

Raubseeschwalbe

Hydroprogne caspia

G 48–55 cm | **SP** 96–111 cm

Hellgraue Seeschwalbe mit Ausmaßen einer Großmöwe; Schnabel/Kopf/Hals lang, Schwanz kurz. Schnabel auffallend groß. Am Boden kräftige, **möwenartige Gestalt**; **Beine schwarz**. **PK** | **Kappe schwarz**, etwas gesträubt. Dicker, **dolchförmiger** Schnabel; **rot mit dunklem Fleck** nahe Spitze. **SK** | wie **PK**, aber Kappe fein weiß gestrichelt. **JK** | schwarzbraune, v-förmige Abzeichen auf Oberseite; Kappe grauschwarz mit weißen Flecken; Schnabel orangerot mit dunkler Spitze; Rücken bis **1W** einfarbig grau. **1S** | wie **SK**, aber Scheitel stärker weiß gestrichelt.

S | Ruft tief, heiser, reiherähnlich krächzend *krääsch*; Jungvögel mit piepsenden Bettelrufen.

Königsseeschwalbe S. 554

Ein Jungvogel ist eindeutig eine sehr große Seeschwalbe mit dunkler, gestrichelter Kappe über schwarzer Wange und dickem, orangerotem Schnabel.

Sehr seltener Brutvogel (nur Ostsee) und Durchzügler Mär–Okt

Brütet auf kleinen Meeresinseln und an Seen; auf dem Zug v.a. an Küsten

F | Hell; Flügel lang, **spitz**, **etwas angewinkelt**; Schwanz kurz. **AK** hellgrau; äußere Handschwingen bis Aug/Sep schwärzlicher. **Unterflügel weiß mit ausgedehnt schwarzer Spitze**. **JK** Rücken hellgrau, braun gefleckt, Bürzel weiß, Schwanz dunkel; Armflügel hell mit dunklem Hinterrand. **1W** Schulter und Flügelhinterrand braun; äußere Handschwingen schwärzlich; dunkle Schwanzspitze. **1S** wie **AK**, aber dunklere Spitzen an Handdecken, frisch gemauserte innere und ältere äußere Handschwingen, unten weniger Schwarz in Flügelspitze.

Raubmöwen sind möwenähnliche Seevögel, die häufig Seeschwalben und Möwen deren Beute abjagen. Abseits der Brutgebiete sind sie vor allem im Frühjahr (Mär–Mai) und Herbst (Aug–Nov) an exponierten Küsten zu sehen. Gelegentlich werden sie von Stürmen ins Binnenland verschlagen. **5 Arten [1 Ausnahmegast]**; 4 Arten brüten (Spatelraubmöwe nur weit im NO) und sind an den Küsten regelmäßige Durchzügler.

Möwenähnlich mit schlankem, aber doch recht kräftigem Körper, Hakenschnabel und kurzen Beinen. Der Schwanz ist breit und kurz, drei Arten haben jedoch verlängerte mittlere Steuerfedern (bei Altvögeln am längsten). Bei adulten Schmarotzer- und Spatelraubmöwen gibt es helle, intermediäre und dunkle Morphen, die auch miteinander brüten. Adulte Falkenraubmöwen sind fast immer hell (dunkle Morphe selten), Skuas sind dagegen immer dunkel und gestrichelt. Alle Arten sind Langstreckenzieher. **Flug** Direkt, mühelos und anmutig, über dem Meer, an der Küste und in der Tundra. Raubmöwen verfolgen andere Vögel, um sie zum Auswürgen ihrer Nahrung zu zwingen, sie können aber auch selbst Vögel und Kleinsäuger erbeuten. Bei den Attacken auf Möwen und Seeschwalben ist der Flug sehr akrobatisch, mit engen Wendungen – leicht erkennbar auch aus größerer Entfernung. Über dem Meer wirken Raubmöwen recht dunkel, einheitlicher als junge Möwen, mit unterschiedlich großem, hellem Feld auf den äußeren Handschwingen. **Geschlechts- und Altersbestimmung, Mauser** Geschlechter gleich gefärbt, aber Gefieder variiert jahreszeitlich. Unausgefärbte Vögel sind in Europa selten zu sehen. Jungvögel unterscheiden sich von Altvögeln und sind schwerer zu bestimmen. Die Mauser ist komplex, oft unvollständig und ausgedehnt. Die Mauser des Großgefieders kann für eine Weile unterbrochen werden, sodass sehr variable Muster aus neuen dunklen und älteren ausgeblichenen Federn auftreten. Meist können unausgefärbte Vögel nicht einem bestimmten Kleid zugeordnet werden, da JK, 1W und 1S über einen längeren Zeitraum verschmelzen, begleitet von Abnutzung, Ausbleichung und Mauser. Bei den drei kleineren Arten gibt es von Aug–Nov eine unvollständige Kleingefiedermauser, die von Feb–Apr vollendet wird. Die Flügelmauser dauert von Aug–Mär, Schwanzfedern können zweimal im Jahr gewechselt werden. Bei der Anwesenheit in Europa sind von Frühjahr bis Herbst alle Vögel im Prachtkleid. Jungvögel mausern das Kleingefieder teilweise von Feb–Apr (haben also im 1S noch viele Federn des Jugendkleids) und das Großgefieder von Sep–Mär (bei einigen Spatelraubmöwen schon ab Jul, bei Falkenraubmöwen bis Feb). Aus der ersten Vollmauser geht das 2. Winterkleid hervor. Adulte Skuas mausern das Kleingefieder von Jun–Nov, die Flügel von Aug–Mär, Jungvögel von Sep–Mai, aber Kopf und Körper nochmals im Mai/Jun.

Jungvögel im 2. (bis 5.) Jahr mausern oft nur unvollständig, dadurch gibt es eine verwirrende Vielfalt von Gefiedervarianten. Die meisten unausgefärbten Vögel haben kürzere mittlere Steuerfedern als Altvögel.

Abfolge von Kleidern der Spatelraubmöwe, Erreichen des Alterskleids nach 3–5 Jahren.

Bestimmung: Größe und Gestalt | Flügelmuster | Schwanzform

MÖGLICHE VERWECHSLUNGSGRUPPEN – ***siehe S. 88–89***
Möwen *(S. 106, 108–133),* auch wenn das dunkle oder gebänderte Erscheinungsbild der Raubmöwen ohne weißen Bürzel die meisten unausgefärbten Möwen ausschließt. **Seeschwalben** *(S. 107, 134–145)* sind meist kleiner und heller. **Sturmtaucher** *(S. 91–95)* haben eine andere Flugweise, einen längeren, dünneren Schnabel, einen schmalen Schwanz und kein weißes Feld auf dem Handflügel.

Spatelraubmöwen ziehen im Frühjahr in größeren Trupps (10–20) nach Norden als Schmarotzerraubmöwen.

Morphen der Raubmöwen

(**im Flug** – siehe auch *S. 148–149*)

Schmarotzer- (im Bild) und Spatelraubmöwe haben unterscheidbare helle und dunkle Morphen. Allerdings können sie miteinander brüten und bringen zwischen beiden Extremen eine mehr oder weniger kontinuierliche Reihe von Übergangsformen hervor (dies sind sogenannte intermediäre Vögel). Bei der Falkenraubmöwe sind fast alle Vögel hell, die dunkle Morphe ist sehr selten.

Bestimmung von Raubmöwen im Jugendkleid

In frischem Gefieder können adulte Raubmöwen anhand von Unterschieden in Färbung, Schwanzlänge und Größe relativ leicht bestimmt werden. Im Jugend- und 1. Winterkleid ist das viel schwieriger: Obwohl Größe, Gestalt und Flugweise aus der Entfernung oft eindeutig sind, können Vögel in der Nähe Probleme bereiten. Es mag unwahrscheinlich klingen, eine Spatelraubmöwe mit einer Skua zu verwechseln, aber ein dunkler, am Strand sitzender Vogel kann schwer anzusprechen sein. In diesem Fall mag eine Schmarotzerraubmöwe auszuschließen sein, aber im Flug und besonders bei ungünstigen Lichtbedingungen kann so manche juvenile Schmarotzer-/Spatelraubmöwe selbst bei erfahrenen Beobachtern unbestimmt bleiben.

ACHTUNG: Morphen sind nicht strikt auf Jungvögel übertragbar, da sie sehr variabel sind. Aus „dunklen" Jungvögeln können „helle" Altvögel hervorgehen und umgekehrt.

FALKENRAUBMÖWE *(S. 151)*
Meist kalt gräulich braun; Steiß gebändert; Bürzel hell gebändert; Bauch oft weißlich; Weiß an nur zwei Handschwingenschäften (kann erkennbar sein). **1W** Schwanzspieß sehr kurz und stumpf; ab **1S** spitz.

SCHMAROTZERRAUBMÖWE *(S. 152)*
Meist rötlich braun, an Kopf und Unterseite gelblich oder rotbräunlich. Kopf/Hals gestrichelt, Hals oft hellbeige. Bürzel dunkel; **Binden am Steiß wellig**. Schwanzspieß kurz und spitz.

SPATELRAUBMÖWE *(S. 153)*
Meist dunkelbraun; oft mit ganz braunem Kopf und gebänderter Unterseite, anders als jede Schmarotzerraubmöwe. Kopf/Hals manchmal gebändert, aber nicht gestrichelt; Hals nicht deutlich hell abgesetzt. Bürzel normalerweise heller als Nacken; **Binden auf und unter dem Schwanz gerade**. Schwanz gerundet, Schwanzspieß noch fehlend oder sehr kurz und stumpf.

SKUA *(S. 150)*
Ohne Bänderung an Bauch und Steiß; am Handflügel weiße Streifen auf Oberseite und größerer weißer Halbmond auf Unterseite. Schwanz kurz und eckig, keilförmig oder mit kurzer, stumpfer Spitze. Größte und am stärksten gestrichelte Raubmöwe, aber dunkle Individuen erinnern sehr an Spatelraubmöwe.

Adulte Raubmöwen im Flug

Unausgefärbte Raubmöwen im Flug

LC Skua *Stercorarius skua*

LC **G** 50–58 cm | **SP** 125–140 cm

Großer, dunkler, möwenähnlicher Seevogel: größte und kräftigste Raubmöwe; kurzer Schwanz. **AK** | braun, gestrichelt, aber Scheitel dunkler; Flügelspitze schwärzer mit auffälligem **weißem Feld**. **JK / 1W** | wie **AK**, aber dunkler; Unterseite einfarbig rotbraun, Oberseite stärker gebändert.

S | Am Brutplatz kurze, bellende Rufe; auf See stumm.

F | Über dem Meer niedrig, direkt und mit gleichmäßigem Flügelschlag fliegend, kann aber höher aufsteigen, besonders bei Angriffen auf andere Vögel und auf dem Zug. Dunkelbraun; wirkt plump und kurzschwänzig, mit breitem Flügelansatz. Auf Ober- und Unterflügel **weißes Feld** (Halbmond oder Dreieck über die Handschwingen, auf Außenseite am breitesten), im **JK** kleiner. Schneller, wendiger Verfolgungsflug gegenüber Seevögeln bis zur Größe eines Basstölpels *(S. 90)*; kann auf fliegende Vögel hinabstoßen und sie mit Schnabelhieben töten. Am Brutplatz aggressiv gegenüber Menschen, dabei Anflug in Brusthöhe, dann flach über den Kopf hinweg streichend.

Spatelraubmöwe *S. 153*
Südpolarskua *S. 555*

Sehr seltener DZ/GV (nur Nordsee)

Brütet auf Inseln; Zug entlang von Küsten, selten im Binnenland

AK

Balzende Vögel nehmen eine drohende Haltung mit erhobenen Flügeln ein; ebenso wird treibende Nahrung oder Beute verteidigt.

AK

ACHTUNG: 1S mausert innere Handschwingen ab Mai, viel früher als AK (ab Aug).

AK

JK
Jul–Nov

AK
ganzjährig

Falkenraubmöwe *Stercorarius longicaudus*

G 35–43 cm (plus bis zu 15 cm Schwanzspieße) | **SP** 102–117 cm

Schlanker Seevogel, etwa so groß wie Dreizehenmöwe *(S. 114)*; Brust vorstehend. **AK** | **helle Morphe:** hell graubraun mit **weißer Brust**, **gräulichem Bauch** und **dunkelgrauem Unterschwanz**. **Dunkle Morphe** (sehr selten): ganz schwarzbraun, nur äußere beide Handschwingenschäfte weiß. **Sehr lange**, **dünne Schwanzspieße** (zwischen Sep und Jan kurzzeitig fehlend). **JK/1LJ** | variiert von graubraun mit beigem Kopf und hellerem Bauch bis ganz dunkelbraun mit schwärzlichem Gesicht; alle mit schmalen beigen Federsäumen auf der Oberseite, dadurch geschuppt wirkend; Unterschwanz schwarz-weiß gebändert. **2LJ** | Annäherung an **AK**, aber Schwanzspieße kurz.

S | Im Brutgebiet hohe, quietschende Rufe.

F | Seeschwalbenartig, dicht über dem Wasser. **Brust vorstehend** (Schmarotzerraubmöwe dickbäuchiger). **AK** sehr lange, biegsame Schwanzspieße. **Helle Morphe** gräulich mit schwärzerem Hinterrand des Oberflügels; zwei weiße Schaftstriche auf Handflügel. Kein Brustband. Unterflügel ganz dunkel. Sehr seltene **dunkle Morphe** ganz dunkelbraun mit weißen Schaftstrichen der beiden äußersten Handschwingen. **JK/1LJ** meist kurze, runde Schwanzspieße, nach Abnutzung oder Abbrechen auch spitz.

Schmarotzerraubmöwe *S. 152*
Spatelraubmöwe *S. 153*

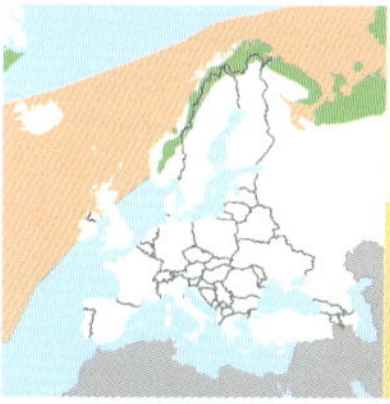

Sehr seltener Durchzügler Mai–Okt

Brütet in arktischer Tundra; Zugvogel an Küsten, selten im Binnenland

Jungvögel sind hell oder dunkel, meist kalt graubraun, nur selten rotbraun. Schnabel kurz, wirkt kontrastarm dunkel.

In Europa SSP. ***longicaudus*** (SSP. ***pallescens*** möglicher Ausnahmegast aus N-Amerika und Grönland, heller).

RAUBMÖWEN IM FLUG S. 148–149

LC EN Schmarotzerraubmöwe

Stercorarius parasiticus

G 38–41 cm (plus bis zu 7 cm Schwanzspieße) | **SP** 107–125 cm

Elegant, nach hinten verjüngt; schlanker als die ähnliche Spatelraubmöwe. In jeder Altersklasse mit heller, intermediärer und dunkler Morphe. **AK** | **helle Morphe** oben **einfarbig braun**; unten weiß bis gelblich mit graubraunem Brustband oder Brustseiten (weniger fleckig als Spatelraubmöwe); Flanke ungezeichnet. **Dunkle Morphe** einfarbig braun. **Dünne, spitze Schwanzspieße** (Sep–Jan vorübergehend fehlend). **JK / 1LJ** | meist gelblich oder rötlich braun, fein gebändert; Handschwingenspitzen **hell**. Einige Vögel sind einfarbig schwarz. **2LJ** | Annäherung an AK, aber Schwanzspieße kurz.

Spatelraubmöwe
Falkenraubmöwe *S. 151*
Dunkelsturmtaucher *S. 91*

F | Entspannt, direkt; geschmeidige Bewegung. Schlank, tiefster Punkt am Bauch (Spatelraubmöwe plumper; Falkenraubmöwe mit vorstehender Brust). **AK** Schwanz schmal mit langen, spitzen Schwanzspießen. **Helle Morphe** oben braun, schwarze Kappe; unten weiß/gelblich, hell- oder dunkelgraues Brustband; Flanke ungezeichnet. **Dunkle Morphe** ganz braun. Schmales, weißes Handflügelfeld, breiter auf der Unterseite. **JK / 1LJ** kurze, spitze Schwanzspieße.

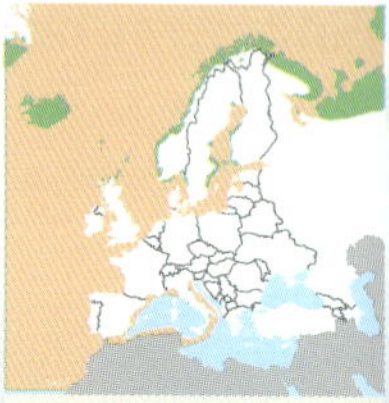

Sehr seltener Durchzügler Apr–Nov

Brütet in Tundra, auf Inseln; Zugvögel an Küsten, selten im Binnenland

S | Während des Balzflugs laute, nasale, miauende Rufe *uääh-uuh*.

Jungvögel können matt braun oder gelblich aussehen, meist aber rötlich getönt. Schnabel dünn; zu etwa zwei Drittel grau mit matt schwarzer Spitze.

Mischpaare sind häufig, daraus gehen Übergangsformen in allen Altersklassen hervor.

Spatelraubmöwe

Stercorarius pomarinus

G 38–57 cm (plus bis zu 10 cm Schwanzspieße) | **SP** 110–138 cm

Kräftiger Körper, wuchtiger als die ähnliche Schmarotzerraubmöwe. In jeder Altersklasse mit heller, intermediärer und dunkler Morphe. **AK** | **helle Morphe** Oberseite dunkel graubraun, Unterseite gelblich, mit fleckigem, bräunlichem Brustband und ebenso gezeichneter Flanke. **Dunkle Morphe** einfarbig braun bis schwärzlich. **Schwanzspieße löffelförmig verbreitert** (können abbrechen, fehlen kurzzeitig von Sep–Jan). **JK/1LJ** | braun bis schwarz, meist dunkler als Schmarotzerraubmöwe; Handschwingenspitzen dunkel. **2LJ/3LJ** | Annäherung an **AK**, im Flügel helle, ausgeblichene alte und dunkle neue Federn; Schwanzspieße kurz.

Schmarotzerraubmöwe
Falkenraubmöwe *S. 151*
Skua *S. 150*

F | Groß, breite Flügel, kräftiger Körper („Muskelpaket", Schmarotzer-/Falkenraubmöwe viel graziler). **AK** lange, spatelförmige Schwanzspieße (im Herbst/Winter kürzer). **Helle Morphe** oben braun, schwarze Kappe; unten gelblich, Brustband und Flanke braun; **dunkle Morphe** ganz braun. Schmaler, weißer Fleck am Handflügel, breiterer, heller Halbmond auf der Unterseite. **JK/1LJ** Schwanz eckig oder mit kurzen, stumpfen Schwanzspießen.

Sehr seltener Durchzügler Apr–Nov

Brütet in Tundra; Zug entlang Küste, selten im Binnenland

S | Am Nest kurze, harsche Laute; kann auf See *witsch juh* rufen.

Jungvögel sind meist dunkel-/mittelbraun, seltener mit hellem Kopf oder sehr dunkel. Schnabel dick, überwiegend hellgrau mit deutlich abgesetzter schwarzer Spitze. Kräftiger Körper, dicke Beine.

Watvögel ernähren sich, abgesehen von einigen Ausnahmen, an Gewässern. Einige sind kleiner als ein Sperling *(S. 504)*, andere größer als eine Krähe *(S. 471)*. Sie sind langbeinig, aber die Schnäbel variieren von kurz bis sehr lang, sie können gerade, aufwärts oder abwärts gebogen sein. Sie waten durch flaches Wasser und Schlamm oder laufen entlang der Wasserlinie, dabei wird nach Nahrung gestochert oder gepickt.

89 Arten [39 seltene Durchzügler oder Ausnahmegäste + 2 inzwischen wohl ausgestorben]: 1 Säbelschnäbler; 1 Stelzenläufer; 1 Austernfischer; 1 Triel; 1 Rennvogel; 3 Brachschwalben [1 Ausnahmegast]; 3 Wassertreter [1 Ausnahmegast]; 23 Regenpfeifer und Kiebitze [11 Ausnahmegäste]; 3 große Schnepfen [1 Ausnahmegast]; 4 Brachvögel [1 Ausnahmegast, 1 wahrscheinlich ausgestorben]; 8 kleine Schnepfen [3 Ausnahmegäste]; 39 Wasser- und Strandläufer [21 Ausnahmegäste]; 1 Laufhühnchen [in Europa wahrscheinlich ausgestorben] (bei Hühnervögeln behandelt, *S. 223*).

Watvögel gehen oder laufen, hüpfen aber niemals. Einige brüten auf Wiesen und Feldern, in Mooren oder in der Tundra, halten sich aber den größten Teil des Jahres in Wattgebieten, an Stränden oder an anderen Gewässerufern auf – an den Küsten wie im Binnenland. An Gezeitenküsten verteilen sich Watvögel bei ablaufendem Wasser über die Wattflächen, bei Flut sammeln sie sich an Hochwasserrastplätzen. Die meisten Arten sind gesellig, andere weniger; ein Trupp kann aus mehreren Arten bestehen. Einige Arten verteidigen Brutreviere, sind aber in großen Trupps anzutreffen, sobald die Brutzeit vorbei ist. Viele Arten sind Langstreckenzieher, andere sind zumindest in einigen Teilen Europas Standvögel. Mitunter treffen sie dort auf Sommer- und Wintergäste oder Durchzügler derselben Art, da ein bestimmtes Gebiet von verschiedenen Populationen genutzt werden kann. Arktische Brutgebiete sind nur für kurze Zeit im Sommer bewohnbar, daher harren Wintergäste bis weit in den Mai hinein in Europa aus. Nach der Brutzeit ziehen Altvögel bereits im Jul/Aug südwärts, die Jungvögel folgen in der Regel etwas später im Aug/Sep. Kiebitze bilden dagegen schon ab Juni „Herbstschwärme".

Altersbestimmung und Mauser

Altvögel durchlaufen normalerweise nach der Brutzeit eine Vollmauser (Aug–Nov), Kopf- und Körpergefieder werden im Spätwinter (Jan–Apr) nochmals gemausert. Jungvögel wechseln Kopf- und Körpergefieder schon bald nach dem Flüggewerden (Sep–Nov), manche wiederholen dies im folgenden Frühjahr. Eine Vollmauser beginnt mit dem schnellen Ersetzen von fünf oder sechs inneren Handschwingen; Flügeldecken, Armschwingen, Schwanz und Körpergefieder folgen, wenn die äußeren Handschwingen ersetzt werden. Einige nördliche Brutvögel starten noch in der Arktis mit der Mauser, unterbrechen sie während des Zuges und vollenden sie im Winterquartier. Viele Arten haben charakteristische Pracht- und Schlichtkleider (mit fleckigen Übergangsformen) sowie ein typisches Jugendkleid. Nur bei wenigen Arten gibt es deutliche Unterschiede zwischen Männchen und Weibchen.

Altersbestimmung und Mauser bei Watvögeln
Einige Watvögel haben verschiedene Kleider, andere sehen ganzjährig gleich aus.

Die Größe von Watvögeln reicht von sperlingsgroßen Strandläufern bis zum Brachvogel, der die Ausmaße einer mittelgroßen Möwe hat.

Bestimmung: Größe | Schnabelform/-länge | Beinlänge | im Flug erkennbare Muster | Beinfarbe | Stimme

chnabellänge und -form
u beachten sind relative Länge und esamte Form des Schnabels.

KURZ, KRÄFTIG, SPITZ
Regenpfeifer, Steinwälzer

GOLDREGENPFEIFER

NG, LEICHT ABWÄRTS GEBOGEN
Strandläufer

SICHEL-STRANDLÄUFER

ANG, DÜNN, LEICHT AUFWÄRTS GEBOGEN
große Schnepfen, Wasserläufer

GRÜNSCHENKEL

LANG, GERADE, ZUGESPITZT
große und kleine Schnepfen, Wasserläufer, Wassertreter

ROTSCHENKEL

LANG, GLEICHMÄSSIG ABWÄRTS GEBOGEN
Brachvögel

(GROSSER) BRACHVOGEL

m Flug erkennbare Muster
z. B. Flügel einfarbig oder mit weißem Flügelstreif; Bürzel weiß/dunkel oder dunkel mit weißen Seiten

Watvogel-„Typen"

Unter Watvögeln finden sich Gruppen sehr ähnlicher, verwandter Arten und einige in Europa einzigartige Formen. Die Familien, oder „Typen", nach denen die Watvögel in diesem Buch eingeteilt werden, sind unten aufgeführt. Die meisten beobachteten Watvögel lassen sich einer Art oder zumindest einer dieser Gruppen zuordnen, innerhalb derer sie aber schwer zu bestimmen sein können. Alters- und jahreszeitlich bedingte Unterschiede müssen für eine korrekte Identifizierung beachtet werden.

SÄBELSCHNÄBLER *(S. 158)* Größtenteils weiß; Nahrungssuche im Flachwasser.

STELZENLÄUFER *(S. 159)* Extrem lange Beine; Nahrungssuche im Flachwasser.

AUSTERNFISCHER *(S. 158)* Leuchtend oranger Schnabel; Nahrungssuche auf Schlamm, Felsen oder Wiesen.

TRIELE *(S. 160)* Verborgen, braun; auf trockenem Boden.

RENNVÖGEL *(S. 160)* Klein, aufrecht, kurzer Schnabel; auf trockenem Boden.

BRACHSCHWALBEN *(S. 156–157)* Kurzer Schnabel, lange Flügel; Nahrungssuche in der Luft.

WASSERTRETER *(S. 173, 196–197, 555)* Meist schwimmend; im Winter auf dem Meer.

KIEBITZE *(S. 162–165, 556)* Kurzer Schnabel; auf trockenem Boden; bei Nahrungssuche Stop-and-Go mit Picken.

REGENPFEIFER *(S. 162, 166–171, 556–559)* Kurzer Schnabel; bei Nahrungssuche Stop-and-Go mit Picken.

BRACHVÖGEL *(S. 172, 182–183, 561)* Groß, Schnabel abwärts gebogen; von trockenem Grund bis zum Watt.

GROSSE SCHNEPFEN *(S. 172, 180–181, 564)* Mittelgroß; langer Schnabel, lange Beine.

KLEINE SCHNEPFEN *(S. 173, 194–195, 568)* Verborgen, sehr langer, gerader Schnabel, braun; Feuchtwiesen, Sumpf, Wald.

WASSER-/STRANDLÄUFER *(S. 172–179, 184–192, 561–568)*
Unter den **Wasserläufern** mittelgroße Arten mit langen, oft leuchtend gefärbten Beinen und langem Schnabel sowie kleinere Arten, die mit ruckartigen Bewegungen von Kopf und Schwanz laufen; ferner **Strandläufer** mit relativ kurzen Beinen, ausgeprägter Geselligkeit und langen Zugwegen, die aber ganz unterschiedliche Lebensräume im Binnenland und an der Küste bewohnen.

Brachschwalben ruhen auf offenem Boden (wirken rundlich, bei Wachsamkeit auch länglich), aber Nahrungssuche in der Luft. Sie haben kurze Schnäbel, eine braune Oberseite und eine helle Unterseite mit weißem Bauch. **PK** | Kehle beige mit schwarzer Umrandung. **SK** | verlieren meist das Beige und Schwarz. **JK** | mit Vollmauser ab Aug, daher **1W** | höchstens an braunerer Schnabelbasis von **SK** zu unterscheiden.

F | Schwungvolle, wendungsreiche Flugmanöver; schlanke Gestalt mit auf gerichtetem flachem Kopf; Flügel lang und spitz auslaufend; Gabelschwanz; weißer Bürzel.

Schwarzflügel-, Rotflügel- und Orientbrachschwalben sind sich sehr ähnlich

NT LC Schwarzflügel-Brachschwalbe

Glareola nordmanni

G 24–28 cm | **SP** 60–70 cm

Relativ dunkle Brachschwalbe; **Schwanz kürzer als angelegter Flügel**; langes, ovales Nasenloch. **AK** | Schnabel mit kleinem rotem Fleck an der Basis. **JK** | Rücken mit dunklen Flecken, wirkt durch helle Federsäume geschuppt. **1W** | wie **SK**, aber Schnabelbasis brauner.

Ausnahmegast aus SO-Europa

Offenes Grasland, Feuchtwiesen

S | Trocken, hart *ketek* oder *kit-i-kit*.

F | Oberflügel dunkel, wenig Kontrast und kein weißer Hinterrand. Unterflügel ganz schwärzlich, scharf vom weißen Bauch abgesetzt.

Rotflügel-Brachschwalbe *Glareola pratincola*

G 24–28 cm | **SP** 60–70 cm

Ausnahmegast aus S-Europa

Offenes Grasland, Steppen, Salinen

In Europa lebt SSP. ***pratincola***.

Helle Brachschwalbe, tendiert zu waagerechter Haltung; **Schwanz ragt über die angelegten Flügel hinaus** (während der Mauser kürzer, wie Orientbrachschwalbe); schmaler Schlitz als Nasenloch. **AK** | Schnabel mit großem rotem Fleck an der Basis. **JK** | Rücken stark schwarz und cremefarben gebändert; Brust gefleckt. **1W** | ab Okt kommt der schwarz umrandete, beigefarbene Kehllatz zum Vorschein.

F | Oberflügel braun mit **schwärzerer äußerer Hälfte**; **dunkle Armschwingen** (im **AK** die äußersten oft **heller**) mit **weißlichem Hinterrand** (kann sich von Mär–Jul abnutzen). Unterflügel dunkel, mit weißem Hinterrand, aber in gutem Licht ist die **rostbraune** innere Hälfte zu erkennen. Äußerste Schwanzfeder deutlich verlängert und mit ausgedehnter dunkler Spitze.

S | Laut seeschwalbenartig *kit-ik* und längere plappernde Laute.

Orientbrachschwalbe

Glareola maldivarum

G 23–27 cm | **SP** 55–65 cm

Ausnahmegast aus Asien

Offener Boden

Sehr ähnlich Rotflügel-Brachschwalbe, steht aber eher aufrecht, der hintere Teil des Körpers ist weniger lang gestreckt; **Schwanz erreicht normalerweise nicht die Spitze des angelegten Flügels**; Nasenloch oval. **PK** | Schnabel mit rotem Fleck an der Basis (Überlappung mit Rotflügel-Brachschwalbe). **SK** | Schnabel manchmal **ganz schwarz**; dicke Umrandung des gestrichelten Kehllatzes kann erhalten bleiben; untere Brust oft orangebeige. **F** | Oberflügel **kontrastarm**; Unterflügel rot, aber **ohne weißen Hinterrand** (kann bei Rotflügel-Brachschwalben nach Abnutzung Mär–Jul fehlen oder reduziert sein). Äußere Schwanzfeder kaum verlängert, nur begrenzt dunkle Spitze.

NT VU Austernfischer *Haematopus ostralegus*

G 39–44 cm | **SP** 72–83 cm

Großer, stämmiger, **schwarz-weißer** Watvogel mit durchdringender Stimme. Gehört zur Kulisse von Wattgebieten, Salzwiesen und Stränden; an der Küste auch in großen Trupps (bis über 1000). **PK** | **Schnabel orange**; Beine hellrosa. **SK/1W** | wie **PK**, aber mit weißem Kehlband, braunerem Rücken und dunkler Schnabelspitze. **JK** | Federn der dunklen Bereiche matt bräunlich; Beine grau.

S | Schrill pfeifend *piip*, *k-piip* und *kip-kip-kip*. Schnelles, blubberndes Trillern kleiner Gruppen mit nach unten zeigenden, geöffneten Schnäbeln.

F | Weißer Rückenkeil und breite weiße Flügelstreifen verursachen „Blendeffekt" im fliegenden Schwarm.

Es kommen zwei SSPP. vor: ***ostralegus*** (weit verbreitet); ***longipes*** (Russland) mit braunerem Rücken und längerer Furche am Nasenloch.

1LJ/2LJ matt; Altersbestimmung durch regional unterschiedliche Mauser erschwert; Farbe von Schnabel und Beinen variiert mit Zusammensetzung der Nahrung.

SK mit weißem Kehlband (wie 1W) Sep–Mär

Mittelhäufiger Brutvogel, häufiger DZ/GV

Brütet auf Feldern und Wiesen, in Dünen, auf Stränden; im Winter an der Küste

LC LC Säbelschnäbler *Recurvirostra avosetta*

G 42–46 cm | **SP** 67–77 cm

Großer, schwarz-weißer Watvogel; trotz kräftigem Körper elegant. **Schnabel aufwärts gebogen**; Bestimmung aus der Nähe eindeutig, kann aber als weißer Vogel zwischen Möwen aus der Entfernung übersehen werden. Nahrungssuche im Flachwasser mit Seitwärtsschwenken des Schnabels; schwimmt mit aufgestelltem Schwanz. Im Winter Trupps bis 500. **AK** | strahlend weiß; **schwarze Bänder** auf angelegtem Flügel, Kappe und Hinterhals schwarz. Beine lang, bläulich grau; Schnabel schwarz. **JK** | Scheitel hellbraun; vorderer Rücken braun meliert; Flügelspitze dunkelbraun. **1W** | wie **AK**, aber Scheitel dunkelbraun. **1S** | wie **AK**, Großgefieder aber matt und abgetragen.

S | Ruft laut flötend *klüt*, oft in Reihen.

F | Schnelle, steife Flügelschläge. Auffallend weiß mit schwarzer Flügelspitze und schwarzem Band auf Armflügel.

Reiherläufer S. 556

Das Schwarz-Weiß-Muster ist bei Jungvögeln braun verwaschen.

Seltener Brutvogel, mittelhäufiger Gastvogel Mär–Okt

Brütet an Küsten auf Salzwiesen, an Lagunen; im Winter Wattgebiete

Stelzenläufer

Himantopus himantopus

G 33–36 cm | **SP** 60 cm

Eleganter Watvogel des Flachwassers mit langen Flügeln, schlankem Körper, nadelförmigem Schnabel und sehr langen Beinen. ♂ | Rücken schwarz mit grünem Glanz; Unterseite weiß; Kopf kann weiß, schwärzlich oder grau sein. Beine rosarot. ♀ | wie ♂, aber Rücken brauner. **JK** | blass; Kopf und Hals bräunlich verwaschen; Rücken braun; Beine ockergelb bis rosa.

S | Im Brutgebiet laut und schrill *kjück kjück kjück*, auf dem Zug eher schweigsam.

F | Unterflügel schwarz; langer weißer Rückenkeil. Beine ragen weit über den Schwanz hinaus (Füße oft überkreuzt). **JK** heller Flügelhinterrand.

Sehr seltener Brutvogel und Durchzügler Mär–Aug

Brütet an Lagunen, an schlammigen Seen; im Winter an der Küste

Bei Jungvögeln sind die Beine blasser gefärbt als bei Altvögeln, das Gefieder ist weniger kontrastreich. Trotzdem sind sie kaum mit anderen Watvögeln zu verwechseln.

Das Kopfmuster von ♂ und ♀ variiert: ♂ extremer (am schwärzesten oder am weißestens), ♀ düsterer, dennoch ist bei vielen Paaren der Kopf beim ♀ dunkler als beim ♂.

In Europa SSP. ***himantopus***.

LC LC Triel *Burhinus oedicnemus*

G 38–45 cm | **SP** 76–88 cm

Großer, langschwänziger Watvogel in trockenen Lebensräumen, mit geducktem, hektischem Laufen zwischen längeren regungslosen Abschnitten. Heimlich, aber nachts ruffreudig. Vor Beginn des Herbstzugs werden lockere Trupps gebildet. Sitzt oft mit dem unteren Teil des Beines auf dem Boden. **AK** | gestreift braun; **weißes**, **schwarz umrandetes Flügelband**. Weiße Stirn und gelbe Schnabelbasis bilden ein **helles Gesicht**, das auf Entfernung mehr auffällt als das gelbe Auge; Beine gelb. **JK** | im Vergleich zum **AK** matteres Flügelband mit weniger dunkler Umrandung.

S | Ruft in Abenddämmerung und nachts: laute Rufe ähnlich Austernfischer *(S. 158)* sowie scharfe, flötende Rufreihen ähnlich Brachvogel *(S. 183) kü-w-wüüi*.

F | Kräftig und direkt auf steifen, gebogenen Flügeln. Oberflügel größtenteils schwärzlich mit weißem Band und weißen Flecken; Unterflügel weiß.

Sehr seltener BV und DZ Mär–Okt

Offener sandiger/steiniger Grund in Feldern, Heide und an der Küste

In Europa leben vier SSPP. mit geringen Unterschieden in Größe und Färbung, aber auch viel Variabilität.

LC NT Rennvogel *Cursorius cursor*

G 24–27 cm | **SP** 51–57 cm

Kleiner, ovaler Watvogel mit aufrechter Haltung; Nahrungssuche wie Regenpfeifer. **Einfarbig sandbraun**. Schnabel schwarz, leicht abwärts gebogen; Beine lang, weißlich. **AK** | **schwarz-weiße Streifen** hinter dem Auge, dunkler Fleck am Hinterrand des grauen Scheitels. **JK** | Rücken fein gebändert, Kopfstreifen matt.

S | Ruft nasal *kwitt* oder im Flug *wet-wet kju*.

F | Rücken und Armflügel hell, Handflügel schwarz; Unterflügel schwarz.

Ausnahmegast aus SW-Asien oder N-Afrika

Sandige Halbwüste

Zwei ähnliche SSPP.: ***cursor*** (Kanaren) rötlich; ***bogolubovi*** (Türkei) gelblich.

Steinwälzer *Arenaria interpres*

G 21–24 cm | **SP** 43–49 cm

Kleiner, gedrungener Watvogel; dunkel mit **weißem Bauch** und **schwarzem Brustband**; kurze **orange Beine**. Schnabel dick, spitz zulaufend. Aktiv, aber manchmal unauffällig im Spülsaum oder zwischen Steinen, oft zusammen mit anderen Watvögeln. Stochert zwischen Steinen und in angespülten Algen. Grundmuster des Gefieders konstant, dennoch jahreszeitliche Unterschiede. **PK** | Kopf schwarz-weiß, Rücken **kräftig rostorange und schwarz**. **SK** | Kopf dunkel; **Rücken dunkelbraun**. **JK** | Wange hell; Rücken dunkel mit v-förmigen beigen Federsäumen. **1W** | wie **SK**, aber Säume der Flügeldecken heller.

S | Ruft kurz, tief und schnell hintereinander *tuck-a-tuck-tuck*, klingt etwas glucksend. Beim Auffliegen auch schäfer *kju*. Gesang aus Wiederholungen der Rufe.

Sehr seltener BV, mittelhäufiger DZ/WG

Brütet in der Tundra und an steinigen Küsten; im Winter an Küsten, selten im Binnenland

In Europa SSP. ***interpres***.

F | Weiße Felder auf Rücken und Schulter; weißer Flügelstreif und weiße Schwanzbasis gegen dunklen Hintergrund sehr auffällig.

Kiebitze und regelmäßig vorkommende Regenpfeifer im Flug

Kiebitz *Vanellus vanellus*

G 28–31 cm | **SP** 82–87 cm

Großer, auffälliger, geselliger Watvogel; Nahrungssuche meist auf trockenerem Boden; wirkt aus der Entfernung schwarz-weiß, erweist sich aber aus der Nähe als farbenfroh. **AK** | schwarzer Rücken **intensiv grün** schillernd; schwarzer Scheitel mit **langer, dünner Federhaube** („Holle"). **Brust schwarz, Bauch weiß.** Angelegter Flügel mit **starkem Glanz von Grün, Purpur und Bronze**; **Unterschwanz orange**; Beine rosarot. **♂PK** | schwarze Kehle und schwarze Abzeichen am Kopf, deutlicher Kontrast zu weißem Gesicht. **♀PK** | Markierungen am Kopf schwächer ausgeprägt, Gesicht matter als bei ♂. **SK/1W** | Kehle hell; Rücken mit rostbraunen Federsäumen. **JK** | Holle kurz; Rücken mit breiten, beigen Bändern.

S | Ruft nasal, langgezogen *uiiieh*; im akrobatisch taumelndem Balzflug charakteristisch und explosiv *kju-witt*, auch nachts, dabei wummerndes Flügelgeräusch.

Fliegende Schwärme erzeugen einen flimmernden Schwarz-Weiß-Effekt.

F | Trupps (ab Jun) in Reihen oder als loser Haufen, oft in der „Mitte" am dichtesten und mit Nachzüglern am Ende. Fliegt langsamer als andere Watvögel, Möwen und Tauben. Breite, runde Flügel, von unten **Handflügel schwarz** und Armflügel weiß mit schwarzem Hinterrand.

Mittelhäufiger Brutvogel, häufiger Gastvogel

Brütet auf Feldern, Wiesen und in Feuchtgebieten; im Winter Felder, Wiesen

KIEBITZE IM FLUG *S. 16.*

CR Steppenkiebitz *Vanellus gregarius*

CR **G** 27–30 cm | **SP** 65–70 cm

Mittelgroßer Kiebitz mit deutlichem Kopf- und Flügelmuster; **lange schwarze Beine**. **PK** | hellgrau; Kappe und Augenstreif schwarz, langer **weißer Überaugenstreif**; **Bauch schwarz** und dunkelrot; Schnabel schwarz. **SK** | matt bräunlich grau, Bauch weiß; Kopfmuster ähnlich **PK**, aber Kappe dunkelbraun und Augenstreif undeutlich. **JK / 1W** | sandbraun mit hellen Federsäumen; Kopfmuster wie **SK**, Überaugenstreif jedoch beige.

S | Ruft rau *kretsch-etsch-etsch*.

Mornellregenpfeifer *S. 167*

Ausnahmegast aus SW-Asien

Steppe, Felder

F | Schwarzer Handflügel und großes, weißes Dreieck auf Armflügel; weißer Schwanz mit schwarzer Endbinde.

Ziehende Vögel gesellen sich gern zu Kiebitzen *(S. 163)*.

LC Weißschwanzkiebitz
LC *Vanellus leucurus*

G 26–29 cm | **SP** 75–85 cm

Unverwechselbar: hoch gewachsener, aufrechter, mittelgroßer Kiebitz. Körper braun mit rosa Hauch; **Beine sehr lang**, gelb; Kopf **einfarbig**, **rund**; Schnabel dünn, schwarz. **PK** | Kopf hellbeige; Brust purpurgrau (bei ♂ tendenziell dunkler); Bauch rosabeige. **SK** | Kopf braun; Brust hell gräulich. **JK** | Rücken hell sandfarben mit schwarzen Flecken.

S | Ruft kurz, nasal und rhythmisch *ki-ri-jah*.

Graukopfkiebitz S. 556

Ausnahmegast aus SW-Asien

Gewässer

F | Äußerer Handflügel schwarz, breites, weißes Flügelband; Bürzel und Schwanz rein weiß. Lange gelbe Beine überragen Schwanz.

Wie bei anderen Watvögeln wirken frisch ausgeflogene Jungvögel unordentlich und ungeschickt.

Spornkiebitz *Vanellus spinosus*

G 25–28 cm | **SP** 69–81 cm

Auffälliger, unverwechselbarer, mittelgroßer Kiebitz, der in trockenem Gelände und an Gewässern anzutreffen ist. **AK** | Rücken und Flügel einfarbig hellbraun; **Scheitel schwarz**, **Seiten von Kopf und Hals weiß**; Kehle und **Unterseite schwarz**. Schnabel und Beine schwarz. **JK** | erinnert an **AK**, doch sind Scheitel und Rücken beige-braun gebändert.

S | Schrill und durchdringend *pik pik pik pik*.

F | Innenseite des Flügels braun, Außenseite und Hinterrand schwarz, dazwischen ein **breites weißes Diagonalband**.

AK

AK
ganzjährig

Kein Vorkommen in Mitteleuropa

Sandige Flussufer, Lagunen

JK
Mai–Okt

Die schmalen hellen Säume im Rückengefieder des Jugendkleids nutzen sich schnell ab.

Rotlappenkiebitz *Vanellus indicus*

G 32–35 cm | **SP** 80–85 cm

Großer, schlanker, langschwänziger Kiebitz; Kopf schwarz-weiß-rot; Brust schwarz; Unterseite weiß; Beine lang, gelb. **AK** | **roter Schnabel** mit schwarzer Spitze; **Zügelstreif und Lidring rot**. **JK** | ähnlich dem **AK**, aber Kehle weiß; Scheitel- und Rückenfedern mit hellen Säumen.

F | Vorderflügel braun, Hinterflügel und Spitze schwarz, schmales weißes Band auf Flügelmitte.

S | Durchdringend kreischend *kri* und *kri-ki-ik-ik*.

AK

In der Türkei kommt SSP. ***aigneri*** vor.

AK
ganzjährig

Kein Vorkommen in ME

Sümpfe und Küsten

JK
Mai–Aug

Das Jugendkleid ist eine leicht erkennbare, etwas blassere Version des Alterskleids.

REGENPFEIFER IM FLUG S. 16.

LC Kiebitzregenpfeifer

LC *Pluvialis squatarola*

G 26–29 cm | **SP** 56–63 cm

Untersetzter, plump erscheinender Regenpfeifer mit relativ **dickem**, **kurzem Schnabel**. An rundlicher Gestalt im Watt gut erkennbar. Trippeln-Stehen-Picken bei der Nahrungssuche langsamer als beim Goldregenpfeifer. Beim Fressen im Watt weit verteilt, am Hochwasserrastplatz dichte Schwärme.
PK | Rücken und Flügel schwarz und grau gefleckt; **weißes Feld an Brustseite**; **Gesicht und Bauch vollständig schwarz** (kein weißer Flankenstreif wie beim Goldregenpfeifer). Während der Mauser im Frühling und Spätsommer Unterseite schwarz-weiß gescheckt.
SK | matt, grau meliert, Unterseite weißer (wirkt in schlechtem Licht dunkel, aus der Nähe aber hell). **JK/1W** | bräunlich grau; Rücken gelblich beige gefleckt.

In Europa SSP. ***squatarola***.

Goldregenpfeifer-Arten *S. 168–169*

Etwas kleiner als die begleitende Pfuhlschnepfe; die am kräftigsten gefärbten Vögel sind wahrscheinlich Männchen.

Mittelhäufiger Durchzügler/Gastvogel

Brütet in der arktischen Tundra; im Winter in Wattgebieten, seltener im Binnenland

S | Dreisilbiger Pfiff *tii-juu-hii*, die mittlere Silbe etwas tiefer. In Wattgebieten häufig zu hören, auch nachts. Gesang leise *tsi-ü-ii*.

F | In allen Kleiderr weißer Flügelstrei und **weißer Bürze** sowie charakteristischer **schwarzer Achselfleck**

schwarzer Achselfleck diagnostisch

Mornellregenpfeifer

Charadrius morinellus

G 20,5–24 cm | **SP** 57–64 cm

Kleiner Regenpfeifer mit farbintensivem Prachtkleid. Aufrecht, langbeinig und schlank wenn aufmerksam, aber rundlich wenn entspannt; oft sehr zutraulich. **PK** | gräulich, aus Entfernung hell; ♀ dunkler als ♂. Weiße Überaugenstreifen laufen im Nacken zusammen und bilden **auffälliges „V“**. Schmales, weißes Brustband, Unterseite rostbraun mit schwarzem Bauch, am intensivsten bei ♀. Beine grünlich gelb, verschwimmen oft mit langem Gras im Hintergrund. **JK** | hell gräulich braun, Rückenfedern mit beigen Säumen; **weißlicher Überaugenstreif**; schwaches, helles Brustband.

S | Ruft weich rollend *pjürr* und scharf *pjüt*.

Steppenkiebitz *S. 164*

Auf dem Frühjahrszug (oben: einige Männchen und Weibchen) rasten Mornellregenpfeifer auf Feldern und auf hohen Bergen. Ihre schwarzen Bäuche stechen aus dem kurzen Bewuchs oder dem gepflügten Boden heraus.

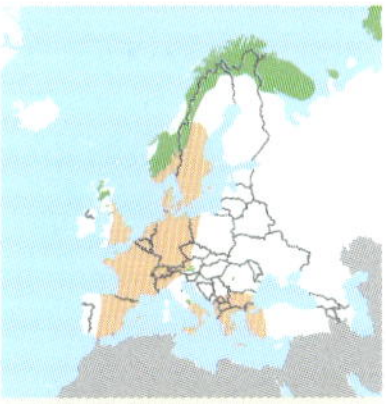

Sehr seltener Brutvogel (nur Alpen) und Durchzügler Apr–Okt

Brütet auf Bergen und steinigen Hochebenen; Durchzügler auf Feldern und Bergen, im Herbst auch an Küsten

F | Oberflügel einfarbig, kein Flügelstreif, Unterflügel hellgrau.

REGENPFEIFER IM FLUG *S. 162*

Die drei Goldregenpfeifer-Arten sind einander ähnlich | Kiebitzregenpfeifer *S. 166*

LC Goldregenpfeifer *Pluvialis apricaria*

LC **G** 25–28 cm | **SP** 53–59 cm

Rundlicher, kurzschnäbeliger Regenpfeifer. Oft zusammen mit Kiebitzen auf Feldern und Wiesen. Kleiner Kopf und relativ dünner Schnabel (im Vergleich zum Kiebitzregenpfeifer, *S. 166*). **PK** | Rücken goldgelb, beige und schwarz gesprenkelt; **Gesicht und Bauch schwarz**. Bei nordeuropäischen Brutvögeln **Vorderhals schwarz mit weißer Begrenzung**. Britische und mitteleuropäische Brutvögel am Vorderhals mit wenig Schwarz, darin weiße Flecken. **SK** | gelblich; Rücken grau mit goldgelben Flecke; Brust gestrichelt. Im aufrechten Stand auffällig **weißer Bauch**. **JK** | Rücken schwarz mit goldgelben Flecken, Bauch und Flanken fein grau gebändert. **1W** | wie **SK**, helle Flecke nun ausgeblichen weißlich, aber goldgelb auf neuen Federn.

S | Ruft laut, traurig flötend *düh*. Im Brutgebiet mit ähnlichem Klang rhythmisch *pu-piüü*.

Sehr seltener BV (fast ausgestorben), häufiger DZ/GV

Brütet in Tundra und Mooren; außerhalb der Brutzeit auf Feldern, Wiesen und an der Küste

F | Bauch und **Unterflügel weiß**; Füße überragen nicht den Schwanz; **Bürzel und Schwanz dunkel**; weißlicher Flügelstreif. Große Schwärme bilden lange, sich schnell und wellenartig bewegende Reihen.

Ausnahmegast aus N-Amerika

Wiesen, Gewässerufer

Prärie-Goldregenpfeifer

Pluvialis dominica

G 24–27 cm | **SP** 55–60 cm

Schlanker, langbeiniger „Goldregenpfeifer". **PK** | Oberseite dunkel, **wenig goldgelb**; Weiß um schwarzes Gesicht, aber **wenig oder kein Weiß an Flanke**. **SK/JK/1W** | **gräulich**; dunkle Kappe; breiter weißlicher Überaugenstreif; dunkler Fleck vor dem Auge.

S | Ruft zweisilbig *klu-it*.

F | **Unterflügel dunkelgrau**; Füße überragen Schwanz.

Ausnahmegast aus N-Asien

Wiesen, Gewässerufer

LC Tundra-Goldregenpfeifer

Pluvialis fulva

G 21–25 cm | **SP** 50–55 cm

Kleinster, rundester der drei „Goldregenpfeifer"; langbeinig. **PK** | Oberseite goldgelb, beige und schwarz gesprenkelt; **fleckige weiße Linie entlang der Flanke**. **SK/JK/1W** | gelblich; dunkle Kappe, schmaler gelblicher Überaugenstreif.

S | Ruft zweisilbig *tschu-it*, ähnlich Dunkelwasserläufer.

F | **Unterflügel dunkelgrau**; Füße überragen Schwanz.

Bei allen Bürzel/Schwanz dunkel

Flügelspitze überragt Schwanz weit

Flügelspitze überragt Schwanz kaum

Flügelspitze überragt Schwanz kaum

REGENPFEIFER IM FLUG *S. 162*

LC Seeregenpfeifer
LC *Charadrius alexandrinus*

G 15–17 cm | **SP** 31–32 cm

Kleiner, heller Regenpfeifer. **Brustband stets unvollständig**; **Schnabel schwarz**; **Beine grau bis schwarz**. Meist kleine Trupps (1–5). **♂PK** | **rotbraune Kappe, vorn mit schwarzem Fleck**; Stirn und Überaugenstreif weiß; **schwarzer Streif an Brustseite**. **♂SK** | Rotbraun geht verloren, schwarze Bereiche werden braun (mit schwarzen Flecken). **♀/1W** | Stirn und Bruststreif **braun**; Scheitel zimtfarben, Wangen- und Brustflecke nutzen schnell ab. **JK** | Rücken geschuppt, Bruststreif diffus; Beine gräulich oder dunkel ockergelb.

In Europa SSP. ***alexandrinus***.

LC Flussregenpfeifer
LC *Charadrius dubius*

G 15,5–18 cm | **SP** 32–35 cm

Kleiner „Süßwasser"-Regenpfeifer mit schwarzem Brustband. Schnabel klein, dunkel; Beine blassrosa. **Gelber Lidring**. Meist in kleinen Trupps (1–5). **PK** | Kappe braun mit **weißer Linie** oberhalb eines schwarzen Stirnbandes. Brustband bei ♂ breit und schwarz, bei ♀ schmaler und mit braunen Federn durchsetzt. **SK/1W/JK** | **Kopf bräunlich**, über dem Auge beige. Brustband braun, vorn unterbrochen. Beine matt ockergelb.

SSP. ***curonicus*** brütet in Europa.

LC Sandregenpfeifer
LC *Charadrius hiaticula*

G 17–19,5 cm | **SP** 35–41 cm

Häufigster kleiner Regenpfeifer mit schwarzem Brustband. Besonders an der Küste; typisches Stop-and-Go bei der Nahrungssuche. **Schnabel orange** mit schwarzer Spitze; **Beine orange**. Oft größere Trupps (bis 500). **PK** | Kappe braun mit schwarzem Stirnband (ohne weiße Trennlinie). Brustband schwarz (am breitesten bei ♂). **SK/1W** | Wange und Brustband brauner. **JK** | weiße Stirn in Verbindung mit **weißem Überaugenstreif**; Brustband braun. Schnabel dunkel; Beine gelblich.

Es kommen drei SSPP. vor: ***hiaticula*** (verbreitet); ***psammodromus*** (Island); ***tundrae*** (Skandinavien) kleiner und dunkler.

S | Ruft kurz und hart *bip* oder metallisch *tip* (ganz anders als die übrigen kleinen Regenpfeifer). Im Singflug *tsche-ke tsche-ke tsche-ke* und rollend *drruu-rri-rre-rre*.

F | Weißer Flügelstreif; Schwanz kurz, eckig, in der Mitte schwarz, **Seiten weiß**.

Gestalt plump, rundlich, kurzschwänzig.

Sehr seltener Brutvogel und Durchzügler Mär–Sep

Sandige/schlammige Strände; brütet an Lagunen und auf sandigen Böden

S | Ruft leicht abfallend *piü*; im schmetterlingsartigen Balzflug schrill und rau *kriia-kriia-kriia*.

F | Flügel einfarbig braun (kann helle Federränder zeigen, aber kein weißer Flügelstreif); Schwanz mit dunkler Binde nahe der Spitze.

Kleiner und nach hinten spitzer zulaufend als der stämmigere Sandregenpfeifer.

Seltener Brutvogel, mittelhäufiger Durchzügler Mär–Sep

Brütet auf Sand und Kies nahe Gewässern; auf dem Zug vor allem im Binnenland

S | Ruft weich flötend *tu-ip* (deutlich zweisilbig, ansteigend); bei Gefahr ein kürzerer Pfiff. Rhythmisch *ti-tuue-e ti-tuu-e* im niedrigen, taumelnden Balzflug mit gestreckten Flügeln.

F | Langer, weißer Flügelstreif; Schwanz keilförmig, in allen Kleidern Seiten größtenteils braun, schwarzer Klecks in der Mitte.

Körper kräftiger und länger als beim Flussregenpfeifer, aber Hinterende kürzer.

Sehr seltener BV, mittelhäufiger DZ/GV Feb–Okt

Brütet an Sand-/Kiesstränden, Süßwasserseen, Flüssen; im Winter weit verbreitet an Küsten; auf dem Zug auch im Binnenland

Regelmäßig vorkommende Wasserläufer, Strandläufer, Schnepfen und Brachvögel im Flug

STEINWÄLZER
(S. 161)
SK
THORS-
HÜHNCHEN
(S. 197)
JK > 1W
ODINS-
HÜHNCHEN
(S. 196)
JK
SANDREGEN-
PFEIFER
(S. 170)
JK
TEMMINCK-
STRANDLÄUFER
(S. 185)
PK
JK
ZWERG-
STRANDLÄUFER
(S. 184)
JK
SUMPFLÄUFER
(S. 187)
JK
ALPEN-
STRANDLÄUFER
(S. 188)
JK
SICHELSTRANDLÄUFER
(S. 189)
SK / 1W
MEERSTRANDLÄUFER
(S. 186)
JK
SANDERLING
(S. 190)
JK > 1W
KNUTT
(S. 191)
♀
PK
KAMPFLÄUFER
(S. 192)
BRUCH-
WASSERLÄUFER
(S. 176)
PK
DOPPEL-
SCHNEPFE
(S. 195)
AK
BEKASSINE
(S. 194)
SK
WALD-
WASSERLÄUFER
(S. 175)
ZWERGSCHNEPFE
(S. 195)
WALDSCHNEPFE
(S. 193)
JK
FLUSSUFERLÄUFER
(S. 174)
PK
TEREK-
WASSERLÄUFER
(S. 174)

 WATVÖGEL IM FLUG S. 172–173

LC Terekwasserläufer
LC *Xenus cinereus*

G 22–25 cm | **SP** 32–35 cm

Kleiner, gräulicher Wasserläufer mit geduckter oder waagerechter Haltung; **Schnabel lang, leicht aufwärts gebogen**; Beine kurz, **gelborange**. **PK** | Rücken graubraun mit langen dunklen Streifen; Unterseite strahlend weiß. **SK/1W** | wie **PK**, aber Rücken einfarbig grau. **JK** | Rücken gräulich mit hellen Federsäumen und feinen dunklen Stricheln.

Rotschenkel *S. 178*

S | Reihe flötender Töne *düdüdüdüdü* und langsamer *dü-dü*.

F | Bürzel grau; breiter, **weißer Flügelhinterrand**, davor schwärzlicher Streifen (vgl. Rotschenkel).

Ausnahmegast aus O-Europa

Brütet in Waldmooren; auf dem Zug an der Küste

im SK ohne schwarze Mantelstreifen

PK [Mai]

JK Jul–Okt

LC Flussuferläufer
LC *Actitis hypoleucos*

G 18–20, 5 cm | **SP** 32–35 cm

Kleiner, schlanker und recht länglicher Watvogel. Meist einzeln oder in kleinen Trupps. Beim Laufen ruckartige Kopfbewegungen, **wippt nahezu permanent mit dem Schwanz**. Rücken einfarbig sand- bis olivbraun, **Unterseite strahlend weiß**; Brustseiten dunkel mit **weißem Keil vor der Schulter**. Schnabel gerade, an der Basis hell; **Beine matt grünlich ockerfarben (unauffällig)**. **PK** | Oberseite schwärzlich gefleckt. **SK** | (Okt–Mär) wie **PK**, aber weniger gefleckt; Flügeldecken mit jeweils einer dunklen Binde. **JK** | Schwärzlich braune und cremefarbene Bänderung über die Flügeldecken; helle Einbuchtungen an Schirmfedern und Schwanzseite. **1W** | hat noch einige Flügeldecken des **JK**, aber schwer von **SK** zu unterscheiden.

Drosseluferläufer S. 564

S | Klare, hohe Töne, leicht in Tonhöhe und Stärke fallend *hi-di-di-dii*. Gesang verbindet diese Rufe mit rhythmischen Trillern.

F | **Weißer Flügelstreif**; Schwanz gerundet, mit weißen Seiten und dunklem Ende. Fliegt niedrig mit schnellen Flügelschlägen und kurzen Gleitphasen mit **steifen**, **gewölbten Flügeln**.

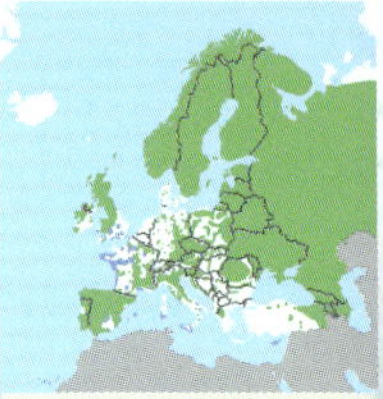

Sehr seltener Brutvogel, mittelhäufiger Durchzügler Apr–Okt

Flüsse und Seen mit steinigen Ufern; Zugvögel an Binnengewässern und Meeresbuchten

PK Mär–Aug

Schwanz ragt weit über Flügelspitze hinaus (vgl. Drosseluferläufer).

JK Jun–Sep

Waldwasserläufer

Tringa ochropus

G 20–24 cm | **SP** 39–44 cm

Bruchwasserläufer *S. 176*
Einsiedelwasserläufer S. 564

Seltener BV, mittelhäufiger DZ/GV

Brütet an Waldseen, -mooren; sonst an Tümpeln, Flüssen und anderen Gewässern

Oben dunkler Wasserläufer mit strahlend weißer Unterseite, aber ohne **weißen Keil** vor der Schulter (deutlich dagegen beim kleineren, helleren Flussuferläufer). Meist einzeln oder in Gruppen bis zu fünf. Ruckartige Kopfbewegungen und „Pumpen" mit dem Hinterende. **Weißer Zügelstreif bis über das Auge** (beim Bruchwasserläufer bis hinter das Auge); dunkles Brustband. Schnabel gerade (länger und dicker als beim Flussuferläufer). **PK** | Rücken schwärzlich braun mit kleinen, mattweißen Punkten. **SK** | wie **PK**, doch fehlen die hellen Punkte auf der Oberseite. **JK** Rücken/Flügeldecken mit bräunlichen Punkten (nicht so stark fleckig wie Bruchwasserläufer). **1W** | wie **SK**, aber mit einigen übrig gebliebenen Flügel- und Schwanzfedern aus dem **JK**.

S | Ruft laut jodelnd *tlüi ti-ti*. Fluggesang aus rhythmisch wiederholten Rufen.

F | Flügel einfarbig, **Bürzel weiß**, wenige dunkle Schwanzbinden, wirkt insgesamt **schwarz-weiß**. Fliegt bei Störung hoch und weit weg. Kontrast zwischen weißem Bauch und **schwärzlichen Unterflügeln**, anders als alle anderen häufigen Watvögel.

 WATVÖGEL IM FLUG S. 172–173

LC Bruchwasserläufer
LC *Tringa glareola*

G 18,5–21 cm | **SP** 35–39 cm

Rundlicher Wasserläufer; Hals, Schwanz und Flügelspitze schlank; lange, helle Beine (heller und dünner als beim Waldwasserläufer). Meist einzeln oder in Trupps. **Langer, heller Streif vom Zügel bis weit hinter das Auge** (beim Waldwasserläufer nur bis zum Auge).
PK | Rücken braun, stark weiß gefleckt. **SK** | wie **PK**, aber Rücken grauer und einfarbiger. **JK** | Rücken braun mit **kräftiger heller Fleckung** (Waldwasserläufer ist dunkler, kleinere Punkte); Brust gestrichelt, ohne deutliches Brustband; Schnabel dünn, Beine lang, **gelblich**. **1W** | wie **SK**, aber mit einigen Flügeldecken aus dem **JK**.

Waldwasserläufer *S. 175*
Teichwasserläufer
Gelbschenkel S. 562

S | Ruft hoch und dünn mit gleichbleibender Tonhöhe *giff-giff-giff*. Singt Reihe jodelnder Töne.

F | Steigt steil auf, zeigt dabei **eckigen weißen Bürzel** neben braunen Flügeln und Rücken (ähnlich Waldwasserläufer, aber weniger kontrastreich); Unterflügel **dunkel beigegrau**. Beine ragen über den dünn gebänderten Schwanz hinaus.

Sehr seltener Brutvogel, mittelhäufiger Durchzügler Apr–Sep

Brütet in Mooren, Waldseen; auf dem Zug an flachen Gewässern und nassen Wiesen

LC Teichwasserläufer
LC *Tringa stagnatilis*

G 22–25 cm | **SP** 55–59 cm

Zierlicher, braun-weißer Wasserläufer, der wie ein kleiner Grünschenkel oder ein schlanker Bruchwasserläufer aussieht; Schnabel **dünn**, gerade, **dunkel**; **Beine lang, dünn**. **PK** | Rücken beigebraun mit schwarzen Flecken. **SK / 1W** | Rücken weniger gefleckt als im **PK**; Scheitel dunkel, heller Überaugenstreif. **JK** | Oberseite mit beigen Federrändern.

Grünschenkel
Bruchwasserläufer
Gelbschenkel S. 562

S | Ruft *kjü* oder *kjü-kjü-kjü* (höher, schneller, sanfter als Grünschenkel); singt *tju-liu tju-liu*.

F | Wie Grünschenkel einfarbig dunkle Flügel, aber weißer Rückenkeil länger und schmaler, Zehen überragen den Schwanz weiter.

Sehr seltener Durchzügler Apr–Sep

Brütet in Sümpfen und an Waldtümpeln; auf dem Zug an seichten Gewässern und in Watten

Grünschenkel *Tringa nebularia*

G 30–34 cm | **SP** 55–62 cm

Großer, eleganter, **hellgrauer** Watvogel; **lange, gelblich grüne Beine** (im Winter graugrün); hellgrauer Schnabel **lang und leicht aufwärts gebogen**. **Größer und grauer** als Rotschenkel; Rücken dunkler als Dunkelwasserläufer im **SK**; größer, kräftiger und dickschnäbeliger als Teichwasserläufer. Nahrungssuche gemächlich (aber auch kurz rennend), manchmal recht tief im Wasser. Meist einzeln oder in Trupps bis zu zehn. **PK** | Kopf und Rücken schwärzlich und grau gestrichelt/gefleckt. **SK** | Kopf und Rücken gräulich, weißliche Streifen laufen am Hinterhals zusammen; helles Gesicht mit dunklem Auge; Säume der Flügeldecken durchgehend weiß. **JK** | wie **SK**, aber helle Säume der Flügeldecken an der Federspitze unterbrochen, Beine blass gelblich; einige Flügel-/Rückenfedern bleiben im **1W** erhalten.

Teichwasserläufer | Kampfläufer *S. 192*
Dunkelwasserläufer *S. 179*
Rotschenkel *S. 178*
Tüpfelgelbschenkel S. 562

DZ Apr–Okt

Brütet in Mooren, an Waldtümpeln; auf dem Zug flache Gewässer, Wattgebiete

S | Ruft laut und **kennzeichnend** *kjü-kjü-kjü*, mit härteren, abrupter endenden Tönen als Rotschenkel; im Singflug *klu-vü klu-vü* (bei jedem Doppellaut Tonhöhe fallend und wieder ansteigend).

F | Flügel dunkel; weißer Keil auf Hinterrücken; Zehen überragen den Schwanz.

Beine gegen schlammigen Hintergrund oft unauffällig, anders als das leuchtende Rot des Rotschenkels.

LC VU Rotschenkel *Tringa totanus*

G 24–27 cm | **SP** 47–53 cm

Mittelgroßer, brauner Watvogel; ruffreudig, aktiv, ruckartige Kopfbewegungen; Brutvögel warnen heftig von Pfählen aus oder im Flug. Gestalt gedrungener als bei Dunkelwasserläufer und Grünschenkel, schlanker als Knutt *(S. 191)*. Meist in kleinen Trupps, am Rastplatz aber bis zu 300 und mehr. **Oberseite braun**, Unterseite heller; **Beine leuchtend rot** (nur beim Dunkelwasserläufer und manchen Kampfläufern ähnlich). Roter Schnabel gerade, an der Basis etwas dicker, Spitze dunkel. **PK** | oben braun mit einigen schwarzen Flecken; Brust weißlich, kräftig schwarz gefleckt. **SK / 1W** | Oberseite und Brust graubraun. Weißliche Linie über dunklem Zügelstreif (kräftiger als bei Kampfläufer, schwächer als bei Dunkelwasserläufer). **JK** | Oberseite mit beigen Federsäumen; **Beine gelborange**.

S | Ruft weich flötend *tjü* oder *tjü-dü-dü* (schneller, sanfter, ungleichmäßiger als Grünschenkel). Warnruf scharf *kipp* (auch gereiht). Singt flötend *tliio-tliiio-tliio*.

Dunkelwasserläufer | Kampfläufer [SK] *S. 192*
Gelbschenkel S. 562
Schlammtreter S. 568
Grauschwanz-Wasserläufer S. 568

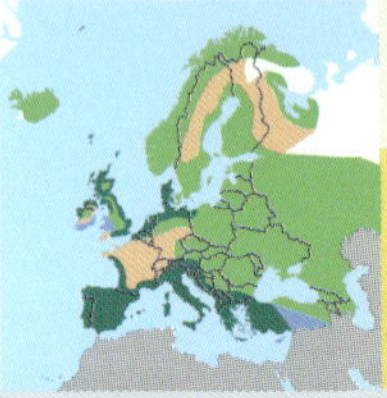

Seltener Brutvogel, mittelhäufiger Durchzügler/Gastvogel

Seltener Brutvogel, mittelhäufiger Durchzügler/Gastvogel

F | **Weißer Rückenkeil**; auffälliger **breiter, weißer Flügelhinterrand**. Fliegt schnell auf. Landet oft mit hochgestellten Flügeln und zeigt deren weiße Unterseite

Zwei SSPP.: ***totanus*** (weit verbreitet); ***robusta*** (Island, Färoer) (oben) durchschnittlich größer und Mauser ins PK meist unvollständig.

Gefieder recht variabel, mal eher grau, mal eher braun, unterschiedlich starke Fleckung.

Dunkelwasserläufer *Tringa erythropus*

G 29–33 cm | **SP** 61–67 cm

Mittelgroßer, dickbäuchiger, langbeiniger Watvogel. Meist in kleinen Trupps bis zu zehn. Watet auch in tiefem Wasser, läuft und stößt zu, schwimmt. **Langer Schnabel schwarz mit roter Basis**, **Spitze leicht abgeknickt**. **PK** | Körper schwärzlich mit breiten, weißen Federsäumen, die sich rasch abnutzen (bis Jun ganz **schwarz**), Beine schwärzlich (bis Jul/Aug Gefieder schwarz-grau-weiß gescheckt, Beine rot). **SK/1W** | Oberseite **hellgrau** (ohne jeden Braunton), unten weißer; schwarzer Zügelstreif, **darüber weiße Linie** (über dem Auge nicht unterbrochen, am breitesten Richtung Schnabel, anders als beim Rotschenkel); Beine rot. **JK** | Oberseite graubraun, hell gefleckt; Flanke **bräunlich gebändert**.

S | Typischer scharfer zweisilbiger Ruf *tju-it*! Balzt monoton *truu-ih truu-ih*, dazwischen amselähnlich *tschip-tschip*.

Rotschenkel | Grünschenkel *S. 177*
Kampfläufer [SK] *S. 192*
Wilsonwassertreter [JK] *S. 555*

Mittelhäufiger Durchzügler Mär–Nov

Brütet an Seen in Tundra und Taiga; auf dem Zug Flachgewässer und Wattgebiete, meist küstennah

F | **Flügel einfarbig**; auf dem Rücken **langes, weißes Oval** (vgl. Grünschenkel). Flügel recht kurz, gewölbt; langer Körper, aber dicker Bauch. Beine überragen deutlich den Schwanz, können aber eingezogen werden.

WATVÖGEL IM FLUG *S. 172–173*

NT Pfuhlschnepfe
LC *Limosa lapponica*

G 33–41 cm | **SP** 62–72 cm

Großer, **langschnäbeliger** Watvogel, außerhalb der Brutzeit an Küsten. Beine schwarz, mittellang (über dem Gelenk kürzer als bei Uferschnepfe); Schnabel leicht zu dünner Spitze aufwärts gebogen. **♂PK** | Rücken braun; **Kopf**, **Brust und Flanke/Bauch/Unterschwanz einfarbig tief ziegelrot** (kein oder nur wenig Weiß); wird bis Jul etwas dunkler. Schnabel schwarz. **♀PK** | heller rostrot als ♂. **SK** | Kopf, Rücken und Brust hell graubraun mit **schwachen dunklen Abzeichen**. Schnabel dunkelrosa mit schwarzer Spitze. **JK** | Rücken braun mit schwärzlichen Streifen; helle Einbuchtungen an Schirmfedern (wie Brachvogel); Brust wie **SK**, aber mehr beige. **1W** | wie **SK**, aber mit einigen übrig gebliebenen Flügelfedern aus dem **JK**.

In Europa SSP. ***lapponica***.

Uferschnepfe | Brachvogel *S. 183*

Schlafende Vögel mit eingestecktem Schnabel erinnern an Brachvögel, sind aber kleiner und heller.

F | Oben Armflügel hell, Handflügel dunkel, ohne Weiß; **langer**, **weißer Keil auf Bürzel und Hinterrücken**. Am Rastplatz fliegen Trupps mit akrobatischen Flugmanövern steil von oben ein.

Häufiger DZ/GV (fast nur Küste)

Brütet in der Tundra; auf dem Zug und im Winter in Wattgebieten und an Sandstränden

S | Ruft nasal *ke-wü* und *gä-gä*, beim Balzflug variabler und gereiht.

Uferschnepfe
Limosa limosa

G 37–42 cm | **SP** 63–74 cm

Großer, **langbeiniger**, **langschnäbeliger** Watvogel. Beine schwarz, **lang auch über dem Gelenk**; Schnabel lang, gerade, mit breiter Basis, **überwiegend orange bis rosa**. **♂PK** | Oberseite braun; Kopf und Brust rostbraun; Flanke und Unterschwanz weiß; Bauch und Flanke mit **schwarzen Bändern**. **♀PK** | Kopf und Brust blass orange. **SK** | **Kopf**, **Oberseite und Brust einfarbig graubraun**. **JK** | Kopf und Brust **beigeorange**; Oberseite dunkelbraun, **rostrote Federränder**. **1W** | wie **SK**, noch einige Flügelfedern aus dem **JK** übrig.

Pfuhlschnepfe
Hudsonschnepfe S. 564

S | Verschiedene Rufe: schneller, nasaler Flugruf *wi-wi-wü*; kurze nasale Töne ähnlich Kiebitz *(S. 163)*; im Balzflug zackig *gritta-gritta-gritta*.

F | Sehr auffälliger langer, **weißer Flügelstreif**; Unterflügel **weiß mit schwarzem Rand**; eckiges weißes Bürzelfeld; breite schwarze Schwanzendbinde, Füße weit über Schwanz hinausragend. Schneller Flug mit tiefen Schlägen der gebogenen Flügel (kann dadurch recht klein wirken); Flugmanöver dichter Trupps.

Seltener BV, mittelhäufiger DZ Mär–Okt

Brütet in Feuchtwiesen und Mooren; auf dem Zug und im Winter Wattflächen, flache Gewässer

Zwei SSPP.: ***islandica*** (Island, im Winter W-Europa) hat kürzeren Schnabel und ein dunkler orangebraunes PK als ***limosa*** (Europa, Sibirien, im Winter S-Europa bis W-Afrika).

WATVÖGEL IM FLUG *S. 172–173*

LC Regenbrachvogel
LC *Numenius phaeopus*

G 37–45 cm | **SP**78–88 cm

Großer, gestreifter, brauner Watvogel mit langem, gebogenem Schnabel. Auf dem Zug in Trupps bis zu 500, manchmal auch im Binnenland. Wie Brachvogel, aber kleiner und dunkler mit Kopfmuster aus kräftigen Streifen. Schnabel **abwärts gebogen** (**stärker gewinkelt** als bei Brachvogel). Beine gräulich. **AK** | Oberseite und Brust dunkler oder grauer braun als bei Brachvogel. Helle Flecke auf Oberseite, die bis Jul abgetragen sind und Einkerbungen bilden. Scheitel dunkel mit **hellem zentralem Streifen**; dunkler Augenstreif. Schnabel im Sommer schwarz, aber ab Jun/Jul mit rosa Basis. **JK** | wie **AK**, aber größere helle Flecke auf Schirm- und Schulterfedern.

Brachvogel | *Seltene Brachvögel S. 561*

Brutvögel sind mehr über die arktische Tundra verbreitet als die insgesamt weiter südlich vorkommenden Großen Brachvögel.

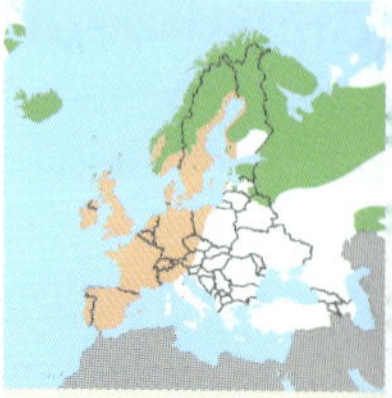

Seltener Durchzügler
Apr–Sep

Brütet in Tundra, Taigamooren, an Berghängen; auf dem Zug Watt, Feuchtwiesen, Heide

F | Tiefbrüstig; schnellere Bewegung als Großer Brachvogel; Flügel braun, Handflügel dunkler; langes weißes Dreieck auf Bürzel/Hinterrücken.

S | Typischer Ruf: lachender Triller aus kurzen, scharfen Pfeiftönen *bibibibibibibibib*. Beim Gesang gehen langgezogene Töne in einen traurig anmutenden Triller über.

Zwei SSPP.: ***islandicus*** und etwas kleiner ***phaeopus*** (beide weit verbreitet). Die Form ***hudsonicus*** (oben) wird inzwischen als eigene Art betrachtet (**Hudsonbrachvogel**, möglicher Ausnahmegast aus N-Amerika), heller beigebraun, Kopf kontrastreicher braun-beige, **Rücken/Bürzel ganz dunkel**.

(Großer) **Brachvogel**

Numenius arquata

G 48–57 cm | **SP** 89–106 cm

Großer, kräftiger, braun gestreifter Watvogel mit langem, **abwärts gebogenem Schnabel** (bei ♀ sehr lang; bei ♂ kürzer, schwächer gebogen), graue Beine. Nahrungssuche einzeln, aber Rast in dichten Schwärmen bis über 1000. **AK** | mittel- bis beigebraun, dicht dunkel gestrichelt, gefleckt und gebändert; Bauch und Unterschwanz weiß mit dunklen, pfeilförmigen Markierungen. Oberseite mit hellen Flecken, die bis Jul abnutzen und eingekerbte Federränder hinterlassen. **Kopf einfarbig** oder zumindest zwischen Auge und dunklerem Scheitel ungezeichnet einfarbig, ohne deutlichen Scheitelstreif oder dunklen Augenstreif. **JK** | wie **AK**, aber Schirmfedern mit breiten hellen „Einbuchtungen" (weniger gebändert); weißer Bauch weniger gezeichnet, Schnabel kürzer.

S | Ruft klar flötend *tür-lii* (zweiter Ton höher). Gesang aus langen, melancholischen Tönen, denen eine Reihe rhythmischer Triller folgt. Auch in Rastgebieten zu hören, aber besonders ekstatisch im Brutgebiet.

Regenbrachvogel | Pfuhlschnepfe *S. 180*
Seltene Brachvögel S. 561

Wirkt im Dämmerlicht auf dem Watt sehr dunkel, dagegen viel heller vor dunkler Vegetation unter strahlender Sonne.

Seltener Brutvogel, häufiger Gastvogel

Brütet in Feuchtwiesen, Mooren; auf dem Zug und im Winter in Wattgebieten und Feuchtgebieten im Binnenland

F | Gleichmäßig, möwenartig, flache Flügelschläge; Kopf und Schnabel ragen hervor. Handflügel dunkel, Armflügel hell fleckig; langes weißes Dreieck auf Bürzel/Hinterrücken (Muster wie Regenbrachvogel und Pfuhlschnepfe); langer Schnabel meist sehr auffallend. Trupps fliegen in V-Form und erinnern an Möwen.

Zwei SSPP., aber mit Übergängen: ***arquata*** (weit verbreitet); ***orientalis*** (Ural) mit gestrichelter (nicht gebänderter) Flanke.

WATVÖGEL IM FLUG S. 172–173

LC Zwergstrandläufer *Calidris minuta*

LC **G** 14–15,5 cm | **SP** 28–31 cm

Winziger Watvogel (kleiner als Sperling/Bachstelze) mit **schwarzen Beinen** (vgl. größeren Alpenstrandläufer und Sanderling). Zierlich, schnelle Bewegung, Beine oft eingeknickt. **Schnabel kurz**, gerade, schwarz. Meist kleine Trupps (1–10). **Unterseite weiß**. **PK** | Oberseite schwarz und rotbraun; Hals/Brustseite hell rotbraun. **SK** | oben grau mit dunkleren Flecken. **JK** | Oberseite rotbraun, schwarz und cremefarben (Rotbraun bleicht aus, dann schwarze Flecke auf hellbeigem Grund). Gelbliche Streifen laufen auf dem Rücken zu **hellem „V"** zusammen. Scheitel gestrichelt (in der Mitte schwarz, an den Seiten rotbraun), darunter weißlicher Überaugenstreif, der sich vor dem Auge leicht gabelt. Brustseite bräunlich grau, leicht gestrichelt; keine dunklen Markierungen an der Flanke. **1W** | wie **SK**, jedoch brauner, mit angedeutetem „V" auf dem Rücken.

S | Ruft charakteristisch kurz und hart *tit*, manchmal dreifach. Singt im Brutgebiet leise *swii swii swii*.

Temminckstrandläufer | Alpenstrandläufer *S. 188* | Sanderling *S. 190*
Seltene kleine Strandläufer S. 566–567

Seltener Durchzügler Mai–Okt

Brutvogel der Tundra; auf dem Zug an schlammigen Gewässerufern und Stränden

F | Flügelstreif und Bürzelseite weiß; Schwanz grau (Muster sehr ähnlich Alpenstrandläufer)

Das Prachtkleid weist auf der Oberseite breite weiße Federsäume auf, kräftigere Farben zeigen sich nach deren Abnutzung.

Jungvögel sind meist rotbraun, beige und weiß mit deutlichem, hellem „V" auf dem Rücken, aber einige sind insgesamt grauer.

Temminckstrandläufer *Calidris temminckii*

G 13,5–15 cm | **SP** 30–35 cm

Winziger, graubrauner Watvogel mit **hellen Beinen**. Schleicht heimlich entlang der Gewässerufer. Auf dem Zug meist einzeln oder in Gruppen bis zu fünf. Länglich, **langflügelig**; **Oberseite/Brust matt braun**; unten weiß. Schnabel kurz, leicht abwärts gebogen, schwarz. **PK** | Rücken olivbraun, **schwarze Flecke** mit rotbraunen Federsäumen. Fein gezeichnetes Brustband; Kehle weißlich; Bauch weiß; Beine hell ockerfarben bis grünlich. **SK** | wie **PK**, aber Rücken einfarbig graubraun. **JK** | Rücken braun, hellbeige und dunkle Federsäume schaffen geschupptes Erscheinungsbild; Brustband matt **beigegrau**, in der Mitte heller; Kehle weiß; Beine blass gelblich. **1W** | wie **SK**, einige Flügeldecken noch aus dem **JK**.

S | Typischer, hoher trillernder Ruf (oft mehrfach) *tirrr*. Gesang aus auf- und absteigendem Triller, der mehrere Minuten anhalten kann.

Zwergstrandl. | *Seltene Strandl. S. 566–567*

Seltener Durchzügler Apr–Sep

Brütet in Mooren, an Waldtümpeln und in Tundra; auf dem Zug am Ufer von Binnengewässern

F | Flügelstreif, Bürzelseite und **äußere Steuerfedern weiß** (am besten beim Auffliegen zu sehen). Fliegt nach Aufscheuchen meist weit weg.

Variabilität bei Mauser und Abnutzung der Federn sorgt für ein fleckiges Aussehen der Oberseite: Neue, schwärzliche, rotbraun gesäumte Federn mischen sich mit älteren grauen.

LC Meerstrandläufer
LC *Calidris maritima*

G 19–22 cm | **SP** 37–42 cm

Dunkler, untersetzter Watvogel mit unauffälligem Gefieder; **Schnabel an der Basis breit und orange**, sonst dunkel, leicht abwärts gebogen; Beine kurz, matt **orangegelb** bis gelb. **PK** | dunkel; Kopf und Rücken **schwarz-rotbraun gemustert** (rotbraune und beige Federsäume sowie schwärzliche Federzentren bleiben bis Okt erhalten); unten fein schwärzlich gestrichelt. **SK** | **oben düster** grau mit silbrig grauen Federsäumen; Augenring und Kinn weiß; Unterseite weißlich; Brust grau. **JK / 1W** | wie **SK**, aber auf der Oberseite weiße Federränder.

S | Ruft scharf *wit* oder *wit-it*. Im Brutgebiet Singflug mit langen Serien kurzer Triller, erinnert an Baumpieper *(S. 362)*.

Alpenstrandläufer *S. 188* | Anadyrknutt *S. 568*

Bei der Rast auf Felsen an der Küste sind Meerstrandläufer wenig scheu, es sei denn, sie werden von den wesentlich ängstlicheren Steinwälzern mitgerissen.

Sehr seltener Wintergast Sep–Mai (nur Küste)

Brütet an Berghängen und Hochplateaus; im Winter an Felsküsten (auch Hafenmolen) und Stränden; sehr selten im Binnenland

F | Wirkt plump, fliegt aber schnell und direkt (oft dicht über der Brandung flatternd); dunkel mit weißem Flügelstreif; **breiter schwarzer Bürzel** mit weißen Außenkanten

Sumpfläufer

Calidris falcinellus

G 15–18 cm | **SP** 34–37 cm

Kleiner, kurzbeiniger Watvogel, Größe zwischen Alpen- und Zwergstrandläufer *(S. 184)*. Schnabel an der **Basis dick**, **nahe der Spitze mit Abwärtsknick**. Kopf stark gezeichnet, der **weiße Überaugenstreif gabelt sich vor dem Auge** zu schmalem „V". **PK** | Rücken mit breiten beigeweißen Federrändern, die durch Abnutzung dunkel- bis rotbraun werden; angedeutetes „V" auf dem Rücken. Brust schwarz gestrichelt, Bauch weiß. **SK/1W** | Rücken einfarbig graubraun; unten weiß; Kopfmuster wie **PK**, aber undeutlicher. **JK** | Rücken kräftig braun mit schwarzen und beigen Streifen; unten weiß; Flanke beige gefleckt.

S | Ruft trocken, summend bis trillernd *brrre-it* (am Ende ansteigend).

Alpenstrandläufer *S. 188*

PK
Mär–Aug

Die im Frühjahr noch frostig weißen Federränder nutzen sich bis Juli ab, dann sehen Altvögel recht dunkel aus. Beachte die typische Schnabelform.

In Europa lebt SSP. ***falcinellus***.

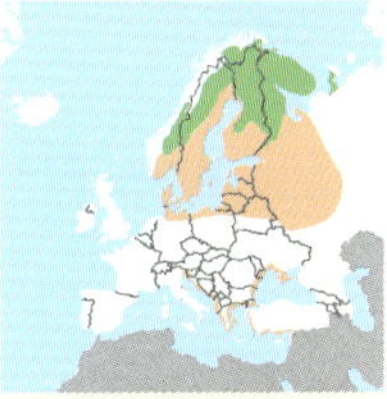

Sehr seltener Durchzügler Mai–Sep

Brütet in nassen Mooren; auf dem Zug an flachen Ufern und in Wattgebieten

F | Dunkel mit dünnem weißem Flügelstreif; schwarzer Bürzel mit weißen Seiten (wie Alpenstrandläufer).

LC Alpenstrandläufer *Calidris alpina*

LC **G** 17–21 cm | **SP** 32–36 cm

Europas häufigste Watvogelart, an Küsten sind Rastgesellschaften von mehreren Tausend Vögeln nicht ungewöhnlich. Größer als Zwergstrandläufer, kleiner als Knutt. Bei der Nahrungssuche vorgebeugt, dabei pickend und stochernd, dazwischen schnelles Laufen. Langer Schnabel mit **abwärts gebogener** Spitze (wirkt dadurch frontlastig); Beine dunkelgrau bis schwärzlich. **PK** | Oberseite **rostbraun**, schwärzlich und beige; Bauch schwarz; fein gestricheltes Brustband. **SK** | oben **mausbraun**, unten weiß. Auf hell reflektierendem Schlamm fallen dunkle Brust und weißer Bauch auf; im Sonnenlicht hellbraun-weiß wirkend. **JK** | Rücken kräftig beigebraun mit langen **cremefarbenen Linien**; Kopf einfarbig; unten hell, **dunkle Strichel oder schwärzliche Flecke an Brust und Bauch**. Bei der Mauser zum **1W** mischen sich auf dem Rücken graue Federn des Winterkleids mit den braunen Federn des **JK**.

Sichelstrandläufer | Knutt *S. 191*
Zwergstrandläufer *S. 184* | Sanderling *S. 565*
Sumpfläufer *S. 187* | Meerstrandläufer *S. 186*
Seltene kleine Strandläufer S. 566–567

Sehr seltener BV (fast ausgestorben), häufiger GV

Brütet in Tundra, Mooren, Feuchtwiesen; im Winter Watten und Strände, Zug auch durch das Binnenland

S | Ruft dünn und rau *trrrrü*. Gesang aus langem, vibrierendem, in der Tonhöhe fallendem Triller.

F | Bürzel dunkel mit weißen Seiten; weißer Flügelstreif. Fliegt schnell, direkt; bildet große, dichte Schwärme, die synchronisierte Flugmanöver mit plötzlichen Wendungen ausführen.

Es kommen fünf SSPP. vor: zwei häufige: ***alpina*** (N-Europa; im Winter W-Europa/Mittelmeer) und ***schinzii*** (Ostsee, Island; im Winter S-Europa); zwei seltenere Wintergäste: ***arctica*** (W-Europa) und ***centralis*** (O-Mittelmeer); als Ausnahmegast aus N-Amerika ***hudsonia***. Alle sehr ähnlich, aber Variation in Größe, Schnabellänge/-form und Farbe/Intensität des Prachtkleids (***alpina*** im Mittel am größten und langschnäbeligsten; **PK** intensiver rostbraun auf dem Rücken als die kleinere SSP. ***schinzii***).

Sichelstrandläufer

Calidris ferruginea

G 19–22 cm | **SP** 37–42 cm

Kleiner, schlanker, langhalsiger Watvogel. Watet viel im Flachwasser, daher Beine oft nicht zu sehen. **Schnabel lang**, **leicht abwärts gebogen**. Meist einzeln oder in Trupps bis zehn zwischen anderen Watvögeln. **PK** | breite weiße Federränder an Kopf, Hals und Unterseite nutzen sich ab, erst dann prächtig ziegelrot; Augenring und Kinn weiß; Bürzel weiß, etwas rotbraun gefleckt. Nach der Brutzeit im Verlauf der Mauser **rote Bereiche auf matt weißer Unterseite**. **SK** | Kopf und Rücken grau, Unterseite weiß; **Bürzel rein weiß**. **JK** | **helle Federsäume** bilden auf der Oberseite ein gleichmäßiges Schuppenmuster. Unten hell; **Brust pfirsichgelb getönt**, **Flanke ungezeichnet**. **JK** | Rücken nach und nach mit grauen Federn durchsetzt; bis Nov wie **SK**.

Alpenstrandläufer | *Bindenstrandl. S. 566*

Durch ihren weißen Bürzel stechen Sichelstrandläufer aus gemischten Watvogelschwärmen heraus (hier mit Alpenstrandläufern).

S | Ruft trillernd *tirrip* (fällt zwischen Alpenstrandläufern schnell auf).

Mittelhäufiger Durchzügler Apr–Okt

Brutvogel der Tundra; auf dem Zug in Wattgebieten, seltener Flachgewässer im Binnenland

F | Breiter **weißer Bürzel**, dünner weißer Flügelstreif.

Das Prachtkleid hat anfangs weiße Federränder (Haupttafel, unten), die sich abnutzen und dann die rote Färbung zur Geltung kommen lassen (oben, unteres Bild). Bis Okt ist das meiste Rot durch Weiß ersetzt (oben, oberes Bild).

Nach der Brutzeit ziehen Altvögel im Jul/Aug; Jungvögel folgen ab Mitte Aug, oft zusammen mit den kleineren Alpen- und Zwergstrandläufern *(S. 184)*.

LC Sanderling *Calidris alba*

LC **G** 18–21 cm | **SP** 35–39 cm

Schneller, flinker Strandläufer, meist im Bereich der Brandung oder auf offenen Wattflächen in Trupps bis 300 anzutreffen. **Jagt zurückfließenden Wellen hinterher**, um Wirbellose aufzupicken; manchmal auch im Sand/Schlamm stochernd. Schnabel kurz, gerade (dicker als beim Alpenstrandläufer). **Beine schwarz**; **Hinterzehe fehlt**. **PK** | Rücken rotbraun, dunkel gefleckt; Brust schwarz-rotbraun-weiß marmoriert; Weiß nutzt sich ab, dadurch bis Mai kräftigere Farbtöne. Bis Jul wieder matter, aber Hals bleibt rostrot. **SK/1W** | Kopf und Rücken **hellgrau**; Unterseite weiß, **Brust kaum gezeichnet** (in gemischten Wintertrupps auffällig leuchtend). **JK** | Rücken grau mit deutlichen dreilappigen, **schwarzen Flecken**; schwärzliche „Schulter"; Brustseite gestrichelt; Hals warm beige; **Unterseite rein weiß**.

S | Kurz, hart, hell *plitt*.

Alpenstrandläufer *S. 188* | Zwergstrandläufer *S. 184* | Thorshühnchen [SK] *S. 197*
Seltene kleine Strandläufer S. 566–567

Mittelhäufiger DZ und WG Jul–Mai

Brütet in der Arktis, auf dem Zug/im Winter vor allem an Sandstränden, nur vereinzelt im Binnenland

In Europa kommt SSP. ***alba*** vor.

Typischerweise Aufpicken der Nahrung von der Oberfläche zwischen schnellen Laufabschnitten.

F | **Breiter weißer Flügelstreif auf dunklem Flügel**.

Prachtkleid anfangs mit weißen Federrändern (Haupttafel, unten), nach deren Abnutzung zeigt sich die rostrote Färbung (oben, unteres Bild); bis Aug bleibt nur wenig Braunfärbung übrig (oben, oberes Bild).

Knutt *Calidris canutus*

G 23–26 cm | **SP** 45–54 cm

Gedrungener, etwas taubenförmiger Watvogel, größer als Alpenstrandläufer, kürzere Beine als Rotschenkel *(S. 178)*. Schnabel spitz zulaufend, länger als beim Kiebitzregenpfeifer *(S. 166)* und leicht abwärts gebogen. **Beine kurz, grünlich**. Knutts bilden zwischen den weiter über das Watt verteilten Alpenstrandläufern relativ dicht stehende Gruppen grauerer und größerer Vögel, die sich eher langsam bewegen. **PK** | Rücken schwärzlich, beige und grau gefleckt; Kopf und Brust ziegelrot, bis Jul/Aug zu Orange ausbleichend. **SK/1W** | matt grau, unten heller. **JK** | gräulich; Rücken mit **Schuppenmuster aus weißen und dunkelgrauen Federrändern**; Unterseite hell orangebeige getönt, hellgraue Streifen an der Brust.

Alpenstrandläufer S. 188 | Anadyrknutt S. 568 | Schlammtreter S. 568 Grauschwanz-Wasserläufer S. 568

An Hochwasser-Rastplätzen am Rand von Wattflächen rasten Knutts dicht gepackt in großen Schwärmen.

Häufiger Durchzügler Mär–Okt

Brütet in der Tundra; auf dem Zug/im Winter in Wattgebieten, selten im Binnenland

F | Schmaler weißer Flügelstreif, hellgrauer Bürzel. In Schwärmen von über 10 000 Vögeln dicht beieinander fliegend, synchrone Wendemanöver, aus der Distanz Wechsel zwischen grauer „Rauchwolke" und weißem Aufblitzen.

Zwei SSPP. Kommen vor: ***canutus*** (Eurasien) und ***islandica*** (N-Amerika) sind meist nicht unterscheidbar.

S | Ruft nasal und weich *uätt* oder *nott*; unmusikalischer, schnell schwatzender Chor von dicht gedrängten Schwärmen am Hochwasserrastplatz.

LC NT **Kampfläufer** *Calidris pugnax*

G ♂ 29–32 cm; ♀ 22–26 cm | **SP** ♂ 54–60 cm; ♀ 46–49 cm

Mittelgroßer Watvogel mit **kurzem, leicht abwärts gebogenem Schnabel** und kleinem, rundem Kopf. **Beine ockergelb oder grünlich** (bei Brutvögeln und ganzjährig bei ♂ orange). ♀ kleiner als der ähnliche Rotschenkel, ♂ größer. Meist in Trupps bis 50. **♂PK** | ab Jan wie **♀PK**, aber von Apr–Jun extravagant gefärbt, mit **bunter Haube** und **buntem Kragen** (individuell sehr unterschiedlich, *siehe Seite gegenüber*); einige ohne Kragen. **♀PK** | beige- oder graubraun, schwärzlich gefleckt; schwarzbraune Flecke auf beiger Brust. **SK** | graubraun, Bauch weiß; **♂** oft mit **weißem Gesicht**. **JK** | Rücken dunkel mit **hellem Schuppenmuster; Hals und Brust sauber olivbeige** (anders als Rotschenkel). **1W** | wie **SK**, aber Federsäume mehr beige statt grau.

S | Meist stumm, selbst bei der Balz; manchmal tief grunzende Laute.

F | Dünner weißer Flügelstreif, **weiße Außenseiten des Bürzels** bilden vollständiges oder unterbrochenes „V". Recht breitflügelig; Flug langsam, entspannt.

Rotschenkel S. 178
Grünschenkel S. 177
Dunkelwasserläufer S. 179
Grasläufer S. 561
Wilsonwassertreter [JK] S. 555
Graubrust-Strandläufer S. 565
Spitzschwanz-Strandläufer S. 565

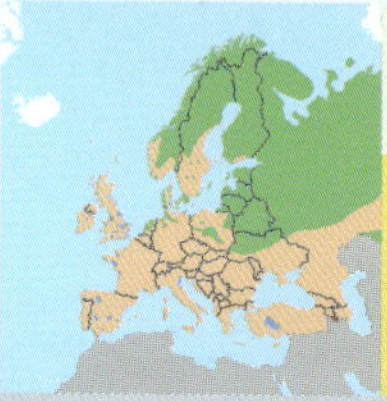

Sehr seltener BV, mittelhäufiger DZ Mär–Okt

Brütet in Feuchtwiesen; sonst an Gewässerufern und in Lagunen an der Küste

Das markante Prachtkleid des Kampfläufer-Männchens ist durch eine Haube und einen Kragen gekennzeichnet. Außerhalb des Brutgebiets sind vor allem verschiedene Übergangsstadien zu sehen.

Außer zur Balzzeit sieht das ♂ dem ♀ sehr ähnlich, ist aber deutlich größer.

Kampfläufer Männchen im vollen Prachtkleid (Apr–Jun) zeigen eine große Bandbreite von Farbkombinationen (häufigere Varianten unten); unvollständige Kragen auch zur Zugzeit sichtbar.

„Satelliten"-Männchen mit leuchtend weißem Kopf erregen am Rand der Balzarena die Aufmerksamkeit der Weibchen.

Männchen mit schwarzem Kragen können schwarze, weiße oder rotbraune Ohrbüschel und eine ebenso variable Färbung der Oberseite haben

Männchen mit rotbraunem Kragen wirken dunkel. Zwei nebeneinander balzende Männchen sehen niemals genau gleich aus.

Waldschnepfe

Scolopax rusticola

G 33–38 cm | **SP** 55–65 cm

Mittelgroßer, dickbäuchiger, **gut getarnter** Waldvogel mit **langem, geradem Schnabel**; ähnlich Bekassine *(S. 194)*, aber viel größer und bauchiger; Lebensraum und Verhalten ganz anders. Meist aufgescheucht im Wald oder **in der Dämmerung fliegend** zu sehen; Nahrungssuche nachts auf feuchten Feldern und an Gräben. Rücken rostbraun mit laubähnlichem Muster; unten dicht gebändert. Stirn hell, spitz; **schwarze Querbänder am Hinterkopf**. Kaum Unterschiede bezüglich Geschlecht, Alter und Jahreszeit.

S | Beim Balzflug abwechselnd scharfer Pfiff *tsiuick* und tiefes Grunzen *rorrk-rorrk-rorrk*.

Doppelschnepfe *S. 195*
Kanadaschnepfe *S. 568*

F | **Schwanz und Bürzel rostbraun**. Flügel lang mit breiter Basis, gleichmäßig gebändert. Steigt schnell und hin und her kippend auf, dabei Flügelgeräusch. Balzflug in der Dämmerung in Baumwipfelhöhe; dickbäuchig mit Flügelschwirren, das scheinbar von tiefen Flügelschlägen überlagert wird. Kopf wird hochgehalten, Schnabel zeigt schräg nach unten; Füße manchmal leicht herabhängend.

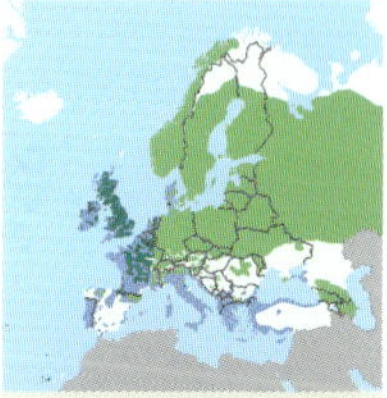

Mittelhäufiger Brut- und Gastvogel

Wälder, Felder; Zugvögel auch in Gebüschen an der Küste

Bekassine, Zwergschnepfe und Doppelschnepfe sehr ähnlich | *Seltene Sumpfschnepfen S. 560*

Sumpfschnepfen
Kleine/mittelgroße Watvögel in nassen/sumpfigen Gebieten; langer Schnabel; Nahrungssuche gemächlich, aber schneller Flug.

Bestimmung: Größe | Kopfmuster | Oberflügelmuster | Schwanzmuster | Stimme

Die Zwergschnepfe (links) ist viel kleiner als die Bekassine und hat keinen hellen Streifen auf der Mitte des Scheitels.

Schwanzmuster der Sumpfschnepfen

BEKASSINE
14 (12–18) Federn, **alle mit schmaler weißer Spitze**

DOPPELSCHNEPFE
16 (14–18) Federn, äußere 4 weiß (AK) oder **weiß mit dunklen Binden** (JK)

LC VU **Bekassine** *Gallinago gallinago*

G 23–28 cm | **SP** 39–45 cm

Mittelgroße Schnepfe mit **sehr langem**, **geradem Schnabel** (zeigt nach unten, auch im Flug) und kurzen, grünen Beinen. Oft unauffällig in oder nahe der Vegetation auf nassem Schlamm. Bei der Nahrungssuche in Trupps bis zu 100. Typischer **Zickzack-Flug** mit **heiseren Rufen**. Kräftig braun, schwarz und beige, Bauch weiß; Rücken mit gelblich beigen Längsstreifen (kann sehr dunkel wirken). Kopf mit **beigem Streif entlang der Scheitelmitte**, auch Überaugenstreif beige. **Flanke gebändert**, Bauch weiß. Kaum Unterschiede hinsichtlich Alter, Geschlecht und Jahreszeit.

S | Flugruf laut, explosiv, heiser *krätsch* (besonders beim Auffliegen). am Brutplatz (oft von Zaunpfahl aus) rhythmisch *tick-a tick-a tick-a*. Beim Balzflug erzeugen vibrierende Steuerfedern ein wummerndes Geräusch („Meckern").

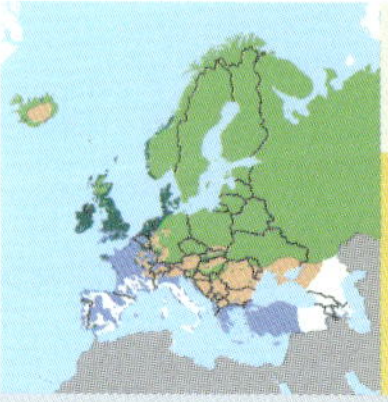

Seltener Brutvogel, häufiger Durchzügler

Brütet in Mooren und nassen Wiesen; sonst auch Salzwiesen und schlammige Ufer

F | Dunkel mit weißem Bauch; weißer Flügelhinterrand; Schwanz mit Rotbraun. Landet mit gespreiztem Schwanz, dabei weiße Schwanzspitze zu sehen.

Zwei SSPP.: ***gallinago*** (links) (weit verbreitet); ***faeroeensis*** (rechts) (Island, Färöer) dunkler, mehr rotbraun und am Kopf rötlicher, helle Rückenstreifen schmaler. (Vögel von den Shetland- und Orkney-Inseln liegen dazwischen).

Zwergschnepfe *Lymnocryptes minimus*

G 18–20 cm | **SP** 33–36 cm

Kleine Schnepfe mit dunkler Tarnfärbung; **Schnabel nicht übermäßig lang**. Kaum zu sehen, wenn man nicht fast darauf drauftritt, dann schnelles, **geräuschloses** Auffliegen, dreht einige Runden und landet dann ganz in der Nähe. Meist in kleiner Zahl (1–5). Bei der Nahrungssuche verborgen, stete „Pumpbewegung" mit den Beinen. Rücken dunkel mit **zwei langen, goldbraunen Längsstreifen**; dazwischen dunkle Federn mit grünem Glanz. **Scheitel ganz dunkel** (kein Mittelstreif wie bei der Bekassine), doppelter heller Überaugenstreif. Kaum Unterschiede bezüglich Alter, Geschlecht und Jahreszeit.

S | Beim Auffliegen meist stumm; manchmal ein leiser heiserer Ruf. Beim schnellen Balzflug hohl klingende Doppellaute.

F | Flügel recht lang und gerade, dunkel, mit blassem hellem Hinterrand; dunkler, spitzer Schwanz; **dunkler Unterflügel** neben weißem Bauch. Schnabel zwar lang, jedoch deutlich kürzer als bei der Bekassine.

Seltener DZ und WG Sep–Mai

Brütet in Mooren, auf dem Zug/im Winter in feuchten Wiesen und an Gräben

Doppelschnepfe *Gallinago media*

G 26–30 cm | **SP** 43–50 cm

Wie eine große Bekassine, schwer zu finden, zu sehen und zu bestimmen. Durchzügler oft (aber nicht immer) in trockeneren Lebensräumen als die Bekassine. Braun, grob gezeichnet/marmoriert, gegenüber Bekassine Schnabel dicker und kürzer. Heller Zentralstreif auf Scheitel.
AK | dunkelbraun mit hellen Streifen; **Flügeldecken mit weißen Spitzen**. Lange **wellenförmige Bänder an Flanke und Bauch**.
JK | wie **AK**, aber heller und mit schmaleren hellen Streifen auf der Oberseite und schmaleren Bändern auf der Unterseite.

S | Beim Auffliegen leise, heiser *chrad* sowie Flügelgeräusche. Bei der Arenabalz eigenartige tickernde, zwitschernde und wimmernde Laute.

F | Schwärzliches, weiß umrandetes Feld auf Flügelmitte, reicht bis zur Vorderkante; nur schwacher weißer Flügelhinterrand. Kopf/Hals fast gerade gehalten. Beim Landen im gespreizten Schwanz außen weiße Dreiecke.

Waldschnepfe *S. 193*

Sehr seltener Durchzügler Apr–Mai und Aug–Sep

Feuchtgrünland

WATVÖGEL IM FLUG S. 172–173

Wassertreter schwimmen kreiselnd wie Korken auf dem Wasser, Flügelspitze/Schwanz deutlich angehoben.

LC **Odinshühnchen** *Phalaropus lobatus*

LC **G** 17–19 cm | **SP** 30–34 cm

Kleiner Wasser-/Ufervogel, meist schwimmend. Kleiner als Thorshühnchen, aber Größe schwer einzuschätzen. Schnabel schwarz, **nadelförmig**. **PK** | dunkel mit **goldgelben Längsstreifen** auf dem Rücken; weiße Kehle, daneben **rotbraune Halsseiten** (am breitesten bei ♀) über **dunkelgrauer Brust**. **SK** | **Rücken grau mit weißen Streifen**; dunkler Augenfleck hinter dem Auge **nach unten gebogen**. **JK** | (Aug/Sep) Oberseite dunkel mit langen beigen **Längssteifen**. Hals rosa überhaucht (schnell zu Weiß ausbleichend). **1W** | grau-weiß-schwärzlich gestreift (Thorshühnchen zeigt klarere graue Bänder). Schnabel schwarz, Beine schwärzlich.

S | Ruft kurz, scharf *kvit, tschek-tschek-tschek*, *plipp* und quietschendes Zwitschern. zur Brutzeit trillernde Laute vom ♂, das ♀ antwortet *wiwiwiwiwi*.

JK: Thorshühnchen

Sehr seltener Durchzügler Mai–Okt

Brütet an Wiesentümpeln und Seen; auf dem Zug an der Küste, überwintert auf dem Meer

F | Weißer Streif auf sehr dunklem Flügel. **SK / 1W** nicht sicher vom Thorshühnchen unterscheidbar, es sei denn, Details von Schnabel und Kopf sind aus geringer Entfernung erkennbar.

Wassertreter im Jugendkleid im Vergleich

Thorshühnchen *Phalaropus fulicarius*

G 20–22 cm | **SP** 36–41 cm

Kleiner Watvogel, meist auf dem Wasser; im Herbst/Winter der häufigste Wassertreter an Küsten, besonders nach Stürmen. Wenn an der Küste, dann über brechende Wellen schwimmend oder flatternd; manchmal am Ufer im Flachwasser watend. Schnabel schlank, aber **dicker und breiter** als beim Odinshühnchen (manchmal schwer einschätzbar). **PK** | ziegelrot (am kräftigsten bei ♀); Gesicht weiß, Rücken schwarz-beige gestreift. **SK** | **hellgrau und weiß**, dunkler Augenfleck hinter dem Auge eher **nach oben gebogen**. **JK** | Rücken zunächst beige gestreift (wie Odinshühnchen), aber bald erscheinen breite **graue Bänder**; Vorderhals beige/apricot. **1W** | Rücken grau, Flügel schwärzlich; **kleiner heller Fleck an Schnabelbasis**; Beine ockerfarben getönt.

JK, 1W: Odinshühnchen
SK, 1W: Sanderling *S. 190*

Sehr seltener Durchzügler Sep–Jun

Brütet an Tümpeln in der Tundra; sonst auf dem Meer

F | Weißer Streif auf dunklem Flügel, wie ein langflügeliger, dickbäuchiger Sanderling.

S | Ruft kurz *pit* oder *krut-krut*. Am Brutplatz ruft das ♀ im Flug surrend *brrrip* und kwii *kwii kwii*.

Großvögel am Wasser

sind eine gemischte Gruppe von Vögeln, die im flachen Wasser, am Ufer, auf Wiesen oder im Schilf Nahrung sucht. Die Geschlechter sehen meist gleich aus, bei einigen Arten gibt es kleine saisonale Unterschiede (z. B. lange Schmuckfedern zur Balzzeit), und vorübergehend können in der Brutzeit Schnabel, Beine und Gesichtshaut eine andere Farbe annehmen. Jungvögel sind meist erkennbar (aber eher nicht bei weißen Reihern).

Ibisse 3 Arten [**1 Gefangenschaftsflüchtling**, der sich etabliert] *(S. 203, 571)* Rundlicher Körper, langer Hals, runder Kopf und abwärts gebogener Schnabel; Stochern im Schlamm. **Flug** Hals und Beine gestreckt. **Geschlechts- und Altersbestimmung**, **Mauser** Geschlechter gleich. Altvögel mit Vollmauser zu matterem Gefieder Jun–Nov, Teilmauser Dez–Mai; schlichter gefärbte Jungvögel mausern von Aug–Mär ins **1W**.

Bestimmung: Färbung

STÖRCHE 4 Arten [**2 Ausnahmegäste**] *(S. 206–207, 569)* Große, langbeinige Vögel mit dolchförmigem Schnabel. **Flug** Lange, breite Flügel; Hals und Beine gestreckt. Ziehende Trupps kreisen, um Höhe zu gewinnen, dann Gleiten über weite Strecken. **Geschlechts- und Altersbestimmung**, **Mauser** Geschlechter gleich. Keine saisonalen Unterschiede, eine ausgedehnte Mauser; Jungvögel düsterer, Schnabel/Beine blasser, Vollmauser Dez–Mai; werden im Verlauf von 1–2 Jahren erwachsen.

Bestimmung: Färbung von Kopf, Hals und Rücken | Schnabel- und Beinfarbe | Flügelmuster

REIHER 25 Arten [**16 Ausnahmegäste**] *(S. 209–215, 571–575)* Langhalsige Vögel mit dolchförmigem Schnabel. Dommeln leben im Schilf, größere Reiher sind eher an Gewässern anzutreffen, weiße Reiher nutzen feuchte und trockene Lebensräume. Nachtreiher sind in der Dämmerung aktiv. **Flug** Flügel gebogen, Hals eingezogen, Beine ausgestreckt. **Geschlechts- und Altersbestimmung**, **Mauser** Geschlechter gleich. Bei Altvögeln jahreszeitliche Färbungsunterschiede bei unbefiederten Körperteilen, Mauser vollständig, ausgedehnt und variabel, Jun–Nov; Jungvögel matter, Teilmauser Sep–Feb, dann wie Altvögel.

Bestimmung: Färbung allgemein | Farbe von Kopf und Hals, Schnabel, Beinen und Füßen | Flügelmuster

FLAMINGOS 4 Arten [**1 Ausnahmegast und 2 regelmäßige Gefangenschaftsflüchtlinge**] *(S. 202, 569)* Sehr große, schlanke, extrem langbeinige Vögel mit kurzem, einzigartig abgeknicktem Schnabel. Schnabel wird kopfüber durch das Wasser gezogen; oft schwimmend. **Flug** Kraftvoll, direkt; Hals und Beine gestreckt. **Geschlechts- und Altersbestimmung**, **Mauser** Geschlechter gleich. Jungvögel im ersten Jahr düster gefärbt. Mauser variabel und nahezu durchgehend.

Bestimmung: Schnabel- und Beinfärbung

LÖFFLER 2 Arten [**1 Ausnahmegast]** *(S. 208, 569)* Reiherähnliche Ibisse; Schnabel mit löffelförmiger Spitze. **Flug** Hals und Beine gestreckt. **Geschlechts- und Altersbestimmung**, **Mauser** Geschlechter gleich. Geringe saisonale Unterschiede; Vollmauser Aug–Mär, Kopf-/Körpermauser nochmals Jan–Mär; Jungvögel matter gefärbt, Vollmauser Dez–Mai; in den ersten 2 Jahren Schnabel anders gefärbt.

Bestimmung: Schnabel- und Beinfarbe

KRANICHE 3 Arten [**1 Ausnahmegast**] *(S. 204–205, 570)* Sehr groß, grau, dickbäuchig, relativ kurzer Schnabel, horizontale Körperhaltung und Schmuckfedern über dem Schwanz. **Flug** Lange, gerade Flügel, Hals gestreckt. **Geschlechts- und Altersbestimmung**, **Mauser** Geschlechter gleich. Keine saisonalen Unterschiede; alle 2–4 Jahre flugunfähig während nachbrutzeitlicher Mauser; Jungvögel matter als Altvögel und ohne deren Kopfmuster für mindestens 1 Jahr.

Bestimmung: Kopf- und Halsmuster | Flügelmuster

Bestimmung: Farbe von Auge, Gesichtshaut und Kehlsack | Muster von Ober- und Unterflügel

PELIKANE 3 Arten [**1 Ausnahmegast**] *(S. 200–201, 570)* Sehr große, unverwechselbare Wasservögel, langer Schnabel mit Kehlsack, Beine und Schwanz kurz. **Flug** Hals eingezogen, Zehen überragen Schwanz kaum.

Großvögel am Wasser im Flug

Pelikane Wuchtige Wasservögel; meist auf dem Wasser, aber auch am Ufer oder in Bäumen stehend. Gesellig. Auf dem Wasser hoch, massig; Hals aufrecht oder gebogen; langer Schnabel nach unten gehalten. **Flug** Hals/Kopf eingezogen, dennoch länger als kurze Beine/Schwanz; Flügel lang und breit, an der Spitze gefingert. Fliegt nach Start niedrig und kraftvoll, in der Höhe anmutiger; langsame, tiefe oder flache Flügelschläge, lange Gleitphasen; Trupps in Linien oder in Keilform, beim Kreisen koordinierte Flugmanöver. **Geschlechts- und Altersbestimmung, Mauser** Geschlechter gleich. Altvögel mit jahreszeitlichen Unterschieden in Schnabel-/Gesichtsfarbe; Vollmauser ab Jul, Schopf bildet sich bis Mär. Jungvögel brauner, Mauser im Alter von 1 Jahr; nach 2–3 Jahren Aussehen wie Altvogel.

Krauskopfpelikan

NT LC *Pelecanus crispus*

G 160–180 cm | **SP** 290–345 cm

Riesiger, grau-weißer Pelikan, oft zusammen mit Rosapelikanen. **AK** | **Schopf kurz, struppig; Beine grau**; rosa/gelbe Haut um helles Auge. **PK** | silbrig weiß; Kehlsack intensiv orange oder rötlich. **SK** | grau-weiß; Kehlsack gelblich rosa. **JK/1LJ** | oben graubraun, aber heller und kontrastärmer als junger Rosapelikan; Kehlsack hell gelblich oder rosa. **2LJ** | wie mattes **AK**; Auge dunkler.

S | Meist stumm.

Rosapelikan
Rötelpelikan S. 570

F | Oberflügel matt schwarz-grau-weißlich (weniger auffällig schwarz-weiß als bei Rosapelikan, Hinterflügel wird durch Abnutzung dunkler). Unterflügel eindeutig: in allen Kleidern **grau mit weißlichem Band in Flügelmitte** und dunkler Spitze.

AG aus SO-Europa, Gefangenschaftsflüchtling

Brütet an flachen Seen und Feuchtgebieten

Zwei Altvögel mit einem 1W-Vogel (links). Der rechte Altvogel hat bereits die kräftige Färbung von Gesicht und Schnabel des Prachtkleids.

Rosapelikan

Pelecanus onocrotalus

G 140–180 cm | **SP** 225–360 cm

Riesiger Pelikan, oft unter anderen Wasservögeln. **AK** | Brust weiß oder rosa; breiter, hängender Schopf. **Auge schwarz in großer, heller Hautpartie**. Schnabel grau, Kehlsack gelb. **Beine gelb oder rosa**. **JK/1LJ** | Kopf und Hals braun, Gesicht/Schnabel blass rosa, Kehlsack gelb; bis **2W/2S** wie mattes **AK**.

S | Tiefes Grunzen, meist stumm.

Im Mär–Apr wird die Gesichtshaut rosa (♂) oder orangegelb (♀ vor der Eiablage), der Kehlsack wird orange oder ockergelb.

Krauskopfpelikan
Rötelpelikan S. 570

F | **AK** oben und unten **schwarz-weiß** (Muster wie Weißstorch, *S. 206*). **JK/1LJ** breites **helles Band in der Mitte des dunklen Flügels**; oben dunkel mit hellem „V" auf dem Bürzel. Trupps kreisen in Thermik/Aufwinden, dann Gleiten; dabei größere Trupps synchronisiert (im Gegensatz zu Störchen, die inmitten kreisender Trupps kreuz und quer fliegen).

AG aus SO-Europa, GF

Brütet an flachen Seen und Feuchtgebieten

GROSSVÖGEL AM WASSER IM FLUG S. 19

LC Rosaflamingo *Phoenicopterus roseus*

LC **G** 110–180 cm | **SP** 140–170 cm

Seltene und entflogene Flamingos S. 569

Ausnahmegast aus S-Europa, Gefangenschaftsflüchtling

Lebt in Salzseen, Küstenlagunen und Salinen

Sehr großer, heller Wasservogel mit schlankem Hals und **sehr langen Beinen**, einzigartig in Europa (abgesehen von frei lebenden, aus Gefangenschaft stammenden Chile- und Kubaflamingos). Gemeinsame Nahrungssuche mitunter zu Tausenden. Schwimmt wie ein Schwan, watet durch tiefes und flaches Wasser, der eigenartig **gewinkelte Schnabel** wird beim Fressen kopfüber gehalten. **Langer, gewundener Hals**. **AK** | blass rosa, **Schnabel rosa mit schwarzer Spitze**, Auge gelb. Im angelegten Flügel ist wenig Rot zu sehen. Beine rosa. **JK** | matter und etwas brauner als **AK**; Schnabel grau, Beine dunkel. **1W/1S** | matt weiß; Schnabel gelblich; Beine gräulich rosa.

S | Gänseartiges Gackern und Gurgeln.

F | Trupps fliegen in Linien oder V-Form. Hals und Beine bilden speerförmige Gestalt, die von schmalen Flügeln durchkreuzt wird. **AK** Flügel schwarz mit karminroten Deckfedern, unten auffällig **rot-schwarz**. **JK** Oberflügel mit braunen Bändern.

JK
Jun–Mär

AK

Vögel im 1S sind weißer als im JK, aber Mauser und Entwicklungsgeschwindigkeit sind variabel. Daher ist eine genaue Altersbestimmung nicht möglich.

AK
ganzjährig

1S
Feb–Okt

Beine graurosa bis gelblich

Beine komplett rosa

ichler *Plegadis falcinellus*

 55–65 cm | **SP** 88–105 cm

ehr dunkler, langbeiniger Vogel in Feucht-
viesen und Sümpfen. Insgesamt schwärz-
ch; dicke Beine; **dicker**, **gebogener**
chnabel, der an Brachvogel *(S. 183)*
rinnert. **PK** | rotbraun mit grünem und
upferfarbenem Glanz. **SK/Imm** | dunkel
raubraun, weißliche Halsstrichel.

 | Meist stumm, am Brutplatz
eises Grunzen.

F | Schlank; ausgestreckter Hals, Kopf etwas hängend, Beine deutlich über Schwanz hinausragend, Flügel gerundet.

Sehr seltener Gast aus S-Europa

Gewässerufer, überschwemmte Wiesen, Tümpel in Salzwiesen

Waldrapp
Geronticus eremita

G 70–80 cm | **SP** 125–135 cm

Großer, untersetzter, schwärzlicher Ibis
mit leicht gebogenem Schnabel und rela-
tiv kurzen Beinen. **AK** | Gefieder mit pur-
purbraunem und grünem Glanz; lange,
herabhängende Nackenfedern; Schnabel
rot; Kopf unbefiedert, dunkelrosa. **JK** |
matter, grauer als **AK**, ohne Schopf;
Schnabel und Beine gräulich rosa.

S | Kehlige und heisere Rufe.

F | Schnell und elegant; Kopf/Schnabel ausgestreckt, aber Schwanz recht kurz; lange, zugespitzte Flügel.

Seit 500 Jahren ausgestorbener Brutvogel, derzeit Wiedereinbürgerung in den Alpen

Nest an Felsen; Wüste, Wiesen

GROSSVÖGEL AM WASSER IM FLUG *S. 19*

LC Kranich *Grus grus*

LC **G** 96–119 cm | **SP** 180–222 cm

Sehr groß, steht aufrecht; im Flug **Hals und Beine ausgestreckt**, **Flügel gerade** (anders als bei Reihern). **AK** | grau (Rücken zur Brutzeit brauner); **verlängerte, an den Spitzen schwarze Schirmfedern wallen buschig über den Schwanz**. Gesicht schwarz, **Nacken weiß**, Scheitel rot. **JK/Imm** | wie **AK**, aber Kopf graubraun.

Jungfernkranich
Kanadakranich S. 570

F | Flügelspitze und -hinterrand schwärzlich (wie Graureiher, *S. 212*). Dickbäuchig; lang ausgestreckter Hals; Flügel breit, Spitzen etwas aufwärts gebogen. Ziehende Trupps (bis mehrere Hundert Vögel) fliegen in langen Ketten oder in Keilform.

Seltener Brutvogel, häufiger Durchzügler

Moore, Felder, Wiesen, Gewässer

Zwei SSPP.: ***grus*** (verbreitet); ***archibaldi*** (SO-Europa) ohne Rot am Scheitel.

S | Laut und rau *krruu*. Bei der Balz weit hörbare trompetende Rufe.

Jungfernkranich

Grus virgo

G 85–100 cm | **SP** 155–180 cm

Großer, schlanker Kranich (Größe wie Graureiher, *S. 212*). **AK** | grau, durch Abnutzung brauner; wie Kranich, aber länglicher; **graue** Schmuckfedern hängen dicht **zusammengelegt** über dem Schwanz. Schwarzer Kopf mit weißem Streif hinter dem Auge, der in ein weißes, herabhängendes Ohrbüschel übergeht. Vorderhals **schwarz mit herabhängenden, spitzen Schmuckfedern**. **JK** | wie **AK**, aber Kopf grauer.

F | An gerade gehaltenen Flügeln, ausgestreckten Beinen und Hals sowie grauer Farbe als Kranichart erkennbar; Flügel etwas spitzer und Hals etwas kürzer als beim Kranich; bestes Merkmal ist die **schwarze Brust** (aber gegen den Himmel mitunter schwer erkennbar). Oberseite der Schwungfedern zunächst **dunkelgrau** und erst im Sommer durch Abnutzung schwärzlich wie beim Kranich. (Graureiher mit hellen Flecken am Vorderflügel, durchgebogenen Flügeln und eingezogenem Hals.)

Kranich | *Kanadakranich S. 570*

S | Ruft kratzend und quietschend *krrik*, höher und trockener als Kranich.

Gefangenschaftsflüchtling

Steppe, Wiesen

Anders als andere Kranicharten während der alljährlichen Mauser nicht flugunfähig.

GROSSVÖGEL AM WASSER IM FLUG *S. 19*

LC Weißstorch *Ciconia ciconia*

LC **G** 95–110 cm | **SP** 180–218 cm

Sehr großer, **weißer** oder schmuddelig weißer Storch mit **schwarzer Flügelspitze**. Langbeinig; langhalsig mit langem, dolchförmigem Schnabel. Bei der Nahrungssuche langsam schreitend. **AK** | **Schnabel und Beine rot**. **JK** | wie **AK**, aber Schnabel zunächst schwarz, im **1LJ** dann rot mit schwarzer Spitze.

In Europa lebt SSP. ***ciconia***.

Schwarzstorch | *Seltene Störche S. 569*

Nistet in Bäumen, auf Dächern und oft auf extra für Störche errichteten Plattformen. Nester können enorm groß sein, Paare und Jungvögel sind sehr auffällig.

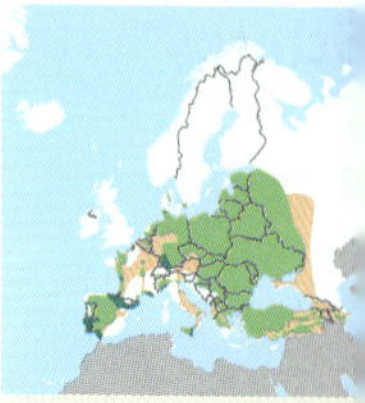

Seltener Brutvogel, mittelhäufiger Durchzügler Mär–Sep

Brütet meist in Dörfern und Gehöften; sonst auf Feldern und Wiesen sowie Gewässern

S | Stumm, aber am Nest lautes Schnabelklappern.

F | Schwarz-weiß (Muster erinnert an Rosapelikan, *S. 201*, und Schmutzgeier, *S. 269*); Kopf und langer **Hals ganz weiß**, ausgestreckt; Schwanz kurz, **lange rote Beine ragen weit heraus**. Flügel **lang**, **breit**, **tief gefingert**, leicht gekrümmt, Spitzen etwas nach oben gebogen. Niedriger Flug kraftvoll, aber in der Höhe kreisend und gleitend. Trupps (bis mehrere Hundert Vögel) kreisen im Gegensatz zu Pelikanen unsynchronisiert

Schwungfedern werden unregelmäßig das ganze Jahr hindurch gemausert. Weiße Ränder neuer Federn nutzen sich allmählich ab.

Geschlechter gleich gefärbt.

JK
Jun–Jul

AK
ganzjährig

Watet offen in flachem Wasser oder sucht Nahrung auf trockenen Feldern und Wiesen.

Schwarzstorch

Ciconia nigra

G 90–105 cm | **SP** 173–205 cm

Sehr großer, recht schlanker **schwarz-weißer** Storch. Langbeinig; langer Hals mit langem, dolchförmigem Schnabel. Nahrungssuche an Waldbächen, aber auch im offenen Grünland. **AK** | **Kopf**, **Hals**, **Vorderbrust und Oberseite schwärzlich**, purpurn und grün glänzend. Schnabel, Gesicht und Beine rot. **JK/1W** | matter, brauner als **AK**; Schnabel und Beine rosabraun oder olivgrün.

S | Meist stumm; selten mit dem Schnabel klappernd.

Weißstorch | *Seltene Störche S. 569*

Der schwarze Hals und der schwarze Unterflügel (mit weißem Dreieck an der Basis) verhindern eine Verwechslung mit dem Weißstorch.

Sehr seltener Brutvogel, seltener Durchzügler Mär–Sep

Brütet in Wäldern und an Felsen; Nahrungssuche auch im Offenland

F | Oben schwarz (bei Weißstorch Rücken, Flügeldecken und Schwanz weiß). Schwarze Brust auffällig; Unterflügel schwarz mit weißem Dreieck an der Basis. Gut kreisend; Zugtrupps umfassen weniger als 100 Vögel.

LC Löffler *Platalea leucorodia*

LC **G** 80–93 cm | **SP** 120–135 cm

Großer, weißer Ibis mit **dicken Beinen**; Haltung oft **waagerecht**, weiße Reiher stehen eher aufrecht und sind eleganter. Auch außerhalb der Brutzeit geselliger Koloniebrüter. Rastet am Ufer oder auf Baum, Schnabel eingesteckt, Schopf gespreizt. Zieht den geöffneten Schnabel bei der Nahrungssuche langsam **seitwärts durch das Wasser**. **AK** | **weiß**, Kinn gelb. Schnabel lang, breit und schwarz mit **gelber**, **löffelartiger Spitze**. Beine schwarz. **PK** | beigegelb am Hals. **Buschiger Schopf im Nacken**, gesträubt oder vom Wind seitwärts verweht. **SK** | verliert Schopf und Gelb am Hals. **JK/1W** | matter; schwarze Flügelspitze. Schnabel rosa, wird schwarz (aber ohne gelbe Spitze, unten hell). **2W** | wie **AK**, aber Schnabel größtenteils gelb.

S | Stumm, am Nest Schnabelschnappen.

In Europa lebt SSP. ***leucorodia***.

Rotgesichtlöffler S. 569

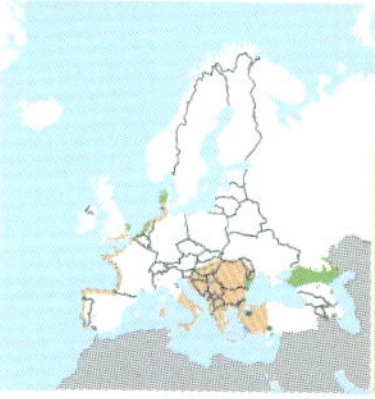

Sehr seltener BV und DZ Mär–Okt

Seen mit Schilf, Lagunen, Wattgebiete; nistet auf Bäumen und am Boden

F | Hals und Beine gestreckt; erinne entfernt an Schwan *(S. 22)*, aber vie kleiner; wirkt länger und schlanke und schlägt Flügel schneller als gleich großer Silberreiher *(S. 211)*

Rallenreiher *Ardeola ralloides*

G 40–49 cm | **SP** 71–86 cm

Kleiner, **weißflügeliger** Reiher mit **braunem Körper**; bei der Nahrungssuche unauffällig und heimlich. **PK** | **beigegelb**, Rücken rosa überhaucht; lange Schmuckfedern im Nacken; Schnabel blau mit schwarzer Spitze; Beine gelblich rosa. **SK/JK/1W** | düster sandbraun, Kopf/Hals graubraun gestreift.

S | Quäkend *kaaahk*.

Seltene kleine Reiher S. 574

F | Flügel und Schwanz leuchtend weiß (im Sitzen kaum zu sehen); Rücken dunkel.

Ausnahmegast aus S-Europa

Ufer von Seen und Flüssen, Sümpfe

Kuhreiher *Bubulcus ibis*

G 45–52 cm | **SP** 82–95 cm

Kleiner, weißer Reiher mit **rundlichem Kopf**, kurzem Hals und kurzem, **gelbem Schnabel**. Nahrungssuche zwischen Rindern und Pferden (ACHTUNG: Auch Seidenreiher tun dies). Kehlfedern wölben sich unter dem Schnabel (beim Seidenreiher Kinn schmaler). **PK** | Scheitel, Brust und Rücken gelblich beige. Schnabel und Gesichtshaut im Frühjahr kurzzeitig rot, Beine rötlich, gelb oder schwärzlich. **SK/1W** | ganz weiß; Beine **dunkel grünlich** oder **graubraun**. **JK** | weiß: Beine schwarz.

S | Kurz krächzend.

Seidenreiher *S. 210*
Seltene Reiher S. 572–573

F | Schnelle Bewegung; Schnabel/Hals und Beine kurz. Trupps fliegen schnell zu Rastplätzen in Bäumen.

oft bis 100 Vögel zusammen (Seidenreiher ist weniger gesellig)

AG aus S-Europa, Gefangenschaftsflüchtling

Weiden, Feuchtgrünland; Brut in Bäumen

In Europa SSP. ***ibis***.

Weiße Reiher sind an Gewässern, auf Weiden und Feldern zu sehen. Sie nisten und ruhen oft in Bäumen. Wie andere Reiher lauern sie geduldig ihrer Beute auf – stehend oder langsam schreitend. Die kleineren Arten zittern mit den Füßen in flachem Wasser, rasen manchmal mit erhobenen Flügeln herum und schnappen mit dem Schnabel nach kleinen Fischen. Kuhreiher stehen oft auf grasenden Weidetieren. Die Körpergröße ist ein wichtiges Bestimmungsmerkmal, kann aber bei einzelnen oder fliegenden Vögeln schwer einzuschätzen sein.

KUHREIHER SILBERREIHER SEIDENREIHER

LC Seidenreiher *Egretta garzetta*

LC **G** 55–65 cm | **SP** 88–106 cm

Kuhreiher *S. 209*
Seltene Reiher S. 572–573

Mittelgroßer **weißer** Reiher, steht, watet, springt oder rennt; bewegt oft die Füße, um Beutetiere aufzuscheuchen. **AK** | zwei lange Schmuckfedern im Nacken; Schnabel **schwärzlich grau**; nackte Gesichtshaut (Zügel) grau oder gelblich. Beine schwärzlich, **leuchtend gelbe Füße** (können mit Schlamm verschmutzt sein!). **PK** | dünne, zierliche Schmuckfedern umhüllen Schwanz und Flügelspitze; Gesichtshaut variiert von rosa/blau bis gelblich (Feb–Aug). **SK** | Schmuckfedern am Kopf reduziert, am Rücken derangiert. **JK** | Schnabel grüner als bei Altvögeln oder gelbe Basis am Unterschnabel; Beine grünlich, gelblicher Ton der Füße reicht bis zum Intertarsalgelenk.

S | Kurzes, tiefes Krächzen; am Nest krächzende und gurgelnde Rufe.

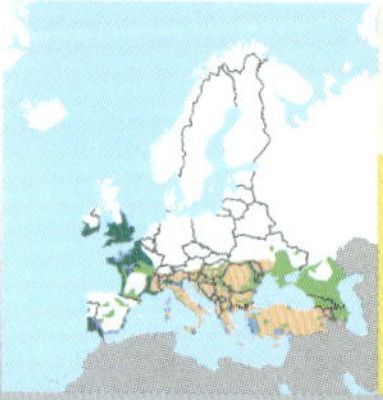

Sehr seltener DZ/GV Apr–Okt

Gewässer aller Art, Wattgebiete, Feuchtwiesen; nistet in Bäumen

F | Hals gewinkelt und eingezogen; Flügel gebogen, Füße über Schwanz ragend (beim Silberreiher Flügel stärker gebogen und Beine länger).

Nahrungssuche/Flug in Gruppen von bis 10–20, am Rastplatz mitunter Hunderte.

PK

ACHTUNG: Sehr selten gibt es Vögel mit grau geflecktem oder ganz grauem Gefieder.

PK Feb–Aug

SK Jul–Mär

JK Jun–Nov

In Europa kommt SSP. ***garzetta*** vor.

Silberreiher *Ardea alba*

G 85–105 cm | **SP** 140–170 cm

Sehr großer, **weißer** Reiher (**Größe wie Graureiher**, *S. 212*). **PK** | Schnabel schwarz mit Gelb/Grün an der Basis; Beine schwarz, über dem Intertarsalgelenk gelb, rosa oder rot. Keine Schmuckfedern am Kopf (anders als Seidenreiher); breiter **Mantel aus feinen, hauchdünnen Schmuckfedern** auf dem Rücken, bei der Balz gefächert. **SK/JK** | Schnabel **kräftig gelb** (bestes Merkmal!); Beine und Füße dunkel, oft **gelblich über dem Gelenk**.

S | Langgezogenes, trockenes Krächzen.

Mittelreiher S. 572

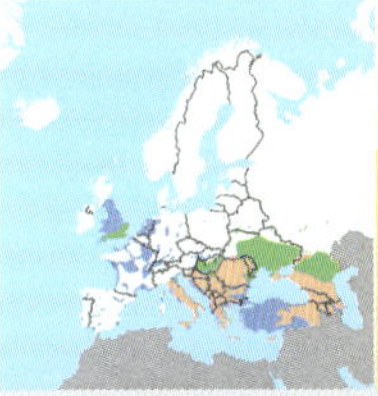

Sehr seltener Brutvogel, mittelhäufiger Gastvogel

Gewässer, Felder, Wiesen

F | Direkt, relativ langsam, Flügel gebogen (Bewegung leichter als beim Graureiher und kräftiger als beim Seidenreiher).

In Europa zwei SSPP. nachgewiesen: ***alba*** (weit verbreitet); ***egretta*** (Ausnahmegast aus N-Amerika, z. B. auf Azoren) nur an Körpermaßen sicher bestimmbar.

GROSSVÖGEL AM WASSER IM FLUG *S. 19*

LC Graureiher *Ardea cinerea*

LC **G** 84–102 cm | **SP** 155–175 cm

Sehr großer, langbeiniger, **langhalsiger**, **hellgrauer** Reiher mit dolchförmigem Schnabel. Hals eingezogen oder gerade, vorgestreckt oder s-förmig gekrümmt, bereit zum schnellen Zustoßen. **AK** | **Kopf weiß** mit **schwarzer Scheitelseite**, die in lange Schmuckfedern im Nacken übergeht. **PK** | Rücken grau mit schmalen, weißen Schmuckfedern; Hals weißlich mit rosagrauem Hauch, schwarze Streifen am Vorderhals; Schulter und Flanke schwarz; Schnabel orange oder rosarot. **SK** | Hals weiß oder hellgrau; Schnabel gelb. **JK** | matt grau; Scheitelseite und Nacken dunkelgrau ohne lange Schmuckfedern, schwärzliche Streifen am Vorderhals; im **1W** oben blauer grau.

S | Flugruf laut krächzend *kräik*. Am Nest rhythmisch keckernd sowie grunzende und gurgelnde Laute.

In Europa lebt SSP. ***cinerea***.

Kanadareiher S. 571
Schwarzhalsreiher S. 571

F | Oberflügel grau mit mattschwarzen Schwungfedern und weißen Flecken neben dem Flügelbug; Unterflügel grau, Vorderkante weiß, Hinterflügel etwas dunkler; Flanke schwarz. Hals eingezogen (höchstens kurzzeitig gestreckt), Beine weit den Schwanz überragend. Flügel breit, **stark gebogen**; Flügelschläge langsam. Kann hoch kreisen und steil, wendungsreich hinunter „stürzen".

Mittelhäufiger Brut- und Gastvogel

Baumbrüter; sonst Ufer, Wiesen, Felder

Flügel gleichmäßig breit mit runder Spitze, gebogen; Füße relativ klein; zusammengelegter Hals wirkt rundlich (vgl. Purpurreiher).

Stürzt sich manchmal aus dem Flug ins Wasser, um Fische zu fangen.

1W insgesamt weniger kontrastreich als AK.

Purpurreiher

Ardea purpurea

G 70–90 cm | **SP** 120–138 cm

Großer, schlanker, heimlicher Reiher; häufiger in dichter Vegetation verborgen als Graureiher; stark gewundener Hals. **PK** | dunkelgrau, Rücken mit langen Schmuckfedern; **Flügelbug und Flanke purpurrot**; **Hals schwarz-weiß-kastanienbraun gestreift**; Schnabel intensiv orangegelb. **SK** | kurze Schmuckfedern am Rücken; Schnabel gelb. **JK** | hell rostbraun; Gesicht grau und weiß gestreift; Scheitel und Hinterhals rotbraun, Vorderhals beige mit schwarzen Streifen und Flecken (an Rohrdommel erinnernd, die aber mit deutlich dickerem Hals). **1W/1S** | wie **JK**, aber spitze Schulter- und Brustfedern.

In Europa kommt SSP. ***purpurea*** vor.

Bei Nahrungssuche still lauernd oder langsam schreitend, oft im Schilf; kann zum Fischfang vom Ansitz ins Wasser stürzen.

Imm: Rohrdommel *S. 215*

F | **Flügel lang**, **gebogen**, relativ schmal und mit s-förmigem Hinterrand; **zusammengelegter Hals tief** und schmal; sehr lange Zehen.

S | Ruft kurz und rau *krrek*.

AK

1S
Feb–Aug

Sehr seltener Brutvogel und Durchzügler Apr–Sep

Schilfbestände, Feuchtwiesen, Gewässerufer

Flügel am Ansatz schmal und zur Spitze hin spitz zulaufend; Füße relativ groß; zusammengelegter Hals tief und eckig (vgl. Graureiher).

JK
Jun–Sep

PK
Feb–Jul

GROSSVÖGEL AM WASSER IM FLUG *S. 19*

LC Nachtreiher
LC *Nycticorax nycticorax*

G 56–65 cm | **SP** 105–112 cm

Mittelgroßer, untersetzter Reiher. Tagsüber im Laub versteckt, in Dämmerung zu Nahrungsgebieten fliegend. **AK** | **Scheitel und Rücken schwarz**; Stirn weiß; lange weiße Schmuckfeder im Nacken. **Flügel grau**. Brust hell beigegrau, Bauch weiß. Beine gelbgrün. **PK** | Beine rot oder orange. **JK** | braun mit tränenförmigen **weißen Flecken über Rücken** und Flügeldecken. **1LJ** | Muster ähnlich **AK**, aber schmuddeliger beigebraun.

In Europa SSP. ***nycticorax***.

JK: *Krabbenreiher S. 571*

F | Gleichmäßige krähenartige Flügelschläge; durch eingezogenen Kopf gedrungene, ovale Silhouette mit tiefer, eckiger Brust. Fliegt oft in der Dämmerung.

S | Flugruf froschartig, nasal *quack*.

Sehr seltener Brut- und Gastvogel Apr–Sep

Baumbestände an Gewässern; Sümpfe, Flussufer

PK

JK

PK Feb–Mai

1S Feb–Okt

Zunehmend schwarz an Rücken und Scheitel.

JK Jun–Okt

Zwergdommel
Ixobrychus minutus

G 33–38 cm | **SP** 49–58 cm

Kleiner, heimlicher Reiher. Wirkt beim Ruhen oval, in Aktion aber lang und schmal, streckt sich zum Wasser hinunter. Schnabel gelb; Beine grün. ♂ | Scheitel und Rücken schwarz; Brust rosabeige; **Flügel hellbeige**. ♀ | braun gestreift, **Flügel dunkler beige**. **JK** | braun gestreift, Flügel fleckig beige.

S | Kurze nasale Rufe; Gesang aus endloser Reihe froschartiger Laute im Abstand von 2–5 Sekunden, vor allem nachts.

F | ♂ ovale Flügel mit auffallendem **großem**, **rundem**, **hellbeigem Feld**, ♀ dunkelbraun mit dunkler beigem Flügelfeld.

Seltene kleine Dommeln S. 575

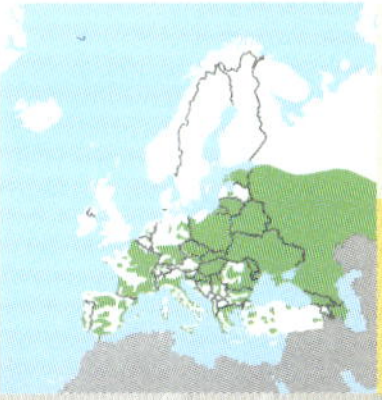

Sehr seltener Brutvogel und Durchzügler Apr–Sep

Schilf/Gebüsch an See- und Flussufern

Rohrdommel
Botaurus stellaris

G 69–81 cm | **SP** 100–130 cm

Großer, versteckt lebender Reiher. **Schleicht geduckt durch dichte Vegetation**; steht lange bewegungslos mit nach oben gerichtetem Schnabel. Geschlechter/Altersklassen gleich. **Gelbbraun**; **schwarzer Scheitel**, **schwarzer Bartstreif**, **lange braune Streifen am Vorderhals**. Kräftiger dolchförmiger Schnabel; Beine grün, sehr lange Zehen.

S | Balzruf unverwechselbar tief, laut *uuump* (Jan–Jun). Flugruf rau bellend *krau*.

In Europa lebt SSP. **stellaris**.

F | Rötlich bis gelbbraun, helles Band auf Vorderflügel. Flügel breit, gebogen, gebändert. Zurückgezogener Kopf bildet dicken Keil.

Schwarzbart-Rohrdommel S. 574
Purpurreiher [Imm] *S. 213*

Im braunen Schilf im Winter erstaunlich schwer zu entdecken, manchmal aber auch offen am Wasserrand.

Sehr seltener BV, seltener DZ/WG

Nasse Schilfbestände an Mooren, Seen und Flüssen

Rallen sind kleine bis mittelgroße Vögel mit rundem Kopf, kurzen Flügeln und langen Zehen.

Die meisten Arten sind Wasservögel oder leben in der dichten Vegetation von Feuchtgebieten.
16 Arten [7 Ausnahmegäste *(S. 576–577)*]

Bläss- und **Teichhühner** haben ein am Schnabel ansetzendes, nacktes Stirnfeld; **Wasserralle** (langer Schnabel) und **Sumpfhühner** (kurzer Schnabel) haben kein solches Stirnfeld. Alle haben lange, dünne Zehen, mit Ausnahme der Blässhühner, die Schwimmlappen an den Zehen haben und ähnlich wie Tauchenten schwimmen. Der Wachtelkönig bewohnt trockene bis feuchte Wiesen. **Flug** Alle Rallen fliegen schwach und mühsam, mit über den Schwanz hinausragenden Beinen; dennoch sind einige Arten Langstreckenzieher und führen nächtliche Balzflüge aus. **Geschlechts- und Altersbestimmung, Mauser** Geschlechter sehen bei den meisten Arten gleich aus. Altvögel zeigen kaum jahreszeitliche Unterschiede und führen eine Vollmauser nach dem Brüten durch (einige Arten werden flugunfähig), Kopf-/Körpermauser im Frühjahr. Das Jugendkleid ist meist aufgrund von Gefiederfärbung/-muster und blasseren Schnäbeln und Beinen unterscheidbar. Juvenile Vögel mausern im Herbst und noch einmal im Frühjahr.

Bestimmung: Färbung und Gestalt allgemein | Schnabelfarbe | Details im Muster von Oberseite, Flanke und Unterschwanz

Mögliche Verwechslungsgruppen Enten (**Bläss-/Teichhühner**, besonders im Jugendkleid, können mit **Tauchenten** *S. 48–52* verwechselt werden); **Lappentaucher** *(S. 75–79)*.

LC LC **Kleinsumpfhuhn** *Zapornia parva*

Zwergsumpfhuhn | *Seltene Rallen S. 577*

G 17–19 cm | **SP** 34–39 cm

Kleine, schlanke Ralle mit schleichendem, federndem Gang. **Handschwingen ragen recht weit unter den Schirmfedern heraus**; Schwanz oft **aufgerichtet**. Heller Schirmfederrand entlang der Bürzelseite. ♂ | Rücken braun mit dunklen Streifen und kleinen weißen Stricheln; Unterseite blaugrau, nur hinter den Beinen und am Unterschwanz gebändert. Schnabel kurz, grün mit **roter Basis** (kann im Winter fehlen). **Beine gelbgrün**. Auge matt rot. ♀ | hell sandbraun, Rücken und Schulterfleck dunkler; Schnabel-/Beinfarbe wie ♂.
JK | Flanke schwach gebändert, Oberseite braun mit weißen Flecken; Schnabel mit sehr wenig Rot (beim Zwergsumpfhuhn Flügel kürzer; Tüpfelsumpfhuhn hat graue Brust mit weißen Punkten). Beine grün.

Sehr seltener Brutvogel und Durchzügler Apr–Okt

Schilfbestände, Moore, Teiche

S | Ruft nachts Serien tief quakender Rufe, dabei Beschleunigung und mit Triller endend.

F● | Fliegt schnell und kurz in Deckung; Flügeldecken hell, Flügelspitze dunkel.

Tüpfelsumpfhuhn *Porzana porzana*

Seltene Rallen S. 577

G 19–22,5 cm | **SP** 37–42 cm

Kleine, dunkel graubraune, **kurzschnäbelige** Ralle; meist heimlich, aber nicht scheu, läuft auch über offene Schlammflächen. **Beine grün**. **AK** | Schnabelbasis rot; Brust weiß gepunktet, Hinterflanke gebändert; Unterschwanz beige. **JK** | matt, Brust braun; Schnabel dunkel mit gelber Basis. **1W** | wie **AK**, aber Kinn weißlich, Schnabel bis Feb dunkel.

F● | Beim schwirrenden Auffliegen vom Ufer ist kurz ein weißer Flügelvorderrand (wie Wasserralle, *S. 221*) zu sehen, bevor der Vogel schnell in dichter Vegetation einfällt.

Seltener Brutvogel und Durchzügler Mär–Okt

Überflutete Wiesen, Sümpfe, schlammige Teiche

S | Gesang meist nachts, wiederholt dabei endlos in 1-sekündigem Abstand einen weichen, aufsteigenden, nach einem Tropfen klingenden Ton *huitt*.

AK ganzjährig

Weibchen und Männchen haben außerhalb der Brutzeit tendenziell mehr weiße Punkte auf der Brust als Männchen zur Brutzeit.

JK Jun–Okt

Zwergsumpfhuhn *Zapornia pusilla*

Kleinsumpfhuhn | Seltene Rallen S. 577

G 16–18 cm | **SP** 33–37 cm

Sehr kleine, rundliche Ralle; auf Schlamm oder im Uferbewuchs. **Flügel überragen die Schirmfedern nur wenig**; kein heller Schirmfederrand. Schnabel grün (ohne Rot). **AK** | Geschlechter gleich (aber ♀ können weiße Zickzack-Binden auf den Schulterfedern haben); Rücken braun mit schwarzen Stricheln und schmalen weißen Linien und Flecken; Unterseite grau, **Hinterflanke gebändert**. Auge intensiv rot. Beine rosa bis matt grünlich. **JK** | braun mit hellen Flecken/Stricheln; Schnabel blass gelbgrün; Beine rosa/ockergelb (wie ein Tüpfelsumpfhuhn mit weniger Punkten auf der Brust, weniger grünen Beinen, sperlingsgroß statt drosselgroß).

Zwei SSPP.: ***intermedia*** (verbreitet); ***pusilla*** (O-Europa) ist heller, ♀ oft mit überwiegend weißer Unterseite.

Sehr seltener Brutvogel und Durchzügler Mai–Aug

Schilfbestände, nasse Wiesen, Moore, Teiche

S | Singt nachts ein leises, tiefes, raspelndes Knarren, 1–2 Sekunden lang.

F● | Schwirrendes Flattern beim kurzen Lauf zur schützenden Vegetation.

kein Rot am Schnabel

AK ganzjährig

JK Jun–Dez

Teichhühner und Blässhühner sind leicht zu unterscheiden: **Teichhühner** haben einen aufgestellten, spitzen Schwanz; bei **Blässhühnern** ist der Schwanz kurz und stumpf, der Rücken rundlich.

TEICHHUHN

Teichhühner laufen auf langen Zehen über die Wasseroberfläche, um in den Uferbewuchs zu flüchten. Weiß an Unterflügel, Flanke und Unterschwanz dabei gut zu sehen.

Nahrungssuche auf dem Wasser, auf trockenem Grund und im Gebüsch, dabei vorwärts gelehnt. Meist 1–2 oder bis zu 10–20 in lockerem Trupp.

BLÄSSHUHN

Blässhühner laufen auf flachen Zehen mit Schwimmlappen übers Wasser, dabei **rundliche Flügel angehoben**.

Vor allem auf dem Wasser, aber auch auf angrenzenden Grasflächen Nahrung suchend, rundlich, buckelig. Kleine Trupps oder größere Schwärme auf offenem Wasser.

LC Teichhuhn
LC *Gallinula chloropus*

G 30–38 cm | **SP** 55–60 cm

Mittelgroße, dunkle Ralle. Rhythmische, schleichende Bewegung, taucht den Kopf ins Wasser, auf dem Wasser und an Land häufiges Schwanzzucken. Nahrungssuche beim Schwimmen, zu Fuß auf Grasflächen oder im Gebüsch. **AK** | dunkelgrau und bräunlich grau, etwas glänzend; **Unterschwanz und Flankenstreif weiß**; **Stirnfeld rot, Schnabel rot-gelb**, Auge dunkelrot; Beine grün, am Ansatz rot. **JK** | matt braun, Kehle weißlich; Unterschwanz und an Flanke weiß. Schnabel olivbraun; Auge dunkel. **1W** | Schnabel dunkel, sonst wie **AK**.

S | Ruft explosiv, guttural *kjürrrt*; auch abrupt *ki-jek* und *krek-krek-krek*.

Zwergteichhuhn, Sultanshühner S. 576

Das Jugendkleid wird bis Okt getragen, bis Jan wird das 1. Winterkleid unten immer grauer, die Augen werden rot.

Mittelhäufiger Brutvogel, häufiger Gastvogel

Gewässerufer, nasse Wiesen, Teiche

F● | Längere Flüge kraftvoll oder träge; flatternd und trippelnd bei schneller Flucht über das Wasser.

In Europa lebt SSP. ***chloropus***.

Blässhuhn u. Kammblässhuhn sehr ähnlich | JK: Lappentaucher *S. 75–79* | *Indianerblässhuhn S. 577*

Blässhuhn *Fulica atra*

G 36–39 cm | **SP** 70–80 cm

Große, rundliche, grauschwarze, gesellige Ralle. An Land dick, großfüßig, nicht sehr gewandt. Meist auf Binnengewässern, seltener auf dem Meer, lockere Trupps von 10–1000, oft zwischen Enten; **häufig tauchend**, Auftauchen mit dem Rücken voran wie ein Korken. Schwimmt mit erhobenem Kopf, **rundlichem Rücken** und **tief gehaltenem Schwanz**. **AK** | dunkel gräulich schwarz; **Schnabel weiß mit rosa Anflug**; **rundes weißes Stirnfeld**. **JK** | untere Kopfhälfte und Brust weiß.

S | Laut *köck* oder *kröck*, verschiedene scharfe, metallische Laute. Küken pfeifen schwach, aber dennoch weittragend.

Das Jugendkleid wird bis Dez getragen, das Stirnfeld bleibt noch bis zum Frühsommer klein.

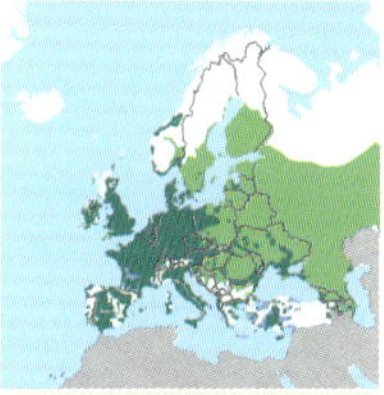

Mittelhäufiger Brutvogel, häufiger Gastvogel

Seen, Teiche, große Flüsse

F● | Kraftvoll, umständlich, mit tiefen Flügelschlägen und geringer Wendigkeit; weißer Flügelhinterrand. Rennt mit erhobenen Flügeln über das Wasser.

In Europa kommt SSP. ***atra*** vor.

Kammblässhuhn
Fulica cristata

G 38–40 cm | **SP** 75–85 cm

Große, rundliche, schwarze Ralle; sehr ähnlich Blässhuhn, aber beim Schwimmen Rücken zum Körperende hin flacher auslaufend. Am Boden dick, großfüßig. **PK** | **Schnabel bläulich weiß**, **Stirnfeld weiß**; **zwei dunkelrote Höcker an der Stirn**. **SK** | Schnabel gräulich. Stirnfeld wird nach oben hin breiter (beim Blässhuhn eher rund); schwarze Zügelfedern stoßen stumpf auf den Schnabel (beim Blässhuhn spitz). **JK** | gräulich; Gesicht und Brust dunkler als beim Blässhuhn; Schnabel kräftig, grünlich.

S | Schnelle, schrille Doppellaute und ein „stöhnender" Ruf.

Das Jugendkleid wird bis Aug/Sep getragen, aber das weiße Stirnfeld kann 1 Jahr lang nicht voll entwickelt sein.

Kommt nicht in ME vor

Schilfbestandene Seen

F | Wie Blässhuhn, aber **Flügel einfarbig**, ohne weißen Hinterrand.

LC Purpurhuhn
LC *Porphyrio porphyrio*

G 38–50 cm | **SP** 90–100 cm

Sehr große, kräftige, Ralle, die langsam mit aufgestelltem Schwanz durch die Ufervegetation schreitet; klettert auch im Schilf empor. Körper ungezeichnet, aber **Unterschwanz weiß**; großer **Schnabel und Stirnfeld rot**; Beine und lange Zehen rot. **AK** | glänzend blau, im Gesicht und am Vorderhals eher türkis. **JK** | heller und grauer als **AK**, besonders an der Brust; Bauch weißlich; Schnabel und Beine dunkelgrau. **1W** | wie mattes **AK**, Schnabel dunkel gräulich rot.

S | Ruft schmatzend *tschock*, verschiedene blökende und heulende Rufe.

Die afrikanische Form mit grünem Rücken und blauer Kehle wird inzwischen als eigenständige Art betrachtet (**Smaragdhuhn** *P. madagascariensis*; gelegentlich Gefangenschaftsflüchtling).

Ausnahmegast aus SW-Europa, Gefangenschaftsflüchtling

Dichte Vegetation an Seeufern, Sümpfe

Vögel in der Türkei und der Kaspischen Region mit blaugrauem Kopf, türkiser Kehle, grünerem Flügel gelten inzwischen als eigenständige Art **Graukopf-Purpurhuhn** *P. poliocephalus*.

Purpurhuhn in SW-Europa *(P. porphyrio)* hat dunklen Kopf mit türkisblauem Gesicht/Kehle.

Wachtelkönig *Crex crex*

G 27–30 cm | **SP** 42–53 cm

Mittelgroße, heimliche, nicht ans Wasser gebundene Ralle; meist aus Wiesen oder Getreidefeldern rufend, nur selten zu sehen. Hell gelblich braun, **geöffnete Flügel rotbraun**. Gesicht und Brust gräulich, Flanke rotbraun gebändert. **♂/♀/Imm** | sehr ähnlich, aber ♂ haben tendenziell die graueste Brust.

S | Vor allem nachts, mitunter auch tagsüber ist der einzigartige, hölzern kratzende Doppelruf zu hören: *krrrk-krrrk* – oft stundenlang monoton vorgetragen.

Beim Rufen aufrecht, sonst niedrig und geduckt.

AK ganzjährig

F● | Niedrig, schnell auf recht schmalen, gerundeten, rotbraunen Flügeln; Hals ausgestreckt; Füße über den Schwanz ragend.

AK

Seltener Brutvogel und Durchzügler Mai–Sep

Wiesen, Brachflächen Getreidefelder

Wasserralle
Rallus aquaticus

G 23–26 cm | **SP** 38–45 cm

Mittelgroße, langschnäbelige Ralle in Feuchtgebieten; dickbäuchig, aber schmal; Heimlich, öfter zu hören als zu sehen, bei Gefahr zur Deckung laufend. **AK** | wirkt dunkel, Details aus geringer Entfernung und bei Sonnenschein erkennbar. **Schnabel lang**, **rot**. Rücken braun gestreift; **Brust schiefergrau**; Flanke gebändert; **kurzer**, **aufgestellter Schwanz**, **Unterschwanz beige** mit weißem Rand. **JK** | hell an der Brust und über dem Auge; Schnabel und Beine blass graurosa.

S | Ferkelähnliches Quieken, stöhnende Rufe und ein wiederholtes, lautes *kip*; Gesang aus Reihe hämmernder Töne, oft nachts *köp köp köp*.

Savannenralle S. 577

F● | Kleine Flügel; Beine baumeln; Kopf/Schnabel gestreckt, weißer Streifen unter Flügelvorderkante.

1W Sep–Mär

JK Mai–Okt

AK ganzjährig

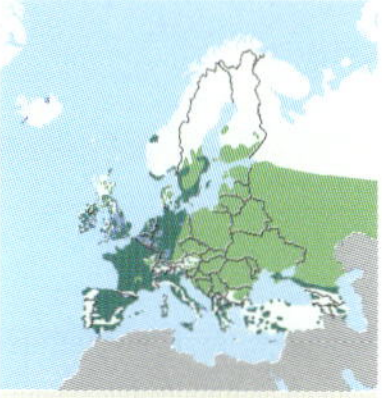

Mittelhäufiger Brut- und Gastvogel

Dichte Vegetation an verschiedensten Gewässern wie Seen, Flüssen, Gräben; auch nasse Wiesen

Zwei SSPP.: ***aquaticus*** (verbreitet) und ***hibernans*** (Island, möglicherweise ausgestorben).

Hühnervögel **(Wachteln, Feldhühner, Frankoline, Fasane, Raufußhühner)** haben einen rundlichen Kopf, einen kräftigen, gekrümmten Schnabel und kurze Beine; Raufußhühner haben voll befiederte Füße. **Flug** Flügel breit, gerundet oder gefingert; Flug mit explosionsartigen Serien schneller Flügelschläge und langem Gleiten vor dem Einfallen auf dem Boden. Gesellig; bei den meisten Arten bleiben Familienverbände lange zusammen und fliegen bei Störung als Gruppe auf. **Geschlechts- und Altersbestimmung**, **Mauser** Männchen und Weibchen unterscheiden sich mehr oder weniger stark. Geringe saisonale Unterschiede bei Altvögeln (Vollmauser nach der Brut, Männchen können im Sommer kurzzeitig ein Schlichtkleid tragen; einige mit Teilmauser im Frühjahr). Jungvögel können schon im Alter von 3–15 Tagen fliegen und beginnen mit einem Monat in altvogelähnliches Gefieder zu mausern. Einige bekannte Arten in dieser Gruppe wurden verbreitet ausgesetzt und sind entsprechend anzutreffen, haben sich aber nicht als Brutvögel etablieren können, z. B. Helmperlhuhn, Pfau und Truthuhn (alle *S. 234*).

WACHTELN 4 Arten [2 eingebürgert; 1 gelegentlicher Gefangenschaftsflüchtling] *(S. 223, 234)*

Sehr kleine, rundliche, kurzbeinige, heimliche Vögel. **Flug** Eher unwillig zu fliegen (obwohl Langstreckenzieher), allerdings recht schnell; Flügel relativ lang, Schwanz sehr kurz.

Bestimmung: Stimme | Kopfmuster

WACHTEL

FELDHÜHNER 6 Arten *(S. 224–226)*

Recht kleine, heimliche Vögel der offenen Landschaft; Schnabel klein, Körper rundlich, Beine kurz; ähnlich den Raufußhühnern, aber Beine/Füße unbefiedert und Flanke stärker gestreift; alle mit kurzem, gerundetem Schwanz. **Flug** Schnell, niedrig; schwirrende Flügelschläge zwischen langen Gleitphasen auf steifen, breiten Flügeln.

Bestimmung: Kopfmuster | Flankenbänderung | Bein-/Schnabelfarbe | Stimme

ROTHUHN

FRANKOLINE 2 Arten [1 eingebürgert] *(S. 232, 234)*

Wie ein Haushuhn mit länglichem Hals und kurzem Schwanz. **Flug** Fliegt nur sporadisch; abwechselnd schwirrende Flügelschläge und Gleiten.

Bestimmung: Kopf- und Halsmuster | Flankenstreifen

HALSBANDFRANKOLIN

FASANE 5 Arten [alle eingebürgert oder Gefangenschaftsflüchtlinge, 1 weit verbreitet] *(S. 227, 235)*

Dickbäuchige, langschwänzige Vögel in Wald und offenerer Landschaft, manchmal in dichter Vegetation wie Schilfbeständen. Männchen (mit den längsten Schwänzen) und Weibchen unterscheiden sich deutlich. **Flug** Schnell, niedrig, mit Ausbrüchen schneller Flügelschläge und langem, niedrigem Gleiten.

Bestimmung: Gefieder | Weibchen an Bänderung, Bein- und Schnabelfarbe

JAGDFASAN

RAUFUSSHÜHNER 8 Arten [einschließlich 2 Königshühner] *(S. 228–233)*

Bewohner von Wald, Heide und Moor, an buschigen Hängen oder auf steinigem Grund (auf hohen Bergen bzw. im Norden auch in tieferen Lagen). Ähnlich Haushühnern, aber stämmiger, klein bis sehr groß. Einige treffen sich im Frühjahr an Balzarenen. **Flug** Niedrig, schnelle Serien kräftiger Flügelschläge im Wechsel mit Gleitphasen.

Bestimmung: Größe und Gestalt | Schwanzform | Flügel-/Schwanzmuster

BIRKHUHN

LAUFHÜHNCHEN 1 Art [möglicherweise ausgestorben] *(S. 223)*

Bewohnt trockenes Grasland und Gestrüpp. Obwohl eigentlich ein Watvogel *(S. 154)*, wird das Laufhühnchen wegen seiner Ähnlichkeit mit Wachteln hier behandelt. Auch erinnert es an kleine Rallen. **Flug** Kurzer, schneller, niedriger Flug vor dem Einfall in die Deckung.

Bestimmung: Brustzeichnung | Oberflügelmuster | Stimme

Laufhühnchen

Vachtel

Coturnix coturnix

16–18 cm | **SP** 32–35 cm

ehr kleiner, heimlicher Bodenvogel; viel fter zu hören als zu sehen. Hellbraun; opf braun-hellbeige gestreift; Rücken unkel gefleckt und mit **weißlichen treifen**; Flanke rotbraun mit **cremefar- enen Streifen**. ♂ | **schwarze anker- örmige Zeichnung an der Kehle selten kastanienbraun)**. **♀/JK** | Kehle eißlich, brauner Streif auf Wange; Brust nd Flanke dunkel gefleckt.

| Männchen singt weittragend und rhyth- isch *pick-perick*, meist einziger Hinweis auf nwesenheit der Art. Nur aus der Nähe zu ören sind nasale Rufe wie *miao* oder *mamah*.

| Lange, spitze Flügel. Kann mit lautem ügelschlagen direkt vor einem auffliegen, üchtet aber meist lieber zu Fuß.

Mittelhäufiger Brutvogel und Durchzügler Apr–Sep

Getreidefelder, Brachen, Wiesen

Laufhühnchen | ACHTUNG: *Japanwachtel* (seltener Gefangenschaftsflüchtling) ist im Feld nicht von Wachtel unterscheidbar, hat aber eine typische Stimme: Alarmruf dünn *tsuiit*; Gesang kratzend *druit-dit* oder *drit-it-dit*.

Zwei SSPP.: **coturnix** (verbreitet); **confisa** (Kanaren, Madeira, Azoren) schwer abgrenzbar.

Laufhühnchen

Turnix sylvaticus

13–16 cm | **SP** 25–30 cm

Winzig, verborgen, schwer zu sehen, erhält sich wie eine kleine Ralle. Ähn- ch Wachtel, aber Schnabel länger und uge hell. **AK/JK** | rotbraun, unten eißer, mit **rostroter Brustseite und chulter**, **schwarze Flecke an Flanke**. | oben schwärzlich gestrichelt.

| Weibchen ruft langsam, nachhallend *uuup huuup huuup*; Männchen ruft heller *ek-kek-kek*.

| Selten im Flug zu sehen; beim Auffliegen t **helles Feld auf Armflügel** gut zu sehen.

Kommt nicht in Mitteleuropa vor (mglw. in Europa ausgestorben)

Trockenes Grasland und Gestrüpp

Wachtel | Kleine Rallen *S. 216–217*

In Iberien/NW-Afrika SSP. **sylvaticus**

Rebhuhn S. 226 | JK: Persienwüstenhuhn S. 226

Rotbeinige Feldhühner sind auffällig gemusterte, große Hühnervögel mit roten/rosa Beinen, rotem Schnabel, einfarbig graubrauner Oberseite, grauem Bürzel, grauer Brust, orangem Bauch und gebänderter Flanke. Die meisten haben ein schwarz eingefasstes, weißes Gesicht. Sie gehen watschelnd oder rennen schnell. Die Arten sind untereinander sehr ähnlich; Altvögel unterscheiden sich im Muster von Kopf/Hals, Flanke und Schwanz. Jungvögel sind hell, einfarbig beigebraun und am besten anhand der begleitenden Altvögel zu bestimmen. **Flug** sporadisch: schnell, niedrig, auf steifen Flügeln gleitend, dazwischen schnelle Flügelschläge.

NT NT Rothuhn *Alectoris rufa*

G 34–38 cm | **SP** 47–50 cm

Westlicher Vertreter der Artengruppe. **AK** | grau und hell sandbraun *(siehe Tabelle gegenüber)*. **JK** | einfarbig beigebraunes Kopf-/Halsmuster; Schnabel dunkel.

S | Rhythmische Mischung aus krächzenden, gackernden und glucksenden Lauten, beispielsweise *gaga gaga ga ga-tschäh*, manchmal vom Ansitz aus vorgetragen.

Gefangenschaftsflüchtling

Grasland, Heide, trockene buschige Hänge, trockene Felder

Drei SSPP. mit Übergängen: ***rufa*** (verbreitet); ***hispanica*** (N- und W-Iberien) groß, dunkel; ***intercedens*** (O- und S-Iberien) klein.

LC LC Chukarhuhn *Alectoris chukar*

G 38–39 cm | **SP** 47–52 cm

Südosteuroäisches Feldhuhn, das in verschiedenen anderen Ländern eingebürgert wurde. In einigen Gegenden kann es daher Hybriden mit dem Rothuhn geben. **AK** | insgesamt recht hell sandbraun *(siehe Tabelle gegenüber)*. **JK** | Kopf und Hals beige; Schnabel dunkel.

S | Laute, langgezogene Serien rhythmischer hohler glucksender Töne, etwa *tschok-tschok-tschok ok tschak-a-ha tschak-a-ha tschak-arr-a* etc.

Gefangenschaftsflüchtling

Offenes Grasland, trockene sandige Felder

Drei ähnliche SSPP. mit Übergängen: ***kleini*** (SO-Europa); ***cypriotes*** (Kreta, Rhodos, Zypern, SW- und SZ-Türkei) und ***kurdestanica*** (SO-Türkei) sind heller, brauner.

Bestimmung rotbeiniger Feldhühner			
	Rothuhn	**Chukarhuhn**	**Steinhuhn**
Gesicht	weiß mit schwarzem Kragen	cremeweiß mit schwarzem Kragen	weiß oder gräulich mit schwarzem Kragen
Hals	grau, **schwarz gestrichelt**	**einfarbig** hellgrau	
Flanke	schwarz-rotbraun-grau-weiß gebändert, **weiße Bänder am schmalsten**	**gleichmäßig schwarz-weiß gebändert** (minimal rotbraun und grau)	**gleichmäßig schwarz-weiß gebändert** (variabler Anteil rotbraun und grau)
chwanz	**Mitte dunkel, außen dunkelorange**	**Basis grau, Spitze rotbraun**	**ganz rotbraun**

teinhuhn *Alectoris graeca*

 32–37 cm | **SP** 46–53 cm

üdeuropäischer Vertreter der rotbeinigen eldhühner. **AK** | Rücken bläulich grau bis livbraun *(siehe Tabelle oben)*. **JK** | Kopf/ als graubraun; Schnabel dunkel.

| Schnelle, rhythmische, schabende und ickende Töne, *ribi-dip tik-i-tik*.

Sehr seltener Brutvogel (nur Alpen)

Hoch gelegene Bergwiesen und steinige Hänge

Vier SSPP.: **graeca** (S-/O-Balkan) Rücken am grauesten, Kragen schmal; **saxatilis** (Alpen, N-Balkan) Rücken dunkelgrau, olivbraun getönt, breitester Kragen; **orlandoi** (Italien) wie *graeca*, aber mehr bläulich grau, hellste Unterseite; **whitakeri** (Sizilien) am kleinsten, hellste Ohrdecken, schmalster Kragen (oft unterbrochen), Schwanz und Oberschwanzdecken schwach gezeichnet.

elsenhuhn
lectoris barbara

 38 cm | **SP** 46–49 cm

K | hellbraun; schmaler brauner Scheiel, langer grauer Überaugenstreif; Geicht hellgrau mit orangem Fleck hinter em Auge; Hinterhals und schmales Halsand dunkel rotbraun, weiß gepunktet; lanke breit schwarz-rotbraun-weiß geändert. Schnabel rot; Beine rosa. **JK** | opf und Hals beige; Schnabel dunkel.

| Raue, schluckaufartige Laute und ängeres, heiseres, ansteigende *krrrr-ii*, lugruf ein schnelles Stottern.

| Bürzel graubraun; Schwanz rotbraun nit dunkleren Federn in der Mitte.

In Europa SSP. ***koenigi***.

Kein Vorkommen in ME; eingebürgert in Gibraltar und mglw. in Sizilien und auf den Kanaren

Steinige/ grasige Hänge

♀: Rotbeinige Feldhühner [JK] *S. 224–225*

LC VU

Persienwüstenhuhn
Ammoperdix griseogularis

G 22–25 cm | **SP** 40–42 cm

Kleiner, heller Hühnervogel mit orangenem Schnabel, meist in kleinen Trupps anzutreffen. Beine gelb. ♂ | sandbraun; Scheitel hell; **Stirn und Überaugenstreif schwarz**, **Augenstreif weiß**; **lange**, **geschwungene Streifen an der Flanke**. **♀/♀ JK** | beige, Kopf fast einfarbig. **♂JK** | wie ♀, Scheitel jedoch grau.

S | Weittragende und wiederholte, aufsteigende Pfiffe.

F | Fliegt selten, meist kurze Serien von Flügelschlägen, gleitet bis zum Landen, dabei auslaufend.

Kein Vorkommen in Mitteleuropa

Sandige, steinige vegetationsarme Hänge von der SO-Türkei an ostwärts

Rotbeinige Feldhühner *S. 224–225*

LC LC

Rebhuhn *Perdix perdix*

G 28–32 cm | **SP** 45–48 cm

Mittelgroßer Hühnervogel mit braunem Gesicht, grauem Schnabel, hellbraunen Beinen. **Rücken braun**, **beige gestrichelt**; Hals, Bürzel und Unterseite **grau**; **Flanke rotbraun gebändert**. ♂ | **Gesicht orangebraun**; großer **dunkler Bauchfleck**. ♀ | wie ♂, aber Gesicht beige, Bauchfleck klein. **JK** | Kopf und Brust braun; kein dunkler Fleck; Flankenbänder kurz.

S | ♂ ruft im langsamen, aufrechten Gang scharf krächzend *kirrrik*.

Mittelhäufiger Brutvogel/Jahresvogel

Felder, Wiesen, Brachflächen

Fünf SSPP., bei denen Farbtöne und Größe des Bauchflecks variieren und die Übergangsformen zeigen: ***perdix*** (N-Europa bis Griechenland); ***armoricana*** (W-/S-Frankreich); ***hispaniensis*** (N-Iberien); ***lucida*** (Finnland bis Ural/N-Kaukasus); ***canescens*** (ab Türkei/Kaukasus ostwärts).

F | Hellbraun; Schwanz breit, gerunde dunkel rostorange; Flügel **gebänder** leicht nach unten gebogen (einfarbig u gerade bei anderen Feldhühnern

agdfasan

hasianus colchicus

♂ 70–90 cm (davon Schwanz 35–45 cm); ♀ 55–70 cm (davon Schwanz 20–25 cm)
P 70–90 cm

roßer Bodenvogel mit kräftigem Körper nd sehr langem Schwanz. **♂** | individuell ariabel, aber Grundfarbe rostbraun; Kopf rünlich schwarz mit auffälligem rotem autlappen am Kopf; weißer Halsring kann schwach sein oder fehlen); Flügel rau, Flanke kupferfarben oder golden it schwarzen Flecken; Bürzel braun, ronzefarben oder hell graugrün. **♀** | hell sandbraun mit dunklen Flecken nd v-förmigen Markierungen; Schwanz chwarz-beige gebändert. **JK** | wie ein eines ♀.

Entkommene/eingebürgerte Fasane (besonders Weibchen) S. 235

Männchen variieren besonders bei der Bürzelfärbung, beim Vorhandensein/Fehlen eines weißen Halsrings und bei der Flügelfärbung (hell/dunkel).

F | Schnell, niedrig, gerade nach explosionsartigem Flügelschwirren beim Auffliegen; langer Schwanz auffällig. ACHTUNG: Halbwüchsige Jungvögel können bereits fliegen, sie haben einen spitzeren Schwanz als Feldhühner *(S. 224–226)*.

Häufiger, eingebürgerter Brut-/Jahresvogel

Offene und halboffene Kulturlandschaft, Heide, Moore, Schilfbestände

S | Ruft laut krächzend *kru-kok* (mit trommelndem Flügelschwirrgeräusch).

LC Auerhuhn *Tetrao urogallus*

LC **G** ♂ 74–90 cm; ♀ 54–63 cm | **SP** 87–125 cm

Sehr großer, kraftvoller Waldvogel. ♂ | dunkel blaugrau, Flügel braun; **Schulterfleck und Flankenstreif weiß**. Großer, heller Hakenschnabel. Schwanz gerundet, schwärzlich mit feinen weißen Markierungen, bei der Balz fächerartig aufgestellt. **♀/Imm** | groß; hellbraun; Flanke und Bauch weiß, stark **schwarz gefleckt**; **Brust orange**, ungezeichnet; Schwanz breit, gerundet.

S | Verschiedene krächzende Laute; Balzgesang aus einzigartiger Serie doppelter Klicklaute, die sich zum Geräusch eines knallenden Sektkorkens aufbauen.

F | Niedrig, schnell, direkt mit schnellen, tiefen Flügelschlägen; lautstarker Start von Baum oder Boden aus; oft ist nur ein flüchtiger Blick auf eine große, dunkle Gestalt beim Verschwinden zwischen Bäumen möglich. ♂ Unterflügel weiß. ♀ Schwanz breit, gerundet; Bürzel grauer.

Trotz seiner Größe oft in Nadelbäumen fressend und ruhend.

Es gibt neun Unterarten mit Variationen und Übergangsformen.

Beide Birkhuhnarten sehr ähnlich, Verbreitung überschneidet sich nicht.

Kaukasusbirkhuhn

Lyrurus mlokosiewiczi

G ♂ 50–55 cm; ♀ 37–42 cm | **SP** 60–70 cm

Gegenstück zum Birkhuhn im Kaukasus. **♂** | glänzend blauschwarz, mit kleinem, weißem Schulterfleck (aber ohne weiße Flügelbinde); Unterschwanz nicht weiß; roter Hautlappen über dem Auge. Schwanz lang, schmal, Spitze abwärts gebogen. **♀/Imm** | langschwänzig; oben olivbraun, unten graubraun, dunkelbraun gebändert; heller Überaugenstreif, etwas dunklerer Wangenfleck, Kehle hell.

S | Meist stumm, auch bei der Balz; tiefes Gackern beim ♀.

F | Schnell, direkt, schnelle Flügelschlagserien abwechselnd mit Gleitphasen; Flügel gerade, gefingert. **♂** Oberflügel ganz dunkel; Unterflügel weiß; Schwanz lang, gekerbt. **♀/Imm** Oberflügel einförmig; Schwanz lang (aber kürzer als beim ♂), gekerbt oder gerade endend.

Kein Vorkommen in Mitteleuropa

Buschige Hänge, Bergwiesen im Kaukasus

Birkhuhn *Lyrurus tetrix*

G ♂ 49–58 cm; ♀ 40–45 cm | **SP** 65–80 cm

Großer Hühnervogel (aber viel kleiner als das auf den ersten Blick ähnliche Auerhuhn); auffällig in offener Landschaft, sonst eher heimlich. **♂** | **blauschwarz**; **Schulterfleck**, **Flügelbinde und Unterschwanz weiß**. Roter Hautlappen über dem Auge; Schnabel klein. Schwanz breit, lange äußere Federn **nach außen gebogen**. **♀/Imm** | Kopf, Hals und Oberseite rotbraun/braun, Unterseite grau/rotbraun, jeweils schwarz gebändert; **Brust fein schwarz-rotbraun-weiß gebändert**.

S | Männchen äußern ein weit hörbares Blubbern, dazwischen zischend.

F | Schnell, abwechselnd schnelle Flügelschläge und Gleitphasen. **♂** breite **weißer Flügelstreif**. **♀/Imm Schwanz gekerbt**, braun gebändert (weniger rotbraun als Auerhuhn, ohne dessen Schwanz-Bürzel-Kontrast; kein Schwarz-Braun-Kontrast wie beim Moorschneehuhn, *S. 231*); **schmale weiße Flügelbinde**.

Seltener BV/JV

Buschige Hänge, Moore, Heiden, Waldränder

Bei der Balz wird der Schwanz über einem strahlend weißen „Kissen" gefächert (*S. 222*). ♂ legt kurzzeitig langen Schwanz ab und ist von Jul–Aug braun gefleckt.

Drei SSPP.: sehr geringe Unterschiede in Größe und Färbung, zudem Übergangsformen.

RAUFUSSHÜHNER IM FLUG S. 22

LC Alpenschneehuhn *Lagopus muta*

LC **G** 31–35 cm | **SP** 55–65 cm

Kleines, zierliches Raufußhuhn mit ausgeprägter Saisonalität bei der Gefiederfärbung. Stets **Flügel weiß**, **Schwanz schwarz** (sehr ähnlich Moorschneehuhn, aber **Schnabel** trotz Überschneidung **durchschnittlich kleiner**). **♂PK** | grau, mit feinen schwarzen und weißen Flecken; Flügel, Bauch und Füße weiß. **♂SK** | fast ganz weiß, nur Schwanz und **Zügel schwarz**. **♀PK** | grau-braun, gelblich getönt, schwarz gebändert/gefleckt. **♀SK** | **ganz weiß (auch Kopf)**, nur Schwanz schwarz. **JK** | oben grauschwarz mit feinen hellen Federrändern; unten weiß mit dicken schwärzlichen Bändern.

F | Niedrige, kurze Flüge, aber bei der Balz steil hoch aufsteigend, dann wieder langsam herabgleitend. **Flügel in allen Kleidern weiß**.

Moorschneehuhn

Sehr seltener Brutvogel (nur Alpen)

Steinige Plateaus, hohe Berge, Tundra; im Winter auch Waldränder

S | Verschiedene tiefe, bellende und krächzende Laute, typischerweise *arr-uu-a-karrrr*; beim Singflug Aufsteigen, dann gackernd *ahrrr ka-ka-ka-ka-ka-ka*

Drei Kleider pro Jahr entsprechen Veränderungen bei Schneedecke und Bewuchs, dadurch komplexe Variationen, während der Mauser oft auffallend gescheckt.

Beachte Unterschied in Schnabelgröße: im Mittel kleiner bei ♀, aber starke Überschneidung.

roter Hautlappen beim ♂ am größten, aber individuelle Variation

Sechs SSPP. in geografisch isolierten Gruppen: geringe sichtbare Variation im Prachtkleid (Bestimmung nach Vorkommensgebiet): ***hyperborea*** (Svalbard, Franz-Josef-Land); ***islandorum*** (Island); ***muta*** (N-Skandinavien); ***millaisi*** (Schottland); ***helvetica*** (Alpen); ***pyrenaica*** (Pyrenäen).

Moorschneehuhn *Lagopus lagopus*

G 33–38 cm | **SP** 55–66 cm

Kleines Raufußhuhn. Drei Unterarten ***lagopus*** (Skandinavien, N-Russland), ***variegata*** (Inseln W-Norwegen) und ***rossica*** (von der Ostsee ostwärts) mit **ganzjährig weißen Flügeln** und **weißem Schlichtkleid** (Alpenschneehuhn hat kleineren Schnabel, ♂ mit schwarzem Zügel). Fleckig weiß, dunkle „Kapuze" während der Mauser. **♂PK** | (Mär–Jun) Kopf, Hals und Brust einfarbig rotbraun, Rücken größtenteils weiß, aber zunehmend braun und schwarz gebändert; Unterseite weiß; roter Hautlappen über dem Auge. Von Jun–Sep Kopf, Rücken, Brust und Flanke gelbbraun und schwarz (weniger rotbraun) gebändert. **♀PK** | wie Spätsommer-♂, aber Oberseite grauer; kein roter Hautlappen. **SK** | weiß mit schwarzem Schwanz. **JK** | braune Fleckung auf weißen Flügeln. Unterart ***scotica*** (Großbritannien/Irland) hat dunkle Flügel und bleibt ganzjährig dunkel *(siehe Foto rechts)*.

F | Schnell; gleitet auf gebogenen Flügeln. Je nach Unterart weiße oder sehr dunkle Flügel (außer etwas Weiß am Unterflügel).

Alpenschneehuhn

S | Laut, abrupt stotternd *kaa-kaa-kaa-karr-rr-rr-rr-cok cok go-bak go bak bak bak …*

Bei der Unterart ***scotica*** ist das ♂ ganzjährig **dunkel rotbraun**, mit weiß befiederten Füßen und rotem Hautlappen über dem Auge. **♀/JK** gelblich braun mit breiten beigen Federrändern. Manchmal als eigene Art betrachtet.

LC Halsbandfrankolin
LC *Francolinus francolinus*

G 33–36 cm | **SP** 50–55 cm

Ähnlich Haushuhn, langhalsiger als Feldhühner *(S. 224–226)*; Bodenvogel. ♂ | Kopf schwarz, **weißer Wangenfleck**; rotbraunes Halsband; Unterseite schwarz mit **weißen Flecken**. **Rücken braun mit goldbeigen Federrändern**; **Bürzel grauer**, schwarz-weiß gebändert. ♀ | **Scheitel**, **Augenstreif und Kinnstreif dunkel**; dunkles Auge in hellem Gesicht. **Hinterhals rotbraun**; Rücken braun mit hellen Federrändern; Unterseite beige-braun-schwarz gebändert. **JK** | kräftig beige, Oberseite und Schwanz mit dichter dunkler Bänderung.

In Europa lebt SSP. ***francolinus***.

F | Kurzes Gleiten zwischen schwirrenden Flügelschlagserien. Schwanz schwarz.

♀: **Erckelfrankolin S. 234*

S | Rhythmische, harte, metallische Laute *tsrip kjää-kjää-kjääkik*

LC Haselhuhn
LC *Tetrastes bonasia*

G 35–39 cm | **SP** 48–54 cm

Rebhuhngroßes, scheues Raufußhuhn in dichtem Wald und Unterholz. Eckiger Kopf, spitzer Scheitel; Schwanz recht lang, oft gesträubt. ♂ | grau; **schwarze Kehle mit weißer Umrandung**. Brust weiß mit dichten schwarzen und rotbraunen, sichelförmigen Flecken; **Flanke rostrot und schwarz gefleckt**. ♀ | wie ♂, aber Kehle braun mit helleren Sprenkeln. **JK** | wie ♀, aber Kehle weiß, Schwanz kurz.

Es kommen bis zu acht Unterarten vor: zwei Färbungstypen (rotbraun und grau) und individuelle Variation erschweren eine Unterscheidung.

F | Hellgrauer Bürzel, schwarze Schwanzbinde. Beim Durchbrechen des Geästs können Flügelgeräusche Aufmerksamkeit erregen.

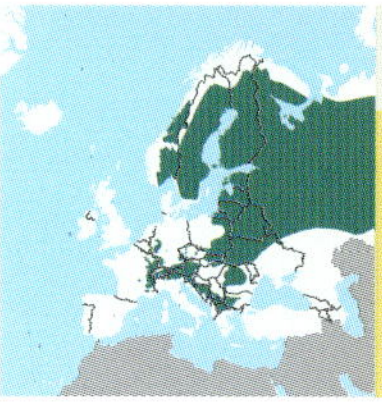

S | Bemerkenswert hohe und dünne, pieperartige Stimme. Bei Gefahr wiederholte, scharfe Einzellaute; Gesang dünn pfeifend *tsi-siti ti-ti-ti-ti*.

Königshühner sind wie Raufußhühner groß und wachsam; laufen bei Störung davon oder gleiten schnell und niedrig auf geraden Flügeln hangabwärts. Der Umriss variiert von dickem Körper mit erhobenem Kopf bis buckelig mit gesenktem Kopf. Wirken oft zerzaust, sind dann aber beim Gehen wieder wie glattgebügelt; Beine sehr kurz.

Kaspikönigshuhn

Tetraogallus caspius

G 56–63 cm | **SP** 95–105 cm

Hellgrau, **Rücken hell gefleckt**; weiß unter dunklem Schwanz. **Gelbbraun um Auge und Schnabel**; Scheitel und Wange grau; dunkelgraues Band zieht sich an der Seite des weißen Halses hinunter; dunkler Kragen. **Hinterhals hellgrau**. Undeutlicher heller Halbkreis zwischen Brust und dunklerem Bauch. Schwache Flankenstreifung, **beige Streifen** meist auffälliger als die dunklen. **♂ | Brust fein gefleckt**. **♀ | Brust gebändert** (auf Entfernung wirken beide einfarbig). **JK** | wie ♀, aber matt gräulich mit einfarbigem Kopf.

S | Klangvoll aufsteigend pfeifend *ooo-luu-li-ii*.

F | Weißes Flügelband, zur Flügelspitze hin breiter; **Schwanzseiten schwärzlich**; Steiß weiß. Flügelbug **dunkelgrau**.

Nicht in Europa

Hoch gelegene steinige Hänge, Schneeflecken; trockenere und tiefer gelegene Bereiche als Kaukasuskönigshuhn

Zwei SSPP.: ***tauricus*** (S- und O-Türkei bis W-Armenien); ***caspius*** (W-Aserbaidschan).

Kaukasuskönigshuhn

Tetraogallus caucasicus

G 52–56 cm | **SP** 80–95 cm

Grau; weiß unter dunklem Schwanz. Hell **gelbbeige um das Auge**; Scheitel und Wange grau; dunkelgraues Band zieht sich an der Seite des weißen Halses hinunter; dunkler Kragen. **Brust schuppig grau-weiß** (wirkt aus Entfernung einfarbig). **♂ | Hinterhals dunkel rotbraun**; Flanke mit fünf bis sechs breiten, **rostig schwarzen Streifen**. **♀** | etwas matter und heller als ♂, mit dünneren, weniger regelmäßigen beigen und rotbraunen Flankenstreifen. **JK** | wie **AK**, aber ohne Flankenstreifen.

S | Weittragende, lange, klangvolle Pfiffe in gleichbleibender Tonhöhe; lautes Gackern.

F | Weißes Flügelband, zur Flügelspitze hin breiter; **Schwanzseiten rötlich**; Steiß weiß. Flügelbug hellgrau.

Nicht in Europa

Hoch gelegene steinige Hänge und Schluchten, vermeidet tiefen Schnee.

EINGEBÜRGERTE UND ENTFLOGENE HÜHNERVÖGEL
Fasane, Feldhühner, Wachteln und verwandte Arten (Hühnervögel) wurden als Ziergeflügel, zur Bejagung, als Nutztiere und aus Schutzgründen nach Europa gebracht. Einige wurden absichtlich freigelassen („eingebürgert"), andere entkamen zufällig aus der Gefangenschaft. Manche Arten haben sich etabliert (und werden in diesem Buch wie Wildvögel behandelt), andere tauchen nur gelegentlich und oft nur sehr lokal auf. Auf dieser Doppelseite sind einige Arten, denen man des Öfteren im Freiland begegnen kann, kurz beschrieben (aber auch andere Arten sind mitunter anzutreffen).

LC **Pfau** *Pavo cristatus*

G ♂ 100–115 cm (plus „Schleppe" 160 cm); ♀ 95 cm | **SP** 130–160 cm
Größer und langbeiniger als Fasane.
♂ | brilliant blauer Kopf/Hals; gewaltige „Schleppe" aus Schmuckfedern mit „Augen". ♀ | braun-weiß; Hals grünlich.
S | Laut und nasal *uaoooh!*

Großbritannien, Portugal (selten); Wälder, Parks

LC **Truthuhn** *Meleagris gallopavo*

G ♂ 100–125 cm; ♀ 75–95 cm | **SP** 120–140 cm
Sehr groß. ♂ | schwärzlich; Kopf klein, hell, rote Hautlappen; **Schwanz breit, gerundet**. ♀ | braun, dunkel gebändert; Kopf blass.
S | Sanft, aufsteigend, blubbernd; abfallend grummelnd.

Deutschland, Österreich, Russland (selten, lokal); Wälder, Obstgärten, Felder

LC **Helmperlhuhn** *Numida meleagris*

G 53–58 cm | **SP** 95–100 cm
AK | runder Körper, kleiner Kopf, kurze Beine; grau mit kleinen weißen Punkten; knochiger bräunlicher Scheitelhöcker auf blauem Kopf.
JK | brauner, größere helle Punkte und Binden.
S | Laute, scharfe schnatternde und kollernde Laute.

Lokal ausgesetzt, selten, aber verbreitet; Grasland, buschige Gebiete

Kleinere Hühnervögel Nordamerikanische Wachteln sind viel größer und mehr feldhuhnartig als die europäische Wachtel (*S. 223*). Dagegen sind eingebürgerte Frankoline dem europäischen Halsbandfrankolin viel ähnlicher (*S. 232*).

LC **Erckelfrankolin** *Pternistis erckelii*

G 38–43 cm | **SP** 55–60 cm

Italien; Grasland (mglw. ausgerottet)

NT **Virginiawachtel** *Colinus virginianus*

G 25 cm | **SP** 33–38 cm

Italien, Frankreich; Felder, Grasland

LC **Schopfwachtel** *Callipepla californica*

G 25 cm | **SP** 32–34 cm

Korsika, Italien; Grasland, Gestrüpp

Buntfasan [♂ & ♀] und ♀ eingebürgerter Fasane ähneln dem Jagdfasan *S. 227*

asane Männchen unverwechselbar, Veibchen schwer zu bestimmen: Alle nd bräunlich, gefleckt und gebän- ert und meist langschwänzig.

ioldfasan
:hrysolophus pictus

i ♂ 90–105 cm; ♀ 60–80 cm
P 87–125 cm
♂ | Scheitel gelb, Körper orange nd dunkelrot; gelber Bürzel rot mrandet. **♀/JK** | dicht **grau**, oliv nd schwarz **gebändert**; Bürzel infarbig; langer Schwanz **schwarz- eige gebändert**.
i | ♂ ruft kratzend *rä-reek*.

Buntfasan
Phasianus versicolor

i ♂ 75–85 cm; ♀ 55–70 cm
P 70–90 cm
hnlich Jagdfasan, mit dem Hybri- isierung stattfindet. „Reine" **♂** | unkelgrün; Schulter und Bürzel hell läulich; Kopf schillernd blau. **♀/JK** | ücken und Bürzel dunkelbraun estrichelt; Flanke gebändert.

iilberfasan
.ophura nycthemera

i ♂ 120–125 cm; ♀ 70 cm
P 75–90 cm
Reines" **AK** | breiter, gebogener chwanz; rote Beine. **♂** | oben weiß, nten schwarz; großer roter Haut- appen. **♀/JK** | dunkel olivbraun; ot um Auge; kurzer, dunkler Schopf; chwanz breit, gerundet, an den eiten fein gebändert. Graue Beine veisen auf Hybridisierung mit Kali- asan *Lophura leucomelanus* hin.
i | Kurzer krähender Ruf.

Königsfasan
Syrmaticus reevesii

i ♂ 180–210 cm; ♀ 70–80 cm
P 85–130 cm
♂ | außergewöhnlich langer Schwanz; oldbeige mit schwarzen Abzeichen; nten rotbraun, schwarz und weiß; Kopf schwarz-weiß. **♀/JK** | langer chwanz; blassgelb um Auge und n Kehle; unten rotbraune Flecke, veiße pfeilförmige Abzeichen.
i | Ruft schnell, stakkatoartig, piepsend.

Trappen sind mittelgroße bis riesige Bodenvögel. Tarnfarbenes Gefieder, aber mit Weiß im geöffneten Flügel. Alle Arten selten, bedroht und nur noch in Rückzugsgebieten zu finden, dort sind Groß- und Zwergtrappen stellenweise noch in Trupps zu sehen. **Flug** Kraftvoll, direkt; Hals gestreckt. **Geschlechts- und Altersbestimmung**, **Mauser** Männchen und Weibchen unterscheiden sich deutlich oder nur wenig. Saisonale Unterschiede bei Altvögeln gering; Vollmauser Mai–Mär, einige haben Teilmauser Dez–Mai (meist Mär–Apr). Jungvögel wie Weibchen; Mauser beginnt bald nach dem Flüggewerden, im Frühjahr abgeschlossen. **4 Arten [1 Ausnahmegast**, in Europa einst Brutvogel, inzwischen wahrscheinlich ausgestorben].

GROSSTRAPPE

NT VU Zwergtrappe
Tetrax tetrax

G 40–45 cm | **SP** 83–91 cm

Kleine, hellbraune Trappe, Größe wie Jagdfasan *(S. 227)* (Größe bei zwischen Pflanzen geduckten Einzelvögeln schwer einzuschätzen; hebt oft langsam den runden Kopf auf dünnem Hals). Lange Beine; kurzer Schnabel. Gesellig: Trupps von bis über 100. **♂PK** | Rücken beigebraun, Bauch weiß; Wange grau, **Hals schwarz-weiß**. **♂SK/♀/Imm** | wie **♂PK**, aber Kopf und Hals hellbraun, ohne Schwarz-Weiß-Muster; ♀ Oberseite fein schwarz gesprenkelt.

S | Bei der Balz ein langsames, trockenes Schnarren; sonst meist stumm.

♀: Jagdfasan *S. 227*

F | Zügig, mit schnellen Flügelschlägen wie Ente oder Taube, Flügel leuchten weiß auf; gleitet auf langen, eckigen, gebogenen Flügeln.

Ehemaliger BV, heute Ausnahmeerscheinung
Offenes Grasland, Felder

♀
♂PK

Steht aufrecht mit schlankem Hals und kleinem, rundem Kopf; geduckte Vögel erinnern an ein Fasanenweibchen.

♀ ganzjährig

schwarz-weißes Halsgefieder ab dem Alter von 2 Jahren, wird bei der Balz gesträubt

♂PK Feb–Aug

Großtrappe *Otis tarda*

G ♂ 90–105 cm; ♀ 75–85 cm
SP ♂ 210–240 cm; ♀ 170–190 cm

Gewaltige, kräftige Trappe, typischerweise in extensiv bewirtschafteten Ebenen; steht weitgehend waagerecht mit aufgerichtetem Hals. Trotz der Größe oft unauffällig; kann in hohem Getreide versteckt sein. Wirkt aus Distanz matt/grau, aus der Nähe dagegen farbenfroher. Gesellig. **♂PK** | Kopf grau; Hals und Brust dunkel rotorange; borstige weißliche Federn an der Schnabelbasis. Rücken schwarz und **kräftig gelbbraun** gebändert; Unterseite weiß. **♂SK** | ohne borstige Federn im Gesicht.
♀/♂ Imm/JK | wie **♂SK**, aber kleiner, matter, schlanker; Kopf gräulich ohne borstige Federn; rostroter Kragen.

S | Kurzes Bellen; meist stumm.

F | **Offener Flügel zeigt viel Weiß**. Groß, Flug majestätisch; Flügel lang, gerade, gefingert; erinnert an Storch oder Kranich, aber Körper dicker, **Schwanz eckig und nicht von Beinen überragt**.

♀/♂ Imm

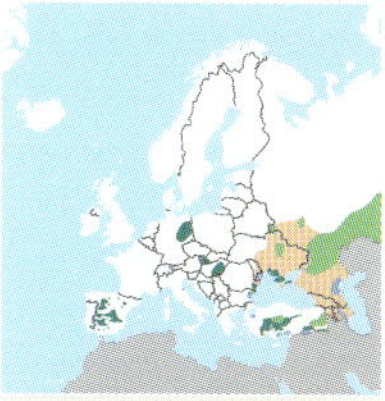

Sehr seltener Brut-/Jahresvogel

Offenes Grasland, Getreidefelder, Steppe

In Europa lebt SSP. ***tarda.***

♂PK
Feb–Mai

♀/♂ Imm
ganzjährig

VU VU Saharakragentrappe
Chlamydotis undulata

G 45–65 cm | **SP** 115–150 cm

Mittelgroße Trappe; oben sandbraun, **dicht grau gebändert**. **Vorderhals dunkelgrau**; **Brust und Bauch weiß**. ♂ | hat schwarzen Streif entlang der Halsseite (bei der Balz ein breiteres Feld); kurze **weiße Haube**. ♀ | klein, graubraun; Halsstreif dünn. **JK** | ähnlich ♀, jedoch ohne Halsstreif.

S | Bei der Balz kurze, brummende Töne, sonst stumm

Kein Vorkommen in Mitteleuropa

Halbwüste (Kanaren)

F | Hals gestreckt; Flügel lang, flach, größtenteils schwarz mit breitem weißem Band nahe der Spitze.

Steppenkragentrappe

In Europa lebt SSP. ***fuertaventurae***.

VU PE Steppenkragentrappe
Chlamydotis macqueenii

G 55–75 cm | **SP** 135–170 cm

Mittelgroße Trappe; oben sandbraun, wenig schwärzlich gebändert/gefleckt. **Vorderhals und Brust hellgrau**, Bauch weiß. ♂ | schwarzer Streif entlang der Halsseite (langes, breites Feld bei der Balz); **Haube schwarz-weiß**. ♀ | fast identisch mit ♂, aber durchschnittlich kleiner (oft nicht von weiblicher Saharakragentrappe unterscheidbar). **JK** | wie ♀, aber ohne Halsstreif.

S | Bei der Balz wiederholte klopfende Töne, sonst stumm.

AG aus Vorderasien

Halbwüste

F | Schwarzer Handflügel mit breitem weißem Feld.

Saharakragentrappe
ACHTUNG: Frühere Nachweise in Europa betrafen wohl Steppenkragentrappen, aber meist ist eine nachträgliche Artbestimmung nicht mehr möglich.

Tauben sind mittelgroße Vögel in Wäldern, Gärten, Dörfern und Städten, auf Feldern und an Felswän-
len. Sie haben einen runden Kopf, an der Basis des Schnabels befindet sich ein nackter Fleck (Wachshaut); die
Beine sind kurz und stark geschuppt. **Flug** Schnelles Auffliegen mit Flügelklatschen, über lange Strecken gleichmäßig mit tiefen Flügelschlägen oder eher ruckartigen Bewegungen fliegend, manchmal gleitend. **Stimme** Die
meisten Arten haben einen gurrenden Gesang; die Flügel können laut pfeifen oder klatschen. **Geschlechts- und Altersbestimmung**, **Mauser** Keine Unterschiede zwischen Geschlechtern oder nach Jahreszeiten. Jungvögel
blasser als Altvögel, doch sind die Unterschiede bei den meisten Arten gering. Schon bald nach dem Ausfliegen
beginnen sie mit einer Vollmauser; auch Altvögel wechseln nach dem Brüten das gesamte Gefieder (zwischen
Mai und Dez). Bei den „grauen" Arten ist die Altersbestimmung schwierig, weil Jungvögel mit übrig gebliebenen
Jugendkleidfedern ähnlich wirken wie Altvögel mit ihrer Mischung alter ausgeblichener und neuer grauer Federn.
23 Arten [**3 Ausnahmegäste**; **3 endemische Arten + 1 eingebürgerte Art in Makaronesien**]

Bestimmung: Flügel- und besonders Schwanzmuster (typisch bei den meisten Arten) | Gesang

RINGELTAUBE

SILBERHALSTAUBE

Tauben Makaronesiens
Drei Taubenarten kommen nur in den Lorbeerwäldern und in der Baumheide auf Madeira und den Kanarischen Inseln vor *(S. 524)*.

Flughühner erinnern am Boden an geduckte Feldhühner und im Flug an langflügelige, schnittige Tauben. Sie sind gesellig und unauffällig bei der Nahrungssuche in trockenen und halbtrockenen
Lebensräumen. **Flug** lang gestreckt, langschwänzig; schneller Flug mit schnellen, tiefen Flügelschlägen;
ruffreudige Trupps fliegen jeden Morgen zum Trinken zu Wasserstellen, dabei helfen die Rufe bei der
Bestimmung. **Geschlechts- und Altersbestimmung**, **Mauser** Geschlechter sind unterschiedlich gefärbt.
Bei den meisten Arten zeigen die Altvögel keine saisonalen Unterschiede und durchlaufen im Herbst eine
Vollmauser. Eine Ausnahme stellt das Spießflughuhn dar, das vor der Brutzeit auch eine Teilmauser zeigt,
bei der das Männchen ein Prachtkleid anlegt. Jungvögel ähneln den Weibchen, sie
mausern innerhalb weniger Wochen in das Alterskleid.
5 Arten [**2 Ausnahmegäste**] *(S. 246–247, 579)*

SPIESSFLUGHUHN

Bestimmung: Flügelzeichnung | Bauchfarbe | Schwanzform

SPIESSFLUGHUHN

Regelmäßig vorkommende Tauben

'elsentaube/Straßentaube

'olumba livia

30–35 cm | **SP** 62–68 cm

/ilde Felsentauben leben in abgelegeneren, felsigen Gebie-
ɜn. Ihre verstädterten, von gezüchteten Vögeln abstammen-
ɜn Artgenossen („Straßentauben") zeigen eine große Viel-
ılt an Färbungsvarianten. **Felsentaube AK** | hell blaugrau;
interrücken/Bürzel weiß, Oberseite mit zwei langen schwar-
ɜn Flügelbinden; **Unterflügel weiß**. Wachshaut über dem
:hmalen Schnabel **klein** und weiß (bei Straßentauben oft
·ößer, Schnabel oft dicker). **JK** | wie **AK**, aber blasser/heller.

| Tief rollend *krrruu-rruu*.

| Bei Wildvögeln **Hinterrücken/Bürzel weiß**, Schwanz dunkel,
nterflügel weiß. Kann seitlich hin und her kippen, Gleiten auf
ıgehobenen Flügeln.

Hohltaube *S. 242*

Straßentaube: häufiger Brut-/Jahresvogel

Felsentaube: Felsküste, Gebirge; Straßentaube: Ortschaften und Umland

Straßentauben können auch in den Lebensräumen von Felsentauben vorkommen, sind aber meist dunkler, oberseits mehr oder weniger scheckig, teilweise weiß gefleckt. Es gibt rostbraune, blaugraue, weiße und schwärzliche Färbungstypen. Den Felsentauben ähnliche Straßentauben haben eine größere Wachshaut als Wildvögel. Noch in Haltung befindliche Haustauben kreisen gern in großen Schwärmen über ihrem Schlag. Reisetauben sind eine Weiterentwicklung der Grundform. Sie wirken langhalsig und fliegen schnell in ungeordneten Trupps, mit nach hinten gerichteten, stromlinienförmigen Flügeln.

AK

FELSENTAUBE

STRASSENTAUBE („Felsentaubentyp")

AK

„blau gebändert"

„braun"

Wichtige Kennzeichen wilder Felsentauben

- weißer Bürzel
- kleine Wachshaut
- weißer Unterflügel
- zwei Flügelbinden (auf Flügeldecken)

STRASSENTAUBE

„gescheckt"

„gefleckt"

Beide Felsentauben SSP. ***livia***

FELSENTAUBE

AK ganzjährig

Es gibt zwei SSPP.: ***livia*** (verbreitet) mit Übergang zu großer/heller SSP. ***gaddi*** (am Rand O-Europas).

TAUBEN IM FLUG S. 24

LC Hohltaube *Columba oenas*

LC **G** 28–32 cm | **SP** 60–66 cm

Mittelgroße Taube, oft zusammen mit Ringeltauben Nahrung suchend oder fliegend. **AK** | ganz blaugrau, Halsseiten smaragdgrün, **ohne Weiß** (anders als Ringeltaube); Armflügel mit **zwei kurzen dunklen Binden**. Beine kräftig rot, Schnabel rosa mit gelber Spitze. **JK/1W** | wie **AK**, jedoch blasser und ohne schillernden Halsfleck.

S | Ruft tief und dumpf, zweisilbig *uu-o*.

In Europa lebt SSP. ***oenas***.

Felsen-/Straßentaube *S. 241*
Ringeltaube [JK]

F | Matt schwarz um hellgraue Flügelmitte; blaugrauer Bürzel, schwarze Schwanzbinde; Unterflügel grau. Kein Weiß. Schnelle, tiefe Schläge mit gebogenen Flügeln. Balzflug mit „Stillstand" und nachfolgendem Gleiten mit angehobenen Armflügeln, dabei Handflügel waagerecht (bei Ringeltaube Flügel gerader). Hohltaube mit rundem Kopf, breite Flügel nach hinten gebogen und mit leicht gerundeter Spitze; Straßentauben (und Reisetauben) langhalsiger, spitzflügeliger und mit stärker gemustertem Gefieder.

Mittelhäufiger Brutvoge
häufiger Durchzügler

Brütet in Wäldern/Gehölzen mit alten Bäumen, Nahrungssuche auf Feldern

:ingeltaube
'olumba palumbus

38–43 cm | **SP** 68–77 cm

roße, langflügelige, blaugraue Taube ıit **weißem Flügelband**; sitzt bewe-ıngslos, Nahrungssuche am Boden, Bäumen ungelenk, einzeln oder in :hwärmen von bis zu Tausenden. **AK** | **ıals mit auffälligem weißem Fleck**; rust rosa; Schnabel rot-gelb. **JK** | blasser s **AK**, ohne Weiß am Hals. **1W** | wie **K**, aber einige blasse Federn des Ju-endkleids bleiben erhalten (Dauer we-en langer Brutsaison unterschiedlich).

| Dumpfer, fünfsilbiger Gesang *kru-kruu-'u kru-kru*. Kein Flugruf; am Nest gepress-:, gurrende, stöhnende und grunzende ıute. Mitunter lautes Flügelpfeifgeräusch, ei Gefahr auch **lautes Flügelklappern** ıd **plötzliches Klatschen**.

Zwei SSPP.: ***azorica*** (Azoren) matter, mit kleinerem weißem Halsfleck als weit verbreitete SSP. ***palumbus***. [SSP. ***maderensis*** (Madeira) ist ausgestorben.]

JK: Hohltaube

F | Balzflug nach klapperndem Auffliegen, direkter, geradliniger Flug über größere Strecken; steigt oft zu **kurzzeitigem „Stillstand"** auf. Langer, schmaler Kopf; lange Flügel verjüngen sich zu stumpfer Spitze; länglicher, breit endender Schwanz; tiefe Brust. Oberflügel mit einzigartigem **weißem Band**; Schwanz grau mit hellerer Binde in der Mitte der Oberseite, Unterseite schwarz mit **weißer Binde**.

Sehr häufiger Brut-/Jahresvogel und Durchzügler

Wälder, Parks, Gärten, Offenland aller Art

1W

AK

ohne Weiß am Hals

JK ganzjährig

weißer Halsfleck

AK ganzjährig

TAUBEN IM FLUG S. 24

KLEINE TAUBEN
Gegenüber den größeren, blaugrauen Tauben sind die kleinen, hellen Tauben schlanker und haben einen längeren Schwanz. Das Muster auf Ober- und Unterseite des Schwanzes ist ein wichtiges Kennzeichen und beim Balzflug besonders gut zu erkennen.

Turteltaube
Streptopelia turtur

VU
VU

G 25–26 cm | **SP** 45–50 cm

Kleine Taube, fehlt im Winter. Im Vergleich zur Türkentaube kleiner, kleinköpfiger und vielfältiger gemustert. **AK/1W** | Oberseite **orangebraun gescheckt**; Hals mit **gestreiftem** Fleck. Brust hellrosa, Bauch weiß. **JK** | wie **AK**, aber heller, gräulich, ohne Halsfleck; Rücken mit verwaschenen dunklen Flecken und breiten, hellen Federrändern; insgesamt **rötlicher** als Türkentaube.

S | Langes, tiefes, wiederholtes Gurren *turrrr turrrr turrrr …*

In Europa kommt SSP. ***turtur*** vor.

Orientturteltaube *S. 578*

F | Fliegt leicht und agil, seitlich hin und her kippend; **Flügel mit schmaler Spitze nach hinten geknickt**. Balzflug hoch und lang, kreisendes Hinabgleiten mit gespreiztem Schwanz. Blaugraues Feld auf dem Oberflügel, Unterseite dunkelgrau. Brust dunkel mit **Kontrast zu weißem** Bauch. Schwanz grau mit dunkler Binde und **breiter, strahlend weißer Spitze**; Unterseite schwarz mit auffallendem weißem Ende.

Mittelhäufiger Brutvogel und Durchzügler Apr–Sep

Offene Wälder, Feldgehölze

ürkentaube
treptopelia decaocto

i 29–33 cm | **SP** 48–53 cm

leine, schlanke Taube, meist bei Ge-äuden, auf Dächern, Antennen und eileitungen. **AK** | oben hell sandgrau; rust mit Rosahauch; schmales schwar-es Nackenband. **JK** | wie **AK**, aber hel-Federränder, anfangs ohne schwarzes ackenband.

| Dreisilbig *ku-kuu-ku* (meist Betonung uf mittlerem Laut); oft auch gepresste der heisere Versionen. Flugruf nasal ab-allend *kwäää*. Flügelklatschen seltener als ei grauen Tauben, aber manchmal lautes ügelpfeifen.

JK: Palmtaube [JK]
Carolinataube S. 578
**Lachtaube S. 525*

F | Direkt; beim Balzflug nach steilem Aufstieg hinabgleitend. Unauffälliges **blaugraues Flügelband**; Schwanz oben hell, unten **schwarz** mit breiter weißer Endbinde.

Häufiger Brut-/Jahresvogel

Ortschaften, Aussiedlerhöfe, Gärten und umliegende Felder

almtaube
pilopelia senegalensis

i 25–28 cm | **SP** 40–45 cm

leine, dunkle, rostbraune Taube. **AK** | ben hell rotbraun, Flügel **blaugrau**; als orange mit **schwarzen Flecken**. **K** | rotbraun, nach Ausbleichen sand-rau; ohne Flecke am Hals.

| Singt hohl rhythmisch lachend *uo du-du-du-du-du.*

Wahrscheinlich eingebürgert; SSP. unsicher.

JK: Türkentaube [JK]
JK: **Lachtaube S. 525*

F | Bürzel/Oberschwanz dunkelgrau mit weißen Ecken; Schwanzunterseite mit schwarzem Band zwischen weißem Steiß und breiter weißer Schwanzspitze; Unterflügel warm grau.

Nicht in Mitteleuropa

Ortschaften, Parks, Felder der Türkei

Flughühner im Flug

Typische Flugsilhouette: Kopf angehoben, Rücken flach; tiefe Brust verjüngt sich zu schlankem Hinterkörper und langem Schwanz; Flügel lang, sehr spitz.

LC Spießflughuhn *Pterocles alchata*

LC **G** 31–39 cm | **SP** 54–65 cm

Schlankes, leicht gebautes Flughuhn mit spitzen zentralen Steuerfedern. **Brust rotbraun oder beige mit schwarzem Rand**: ♂ | Linie vor und hinter rotbraunem Brustfeld; ♀ | zwei Linien vor und eine hinter rotbraunem Brustfeld. Bauch **leuchtend weiß**. **♂PK** | Kehle schwarz; Rücken grünlich, ab Mär mit großen gelben, später zu Beige ausbleichenden Flecken. **♀PK** | Kehle weiß; Rücken grau gebändert. **SK** | Kehle weiß; Rücken beige-rotbraun-schwarz gebändert. **JK** | wie ♀, aber Schwanz kurz.

Zwei SSPP.: ***alchata*** (Iberien, S-Frankreich); ***caudacutus*** (SO-Türkei) heller, Flügel kürzer.

S | Fliegt morgens zur Tränke; dabei Chor nasaler, abfallender Rufe *katarr*.

Kein Vorkommen in Mitteleuropa

Offene Steppe, trockenes Grasland

F | Schneller, schwirrender Flug, manch mal in großen Trupps. Oberflügel brau mit grauer Spitze und schwarzer Hinterrand; Unterflügel **weiß m schwarzer Umrandung**; Schwanz m **langer, dünner Spitz**

Frisches Prachtkleid (Nov–Mär) ohne gelbe Rückenflecke.

Seltene Flughühner S. 579

Sandflughuhn
Pterocles orientalis

G 33–39 cm | **SP** 70–73 cm

Großes, rundliches Flughuhn mit Taubengestalt und **kurzem Schwanz**; Kopf klein, rund; Schnabel und Beine kurz. Brust **grau**, schwarz umrandet, darunter breites cremefarbenes Brustband; **Bauch schwarz**. ♂ | Rücken hell sandbeige mit orangebeigen und grauen Flecken. ♀/JK | Rücken fein schwarz gebändert, Brust dunkel gepunktet.

In Europa lebt SSP. ***orientalis***.

S | Fliegt morgens zur Tränke, dabei Chor lauter, rollender, gurgelnder oder blubbernder Laute wie *pjurrrr-eka*.

Kein Vorkommen in Mitteleuropa

Offene Steppe, Grasland, Berghänge

F | Plumper Körper mit **schwarzer Unterseite**, **kurzem Schwanz** und taubenförmigem Kopf. Flügel lang und spitz, oben zweifarbig sandbraun mit schwarzer Spitze; Unterseite weiß mit schwarzer Spitze.

Steppenflughuhn
Syrrhaptes paradoxus

G 30–41 cm | **SP** 60–71 cm

Helles Flughuhn mit langem Schwanz. Hals und Gesicht orange (Kopf erinnert an Rebhuhn, *S. 226*); **Bauch mit kleinem schwarzem Feld**; Rücken schwarz gebändert. ♂ | Brustband graubeige; Schultern/Hinterbrust einfarbig rosabeige. ♀/JK | Kopf hellorange, Wange grau; Hals schwarz gepunktet; Rücken dicht gebändert.

S | Ruft nasal *tschup*, im Flug schnell, trillerartig gereiht.

F | Oberflügel hell mit schwarzem Hinterrand und schmaler grauer Spitze; **Unterflügel ganz hell**.

Ausnahmegast aus Asien

Offene Steppe, Grasland

Nachtschwalben sind dämmerungs- und nachtaktiv und nur selten bei Tageslicht zu sehen. Ihre Bestimmung stützt sich daher vor allem auf Beobachtungsort und Stimme. Sie haben einen breiten, flachen Kopf, einen breiten Rachen mit winzigem Schnabel und große Augen. Die Füße sind klein und nur zum Sitzen auf dem Boden oder auf kahlem Ansitz geeignet, oft längs auf breiten Ästen. Ihr Gesang aus langen, monotonen, mechanisch klingenden Tonreihen unterscheidet sich deutlich von dem anderer Vögel; daneben auch Rufe und Flügelknallen. **Flug** beim Fang von Fluginsekten leicht, mit Wendungen, Schwenken und Abtauchen, dabei Flügel und Schwanz weit gespreizt; direkter Flug niedrig und entspannt, langsamer als die auf den ersten Blick ähnlich langflügeligen Kuckucke und Falken. **Geschlechts- und Altersbestimmung**, **Mauser** Geringe Geschlechterunterschiede. Altvögel ohne jahreszeitliche Variation; Vollmauser nach der Brutzeit, Kopf- und Körpergefieder werden im Frühjahr gewechselt. Jungvögel sehr ähnlich adulten Weibchen, im Alterskleid nach 5–10 Monaten.
4 Arten [**2 Ausnahmegäste**].

Bestimmung: Ort | Flügel-/Schwanzmuster | Stimme

Männchen sind manchmal als Umriss gegen den Abendhimmel zu sehen, wenn sie von einem offenen Ansitz aus im Dämmerlicht singen. Auch beim Insektenfang in der Dämmerung ist die Silhouette erkennbar.

Nachtschwalbe (Ziegenmelker)
Caprimulgus europaeus

G 24–28 cm | **SP** 52–59 cm

Klein (Größe wie Amsel, *S. 385*); mit baumrindenähnlichem, grau-braun-beigem Tarnmuster. Zu sehen in der Regel allenfalls als Silhouette gegen den **Abendhimmel** – im Flug oder nahezu waagerecht längs auf einem Ast sitzend. **Kopf flach und spitz**; Schnabel winzig; Körper schlank; Flügel lang; Beine sehr kurz. **AK** | weißlicher Streif über brauner Kehle; dunkler Vorderflügel und breites helles Band entlang des angelegten Flügels. **♂** | Weiß an Flügel und Schwanz. **♀/JK** | ohne Weiß.

Zwei SSPP.: ***europaeus*** (verbreitet); ***meridionalis*** (Iberien bis SO-Europa) heller und grauer, weiße Flecke größer.

S | Ruf und Gesang **diagnostisch**: abrupt, nasal, mechanisch *guuik!* (Vorsicht mit dem *ku-ick* des Waldkauzes, *S. 258*). Gesang aus minutenlangem, endlosem **Schnurren**, das hölzern, hohl, ratternd klingt und ab und zu leicht die Tonhöhe wechselt; bricht schließlich vor dem Auffliegen mit peitschenartigem Flügelknallen ab. Der Feldschwirl *(S. 416)* singt ebenfalls ausdauernd, klingt aber höher, metallischer, schwirrender.

F● | **Flügel lang, spitz**; **Schwanz fast genauso lang**, schmal oder weit gespreizt, auch seitwärts geneigt; leichte sanfte Wendungen, Gleiten und „Abtauchen"; nähert sich mitunter Menschen. **♂ AK** drei weiße Flecke nahe der Flügelspitze und weiße Schwanzecken.

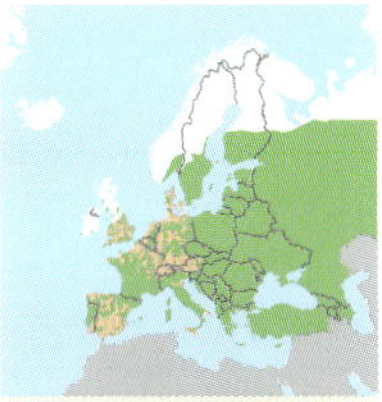

Seltener Brutvogel, mittelhäufiger Durchzügler Mai–Sep

Heiden, Moore, Waldränder, Waldlichtungen

AK
ganzjährig

Rothals-Nachtschwalbe
Caprimulgus ruficollis

G 30–34 cm | **SP** 60–65 cm

Große Nachtschwalbe; nachtaktiv, am besten anhand des **charakteristischen Gesangs** zu finden. **AK** | Gestalt und aufwendiges grau-braun-beiges Rindenmuster sehr ähnlich Nachtschwalbe, aber Zeichnung mehr gelblich rotbraun. Rotbraunes Halsband und weiße Kehle schwer zu erkennen. Angelegter Flügel mit **grauem** Vorderrand (bei Nachtschwalbe dunkelbraun) und **vier Reihen heller Flecken** (helles Band bei Nachtschwalbe). **JK** | grauer als **AK**.

In Europa kommt SSP. ***ruficollis*** in Iberien vor.

S | Singt ausdauernd hohle, knackende zweisilbige Tonfolge *k'tok k'tok k'tok k'tok …*

F● | Flügel lang, schmal; Schwanz gegen den Abendhimmel lang, schmal oder breit gespreizt beim leisen, wendigen Flug. Wie Nachtschwalbe, aber alle Kleider zeigen die weißen Flecke nahe der Flügelspitze und die breiten weißen Schwanzecken.

Kein Vorkommen in Mitteleuropa

Tief gelegene sandige Heide und buschige Gebiete mit einzelnen Bäumen

AK
ganzjährig

Eulen sind Beutegreifer mit großem rundem oder breitem flachem Kopf,

bei einigen Arten mit aufgerichteten oder angelegten „Federohren". Augen nach vorn gerichtet, Hakenschnabel weitgehend im Gesichtsgefieder verborgen. Manche Arten haben eine mit einem Saum steifer Federn abgegrenzte Gesichtsscheibe („Schleier"). Füße kräftig und mit scharfen Krallen. Die meisten Eulen leben im Wald und bleiben dort tagsüber im Laub oder in Baumhöhlen verborgen. Nachts jagen sie vom Ansitz aus. Andere Arten sind in offenem Gelände anzutreffen, wie die Sumpfohreule, die sich bei Tageslicht wie eine Weihe verhält. Steinkäuze kann man tagsüber auf Ansitzen sehen, allerdings jagen sie vorwiegend in der Dämmerung. Rufe und Gesänge sind häufig und helfen bei der Lokalisierung und Bestimmung. **Flug** Einige Arten führen kurze, kraftvolle, aber geräuschlose Flüge von Ansitz zu Ansitz aus, andere fliegen mehr wellenförmig, wieder andere streifen ausdauernd auf Jagdflügen umher (z. B. Schleiereule). **Geschlechts- und Altersbestimmung, Mauser** Bei den meisten Arten sind die Geschlechter gleich; Altvögel zeigen keine saisonalen Unterschiede. Die Mauser ist lang und komplex: Schleiereulen erneuern das Gefieder über mehrere Jahre hinweg mit mehreren Teilmausern; manche Arten haben fast eine Vollmauser, aber jedes Jahr werden verschiedene Bereiche des Großgefieders gewechselt. Nach Ablegen ihres Dunenkleids sehen Jungvögel bereits wie Altvögel aus. **17 Arten** [**1 Ausnahmegast**]

Bestimmung: Größe | Gestalt | Augenfarbe/Gesichtsmuster | Flügelzeichnung

FISCHUHU *(S. 264)*

UHU *(S. 261)*

ZWERGOHREULEN *(S. 252–253)*

SPERLINGSKAUZ *(S. 255)*

RAUFUSSKAUZ *(S. 255)*

STEINKAUZ *(S. 254)*

BARTKAUZ *(S. 260)*

HABICHTSKAUZ *(S. 259)*

WALDKAUZ *(S. 258)*

WALDOHREULE *(S. 256)*

SCHNEEEULE *(S. 263)*

SPERBEREULE *(S. 262)*

SUMPFOHREULE *(S. 257)*

SCHLEIEREULE

Schleiereule *Tyto alba*

G 33–39 cm | **SP** 80–95 cm

Mittelgroße, schlanke, helle Eule mit breitem Kopf und **herzförmigem Schleier** (rund, wenn entspannt); Augen schwarz; schmales dunkles „V" über dem Schnabel. Oben **sandfarben oder goldbeige**, aus der Nähe sind graue und weiße Sprenkel erkennbar. Unterart *alba* (Unterschiede zu anderen Unterarten s. u.). ♂ | Unterseite ungefleckt, neben dem Schleier weiß; ♀ | unten beige mit dunklen Flecken, neben dem Schleier beige, breitere Bänder auf den Schwungfedern (aufgrund großer Variation aber viele Vögel keinem Geschlecht zuzuordnen).

S | Schrilles, gurgelndes Kreischen; verschiedene fauchende und quietschende Laute.

F | Kopf sehr groß; Flügel relativ kurz, mit breiter Basis und schmaler, gerundeter Spitze. Flügelschläge etwas ruckartig; **rüttelt kurz bevor kopfüber auf Beute hinuntergestoßen wird**. Handflügel hell mit grauen Bändern; Unterflügel weiß.

Mittelhäufiger Brut-/Jahresvogel

Dörfer und offenes Umland, Waldränder, Wiesen

Es gibt sechs SSPP. mit Übergängen: ***alba*** (W und S) unten weiß (iberische Vögel unten gesprenkelt); ***guttata*** (N-, NO- und O-Europa einschließlich Mitteleuropa) unten orangebeige, oben grauer, dunkle Flecke unter Flügel und Schwanz, Umgebung der Augen dunkel; ***schmitzi*** (Madeira) wie ***guttata***, aber unten heller beige; ***gracilirostris*** (Kanaren) Unterseite zwischen ***guttata*** und ***schmitzi***; ***ernesti*** (Korsika, Sardinien) unten rein weiß, ohne Flecke; ***erlangeri*** (Kreta, Ägäis, Zypern) wie ***ernesti***, aber oben gelblicher.

SSP. ***alba***

AK

AK
ganzjährig

SSP. ***alba***

SSP. ***alba***

SSP. ***guttata***

SSP. ***gracilirostris***

Alle drei Arten ähneln einander und sind am besten an Stimme und Vorkommen unterscheidbar.

LC Zwergohreule *Otus scops*

LC **G** 16–20 cm | **SP** 53–64 cm

Sehr seltener Brutvogel (Österreich) und Gastvogel Apr–Sep

Gärten, Parks, Felder, Dörfer mit Bäumen

Häufige Eule in S-Europa; strikt nachtaktiv, aber manchmal im Schein von Straßenlaternen zu sehen. Singt von Dächern, Leitungsdrähten, Bäumen in Dörfern und Olivenhainen aus. Klein, schlank, **eckiger Kopf**. **„Federohren" kurz**, **flach oder dreieckig**. Körper gräulich, selten rotbraun, mit Baumrinden-Muster, schwärzlich und weißlich gestreift, gebändert und gefleckt; Flügel bräunlicher. Schulter mit **Reihe weißer Flecken**. Augen gelb.

S | Voller, tiefer, kurzer Pfeifton *tjuu*, der über längere Zeiträume alle 2–3 Sekunden wiederholt wird – ein typisches Geräusch nach der Abenddämmerung im Mittelmeerraum. Manchmal gehen dem Ruf kürzere, schwächere Laute voraus.

F● | Kurze, wellenförmige Flüge.

Es kommen drei SSPP. vor: ***scops*** (verbreitet); ***mallorcae*** (Iberien/Balearen) dunkler, grauer, stärker gestreift; ***cycladum*** (Griechenland/Türkei) grob gezeichnet, Flecke auf der Oberseite rein weiß.

Schlafende oder wachsame Vögel strecken sich, die Augen sind geschlossen oder nur als Spalt geöffnet, um die Tarnung als „abgebrochener Ast" zu unterstützen.

;treifen-Zwergohreule
)tus brucei

; 18–21 cm | **SP** 54–64 cm

:leine, hellgraue Eule, sehr ähnlich der wergohreule, aber **ohne rötliche Töne**. .Federohren" kurz; Schleier grau, seitlich chwarz begrenzt, gelblich beige in Schna-elnähe; Schulter mit undeutlicher Reihe **elblich beiger** Flecken. Rücken mit fei-ien, deutlich abgesetzten dunklen Strei-en; Bauch mit feinen dunklen Stricheln ınd Querbinden. Augen matt hellgelb, virken dunkel, wenn halb geschlossen.

; | Weich und leise, tief *uo uo uo uo uo* ..., ndlos wiederholt, Abstand zwischen den önen nur eine knappe Sekunde.

'● | Schwungvolle, wellenförmige Flüge.

Kein Vorkommen in Mitteleuropa

Trockene Wälder, Dickicht der SO-Türkei

Zwergohreule

'ypern-Zwergohreule
)tus cyprius

; 16–20 cm | **SP** 53–64 cm

;ehr ähnlich Zwergohreule, aber recht lunkel graubraun; bestimmbar an Be-)bachtungsort (nur auf Zypern) und **;timme**. Schleier dunkel. Unterseite ıellgrau, mit langen schwarzen Strei-en, grauen Bändern und weißlichem 'entralstreifen; weißer Vorderrand des Jnterflügels mitunter sichtbar.

; | Diagnostischer, lange anhaltender Gesang mit zwei unterschiedlichen Tö-ıen, die sich alle 2 Sekunden abwech-:eln: erst ein kurzer, tiefer Ton, dann ein :twas höherer, weicher Ton (letzterer ähn-.ch Zwergohreule) *dlu dluu dlu dluu* ...

' | Kurze, wellenförmige Flüge.

Kein Vorkommen in Mitteleuropa

Trockene Wälder, Dickicht

Ausgeflogene „kleine" Eulen sind ganz braun, rundköpfig, gelbäugig. **Steinkauz** mit breitem Kopf und großem Augenabstand, sitzt auf dünnen Beinen in offenem Gelände. **Raufußkauz** recht eintönig dunkel, Augen dicht beieinander. **Sperlingskauz** winzig mit kleinem, rundem Kopf, länglichem Schwanz und kurzen, oft verborgenen Beinen.

Steinkauz (Mai–Jul)

Raufußkauz (Apr–Jul)

Sperlingskauz (Mai–Jul)

LC Steinkauz *Athene noctua*

LC **G** 23–27,5 cm | **SP** 50–57 cm

Kleine, untersetzte, drosselgroße Eule. Körper tonnenförmig; Beine lang; oft frei auf Ästen, Pfählen oder Felsen sitzend. Braun, unten heller; Rücken **weiß gefleckt**, Bauch dunkel gestrichelt (im östlichen Verbreitungsgebiet insgesamt heller und unterseits weniger gestreift). Kopf groß, breit, Scheitel gerundet. **Augen gelb** mit schwarzem Ring, darüber **lange weiße**, **gewinkelte „Augenbrauen"**; Schleier wenig ausgeprägt, gräulich.

S | Laute, klare, nasale Pfiffe *klii-oo* oder *kji-kji-kji*. Gesang aus gleichmäßig wiederholtem, ansteigendem *guuuuhk*.

Raufußkauz | Sperlingskauz

Seltener Brut-/Jahresvogel

Offene Landschaft mit alten Bäumen, brütet oft an Gebäuden/Ruinen

F | Fliegt schnell, spechtartig wellenförmig dann Aufwärtsschwenk zum Ansit

Es gibt fünf SSPP.: ***noctua*** (S-/O-Europa) rötlich, zwei helle Schwanzbinden; ***vidalii*** (W-Europa) matt dunkelbraun, drei Schwanzbinden, lange Beine; ***indigena*** (O-/SO-Europa) hell, rötlich, 1 Schwanzbinde; ***lilith*** (Zypern/SO-Europa) hell olivgrau, Schwanz gefleckt, kürzeste Beine; ***bactriana*** (Aserbeidschan) hellgrau. Übergangsformen kommen vor.

AK ganzjährig

SSP. ***indigena/lilith*** (O-Türkei)

AK ganzjährig

SSP. ***vidalii***

AK ganzjährig

Bewegungslos oder mit dem Kopf wippend; Nahrungssuche auch zu Fuß am Boden

SSP. ***noctua***

SSP. ***vidalii***

AK

Sitzt tagsüber gern auf Ansitz, jagt aber in der Dämmerung.

Steinkauz | Sperlingskauz

₹aufußkauz
Aegolius funereus

; 21–25 cm | **SP** 50–60 cm

:leine, nur nachts aktive Eule im Wald, chwer in Baumkronen zu entdecken. Geieder ähnlich Steinkauz; Rücken braun mit venigen weißen Flecken, helle Unterseite ındeutlich braun gefleckt. Kopf groß mit lachem Scheitel. Augen gelb mit schwar:en Ringen unter hohen „Augenbrauen", ładurch „fragender" Gesichtsausdruck; ;chleier breit, gerundet, weiß.

; | Ruft rau, trocken *tschiak*. Gesang aus ;chneller Serie tiefer, hohler Töne, dabei Steijerung von Geschwindigkeit und Tonhöhe *ɔu-pu-po-po-popopopo*, manchmal auch in ängeren Sequenzen.

' | Kräftig, direkt.

Seltener Brut-/Jahresvogel

Dichte Wälder mit Lichtungen

Zwei sehr ähnliche SSPP.: ***funereus*** (verbreitet); ***caucasicus*** (Kaukasus) etwas grauer.

Steinkauz | Raufußkauz

Sperlingskauz
Glaucidium passerinum

G 15–19 cm | **SP** 34–36 cm

Sehr kleine Eule, kleiner als Stein- und ₹aufußkauz (Größe zwischen Sperling und Star). Ovale Gestalt mit kleinem, rundem Kopf und **langem Schwanz**. Unterseite weiß mit braunen Stricheln, Flanke gebändert. Augen gelb, darüber **weiße „Augenbrauen"**; Schleier schwach ausgeprägt.

S | Ruft dünn *siiii*. Gesang aus Serie von Pfeiftönen, etwas weicher als Zwergohreule *(S. 252)*, etwas mehr als 1 Sekunde Abstand zwischen den Tönen, manchmal etwas stotternd.

F | Wellenförmig.

Seltener Brut-/Jahresvogel

Nadel- und Mischwälder

In Europa lebt SSP. ***passerinum***.

„Scheingesicht" auf der Hinterseite des Kopfes.

Waldohreule

LC LC *Asio otus*

G 31–37 cm | **SP** 86–98 cm

Mittelgroße, aufrechte, rundköpfige Eule in dichtem Laub; **Nahrungssuche nachts**, Kot und Gewölle konzentrieren sich unter am Tag besuchten Schlafbäumen. **AK** | braun gestreift (mehr oliv als Waldkauz); Bauch gestrichelt; angelegter Flügel mit orangebraunem Feld. **„Federohren" lang** und breit, aber oft angelegt. **Augen intensiv orange**, schwarz umrandet; Schleier breit, mit weißem **„V" über dem Schnabel**.
JK | in den ersten Wochen mit dunklem Gesicht.

Sumpfohreule | Waldkauz *S. 258*

S | Kurz stöhnend, tief und hohl *huh* im Abstand von mehreren Sekunden. Jungvögel rufen hoch und klagend *piiie* (an eine quietschende Tür erinnernd), weniger fauchend als junge Waldkäuze.

F | Langsamer, schwankender Flug ähnlich wie Sumpfohreule, aber Flügel ein wenig breiter. „Federohren" sind im Flug meistens nicht zu sehen.

Brut- und Gastvogel

Wälder, Feldgehölze, Gärten

In entspannter Haltung breit oval wie ein Waldkauz, aber langschwänziger und mehr gelblich beige; Augenfarbe auffällig, wenn Vogel ganz wach.

Bei Gefahr wird eine gestreckte, längliche, aufrechte Haltung eingenommen, mit aufgerichteten „Federohren" und schmalem Gesicht.

alle SSP. ***otus***

Zwei SSPP.: ***canariensis*** (Kanaren) 10 % kleiner und etwas dunkler graubraun als ***otus*** (verbreitet).

;umpfohreule

\sio flammeus

; 33–40 cm | **SP** 95–105 cm

/ittelgroße, rundköpfige Eule im offe-
ıen Gelände (nistet in offenen Mooren
ınd der Tundra, nicht in Bäumen; im
Vinter am Boden oder in niedrigem Ge-
trüpp ruhend). Oft **am Tag fliegend**.
\K | gelblich, einige sehr hell, andere
lunkel und mehr rotbraun; Bauch weiß;
ıngelegter Flügel mit hell goldgelbem
eld. Augen **hellgelb** mit breiter schwar-
er Umrandung; Schleier rundlich, weiß
ɘegrenzt; zwischen den Augen und um
len Schnabel weiß. **JK** | wie **AK**, aber
ınten beige und Gesicht schwärzlich.

Waldohreule | *Kapohreule S. 584*

S | Eindringlich, heiser keuchend *iijah!*; Fluggesang tief und dumpf *bu-bu-bubu* in Kombination mit starkem Flügelklatschen.

F | Wie eine Weihe niedrig und schwankend über dem Boden, häufig gleitend.

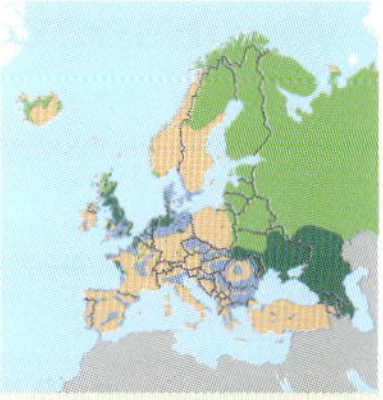

Sehr seltener Brut- und Gastvogel

Moore, Heiden; im Winter auch feuchte Wiesen und Felder

Asio-Eulen im Flug

Wald- und Sumpfohreule haben ein ähnliches Flügelmuster: Oberflügel mit dunklem Bug, der durch ein goldbeiges Feld von der dunklen Flügelspitze getrennt ist; Unterflügel weiß mit kleinem schwarzem Abzeichen und dunkler Flügelspitze. Auch aus der Entfernung ist eine Unterscheidung möglich durch:

SUMPFOHR-EULE	**Flügelspitze:** durchgehend schwarz **Flügelhinterrand:** weiße Linie **Schwanz:** breite Binden **Bauch:** etwas gestrichelt
WALDOHR-EULE	**Flügelspitze:** gebändert **Flügelhinterrand:** grau gebändert **Schwanz:** schmale Binden **Bauch:** stark gestrichelt

Die kurzen „Federohren" sind selten zu sehen, nur wenn sich ein Vogel bei Wachsamkeit oder Gefahr aufrichtet.

In Europa kommt SSP. ***flammeus*** vor.

Waldkauz *Strix aluco*

LC
LC

G 37–43 cm | **SP** 81–96 cm

In Europa meist die häufigste große Eule (Größe wie Ringeltaube, *S. 243*), aber nachtaktiv und damit schwer zu sehen; Stimme und Silhouette eindeutig. Anwesenheit verrät sich mitunter durch lautes Mobben durch Kleinvögel in Baum/Efeu oder durch weißen Kot unter einem Ruheplatz (Gewölle weiter verteilt als bei der Waldohreule). Großer, runder Kopf, kurzer Schwanz. **Rotbraun** oder **graubraun**, mit **diagonaler Reihe weißer Flecken entlang der Schulter**; Unterseite hell mit dunklen, von Querbändern gekreuzten Stricheln. **Augen dunkel**; Schleier breit, gerundet, gräulich, dunkel umrandet und mit hellem „X" zwischen den Augen und über dem Schnabel.

S | Laut und eindringlich nasal *kju-wick!*, *wik-wik-wik* und Variationen. Langgezogenes Heulen *hooo! hu-hu-huwuuuu-uu*. Singt manchmal bei Tag. Jungvögel rufen fauchend *hi-wik* und *schii-iip*.

F | Großer Kopf, breite Flügelspitze, schnelle Flügelschläge.

Waldohreule *S. 256* | Habichtskauz

Mittelhäufiger Brut-/Jahresvogel

Wälder, Parks, große Gärten

Vier SSPP., mit geringen Größenunterschieden und Übergängen: am größten sind ***aluco*** (N-, Z- und SO-Europa) und ***siberiae*** (Ural); am kleinsten sind ***sylvatica*** (W-Europa) und ***willkonskii*** (NO-Türkei).

In W-Europa sind die meisten rotbraun, aber auch oft graue Vögel *(oben)*. Die hellgraue Form ist im O häufig, die graue im S.

Ästlinge haben bereits den typisch runden Kopf und die klobige Gestalt; Augen schwarz.

Habichtskauz *Strix uralensis*

G 50–62 cm | **SP** 124–134 cm

Große, aufrechte, gräuliche Eule (aber kleiner als Bartkauz); Gestalt ähnlich Waldkauz, aber **Schwanz länger und zugespitzt**. Gräulich, stark dunkelbraun gestreift; heller als Waldkauz, etwas brauner als Bartkauz. **Augen klein**, **schwarz**; **Schleier breit**, einfarbig grau, ohne das weiße „X" des Waldkauzes und ohne die konzentrischen Ringe des Bartkauzes.

S | Ruft tief, krächzend *grruh*. Gesang tief gurrend, entweder langsam aus 1+3 Tönen *huh hubuhu* oder schneller rhythmisch siebensilbig *hu-hu huhu huhuhu*.

F | Flügel gleichmäßig gebändert, Handschwingenfeld undeutlich; durch lange Flügel und langen Schwanz Gestalt ähnlich Habicht *(S. 302)* oder Mäusebussard *(S. 272)*.

Waldkauz
Bartkauz *S. 260*

Sehr seltener Brut-/Jahresvogel

Alte, feuchte Wälder

Drei SSPP.: ***liturata*** (N-Europa); ***macroura*** (Z- und SO-Europa) größer und etwas dunkler; am hellsten ist ***uralensis*** (O-europäisches Russland).

SSP. ***liturata***

AK

SSP. ***macroura***

AK
ganzjährig

Ästling
Apr–Jun

Das große Küken im Dunenkleid zeigt bereits die typische aufrechte, rundköpfige Gestalt. Der große Schnabel wird schon bald größtenteils vom Gefieder verdeckt.

LC Bartkauz *Strix nebulosa*

LC **G** 59–69 cm | **SP** 160–180 cm

Uhu | Habichtskauz *S. 259*

Gewaltige, aufrechte, gräuliche Eule; fast so groß wie ein Uhu, aber etwas schlanker und zum Schwanz hin spitzer zulaufend; **enormer** Kopf. **AK** | größtenteils **gräulich**; Augen klein, gelb; Schleier sehr breit mit schmalen, konzentrischen, dunkelgrauen Ringen und einem auffälligen **weißen „X"** zwischen den Augen; schwarzer Latz unter dem hellen Schnabel. **JK** | wie **AK**, aber weniger stark gebändert.

S | Nasal *tschi-ep* oder *wek-wiek*. Tief *grook-grook-grook*. Gesang aus Folge mehrerer tiefer, dumpfer Laute *bu-bu-bu-bu-bu*, am Ende etwas abfallend, nicht sehr weittragend.

F | Sehr breite Flügel, zur Spitze hi[n] etwas hellbeige

In Europa lebt SSP. ***lapponica***.

Jhu *Bubo bubo*

; 58–71 cm | **SP** 160–188 cm

/lassive Eule, bussardgroß; Kopf sehr groß, breit, mit **langen „Feder-ohren"**. Kräftig warm braun, vorne beiger, dunkel gestrichelt. **Augen 'euerrot**. Geschlecht und Alter schwer bestimmbar.

; | Lautes, wiederholtes, stakkatoartiges Bellen. Gesang tief und voll lingend *bu-uuh* (zweite Silbe etwas tiefer) oder einfach *uuh*, mehrere :ilometer weit zu hören und etwa alle 10 Sekunden wiederholt.

Bartkauz | Fischuhu *S. 264*

Seltener Brut-/ Jahresvogel

Felswände in Bergen, Steinbrüche, Wälder

: | Gebogene Flügel und breiter Kopf erzeugen einen :opflastigen Eindruck, ganz anders als bei großen 'aggreifvögeln.

AK

Ästling
Mär–Jul

Fast flügge wirkt ein junger Uhu schon sehr groß und hat mit seinen orangen Augen bereits den typischen grimmigen Gesichtsausdruck.

AK
ganzjährig

Die vier Unterarten sind aufgrund von Variation, Übergangsformen und jeweils nach Süden hin abnehmender Korpergröße schwer zu unterscheiden.

LC Sperbereule *Surnia ulula*

LC **G** 39–41 cm | **SP** 74–81 cm

Mittelgroße, **langschwänzige** Eule auf Waldlichtungen. Am Ansitz aufrecht oder vorgebeugt, Schwanz nach unten gehalten; Kopf breit, gerundet und mit flachem Scheitel. **Grau**, fleckig, großes weißes Schulterfeld; Kopf markant gezeichnet, Gesicht weiß umrandet, aber mit breiten, **schwarzen**, **vertikalen Streifen** an der Seite und **weißem „V"** über den gelben Augen. Helle Streifen laufen auf dem Hinterkopf zu **breitem „V"** zusammen und bilden ein „Scheingesicht".

S | Schrill, zischend, ansteigend *srrrr-r-r-ik*. Gesang mit lautem, schnellem, hohlem, blubberndem Triller.

F | Flügel breit, gerundet; Schwanz lang; wirkt wie ein Sperber *(S. 303)* mit großem, breitem Kopf und breiter Brust. Jagt auch tagsüber.

Ausnahmegast aus N-Europa

Wälder an Berghängen und Mooren

Ästling
Mär–Jul

Sobald ein Jungvogel fliegen kann, unterscheidet er sich kaum noch von einem Altvogel, abgesehen von spitzen Schwanzfedern mit weißer Spitze.

AK

AK

AK
ganzjährig

In Europa kommt SSP. ***ulula*** vor.

Schneeeule *Bubo scandiacus*

G 53–65 cm | **SP** 125–150 cm

Riesige, rundliche, weiße Eule; Größe wie Mäusebussard *(S. 272)*, mit großem, breitem Kopf. Sitzt aufrecht auf dem Boden. ♂ | weiß; wenige oder keine dunkle Abzeichen. Schnabel mit wenig Schwarz an der Spitze; Augen gelb (wirken aus der Entfernung manchmal dunkel). ♀ | Rücken weiß mit grauschwarzer Bänderung; schmalere graue Binden auf der Unterseite, aber Unterflügel rein weiß; Augen gelb, aber auch trügerisch dunkel. **Imm** | wie ♀, aber Scheitel, Körper und Oberflügel stärker gebändert (♂ **Imm** hat tendenziell einen größeren weißen Nackenfleck und drei oder weniger Schwanzbinden, drei bis fünf sind es beim ♀ **Imm**).

S | Gesang kurz, tief *gooh gooh*; krächzende Warnrufe.

F | Flügelschläge gleichmäßig, rhythmisch, mit langsamem Abschlag und schnellerem Aufschlag.

Durch mehrfach tägliches Füttern der hungrigen Küken wird das Kopfgefieder zur Brutzeit schmutzig.

Im frischen Gefieder ist das adulte Männchen rein weiß. Nur die gelben Augen und die dunkle Schnabelspitze stechen heraus.

♂ **Imm**

♂
ganzjährig

♀
ganzjährig

EULEN IM VERGLEICH S. 25

LC EN Fischuhu *Ketupa zeylonensis*

G 48–58 cm | **SP** 125–140 cm

Große, kräftige Eule mit „Federohren"; fängt Fisch an Gewässern vom Ansitz aus oder zu Fuß. „Federohren" meist angelegt oder in **breitem, flachem „V"**, manchmal aber spitz oder unauffällig. Braun; Brust und Bauch hell mit feinen, dunklen Stricheln übersät (beim Uhu breite Striche an der Brust, feinere Strichel am Bauch). Augen groß, **gelb**; Schnabel **lang**, **hervortretend**, mit auffälligen Nasenlöchern; kein Schleier – insgesamt ein vom Uhu abweichendes Erscheinungsbild.

S | Sehr tiefes, dumpfes Wummern *tu-hu huu-huu hu-hu*; ansteigendes Pfeifen ähnlich Triel.

Uhu *S. 261*

Kein Vorkommen in Mitteleuropa

Felsige oder baumbestandene Flussufer

F | Kurze Flüge zwischen Ansitzen a Flussufer, fliegt zum Fischfang auc mit hängenden Beinen dicht üb dem Wasse

AK
ganzjährig

In Europa kommt SSP. ***semenowi*** vor.

Greifvögel sind klein bis sehr groß mit Hakenschnabel. **Flug** irekter Flug mit Flügelschlägen und Gleiten; viele Arten gleiten über lange trecken mit geraden, gewölbten oder hängenden Flügeln und erreichen urch Kreisen große Höhen. Falken, Bussarde und Adler stoßen mit nach inten angelegten Flügeln im Sturzflug nach unten. Weihen gleiten auf anehobenen Flügeln. **Geschlechts- und Altersbestimmung**, **Mauser** Bei en meisten Arten sind die Weibchen größer, einige zeigen Farbunterschiede. Venn Altvögel auf der Unterseite gebändert sind, zeigen Jungvögel meist ängsstreifen oder eine dichtere Schwanzbänderung. Bei großen „braunen" dlern haben nicht erwachsene Vögel bestimmte Färbungsmuster. Kleinere rten mausern jedes Jahr, das Weibchen oft während der Bebrütung des Geeges, größere nahezu durchgehend Teile des Gefieders. ACHTUNG: **Einheinische, exotische oder sogar hybridisierte Greifvögel können aus der Gefangenschaft und von Falknern entkommen und in freier Wildbahn estimmungsprobleme verursachen**. **53 Arten** [**13 Ausnahmegäste**] in nehreren abgrenzbaren Gruppen, aber nicht alle miteinander verwandt.

MÖGLICHE VERWECHSLUNGSGRUPPEN (besonders im Flug)

GRÖSSERE ARTEN: Störche, Kraniche und Reiher *(S. 198)*; Krähen *(S. 471)*.

KLEINERE ARTEN: Krähe, Tauben *(S. 240)*, Kuckucke *(S. 320)*, Nachtschwalben *(S. 248)*, tagaktive Eulen *(S. 250)*. Unter bestimmten Umständen kreisende Möwen *(S. 106)*, Kormorane *(S. 74)*.

HABICHTE 4 Arten *(S. 299–305)*
Klein bis groß; heimlich, Beutefang in kurzen, schnellen Verfolgungsflügen oder Überraschungsangriffen; gut im Kreisen. Gefieder der Geschlechter etwas verschieden; Weibchen viel größer als Männchen. Voluminöse Baumnester.

SPERBER [oben] | HABICHT [unten]

Bestimmung: Flügel-/Körperform | Gefiederdetails

FALKEN 13 Arten [3 Ausnahmegäste] *(S. 306–319, 583)*
Klein bis groß; lange Flügel. Gefieder der Geschlechter leicht unterschiedlich; Weibchen größer als Männchen. Einige gesellig, die meisten einzeln. Es wird kein Nest gebaut, benutzt werden Felssimse, Baumhöhlen oder alte Nester anderer Arten.

TURMFALKE [oben] | WANDERFALKE [unten]

Bestimmung: Gefieder | Details an unbefiederten Körperteilen

FISCHADLER 1 Art *(S. 278)*
Groß, Fischfresser; lange Flügel, kurzer Schwanz. Großes Baumnest.

FISCHADLER

Bestimmung: unverwechselbares Gefieder | gewinkelte Flügel

WEIHEN 5 Arten [1 Ausnahmegast] *(S. 277, 283–287, 582)*
Schlank; Gleiten auf hochgestellten Flügeln. Geschlechter unterschiedlich; Weibchen größer als Männchen. Nest am Boden.

KORNWEIHE

Bestimmung: Gefiederdetails | Anzahl „gefingerter" Handschwingen

BUSSARDE UND WESPENBUSSARD 5 Arten [1 Ausnahmegast] *(S. 270–275, 582)*
Große, breitflügelige Beutegreifer und Aasfresser; kleiner als die meisten Adler, kleinerer Schnabel. Große Baumnester.

MÄUSEBUSSARD

Bestimmung: Gestalt und Gefieder

MILANE/AARE 4 Arten [1 Ausnahmegast] *(S. 277–278, 282, 582)*
Mittelgroße bis große Beutegreifer und Aasfresser; lange Flügel, Schwanz gegabelt oder gerade. Flug „federnd". Große Baumnester.

SCHWARZMILAN

Bestimmung: Gefiederdetails

ADLER 14 Arten [4 Ausnahmegäste] *(S. 276–281, 288–298, 580, 582)*
Mittel- bis sehr groß; großer Hakenschnabel, große Füße. Bei Paaren Weibchen größer als Männchen. Meist einzeln. Große Nester in Bäumen oder auf Felsabsätzen.

SCHREIADLER

Bestimmung: Gefiederdetails | Anzahl „gefingerter" Handschwingen

GEIER 7 Arten [3 Ausnahmegäste] *(S. 267–269, 581)*
Große bis sehr große Aasfresser; gesellig; manche brüten in Kolonien an Felsen, andere einzeln auf Bäumen; Aufstieg in Aufwinden/Thermik zu großer Höhe, dann langes Gleiten.

MÖNCHSGEIER

Bestimmung: Gestalt und Gefieder

Bestimmung von Greifvögeln im Flug

Beachte: Greifvögel benutzen Flügel und Schwanz zum Aufsteigen, Herabgleiten, Rütteln, Hinunterstoßen, für Verfolgungs-, Balz- und Revierflüge, sodass sich die Flugsilhouette in kurzer Zeit stark verändern kann. Gegen einen hellen Himmel wirken sie fast immer dunkel. Darüber hinaus zeigen auch Trupps bestimmte Formationen und Bewegungen beim Fliegen.

WESPENBUSSARDE
(S. 270, 275)
Kopf schmal; Schwanz lang, schmal oder gefächert; Flügel gebogen/herabhängend

WESPENBUSSARD

BUSSARDE
(S. 271–274)
Kopf klobig; Schwanz kurz; Flügel angehoben, gerade, gebogen oder herabhängend

MÄUSEBUSSARD

ADLER
(S. 276–281, 288–298)
Kopf groß; Schwanz kurz oder mittellang, breit; Flügel lang, breit, gerade, angehoben oder herabhängend

STEIN-ADLER

FISCHADLER *(S. 278)*
Kopf klein, Schwanz kurz; Flügel lang, typisch geknickt oder gebogen

FISCHADLER

MILANE
(S. 278, 282)
Kopf klein; Schwanz lang, oft gekippt; Flügel lang, gewinkelt oder gebogen

ROTMILAN

GEIER *(S. 267–269)*
Kopf klein; Schwanz sehr kurz oder lang; Flügel sehr lang, breit, angehoben, gerade oder gebogen

GÄNSE-GEIER

WEIHEN
(S. 277, 283–287)
Kopf klein; Schwanz lang; Flügel lang, angehoben

KORNWEIHE

FALKEN
(S. 306–319)
Kopf klein; Schwanz länglich; Flügel lang, spitz zulaufend, oft gewinkelt/nach hinten gerichtet

BAUMFALKE

SPERBER

HABICHTE
(S. 299–305)
Kopf klein oder hervorstehend; Flügel mit breiter Basis oder lang und zugespitzt, bei direktem Flug wechseln Flügelschläge und Gleitphasen ab

Saatkrähe
(zum Vergleich)

Geier im Flug Die breitflügeligen Geier benötigen varme, aufsteigende Luft, um in große Höhen aufzukreisen nd dann über weite Strecken zu gleiten. Unter kühleren edingungen können sie selbst Hügel nur mit ausdauernden, räftigen Flügelschlägen oder Vindunterstützung überwinden. Die voneinander etrennten Spitzen der ußeren Handschwingen orgen für Stabilität.

Große Adler *S. 288* | *Seltene Geier S. 581*

GEIER IM FLUG *S. 26*

NT LC **Mönchsgeier** *Aegypius monachus*

G 100–120 cm | **SP** 250–295 cm

Riesiger Geier mit eckigen Flügeln. Brütet **in Bäumen**. Kurzer, befiederter Hals. **AK** | **dunkelbraun**; Maske und Kehle schwärzlich, Scheitel hell; Hals dunkelbraun; Schnabel groß, hell bläulich und schwarz. **JK** | Kopf bräunlich; Schnabel an der Basis rosa.

Ausnahmegast

Berge, Plateaus, bewaldete Ebenen

S | Meist stumm.

F | Beim Gleiten Flügel gerade oder gebogen, Spitzen herabhängend. Hinterrand gerade. Bei kreisenden Vögeln wirkt die Gestalt wegen gebogener Flügel und aufwärts gerichteter äußerer Handschwingen anders. Schwanz kurz, angedeutet keilförmig. Oben ganz dunkel; unten dunkel, Vorderflügel schwarz. Auffallend helle Füße. **AK** Großgefieder oft abgetragen. Hinterflügel sägezahnartig, besonders bei Jungvögeln in frischem Gefieder.

JK

AK

JK ganzjährig

AK ganzjährig

LC LC **Gänsegeier** *Gyps fulvus*

G 93–110 cm | **SP** 234–270 cm

Riesiger Geier (größer als Adler). Kolonien und Ruheplätze in Felsen, erkennbar an weißem Überzug mit Kot. Langer Hals; hüpft mit gespreizten Flügeln. **AK** | beigebraun; Kopf und daunige Halskrause weißlich; Schnabel und Auge hell; Flügeldecken gerundet. **JK** | Halskrause lang, braun; Schnabel schwarz, Auge dunkel; Oberflügeldecken spitz. **Imm** | Übergangsformen zum Alter von 6–9 Jahren.

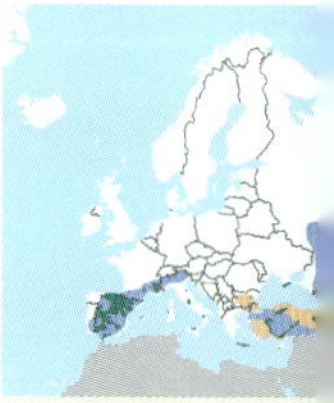

Sehr seltener Gastvogel

Felswände, Schluchte offene Ebenen

S | Zischende, zänkische Tö

F | Flügel beim Gleiten gerade, beim K sen angehoben. Schnelles, synchronisie Gleiten um Klippen. Flügelhinterrand s mig; Spitzen wirken beim Kreisen spitz c eckig. Schwanz kurz. **AK** Oberseite be braun, Großgefieder und Band auf Flü decken schwarz. Von unten Vorderfl mehr oder weniger weißlich gebänc **JK/Imm** Band auf Oberflügel schwäc

AK

AK

Imm

AK ganzjährig

In Europa le SSP. ***fulvus***

Schmutzgeier *Neophron percnopterus*

G 54–70 cm | **SP** 146–175 cm

Kleinster Geier (größer als Bussarde, *S. 270–275*, kleiner als Steinadler, *S. 292*). Kopf und Schnabel schmal; Schwanz keilförmig. **AK** | **schwarzweiß**, gelblich/bräunlich überhaucht; Gesicht gelb. **JK** | dunkelbraun oder braun und cremefarben. **Imm** | scheckige Übergangsformen bis zum Alter von 5 Jahren (bis dahin meist in Afrika). **S** | Meist stumm.

Ausnahmegast aus S-Europa

Bewaldete Hänge, Klippen, offene Ebene, Dörfer; auch an Müllkippen

Zwei SSPP.: ***percnopterus*** (verbreitet, Zugvogel); ***majorensis*** (Kanaren, Standvogel) größer.

Zwergadler *S. 280*
Weißstorch *S. 206*

F | Agil; tiefe, milanartige Flügelschläge. Flügel beim Kreisen gebogen oder gerade. **AK** Ober- und Unterseite weißlich; **Großgefieder schwarz** (oben hell gestreift); Schwanz weiß, keilförmig. **JK** dunkelbraun; schmaler Kopf und Schnabel sowie spitzer Schwanz schließen Adler und größere Geierarten aus.

NT Bartgeier *Gypaetus barbatus*

NT **G** 94–125 cm | **SP** 231–283 cm

Riesiger, langschwänziger Geier, wirkt neben Gänsegeier etwas kleiner. **AK** | oben bleigrau/braun; Kopf beigeweiß; Augenstreif und „Bart" schwarz. Unten orangebeige getönt. **JK** | grau, Rücken und Bauch heller; schwärzliche Kapuze. **Imm** | fleckig dunkel und hellgrau, ausgefärbt mit 6 Jahren.

S | Gelegentlich schriller Pfiff.

In den Alpen ausgesetzt

Felswände, Schluchten, Hochplateaus

F | Beim Kreisen und langem Gleiten Flügel gerade oder gebogen. Lässt Knochen fallen, danach in Spiralen hinabtrudelnd. Gespreizter Schwanz keilförmig. Direkter Flug mit gewinkelten Flügeln; Schwanz lang und schmal. **AK** Kopf weiß; Unterflügeldecken dunkel. **JK** grau; dunkle Kapuze; Großgefieder schwärzlich; graues Band auf Mitte des Unterflügels. **Imm** oben zunehmend dunkel, unten hell.

In Europa kommt SSP. ***barbatus*** vor.

Bussarde im Flug

Bussarde (einschließlich Wespenbussard) können schwer zu bestimmen sein, sind aber als Gruppe leicht zu unterscheiden von **Weihen** *(S. 277, 283–287)* mit schlankeren Flügeln und längerem Schwanz, von **Milanen** *(S. 282)*, die einen gegabelten Schwanz haben, und von **Adlern** *(S. 276–281, 290–298)*, von denen die meisten größer und langflügeliger sind. Mäuse- und Raufußbussard können oft wie Adler wirken, sind aber anhand von Größe, Lebensraum, Beobachtungsort und Unterflügelzeichnung gut zu unterscheiden.

Bestimmung: Gestalt (einschließlich Flügelhaltung: zu „V" aufgerichtet, gerade oder leicht herabhängend) | Flugweise | Schwanzmuster | Färbung der Unterseite

Bussarde: Flugweise und Profil

WESPENBUSSARD *(S. 275)*
Sehr ähnlich Mäusebussard, aber kleiner Kopf, **längerer Schwanz** (oft geschlossen, dann in der Mitte am breitesten). Bewegung gegenüber Mäusebussard entspannter, elastischer (mehr wie Raufußbussard); kreist auf **geraden Flügeln**. Die relativ schmalen Flügel können gerundet wirken, deren Hinterrand gerade, s-förmig oder gewinkelt. Fliegt oft in großer Höhe zu Nahrungsgebieten. In allen Altersklassen Gefieder sehr variabel gefärbt, es gibt helle und dunkle Morphen.

RAUFUSS-BUSSARD (S. 274)
♂2W
♂AK
MÄUSE-BUSSARD (S. 272)
AK
dunkle Schwanzbinde an gebändertem Schwanz
„FALKENBUSSARD" (S. 273)
AK
AK
ADLERBUSSARD (S. 273)
sehr variables Gefieder, von sehr hell bis sehr dunkel
AK (typisch)
AK (typisch)
AK rotbraune Morphe
JK
schwarzer
RAUFUSS-BUSSARD (S. 274)
AK dunkle Morphe
1S dunkle Morphe
AK helle Morphe
diffuse Schwanzbinde
1S helle Morphe
Flügelhinterrand und Schwanzendbinde vollständig dunkel
MÄUSE-BUSSARD (S. 272)
AK dunkle Morphe
FISCH-ADLER (S. 278)
weißer Körper
AK
ADLER-BUSSARD (S. 273)
feine Bänderung, keine Endbinde
Armschwingen und Schwanz fein gebändert, Bauch gestrichelt, helles Brustband
dunkles Band auf Flügelmitte
„FALKENBUSSARD" (S. 273)
JK
JK

LC Mäusebussard
LC *Buteo buteo*

G 48–56 cm | **SP** 113–128 cm

Groß, aufrecht, weißlich bis dunkelbraun; Beine gelb. **AK** | Oberseite braun, Unterseite weißlich mit hellem „U" zwischen braunen Bruststricheln und braunen Bändern am Bauch. **JK** | Bauch gestrichelt; Große Flügeldecken mit heller Spitze.

S | Laut, scharf *hijäää*, explosiv aus der Nähe. Im Spätsommer quiekende, klagende Rufe von Jungvögeln (auf Ansitz oder hoch in der Luft).

Es kommen 8 SSPP. vor: ***buteo*** (verbreitet); ***menetriesi*** (Kaukasus, O-Türkei); ***vulpinus*** (Zugvogel, N- und O-Europa) sowie 5 SSPP. als Standvögel in Makaronesien (3), Italien/Sizilien und Korsika/Sardinien. Lediglich ***vulpinus*** (**„Falkenbussard"**) unterscheidet sich deutlich *(siehe Seite gegenüber)*.

Andere Bussarde *S. 273–274*
Wespenbussard *S. 275*
Rohrweihe *S. 283*
Zwergadler *S. 280*
Schlangenadler *S. 281*

F | Recht schnelle, steife Flügelschläge, langsamer bei Balzflügen. **Flügel beim Kreisen leicht angehoben** (Jungvögel gerader); beim Gleiten mit leichtem Knick am Flügelbug. Beim Balzflug enge Kurven und steiles Abtauchen. Unterflügel **weißlich mit dunklem Vorderflügel**. **AK** breites dunkles Band entlang Hinterflügel und dunkle Schwanzendbinde. **JK** dunkles Hinterflügelband schwach, keine Schwanzendbinde.

Mittelhäufiger Brutvogel, häufiger Gastvogel

Offene Kulturlandschaft mit Gehölzen, Heiden, Moore

Mäusebussarde rütteln, aber nicht so häufig wie Raufußbussarde.

JK dunkle Morphe

JK helle Morphe

Gefieder stark variierend, aber bei den meisten Unterarten weniger klar abgrenzbare Morphen als bei der SSP. ***vulpinus*** und beim **Adlerbussard** *(gegenüber)*. Weitere Varianten sind auf *S. 271* abgebildet.

1S helle Morphe
ganzjährig

AK

JK

AK

alle SSP. ***buteo***

AK
ganzjährig

JK
Jul–Okt

„Falkenbussard“ (SSP. ***vulpinus***) in N- und O-Europa Mär–Okt).
F | Gegenüber SSP. ***buteo*** kleiner, geradflügeliger, langschwänziger. Gefieder ähnlich Adlerbussard: graubraune (N), orangebraune (NO) und schwärzlich graue (SO) Morphen. Handschwingen haben auf der Oberseite ein weißliches Feld (klein/fehlend bei SSP. ***buteo***). **AK** | Unterflügeldecken dunkel, Schwungfedern weiß mit schwarzen Spitzen; Schwanz weißlich oder rotbraun, oben mit schwarzer Spitze; schwarze Schwanzbinde bei dunkel orangebraunen Vögeln. **JK** | unten gestrichelt (**AK** gebändert); schmale dunkle Schwanzspitze.

LC

Adlerbussard *Buteo rufinus*

LC **G** 43–62 cm | **SP** 112–160 cm

Großer Bussard; Gefieder ähnlich dem kleineren „Falkenbussard“. **AK** | **Helle Morphe** orangebraun, Kopf beige, Bauch dunkelbraun, Schwanz hell rostrot bis weißlich; **Rotbraune Morphe** dunkel rotbraun, Schwanz rostrot bis weißlich; **Dunkle Morphe** schwärzlich braun mit weißlichem Schwanz. **JK** | Kopf beige/weiß, Brust cremefarben, Flanke braun oder schwärzlich. Auge charakteristisch **hell**.

S | Selten miauende Laute.

„Falkenbussard“

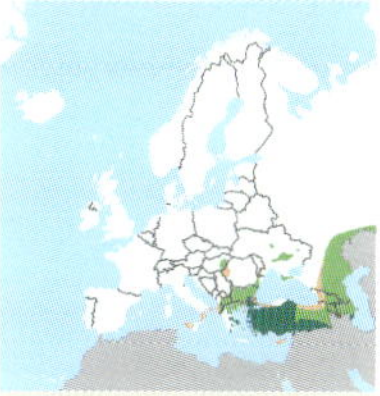

Ausnahmegast aus SO-Europa

Steppe, trockene Hänge

F | Gestalt adlerähnlich (*S. 276–281*), Kopf deutlich hervortretend. **Lange Flügel beim Kreisen zu „V“ angehoben**; rüttelt häufig. **AK** Oberflügel hell mit dunkleren Schwungfedern und **weißem Feld** auf den Handschwingen. Schwanz ungezeichnet **weißlich bis hell orangerot**. Helle Vögel (am häufigsten) mit hellem Kopf und **dunklem Bauch**. Von unten Armflügel hell oder mit dunkler Vorderseite, gestrichelt (nicht gebändert), Hinterflügel weißlich mit feiner schwarzer Bänderung und breitem **schwärzlichem Hinterrand**; **dunkler Bugfleck**; **großer weißer Bereich in Richtung Flügelspitze**. **JK** hellere Vögel mit relativ dunklem Hinterflügel, Schwanz wirkt durch feine Bänderung dunkler; dunkle Vögel ähnlich **AK**.

Zwei SSPP.: ***rufinus*** (SO); ***cirtensis*** (aus N-Afrika; hat in Europa gebrütet) kleiner.

BUSSARDE IM FLUG S. 270–271

Raufußbussard

LC *Buteo lagopus*

G 49–59 cm | **SP** 120–150 cm

Großer Bussard, oft auf Ansitz oder rüttelnd; Tarsus befiedert (schwer zu sehen). **AK** | fleckig graubraun-weiß; Kopf und Brust hell, Bauch dicht schwärzlich gebändert, „Hosen" hell. **JK / 1W** | Kopf und Oberflügelecken weißer als bei **AK**, aber Bauch ganz dunkelbraun. Auge hell.

Zwei SSPP. nachgewiesen: ***lagopus*** (verbreitet); ***sanctijohannis*** (Ausnahmegast aus N-Amerika) meist nicht unterscheidbar, aber 25–40 % der Vögel in O-Kanada gehören zu dunkler Morphe (bei ***lagopus*** unbekannt), bei der Kopf, Körper und Unterflügeldecken dunkelbraun sind, Schwanz gräulich.

Andere Bussarde S. 272–273

F | Kreist wie Mäusebussard; gleitet mit deutlichem Knick am Flügelbug; aktiver Flug elastischer; rüttelt häufig. Oberseite mit **hellem Band über die Handschwingen**, hellem Diagonalband auf dem Armflügel und **breiter weißer Schwanzbasis**. Unterflügel mit schwarzem Bugfleck und Weiß vor der Flügelspitze; **Bauch dunkelbraun**; **Schwanz weiß mit schwärzlichen Binden**: ♂ ein bis drei schmale Bänder vor breiter Endbinde, ♀ ein bis zwei feine Bänder vor schmaler Endbinde, **JK** sehr breite Endbinde auf ansonsten ganz weißem Schwanz.

S | Scharf klagend, am Ende abfallend *piii-yä*, außerhalb der Brutzeit stumm.

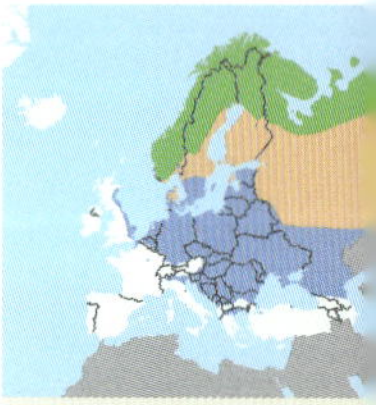

Seltener Gastvogel Okt–Apr

Brütet in schroffer Tundra; im Winter Felder und Wiesen

Rüttelt bei ruhigem Wetter mit tiefen, bei Wind mit flachen Flügelschlägen.

Helles Feld auf Oberseite der Handschwingen im JK / 1W am deutlichsten, meist auffälliger als beim Mäusebussard.

Wirkt langflügeliger und fliegt „entspannter" als der „steifere" Mäusebussard.

Wespenbussard
Pernis apivorus

GR 52–59 cm | **SP** 135–150 cm

Ähnlich Mäusebussard, Färbung variabel. Unauffällig, viel seltener offen ansitzend zu sehen als andere Bussarde. **AK** | **Augen gelb** (braun bei anderen Bussarden); Schnabelbasis dunkelgrau. ♂ | Kopf grau, Rücken gräulich; Unterseite weißlich (helle Morphe) oder braun (dunkle Morphe). ♀ | insgesamt brauner. **JK** | kann weißlicher mit dunkler Maske, rötlicher oder sehr dunkel sein; Augen dunkel; Schnabelbasis gelb.

S | Pfeifend *pii-uuu*; außerhalb der Brutzeit stumm.

Bussarde *S. 272–274*
Schopfwespenbussard S. 582

F | Ähnlich jungem Mäusebussard, aber kleiner und länglicher. Flügel beim Gleiten **sanft nach unten gebogen**, beim Kreisen aber gerade oder leicht aufgerichtet. Beim Balzflug flattert das Männchen über dem Rücken zwischen Aufwärtsbewegungen. Von oben hat **♂AK** einen breiten schwärzlichen Hinterrand am graubraunen Flügel, der Schwanz hat zwei bis drei dunkle Binden nahe der Basis und eine dunkle Endbinde; **♀AK** oben brauner als ♂AK, mit hellem Feld auf Handschwingen und schwächeren Binden an Hinterflügel und Schwanz. Von unten dunkler Flügelhinterrand; Schwanz wie Oberseite, oder beim ♂ nur eine Binde an der Basis. Das helle Brustband des Mäusebussards fehlt. **JK** viele haben mehr und dünnere Binden an Unterseite von Schwanz und Handschwingen.

Seltener Brutvogel und mittelhäufiger Durchzügler Mai–Sep

Wälder; Zug konzentriert sich an Meerengen

Gefieder sehr variabel gefärbt, Geschlecht nicht immer bestimmbar *(siehe auch S. 270)*

Kleinere Adler, Milane, Aare und Weihen im Flug

Kleine/mittelgroße Adler zeigen jeweils bestimmte Färbungsmuster und sind weder untereinander noch mit den größeren, braunen Adlern *(S. 288–298)* verwandt. Zwergadler können mit Bussarden oder Milanen verwechselt werden. Schwarz- und Rotmilan sind größer als Weihen, langflügelig und langschwänzig mit bemerkenswert gleichmäßigem, anmutigem Flug. Der Gleitaar ist auffällig gemustert und kurzschwänzig, häufig rüttelt er. Die Rohrweihe ist die Weihe, die Bussarden und Milanen am meisten ähnelt und zeigt auffällige Geschlechterunterschiede.

Bestimmung: Größe und Gestalt | Flugweise | Färbung der Unterseite | Schwanzform/-farbe

weißer Hinterrand an Flügel und Schwanz; weißer Halsfleck, heller Bürzel
ZWERG-ADLER
(S. 280)
JK
JK helle Morphe
Imm dunkle Morphe
AK
GLEITAAR
(S. 278)
1W
spitz zulaufende Flügel, außen schwarz; Schwanz weiß
ROTMILAN
(S. 282)
AK
deutliches helles Feld im Handflügel
AK
helle Spitzen der Flügeldecken bilden Linie
JK
JK
Rot- und Schwarzmilan haben helles Band auf Armflügel-Oberseite
SCHWARZ-MILAN
(S. 282)
AK
mattes Handflügelfeld
AK
im JK Flügeldecken mit hellen Spitzen
Imm
JK
helle Spitzen der Flügeldecken; helles Handflügelfeld auffälliger
manche ohne helles Band am Vorderflügel
♂ AK
♂ AK
ROHRWEIHE
(S. 283)
JK
♀ AK

KLEINERE ADLER, MILANE, AARE UND WEIHEN IM FLUG S. 276–2

LC Gleitaar *Elanus caeruleus*

LC **G** 30–37 cm | **SP** 77–92 cm

Recht klein (taubengroß, *S. 239*), meist aufrecht, großer Kopf und kurzer Schwanz. **AK** | Rücken **hellgrau**, **Schulter schwarz**; Kopf weiß mit **schwarzer Maske**; Unterseite weiß. Flügelspitze überragt Schwanz bei ♀; gleichlang bei ♂. **JK/1W** | Rücken graubraun mit weißlichen Federrändern; Nacken und Brust gelblich beige.

S | Manchmal schrill *grii-ak*.

F | Flügel im Gleitflug angehoben; rüttelt. Breite Flügel spitz zulaufend. **AK** oben mit schwarzen Armflügeldecken, eckiger Schwanz hellgrau; Unterflügel weiß mit schwarzer Spitze. **JK** wie **AK**, aber grau mit braunen Flecken.

Sehr seltener Gastvogel

Bewaldete Flussauen, trockene Ebenen

Jagt oft in der Dämmerung; rüttelt wie ein „kräftiger" Turmfalke *(S. 310)* oder eine Schleiereule *(S. 251)*.

LC Fischadler *Pandion haliaetus*

Schlangenadler *S. 281*

LC **G** 52–60 cm | **SP** 150–180 cm

Großer, langflügeliger, kurzschwänziger, aufrechter Greifvogel. Oben braun, unten weiß mit verwaschenem Brustband. **AK** | **Kopf weiß mit dunklem Band**. Schnabel und Beine bläulich; Auge gelb. **JK** | beige Federränder auf Oberseite. Schnabel bläulich; Beine und Auge gelb.

S | Hoch pfeifend *üiilp* oder scharf *kju-kju-kju*.

F | Flügel angewinkelt, möwenartig, aber Spitze breit, aufwärts gebogen. Rüttelt, taucht nach Fischen, dann kurz auf Oberfläche verweilend. Oberflügel dunkel, Schwanz braun und beige gebändert; Scheitel weiß. Unterseite weiß mit dunklem Band auf Flügelmitte und dunklem Bugfleck.

Zwei SSPP. nachgewiesen: ***haliaetus*** (verbreitet); ***carolinensis*** (Ausnahmegast aus N-Amerika), **AK** oben dunkler, Brustband gefleckt, Auge orange; **JK** schwärzlich mit weißlichen Säumen.

Sehr seltener Brutvogel, seltener Durchzügler Mär–Okt

Seen, Flüsse, Küsten und Bäume in der Nähe

Durchschnittlich bei ♀ AK Körper breiter, Schwanz länger, Kopf größer und Brustband dunkler als bei ♂ AK.

labichtsadler *Aquila fasciata*

Zwergadler *S. 280*

Ausnahmegast aus S-Europa

Felswände, bewaldete Schluchten

55–67 cm | **SP** 143–176 cm

ittelgroßer, kräftiger Adler; Beine lang, dünn, ganz befiedert; Kopf flach, :hnabel hoch. **AK** | Oberseite dunkel graubraun; Unterseite größtenteils **eiß**. **JK** | Oberseite braun; Unterseite **orangebraun**. **1LJ/2LJ** | zunehend wie **AK**.

| Ruft bei der Balz schrill *iiuuu*, sonst stumm.

| Kopf lang, schmal; Rücken flach; Schwanz eckig. Aktiver Flug schnell und ynamisch. Flügel beim Kreisen **fast gerade**; Flügelhinterrand ausgebuchtet der gerade mit vorgestrecktem Flügelbug (wie ein großer Wespenbussard, *275*). **AK weißliches Feld** auf grauem Rücken; Schwanz grau mit **schwarzer oitze**. Unterseite **weiß**, Unterflügel mit **breitem**, **schwärzlichem Band auf orderflügel oder Flügelmitte** und schwarzem Hinterrand. **JK** unten **orangeraun**, **schwärzliches Band auf Flügelmitte** (manchmal unterbrochen oder hlend), Handschwingen weiß mit schwarzer Spitze. Schwanz hell, eng grau ebändert.

Unterseite weiß mit feinen dunklen Stricheln; lange Beine ganz befiedert.

Gegen den Himmel auffälliger Kontrast zwischen weißem Körper und dunklen Unterflügeln.

Schwanz hell mit schwarzer Spitze

In Europa lebt SSP. ***fasciata***.

Zwergadler *Hieraaetus pennatus*

G 42–51 cm | **SP** 113–138 cm

Habichtsadler *S. 279* | Mäusebussard *S. 272* | Schwarzmilan *S. 282* | Rohrweihe *S. 283*

Sehr seltener Gast aus S-Europa
Mär–Okt

Bewaldete Hänge, offenes Gelände mit vereinzelten Bäumen

Kleiner Adler mit rundem Kopf; oben dunkelbraun und beige mit **weißem Fleck neben dem Hals am Ansatz des Vorderflügels**. Bussardähnlich, aber ohne Flecke/Strichel auf Unterseite; Beine befiedert. **AK** | **Helle Morphe** oben braun, unten weiß. **Dunkle Morphe** ganz braun. Beide Morphen mit Beige an Schulter und Flügeldecken. Es gibt Übergangsformen. **JK** | wie **AK**, aber deutlichere beige Felder auf Rücken und Flügeldecken.

F | Kopf kurz, rund; Schwanz eckig; **Flügel schmal, gerade oder hängend**. Flügel und Schwanz haben durchscheinenden Hinterrand; **weißer Fleck am Flügelansatz**, am besten beim Kreisen in Frontansicht erkennbar. **AK** Oberseite braun, mit milanähnlichem, **hellbeigem Band** über Armflügel und weißlichem „U" am Schwanzansatz; unten **helles Feld** auf inneren Handschwingen. **Helle Morphe** Körper weiß, Unterflügel schwarz-weiß; Schwanz eckig, grau. **Dunkle Morphe** Körper und Unterflügel warm braun, mit dunklem Band auf Flügelmitte. **JK** helle und dunkle Morphen, ähnlich **AK** oder mit hellerem Oberflügelband und intensiver zimtbraunem Schwanz (siehe ähnliche, aber größere Jungvögel von Habichtsadler und besonders Schwarzmilan).

S | Laute, schri
Doppelpfiffe, oft ho
in der Lu

chlangenadler *Circaetus gallicus*

62–69 cm | **SP** 165–180 cm

Fischadler *S. 278*
Mäusebussard *S. 272*

ittelgroßer Adler (größer als Bussarde, *S. 270–275*); Kopf groß, **rund**, **eulenartig**. us der Nähe fallen **leuchtend gelbe Augen** auf. Beine unbefiedert. **AK** | Oben raun; unten silbrig weiß mit braunen Bändern. **JK** | Oben hellbraun, Kopf rotbraun nd weiß gestrichelt; unten weiß mit rotbraunen Flecken. **Imm** | Kopf und Unterseite eißlich, wenn 2–3 Jahre alt, ♂ unten mit schmalen Stricheln, ♀ mit breiten Stricheln.

| Kopf groß; Schwanz eckig; Flügel breit, länger als beim Mäusebussard. **Flügel im Gleit-ug gerade**, beim Kreisen leicht angehoben. **Rüttelt häufig**, dabei leicht mit Flügelspitzen tternd, je nach Wind auch tiefere Flügelschläge und Körper schräg gehalten; Sturzflug ım Beutefang. **AK** oben braun mit hellem Vorderflügel; Körper und Unterflügel weiß mit inen braunen Bändern (im Gegensatz zu Bussarden und Fischadler **ohne dunklen Bug-eck oder dunkle Handschwingenspitzen**). Schwanz hell mit drei bis vier dunklen Bin-en. **JK** Unterflügel bei den hellsten Vögeln nahezu ungezeichnet.

| Meist stumm; manchmal klangvoller Pfiff.

In Europa kommt SSP. ***gallicus*** vor.

Ehemaliger Brutvogel, sehr seltener Gast aus S-Europa Apr–Sep

Offene Heide, warme, sonnige Hänge

 Rohrweihe | Zwergadler *S. 280* MILANE UND ROHRWEIHE IM FLUG *S. 2*

LC Rotmilan *Milvus milvus*

LC **G** 61–72 cm | **SP** 175–195 cm

Mittelgroßer, rotbrauner Greifvogel mit hellem Kopf, langen Flügeln und langem Schwanz. **AK** | dunkel rotbraun mit hellen Federrändern auf dem Flügel. Kopf weißlich; Auge gelb. **JK** | schmale rotbraune Ränder der Großen Flügeldecken und Armschwingen bleichen aus und werden weißlich.

Mittelhäufiger Brut- und Gastvogel

Offene Landschaft mit Gehölzen, Dörfer

In Europa SSP. ***milvus***.

S | Bussardähnlich miauend mit ähnlichen Tönen im Nachgang *wiuuu wiu-wiu-wiuu*.

F | Langes, flaches Profil; langsame, fließende Bewegung; lange Flügel gerade oder gebogen; langer Schwanz tief gegabelt. **AK** Oberflügel braun mit hellbeigem Diagonalband auf Armflügel. Schwanz hell rostrot mit dunklen Ecken, unten weißlich. Unterseite rotbraun; großes weißes Feld vor der schwarzen Flügelspitze. **JK/Imm** wie **AK**, aber oben und unten weißliche Linie entlang der Flügeldecken; Schwanz beige, weniger tief gegabelt.

AK

fünf sichtbare Handschwingenspitzen

AK

JK ganzjährig

AK ganzjährig

LC Schwarzmilan *Milvus migrans*

LC **G** 48–58 cm | **SP** 135–155 cm

Mittelgroßer, brauner Greifvogel mit kleinem Kopf, stark befiederten „Oberschenkeln", langen Flügeln und langem Schwanz. Oft am Boden. **AK** | braun, Unterseite matt rotbraun. **JK** | wie **AK**, aber rötlicher; helle Federränder an Rücken und Flügeln, bis zum Herbst zu kleinen weißlichen Flecken abgenutzt.

Seltener BV, mittelhäufiger GV Mär–Sep

Waldränder, offene Landschaft, Gewässer, Zug konzentriert sich an Meerengen

SSP. ***migrans*** in Europa weit verbreitet.

S Wiehernd *wii-hi-hi-hi-hi*.

F | Längliches Profil; F gel gebogen; Schwa leicht gegabelt (d eckig, wenn gesprei Aktiver Flug mit hera stoßenden Bewegu gen, anders als Weih dabei den Schwanz k pend/schwenke **AK** Oberflügel bra mit beigem Diagor band auf dem Armf gel. Schwanz braun r dunklen Binden, un heller; Unterflügel r blassem Handschw genfeld. **JK** wie **A** aber Handschwinge feld auffällig

AK

SSP. ***migrans***

AK

sechs sichtbare Handschwingenspitzen

AK

SSP. ***lineatus***

JK ganzjährig

SSP. ***lineatus*** (manchmal als eigenständige Art betrachtet, Ausnahmegast aus Asien). **AK** | Handschwingenfeld weißer; Scheitel hell über dunklem Augenstreif. **JK** | gestrichelt; Hals schwärzlich; Rücken/Flügel beige gefleckt.

AK ganzjähr

SSP. ***migrans***

:ohrweihe *Circus aeruginosus*

43–55 cm | **SP** 120–135 cm

Schwarzmilan | Mäusebussard *S. 272*
Zwergadler *S. 280*

Seltener Brutvogel und mittelhäufiger Durchzügler Mär–Okt

Schilfbestände, Wiesen, Felder

In Europa lebt SSP. ***aeruginosus***.

ämmige Weihe: ♀ kräftig gebaut; ♂ kleiner, schlank. **♂AK** | Rücken ·aun, Kopf beige, Flügel hellgrau mit schwarzer Spitze; **Schwanz rau**; Unterseite rostrot. **♀AK** | **dunkelbraun**, Scheitel, Kehle und Feld ıf Vorderflügel **cremefarben**, oft helle Bruststrichel. **JK** | wie **♀AK**, ›er Augen dunkel; Altersbestimmung schwierig. Einige sind schwarz- ·aun, bis zum ersten Sommer ausbleichend. **Imm** | Augen werden elb; ♂ erreicht die Graufärbung innerhalb von 2–3 Jahren.

| Beim sehr hohen Balzflug ähnlich Kiebitz *kie-vü*.

| Breitere Flügel als andere Weihen *(S. 284–287)*; Flug meist niedrig, di- kt oder schwankend, mit geschmeidigen Flügelschlägen zwischen **Gleit- hasen mit aufgestellten Flügeln**. Beim hohen Kreisen aufgerichtete ügelhaltung wie beim Mäusebussard. Im Frühjahr akrobatisches Taumeln nd Beuteübergabe von Fuß zu Fuß zwischen ♂ und ♀. Geradere Flügel, erundeter Schwanz und das Fehlen eines hellen Diagonalbands auf dem berflügel und das Gleiten mit aufgestellten Flügeln sind Kennzeichen egenüber dem ähnlichen Schwarzmilan. **♂AK** Flügel grau mit beige- aunem Vorderflügel und schwarzer Spitze; Schwanz grau. Einige Vögel aben einen braunen Schwanz und einen dunklen Hinterrand am matter efärbten Flügel. **♀AK ganz dunkelbraun**, nur Kopf, Vorderflügel und richel am Körper hellbeige; Schwanz braun, rötlich gesprenkelt. **JK** wie **AK**, aber Handdecken auf Unterflügel mit rostbeigen Spitzen (einfarbig ei **♀AK**) und Schwanz ungezeichnet (dunkle Morphe des Zwergadlers at helles Band auf Oberflügel und hellen Bürzel).

Jungvögel sind dunkelbraun (einige schwarzbraun) mit Beige an Scheitel und Kehle, selten auf den Nacken beschränkt (oben).

Weißbürzel-Weihen

Korn-, Wiesen-, Steppen- und Hudsonweihe können aufgrund großer Ähnlichkeit von Gefiederfärbung und Flugweise schwer zu bestimmen sein. Adulte Männchen sind grau mit schwarzer Flügelspitze; adulte Weibchen und Jungvögel sind braun mit weißem Bürzel und braun-beige gebändertem Schwanz. Für eine sichere Bestimmung ist auch die Einschätzung von Gestalt, Struktur der Flügelspitze und Färbungsdetails notwendig. Bei Weibchen und Jungvögeln sind das Kopf-/Halsmuster sowie die Färbung von Unterkörper und Unterflügel wichtig. Weibchen sind merklich größer als Männchen, daher kann ein relativ kleiner, schlicht gefärbter Vogel auch ein junges Kornweihen-Männchen sein. Zu beachten ist auch, welche Arten im Winter wegziehen.

LC Kornweihe *Circus cyaneus*

LC **G** 45–55 cm | **SP** 99–121 cm

Kleiner als Mäusebussard *(S. 272)*, Flügel, Schwanz und Beine sind länger und schmaler. **♂AK** | grau; Flügelspitze schwarz; Brust grau, Bauch rein weiß. **♂1LJ/2LJ** | wie **♂AK**, aber Rücken grau-braun. **♀AK** | Oberseite hellbraun; Unterseite beige, kräftig braun gestrichelt; Bürzel weiß. Schwanz stark braun-beige gebändert. An der Kehle beginnender, weiß gesprenkelter Kragen, darüber breiter dunkler Wangenfleck; weißliche Markierungen über und unter schwarzem Augenfleck. **JK** | wie **♀AK**, aber Unterseite rostgelb, schwarz gestrichelt.

S | Ruft nur im Brutgebiet, zwitschernd *tschet-et-et-et-it-it-et* (♀ tiefer als ♂).

Wiesenweihe *S. 286*
Steppenweihe *S. 287*
Hudsonweihe *S. 582*

F | Niedriges Gleiten mit angehobenen Flügeln zwischen tiefen Flügelschlägen. Flügelspitze relativ breit (breiter als bei Wiesenweihe, aber schmaler als bei Rohrweihe, *S. 283*); Fünf sichtbare Handschwingenspitzen. **♂AK** oben grau, unten weiß, Bürzel weiß; Flügelspitze schwarz; dunkler Hinterrand am weißen Unterflügel. **♀AK** breitflügeliger als ♂; braun, unten beige; breiter, weißer Bürzel, Schwanz braun-beige gebändert. Achsel dunkel; Unterflügel graubeige, Armschwingen hell, schwarz gebändert. **JK** wie ♀AK, aber dunkler braun mit beigem Band entlang der Oberflügeldecken; Unterseite der Armschwingen dunkel, schwärzlich gebändert; Körper rostgelb.

Sehr seltener Brutvogel und seltener Wintergast

Moore, Heiden, Grünland, Felder

Zur Brutzeit akrobatische taumelnde Balzflüge mit Fuß-zu-Fuß-Beuteübergabe vom ♂ zum ♀.

Weißbürzel-Weihen im Flug

WEISSBÜRZEL-WEIHEN IM FLUG S. 28

LC Wiesenweihe *Circus pygargus*

LC **G** 39–50 cm | **SP** 97–115 cm

Schlanke Weihe; Gestalt, Flugweise und Grundmuster der Färbung von ♂ und ♀ wie bei anderen Weißbürzel-Weihen (es gibt eine seltene dunkle Morphe, bei der beide Geschlechter dunkelbraun sind und das „normale" Flügelmuster nur angedeutet ist). **♂AK** | blaugrau, Flügel mit **schwarzem Band**; **Flügelspitze schwarz**. Brust grau, Bauch weiß mit **rotbraunen Stricheln**; Schwanzseite rotbraun gebändert. **♀AK** | braun; Unterseite beige, braun gestrichelt; Bürzel weiß; Schwanz stark gebändert, an der Seite **rotbraun-beige**; kleiner dunkler Wangenfleck unter **breiten weißen Augenklammern**; Auge gelb. **JK/1LJ** | wie **♀AK**, aber Unterseite **ungestrichelt rostrot**; Flügeldecken beige gesäumt; ♂ Auge wird bis Sep gelb; ♀ Auge dunkel. **♂1LJ** | Brust grau gefleckt. **♂1S** | wie **♂AK**, aber Rücken braun.

Kornweihe *S. 284* | Steppenweihe

F | Schlanke Weihe mit leichter, lebendiger Flugweise; niedriges Gleiten mit aufgerichteten Flügeln. Lange Flügelspitze oft nach hinten gerichtet; drei bis vier sichtbare Handschwingenspitzen. **♂AK** grau; schwarzes Band zwischen dunklerem Vorder- und hellerem Hinterflügel; ausgedehnte schwarze Flügelspitze. Weißer Bürzel klein oder fehlend. Bauch rotbraun gestrichelt; Unterflügel weiß, schwarz und braun gebändert. Schwanzseiten gebändert. **♀AK** oben braun, schmaler weißer Bürzel; schwarze Bänder auf Hinterflügel. Unten dunkler Flügelhinterrand bis zu den Handschwingen, davor ebenso breites helles Band. Achsel schwarz und beige gebändert. **JK** wie **♀AK**, aber Unterseite ungezeichnet rotbraun. Oberflügel mit dunklem Hinterrand; Unterseite der Armschwingen dunkel.

Sehr seltener BV, seltener Durchzügler Apr–Sep

Wiesen, Getreidefelder, Heide

S | Am Nest *kekekek* und *jik-jik-jik*.

Kopfmuster junger/weiblicher Weißbürzel-Weihen

Juvenile Weißbürzel-Weihen haben weiße Augenklammern und darunter einen dunklen, halbmondförmigen Wangenfleck. Adulte ♀ haben ein ähnliches Grundmuster.

Kornweihe: schwach ausgeprägtes Muster: weiße Augenklammern klein, unterhalb des schmalen hellen Kragens **Hals stark gestrichelt**.

Steppenweihe: breiter heller Kragen unterhalb der sehr dunklen Wange; **einfarbig** dunkelbrauner Hals wirkt wie „Boa".

Wiesenweihe: um Auge kräftig gezeichnet, dunkle Wange mit **aufgehelltem Kragen**; Kehle **ungestrichelt**.

Steppenweihe
Circus macrourus

G 40–50 cm | **SP** 95–120 cm

Flugweise wie Kornweihe, aber schlanke Gestalt wie Wiesenweihe. **♂AK** | oben hellgrau, **unten ganz weiß**; Schwanzseiten grau gebändert. **♀AK** | oben braun; unten beige, schwärzlich gestrichelt; Bürzel weiß; Schwanz braun-beige gebändert; schwarzbrauner Wangenfleck von schmalem hellem Kragen begrenzt; Auge gelb. **JK / 1LJ** | wie **♀AK**, aber Scheitel dunkel, weiße Markierung unter dem Auge, **dunkelbraune Wange über hellem Kragen**; braune Halsseiten („Boa"); Unterseite rotbraun; Augen ab Sep gelb.

Kornweihe S. 284
Wiesenweihe

F | Schlank, ♂ leicht, mit dreieckigem Handflügel. Flügelspitze mit drei bis vier sichtbaren Handschwingenspitzen. **♂AK** hellgrau, **Brust weiß**; **schwarzer Keil** in Flügelspitze. **♂Imm** wie **♂AK**, aber Rücken brauner. **♀AK** oben braun mit schmalem weißem Bürzel, einfarbiger Hinterflügel; Unterflügel ohne dunklen Hinterrand am Handflügel, Hinterflügel schwärzlich mit hellem Band, das **zum Körper hin schmaler** wird; Achsel braun. **JK** Unterkörper und Unterflügeldecken **rotbraun**.

Sehr seltener Durchzügler Apr–Okt

Wiesen, Felder, Heide

S | Im Brutgebiet dünne, pfeifende und hohe, trillernde Rufe.

ACHTUNG: Es gibt Hybriden mit der Kornweihe.

Regelmäßig vorkommende große, „braune" Adler

Sechs Arten kommen regelmäßig vor, vier aus der Gattung *Aquila*, zwei aus *Clanga*. Alle zeigen ein dunkelbraunes Gefieder, einen kräftigen Schnabel mit gelber Basis und gelbem Schnabelwinkel, befiederte Beine und lange, breite Flügel. Diese Adler sind eher selten aus geringer Distanz an einem Sitzplatz zu sehen, sondern meistens im Flug (oft aus großer Entfernung hoch über Ebenen oder um Berggipfel). Jugend- und Alterskleider sind klar abgrenzbar, doch erreichen Jungvögel das Alterskleid nur langsam im Verlauf mehrerer Jahre, sodass es viele Übergangsstadien gibt. Erschwert wird die Bestimmung häufig durch Effekte, die durch Abtragung, Ausbleichung und Mauser entstehen. Siehe auch Seeadler *(S. 298)*, *Savannenadler (S. 580)*, Habichtsadler *(S. 279)*, Adlerbussard *(S. 273)* und Geier *(S. 267–269)*.

Bestimmung: Größe | Flügelhaltung beim Kreisen | Flügel-/Schwanzzeichnung | Details in Flügelspitze, besonders Anzahl im gespreizten Flügel sichtbarer „gefingerter" Handschwingen

Steinadler

Beachte die scheinbare Form von vorderer und hinterer Flügelspitze. Die äußersten Handschwingenspitzen sind stärker hochgebogen als die mittleren, daher kann der Flügel je nach Blickwinkel breit, spitz oder eckig wirken.

Vergleich der großen, „braunen" Adler im Flug

		Aquila				*Clanga*	
		Steinadler (S. 292)	**Iberienadler** (S. 294)	**Kaiseradler** (S. 295)	**Steppenadler** (S. 293)	**Schreiadler** (S. 296)	**Schelladler** (S. 297)
STRUKTUR	**Profil**	KOPF lang SCHWANZ lang	KOPF kurz, breit; SCHWANZ kurz und eckig		KOPF kurz SCHWANZ kurz		KOPF rund SCHWANZ kurz
STRUKTUR	**Flügelform**	sehr lang, HINTERRAND S-förmig	lang, HINTERRAND gerade		breit, HINTERRAND gerundet; HANDSCHWINGEN-SPITZEN 7	weniger breit; HANDSCHWINGEN-SPITZEN 6 (7. kann hervorragen)	sehr breit; HANDSCHWINGEN-SPITZEN 7
STRUKTUR	**Flügel im Gleitflug**	gerade, gewölbt	gerade		gerade, gewölbt	gebogen oder hängend	gebogen
STRUKTUR	**Flügel beim Kreisen**	auffällig zu „V" angehoben	gerade oder kaum angehoben		gerade	gerade oder kaum angehoben	hängend
GEFIEDER	**Jugendkleid OBERSEITE**	schwärzlich braun; Scheitel und Nacken hell; **weißes Handschwingenfeld**	hellbraun; beige Linie zwischen schwärzlichen Großen Decken und Schwungfedern; Hinterrand weiß; innere Handschwingen hell	hellbraun; zwei weiße Linien begrenzen schwarze Große Decken; Schwungfedern schwärzlich, weißer Hinterrand; innere Handschwingen hell	braun; Vorderflügel hell, weiße Linie zwischen schwärzlichen Großen Decken und Schwungfedern; **weiße Strichel auf Handschwingen**	braun; **Nacken hell**; weiße Linie zwischen schwärzlichen Großen Decken und Schwungfedern; weißer Hinterrand; **innere Handschwingen gebändert**	dunkelbraun; **Nacken dunkel**; zwei bis drei Reihen weißer Flecken über schwärzliche Decken; weißer Hinterrand; **innere Handschwingen einfarbig**
GEFIEDER	**Jugendkleid OBERSEITE**	BÜRZEL **braun**; SCHWANZ **weiß, breite schwarze Endbinde**	BÜRZEL weiß; SCHWANZ braun	BÜRZEL weiß; SCHWANZ schwarz	BÜRZEL **beige**; SCHWANZ **schwärzlich mit heller Spitze**	SCHWANZ schwarzbraun; weißes „U" an der Basis	SCHWANZ schwarz; weißes „U" an der Basis
GEFIEDER	**Jugendkleid UNTERSEITE**	schwarzbraun; langes, breites **zentrales weißes Flügelfeld**	gelbbraun; Brust braun gestrichelt, **Körper ungestrichelt**; innere Handschwingen hell	gelbbraun; **Unterseite dunkel gestrichelt**; innere Handschwingen hell	breites weißes Band über Flügelmitte; HINTERFLÜGEL **schwärzlich mit weißem Hinterrand**	warm braun; HINTERFLÜGEL **dunkler mit Bänderung bis zu den Spitzen der Schwungfedern**; kleines weißes „Komma" an Handschwingenbasis	dunkelbraun; HINTERFLÜGEL **heller, Bänderung bis kurz vor den Spitzen der Schwungfedern**
GEFIEDER	**Jugendkleid UNTERSEITE**	SCHWANZ **weiß mit schwarzer Endbinde**	SCHWANZ graubraun		SCHWANZ **schwarz mit weißer Spitze**	SCHWANZ schwarzbraun	
GEFIEDER	**Immature Vögel**	Weiß an Schwanz und Flügeln nimmt über 6–7 Jahre ab	im Verlauf mehrerer Jahre zunehmend dunkel gefleckt		helle Flügelbinden reduzieren sich im Verlauf mehrerer Jahre	nach 2–3 Jahren wie AK	
GEFIEDER	**Alterskleid OBERSEITE**	**Nacken rostgelb; beiges Band über Decken**	Nacken hell; weißer Flügelvorderrand; weiße Schulterflecken	Nacken hell; weiße Schulterflecken	dunkelbraun, unauffällig	Nacken hell; heller Fleck an Handschwingenbasis	Nacken dunkel; helle Schaftstriche an Handschwingen*
GEFIEDER	**Alterskleid OBERSEITE**	SCHWANZ gräulich, braun gebändert	SCHWANZ grau, **breite schwarze Endbinde**		BÜRZEL + SCHWANZ dunkelbraun	**blasses weißliches „U"** an Basis des schwärzlichen Schwanzes	
GEFIEDER	**Alterskleid UNTERSEITE**	SCHWUNGFEDERN grau, dunkel graubraun gebändert	schwarzbraun; SCHWUNGFEDERN hell gräulich	braun; SCHWUNGFEDERN hell gräulich; Füße leuchtend gelb, Steiß hell	braun; SCHWUNGFEDERN dunkler, **schwärzlich gebändert**; **beigebraunes Feld** an Handschwingenbasis	Vorderflügel **heller** als Hinterflügel; zwei helle „Kommas" an Handschwingenbasis; Steiß dunkel	Vorderflügel **dunkler** als Hinterflügel; einzelner heller Fleck an Handschwingenbasis; Steiß dunkel
GEFIEDER	**Alterskleid UNTERSEITE**	SCHWANZ grau, braun gebändert, breite schwarze Endbinde	SCHWANZ grau, **schmale schwarze Endbinde**	SCHWANZ grau, **breite schwarze Endbinde**	SCHWANZ braun, dunkel gebändert	SCHWANZ schwärzlich, weiße Spitze	SCHWANZ schwärzlich, helle Spitze

*Seltene *fulvescens*-Morphe des **Schelladlers** ist hell rötlich beige; Schwungfedern und Schwanz schwarzbraun

Große, „braune" Adler im Flug

KAISER-
ADLER
(S. 295)
AK
JK
Körper dunkel
gestrichelt
AK
weiße Schulter-
flecke
JK
IBERIEN-
ADLER
(S. 294)
AK
Körper
ungezeichnet
JK
weißer Flügel-
vorderrand
AK
JK
STEINADLER
(S. 292)
AK
Imm
weiße
Schwanz-
basis; weißes
Feld auf
Unterflügel
AK
weiße Schwanzbasis;
weißes Hand-
schwingenfeld
Imm

GROSSE, „BRAUNE" ADLER IM FLUG S. 289–29

LC Steinadler *Aquila chrysaetos*

LC **G** 80–93 cm | **SP** 190–227 cm

Riesiger, kräftig gebauter Adler, in vielen Teilen Europas häufigster großer Adler. Schnabel schwarz mit gelber Basis. „Oberschenkel" stark befiedert; Füße gelb, massiv. **AK** | braun; **Scheitel und Nacken rostgelb**. Federn bleichen zu Strohbraun aus, dadurch fleckig wirkend. ♂ kleiner, schlanker als ♀, aber aufgrund von Überschneidung ist Geschlecht nur bei bekannten Paaren erkennbar. **JK** | einfarbig dunkelbraun, Nacken beige, weiß an Beinen; **Schwanz mit weißer Basis**. **Imm** | Weiß in Flügel und Schwanz geht über 6–7 Jahre allmählich verloren *(S. 288)*, eine genaue Altersbestimmung ist nicht möglich.

S | Pfeifende und kläffende Laute.

Zwei SSPP.: ***chrysaetos*** (verbreitet); ***homeyeri*** (Iberien) etwas kleiner und dunkler.

Seeadler *S. 298*
Iberien-/Kaiseradler *S. 294–295*
Schrei-/Schelladler *S. 296–297*
Steppenadler

F | Flügel, Schwanz und Kopf länger als bei Schrei-/Schelladler und Bussarden *(S. 270–275)*; Kopf kürzer und Schwanz länger als beim Seeadler; Gestalt am ähnlichsten Iberien-/Kaiseradler, aber Hinterflügel stärker s-förmig geschwungen. Aktiver Flug mit tiefen Flügelschlägen. Flügel im Gleitflug gewölbt oder gerade; Kreist oft bis in große Höhe, dabei Flügel **v-förmig angehoben** *(siehe Gänsegeier, S. 268)*. Sturzflug mit zurückgelegten Flügeln in breiter „Tropfenform". (Details und wichtige Kennzeichen in der *Tabelle* auf *S. 289*.)

Sehr seltener Brutvogel (nur Alpen) und Gastvoge

Hochlandwälder, Gebirge

alle SSP. ***chrysaetos***

Steppenadler
Aquila nipalensis

G 60–81 cm | **SP** 165–214 cm

Sehr großer, dunkelbrauner Adler (wie Kaiser-/Iberien-/Steinadler); langer, heller Schnabelwinkel länger als bei anderen großen Adlern, **maximal bis zum Hinterrand des Auges**, mindestens bis zur Augenmitte wie bei Schrei-/Schelladler. Beine stark befiedert, kurz. **AK** | dunkelbraun. **JK** | gelbbraun, zwei helle Streifen entlang des dunkelbraunen Flügels. **Imm** | Übergangsstadien bis zum Erreichen des **AK** nach 5–6 Jahren.

S | Tiefe, bellende Rufe.

In Europa kommt SSP. ***orientalis*** vor.

Iberien-/Kaiseradler *S. 294–295*
Steinadler
Schrei-/Schelladler *S. 296–297*
Savannenadler S. 580

F | Kopf/Schnabel relativ kurz; Schwanz kurz, breit; Flügel im Gleitflug und beim Kreisen gerade oder gewölbt; geschwungener Flügelhinterrand; Flügelspitze breit, tief gefingert, sieben sichtbare Handschwingenspitzen. (Details und wichtige Kennzeichen in der *Tabelle* auf *S. 289*.)

Ausnahmegast aus SW-Asien

Trockene Ebenen, Steppe; Zug konzentriert sich an Meerengen

GROSSE, „BRAUNE" ADLER IM FLUG *S. 289–29*

Iberien- und Kaiseradler Am besten am Vorkommensgebiet zu unterscheiden. „Oberschenkel" stark befiedert. Im Flug rufen langer Kopf, kurzer Schwanz und gerade Flügelränder krähenartigen Eindruck hervor. Bei Jungvögeln sind die Flügel am Ansatz schmal, dadurch wirkt der Schwanz lang. Flügel werden beim Gleiten gerade gehalten und beim Kreisen leicht angehoben. **AK** | dunkelbraun, Scheitel und Nacken hell; **weiße Schulterflecke**; **Schwanz hellgrau mit schwarzer Endbinde**. **JK** | heller braun, Kopf und „Oberschenkel" ungezeichnet beige; Flügeldecken stark beige gefleckt; breiter dunkelbrauner Streifen und dünnere beige Linien auf geschlossenem Flügel.

Steinadler *S. 292* | Schrei-/Schelladler *S. 296–297* | Steppenadler *S. 293* | *Savannenadler S. 580*

VU VU

Iberienadler *Aquila adalberti*

G 74–85 cm | **SP** 177–220 cm

Siehe Übersicht oben. **AK** | schwarzbraun, Scheitel und Nacken gelblich beige; **Schulterstreif und Flügelvorderrand weiß**. **JK/1LJ** | intensiv rötlich braun; Brustband braun gestrichelt, Rest der Unterseite ungestrichelt rötlich braun. **Imm** | Altersbestimmung schwierig; unterschiedlicher schneller Fortschritt beim Erreichen des Alterskleids im Verlauf von 5–6 Jahren.

F | **AK** strahlend **weißer Flügelvorderrand** (aus großer Entfernung erkennbar). (Details und wichtige Kennzeichen in der *Tabelle* auf *S. 289*.)

Kein Vorkommen in ME

Offene Ebenen mit vereinzelten Bäumen, Wälder

S | Laute bellende Rufe.

weißer Vorderflügelrand bei vielen Individuen auffälliger

AK

JK/1LJ
[Apr]

JK
ganzjährig

Aussehen stark von Mauser/Ausbleichen beeinflusst, aber Körper/Flügel normalerweise einfarbiger dunkelbraun als beim Steinadler.

AK
ganzjährig

Kaiseradler *Aquila heliaca*

G 74–85 cm | **SP** 177–220 cm

iehe Übersicht gegenüber. **AK** | braun; **veißer Schulterstreif** (aber oft klein). lügelspitzen überragen beim ♂ die chwanzspitze, beim ♀ gleich lang. **K/1LJ** | sandbraun, Oberseite fein eige gestrichelt, Flügel **beige und veiß gefleckt**, über die längeren)eck- und Schirmfedern werden die lecke allmählich größer. Unterseite **eige** mit **dicken dunklen Stricheln**. **mm** | Altersbestimmung schwierig; nterschiedlich schnelles Erreichen des K über 5–6 Jahre.

F | **AK** Oberseite braun (ohne die meisten hellen Flecke des Steinadlers und den weißen Flügelvorderrand des Iberienadlers). Füße und Steiß auffallend hell. (Details und wichtige Kennzeichen in der *Tabelle* auf *S. 289*.)

Seltener BV (O-Österreich) und GV aus SO-Europa

Offene Ebenen und Steppen, Wälder, Berghänge

S | Laute, bellende Rufe.

AK

graue Basis und schwarze Spitze des Schwanzes bleichen aus und werden brauner

JK

JK
ganzjährig

AK
ganzjährig

GROSSE, „BRAUNE" ADLER IM FLUG *S. 289–29*

Iberien-/Kaiseradler *S. 294–295*
Steinadler *S. 292* | Steppenadler *S. 293* | Savannenadler *S. 580*

Schrei- und Schelladler

Zwei braune Adler mit kleinen strukturellen Unterschieden wie bei der Länge des Schnabelwinkels (unten); vgl. auch Steppenadler.

SCHREIADLER
Schnabelwinkel reicht bis zur Augenmitte oder kurz davor

SCHELLADLER
Schnabelwinkel reicht bis zur Augenmitte

STEPPENADLER *(S. 293)*
Schnabelwinkel reicht bis hinter die Augenmitte

Schreiadler

LC LC

Clanga pomarina

G 55–67 cm | **SP** 146–168 cm

Mittelgroßer Adler; gelber Schnabelwinkel erreicht die Augenmitte nicht ganz oder gerade eben. Beine lang, dünn, dicht befiedert. **AK** | dunkelbraun, Nacken etwas heller. **JK** | braun; Nacken hell; längste Flügeldecken und Schwungfedern schwärzer mit weißer Spitze. **Imm** | Übergangsstadien bis zum **AK** über 5–6 Jahre.

S | Im Flug hohe bellende oder pfeifende Laute.

Sehr seltener Brutvogel und Durchzügler Mär–Ok

Ebenen mit Wäldern oder Einzelbäumen; Zug konzentriert sich an Meerengen

F | Schlank, Flügel rela tiv eckig, Schwar kurz; relativ leichte beweglicher Flu Flügel im Gleitflug ge bogen oder hängend beim Kreisen gerad oder leicht angehobe Flügelspitze rech schmal, sechs sichtba Handschwingenspitze (Details und wichtig Kennzeichen in d *Tabelle* auf S. 289

sechs sichtbare Handschwingenspitzen

JK

JK: Bänderung der Schwungfedern **erreicht** Flügelhinterrand

AK

AK: Hinterflügel ungebändert

JK
ganzjährig

Auge hellbraun

AK
ganzjährig

Schelladler *Clanga clanga*

G 59–71 cm | **SP** 155–180 cm

Großer, kräftig gebauter Adler; gelber Schnabelwinkel reicht bis zur Augenmitte. Beine lang, dünn, dicht befiedert. **AK** | dunkelbraun, ohne hellen Nacken. Flügelspitzen überragen beim ♂ den Schwanz, beim ♀ sind sie kürzer als der Schwanz. **JK** | schwarzbraun, alle Flügeldecken und Schwungfedern mit weißer Spitze. **Imm** | Übergangsstadien bis zum **AK** über 5–6 Jahre.

S | Laute, bellende Rufe.

F | Flügel rund, Schwanz kurz; relativ schwerfällige Flugweise. Flügel beim Gleiten und Kreisen hängend. Flügelspitze breit, sieben sichtbare Handschwingenspitzen; ♂ kleiner, mit schmaleren Flügeln als ♀. (Details und wichtige Kennzeichen in der *Tabelle* auf *S. 289*.)

Sehr seltener Wintergast Okt–Mär

Wälder, feuchte Ebenen

JK ganzjährig

Die seltene ***fulvescens*-Morphe** ist oben beige mit schwarzem Band auf Flügelmitte; Schwungfedern und Schwanz schwarz; Kopf und Unterseite rötlich beige.

sieben sichtbare Handschwingenspitzen

JK

JK: Bänderung der Schwungfedern **erreicht nicht** Flügelhinterrand

AK

AK: Hinterflügel ungebändert

oberseits mit großen hellen Tropfenflecken

JK ganzjährig

Auge dunkelbraun

AK ganzjährig

LC Seeadler *Haliaeetus albicilla*

LC **G** 76–92 cm | **SP** 200–244 cm

Sehr großer Adler; „Oberschenkel" stark befiedert, aber Tarsus nackt. **AK** | hellbraun, Kopf beige/weiß; sehr großer, ganz gelber Schnabel. Schwanz weiß, oft schmuddelig. Flügelspitze erreicht beim ♂ die Schwanzspitze, beim ♀ nicht. **JK** | Oberseite braun mit schwarzen, tränenförmigen Flecken; Brust beige mit schwarzen Stricheln und v-förmigen Abzeichen (einige Vögel sind sehr dunkel braun mit rotbraunen Flügeln). Schwanz dunkel, beim Spreizen hellere Striche sichtbar. **Imm** | Kopf dunkel, Brust hell; Schwanz wird allmählich weiß.

S | Ruft schrill *klii-klii-klii*.

Steinadler *S. 292*
Bindenseeadler (Imm) *S. 580*
Weißkopf-Seeadler (Imm) *S. 580*

Sehr seltener Brutvogel, seltener Gastvogel

Küsten, Seen, Flüsse

F | Sehr groß; mit längerem Kopf un kürzerem Schwanz weniger elegant a Steinadler. Flügel lang, sehr breit, bei Gleiten gerade gehalten oder hängenc dabei die langen, biegsamen Spitze hochgebogen. Tiefe, kraftvolle Flüge schläge zwischen den Gleitphasen. **A** braun; weißer Schwanz und heller Kop beim ♂ Kopf heller und Hinterflügel stä ker ausgebuchtet als beim ♀. **JK** dunke helle Achseln. Schwanz weißlich m dunklen Federrändern. **Imm** mit dunkle Kapuze, hellerem Bauch, weißlichen Ach seln und Bändern auf dem Unterflüge Der Schwanz wird nach und nach weiße nach 5 Jahren sind noch kleine dunk Spitzen an den Schwanzfedern zu sehen

Habichte Vier Arten, Tauben- bis Bussardgröße; Weibchen größer als Männchen, als alleiniges Merkmal kann Größe irreführend sein. Im Sitzen Flügel deutlich kürzer als der lange Schwanz. Körper breit, bei kleinen Arten Verjüngung zur schmalen Schwanzbasis. Beine länger als bei Falken, ein bewegliches oberes Beingelenk ermöglicht große Reichweite beim Beutefang mit den Füßen. Meist heimlich, aber auch hoch kreisend; beim Flug wechseln schnelle Flügelschläge mit Gleitphasen. Gefieder mit wenigen Geschlechterunterschieden; Jungvögel brauner und stärker gestreift.

Bestimmung: Größe | Kopfzeichnung | Augenfarbe | Unterflügelmuster | Zeichnung der Unterseite

SPERBER ♀
(S. 303)

SPERBER ♂
(S. 303)

HABICHT ♂
(S. 302)

SCHIKRASPERBER
(S. 305)

HABICHT ♀
(S. 302)

KURZFANGSPERBER ♀
(S. 304)

Habichte im Flug

	Habicht *(S. 302)*	**Sperber** *(S. 303)*	**Kurzfangsperber** *(S. 304)*	**Schikrasperber** *(S. 305)*
Aktiver Flug	tiefe Flügelschläge und kurzes Gleiten	abwechselnd schnelle Flügelschläge und niedriges Gleiten	abwechselnd Flügelschläge und Gleiten	abwechselnd Flügelschläge und Gleiten
Kopf, Körper, Schwanz	KOPF **langhalsig**; KÖRPER Brust breit und tief; Bürzel breit; SCHWANZ gerundet	KOPF **klein**, **breit**; KÖRPER schlank, flachbäuchig; SCHWANZ lang, schmal	KOPF **spitz**; KÖRPER + SCHWANZ schmal	KOPF schmal; KÖRPER **sehr schlank**; SCHWANZ lang
Flügelform (beim Kreisen)	**lang**, **geschwungener Hinterrand**, Spitze lang, schmal, gerundet (sechs Handschwingenspitzen sichtbar)	**breite Basis**, Handflügel kurz, gerundet, Spitze stumpf, breite Spitze (sechs Handschwingenspitzen sichtbar, äußerste kurz)	breite Basis, Seiten parallel, Spitze stumpf (fünf Handschwingenspitzen sichtbar)	recht lang, schmal; **Hinterrand s-förmig geschwungen**; Spitze schmal (fünf Handschwingenspitzen sichtbar)

HABICHT
(S. 302)

Beachte die unterschiedlichen Profile des Habichts: **Flügel** gebogen, angewinkelt oder gerade; **Flügelspitze** gerade oder aufwärts gebogen; **Schwanz** breit, oft gerundet; **Kopf** vorgestreckt; **Brust** tief.

HABICHTE IM FLUG *S. 300–30*

LC Habicht *Accipiter gentilis*

LC **G** ♂ 49–56 cm; ♀ 58–64 cm | **SP** ♂ 90–105 cm; ♀ 108–127 cm

Stämmiger Greifvogel; ♀ fast so groß wie Mäusebussard *(S. 272)*, aber das kleinere ♂ hat eher die Größe eines Sperber-♀ (Größe kann schwer einschätzbar sein). Beine dick. **♂AK** | **krähengroß**; oben blaugrau; Scheitel und Augenstreif dunkel; Unterseite weißlich, grau gebändert. Auge orange bis rot. **♀AK** | oben bräunlich grau; unten matt weiß, grau gebändert. Auge gelb bis orange. **JK** | oben braun; unten **beige** mit tropfenförmigen **schwarzen Stricheln**. Auge gelb.

F | **Kräftiger Körper mit breiter Brust**, **weit hervorstehender Kopf**. **Flügel lang**, Spitze relativ schmal und gerundet (kann an Wespenbussard erinnern, *S. 275*). Kreist mit weit gespreizten Flügeln und kann dabei wie ein Falke wirken *(S. 307)*, dabei Flügelspitzen leicht aufwärts gebogen. Beim Herangleiten Flügel und Schwanz gerade; Flügel können auch wie beim Wanderfalken nach hinten gebogen sein. Balzflug im Frühjahr langsam, wellenförmig und mit Sturzflug in Baum endend. Kreist hoch; verfolgt Beute oder stößt wie ein Wanderfalke auf sie hinunter. **AK** grau mit weißen Unterschwanzdecken; Hinterflügel einfarbiger als beim Sperber. **JK** kräftig braun, unten beige. (Details und wichtige Kennzeichen in der *Tabelle* auf *S. 301*.)

Sperber
Wanderfalke *S. 317*
Gerfalke *S. 316*

Mittelhäufiger Brut-/Jahresvogel

Wälder, Heide, Moor

Es kommen fünf SSPP. vor, von denen vier brüten: ***buteoides*** (N- und O-Europa) groß, hell und schwach gebändert, kräftiger weißer Überaugenstreif; ***gentilis*** (verbreitet) kleiner, dunkler, stark gebändert (aber viel Überschneidung); ***arrigonii*** (Korsika, Sardinien) klein, dunkel, Kopf schwärzlich, unten schwärzliche Binden; ***marginatus*** (Italien, Balkan bis Kaukasus) klein, dunkel; ***atricapillus*** (Ausnahmegast aus N-Amerika) Scheitel schwärzer, Auge röter, feine Strichel durch die Binden auf der Unterseite.

S | Am Nest wiederholt laut und tief *kja-kja-kja-kja-kja* (erinnert an Grünspecht *S. 332*), auch hohe wimmernde Rufe.

♂AK

sechs sichtbare Handschwingenspitzen

JK

alle SSP. ***gentilis***

♂AK ganzjährig

JK ganzjährig

·perber *Accipiter nisus*

ı ♂ 29–34 cm; ♀ 35–41 cm | **SP** ♂ 58–65 cm; ♀ 68–77 cm

·leiner, Vögel jagender Greifvogel; meist verborgen, aber oft auch ı beträchtlicher Höhe kreisend. ♂ klein; ♀ größer, kräftiger (Größe ·ie Turmfalke). **Auge gelb** (anders als alle Falken). **♂ AK** | Oberseite **·laugrau**, Wange orange; Unterseite weißlich bis orangerosa, leicht ·ebändert. **♀ AK** | Oberseite grau (durch Ausbleichung brauner); ·acken hell. Heller Überaugenstreif. Unterseite matt weiß, grau ·ebändert. Beine dünn (beim Habicht dick). Beide Geschlechter ·ft mit weißen Flecken auf der Oberseite. **JK** | Oberseite braun mit ·ostbraunen Federrändern; Unterseite beige, rotbraun gebändert.

| Schlanker Körper und kleiner Kopf; Schwanz lang, schmal. Flügel ·eim Kreisen mit breiter, stumpfer Spitze, aber beim schnellen Gleiten ·ach hinten gebogen und spitz (bei Merlin und Turmfalke Flügelspitze ·er länger). Wechsel zwischen Flügelschlagen und Gleiten regelmäßiger ·s beim Turmfalken. Fängt Vögel nach schrägem Sturzflug oder kurzer, ·chneller Verfolgung; Ansitz dazu in dichtem Geäst. Balz (Feb–Apr) mit ·chnellem, steilem Auf und Ab sowie hohen Flügen mit langsamen, ·efen Flügelschlägen (die an Habicht erinnern), schließlich schneller, ·eiler Sturzflug in den Wald. Nie rüttelnd. Unterflügel hell, gleichmäßig ·ebändert. (Details und wichtige Kennzeichen in der *Tabelle* auf *S. 301*.)

Habicht | Schikrasperber *S. 305*
Kurzfangsperber *S. 304* | Merlin *S. 312*
Turmfalke *S. 310* | Kuckuck *S. 322*

Mittelhäufiger Brut- und Gastvogel

Wälder, Parks, Gärten, Felder

Drei SSPP.: ***nisus*** (verbreitet); ***wolterstorffi*** (Korsika, Sardinien) klein, dunkel; ***granti*** (Madeira, Kanaren) stark gebändert.

S | Ruft am Nest gackernd *kjukjukjukjukju*, sonst stumm.

Innerhalb eines Gebiets ♀ größer als ♂, aber ♂ in N- und O- ebenso groß wie ♀ in S- und W-Europa.

Kurzfangsperber

LC LC *Accipiter brevipes*

G ♂ 30–35 cm; ♀ 34–37 cm
SP ♂ 64–70 cm; ♀ 68–74 cm

Klein, langschwänzig; Geschlechter gleich groß. **Kopf ungezeichnet**; Auge **dunkelorange**; **dunkler Kehlstreif**. **♂AK** | Oberseite und Wange blaugrau; Brust weißlich, orange gebändert. **♀AK** | Kopf und Oberseite matt grau; Unterseite weiß, rotbraun **gebändert**. **JK** | Oberseite braun mit rotbraunen Federrändern; Unterseite weiß mit braunen Flecken und Stricheln, Flanke gebändert. **1LJ** | Allmählich wird die Färbung des **AK** erreicht, aber Bänderung auf Unterflügel bleibt erhalten.

Sperber *S. 303* | Schikrasperber
Habicht *S. 302*

F | Schlank, kleiner, spitzer Kopf, schmaler Schwanz. Beim Kreisen Flügelränder gerade und Flügelspitze stumpf, aber beim aktiven Flug Flügel nach hinten gewinkelt und spitz (dadurch die den Falken am ähnlichsten sehende Sperberart). Eher unauffälliger Balzflug mit hohem Kreisen. Zugvögel bilden Trupps, steigen kreisend in große Höhe auf, um dann zu gleiten. Selten rüttelnd. Unterflügel hell mit **schmaler schwarzer Spitze und dunklem Flügelhinterrand**. **♂AK Unterflügel weißlich**, Armschwingen ungebändert. **♀AK** Unterflügel gräulich gebändert, Schwungfedern heller mit feinen dunklen Bändern. (Details und wichtige Kennzeichen in der *Tabelle* auf *S. 301*.)

Kein Vorkommen in Mitteleuropa

Wälder, bewaldete Ebenen; Zug konzentriert sich an Meerengen

S | Schrill *kiwik kiw*

Wie bei diesem braunen Jungvogel haben die kleineren *Accipiter*-Arten oft zufällig verteilte weiße Flecke auf der Oberseite.

Wie bei vielen anderen Greifvögeln sind neuer Federn grau, werden aber nach und nach matter und brauner.

;chikrasperber
ıccipiter badius

; ♂ 30–33 cm; ♀ 34–36 cm
P ♂ 64–70 cm; ♀ 68–74 cm

leiner, schlanker, langschwänziger Greif-ogel. Oberseite hell blaugrau (heller als urzfangsperber). Unterseite weißlich, rust rotbraun gebändert. **AK** | Kopf ein-ırbig grau; dünner, unauffälliger Kehl-:reif. **♂ AK** | Oberseite grau, Auge orange is orangerot; **♀ AK** | Oberseite etwas räunlicher, Auge gelb bis orangegelb. **K** | Oberseite braun; Unterseite beige ıit dunklen rotbraunen Flecken und tricheln, Bänder an der Flanke und unklem Kehlstreif. Auge anfangs gelb.

Sperber *S. 303*
Kurzfangsperber

F | Sehr schlank mit kleinem, schmalem Kopf und langem, schmalem Schwanz. Flügel mit **s-förmigem Hinterrand**. Balzflug mit hohem Kreisen, Sturzflügen und akrobatischem Taumeln. Rüttelt nicht. **♂ AK** oben hellgrau, Flügelspitze dunkler; unten weißlich, Flügelspitze **dunkelgrau**. **♀ AK** Flügelspitze weniger kontrastreich als bei ♂ AK, Unterflügel **gebändert**. Unterseite stark gebändert. (Details und wichtige Kennzeichen in der *Tabelle* auf *S. 301*.)

Kein Vorkommen in Mitteleuropa

Wälder, Parks, Gärten

In Europa kommt SSP. **cenchroides** vor.

S | Schrille Rufe.

Bei diesem Vogel wachsen bereits Federn des AK: graue Federn am Kopf, gebänderte Federn an der Brust; Auge bereits orange.

*ACHTUNG: Der gezeigte Vogel gehört zur afrikanischen SSP. ***sphenurus***; die europäische SSP. ***cenchroides*** ist sehr ähnlich, aber etwas größer und heller.

Falken Zehn regelmäßig vorkommende Arten, einige selten oder nur regional brütend, aber weit ziehend. Alle mit rundlichem Kopf und kurzem Hakenschnabel. Angelegte Flügel länger als bei Habichten; Auge dunkel. Beine wirken kürzer als bei Habichten, haben aber ebenfalls eine große Reichweite beim Beutefang. Geschlechter meist unterschiedlich; Weibchen größer als Männchen. Jungvögel entweder mit eindeutigem Jugendkleid oder ähnlich adulten Weibchen. Arten wie Turm- und Wanderfalke schon am Ende des 2. Kalenderjahres ausgefärbt (also im 2. Winter, etwa 18 Monate alt), bei kleineren Arten wie Merlin und Baumfalke dauer es 1 Jahr länger. Typische Merkmale von Falken, die bei Habichten fehlen: dunkle Kapuze und Bartstreif in Verbindung mit weißer oder heller Wange bzw. Halsfeld. Falken fangen ihre Beute (Insekten, Reptilien, Säugetiere Vögel) mit den Füßen, entweder in der Luft (kleine Beute wird an den Schnabel weitergereicht) oder am Boden

Bestimmung: Größe | Kopfmuster | Färbung/Muster von Oberflügel und Schwanz | Beinfarbe | Flugweise

Falken im Flug mit rundlichem Kopf und stämmigem oder schlankem Körper. Schwanz zusammengelegt schmal (oft an der Spitze noch schmaler) oder breit gefächert; Flügel lang, ausgestreckt mit recht breiter Spitze oder nach hinten gerichtet und dann sehr spitz. Flug typischerweise mit tiefen, schnellen Flügelschlägen, aber auch längeren Gleitphasen; häufig mit gerade oder leicht aufwärts gehaltenen Flügeln kreisend; schnelles Verfolgen von oder steiler Sturzflug auf Beute; manche Arten fliegen weniger dynamisch, drei rütteln häufig.

Bestimmung: Färbung der Oberseite (braun oder grau, einfarbig oder mit dunkler Flügelspitze bzw. dunkler Schwanzbinde) | Kopf-Hals-Kontrast | Unterseitenbänderung/-streifung | Muster auf Unterflügel

Größere Falken im Flug

Kleinere Falken im Flug

Kleinere, graurückige Falken können schon im Alter von einem Jahr brüten, wenn sie fast wie Altvögel aussehen, aber noch einige braune oder gebänderte Federn aus dem Jugendkleid im Flügel oder Schwanz zurückgeblieben sind.

♂AK
♂AK
♀AK
♀AK
ROTFUSSFALKE
(S. 313)
♂1S
♂1S
♂1S
sehr variabel
♂1S
JK
JK
♀1LJ
♀JK
♂AK
♂AK
TURMFALKE
(S. 310)
♀
♂AK
♂AK
♀
RÖTELFALKE
(S. 311)

FALKEN IM FLUG S. 307–30

LC Turmfalke *Falco tinnunculus*

LC **G** 31–37 cm | **SP** 65–82 cm

Kleiner Falke. Sitzt aufrecht oder schräg auf Pfosten oder Leitungen; lang, schmaler Schwanz; **rüttelt**. Krallen schwarz. **♂AK** | **Kopf grau**, dunkler Bartstreif. Rücken **rotbraun**, **schwarz gepunktet**; Schwanz grau mit schwarzer Spitze. Unterseite beige bis orange mit vielen schwarzen Flecken. **♀AK** | Oberseite und Schwanz **warm braun**, breit **schwarz gebändert** (Schwanz/Bürzel oft grauer als Rücken); Binden auf Flügeldecken gerade. Wange gestrichelt. Unterseite beige, schwarzbraun gefleckt. **JK** | wie **♀AK**; Oberschwanzdecken bei **♀JK** braun gebändert, gräulich bei **♂JK**. **♂1LJ** | kann wie **♂AK** mit gebänderten Schwanzseiten aussehen, aber Altersbestimmung schwierig.

F | Flügel gerade oder gewinkelt (dann spitz). Schwanz schmal, kann ganz gespreizt sein. Beim Kreisen Flügelspitzen stumpf. **Ausdauerndes Rütteln** (manchmal recht hoch, oft in der Dämmerung). Direkter Flug mit entspanntem, unregelmäßigem Flügelschlag, aber Fähigkeit zu schnellen, wendigen Manövern. Balzflug schnell, mit schwirrenden Flügelschlägen. **Oberflügel zweifarbig**: rotbraun mit **dunklen Schwungfedern** (nur Rötelfalke sehr ähnlich). **♂AK** Schwanz grau mit schwarzer Endbinde. Körper gestrichelt; Unterflügel graubeige mit feinen Binden. **♀AK/JK** warm gelblich braun; unten beige, Unterflügel beige mit gräulicher Bänderung.

Rötelfalke | Baumfalke *S. 314*
Merlin *S. 312*
Rotfußfalke *S. 313*

Mittelhäufiger Brutvogel, häufiger Gastvogel

Felder, Wiesen, Moore, Heiden, Felswände, Schluchten

Es kommen drei SSPP. vor: ***tinnunculus*** (verbreitet); ***canariensis*** (Madeira, W-Kanaren) kleiner, dunkler; ***dacotiae*** (O-Kanaren) kleiner, unterseits stärker gefleckt.

S | Scharf, klagend *ki-ki-ki-k*

Rötelfalke *Falco naumanni*

i 29–33 cm | **SP** 58–73 cm

leiner Falke, oft um Gebäude; **rüttelt**. ♂ unverkennbar; ♀ wie urmfalke-♀. **Krallen hell** (aus der Nähe oder auf Fotos). **♂AK** | **Kopf blaugrau**, düster ums Auge (Bartstreif schwächer als beim urmfalken). Rücken **ungefleckt**, **hell rotbraun**, **blaugraues lügelfeld**. Schwanz blaugrau mit schwarzer Spitze. Unterseite rangebeige mit kleinen schwarzen Punkten. **♀AK** | Oberseite und chwanz **gelblich braun**, dicht schwarz gebändert; Binden auf kleieren Flügeldecken in V-Form. Wange hell, ungestrichelt; Kopf kann räulich sein. Unterseite beige, braun gefleckt. **JK** | wie **♀AK**; Bänerung auf Oberseite brauner, hell gerandet. **♂1LJ** | Rücken ungeleckt rotbraun, Flügeldecken schwarz gefleckt; ohne Grau im Flügel.

Turmfalke | Baumfalke *S. 314*
Merlin *S. 312*
Rotfußfalke *S. 313*

S | Heiser kratzend *tche-tche-tche*.

 | Flügel recht gerade; kurzer Armflügel führt zu relativ steifer Bewegung; **ft rüttelnd**. **Zweifarbiger Oberflügel** wie Turmfalke. **♂AK** Schwanz chmal, oft mit keilförmiger Spitze, grau mit v-förmiger, schwarzer Endinde. **Blaugraues Band auf Flügelmitte** mitunter auffällig. Körper ntensiv beige, **Unterflügel weiß**. **♀AK/JK** rotbraun, schwarz gebändert; Unterflügel beige, gräulich gebändert (keine verlässlichen Unterschiede u **♀AK/JK** vom Turmfalken). **♂1LJ** Schwanz in der Mitte grau, äußere edern braun gebändert.

Merlin *Falco columbarius*

LC VU **G** 29–32 cm | **SP** 58–73 cm

Wanderfalke *S. 317* | Turm-/Rötelfalke *S. 310–311* | Sperber *S. 303*

Kleinster Falke: ♂ so groß wie Sperber-♂; ♀ etwas kleiner als Turmfalke. **♂ AK** | Oberseite **blaugrau**, Unterseite orangebeige mit **dunklen Stricheln**; Bartstreif unauffällig. Schwanz grau mit schwarzer Spitze. **♀ AK** | Oberseite matt **braun**; Bartstreif braun. Schwanz braun, **hellbeige gebändert**. **JK** | wie **♀ AK**, aber oben rotbraune Federränder; Unterseite dunkler beige; Schwanzbinden beim ♂ rotbraun, beim ♀ weißlich.

F | Schnell, niedrig direkt; **schnelle Flügelschläge**, wenige Gleitphasen. Flügel am Ansatz breit, aber Spitze schmal; Körper mit tiefer Brust, in Richtung Schwanz spitz zulaufend (Turmfalke mit stumpferer Flügelspitze; Sperber mit breiterem Flügelansatz und kürzerer Spitze). Kreist selten, rüttelt nicht. Annäherung an kleine Beutevögel mit drosselartigem Flug, dann schnelle, wendige Verfolgungsjagd. **♂ AK** oben grau, Schwanz grau gebändert mit **schwarzer Endbinde**. **♀ AK/JK** oben braun, Schwanz **braun-hellbeige gebändert**.

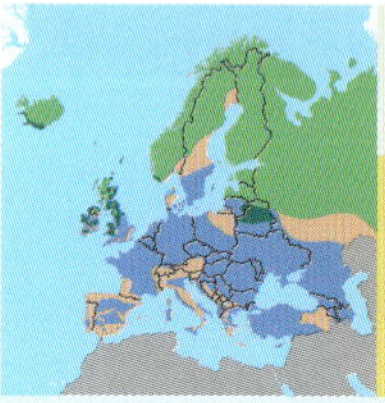

Seltener Gastvogel Sep–Mai

Offenes Grünland, Heide; im Winter Wiesen und Felder

Fünf SSPP. nachgewiesen: ***aesalon*** (verbreitet) und ***subaesalon*** (Brut in Island, sonst Durchzügler/Wintergast); als Ausnahmegäste aus asiatischen Steppen ***insignis*** (hell) und ***pallidus*** (sehr hell, größer) sowie aus N-Amerika ***columbarius*** (dunkler, ♂ AK mit grau-schwarz gebändertem Schwanz).

S | Scharf, ansteigend *ki-ki-ki-ki* oder nas *wiik-wiik-wiik-wiik-wii*

♀ AK ist typischerweise matt braun (weniger rötlich als Turmfalke, *S. 310*), aber einige haben eine grauere Oberseite mit rotbraunen Federrändern.

Rotfußfalke *Falco vespertinus*

G 28–34 cm | **SP** 65–76 cm

Kleiner Falke, in Gestalt und Charakter zwischen Baum- und Turmfalke. Krallen hell. **♂ AK** | **grau**; „Hosen" und Bauch **rotbraun**. **Schnabelbasis, Augenring und Beine rot**. **♀ AK** | Oberseite grau, **schwarz gebändert**; Unterseite ungezeichnet blass rotbraun. **Scheitel rotbraun**, **bleicht weißlich aus**; **schwarze Maske und weiße Wange**; Beine orange. **JK** | wie **♀ AK**, aber Oberseite graubraun und beige gebändert; Unterseite beigeweiß mit schwarzen Stricheln. Meist mit charakteristischem weißem Halsband (beim Baumfalken nur zwei helle Flecke). **♂ 1S** | oben grau; **Brust rotbraun**, Rest der Unterseite grau. **♀ 1S** | wie **♀ AK**, aber Flügel und Schwanz mit neuen grauen und alten braunen Federn.

F | Streicht über offenes Gelände, rüttelt wie Turmfalke (auf dem Zug weniger häufig). Gleitet, stoppt, fängt Insekten mit den Füßen. Zieht in Trupps. **♂ AK** grau; Hinterflügel silbrig grau, Flügelspitze hell. **♀ AK/JK** Rücken grau, schwarz gebändert; Unterseite rotbraun. Unterflügel weißlich mit dunklen Flecken und dunklem Hinterrand. **♂ 1S** wie **♂ AK**, aber Oberflügel einfarbiger; Unterflügel gebändert, ab Herbst Kontrast zwischen alten gebänderten und neuen grauen Federn.

Baumfalke *S. 314* | Turm-/Rötelfalke *S. 310–311* | Eleonorenfalke *S. 315*
Amurfalke S. 583
♂ AK: *Schieferfalke S. 583*

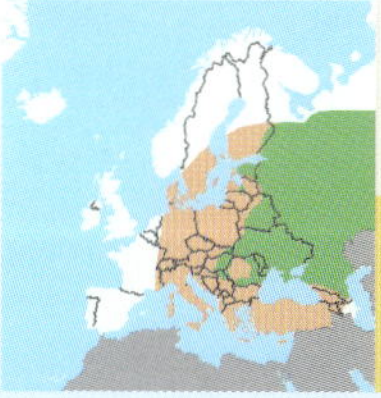

Sehr seltener Durchzügler Apr–Sep

Ebenen mit Baumgruppen, Feuchtwiesen

S | Hoch, dünn, schnatternd *kuii kuii* und wimmernd *kui-kui-kui-i-i*.

FALKEN IM FLUG S. 307–30

LC Baumfalke *Falco subbuteo*

LC **G** 29–35 cm | **SP** 68–84 cm

Kleiner, langflügeliger Falke, schlanker als Wander- und Turmfalke. **AK** | Oberseite dunkelgrau; **Kapuze und Bartstreif schwarz**, **Hals weiß**; Schwanz einfarbig grau. Unterseite weiß, **dicht schwarz gestrichelt**. „Hosen" und Steiß rostrot (intensiv und ungezeichnet bei ♂; matt und gestreift bei ♀). **JK** | Oberseite graubraun mit beigen Federrändern; Kopf wie **AK**, aber Halsseite beige, kleine beige Flecke im Nacken. Unterseite beige, **dicht schwarz gestrichelt**, ohne Rot. **1S** | wie **JK**, aber beige Federränder abgetragen, einige Flügeldecken grau.

F | Grazil, elegant; lange Flügel bis zu schmaler Spitze gebogen; Schwanz spitz zulaufend oder halb gespreizt. Auffällige **Tempowechsel** bei der Insektenjagd: gleitet auf geraden Flügeln, beschleunigt mit tiefen, schnittigen Flügelschlägen zu Aufwärtsschwung und schließlich Stillstand. Auf Schwalben und andere Kleinvögel erfolgt schräger Sturzflug mit wenigen, kurzen Flügelschlägen. Körper schlank, besonders Bürzel/Schwanzansatz. Kopf klein, kurz. **Wirkt im Flug dunkel**, unten stark gestrichelt; **weißer Halsfleck** meist gut erkennbar, weitere Details nur aus der Nähe und bei gutem Licht zu sehen.

Wanderfalke *S. 317* | Turm-/Rötelfalke *S. 310–311* | Merlin *S. 312*
Eleonorenfalke | Rotfußfalke *S. 313* | *Amurfalke S. 583*

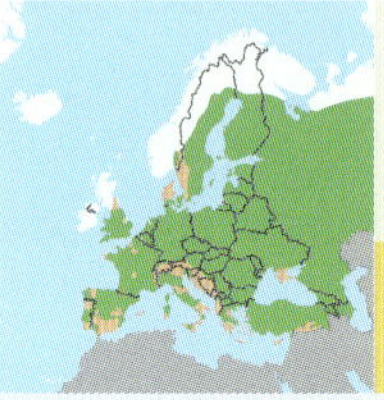

Seltener Brutvogel und mittelhäufiger Durchzügler Apr–Okt

Heide, Wälder, Feuchtgebiete

In Europa lebt SSP. ***subbuteo***.

S | Ruft keifend *kju-kju-kju-kju*

:leonorenfalke *Falco eleonorae*

; 36–42 cm | **SP** 84–105 cm

/ittelgroßer, langflügeliger Falke. Geschlechter gleich, aber Augen-ng und Schnabelbasis beim ♂ **AK** gelblich, beim ♀ **AK** bläulich. wei Farbmorphen. **AK** | **Helle Morphe** Oberseite graubraun; Ka-›uze und Bartstreif dunkel, Wange und Kehle weiß; **Unterseite ostbraun** mit schwarzen Stricheln, Unterschwanz dunkler. **Dunkle /lorphe vollständig graubraun**; Beine gelb. **JK** | wie **AK helle /lorphe**, aber hellbeige Federränder auf der Obserseite; dunkle chwanzspitze; Schnabelbasis, Augenring und Beine grau.

' | Fliegt schnell, wendig, akrobatisch, fängt Insekten oder verfolgt kleine ʼögel. Langflügelig, langschwänzig, kantiges Profil. **AK helle Morphe Interflügel hellgrau mit schwärzeren Deckfedern** (kein solcher Kon-·ast bei Wanderfalke, *S. 317*, und Baumfalke). **Dunkle Morphe** ganz unkel, nur Unterseite der Schwungfedern heller grau, mit Kontrast zu unkleren Deckfedern. **JK** wie **AK helle Morphe**, aber oben brauner, nten kräftiger schwarz gestrichelt; Unterflügel dunkel rotbraun, dicht :hwarz gebändert. **Imm** Schwanz hell, eige gebändert.

Wanderfalke *S. 317*
Baumfalke | Rotfußfalke *S. 313*
Dunkle Morphe: *Schieferfalke S. 583*

S | Kratzig *kje-kje-kje*.

LC Gerfalke *Falco rusticolus*

LC **G** 53–63 cm | **SP** 120–134 cm

Großer, stämmiger Falke. **Dunkelgraue Morphe AK** | **mittelgrau** oder **bräunlich grau**, Kapuze und Bartstreif dunkel; Oberseite weiß gebändert. Unterseite weißlich, Brust gefleckt, Flanke grau gebändert. Beine und Augenring gelb. **JK/Imm** | bräunlich grau; breiter dunkler Bartstreif; Unterseite graubraun gestreift; Beine und Augenring bläulich, ab Mär gelber. **Hellgraue Morphe AK** | hellgrau. **JK/Imm** | brauner. **Weiße Morphe** (Grönland) **AK** | weiß mit dunklen Flecken. **JK/Imm** | stark gefleckt.

F | Spannweite wie Mäusebussard *(S. 272)*/Habicht-♀. Aufgrund langer, breiter Armflügel sind Flügelschläge langsamer und flacher als beim Wanderfalken. Flügelspitze stumpf; **Schwanz/Bürzel breit**; Brust tief. Rücken/Bürzel/Schwanz einfarbig (Wanderfalke hat helleren Bürzel). **AK** Unterflügel dunkel gefleckt, **Schwungfedern hell**. **JK/Imm** graubraun, Oberflügel hell gebändert; Unterflügeldecken dunkel; **Schwungfedern und Schwanz heller**. Brust stark gestreift.

Wanderfalke | Würgfalke *S. 318*
Lannerfalke *S. 319* | Habicht *S. 302*

Sehr seltener Gast aus N-Europa

Tundra, Felsen, offene Moore

S | Rau und tief gackern (langsamer als Wanderfalke

Imm hellgraue Morphe

AK dunkelgraue Morphe

Bei den **grauen Morphen** sind Kapuze/Bartstreif **weniger deutlich abgesetzt** als beim Wanderfalken.

JK

Imm hellgraue Morphe (Island) ganzjährig

AK dunkelgraue Morphe (Skandinavien) ganzjährig

angelegte Flügel kürzer als Schwanzspitze

JK Jun–Apr

Vorsicht mit entflogenen Falken (einschließlich Hybriden), die außerhalb des normalen Vorkommensgebiets von dunkleren Gerfalken für Bestimmungsprobleme sorgen können *(S. 319)*.

Vanderfalke
alco peregrinus

♂ 38–45 cm; ♀ 46–51 cm
P ♂ 87–100 cm; ♀ 104–114 cm

roßer, kräftiger Falke mit breitem örper; große Füße. **Scheitel :hwärzlich**. Breiter, **schwarzer artstreif**; Hals weiß. **AK** | oben rau, unten weiß, Bauch/Flanke rau gebändert. Beine und Augenng gelb. **♂AK** | Oberseite bläu:h; Unterseite rosa angehaucht, rust weiß. **♀AK** | matt grau, nterseite weniger rosa als ♂. **K** | brauner, aber **Kopfmuster** vie bei **AK**; Unterseite beige, :hwarz gestreift; Schwanzspitze elblich beige. Beine und Augenng bläulich.

| Am Nest: laut, rau *krä-krä-krä*, tternd *kek-kek-kek-kek*; verschiedee winselnde Laute.

F | Direkt, kraftvoll; **tiefe Flügelschläge**; im Direktflug wenig oder kein Gleiten, aber oft ohne Flügelschläge kreisend. Hinterkörper breit, Bürzel hell (beim Baumfalken schmal, dunkler). Flügel am Ansatz breit, Verjüngung zu stumpfer Spitze beim ♀, spitzer beim ♂. Bei zurückgebogenen Flügeln ergibt sich zusammen mit dem kurzen Schwanz ein ankerförmiges Profil. Kreist meisterhaft zu großer Höhe, dabei Flügel leicht aufwärts gebogen. Jagt Beute in schneller, direkter Verfolgung, mit Aufwärtsschwung von unten oder im Sturzflug mit angelegten Flügeln (mit lautem „Rauschen"). Silhouette kann manchmal an Tauben, Kolkraben *(S. 475)* oder sogar Eissturmvogel *(S. 91)* erinnern.

Gerfalke | Eleonorenfalke *S. 315*
Lannerfalke *S. 319* | Würgfalke *S. 318*
Baumfalke *S. 314* | Habicht *S. 302*

Seltener Brut- und Gastvögel

Brütet an Felswänden, Steilküsten, hohen Gebäuden, auf Bäumen

In Europa wurden fünf SSPP. nachgewiesen: ***peregrinus*** (verbreitet); ***brookei*** (Iberien bis Türkei) kleiner, unten rötlicher; ***calidus*** (N-europäische Tundra) groß und hell, Scheitel und schmaler Bartstreif gräulich; ***tundrius*** (Ausnahmegast aus N-Amerika/Grönland) hell – wie ***calidus*** mit weißer Stirn, aber Scheitel und Bartstreif schwärzer, **JK** heller sandbraun; ***pelegrinoides*** („Wüstenfalke", manchmal als separate Art betrachtet) (Kanaren) kleiner, blauer grau als ***peregrinus***, mit etwas Rotbraun im Nacken, aber oft schwer zu erkennen.

AK

AK

große Spanne von hell bis dunkel

JK

SSP. ***peregrinus***

AK

AK

„Wüstenfalke" SSP. ***pelegrinoides***

AK ganzjährig

„Wüstenfalke" SSP. ***pelegrinoides***

AK ganzjährig

SSP. ***peregrinus***

angelegter Flügel erreicht Schwanzspitze (beim Gerfalken Flügel kürzer als Schwanz)

JK Mai–Mär

FALKEN IM FLUG S. 307–30

EN Würgfalke *Falco cherrug*

EN **G** 45–57 cm | **SP** 97–126 cm

Sehr großer, stämmiger Falke (von der Größe her näher am Gerfalken als am Wanderfalken); ♂ schlanker als ♀. **AK** | Oberseite **gelbbraun**; Scheitel braun gestrichelt. Heller Überaugenstreif, feiner dunkler Augenstreif und schmaler Bartstreif; Wange und Kehle hellbeige. Unterseite hell mit dunklen Flecken, **Flanke und „Hosen" dunkel**. Beine, Augenring und Wachshaut kräftig gelb. **JK/Imm** | (Altersbestimmung schwierig) unten beige, variabel dunkelbraun gestreift; Flanke gestreift oder **komplett dunkel**; Beine und Augenring bläulich.

F | Kraftvoll; Flügelspitzen beim Kreisen leicht **hochgestellt**. Oberschwanz **beige gebändert oder gefleckt**, **heller als Rücken und Flügel**. Unterseite hell. Bei ♂ **AK** und **JK** bilden die schwärzlichen Unterflügeldecken ein **großes**, **dunkles Feld**; Flanke dunkel; Kontrast zwischen hellem Handschwingenansatz und dunkler Flügelspitze. ♀ **AK** viele haben helle Unterflügeldecken.

Wanderfalke S. 317
Gerfalke S. 316 | Lannerfalke

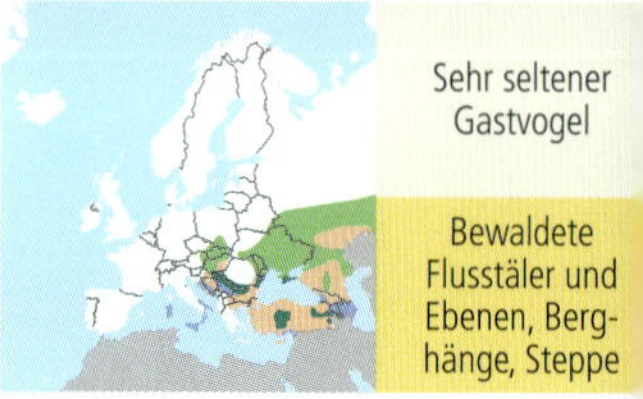

In Europa lebt SSP. ***cherrug***.

S | Am Nest rau gackernd *kjak-jak-jak-a* sonst stum

annerfalke *Falco biarmicus*

39–48 cm | **SP** 88–113 cm

roßer Falke, schlanker als Ger- und Würgfalke, langschwänziger als Vanderfalke. **AK** | Oberseite grau, braun gebändert; **Hinterscheitel, Vange und Hinterhals rotbraun** (vgl. Wanderfalke *pelegrinoides*). unkler Augenstreif, **schmaler** schwärzlicher Bartstreif. Unterseite eiß, grau gebändert; „Hosen" **hell**. Beine und Augenring gelb. **K** | „Hosen" beige und braun gestrichelt; Schwanz dunkel. Schwarer Bartstreif **in Verbindung** mit schwärzlichem Augenfleck. Beine nd Augenring gräulich.

| Flügel relativ **schmal**, **hängend**, Spitzen beim Kreisen leicht hochgeogen; Direktflug mit elastischen Flügelschlägen, bei der Verfolgung von eutevögeln schneller und tiefer. **Oberseite gräulich** (weniger braun als Vürgfalke). Unterseite dunkel, schwarz gestrichelt, mit ausgedehntem eigem Bereich um Beine und Unterschwanz; **dunkle Flügeldecken der dunkles Band auf Flügelmitte** im Kontrast zu hellen Schwungedern; Schwanz dunkel.

Wanderfalke S. 317
Gerfalke S. 316 | Würgfalke

Kein Vorkommen in Mitteleuropa (aber mglw. Gefangenschaftsflüchtling)

Trockene Ebenen, untere Berghänge

Zwei ähnliche SSPP. festgestellt: ***feldeggii*** (S-/SO-Europa); ***erlangeri*** (Ausnahmegast aus NW-Afrika) hellere blaugraue Oberseite.

S | Am Nest raues Gackern, schnelles Rattern und langgezogene, quiekende Töne.

AK

AK

JK

dunkles Band auf Flügelmitte

ACHTUNG: Abgebildet ist SSP. ***tanypterus*** aus NO-Afrika/SW-Asien; die europäische SSP. ***feldeggii*** sieht sehr ähnlich aus, ist aber etwas kleiner.

JK
Jun–Dez

AK
ganzjährig

angelegter Flügel reicht Schwanzspitze

Aus Kreuzungen in Gefangenschaft gehen schwer bestimmbare Hybriden hervor, z. B. Gerfalke × Würgfalke (oben) und Wanderfalke × Lannerfalke (unten); Begegnungen mit aus Gefangenschaft entflogenen Vögeln sind überall möglich.

Kuckucke, Eisvögel, Spinte, Racken, Wiedehopfe

sind singvogelähnliche Gruppen, die meisten mit zwei nach vorn und zwei nach hinten gerichteten Zehen.

KUCKUCKE 6 Arten [3 Ausnahmegäste] *(S. 321–323, 584)* Schlank, langschwänzig; lange Flügel hängen beim Sitzen oft herab, dadurch im Profil stämmiger oder eckiger wirkend. Alle Arten sind Langstreckenzieher. **Flug** Gleichmäßig schnelle Schläge mit am Ansatz breiten Flügeln; kleiner Kopf angehoben. **Alters- und Geschlechtsbestimmung, Mauser** Geschlechter sehen gleich aus (bei manchen Arten geringe Unterschiede). Keine jahreszeitlichen Unterschiede; Jungvögel brauner als Altvögel. Bei Altvögeln Vollmauser nach dem Herbstzug; Jungvögel mit Teilmauser zum 1LJ-Gefieder, dann wie Alterskleid mit einigen verbliebenen Jugendkleidfedern.

KUCKUCK

Bestimmung: Muster auf Oberseite (gefleckt oder einfarbig) | Unterflügelmuster | Stimme

Nearktische Kuckucke *(S. 584)*

Zwei Arten als Ausnahmegäste aus N-Amerika, aber meist nicht lange überlebend.

GELBSCHNABELKUCKUCK

EISVÖGEL 4 Arten [1 Ausnahmegast] *(S. 324–325, 586)* Aufrecht, kurzschwänzig, sehr kurzbeinig; großer Kopf und dolchförmiger Schnabel sorgen im Sitzen für sehr kopflastigen Eindruck. Füße klein, die beiden äußeren Zehen sind teilweise miteinander verwachsen. Obwohl nicht alle Eisvögel Fisch fressen oder ins Wasser tauchen, ist dies bei den europäischen Arten der Fall. Standvögel mit kurzen wetterabhängigen Wanderungen, aber eine Art ist in einigen Regionen Zugvogel. **Flug** Schnell und niedrig; Eisvogel mit kurzen Flügeln und schwirrenden Bewegungen; größere Arten langflügeliger und wendiger; alle mit Aufwärtsschwung zum Ansitz. **Alters- und Geschlechtsbestimmung, Mauser** Geringe Unterschiede zwischen Geschlechtern. Altvögel ohne saisonale Unterschiede; Jungvögel matter. Altvögel mit Vollmauser nach der Brutzeit und Teilmauser im Frühjahr, insgesamt variabel und mit höherem Alter unregelmäßiger. Jungvögel mausern nach dem Ausfliegen (Beginn Mär–Okt), einige nicht vor Dez.

EISVOGEL

Bestimmung: Färbung (alle Arten eindeutig)

SPINTE 3 Arten [1 Ausnahmegast] *(S. 326, 585)* Recht lang und schlank mit verlängertem Schwanz, spitzem, leicht abwärts gebogenem Schnabel und sehr kurzen Beinen. Beide brütenden Arten sind Langstreckenzieher. **Flug** Langflügelig und agil, Insekten werden im Flug mit dem Schnabel gefangen. **Alters- und Geschlechtsbestimmung, Mauser** Geschlechter gleich. Altvögel blasser nach Vollmauser Jul–Feb, Teilmauser von Dez–Mär. Jungvögel sind matter gefärbt als Altvögel und mausern bis März ins 1S-Kleid.

BIENENFRESSER

Bestimmung: Färbung der Oberseite | Kopfzeichnung

RACKEN 2 Arten [1 Ausnahmegast] *(S. 327, 585)* Etwas krähenartig *(S. 471)*, aber unverwechselbar gefärbt. **Flug** Kräftig, direkt, Flügel leuchtend blau; „taumelnder" Balzflug. **Alters- und Geschlechtsbestimmung, Mauser** Geschlechter sehen gleich aus. Geringe saisonale Unterschiede bei Altvögeln, nach Vollmauser von Jun–Dez blasser gefärbt; Teilmauser Jan–Mär. Jungvögel sind matter gefärbt als Altvögel, mausern von Sep–Dez ins 1W-Kleid, oft gefolgt von Teilmauser ins 1S-Kleid von Jan–Mär.

BLAURACKE

Bestimmung: Schwanzform | Farbe der Handschwinge

WIEDEHOPFE 1 Art *(S. 328)* Unverwechselbar, wenn gut zu sehen (aber vgl. Eichelhäher, *S. 473*) – schlanker Körper und breite Flügel; große Haube, die angelegt oder fächerartig aufgestellt sein kann. Läuft auf kurzen Beinen und stochert mit langem, dünnen Schnabel nach Wirbellosen. **Flug** in kurzen Bögen. **Alters- und Geschlechtsbestimmung, Mauser** Geschlechter gleich. Altvögel mausern von Jul oder Sep bis Feb, offenbar gibt es keine vorbrutzeitliche Mauser. Jungvögel sind matt gefärbt und mausern von Aug–Feb.

WIEDEHOPF

›äherkuckuck *Clamator glandarius*

35–39 cm | **SP** 60–65 cm

›oßer, schlanker Kuckuck; Oberseite grau mit **weißen Flecken**; ›nterseite ungezeichnet beigeweiß. Sitzt mit angelegten, oft hän›nden Flügeln; häufig auf dem Boden hüpfend. **AK** | **Scheitel und ›urze Haube hellgrau**, Nacken schwärzlich; Oberseite dunkelgrau, ›it **dreieckigen weißen Flecken** übersät (brauner mit kleineren ›eißen Flecken Mär–Aug); Auge gelblich bis dunkelbraun, Augen›ng grau. **JK** | **Scheitel schwarz**; Oberseite schwärzlich braun mit ›nden weißen Flecken; Flanke und Bauch olivbraun; Auge dunkel›aun, Augenring orangerot. **1S** | variabel; Scheitel grau und ›hwärzlich gemischt, Flügel mit etwas Rotbraun.

| Ruft kratzig, spechtartig ratternd, langsamer werdend *kek-ek-eke›kekekek ek ek ek*.

Ausnahmegast aus S-Europa

Heide, Pinienwälder, Olivenhaine

F | Profil und Bewegung erinnern an langflügelige Elster *(S. 479)*. **AK** Oberflügel grau mit langen Reihen weißer Flecken. **JK** rotbraun an allen Handschwingen. **1S** wie mattes **AK** mit Rotbraun an äußeren Handschwingen.

›CHTUNG: Alle Altersklassen mausern von Jul–Feb; das Ersetzen der ›edern variiert zeitlich, daher sehen manche 1S-Vögel wie im JK aus, andere eher wie Altvögel.

1S AK-ähnlicher Vogel

1S Mär–Okt

JK

rotbraunes Handschwingenfeld

AK

JK ›ai–Sep

Jungvögel haben eine schwarze Kappe und ein rotbraunes Handflügelfeld, das im Flug am stärksten auffällt.

AK/1S ganzjährig

Legt seine Eier bevorzugt in Nester der Elster.

LC Kuckuck *Cuculus canorus*

LC **G** 32–36 cm | **SP** 54–60 cm

Großer, langer, schlanker Kuckuck; Oberseite einfarbig grau oder braun mit schwarzer Bänderung; Unterseite weiß, schwarz gebändert. Kopf klein; Schnabel kurz, nach unten gebogen. Flügelspitze hängt oft unter dem angehobenen langen, weiß gefleckten Schwanz. ♂ | Oberseite und Hals/Brust grau. ♀ | einige wie ♂, aber viele mit Beige an Hals/Brust; zudem gibt es eine braune Morphe. **JK** | Oberseite gräulich oder rötlich braun, schwarz und weiß gebändert; Hals weißlich; Schwanz wie bei rotbraunem ♀, aber schwarze Bänder breiter als rotbraune Abschnitte.

S | Weich, weittragend *gu-kuu*. ♀ mit laut blubberndem, glucksendem Triller. ♂ ruft auch leise keuchend *gek-chä-chä-chä-chä*.

F | Flügel mit breiter Basis, Handflügel spitz zulaufend; Schwanz breit. Flügelschläge schnell und tief; schmaler Kopf angehoben; helles Band auf Mitte des Unterflügels.

Mittelhäufiger Bru vogel und Durch zügler Apr–Sep

Halboffene Landschaft, Schilfgebiete, Wälder

Zwei SSPP. mit Übergangsformen: ***canorus*** (verbreitet); ***bangsi*** (Iberien, Balearen) etwas kleiner.

Jungvögel betteln mit lautem *psrieh* um Futter. Hier hat ein Drosselrohrsänger die Pflegeelternschaft, häufiger sind diesbezüglich Teichrohrsänger, Pieper und Heckenbraunellen beteiligt.

Gebänderte braune oder graue Jungvögel erinnern an Sperber, haben aber einen rundere Kopf und kürzere Beine.

Braune Morphe be ♀: rotbraun mit schwarzen Bänder auf der Oberseite und rotbraun-schwarz gebänder tem Schwanz (rot braune Bänder an breitesten).

·lopfkuckuck

·uculus optatus

· 30–34 cm | **SP** 50–55 cm

·ehr ähnlich Kuckuck, aber Schnabel etwas ·icker; Unterschwanzdecken beige, meist un-·ezeichnet. ♂ | Hals und Brust grau. ♀ | Hals ·hwarz und beige gebändert. **Rotbraune ·/JK** | wie rotbraune Kuckuck-♀ (einige ·n **JK** viel grauer), aber alle mit breiteren ·hwarzen/grauen Bändern auf Rücken und ·hwanz, Kehle dunkler.

Kein Vorkommen in Mitteleuropa

Nadel- und Birkenwälder, Obstgärten

Bisher SSP. des Himalajakuckucks **C. saturatus**.

F | Gestalt und Bewegung wie Kuckuck; breites weißes Band auf Unterflügel mit schwarzem Rand.

S | Schnelle Folge doppelter, gleich betonter Laute *pu-pu pu-pu pu-pu* **(ähnlicher dem Wiedehopf**, *S. 328*, **als dem Kuckuck)**.

Eisvogel *Alcedo atthis*

LC LC **G** 17–19 cm | **SP** 25 cm

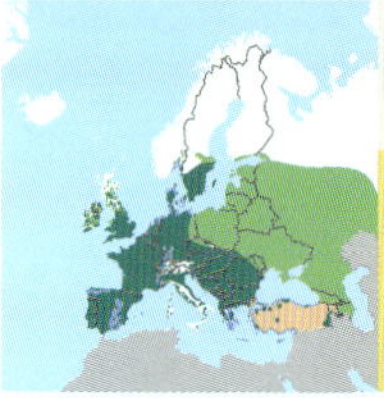

Mittelhäufiger Brut- und Gastvogel

Seen, Flüsse, Bäche; im Winte[r] auch Küste

Unverwechselbar, kleiner als Star *(S. 379)*, kompakt mit sehr kurzem Schwanz. Oberseite **türkis/blau**, **Unterseite orange**. **AK** | Scheitel, Rücken und Flügel **grünlich bis rein blau**; **Bürzel leuchtend blau** (in starkem Sonnenlicht lebhaft glänzend); weißes Feld hinter den orangen Ohrdecken. **Beine rot** (matter im Winter). ♂ | Schnabel schwarz, am Unterschnabel ein Drittel oder weniger orange. ♀ | zwei Drittel des Unterschnabels orange. **JK** | matter als **AK**, mit dunklerem Brustband; Schnabel und Beine dunkel.

Zwei SSPP.: ***ispida*** (verbreitet); ***atthis*** (S-Europa) mit geringen Größenunterschieden und Übergängen.

S | Oft zuerst zu hören: scharfer, hoher Pfeifton beim Vorbeifliegen, *zii* oder *zii-tii*, auch in schneller Reihe.

F | Dickbäuchig, aber schnell, m[it] schwirrenden Flügeln; **Aufleuchten d[es] intensiven Türkis** sofort auffäll[ig].

Je nach Lichtbedingungen und Situation sind entweder die weißen Felder an Hals und Kehle (am scheinbar dunklen Vogel) oder die leuchtend blaue Oberseite am auffälligsten.

Jungvögel blasser, Beine dunkler; ab Nov wie AK, Beine noch mit orangen Flecken (aber bei einigen Altvögeln Beine ähnlich).

iraufischer *Ceryle rudis*

25–30 cm | **SP** 30–33 cm

nverwechselbarer, **schwarz-weißer** Eisvogel
it kurzem, „stacheligem" Schopf; Beine
:hwarz. Gesellig. ♂ | breites schwarzes Brust-
and über schmalerem. ♀ | einzelnes, vorn
nterbrochenes Brustband. **JK** | wie ♀ mit nur
nem grauschwarzen Brustband, aber einigen
rauen Federn auf der Unterseite.

| Ruffreudig; laute pfeifende und trillernde Rufe.

F | **Rüttelt häufig**; Flügel lang, **schwarz-weiß mit auffälligem weißem Feld im Handflügel**.

Kein Vorkommen in ME

Flüsse, Seeufer

In Europa lebt SSP. ***rudis***.

Braunliest *Halcyon smyrnensis*

27–29 cm | **SP** 30–33 cm

roßer **blau-brauner**, aufrecht stehender
svogel. **AK** | **Kopf braun**; **Rücken**, **Flügel**
nd Schwanz lebhaft blau bis türkis;
ehle/Vorderbrust weiß; unten rotbraun.
chnabel und Beine rot. **JK** | matter/grauer
raun als **AK**; Kehle/Vorderbrust weiß, blass
lauer Rücken mit etwas dunklerem Schup-
enmuster; Schnabel dunkel rotbraun;
eine bräunlich.

| Singt lauten, schnell blubbernden
iller; ruft schnell, durchdringend
i-pi-hü-hü-hühühühühü.

F | Niedriger, schneller, recht kraftvoller Flug; Flügel lang, überwiegend **leuchtend blau mit auffälligem weißem Feld im Handflügel**.

Kein Vorkommen in ME

Flüsse, Seeufer

In Europa kommt SSP. ***smyrnensis*** vor.

Jungvögel sind anfangs an Kopf und Flügel dunkler und brauner als Altvögel, Schnabel und Beine sind blasser gefärbt, aber das Muster ist unverwechselbar.

LC Bienenfresser
LC *Merops apiaster*

G 25–29 cm | **SP** 36–40 cm

Schlanker, bunter Luftjäger mit langem, abwärts gebogenem Schnabel und langem Schwanz; oft frei auf Ansitz zu sehen. **PK** | Scheitel und Nacken **dunkel rotbraun**; Rücken **rostbraun**, an den Seiten **goldbeige**; **Kehle gelb mit schwarzer Umrandung**; unten blass grünlich blau. Spitzer Schwanzspieß. Auge dunkelrot. **SK/JK/1LJ** | blasser, grüner, Schwanzspieß kurz oder fehlend. Auge im **JK** braun.

S | Weit hörbar, tief, weich rollend, wiederholt *prrütt*.

Im Vergleich zum Schlichtkleid ist das Jugendkleid blasser, der Schwanz ist kürzer.

Beide Spinte ähneln dem *Smaragdspint S. 585*

F | Lange, dreieckige Flügel; Schwanz mit **spitzem**, **zentralem Spieß**; Unterflügel mit **schwarzem Hinterrand (breit am Arm-, schmaler am Handflügel)**. Tiefe, schnelle, rudernde Flügelschläge im Wechsel mit **Gleiten und Kreisen** auf **gerade gehaltenen**, **gestreckten** Flügeln, dazwischen plötzliches **„Spurten“** zum Fang von Insekten.

Seltener Brutvogel und Durchzügler Mai–Sep

Halboffene Landschaft, brütet in lehmigen/sandigen Steilwänden

LC Blauwangenspint
LC *Merops persicus*

G 28–32 cm | **SP** 35–39 cm

Größe und Gestalt wie Bienenfresser, aber **Scheitel, Oberseite und Unterseite grün**; Kehle gelb mit diffusem, **rotbraunem Fleck** (ohne schwarze Umrandung). **PK** | schwarze Maske, darüber und darunter hellblau/weiß. Schwanz mit zentralem Spieß (länger als beim Bienenfresser). **SK/JK/1LJ** | blasser; Schwanzspieß kurz oder fehlend.

S | Rollende Rufe wie Bienenfresser, aber etwas höher und dünner.

F | Gestalt und Flugweise wie Bienenfresser. Schwanz mit **langem**, **zentralem Spieß**; schwarzer Hinterrand des Unterflügels **durchgehend schmal**.

Im JK Kehle matt rotbraun, nur Oberkante hell.

Ausnahmegast aus SW-Asien

Offenes Gelände, buschige Flusstäler

In Europa kommt SSP. ***persicus*** vor.

ʙlauracke *Coracias garrulus*

· 29–32 cm | **SP** 35–39 cm

ɪnverwechselbarer, krähenähnlicher Vogel; ɪestalt ähnlich Dohle *(S. 476)*, jedoch **roßer**, **breiter Kopf**, längerer Schnabel, chmaler Schwanz und sehr kurze Beine. ann im Sitzen recht düster wirken, im ug dagegen auffällig farbenfroh. **AK** | opf, Flügel und Unterseite matt oder räftig türkisblau; Rücken **hell rotbraun**. n Herbst beige Federränder. **JK/1W** | viel lasser als **AK**: oben rötlich sandbraun, nten hell türkis, diffus dunkel gestrichelt; tirn und Kehle beige; dunkler Augenreif.

Senegalracke S. 585

S | Kurze, harte, krähenartige Rufe.

F | Flügel und Schwanz recht lang; Flugweise wie Taube *(S. 240)* oder Kiebitz *(S. 163–165)*. Oberflügel **leuchtend türkis**, blau und schwarz.

Ehemaliger BV, AG aus dem Süden Mai–Sep

Waldränder, Heide, offene Landschaft mit Baumgruppen

In Europa lebt SSP. ***garrulus***.

Von Aug–Mär sind die Farben durch helle Federsäume weniger auffällig.

AK
ganzjährig

JK
Jun–Okt

Mit ihren beigebraunen Federrändern stechen Jungvögel weniger ins Auge als Altvögel.

LC Wiedehopf *Upupa epops*

LC **G** 25–29 cm | **SP** 44–48 cm

Unverwechselbarer, am Boden fressender Vogel mit langer Federhaube und **schwarz-weißer Bänderung auf Flügeln und Schwanz**. Gestalt **lang und flach** mit kurzen Beinen; langer, **leicht abwärts gebogener Schnabel**. Haube meist zu **flachem „Keil"** angelegt, kann kurz zu breitem, halbkreisförmigem, **orangem** Fächer aufgestellt werden. **AK** | Oberseite **schwarz-weiß gebändert**, verschwimmt mit Licht und Schatten bei der Nahrungssuche am Boden. Vorderrücken hellbraun; Kopf und Brust beigegrau bis orangerosa. **JK** | blasser, im Nacken etwas grauer.

F | Leicht wellenförmig mit unregelmäßigen, flatternden Flügelschlägen bis unter den Körper; Flügel breit, oval; **schwarz-weiße Bänderung** sehr auffällig.

Eichelhäher *S. 473*

In Europa lebt SSP. ***epops***.

S | Einfache, weittragende tiefe, hohle Rufe *hup-hup-hup*, dabei Kehle aufgepumpt, Schnabel nach unten gehalten und Haube angelegt.

Haube wird bei Beginn der Balz aufgestellt, häufiger aber nach der Landung, bei Störung oder beim Füttern der Jungen.

Spechte

haben kräftige Schnäbel und „zygodactyle" Füße (zwei Zehen nach vorn, zwei nach hinten ge-chtet), die guten Halt an Baumstämmen bieten. Standvögel oder Teilzieher. **13 Arten [2 Ausnahmegäste]**.

WENDEHALS [1 Art] *(S. 337)* Klein, spitzer Schnabel; gerundeter Schwanz; einzigartiges braun-grau-beiges Muster. Flug direkt, wellenförmig. **Alters- und Geschlechtsbestimmung**, **Mauser** Geschlechter sehen gleich aus. Keine jahreszeitlichen Veränderungen. Altvögel mit Vollmauser Jun–Sep, Teilmauser Feb–Mär. Jungvögel sehr ähnlich Altvögeln; Teilmauser nach dem Ausfliegen, im Winter vollendet. Einziger weit ziehender Specht.

ANDERE SPECHTE Steifer, spitzer Schwanz unterstützt Halt am Stamm; spitzer Schnabel zum Extrahieren der Nahrung aus der Borke, zum Zimmern der Nisthöhle und zum Trommeln an Ästen als Reviermarkierung. Laute Kontaktrufe. Auch Nahrungssuche am Boden, bei Gefahr Flucht in Bäume. **Flug** kraftvoll, direkt, mit Serien von Flügelschlägen zwischen langgezogenen Bögen mit angelegten Flügeln. **Alters- und Geschlechtsbestimmung**, **Mauser** Geschlechter sehen fast gleich aus. Keine saisonalen Unterschiede. Altvögel mit Vollmauser vom Ende der Brutzeit bis Nov. Jungvögel mit anderem Kopfmuster als Altvögel; Mauser beginnt vor dem Ausfliegen, bis Nov abgeschlossen. Es lassen sich vier Untergruppen unterscheiden:

Schwarzspecht [1 Art] *(S. 331)* Sehr groß; ganz schwarz, nur Scheitel/Nacken rot und Schnabel hell.

„Bunte" Spechte [5 Arten] *(S. 334–337)* Schwarz, weiß und beige, einige mit Rot an Kopf und Unterschwanz; am besten anhand von Größe, Kopf-/Halsmuster, Stimme und Verbreitung anzusprechen.

Dreizehenspecht [1 Art] *(S. 338)* Wie „Buntspechte", aber am Kopf mit Gelb statt Rot.

„Grüne" Spechte [3 Arten] *(S. 332–333)* Grün, unten heller, am Bürzel gelber; keine schwarz-weißen Abzeichen, aber Kopfmuster mit Rot und Schwarz.

Bestimmung: Größe | Körperfarbe (braun, schwarz-weiß, grün oder schwarz) | Kopfmuster | Muster auf Oberseite

KLEINSPECHT *(S. 337)*

MITTELSPECHT *(S. 335)*

WEISSRÜCKENSPECHT *(S. 336)*

WENDEHALS *(S. 337)*

SCHWARZSPECHT *(S. 331)*

BLUTSPECHT *(S. 335)*

BUNTSPECHT *(S. 334)*

DREIZEHENSPECHT *(S. 338)*

GRÜNSPECHT *(S. 332)*

IBERIENGRÜNSPECHT *(S. 333)*

GRAUSPECHT *(S. 333)*

Spechte im Flug

Schwarzspecht
Dryocopus martius

G 45–55 cm | **SP** 64–84 cm

Sehr großer Specht mit charakteristischer Gestalt und typischem Verhalten sowie einzigartigem, **schwarzem Gefieder**. Oft zuerst zu hören. Sitzt aufrecht am Baum, kann aber auch am Boden um umgestürzte Bäume und Baumstümpfe hüpfen. Kopf rundlich oder mit eckigem Nacken; Schnabel weißlich, dolchförmig. **AK** | **schwarz**, **am Kopf mit Rot**; Augen weiß. ♂ | ausgedehnte rote Kappe. ♀ | nur am Hinterkopf rot. **JK** | sehr ähnlich **AK**, aber matt schwarz, Scheitel matt rot; Augen dunkler.

S | Laut lachend *kvik-kvi-kvi-kvi-kvi-kvi*, hell *kli-ööh* oder (im Flug) dumpf *krrü-krrü-krrü*. Trommelwirbel laut, hart, eher langsam, 2–3 Sekunden lang.

F | Schnell, Kopf hochgehalten, Flügel nach unten geschlagen; weniger wellenförmig als andere Spechte, wirkt etwas unregelmäßig (erinnert oft an Tannenhäher, *S. 478*); Schwanz spitz.

Mittelhäufiger Brut-/Jahresvogel

Alte Buchen-, Misch- und Nadelwälder

In Europa lebt SSP. ***martius***.

„GRÜNE" SPECHTE mit langem Körper und dolchförmigem Schnabel, laut „lachende" Rufreihen. Oberseite grün, aber Bürzelbereich auffallend gelb; schwarzer oder roter Wangenstreif. Nahrungssuche am Boden, dabei Schwanz nach unten gehalten. Mit langer klebriger Zunge wird nach Ameisen gesucht.

LC Grünspecht *Picus viridis*

LC **G** 31–33 cm | **SP** 45–51 cm

Großer Specht, größer als Amsel *(S. 385)*; kurzbeinig, am Boden Kopf erhoben, Schwanz gesenkt. Oft aufrecht hinter Baumstamm oder Pfosten geklammert und dann nicht sichtbar. **AK** | oben kräftig grün, **Kappe glänzend rot**; Bürzel gelb; Unterseite hell grünlich. Wangenstreif bei ♀ schwarz, bei ♂ rot mit schwarzem Rand. Helles Auge in schwarzem Feld ergibt „starrenden" Ausdruck. **JK** | Wange gestreift; Unterseite grün mit weißlichen Punkten; Unterseite schwarz gefleckt.

F | Fliegt mit schnellen Flügelschlägen auf, entfernt sich dann mit ausgeprägt wellenförmigem Flug. Kräftig **gelber Bürzel** sticht ins Auge.

Pirol [♀/Imm] S. 376

Mittelhäufiger Brut-/Jahresvogel

Wälder, Feldgehölze, Parks, Gärten

Zwei SSPP.: ***viridis*** (weit verbreitet); ***karelini*** (Italien, SO-Europa) matter, mit grauerer Oberseite und weißerer Unterseite.

S | Ruft explodierend laut, hell lachend *kjü-kjü-kjü*; Gesang aus 10–18 solchen Tönen, nicht deutlich abfallend. Selten trommelnd.

Jungvögel sind grauer und stärker gefleckt als Altvögel; sie wirken „urtümlich", fast „reptilienartig".

berien-
grünspecht
'icus sharpei

; 31–33 cm |
;P 45–51 cm

Kein Vorkommen in ME

Waldland

;roßer Specht, sehr ähn-
ch Grünspecht, aber
Jnterseite mehr gelblich
jrün. **AK** | Wange düster,
lunkelgrauer Augen-
leck klein und **schwach ausgeprägt** (beim Grün-
pecht schwarz). ♂ | roter Wangenstreif ohne schwar-
:en Rand. ♀ | Wangenstreif ganz schwarz. **JK** | wie
♀ mit kleinen dunklen Flecken und v-förmigen Bin-
len auf der Unterseite.

; | Ruft tief *kjack* und explosiv *kjük*, schärfer und
lünner als Grünspecht; Gesang aus Reihen von bis
u 20 *kjü*-Lauten. Selten trommelnd.

' | Ausgeprägter Wellenflug wie Grünspecht,
eigt ebenfalls gelben Bürzel.

LC LC Grauspecht
Picus canus

G 28–33 cm |
SP 40–50 cm

Mittelhäufiger Brut-/Jahresvogel

Mischwälder, Auwälder, Parks

Großer „grüner" Specht; Kopf rundlich, „halslose" Gestalt; Schnabel kleiner und Hinterkörper spitzer zulaufend als bei Grünspecht; meist durch Rufe zu lokalisieren. **AK** | Oberseite olivgrün; **Kopf grau** mit **schmalem schwarzem Wangenstreif**.
♂ | mit **roter Stirn**. ♀ | **ohne Rot**. **JK** | Kopf grau, ohne Rot; schwacher Wangenstreif; Unterseite wenig gefleckt.

S | Gesang aus Reihe **abfallender** Pfiffe, **zum Ende hin langsamer**; klingt trauriger als Grünspecht. Langes, gleichmäßiges Trommeln (1,2–1,5 Sekunden).

F | Wellenförmig, wie Grünspecht, aber mit geringerer Amplitude; Hals dicker. Bürzel **matt** hellgelb.

In Europa lebt SSP. ***canus***.

SPECHTE IM FLUG *S. 33*

„BUNTE" SPECHTE In Europa fünf Arten; kleine bis mittelgroße Spechte; untersetzt, kurzbeinig, Schnabel dolchförmig, oben schwarz-weiß, unten beige/weiß. Meist auf oder seitlich an Ästen, aber auch an Unterseite hängend, jeweils auf Schwanz gestützt. Hämmert bei Nahrungssuche schwungvoll mit dem Schnabel ins Holz. Wellenförmiger Flug: wenige Flügelschläge, dann Bögen mit angelegten Flügeln. Oft durch Rufe zu entdecken, im Frühjahr auch durch Trommeln.

Drei Arten (Bunt-, Blut-, Mittelspecht) haben **lange weiße Schulterflecke**; die anderen beiden (der große Weißrücken- und der winzige Kleinspecht) sind auf dem Rücken **weiß gebändert**.

Dreizehenspecht *S. 338* | *Gelbbauch-Saftlecker S. 585*

LC Buntspecht *Dendrocopos major*

LC **G** 23–26 cm | **SP** 38–44 cm

Mittelgroßer, lauter, auffälliger Specht, oft an Futterstellen. Oberseite schwarz-weiß mit **langem weißem Schulterfleck**; helle Unterseite oft durch Baumharz dunkler getönt; **Unterschwanz tiefrot**. Weiße Wange durch **schwarzes Querband** von **weißem Dreieck am Hals** getrennt. ♂ | roter Nackenfleck. ♀ | Nacken schwarz. **JK** | ganzer Scheitel rot (reicht bei ♂ bis hinters Auge; bei ♀ kleiner); roter Unterschwanz heller als im **AK**. Äußere Steuerfedern weiß mit dünnen schwarzen Bändern.

S | Ruft laut *kick*, ratternde Warnrufe. Im Frühjahr kurze, schnelle, abrupt endende Trommelwirbel (0,4–0,8 Sekunden), oft auch schwach (besonders von ♀). Laute quiekende Bettelrufe von Jungvögeln in Höhle.

F | Wellenflug, auch hoch mit gleichmäßigen, weichen Schwüngen; dazwischen wenige schnelle Flügelschläge.

Es kommen sieben SSPP. vor, auch Übergangsformen: im Norden größer, dickschnäbliger und unten weißer als im Süden; ***hispanus*** (Iberien) kann Rot an Brust/Bauch haben; ***canariensis*** (Teneriffa) und ***thanneri*** (Gran Canaria) unten oliv, Flanke weiß.

Im JK kann das schwarze Band zwischen Wange und Hals unterbrochen sein ähnlich wie bei Blutspecht, aber äußere Steuerfedern **überwiegend weiß, schwarz gebändert**.

Mittelspecht
Dendrocoptes medius

G 20–22 cm | **SP** 35–38 cm

Mittelgroßer, schlanker Specht. Hellroter Unterschwanz geht in gestrichelten Bauch über; Scheitel ganz rot (kein schwarzer Rand); Gesicht weiß, ohne schwarzes Band vom Schnabel zum Hals. ♂ | mit knallrotem Scheitel, der gesträubt werden kann. ♀ | wie ♂, aber etwas kleiner, Schnabel kürzer; weniger Rot am Scheitel. **JK** | matter als **AK**, Unterschwanz schwächer rosa; Scheitel rot mit grauen Sprenkeln.

S | Nasal quäkend *wääd-wääd-wääd* und hell *kik-gägägägäg*. Trommelt nicht.

Mittelhäufiger BV/JV

Laubwälder

Es kommen drei fast identische, ineinander übergehende SSPP. vor: ***medius*** (verbreitet) wird nach Süden dunkler mit stärkerer Flankenzeichnung; ***anatoliae*** (W-/S-Türkei); ***caucasicus*** (N-Türkei, Kaukasus).

F | Wellenförmig, wie Buntspecht, aber weniger kraftvoll.

AK ganzjährig

AK ganzjährig

♀ oft nicht von ♂ unterscheidbar; Scheitel kann matter sein, Wange mehr beige (Vogel oben wahrscheinlich ♀)

alle SSP. ***medius***

JK Apr–Okt

Blutspecht
Dendrocopos syriacus

G 23 cm | **SP** 38 cm

Mittelgroßer Specht, oben schwarz mit **langem weißem Schulterfleck**; sehr ähnlich Buntspecht, aber Unterschwanz heller rosarot. **Weiße Wange in Verbindung mit Weiß am Hals** (keine schwarzes Querband). ♂ | Nacken rot. ♀ | Nacken schwarz. **JK** | Scheitel rot; rötliches Brustband; oft gestrichelte Flanke. Äußere Steuerfedern schwarz mit schmalen weißen Bändern.

S | Ruft *gück* (weicher als Buntspecht). Trommelt etwas länger als Buntspecht, am Ende leicht auslendend (aber viel Variation beim Buntspecht, besonders bei ♀).

Sehr seltener BV (nur NO-Österreich), sonst AG

Offenes Waldland, Obstgärten, Bäume an Flussufern

Da Buntspechte im JK ein ähnliches Gesichtsmuster zeigen, sind Blutspechte im JK am besten an den **weniger weißen** äußeren Steuerfedern zu bestimmen.

F | Wellenflug wie Buntspecht.

Wange und Halsseite durchgehend weiß; kein schwarzes Querband wie bei Buntspecht.

♂ ganzjährig

♀ ganzjährig

♂ **JK** Apr–Okt

SPECHTE IM FLUG S. 33

Weißrückenspecht

LC LC *Dendrocopos leucotos*

G 23–26 cm | **SP** 35–44 cm

Mittelgroß, aber der größte der „bunten" Spechte. Schwarze Oberseite mit breiter **weißer Bänderung** auf den Flügeln. Stirn und Wange weiß; breites schwarzes „Y" an Halsseite. Unterseite matt weiß, grau gestrichelt. ♂ | **diffus rosaroter Unterschwanz**; Scheitel rot mit schwarzem Rand. ♀ | Scheitel schwarz. **JK** | matter, bräunlicher als **AK**; schwarze Gefiederpartien weniger glänzend, weiße Partien leicht gräulich. Scheitel matt rot, dunkel gesprenkelt.

S | Ruft *güg*, tiefer/weicher als Buntspecht. Trommelt lang (1,5–2 Sekunden), dabei zunächst Abschwächung, dann Beschleunigung.

F | Ausgeprägter Wellenflug.

Sehr seltener BV/JV (Alpen)

Alte Mischwälder mit Totholz

♂

beide SSP. ***leucotos***

♀

♂ ganzjährig

SSP. ***lilfordi***

Zwei SSPP.: ***leucotos*** (M-, N-Europa) mit ungezeichnetem weißem Hinterrücken/Bürzel; ***lilfordi*** (Pyrenäen bis Balkan/Türkei) [OBEN] mit schwarz-weiß gebändertem Hinterrücken/Bürzel; Flügel breiter als bei ***leucotos***.

♂ ganzjährig

beide SSP. ***leucotos***

♀ ganzjährig

Kleinspecht
Dryobates minor

G 14–16,5 cm | **SP** 24–29 cm

Sehr kleiner Specht, sperlingsgroß *(S. 505)*; unauffällig, in Baumwipfeln oder dürrem Gestrüpp; macht meist durch Rufe auf sich aufmerksam. **AK** | oben schwarz mit **weißen Bändern**, die zu weißem Rückenfleck zusammenlaufen; unten weiß, **kein Rot am Unterschwanz**. ♂ | Scheitel rot. ♀ | Scheitel schwarz. **JK** | wie ♀ **AK**, aber schwarze Bereiche bräunlicher: ♂ **JK** Vorderscheitel rot; ♀ **JK** wenig oder kein Rot.

Mittelhäufiger Brut-/Jahresvogel

Laubwälder, Gebüsche, Obstgärten, Parks

S | Ruft ähnlich wie Turmfalke hell *kikikikiki* und ähnlich wie Buntspecht *kick*. Trommelt länger als Buntspecht (1–2 Sekunden), etwas höher und leiser, oft mehrere Wirbel in schneller Folge.

F | Hoch im Geäst flatternder Flug, sonst leichter Wellenflug. Mitunter in Meisentrupps.

Es kommen sieben SSPP. vor, von N nach S dunkler/kleiner, von W nach O größer/heller; nur am Verbreitungsgebiet bestimmbar.

Wendehals *Jynx torquilla*

G 16–18 cm | **SP** 25–27 cm

Ungewöhnlicher, unverwechselbarer, kleiner brauner Specht, der oft reglos in Büschen oder Bäumen rastet oder unauffällig an Boden Nahrung sucht (erinnert entfernt an Sperbergrasmücke, *S. 437*). Grau-braun; großer heller Kopf mit dunkelbraunem Streif durch das Auge; Oberseite hellgrau mit **dunklem Zentralstreifen** über Nacken und Rücken; Flügel fleckig rotbraun. Bürzel und langer Schwanz **hellgrau**, Schwanz dunkel gebändert. Unterseite beigeweiß mit feinen braunen Bändern. Schnabel spitz und kräftig, aber **relativ klein**. **AK** | Auge rotbraun. **JK** | blasser als **AK**; Kehle kräftiger orangebeige; Auge grau.

Wendehälse sind zwar leicht zu bestimmen, aber oft schwer zu entdecken, da gut getarnt.

Zwei SSPP.: ***torquilla*** (weit verbreitet, einige überwintern in Iberien und auf den Balearen); ***tschusii*** (Korsika, Sardinien, Italien, O-Adriaküste; einige überwintern in S-Italien) kleiner und rötlicher.

Mittelhäufiger Brutvogel und Durchzügler Mär–Okt

Feldgehölze, Obstgärten, offener Wald; auf dem Zug auch Gebüsche, Wiesen

S | Singt laut, nasal quäkend *ti-ti-ti-ti-ti-ti* oder *kjää-kjää-kjää-kjää*, erinnert an Turmfalken *(S. 310)* oder Kleinspecht. Trommelt nicht.

F● | Flug leicht wellenförmig, dabei lange Sinkphasen mit angelegten Flügeln (kann mit Sperbergrasmücke verwechselt werden, *S. 437*).

alle SSP. ***torquilla***

SPECHTE IM VERGLEICH S. 329 | SPECHTE IM FLUG S. 330

LC Dreizehenspecht
LC *Picoides tridactylus*

G 20–22 cm | **SP** 35–40 cm

Recht kleiner, **dunkler** Specht; **ohne Rot**. Oberseite schwarz mit **langem weißem Scheitelstreif**. Kopf mit drei **breiten schwarzen Streifen**, von Weiß unterbrochen. ♂ | Scheitel **gelb**. ♀ | Scheitel weißlich, fein grau gestrichelt. **♂JK** | wie ♂, aber gelber Scheitel matter, Weiß auf dem Rücken grau gebändert. **♀JK** | wie **♂JK**, aber meist ohne gelben Scheitel.

S | Nasales Kichern und weich *gig* (ähnlich Buntspecht, *S. 334*). Langes Trommeln (1–1,5 Sekunden), manchmal am Ende beschleunigt.

F | Schnell, ausgeprägter Wellenflug.

Seltener Brutvogel (Alpen, Schwarzwald)

Misch- und Nadelwälder, bewaldete Berghänge

AK

SSP. ***tridactylus***

♀

♂ ganzjährig SSP. ***alpinus***

Zwei SSPP.: ***alpinus*** (M-, O-Europa) [oben] wirkt dunkel und hat kleines weißes, schwarz geflecktes Rückenfeld, Flanke breit grau gebändert, Brust schwarz gestrichelt; ***tridactylus*** (N-Europa) hat breites weißes Rückenband, unten nahezu ungezeichnet weiß.

♂ ganzjährig

SSP. ***tridactylus***

♀ ganzjährig

Luftjäger halten sich überwiegend im Luftraum auf, um dort fliegende Insekten zu erbeuten. angstreckenzieher (eine Art auch Standvogel in S-Europa). Bei schlechtem Wetter gern im Windschatten on Bäumen und über Gewässern, wo es zu Konzentrationen von Tausenden dieser Vögel kommen kann.

SEGLER *(S. 340–343, 588)* **10 Arten [4 Ausnahmegäste]**
Stets in der Luft, außer beim Brüten oder Rasten: können weder sitzen noch stehen. Nester in Höhlungen/Spalten oder unter Vorsprüngen gebaut. Schnabel winzig, aber sehr breiter Rachen; Füße zierlich, aber kräftige Krallen geben Halt an senkrechten Strukturen. Steife, sichelförmige Flügel typisch für die europäischen Arten. **Flug** variiert von langsamem Gleiten bis zu rasantem Flug mit schnellen Wendungen, einzeln oder in Gruppen, hoch oder niedrig, oft mit deutlichen Wechseln der Flughöhe; am Brutplatz geräuschvoll. **Alters- und Geschlechtsbestimmung**, **Mauser** Geschlechter sehen gleich aus. Keine jahreszeitlichen Änderungen, aber dunkle Federn können durch Ausbleichung brauner werden; Jungvögel mit helleren Federsäumen als Altvögel.

Bestimmung: Größe | Färbung von Unterseite/Bürzel | Schwanzform

SCHWALBEN *(S. 344–347, 586–587)* **12 Arten [7 Ausnahmegäste]**
Weniger in der Luft als Segler, zwar Luftjäger, aber Rast auf Zweigen, Freileitungen, Dächern etc., besonders auf dem Zug. Nester in Höhlen und in/an Gebäuden. Schnabel klein, Rachen breit; Füße klein, bei einigen Arten befiedert. Flügel breiter, stärker gewinkelt und weniger sichelförmig als bei Seglern. Flug flüssig mit schnellen Wendungen oder mehr flatterhaft, häufig Gleitphasen, mitunter in großer Höhe. **Alters- und Geschlechtsbestimmung**, **Mauser** Geschlechter sehen gleich oder sehr ähnlich aus. Nur unbedeutende saisonale Unterschiede; Jungvögel matter gefärbt als Altvögel, bei manchen Arten mit kürzerem Schwanz.

Bestimmung: Färbung | Kopf-/Kehlmuster | Bürzelfarbe | Schwanzform

MAUERSEGLER, FAHLSEGLER UND EINFARBSEGLER *(S. 342)* sind am hellen Himmel schwer zu unterscheiden; Bestimmung anhand einzelner Fotos oft irreführend (z. B. kann ein Flügel auf Mauersegler, der andere auf Fahlsegler deuten, je nach Einfallswinkel und Intensität des Lichts).

LC NT **Mauersegler** *Apus apus*

G 17–18,5 cm | **SP** 40–44 cm

Fahlsegler | Einfarbsegler *S. 342*
Pazifiksegler S. 588

Relativ großer Segler, größer und langflügeliger als Schwalben, **insgesamt schwärzlich**; **steife**, **sichelförmige Flügel**. Stets in der Luft, außer beim Brüten (sitzt niemals auf Freileitungen, Zweigen oder Dächern). **AK** | **schwärzlich braun**; Kinn weißlich. Unterflügel wirkt im Sonnenlicht heller. Bleicht von Jun–Sep etwas aus (vgl. Fahlsegler). **JK** | vor dem Auge weiß, dunkles Feld um das Auge; feine weiße Federsäume auf Ober- und Unterseite; Unterflügeldecken schwärzlich, Kontrast zu helleren Schwungfedern.

Häufiger Brutvogel, sehr häufiger Durchzügler Apr–Sep

Luftraum über Wasser, Städten, Felswänden, Ruinen

S | Ruft schrill *srrieh*, ♀ höher als ♂, oft im Duett. Zur Brutzeit schnell fliegende Gruppen rufender Vögel.

F | Oft hoch, schnell, aber auch um Dächer jagend; tiefe, schwirrende Flügelschläge zwischen (kreisenden) Gleitphasen; auch langsame Bewegung mit einzelnen Flügelschlägen. Flügel spitz; Schwanz tief gegabelt.

Zwei SSPP. mit Übergangsform: ***apus*** (weit verbreitet); ***pekinensis*** (Ausnahmegast aus Mittlerem Osten, Asien) brauner, JK mit breiteren weißen Federsäumen an Unterseite.

ACHTUNG: Wenige Vögel haben weiße Felder (z. B. Bürzel) und können selteneren Arten ähneln.

Jungvögel mausern Körpergefieder nur im Winterquartier; 1S behält Flügel/Schwanz des JK, aber die meisten kehren bis zum folgenden Jahr noch nicht nach Europa zurück.

SSP. ***pekinensis*** schwer von Fahlsegler unterscheidbar (dieses Foto wurde in Kasachstan aufgenommen, wo mglw. nur Übergangsformen zu SSP. ***apus*** vorkommen).

·ahlsegler *Apus pallidus*

i 16–18 cm | **SP** 39–44 cm

Mauersegler | Einfarbsegler *S. 342*
Pazifiksegler S. 588

Sehr seltener Brutvogel (S-Schweiz), Ausnahmegast Mai–Nov

Luftraum über Städten, Dörfern, Felswänden

Zwei SSPP.: ***brehmorum*** (verbreitet); ***illyricus*** (Adriaküste) etwas dunkler; auch hellere SSP. ***pallidus*** (N-Afrika) möglicher Ausnahmegast.

läufiger, großer Segler in S-Europa. Wie Mauersegler, mit gleicher chneller Flugweise auf **steifen**, **sichelförmigen Flügeln**; ebenfalls ur in der Luft zu sehen. **AK** | **heller**, **brauner** als Mauersegler, Geicht heller mit auffälligerer dunkler Maske; **Oberflügel matt braun** nit **helleren Bereichen** beiderseits des Rückens; unten brauner, **ellere Federsäume erzeugen geschuppten Eindruck**, Flügelpitze dunkler als der helle Unterflügel. **JK** | wie **AK**, aber innere landschwingen unvermausert; großes dunkles Auge isoliert am natt gräulichen Kopf; hellbraune Federsäume auf Ober- und Unterseite breiter als bei jungen Mauerseglern; Unterflügeldecken braun, n hellere Flügelmitte übergehend.

| Sehr ähnlich Mauersegler, meist merklich tiefer und leicht zweisilbig.

| Schnelle, schwirrende Flügelschläge, gleitet auf steifen Flügeln; wie Mauersegler, aber Flügelspitzen ein bisschen runder und Schwanz etwas veniger gegabelt.

LUFTJÄGER IM FLUG S. 33

LC Einfarbsegler
LC *Apus unicolor*

G 14–15 cm | **SP** 36–38 cm

Sehr ähnlich Mauer- *(S. 340)* und Fahlsegler *(S. 341)*, aber heller Kehlfleck nur diffus, dunkle Maske/heller Kopf fehlen. Körper lang; Schwanz geschlossen und spitz oder weit gespreizt und tief gegabelt. **AK** | dunkelbraun, Unterflügeldecken schwärzer; feine schwarz/beige Bänder am Körper. **JK** | wie **AK**, aber Jun–Aug unterseits breitere helle Bänder, wenn Säume weniger deutlich im **AK**.

S | Hohe, schrille Schreie, sehr ähnlich Mauersegler.

Kein Vorkommen in Mitteleuropa; Jahresvogel auf makaronesischen Inseln, sehr seltener Brutvogel Iberiens.

Luftraum über Wäldern und offener Landschaft

Mauersegler *S. 340* | Fahlsegler *S. 34*

F | schnell, schneidig, manchm durch Baumwipfe

AK
ganzjährig

AK
ganzjährig

Kurzer Kopf, schmaler Flügel und langer Körper erzeugen von Mauer-/Fahlsegler abweichende Statur.

MAUERSEGLER *(S. 340)*
deutlicher Kinnfleck

EINFARBSEGLER
diffuser Kehlfleck

FAHLSEGLER *(S. 341)*
großer Kehlfleck; auffällig dunkle Maske

LC Alpensegler
LC *Tachymarptis melba*

G 20–23 cm | **SP** 57 cm

Sehr großer, kräftiger Segler; Verhalten und Gestalt typisch mit **steifen, sichelförmigen Flügeln**. Oberseite braun. Unterflügel und Unterschwanz dunkelbraun; **Bauch weiß** (Hinterrand gerade oder rund); weiße Kehle und braunes Brustband aus geringer Entfernung erkennbar.

S | Ruft unverkennbar trillernd an- und abschwellend *ti-ti-ti-ti ti ti tii tii tii ti ti-ti*, besonders im Bereich von Kolonien und in Gruppen.

F | Dynamisch, fliegt große Bereich in hoher Geschwindigkeit ab, an Fel wänden oder zur Wasseroberfläch hinabstoßend: steife Schläge de sichelförmigen Flüge zwischen seitlic geneigtem Gleite

AK
ganzjährig

AK
ganzjährig

weiße Kehle oft unauffällig

Sehr seltener Brutvogel
Mär–Okt

Luftraum über Städten, Felswänden, Schluchten

In Europa lebt SSP. ***melba***.

Haussegler *Apus affinis*

Im Bearbeitungsgebiet SSP. ***galilejensis***.

F | Steifer, flatternder Flug mit kurzen Gleitphasen; Flügel relativ breit und gerade.

G 12–13,5 cm | **SP** 32–34 cm

leiner, gedrungener Segler mit kurem, eckigem Schwanz und relativ reiten, geraden Flügeln. **AK** | chwärzlich glänzend, aber weißes inn und prominenter, breiter **weißer ürzel** (eher wie bei Mehlschwalbe nstatt schmal und u-förmig wie eim Weißbürzelsegler). **JK** | wie **AK**, ber matter, ohne Glanz.

| Helles, hohes Zwitschern.

Ausnahmegast aus SW-Asien

Luftraum über Städten und Dörfern

Weißbürzelsegler *Apus caffer*

F | Fliegt flink mit schnellen, tiefen Flügelschlägen und langen, wendigen Gleitphasen.

G 14 cm | **SP** 32–33 cm

leiner, schlanker, dunkler Segler mit **ief gegabeltem** Schwanz (oft zuammengelegt, dann spitz) und lanen, schmalen Flügeln (**zu langer pitze nach hinten gebogen**). **AK** | schwarzbraun, deutlich abgeetztes weißes Kinn, **schmales weies u-förmiges Bürzelfeld**. Etwas ellerer Armflügel schimmert von nten silbrig, schmaler weißer Hinerrand. **JK** | wie **AK**, aber helle äume an Oberflügeldecken (nutzen chnell ab); weißer Hinterrand des rmflügels oft auffälliger.

S | Eher tiefe Stakkatotöne, die in riller übergehen.

Kein Vorkommen in Mitteleuropa

Luftraum über Städten und Dörfern

LUFTJÄGER IM FLUG S. 33

Rauchschwalbe

Hirundo rustica

LC LC

G 17–21 cm (inkl. Schwanz 3,0–6,5 cm); **JK** 14–15 cm | **SP** 29–32 cm

Schlanke, gabelschwänzige Schwalbe mit wendigem Flug. Beine zierlich, dennoch oft auf ihnen sitzend; Trupps auf Freileitungen. **Kehle und Brustband dunkel**; Unterseite weiß bis beige. **AK** | **oben dunkel**, **blau glänzend**; **Stirn und Kehle dunkel ziegelrot**. Schwanz **tief gegabelt**, mit langen Schwanzspießen; lange **weiße Flecke** von unten oder bei gespreiztem Schwanz sichtbar. ♂ | Schwanz länger und breiter, blauschwarzes Brustband breiter und glänzender als bei ♀. **JK** | wie **AK**, aber Stirn und Kehle heller bräunlich rot; Schwanz kurz, schwach gegabelt.

Baut Nest aus Schlamm: offene Schale auf Sims oder Balken in zugänglichen Innenräumen.

Rötelschwalbe

F | Schneller, direkter Flug; oft seitlich kippend, Flügel nach hinten gelegt, weniger steif/flatternd als Mehlschwalbe *(S. 346)* oder Rötelschwalbe. Häufig flach über Feldern oder Wasser; besonders bei Wind und Regen im Windschatten von Hecken oder Bäumen. Beim Fressen Aufsteigen zu kurzem Stillstand oder mit plötzlichen Manövern zur Seite. An sonnigen Tagen ernähren sich ruffreudige Trupps in größerer Höhe.

Häufiger BV, sehr häufige Durchzügler Mär–Okt

Bauernhöfe, Dörfer, Städte; Seen, offene Landschaft, Küste

S | Ruft scharf *witt wi*… zirpend *schrrip* od… *tritt-it* (wie Stieglit… *S. 487*, oder Bachstelz… *S. 366*); Gesang au… schnellem, melodische… Zwitschern mit schnelle… Triller

Zwei SSPP. nachgewiesen: ***rustica*** (verbreitet); ***erythrogaster*** (Ausnahmegast aus N-Amerika) mit schmalem, oft unterbrochenem Brustband und rötlicher Unterseite.

‹ötelschwalbe
ecropis daurica

14–19 cm (inkl. Schwanz 3–5 cm)
P 27–32 cm

:hlanke, gabelschwänzige Schwalbe mit **ellem Bürzel**; Gestalt und Verhalten sehr ınlich Rauchschwalbe. **Kehle hell**; Unter-ıite hellbeige mit **scharf abgesetztem, :hwarzem Schwanz**. **AK** | Scheitel blau; **acken rostrot**, **Wange hell rötlich beige**; ücken glänzend blau; **Bürzel hell rostrot** der beigeorange, hintere Hälfte oft heller. :hwanz tief gegabelt mit langen Spießen nd **ganz dunkel** (keine weißen Flecke ie Rauchschwalbe). **JK** | wie **AK**, aber ürzel matter, keine Schwanzspieße; Unter-ügel beige.

Rauchschwalbe | Mehlschwalbe *S. 346*
Fahlstirnschwalbe S. 587

F | Fliegt **weniger elegant** als Rauchschwalbe, Flügel werden beim langsamen Gleiten gerader, ausgestreckter gehalten und seltener nach hinten neben den Schwanz gestreckt; dickere Schwanzspieße oft als ein auffälliger „Stachel".

Ausnahmegast aus S-Europa
Apr–Jun

Trockenes Offenland mit Gehöften, Dörfer, Seen, Obstgärten

S | Singt langsamer, rauer und weniger melodisch als Rauschwalbe; ruft nasal *twät* oder bei Gefahr scharf *kiir*.

Baut Schlammnest mit kurzem Eingangstunnel unter Felsvorsprüngen und an Gebäuden.

AK

keine weißen Schwanzflecke

Kehle hellbeige

Schwanz ganz schwarz

zweifarbiger Bürzel

JK
Jun–Okt

Geschlechter gleich, aber Schwanz bei ♂ länger als bei ♀.

AK

alle SSP. ***rufula***

Wirkt meist stämmig, Flügel gerade; Schwanz breit, wird bei schnellen Wendungen während der Nahrungssuche gespreizt.

AK
ganzjährig

Wirft Schwanzspieße bei Mauser im Winterquartier ab (Jan–Mär).

AK
ganzjährig

SSPP. ***daurica*** und ***japonica*** (Ausnahmegäste aus Asien) unten stärker gestrichelt als ***rufula*** (S-Europa); zudem rötlicher Kragen durch blauen Nacken unterbrochen, Bürzel einfarbig orangebeige.

LUFTJÄGER IM FLUG S. 33

LC Mehlschwalbe
LC *Delichon urbicum*

G 13,5–15 cm | **SP** 26–29 cm

Kleine Schwalbe, Größe zwischen Ufer- und Rauchschwalbe *(S. 344)*; Schwanz kurz, gegabelt; Flügel dreieckig; Beine kurz, weiß befiedert. Sammelt in Pfützen Schlamm für Nestbau; rastet auf Dächern und Freileitungen (seltener auf Antennen oder Zweigen als Rauchschwalbe). **AK** | Geschlechter gleich; Oberseite bläulich schwarz, Flügel und Schwanz schwarzbraun; **Bürzel weiß**. Unterseite und **Kehle weiß**. **JK** | Bürzel beigebraun, Unterflügel grau; Oberseite matt schwarz; Schirmfedern mit weißer Spitze.

Rötelschwalbe *S. 345*
Haus-/Weißbürzelsegler *S. 34*
Sumpfschwalbe S. 586
Kaschmirschwalbe S. 586
JK: *Fahlstirnschwalbe S. 587*

Zwei SSPP.: ***urbicum*** (verbreitet) wird nach S kleiner; ***meridionale*** (S-Europa) noch kleiner.

Baut rundes Schlammnest mit Eingan an der Oberkante unter Vorsprünger (Felsen, Dächer) an Außenwänden.

LC Felsenschwalbe
LC *Ptyonoprogne rupestris*

G 14–15 cm | **SP** 27–32 cm

Stämmige Schwalbe; ähnlich Uferschwalbe, aber grauer, zudem größer, länglicher; längere, breitere Flügel und schwächer gegabelter Schwanz. Rastet auf oder unter Felsvorsprüngen. **AK** | Geschlechter gleich; Gefieder oben **graubraun**, wird durch Abnutzung im Frühjahr brauner. Unten hell beigegrau, Kehle etwas brauner und fein gestrichelt; Unterschwanz dunkler. **JK** | wie **AK**, aber Federn auf Oberseite beige gesäumt.

Purpurschwalbe S. 586
Wüstenschwalbe S. 587
Braunkehl-Uferschwalbe S. 58

Baut offene Schlammnester unter Felsvorsprüngen oder an Gebäuden.

LC Uferschwalbe
LC *Riparia riparia*

G 12–13 cm | **SP** 26–29 cm

Braun-weiße Schwalbe, kleiner als Mehl- und Felsenschwalbe. Rastet besonders im Herbst gern auf Zweigen und Leitungen am Wasser, manchmal große Ansammlungen. **AK** | Geschlechter gleich; oben sandbraun; unten weiß mit **braunem Brustband**. Aus der Entfernung wirken Brust und Unterflügel dunkel, mit Kontrast zu **weißem Bauch** und weißer Kehle (Brustband schwerer erkennbar). **JK** | wie **AK**, aber helle Federsäume auf der Oberseite (im Herbst beim **AK** einfarbig).

Braunkehl-Uferschwalbe S. 58

In Europa lebt SSP. ***riparia***

Brütet in tiefen, selbst in steile Sandwände gegrabenen Röhren.

S | Ruft kurz *prrit*; zwitschernder Gesang.

Häufiger Brutvogel, sehr häufiger Durchzügler Apr–Okt

Städte und Dörfer; Seen, offene Landschaft

F | Steifere Bewegung als Rauchschwalbe, **häufiger hoch über Häusern kreisend** (aber in der Höhe oder über Gewässern oft beide Arten zusammen). Flügel beim Gleiten ausgestreckt, beim aktiven Flug aber nach hinten geknickt und schnell flatternd; Körperende/Schwanz breit.

S | Hoch klickend *pli*, kurzes Schilpen; Gesang leise zwitschernd.

Seltener Brutvogel und Durchzügler (Alpen) Feb–Okt

Felswände, Schluchten, felsige Flussufer; im Winter an Küsten

F | Agil, elegant, mehr als andere Schwalben mit schnellen Wendungen und Sturzflügen beim Gleitflug, oft vor Felswänden hin und her. Kommt gut mit starken Winden und Aufwinden zurecht. **Dunkle Unterflügeldecken** bilden kleinen dunklen Keil am Vorderflügel. Gespreizter Schwanz breit und dreieckig, zusammengelegt mit kleiner Einkerbung; dunkelbrauner Schwanz mit **Reihe großer weißer Flecken**, am besten von unten zu sehen.

S | Ruft trocken *kschrr*, beim Gesang gereiht.

Häufiger Brutvogel und Durchzügler Apr–Okt

Gewässer mit Steilufern, offene Landschaft

F | Agil, flatternder Flug weniger elegant als bei anderen Schwalben; Flügel dreieckig, nach hinten gerichtet; Schwanz unauffällig, kurz, schmal, gegabelt. Bei Nahrungssuche aufwärts gerichtete Wendungen, mit beschleunigendem Anstieg/Anhalten in Intervallen, nur wenig gleitend. Bei schlechtem Wetter flattern Trupps gegen den Wind gerichtet dicht über dem Wasser.

Lerchen, Pieper und Stelzen

VERWECHSLUNGSMÖGLICHKEITEN MIT ANDEREN GRUPPEN: Kleine, braune, gestreifte Vögel am Boden können auch Finken und Sperlinge *(S. 480)*, Ammern *(S. 508)* und Heckenbraunelle *(S. 373)* sein, welche aber mit beiden Füßen hüpfen oder freier sitzen, oft auch in Büschen und Bäumen. Pieper und Lerchen ähneln sich in Gefieder und Bewegungsweise, Pieper sind aber schlanker, haben einen dünneren Schnabel oder längere Beine. Stelzen sind im Alterskleid auffällig gefärbt und gemustert, zudem in allen Kleidern auf dem Rücken und auf der Unterseite ungestrichelt.

LERCHEN 20 Arten [7 Ausnahmegäste] *(S. 349–358, 590–591)* Kleine, meist braun gestreifte Vögel, die mit schlanken Beinen und langen Zehen (bei einigen Arten mit verlängerter Hinterkralle) am Boden laufen. Lerchen sind stämmiger und kurzschwänziger als Pieper, mit dickerem, mehr dreieckigem Schnabel. Einige haben eine Haube (angelegt oder als aufrechtes Dreieck aufgestellt). Die meisten haben einen dunklen Schwanz, heller im Zentrum und mit weißen Außenkanten. Einige Arten zeigen eine auffällige Kopfzeichnung. **Flug** Breitflügelig mit kräftigem Körper, einige winkeln die Flügel etwas an, Schwanz kurz oder sehr kurz; Serien schneller Flügelschläge zwischen kurzen Gleitphasen, nur wenig wellenförmig. Ausgedehnte, hohe Singflüge. **Geschlechts- und Altersbestimmung, Mauser** Aussehen wenig nach Geschlecht und Jahreszeit differenziert, dennoch bei manchen Arten auffällige Unterschiede. Altvögel mit Vollmauser Jun–Okt; Jungvögel mit Vollmauser Aug–Nov, danach ist das Alterskleid erreicht und keine Altersbestimmung mehr möglich.

Bestimmung: Kopfform/-zeichnung | Brustband | Färbung/Muster Ober- und Unterflügel | Schwanzmuster | Handschwingenprojektion | Beinfarbe | Rufe und Gesang

PIEPER 13 Arten (1 nur Makaronesien) [3 Ausnahmegäste] *(S. 359–365, 525, 589–590)* Kleine, gestreifte Vögel, die mit schlanken Beinen und langen Zehen am Boden laufen (anders als Finken, *S. 480*) und Ammern, *S. 508*). Der dunkle Schwanz mit weißen Außenkanten ähnelt denen einiger Ammern und Stelzen. Die meisten Arten sind kleiner, langschwänziger, dünnbeiniger und dünnschnäbeliger als Lerchen. Hauben kommen nicht vor. **Flug** Die an der Basis breiten Flügel verjüngen sich zu schmalen Flügelspitzen, der Schwanz wirkt schmal. Die größeren Arten fliegen kraftvoll, die kleineren, obwohl zumeist Langstreckenzieher, eher zögerlich und flatternd mit kurzen, schnellen Serien von Flügelschlägen in leichter, eher hüpfender Wellenform. Die meisten Arten singen im Flug, steigen dabei zunächst steil auf, bevor sie langsam, mit aufgerichteten Flügeln und angehobenem Schwanz fallschirmartig wieder herabgleiten. **Geschlechts- und Altersbestimmung, Mauser** Bis auf eine Art keine Unterschiede zwischen den Geschlechtern, meist auch keine jahreszeitlichen. Altvögel mit Vollmauser Jun–Okt und Teilmauser Dez–Apr; Jungvögel mit Teilmauser Jun–Okt und erneut Dez–Apr, dadurch ab Herbst im Feld nicht von AK unterscheidbar.

Bestimmung: Kopfzeichnung | Streifung von Rücken und Unterseite | Schwanzmuster | Beinfarbe | Rufe und Gesang

STELZEN 5 Arten (2 mit vielen Unterarten) [1 Ausnahmegast] *(S. 366–371)* Kleine, langschwänzige Vögel, die wie Pieper mit dünnen Beinen auf dem Boden laufen, aber konstanter mit dem Schwanz wippen. Schmaler Schwanz mit weißen Außenkanten. Gefiederfärbung mit großen Unterschieden zwischen Arten und Unterarten. **Flug** Streckenflug ausgeprägt wellenförmig; kürzere Strecken werden schnell, elegant oder flatternd zurückgelegt, mit ausgeprägtem Schwanzwippen nach der Landung. **Geschlechts- und Altersbestimmung, Mauser** Geschlechter unterschiedlich gefärbt, dazu auffällige jahreszeitliche Unterschiede; JK und 1W sind unterscheidbar. Altvögel mit Vollmauser Jun–Okt und Teilmauser Dez–Apr; Jungvögel mit Teilmauser Jun–Okt und erneut Dez–Apr.

Bestimmung: Färbung | Kopf-/Brustmuster | Beinfarbe | Rufe

Lerchen

Lerchen Die meisten Arten sind braun mit dunklerer Streifung; einige sind einzigartig gefärbt. Zwei ∖rten (Hauben- und Theklalerche) haben eine spitze Haube, zwei andere (Heide- und Feldlerche) eine stump-ere Haube, die gespreizt werden kann. Die kleine Haube von Kurzzehen-, Stummel- und Turkestanlerche ist ınauffällig. Einige Arten mit gestricheltem Brustband, andere mit dunklem Fleck an der Brustseite. Zusammen nit Oberflügel, Unterflügel und Schwanzmuster ergeben sich eindeutige Kombinationen von Merkmalen.

KURZZEHENLERCHE
(S. 350)

KALANDERLERCHE
(S. 353)

THEKLALERCHE
(S. 355)

·leidelerche

.ullula arborea

1 | **G** 13,5–15 cm | **SP** 27–30 cm

'leine, rundliche Lerche mit sehr kur-:em Schwanz und charakteristischer ;timme. **Schwarz-weißer Fleck** am Flü-ȷelvorderrand; helle Beine. Scheitel ge-undet oder zu stumpfem Dreieck ange-oben. Schleicht am Boden, duckt sich. **\K** | Oben braun-beige-schwarz gestreift; Nange rötlich; **weißliche Überaugen-treifen treffen sich im Nacken**. Unten veiß, Brust schwarz gestrichelt. **JK** | Auf)berseite Federn gerundet, breit hellbei-ȷe gesäumt.

| Ruft jodelnd zwei- bis dreisilbig *dü-de-loi* meist zweite Silbe betont, am Ende Tonhöhe allend), oft **wiederholt**. Melodischer Ge-ang aus einer Folge flötender Töne, meist chneller werdend und in Tonhöhe fallend, on Warte aus oder im hohen Singflug (dann tumm zu Boden „fallend"); singt oft nachts.

Feldlerche *S. 355*
Kurzzehenlerche *S. 350*
Stummel-/Turkestanlerche *S. 351*
Orientfeldlerche S. 590

F | Flügel breit und rund, Schwanz sehr kurz. Flügel **ohne weißen Hinterrand**, aber mit schwarz-weißem Fleck an der Vorderkante. Helles Band mitten auf dem Unterflügel. Schwanzende mit weißen Ecken. Meist in Trupps von 2–10. Flug direkt, wellenförmig.

Mittelhäufiger BV, häufiger Durchzügler Feb–Nov

Heide, Waldrand, Kahlschläge/Lichtungen; im Winter auch Ackerland

Zwei SSPP.: **arborea** (verbreitet); **pallida** (S-/SO-Europa) heller, grauer.

LERCHEN IM FLUG S. 35

Kurzzehen-/Stummel-/Turkestanlerche

Kurzzehen-/Stummel- und Turkestanlerche sind sich sehr ähnlich | Feldlerche *S. 355* | Heidelerche *S. 349* | *Weißstirnlerche* [♀] *S. 591*

Die Handschwingenprojektion (über Schirmfedern hinaus) ist für die Bestimmung wichtig, aber nicht **verlässlich bei Jungvögeln** (bis Aug/Sep) und wenn Altvögel Schirmfedern/Handschwingen mausern (Aug–Sep). Rechts sind typische Unterschiede gezeigt.

LC Kurzzehenlerche
LC *Calandrella brachydactyla*

1 | **G** 14–16 cm | **SP** 26–31 cm

Kleine, helle Lerche mit **ungezeichneter** Brust und sehr kurzer Haube. Schirmfedern **bedecken geschlossene Flügelspitze** (Handschwingen nicht/kaum sichtbar). **AK** | Oberseite beige-dunkelbraun gestreift. Kopfmuster erinnert an weibliche Sperlinge *(S. 505)*; **Scheitel braun oder rotbraun**; **breiter weißlicher Überaugenstreif**. Flügel mit **Reihe dunkler Flecken** und schmaler heller Flügelbinde. Brust hell mit etwas dunklerem Feld an der Seite (schwache Zeichnung manchmal in Brustmitte zusammenlaufend). **Unterseite einfarbig beigeweiß**. **JK** | Oberseite schwarz-beige gebändert.

S | Ruft **trocken** *drüt* oder *trülp*, ähnlich Mehlschwalbe *(S. 346)* und trockener als Feldlerche *(S. 355)*; kurzer zwitschernder Fluggesang.

F | Kurzer Kopf, rundlicher Körper, finkenähnlich *(S. 480)*. Flügel kantig, spitz zulaufend; zwei helle Flügelbinden, aber kein heller Flügelhinterrand; Unterflügel sehr hell. Schwanz dunkel mit hellem Zentrum und weißen Außenkanten. Meist Trupps von 10–50, manchmal Hunderte. Beim wellenförmigen Singflug schnelles Flattern gleichzeitig mit den kurzen Gesangsstrophen.

ACHTUNG: Fotoauswahl zur Demonstration der Variation innerhalb und zwischen Unterarten.

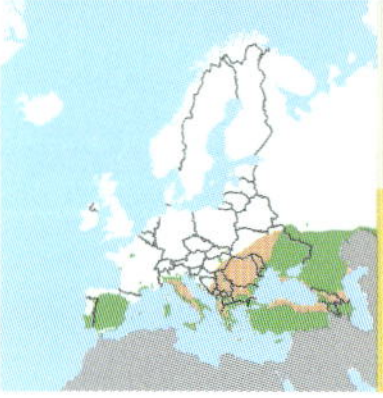

Ausnahmegast aus S-Europa Apr–Jun, Sep–Okt

Trockene offene oder buschige Ebenen, Flusstäler, Ackerland

Sieben SSPP., durchschnittlich heller, grauer, weniger gestreift im O, rötlicher und stärker gestreift im W (Unterartbestimmung im Feld schwer): ***brachydactyla*** (S-Europa); ***hungarica*** (Ungarn, N-Serbien); ***hermonensis*** (S-Türkei); ***woltersi*** (S-Türkei); ***artemisiana*** (M-Türkei bis Transkaukasien); ***longipennis*** (Ukraine, SW-Russland); ***rubiginosa*** (Malta).

Stummel-/ Turkestanlerche
Alaudala rufescens/heinei

1 | **G** 14 cm | **SP** 26–31 cm

Zwei kleine, helle Lerchen mit rundlichem Kopf, kurzem Schopf und kurzem, dickem Schnabel. Ähnlich Kurzzehenlerche, aber mit **gestricheltem Brustband** (erinnert an Feldlerche) und **kurzen Schirmfedern**, unter denen die **Handschwingen bei geschlossenem Flügel hervorragen** (deutlich Handschwingenprojektion). **AK** | Oberseite beige-dunkelbraun gestreift; Scheitel gestrichelt; **Brust beige**, **fein schwarz gestrichelt**. **JK** | Scheitel und Oberseite beige-rotbraun gebändert.

S | Eindeutiger Ruf: **trocken surrend** *drrrrd*; Gesang schnell, mit Imitationen, länger als Kurzzehenlerche; Stummellerche schnell, klirrend; Turkestanlerche melodiöser.

F | Kurzer Kopf, rundlicher Körper, finkenähnlich *(S. 480)*. Flügel kantig, einfarbig, kein heller Hinterrand. Schwanz mit hellem Zentrum und weißen Außenkanten. Trupps von meist 10–50 Vögeln, selten mehr als 100. Treibender Singflug, langsame Flügelschläge zwischen schnellem Flattern.

Kein Vorkommen in Mitteleuropa

Trockene Steppen, Salinen

Bei nur geringen Unterschieden in Maßen und Gesang werden heute Stummel- und Turkestanlerche artlich unterschieden. Stummellerche mit drei SSPP.: ***rufescens*** (Kanaren), ***apetzii*** (Iberien) und ***minor*** (S-Türkei). Turkestanlerche mit zwei SSPP.: ***heinei*** (Ukraine, Kaukasus, O-Türkei) und ***aharonii*** (Z-Türkei).

LC Weißflügellerche *Alauda leucoptera*

LC

1 | **G** 17–19 cm | **SP** 35 cm

Große Lerche, häufig **hüpfend**. Oberseite braun mit **rotbrauner Schulter**. Streifen hinter dem Auge, Kragen und Unterseite weiß. ♂**AK** | Scheitel, Schulterfleck und Flügelbinde kräftig rotbraun. ♀**AK** | Scheitel graubraun; rotbraune Bereiche matter als bei ♂**AK**. **1W** | weniger rotbraun als ♀**AK**. **JK** | Scheitel und Rücken graubraun-beige-schwarz gestreift.

Feldlerche S. 355 | Schneeammer S. 509

S | Ruft hart, vibrierend *drrit-drrit*. Schneller, komplexer Gesang mit hohen dünnen und pfeifenden Tönen ähnlich Feldlerche

F | Vorderflügel hell rotbraun, **breites weißes Hinterflügelfeld** und schwärzlicher Handflügel

LC EN Schwarzsteppenlerche *Melanocorypha yeltoniensis*

1 | **G** 18–20 cm | **SP** 37 cm

Groß, rundlich, ohne Haube. **Dicker, heller Schnabel**. ♂**AK** | **schwärzlich**, frische Federn weiß gesäumt. ♀**AK** | graubraun, schwärzlich gefleckt. Kopf/Hals ähnlich Kalanderlerche. ♂**1W** | wie ♀**AK** mit schuppenförmigen schwarzen Markierungen an Kopf und Unterseite; Flügeldecken schwarz, weiß gesäumt. **JK** | matt braun; Flügel schwärzlich mit beigen Federsäumen.

♀: Kalanderlerche

S | Ruft hoch, schwirrend *djirrrt*; Gesang ähnlich Feldlerche, mit schnellen, schrillen ammerähnlichen Phrasen

F | Untersetzt, langflügelig; Schwanz breit eckig oder eingekerbt. Unterflügel dunkel (Flügeldecken schwärzlich)

Kalander- und Bergkalanderlerche sehr ähnlich | Schwarzsteppenlerche [♀] | Feldlerche S. 355

Kalanderlerche
Melanocorypha calandra

1 | **G** 18–20 cm | **SP** 28–35 cm

Große, langflügelige Lerche mit dickem Schnabel; sehr kleine Haube. Aufrecht oder geduckt. **AK** | Oberseite beigegrau und schwärzlich gestreift. Kehle und Überaugenstreif weiß; **an Halsseite schwarzes Feld unter weißem Halbmond** (fast verborgen, wenn Hals eingezogen). Unterseite weiß. **JK** | heller graubraun, Halsfeld stärker gefleckt.

S | Ruft laut rollend *tschürrit*; Gesang schnell, melodisch, mit weittragenden klirrenden und pfeifenden Tönen.

Ausnahmegast aus S-Europa

Felder, trockenes Grasland, Steppen

Drei SSPP. mit geringen Färbungsunterschieden (Einzelvögel schwer zuzuordnen): ***calandra*** (S-Europa), ***hebraica*** (S-/M-Türkei), ***gaza*** (SO-Türkei ostwärts).

F | Flügel lang, breit, spitz; Schwanz kurz. Oberflügel mit **breitem weißem Hinterrand**; **Unterflügel schwarz** mit auffälligem **weißem Hinterrand**. Schwanzaußenkanten weiß. Meist einzeln oder in Gruppen bis zehn, manchmal mehr als 500. **Hoher Singflug** mit **langsamen**, rudernden Flügelschlägen.

Bergkalanderlerche
Melanocorypha bimaculata

1 | **G** 16–18 cm | **SP** 33–36 cm

Große, langschnäbelige Lerche; Haube sehr klein. Aufrecht oder geduckt. **AK** | Oberseite braun, dunkle Flecke entlang der Flügeldecken. Weißer Überaugenstreif über schwarzem Augenstreif, **Wange rotbraun**; **schwarzes Halsfeld** recht schmal. Unten weiß. **JK** | Scheitel und Rücken mit schwarzen Flecken, diese mit sichelförmigen beigen Federsäumen.

S | Ruft trocken rollend *trrip*. Schneller Gesang ähnlich Kalanderlerche, aber weniger klirrende und melodische Abschnitte.

Ausnahmegast aus S-Asien

Halbtrockene steinige Ebenen und Hänge, auch Felder

F | Flügel breit, kantig, spitz; Schwanz sehr kurz. Kopf angehoben, spitz; Körper durchhängend (Gestalt ähnlich Star, *S. 379*). Flügel ohne weißen Hinterrand, Unterflügel grau; Schwanz braun mit schmaler weißer Spitze. Beim Singflug schnellere Flügelschläge als Kalanderlerche, Schwanz stärker gespreizt.

LERCHEN IM FLUG S. 35

Lerchen mit Haube

Feldlerche, Haubenlerche und Theklalerche sind sich sehr ähnlich
Kurzzehen-/Stummel-/Turkestanlerche S. 350–351 | Bergkalanderlerche S. 353
Kalanderlerche S. 353 | Dupontlerche S. 357 | Orientfeldlerche S. 590

Feld-, Hauben- und Theklalerche haben eine Haube, die aufgestellt oder angelegt sein kann. Haube bei Feldlerche kürzer (weniger spitz), Artbestimmung eher einfach. Hauben- und Theklalerche sind dagegen schwer zu unterscheiden.

Bestimmung: Bruststrichelung | Rücken/Bürzel-Kontrast | Schwanzmuster | Färbung Unterflügel

LC Haubenlerche *Galerida cristata*

LC **1** | **G** 17–19 cm | **SP** 29–38 cm

Stellenweise häufiger Standvogel

Ackerland, trockene Hänge, sandige Bereiche, Ruderalflächen

Große, untersetzte helle Lerche auf offenem Grund, sehr ähnlich der selteneren Theklalerche. Leicht gestrichelte Haube entweder angelegt mit **„Dorn"** nach hinten oder zu **spitzem**, **dreieckigem Fächer** aufgerichtet. Schnabel relativ lang mit gerader Unterkante. **Einfarbiger Flügel**; **Schwanz kurz**, **Außenkante beige**. **AK** | oben sandfarben-schwarzbraun gestreift. Hellbraune Säume (Okt/Nov) nutzen ab, dunkle Streifen bleichen aus, daher im Mär/Apr einfarbiger. Unten beigeweiß, Brust variabel **diffus** schwarz gestrichelt, aber einige Vögel mit deutlicher Strichelung ähnlich Theklalerche.
JK | oben breit beige gebändert, Brust schwarz gefleckt; ab Nov identisch mit **AK**.

F | Flügel breit, eckig; **Schwanz sehr kurz** Flügel **einfarbig**; Bürzel beigebraun, geh in matte Oberschwanzdecken übe Schwanz außen beige, unten grau. **Unterflügel beigerosa** mit grauerer Flügelspitz (schwer gegen Himmel zu erkennen) Flug direkt, mit unregelmäßigen Weller Meist einzeln oder in Gruppen bis zu fün manchmal bis zu 3C

S | Ruft klar, flötend *düi* oder *di di düh*; Gesang vom Boden kurz und unterbrochen; im **ausdauernden Singflug** Mischung aus Rufen, kurzen Trillerlauten und pfeifenden Tönen, auch Imitationen anderer Arten.

In Europa gibt es zehn SSPP. mit kleinen Differenzen in Farbe, Bruststrichelung und Schnabellänge, aber aufgrund von überlappenden Merkmalen und Abtragung/Ausbleichen ist eine Bestimmung im Feld schwierig.

Feldlerche *Alauda arvensis*

1 | **G** 16–18 cm | **SP** 30–36 cm

Große Lerche, fast so groß wie ein Star *(S. 379)*. Haube angelegt oder zu **stumpfem Dreieck** aufgerichtet. Läuft am Boden, kann zum Singen auf Busch oder Pfosten sitzen. **AK** | Oberseite braun-beige-schwarz gestreift, Flügeldecken und Schirmfedern beige gesäumt. **Brustband bräunlich**, **schwarz gestrichelt**, bis Jun/Jul ausbleichend; Bauch weiß. **JK** | Oberseite dunkel, schwarz gefleckt, mit runden beigen Federsäumen.

S | Ruft meist trocken rollend *prrit*, auch dünne Pfiffe; beim jubilierenden Singflug lange in großer Höhe rüttelnd, dabei **durchgehend** singend: typischer Rhythmus verschiedener Triller zwischen längeren Tönen, Imitation vieler anderer Vogelarten.

F | Flügel breit, gewinkelt, Hinterrand gerade, Schwanz kurz. Oberflügel mit **weißlichem Hinterrand**; Unterflügel hellgrau. **Schwanzaußenkanten weiß**. Bei Aufscheuchen schnelles, flaches Abfliegen. Auf dem Zug (oder bei Schneeflucht) hoher Flug in lockeren Ketten mit **häufigen Rufen**. Trupps von bis zu mehreren hundert Vögeln.

Sehr häufiger Brut- und Gastvogel

Acker- und Grünland, Moore, Heiden; im Winter auf Äckern

Fünf SSPP. mit Übergangsformen, nur im Brutgebiet zuzuordnen: ***arvensis*** (verbreitet); ***sierrae*** (Iberien); ***cantarella*** (S-Europa); ***armenica*** (SO-Türkei); ***dulcivox*** (SO-Russland) am hellsten.

Theklalerche
Galerida theklae

1 | **G** 17–19 cm | **SP** 29–38 cm

Große Lerche in offenem Terrain und an steinigen/buschigen Hängen, sehr ähnlich der Haubenlerche. Schwärzlich gestrichelte Haube entweder angelegt oder zu **stumpfem Dreieck aufgerichtet**. Schnabel recht kurz, mit leicht konvexer Unterkante. **AK** | Oberseite graubraun-beige gestreift; deutliche, helle Säume im Okt/Nov, aber durch Abnutzung bald einfarbiger und grauer. Unten weißlich, Brust mit **scharf umrissenen**, schwarzen Stricheln. **JK** | Oberseite schwärzlich, breit beige gebändert, Brust schwarz gefleckt; ab Okt identisch mit **AK**.

S | Ruft weicher als Haubenlerche, meist mehrsilbig; Gesang in niedrigem Flug ähnlich Haubenlerche, aber melodischer, stärker variierend, mit **kurzen** Trillern und Imitationen anderer Arten.

F | Flügel breit, eckig; **Schwanz sehr kurz**. Flügel **einfarbig**; Bürzel gräulich, im **Kontrast zu rotbraunen** Oberschwanzdecken. Schwanz außen hell rostbraun, unten schwärzlich. **Unterflügel beigegrau**, schwach rosa Bereich auf Handschwingen (schwer gegen den Himmel zu sehen). Truppgröße meist unter zehn Vögeln.

In Europa lebt SSP. ***theklae***.

Kein Vorkommen in Mitteleuropa

Steinige Ebenen und Hänge mit einzelnen Bäumen, buschige Flusstäler

LERCHEN IM FLUG S. 35

Ohrenlerche

LC

Eremophila alpestris

LC

1 | **G** 16–19 cm | **SP** 30–34 cm

Schlank, kurzbeinig, Größe wie Feldlerche *(S. 355)*. Läuft auf flachem, steinigem Grund. In schlechtem Licht dunkel graubraun; Unterseite weißlich, **ungestrichelt**, aber mit dunklem Brustband. **Beine schwarz**. **♂PK** | Kopf **hellgelb und schwarz** mit abstehenden Federohren; **schwarzes Brustband**. **♀PK** | Scheitel und Nacken gestrichelt, Federohren kurz oder fehlend. **SK** | Kopf/Brust-Muster des ♂ schwächer ausgeprägt, aber einige Individuen noch kräftig gefärbt; **schwärzliche Maske**. Schmales schwarzes Brustband über braunem Band oder nur ein breiter schwärzlicher Brustfleck. **JK** | (bis Aug–Okt) Brust und Flanke beige, grau gefleckt; Rücken beigebraun mit schwarzen und hellbraunen Flecken.

S | Ruft hoch *pii* oder *iih-düdi*; Gesang erinnert an Feldlerche, hat aber kürzere, zögerlichere, stärker klirrende Phrasen.

Bis zu sechs SSPP.: ***flava*** (N-Europa, überwintert im NW) schwarze Wange vom Brustband getrennt; ***balcanica/penicillata*** (SO-Europa) Rücken grauer, **♂PK** | schwarze Wange in Verbindung mit schwarzem Brustband; ***alpestris/praticola/hoyti*** (N-Amerika) *(siehe oben)*.

Saharaohrenlerche S. 591

SSPP. ***alpestris***, ***praticola*** oder ***hoyti*** (Ausnahmegäste aus N-Amerika) ähnlich der weit verbreiteten SSP. ***flava***, aber oben brauner, Flügeldecken rotbraun; Gesicht weniger gelb; leicht rosa an Brust und Bürzel; Flanke rotbraun.

Seltener Gastvogel
Sep–Mai

Brütet in Tundra, Bergen und auf steinigen Plateaus; im Winter Felder, Salzwiesen, Strände

F | Wie großer Piepe *(S. 364–365)* oder klein schlanke Dross *(S. 383)*, aber mit spi zulaufenden Flügeln w andere Lerchen; schnelle leichter Flug. Recht ei tönig, abgesehen vo dunklen Schwanz m hellem Zentrum un weißen Außenkante

Heidelerche *S. 349*
Haubenlerche *S. 354* | Theklalerche *S. 355*

Jupontlerche *Chersophilus duponti*

) | **G** 17–18 cm | **SP** 26–32 cm

roße, heimliche Lerche; **läuft** bei Gefahr davon, egt selten. Am besten beim **hohen Singflug** in lorgen-/Abenddämmerung zu finden (wenn auch icht unbedingt zu sehen). Keine Haube. Schlank, ufrecht wenn wachsam, Kopf und Schnabel aufärts gehalten. **Schnabel lang und dünn**, leicht **bwärts gebogen**. **AK** | Oberseite graubraun, unkler gestreift; Unterseite weißlich, mit deutlinen, schwarzen Stricheln an Hals und Brust. Ab kt frisches Gefieder kräftiger gefärbt, mit breiten eigen Federrändern. **JK** | wie **AK**, aber auffällige eige Federränder auf Oberseite.

| Ruf lebhafter, leicht jodelnder Pfiff *tju-tjü*; flötender esang mit nasalem Schlusston, erinnert etwas an uthänfling *(S. 494)*.

In Europa
SSP. ***duponti***.

F | Lange, runde Flügel; Schwanz schmal. Oberflügel einfarbig. Schwanz dunkel mit hellem Zentrum und weißen Außenkanten. Sehr hoher Singflug.

hell rötlich brauner Unterflügel, dunklere Flügeldecken

sehr dünner heller, lichtdurchlässiger Flügelhinterrand

dünner, abwärts gebogener Schnabel

AK ganzjährig

Kein Vorkommen in Mitteleuropa

Steppen und Halbwüsten mit Grasbülten, Felder

Sandlerche S. 591 | *Einödlerche S. 591*

;teinlerche *Ammomanes deserti*

) | **G** 15–16 cm | **SP** 25–30 cm

leine, untersetzte, hell beigegraue Lerche ohne aube; Schirmfedern/Flügelspitze/Schwanz dunkler; ehle und Brust leicht gestrichelt. Gegenüber der hr ähnlichen Sandlerche Kopf flacher, Schnabel icker und an Basis gelber, Beine kräftiger.

| Ruf tief, rollend. Gesang aus wiederholten kurzen, ötenden, drosselartigen Phrasen; wellenförmiger ngflug.

In Europa
SSP. ***isabellina***.

F | Flügel matt, hell rötlich braun; Schwanz beigeorange mit angedeutetem, dunklem Dreieck an der Spitze.

AK ganzjährig

ungestrichelt

Kein Vorkommen in Mitteleuropa

Trockene Ebenen, Wüste

Lerchen im Flug

Pieper umfassen häufige, weit verbreitete Arten, darunter Standvögel und Zugvögel, die in bestimmten Gebieten entweder brüten oder überwintern. Einige Arten kommen nur an wenigen Stellen vor, andere nur als Durchzügler oder gar Ausnahmegast. Daher ist es für die Bestimmung zuerst wichtig zu überlegen, mit welchen Arten in einem Gebiet zu rechnen ist. Pieper sind länglich, aber dickbäuchig, mitunter rundlich (wenn „entspannt"), stehen aber bei Gefahr aufrecht. Wie Lerchen und Stelzen laufen sie anstatt zu hüpfen, können aber auch in Bäumen sitzen. Typisch sind ein langer Schwanz, dünne Beine und ein dünner Schnabel. Die Mehrheit der Arten hat rosa Beine, bei dunklen Beinen ist die Auswahl begrenzt. Die meisten sind an Brust und Flanke schwarz gestrichelt, andere sind nur wenig gezeichnet. Sie können dann anhand von Größe und Details an Kopf, Bürzel, Flügel- und Schwanzmuster sowie am Ruf bestimmt werden, aber einige Fälle bleiben schwierig.

Pieper und ihre Flug-/Warnrufe auf einen Blick

WIESENPIEPER *(S. 362)*
Dünn *hist* oder *sip*, auch in Serien, z. B. *siip-sip-sip-sip*. Im Trupp *pip* oder *pipit*. Bei Gefahr kräftiger *tsip-tsip*.

BAUMPIEPER *(S. 362)*
Rau summend, gezogen *psii*. Warnt scharf *sütt*.

ROTKEHLPIEPER *(S. 362)*
Hoch, langgezogen *psiiih*, kräftig beginnend und zum Ende dünn ausklingend (feiner als Baumpieper). Auch leise *psii-si-si*.

STRANDPIEPER *(S. 361)*
Ähnlich **Wiesenpieper**, aber länger: scharf, gezogen *wiisst*.

WALDPIEPER *(S. 365)*
Sehr ähnlich Baumpieper, aber etwas feiner: scharf, etwas rau, hoch *spiz*.

PETSCHORAPIEPER *(S. 364)*
Auf dem Zug oft stumm, aber manchmal kurz, metallisch *dzepp*.

BERGPIEPER *(S. 360)*
Zwischen Strand- und Wiesenpieper, laut und etwas heiser *füist*.

BRACHPIEPER *(S. 365)*
Ähnlich Haussperling voll *tschilp*, auch kurz *tjüp* oder vibrierend *zriiip*.

SPORNPIEPER *(S. 364)*
Laut, kratzig, gezogen *tschrriep*.

 PIEPER IM VERGLEICH S. 35

Strand- und Bergpieper sind zwei ähnliche, recht große, dunkelbeinige Pieper, deutlich stämmiger als Wiesenpieper *(S. 362)*. Strandpieper brüten an der Küste und bleiben auch im Winterquartier in verschiedenen Lebensräumen nah am Meer. Bergpieper brüten hoch in den Bergen im Binnenland, ziehen aber zum Überwintern ins Flachland, auch nordwärts zu Küstengebieten, wo dann manchmal beide Arten in ähnlichen Kleidern anzutreffen sind.

LC Bergpieper *Anthus spinoletta*

LC ❸ | **G** 15,5–17 cm | **SP** 23–28 cm

Mittelgroßer, kräftiger, **dunkelbeiniger** Pieper in Bergen und an Gewässern; ähnlich der SSP. *littoralis* des Strandpiepers. Aufrecht mit breiter, rosa Brust und dunklem Rücken, erinnert auf Bergwiesen an Steinschmätzer (Apr–Aug). Kräftiger schwarzer Schnabel; Beine dunkel rotbraun; Schwanzaußenkanten weiß. Fliegt bei Störung im Winter weit weg (Strandpieper flattert eher am Strand entlang). **PK** | Rücken einfarbig braun; Kopf grau mit **weißem Überaugenstreif**; Kehle und Brust **hellrosa**. Wenige oder keine Flankenstrichel. **SK** | Oberseite braun, Kopf gräulich. **Weißliche Flügelbinden**; **weißlicher Überaugenstreif**. Unterseite **matt weiß** mit wenigen graubraunen Stricheln; weiße Kehle graubraun eingefasst. **JK/1W** | äußerste große Deckfeder weiß gesäumt (im **SK** braun).

Strandpieper | *Pazifikpieper S. 589*
Langschnabelpieper S. 589
Steinschmätzer *S. 404*

Seltener Brutvogel, mittelhäufiger Wintergast

Bergwiesen; im Winter an Seen, Teichen und Salzwiesen

S | Ruf zwischen Strand- und Wiesenpiep *(S. 362)*, laut und etwas heiser *füist*. Kurz Gesang mit Pausen zwischen den Phrase von fünf bis sechs scharfen, hohen Töne

F | Weiße Schwanzaußenkanten. Für eine kleineren Pieper recht kraftvoller Flu Serien schneller Flügelschläge, kann rec weit aufsteigen. Steigender/fallender Sin flug wie Strandpiepe

SSP. ***coutellii*** (Kaukasus, Türkei) ist im Frühjahr an der Brust mehr orange, weniger beige/rosa als die weit verbreitete SSP. ***spinoletta***. Grau am Kopf in Kontrast zum stark gestreiften Rücken; Bürzel heller, kleine Deckfedern hellgrau; Ruf kürzer, surrender.

trandpieper *Anthus petrosus*

| **G** 15,5–17 cm | **SP** 23–28 cm

ittelgroßer, untersetzter Pieper mit langem, kräftigem Schnabel
ıd grauen Schwanzaußenkanten. **Beine dunkel** rotbraun oder
hwärzlich. Im Sommer auf **Felsen und Klippen** sowie benachbarten
rashängen; im Winter recht zutraulich an Stränden, auf Molen
ıd in Salzwiesen (Bergpieper meist scheu); meist in Gruppen bis zu
ıhn, nicht in größeren Schwärmen wie Wiesenpieper. **AK** | *siehe
asten zu SSPP. unten.* **JK/1W** | äußere Große Flügeldecken leicht
ɔgetragen, innere neu (im **SK** der Altvögel alle gleich).

Es kommen drei SSPP. vor: SSP. ***petrosus*** (Britische Inseln, W-Frankreich) oben olivbraun, sanft dunkelgrau gestrichelt; Kopf gräulich oliv, meist schwacher Überaugenstreif; weißer Augenring. Unten matt gelblich bis weißlich mit **breiten, diffusen Stricheln**; SSP. ***littoralis*** (Skandinavien, im Winter weiter im S): im Winter meist nicht von ***petrosus*** zu unterscheiden; Überaugenstreif und Schwanzaußenkanten manchmal weißlicher. **PK** | Feb–Aug, Scheitel, Nacken und Rücken grau, Bürzel brauner; weißlicher Überaugenstreif; **Brust rosa**, variabel grau gestrichelt, Flanke braun gestrichelt; SSP. ***kleinschmidti*** (Färöer, Schottland): ähnlich SSP. ***petrosus***, aber oben heller, unten gelber.

Bergpieper | *Pazifikpieper S. 589*

S | Ruf erinnert an Wiesenpieper *(S. 362)*, aber länger: scharf, gezogen *wiisst*, nicht so oft dreifach. Singflug ähnlich Wiesenpieper mit Serien kurzer Triller.

F | Typischer Pieper-Wellenflug, recht kraftvoll, aber meist niedrig entlang der Wasserlinie. Aufsteigender Singflug mit „fallschirmartigem" Herabgleiten ähnlich anderen Piepern.

LC LC Wiesenpieper *Anthus pratensis*

❸ | **G** 14–15,5 cm | **SP** 22–25 cm

Kleiner, gestreifter, **hellbeiniger** Pieper. Meist am Boden und dort ständig in Bewegung, auch Rast auf Büschen. In lockeren Trupps, im Flug dichter beieinander. Rundlicher Körper, kurzer Hals, dünner Schnabel. **Beine rosa bis orange**; **lange Hinterkralle**. **AK** | oben olivbraun, manche leicht gelblich, kräftig schwärzlich gestreift. Kopfzeichnung diffus; vollständiger Augenring. Bürzel nur wenig gestrichelt. Brust gelblich beige, von Jul–Sep weißer, schwarz gestrichelt, **an Flanke lange**, **breite Strichel**. **JK** | kräftiger gefärbt und gestreift. **1LJ** | sehr ähnlich **AK**, einige mit erneuerten Kleinen Decken und abgetragenem Schwanz.

S | Ruft dünn *hist* oder *sip*, auch in Serien, z. B. *siip-sip-sip-sip*. Im Trupp *pip* oder *pipit*. Bei Gefahr kräftiger *tsip-tsip*. Gesang besteht aus **Serie schnell wiederholter** langer Töne und schneller Triller, vom Boden aus oder im Singflug vorgetragen.

Baumpieper
Rotkehlpieper [SK/JK]
Petschorapieper *S. 364*
Pazifikpieper S. 589
Kanarenpieper S. 525

LC LC Baumpieper *Anthus trivialis*

❸ | **G** 14–16 cm | **SP** 22–25 cm

Kleiner, gestreifter, hellbeiniger Pieper, meist Einzelgänger und oft in Bäumen; läuft am Boden oder auf Ast, dabei Kopf ruckartig vorgeschoben und Schwanz nach unten schlagend. Schnabel kräftig. **Beine rosa**; **Hinterkralle kurz**. **AK** | oben olivbraun, schwärzlich gestreift. Kopfzeichnung ausgeprägt: beiger Überaugenstreif, heller, vorn unterbrochener Augenring, heller Ohrfleck. **Bürzel wenig gestrichelt**. Brust gelblich, schwarz gestrichelt; **Flanke mit dünnen Stricheln**, Bauch weiß. **JK** | wie **AK**, aber bis Okt mehr beige, weniger oliv, danach im Feld nicht mehr unterscheidbar.

In Europa SSP. ***trivialis***.

S | Ruft rau summend, gezogen *psii*. Warnt scharf *sütt*. Gesang kräftiger und vollendeter als beim Wiesenpieper, in ähnlichem Singflug **vom Baum** aus; Triller ähnlich Kanarienvogel, dann **lange Schlusstöne**, typischweise *sii-a sii-a sii-a siiia*.

Wiesenpieper
Rotkehlpieper [SK/JK]
Waldpieper *S. 365*
Petschorapieper *S. 364*

LC LC Rotkehlpieper *Anthus cervinus*

❸ | **G** 14–15 cm | **SP** 25–27 cm

Kräftig, gestreift, **hellbeinig**. Altvögel unverkennbar; Jungvögel ähnlich Wiesenpieper, aber gut am **Ruf** zu unterscheiden. Etwas stämmig, breitbäuchig und kurzschwänzig im Vergleich zu Wiesenpieper; wippt wie Stelze mit dem Schwanz. **Bürzel gestrichelt**. Schnabel **schwarz-gelb**. **PK** | Oberseite schwarz-beigecreme gestreift. **Gesicht und Kehle ziegelrot**, bei ♀ oft heller; am hellsten von Sep–Feb (**SK**). Unterseite weiß mit schwarzen Stricheln. **JK/1W** | Oben gräulich, schwarz gestreift; zwei **lange helle Streifen auf dem Rücken**. Unten weißlich, **Flanke mit kräftigen schwarzen Stricheln**. **Bürzel dunkel gestrichelt/gefleckt**. Entwickelt rötliches Gesicht von Feb–Mär.

S | Ruft hoch langgezogen *psiiih*, kräftig beginnend und zum Ende dünn ausklingend (feiner als Baumpieper). Auch leise *psii-si-si*. Warnruf einfach *schip*. Gesang kombiniert hohe Töne (wie Rufe) und schnelle Triller, Singflug ähnlich Wiesenpieper.

SK/JK: Wiesenpieper | Baumpieper | Petschorapieper *S. 364*

| Weiße Schwanzaußenkanten. Steigt mit **kurzen**, **federnden** Sprün-en auf, fliegt hektisch. Aufgescheuchte Wintertrupps (bis zu 300) kreisen nd verteilen sich. Beim Singflug steil aufsteigend, dann wieder **zu Boden** eitend, dabei Schwanz und Flügel wie zu einem „Federball" hochgestellt.

Flugruf dünn, **piepsend** *(S. 359)*.

lange Hinterkralle

Mittelhäufiger BV und WG, sehr häufiger Durchzügler

Heide, Moore, Wiesen; Grünland, Felder

| Weiße Schwanzaußenkanten. Direkter, kraftvoller, flinker Flug. Meist icht in Trupps. Singflug beginnt und endet in der Regel auf **Baum** oder nderem Ansitz.

Flugruf rau summend *(S. 359)*.

kurze Hinterkralle

Häufiger BV, sehr häufiger Durchzügler Mär–Okt

Offenes Waldland, Heiden, Moore, buschige Hänge

| Weiße Schwanzaußenkanten. Typischer, hüpfender Pieperflug.

Flugruf hoch, **dünn**, **langgezogen** *(S. 359)*.

Seltener Durchzügler Apr–Okt

Tundra, offenes Bergland; auf dem Zug Grasland, Feuchtgebiete

LC Spornpieper *Anthus richardi*

Brachpieper | *Steppenpieper S. 589*

❸ | **G** 17–20 cm | **SP** 26–30 cm

Großer, langbeiniger Pieper, von Größe und Färbung her an Feldlerche *(S. 355)* erinnernd, aber mit längeren Beinen und längerem Schwanz. Oft aufrecht, Hals gereckt. Läuft beständig durch hohes Gras, manchmal mit dem Schwanz wippend. **Zwischen Auge und Schnabel hell, Zügelstreif nur angedeutet**. Scheitel fein gestrichelt. Kräftiger, drosselartiger Schnabel. **Hinterkralle sehr lang**. **AK** | Oberseite braun-schwarz-beige gestreift, manche mehr orangebraun. Schmaler dunkler Kehlstreif und feine dunkle, sichelförmige Linie unterm Auge. Unten beigeweiß, Brust schwarz gestrichelt, Flanke ungezeichnet.

JK | wie **AK**, aber Mittlere Armdecken weiß (nicht beige) gesäumt. **1W** | Einige Armdecken noch weiß gerandet, andere schon gemausert und beige gesäumt.

S | Ruft beim Auffliegen und auf dem Zug laut, kratzig, gezogen *tschrriep*, erinnert an raue Rufe des Haussperlings. Ungestörte Vögel auch mit leiseren Rufen.

BRACHPIEPER kurze Hinterkrall

SPORNPIEPER lange Hinterkrall

In Europa erscheint SSP. ***richardi***.

Sehr seltener Durchzügler Sep–Nov

Grasland, meist an Küsten

F | Fliegt kraftvoll mit langen Bögen; vor dem Landen oft kurz rüttelnd. Langer Schwanz mit weißen Außenkanten.

LC PE Petschorapieper *Anthus gustavi*

❸ | **G** 14–15 cm | **SP** 23–26 cm

Klein, kräftig gestreift. **Handschwingen überragen Schirmfedern**, anders als bei anderen kleinen Piepern. Beine rosa; Schnabelbasis rosa. **AK** | Oberseite braunschwarz gestreift, dazwischen **zwei lange weißliche Streifen**; zwei **breite weiße Flügelbinden**. **Bürzel schwarz gestrichelt** (wie Rotkehlpieper, *S. 362*). Kurzer, schwacher Überaugenstreif; Scheitel/Nacken fein gestrichelt; weißer Augenring vor Auge unterbrochen (bei Rotkehlpieper komplett). Brust beige, Bauch weiß, **lange schwarze Strichel** an Brust und Flanke.

S | Selten rufend: kurz, metallisch *dzepp*. Gesang aus Abfolge von schnellen summenden und langsamen klirrenden Trillern.

Rotkehlpieper *S. 362* | Baumpieper *S. 362* | Wiesenpieper *S. 362*

F | Fliegt wen und meist n kurze Strecke

Augenring vollständig

ROTKEHLPIEPER

Ausnahmegast aus N-Sibirien

Brütet in sumpfiger, buschiger Tundra

In Europa erscheint SSP. ***gustavi***.

ɜrachpieper
\nthus campestris

ɔ | **G** 15,5–18 cm | **SP** 25–28 cm

ɜroßer, länglicher Pieper mit rundlichem ɔauch wie eine Stelze; etwas kleiner und ɹeniger aufrecht oder „breitbrüstig" wir-ɹend als Spornpieper; manchmal Schwanz-ɹippen. **Schwärzlicher Zügelstreif**. ɔchnabel mit dünner Spitze. **Hinterkralle ɹurz, gebogen**. **AK** | Oberseite beigegrau, ɹügel dunkler mit beigen Federsäumen, **ɔchwarze Mittlere Armdecken**. Dunkler Vangen- und Kinnstreif. Unterseite unge-ɹeichnet cremeweiß. **JK** | oben braun mit ɹeigen Federsäumen. Weniger rötlich und „schuppiger", weniger gestreift als Sporn-ɹieper. Brust schwärzlich gestrichelt. Mau-ɹert von Okt–Jan zu **1W**, dann oberseits ɹinfarbiger (einige Vögel ziehen im **JK**).

Spornpieper | Steppenpieper *S. 589*
Langschnabelpieper S. 589
Schafstelze [♀/JK] *S. 368*

S | Ruft ähnlich Haussperling voll *tschilp*, auch kurz *tjüp* oder vibrierend *zriiip* (manchmal ähnlich Spornpieper). Gesang aus zwei bis drei klingelnden Lauten in wellenförmigem Singflug.

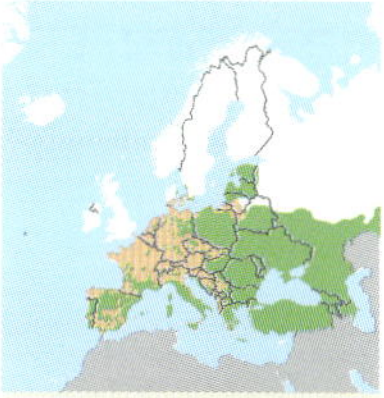

Spärlicher Zugvogel
Mär–Okt

Trockene Felder, steinige/felsige Hänge

F | Kraftvoll und in Bögen. Langer Schwanz mit weißen Außenkanten.

\Valdpieper
\nthus hodgsoni

ɔ | **G** 14–15,5 cm | **SP** 24–27 cm

ɹleiner, zierlicher Pieper, oft unter Bäumen. Vippt Schwanz wie Stelze *(S. 366)*. Beine ɹellrosa; Schnabelbasis hell. **AK** | Oberseite **ɹrünlich oliv**, **leicht gräulich gestreift**. ɹreiter **cremefarbener Überaugenstreif**, ɹm Hinterende von schwarzem Augenstreif ɹekreuzt, dadurch **isolierter heller Ohr-ɹeck**. Brust cremefarben bis gelblich, **dick ɹchwarz gestrichelt**. **JK** | oben brauner, ɹtrichel auf Unterseite länger, breiter und ɹerwaschener, aber ab Sep/Okt wie **AK**.

S | Rufe sehr ähnlich Baumpieper, aber etwas feiner: scharf, etwas rau, hoch *spiz*. Beim Gesang Mischung aus rauen Trillern und weicheren Tönen.

Baumpieper *S. 362*

F | Weiße Schwanzaußenkanten. Schwach ausgeprägter Wellenflug; bei Störung oft in Bäume fliegend.

schwach gezeichneter Kopf

BAUMPIEPER

Ausnahmegast aus N-Sibirien
Okt–Nov

Feuchte Wälder, Lichtungen, grasige Bereiche unter Bäumen

In Europa SSP. ***yunnanensis***.

Stelzen sind zumeist häufige, weit verbreitete Brutvögel; einige erreichen den Westen Europas aber nur als Durchzügler oder Ausnahmegäste. Sie sind nicht zuletzt wegen ihres langen Schwanzes von länglicher Gestalt, ihre Körper wirken aber recht rundlich, wenn sie inaktiv sind. Außer der Gebirgsstelze (helle Beine) laufen Stelzen recht offen und flink auf dünnen, dunklen Beinen, dabei ruckartige Kopfbewegungen. Männchen sind auffällig gemustert und gut erkennbar, aber einige Arten sind in anderen Kleidern schwerer zu bestimmen.

LC LC Bachstelze *Motacilla alba*

3 | **G** 16,5–19 cm | **SP** 28 cm

Schafstelze [JK/1W] *S. 368*
Zitronenstelze [JK/1W] *S. 370*
Tschuktschenstelze [1W] *S. 369*

Stelze mit rundlichem Körper, aber langem Schwanz; kräftiges Gelb ist in keinem Kleid vertreten. Schwanz **schwarz mit breiten weißen Außenkanten**. Beine **schwarz**. Gesicht weiß, **im Sommer Kehle schwarz**; **im Winter schwarzes Brustband**. **Charakteristische Rufe**. Beim Gehen und Laufen permanentes Schwanzwippen. Typischer Vogel der Städte und Vorstädte mit Rastplätzen in Bäumen und an Gebäuden, aber auch an Gewässern, auf gepflügten Feldern und auf Viehweiden. Trupps bis zu 500 Vögel, selten 1000.

Häufiger Brutvogel, sehr häufiger Durchzügler

Städte, Dörfer, Parks, Äcker, Weiden, Gewässer

S | Ruft lieblich zwei- oder dreisilbig *tsli-witt* oder *tsi-ze-litt*, tiefer als Gebirgsstelze. Gesang aus zwitschernder Folge aneinandergereihter Rufe, etwas abfallend.

F | Schnell, wellenförmig, oft sehr niedriger Flug mit ausgeprägten Bögen.

Bachstelzen der SSP. ***alba*** in Kontinentaleuropa weit verbreitet; **Trauerbachstelze** (SSP. ***yarrellii***) auf Britischen Inseln und in benachbarten Teilen NW-Europas. Unterscheidung einfacher im Frühjahr, aber problematisch im Herbst/Winter. Die **Bürzelfärbung** ist das sicherste Kennzeichen, aber abgesehen von Trauerbachstelzen im PK können alle Vögel eine Mischung von Kennzeichen oder Übergänge zeigen.

JK | gräulich, unten weißlich; unordentliches, schmales, schwärzliches Brustband; ACHTUNG: Unterarten im JK nicht unterscheidbar.

Gefiedervergleich Bachstelze/Trauerbachstelze		
Bürzel (alle Kleider)	**BACHSTELZE** (SSP. ***alba***)	**TRAUERBACHSTELZE** (SSP. ***yarrellii***)
	grau	**schwarz/dunkelgrau**
♂ PK	Rücken und Flanke hellgrau	Rücken schwarz; Flanke schwärzlich
♀ PK	Rücken düster grau; Flanke hellgrau	Rücken dunkelgrau; Flanke ausgedehnt dunkelgrau
SK	Scheitel olivgrau, wenig/kein Schwarz (einige ♂ mehr); Gesicht oft gelblich; Bürzel grau bis dunkel	Scheitel und Nacken schwarz; Gesicht weiß; Flanke dunkelgrau; Bürzel schwärzlich
♂ 1W	Scheitel grau, Vorderkante schwarz (Überlappung mit *yarrellii*); Wange grünlich weiß/oliv, heller Überaugenstreif. Schmales schwarzes Brustband. Unterseite strahlend weiß, Flanke hellgrau. Rücken hell olivgrau, Bürzel dunkler grau, Oberschwanzdecken meist schwarz	**Scheitel ganz dunkel**, Stirn weiß/gelblich; Nacken meist schwarz; Gesicht weiß, bei einigen schwach gelblich. Breites schwarzes Brustband. Flanke dunkelgrau. Rücken grau, Bürzel schwarz; Oberschwanzdecken immer schwarz
♀ 1W	**Nacken und Scheitel olivgrau**; schmale weißliche Stirn	wie ♂, aber Bürzel schwärzlich

1W
Aug–Mär

♀ SK
Aug–Feb

♂ SK
Aug–Feb

TRAUERBACHSTELZE SSP. ***yarrellii***

1W
Aug–Mär

♀ SK
Aug–Feb

♂ SK
Aug–Feb

BACHSTELZE SSP. ***alba***

Ausnahmsweise auftretende SSPP.: *subpersonata* (Afrika) **♂ AK** | Wange größtenteils schwarz; ***personata*** (Asien) **♂ AK** | Kopf/Brust schwarz, Stirn/Maske weiß, Rücken grau, breites weißes Flügelfeld; ***leucopsis*** (Asien) **♂ AK** | Kehle, Stirn und Vorderscheitel weiß; Flanke weiß (oder hellgrau bei **♂ 1W**), breites weißes Flügelfeld (mit dunkleren zentralen Flecken). **♀ AK** | ähnlich oder etwas matter. **1W** | Oberseite grau. **S** | Höher als europäische Bachstelzen, eher wie Gebirgsstelze *(S. 371)*.

SSP. ***subpersonata***

SSP. ***personata***

SSP. ***leucopsis***

LC Schafstelze *Motacilla flava*

LC **3** | **G** 15–16 cm | **SP** 25 cm

Schlanke, gelbe Stelze mit **schwarzen Beinen**. Unterseite gelb oder beige, ungezeichnet; Bürzel grünlich; Schwanz schwarz mit weißen Außenkanten. **♂PK** | **Oberseite grün**, **Unterseite leuchtend gelb**. **♀PK** | Oberseite gräulich oder olivbraun, zwei beigeweiße Flügelbinden; Unterseite **gelblich**. **JK** | Oberseite graubraun; Unterseite beige, Unterschwanz und Unterflügel gelber. Scheitelseite, Bartstreif und Kehlstreif dunkel; schmales schwärzliches Band zwischen Kehle und Brust (vgl. JK Bach-/Trauerbachstelze). Zwei weißliche Flügelbinden und weißliche Säume der Schirmfedern.

S | Ruft weich *psi* oder *tsrli*, östliche Unterarten schärfer. Einfacher Gesang aus meist zwei rauen Tönen *srrii-srriiih* (2. Silbe betont).

F | Fliegt in langen Bögen, jeweils mit Serie schneller Flügelschläge beginnend. Unterflügel gräulich. Auf dem Zug Trupps bis zu 100.

Gebirgsstelze *S. 371*
JK: Bach-/Trauerbachstelze *S. 366*
♀/JK: Brachpieper *S. 365*
Tschuktschenstelze

Oft in der Nähe von Vieh zu finden.

Häufiger Brutvogel und Durchzügler Mär–Okt

Ackerland, Weiden, grasige Gewässerufer

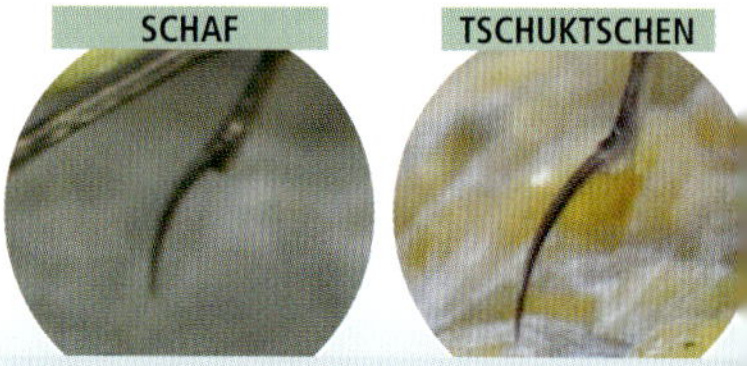

Die Hinterkralle ist bei Schafstelzen durchschnittlich kürzer als bei Tschuktschenstelzen, aber die Maße überschneiden sich, daher kein sicheres Kennzeichen.

1W Schafstelzen ohne Oliv-/Beigetöne können Tschuktschenstelzen sehr ähnlich sein. Dieser Mangel ist häufiger bei östlichen als bei westlichen Unterarten.

In Europa sechs SSPP., die auch hybridisieren und Übergangsformen bilden.
♂PK meist bestimmbar, **♀/JK** meist nicht.

lle **♂PK**
Mär–Jul

GELBKOPF-SCHAFSTELZE
SSP. ***flavissima***
cheitel grün; gelber Überaugenstreif, Kehle gelb.
(Britische Inseln)

MASKENSCHAFSTELZE
(sogenannte ***superciliaris***)
Wie *feldegg* mit weißem Überaugenstreif.

MASKENSCHAFSTELZE
SSP. ***feldegg***
Scheitelschwarz, Kinn gelb; Rücken kräftig grün; sehr scharfer Ruf *zrri*.
(Balkan)

THUNBERG-SCHAFSTELZE
SSP. ***thunbergi***
Scheitel dunkelgrau, Nacken heller, Wangen schwärzer, Kinn gelb; Rücken graugrün, Flügel brauner.
(Fennoskandien)

lle **♂PK**
Mär–Jul

GELBKOPF- × WIESEN-SCHAFSTELZE
Hybrid ***flavissima*** × ***flava***
Scheitel und Wange hell blaurau, Weiß über Auge; Kinn weiß.
(Kanalküsten)

WIESENSCHAFSTELZE
SSP. ***flava***
Scheitel graublau, Wange dunkler; weißer Überaugenstreif, weißer Fleck unterm Auge, Kinn weiß.

IBERIENSCHAFSTELZE
SSP. ***iberiae***
Scheitel wie *flava* oder blauer, schmaler weißer Überaugenstreif; Kinn weiß.
(Iberien)

ASCHKOPF-SCHAFSTELZE
SSP. ***cinereocapilla***
Scheitel blaugrau; kein weißer Überaugenstreif; Kinn weiß.
(Italien)

Schafstelze
1W: Bach-/Trauerbachstelze *S. 366*

Tschuktschenstelze
Motacilla tschutschensis

3 | **G** 15–16 cm | **SP** 25 cm

Sehr ähnlich Schafstelze. SSP. *plexa* (NO-Sibirien, in Europa am wahrscheinlichsten) **♂** | Oberkopf schwarz/grau, kein weißer Fleck unter dem Auge. **♀** und **1W** | (Auftreten am wahrscheinlichsten, für sichere Bestimmung wohl DNA oder Stimmaufnahme erforderlich), typischerweise **kalt grau-weiß**. **Oberseite grau**, Flügel oliv/gelb angehaucht; breite weiße Flügelbinden. Dunkle Wange geht in Nacken über; **weißer Überaugenstreif**. ♀ unten weißlich, manchmal leicht gelblich.

| Ruft rau *tsip*, tiefer als Zitronenstelze, weniger scharf als Maskenschafstelze (SSP. *feldegg*).

Ausnahmegast aus Asien

Feuchtgrünland

Zitronenstelze

LC LC *Motacilla citreola*

❸ | **G** 16 cm | **SP** 25 cm

Schlanke, schwarzbeinige Stelze; Schwanz schwarz-weiß. **♂PK** | **Oberseite grau**, **Hinterhals schwarz**; Kopf und Unterseite gelb. **♀/JK/1W** | Oberseite gräulich; **Wange hell umrandet**, Kehle und Unterseite bei **♀AK** hellgelb, bei **JK/1W** weißlich. **Breite weiße Flügelbinden und Schirmfedersäume**; zwischen Auge und Unterschwarzem Schnabel meist hell; Unterschwanz weiß.

S | Ruft hart und rau *tsrriip* (ähnlich Maskenschafstelze). Einfacher Gesang: dünn und wiederholt *slip slip*, gelegentlich durch weitere kurze Laute ergänzt.

Schafstelze *S. 368*
Tschuktschenstelze S. 369
JK/1W: Bach-/Trauerbachstelze *S. 366*

Zwei SSPP.: ***citreola*** (NO-Europa); ***werae*** (O-/SO-Europa) mit heller grauer Oberseite und hellerer Unterseite bei **♂PK**.

F | Schnell, in langen Bögen, wie Schafstelze. Unterflügel weiß.

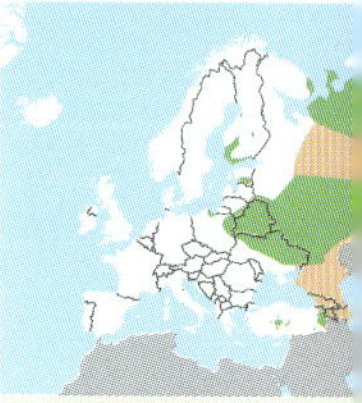

Ausnahmegast aus O-Europa Apr–Okt

Teiche, Feuchtwiesen, Moore

Gebirgsstelze
Motacilla cinerea

❸ | **G** 17–20 cm | **SP** 25–27 cm

Längliche Stelze mit **kurzen**, **hellen Beinen** und sehr **langem Schwanz**. **Oberseite hell schiefergrau**; Schwanz mit weißen Außenkanten. **Bürzel gelbgrün**; **Unterschwanz kräftig gelb**. Aktiv, schwanzwippend, oft auf Steinen an schnell fließenden Flüssen und Bächen sowie an Staustufen. Bildet keine Trupps. **♂PK** | Kinn schwarz, Unterseite gelb. **♀** | Kehle hell oder schwarz-weiß. **SK** | Kehle hell. **JK** | wie **SK**, aber unten beigerosa; Flügeldecken heller. **1W** | ab Sep/Okt Flügeldecken gemischt grau und schwarz.

S | Ruft explosiv, metallisch *zi-zi* oder *tsi-wit*, höher als Bachstelze. Gesang schnell, einfach *tiss-iss iss* und *si-si-si*, das Geräusch rauschenden Wassers durchdringend.

Schafstelze *S. 368*

Vier SSPP.: ***patriciae*** (Azoren) (OBEN [Okt]) und ***schmitzi*** (Madeira) sind unten dunkler und ***canariensis*** (Kanaren) unten kräftiger gelb als ***cinerea*** (weit verbreitet).

Mittelhäufiger Brut- und Gastvogel

Schnell fließende Flüsse und Bäche; im Winter auch Seen, Gartenteiche, Pfützen auf Flachdächern in Städten

F | Fliegt in tiefen Bögen, dazwischen schnelle Flügelschläge, landet meist mit besonders **starkem Schwanzwippen**; **weißes Band** entlang Unterflügel.

Zaunkönige

1 Art Winziger, rundlicher Vogel in Wäldern, Gebüschen und Gärten; braun gebändert, kurzer Schwanz oft aufgestellt. **Flug** Schnell, schwirrend. **Geschlechts- und Altersbestimmung, Mauser** Geschlechter sehen gleich aus, keine jahreszeitliche Variation; Jungvögel schwer von Altvögeln zu unterscheiden.

SSP. ***indigenus***
(Britische Inseln)

LC Zaunkönig
LC *Troglodytes troglodytes*

3 | **G** 9–10,5 cm | **SP** 13–17 cm

Winzig, rund, braun mit schnellen, ruckartigen Bewegungen, tief im Unterholz, an Gräben und in Gärten; selten höher in Bäumen. Erscheint oft auf Buschspitzen, ruft gereizt und taucht schnell wieder ab. Kaum Variation hinsichtlich Alter, Geschlecht oder Jahreszeit. **Heller Überaugenstreif**. Flanke rötlich braun, fein grau gebändert; Bürzel rötlich. Schwanz und Flügel braun und rotbraun **gebändert**, Handschwingen schwarzbeige. Schwanz schmal, oft (nicht immer!) aufgestellt.

S | Ruft häufig schnurrend *zrrrr*, auch kurz *zeck*. Ganzjährig **lauter** Gesang: schmetterndes Trillern in verschiedenen Tönhöhen.

Heckenbraunelle

Sehr häufiger Brut- und Gastvogel

Wälder, Parks, Gärten, Moore, auch Felsküsten

SSP. ***hirtensis***
(St. Kilda)

Zwölf SSPP., die meisten kaum anders als die verbreitete SSP. ***troglodytes***. Deutlicher differenziert sind die SSPP. auf isolierten Inselgruppen wie ***islandicus*** (Island), ***zetlandicus***, ***fridariensis*** und ***hirtensis*** (N-, W-Schottland), die alle etwas größer, dunkler oder grauer und kräftiger gebändert sind als ***troglodytes***, dabei geringe Unterschiede im Gesang.

F● | Niedrig, schwirrend, oft kurz zu Ansitz hinauf, dort mit aufgestelltem Schwanz knicksend.

SSP. ***zetlandicus***
(Shetland-Inseln)

1LJ/AK
ganzjährig

SSP. ***troglodytes***
(Kontinentaleuropa)

SSP. ***islandicus***
(Island)

3raunellen

5 Arten Kleine, vorwiegend geduckt am Boden laufende (nicht hüpfende) Vö-
:el, die oft mit Flügeln und Schwanz zucken; dünner Schnabel, helle Beine. **Flug** Rundlicher Körper; Flügel
und endend, Schwanz schmal. Flink, schnelles Verschwinden in Deckung. **Geschlechts- und Alters-**
estimmung, **Mauser** Geschlechter gleich gefärbt, geringe oder gar keine jahreszeitliche Variation.

Bestimmung: Kopf/Kehlzeichnung | Färbung der Unterseite

Zaunkönig
Andere Braunellen *S. 373–375*
Maskenammer *S. 607*

·leckenbraunelle
ʼrunella modularis

2 | **G** 13–14,5 cm | **SP** 19–21 cm

Sehr häufiger Brut- und Gastvogel

Feldgehölze, Hecken, Gärten, Parks, Heiden

:leine, **dunkel** gefärbte, gestreifte ;raunelle. Im Gegensatz zu Sperngen *(S. 480)* Schnabel dünn. **ɔrückt sich** meist mit angewinkelen Beinen am Boden; zuckt mit lügeln und Schwanz. Manchmal ·öher im Gebüsch. **AK** | Oberseite **lunkelbraun**, **stark schwärzlich estreift**; braun gestreifte Wange on bleigrauem Band umgeben; ınten **grau** mit verwaschenen, **lunkelbraunen Stricheln** an der ›rauneren Flanke. Auge rotbraun. ;eine orangerosa. **JK** | wie **AK**, ber unten gelblich mit dunkelrauen Flecken und Stricheln.)unkler als Rotkehlchen im **JK** *S. 389)*, das stärker gezeichneten :ücken und eine deutliche helle lügelbinde auf einfarbig dunklem lügel zeigt. Auge schokoladenıraun. Wird schnell dem **AK** sehr hnlich. **1W** | wie **AK** mit größeen hellen Spitzen/schwarzen Zenten der inneren Großen Armdecken, ıuge bis Dez braun.

S | Flugruf fein vibrierend *tihihihi*, am Boden scharf pfeifend *tiih* (ähnlich Eisvogel). Hoher, klirrender Gesang in gleichmäßig hoher Geschwindigkeit, Klang erinnert an Feldlerche.

F | Niedrig und ruckartig, oft seitwärts ins Gebüsch verschwindend, dabei dunkle Flügel und Schwanz gespreizt. Auf dem Zug hoch, sehr flatterig.

Acht SSPP. beschrieben, mglw. drei Arten: „normale" Heckenbraunelle ***modularis*** (weit verbreitet) mit sechs SSPP. von dunkel/rotbraun (z. B. ***hebridium*** und ***occidentalis*** im W) bis graubraun (z. B. ***modularis*** im N und in ME); ***mabbotti*** (Iberien, S-Frankreich) mit einfarbiger braunem Kopf; ***obscura*** (von N-Türkei ostwärts), matter/heller.

SSP. ***hebridium*** (Irland, Hebriden)

AK ganzjährig

SSP. ***modularis*** (N-, M-Europa)

AK ganzjährig

1W-Vögel haben größere helle Spitzen an den Großen Decken als Altvögel

SSP. ***occidentalis*** (Britische Inseln, W-Frankreich)

1W Aug–Mär

Iberische Heckenbraunelle SSP. ***mabbotti*** (Iberien, S-Frankreich)

AK ganzjährig

Stein-, Berg-, und Schwarzkehlbraunelle sind sehr ähnlich | Heckenbraunelle *S. 373*

LC Schwarzkehlbraunelle
LC *Prunella atrogularis*

2 | **G** 14–15 cm | **SP** 19–20 cm

Kleine Braunelle mit auffälliger Kopfzeichnung. **PK** | **Scheitel und Kehle schwarz**, **cremeweißer Überaugenstreif**; Rücken rotbraun-schwarz gestreift. Unterseite fast ungezeichnet hellbeige, nur Flanken etwas schwarz gestrichelt. **SK** | Scheitel grau mit schwarzen Seiten, Wange schwarz und rostbraun gestrichelt; breiter rostgelblicher Überaugenstreif. Unterseite beige, spärlich grau und schwarz gestrichelt. **JK** | düster, ammerähnlich *(S. 508)*; Scheitel und Wange grau. Überaugenstreif beige, grau gestrichelt. Rücken matt, aber Flügel rotbraun und schwarz. Unten gelblich grau, dunkelgrau gestrichelt. **1W** | wie **AK**, helle Federsäume verstecken zunächst das Gefiedermuster, doch verschwinden sie allmählich durch Abnutzung.

In Europa
SSP. ***atrogularis***.

S | Ruf ähnlich Heckenbraunelle *tititi*. Zwitschernder Gesang vom Ansitz aus, ähnlich Heckenbraunelle, aber kürzer und leiser.

F | Niedrig, schnell, flatterig.

Ausnahmegast aus Sibirien

Waldmoore

LC Steinbraunelle
LC *Prunella ocularis*

2 | **G** 14–15 cm | **SP** 19–20 cm

Kleine, gräuliche Braunelle mit auffälliger Kopfzeichnung. Flattert kurz aus der Deckung und wieder zurück, zuckt mit Flügeln wie Heckenbraunelle. **AK** | Oberseite graubraun, grau-schwarz gestreift; Scheitel schwarzbraun; **breite schwarze Maske** zwischen bis zum Nacken reichendem, **weißem Überaugenstreif** und hellem Kinn. Brust hell beigeorange, Flanke grauer, fein schwärzlich gestrichelt. **JK** | Scheitel und Wange olivbraun, Überaugenstreif und Kehle hell gelblich; Unterseite beigeweiß, dunkelgrau gestrichelt. **1W** | wie **AK**, helle Federsäume, die das Gefiedermuster verbergen, nutzen sich allmählich ab.

In Europa
SSP. ***ocularis***.

S | Ruf klingt ähnlich dem der Heckenbraunelle *tititi*. Dünner, kristallklarer Gesang mit kurzen Trillern.

F | Niedrig, schnell, flatterig.

Kein Vorkommen in Mitteleuropa

Bergwiesen, steinige Hänge

Bergbraunelle
Prunella montanella

2 | **G** 13–14 cm | **SP** 19–20 cm

Kleine, farbenfrohe Braunelle, recht scheu. **AK** | **schmaler** schwarzer Scheitel; **breiter rostgelber Überaugenstreif**. **Hinterhals grau**, Kehle **ungezeichnet beigeorange**. Rücken warm braun mit dunkler rostbraunen Stricheln. Unterseite leicht fleckig gelblich beige, Flanke grauer. **JK/1W** | Scheitel dunkelgrau, Wange schwärzlich mit hellem Fleck, **beiger Überaugenstreif**. Unterseite beige, Flanke gräulich, rotbraun gestrichelt.

S | Ruf ähnlich Heckenbraunelle *tititi*. Singt von Busch oder Baum: schnell, hoch, hart.

F | Niedrig, schnell, flatterig.

In Europa SSP. ***montanella***.

Alpenbraunelle *Prunella collaris*

Heckenbraunelle *S. 373*

2 | **G** 18 cm | **SP** 25 cm

Dicke Braunelle mit matter Kopfzeichnung und kräftiger gefärbtem Körper; aus geringer Entfernung eindeutig bestimmbar. **AK** | **Brust grau**, **Flanke rotbraun**, am Hinterkörper **schwarze Strichel**. Oberseite olivgrau, **schwarz gestreift**, zwei weiße Flügelbinden umrahmen schwärzliches Feld. Kopf hellgrau, ab Apr/Mai düsterer. Weiße Kehle dunkel gepunktet, unten schwarz eingefasst. Schwanz mit weißen Spitzen der äußeren Steuerfedern. **Schnabel schwarz-gelb**. **JK** | Kopf heller als bei **AK**, Kehle weißlich; Unterseite beige, grau gestrichelt, ohne Rotbraun. Auffällige weiße Flügelbinden. **1W** | wie **AK**, aber einige braune Flügeldecken noch aus dem **JK**.

F | Wie kleine, schnelle, tieffliegende Drossel *(S. 383)*; breites schwarzes Band auf Flügelmitte, beige und weiße Flecke an der Schwanzspitze.

S | Gesang von beiden Geschlechtern lerchenartig schwatzend mit tiefen Trillern, vorgetragen von Felsblöcken und anderen exponierten Punkten. Ruft gedämpft *dschürr*, im Flug etwas härter *drrü drrü*.

Es kommen drei SSPR. vor: ***collaris*** (SW-Europa) Rücken oliv und beige; ***subalpina*** (SO-Europa) heller, grau; ***montana*** (Kaukasus, N-/O-Türkei) olivgrau, ausgedehnt rotbraune Flanke.

Pirole

1 Art Drosselähnlich, länglich, kurzbeinig. Meist in Baumkronen verborgen, Anwesenheit wird durch Gesang und Rufe offenbart. **Flug** drosselartig *(S. 383)*, lange Flügel; offene Bereiche werden schnell überquert. **Geschlechts- und Altersbestimmung, Mauser** Geschlechter unterschiedlich, JK/1LJ ähnlich Weibchen. Alt- und Jungvögel mit Teilmauser Jun–Aug und Vollmauser Nov–Feb.

Seidenschwänze

2 Arten [1 Ausnahmegast] *(S. 377, 609)* Wie gedrungener, großköpfiger, kurzschwänziger Star mit sehr kurzen Beinen; meist auf Zweigen, kommt aber zum Trinken an Pfützen, läuft jedoch kaum. Im Winter gesellig, unregelmäßiger Zug nach S und W in Abhängigkeit vom Nahrungsangebot (Beeren). **Flug** Kräftiger Körper, kurzer Schwanz; dreieckige Flügel wie Star; Kopf/Schnabel kurz; schnell, leicht wellenförmig, oft in Trupps. Zur Brutzeit kunstvolles Schnäppern. **Geschlechts- und Altersbestimmung, Mauser** Geschlechter leicht unterschiedlich; juvenile Vögel anfangs erkennbar, ab Herbst schwieriger. Bei Altvögeln Vollmauser Aug–Nov (oder später); Jungvögel mit Teilmauser Aug–Nov.

Bestimmung: Flügelzeichnung | Farbe der Unterschwanzdecken

LC Pirol *Oriolus oriolus*

LC ❹ | **G** 19–22 cm | **SP** 44–47 cm

Längliche, drosselähnliche *(S. 383)* Gestalt, kurze Beine, lange Flügel. Männchen kräftig gefärbt, aber im Laub der Baumkronen schwer zu sehen. Unverwechselbare Stimme. **♂AK** | kräftig **gelb und tiefschwarz**; schwarzer Zügel; Schnabel rosarot. **♀AK** | blassgelb, Rücken grünlich, Flanke fein grau gestrichelt; Zügel grau; Flügel grünlich schwarz mit hellgelbem Flügelfleck; **Schwanz schwärzlich mit gelben Ecken**; Bürzel gelbgrün (erinnert an Grünspecht). Schnabel matt rosarot. **JK** | Oberseite grünlich; Unterseite weiß mit grauen Stricheln, Unterschwanz gelb; dunkler Flügel mit kleinem weißlichem Fleck; Bürzel/Schwanz wie **♀AK**; Schnabel grau. **1W** | wie **JK**, aber reduzierte Strichelung, dunklerer Zügel; Schnabel wird rosarot. **♂1S** | wie **♀AK**, aber feine graue Strichel auf Unterseite und größerer gelber Flügelfleck.

Grüne Spechte *S. 332–333*

Mittelhäufiger Brutvogel und Durchzügler Apr–Sep

Laubwälder, Flussauen mit Bäumen

S | Unverwechselbarer flötende[r] jodelnder Gesang, meist drei bi[s] vier Silben: *düde-lio*. Ruf heise[r] krächzend *chrääjk*

F | Direkt; gleichmäßige Flügel[-] schläge, keine Böger[n]

Seidenschwanz *Bombycilla garrulus*

G 18–21 cm | **SP** 32–35 cm

Fast unverwechselbar, Europas einzige reguläre Seidenschwanzart, aber vgl. Zedernseidenschwanz (Ausnahmegast) mit hellem, nicht rötlichem Unterschwanz. Stämmig, aufrecht, spitze **Haube**, **kurzer Schnabel** und **kurze Beine**. Größe und Flugprofil wie Star, aber im Sitzen auf Bäumen ruhiger, oft längere Zeit inaktiv und außer zum Trinken an Pfützen nicht am Boden. Im Sommer agiler Jäger fliegender Insekten. Turnt beim Fressen von Beeren und Knospen **akrobatisch** in Zweigen. Wintertrupps sitzen oft inaktiv auf Baumspitzen, dabei **charakteristisch rufend**. **AK** | **hell rosa graubraunes** Gefieder (kann in schlechtem Licht düster grau wirken). **Kinn und Maske schwarz**, **Bürzel grau**. **Schwanzspitze gelb**, **Unterschwanz rotbraun**. **JK** | bis Sep/Okt, kein schwarzes Kinn, Unterseite gestrichelt, Unterschwanz hell kastanienbraun, Haube kurz. **1W** | wie **♀ AK**, aber kein weißes „V“ an Spitzen der Handschwingen (s. *Bildlegenden unten*).

Star (im Flug) *S. 379*
Zedernseidenschwanz *S. 609*

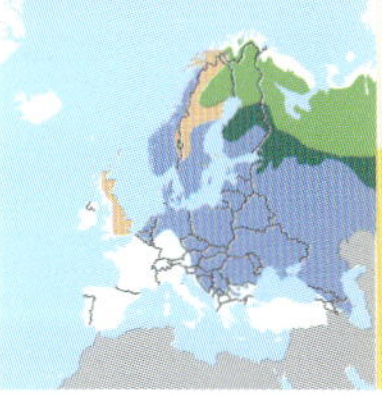

Mittelhäufiger Wintergast Okt–Apr

Nadelwälder; im Winter Parks, Gärten

In Europa lebt SSP. ***garrulus***.

S | Seidenschwänze machen oft erst durch ihre weittragenden, hell klingenden Rufe (*sirrrr*) auf sich aufmerksam. Im Frühjahr können Laute von Grünfink *(S. 490)* und Blaumeise *(S. 463)* sehr ähnlich klingen, aber besonders im Trupp sind Seidenschwänze eindeutig bestimmbar. Gesang aus gereihten Rufen durchsetzt mit härteren Tönen.

F | Schnell, direkt; Flugprofil ähnlich Star, aber Körper länger, Kopf größer und Schnabel kleiner.

oft in großen Trupps

1W

Stare **4 Arten [1 Ausnahmegast]** *(S. 378–380, 592)*

Größe zwischen Sperlingen *(S. 480)* und kleinen Drosseln *(S. 383)*. Spitzer Schnabel, kräftige Beine, spitze dreieckige Flügel, eckiger Schwanz (Schwanz weniger auffällig und beweglich als bei den meisten Drosseln); geht/läuft (nicht hüpfend). Sehr gesellig. **Flug** Kräftiger Körper verjüngt sich zu spitzem Schnabel; breiter, kurzer Schwanz; Flügel dreieckig. Schnell, gerade oder leicht wellenförmig; dichte Trupps/Schwärme mit bis zu Millionen Vögeln. **Geschlechts- und Altersbestimmung, Mauser** Unterschiede zwischen Geschlechtern gering, aber deutlich im Jahresverlauf. Junge Stare und Einfarbstare mausern mit auffälligen Übergangsformen Jun–Okt und sehen im Herbst meist wie Altvögel aus; junge Rosenstare sind bis spät im Jahr von Altvögeln zu unterscheiden. Altvögel mit Vollmauser zwischen Jun und Okt

Bestimmung: Färbung | Ausmaß heller Fleckung | bei Jungvögeln Schnabelfarbe und Flügel/Bürzel-Kontrast

Star/Einfarbstar sehr ähnlich | Amsel *S. 385* | Seidenschwanz (im Flug) *S. 377* | Tannenhäher *S. 478*
JK: Rosenstar *S. 380* | *Braunkopf-Kuhstärling S. 609* | *Mongolenstar S. 592* | *Mainas S. 622*

LC Einfarbstar *Sturnus unicolor*

LC ❶ | **G** 20–22 cm | **SP** 35–40 cm

Schwärzlich, in einigen Kleidern schwer vom Star zu unterscheiden. **PK** | **durchgehend matt schwarz**, mit schwachem öligem Glanz anstelle metallischen Schillerns. **Keine hellen Flecke**. Kopf und Brust mit sehr langen, abstehenden Schmuckfedern. Beine rosa; Schnabel gelb, Basis bei ♂ bläulich, bei ♀ rosabraun. **SK** | matt, gräulich; **Gesicht ungefleckt**, ohne kontrastierende Maske. **Flügel einfarbig**, ohne auffällig gefärbte Federränder. Unterseite (und Rücken bei **♀/1W**) mit kleinen hellen Flecken und schwacher Schuppung unter dem Schwanz. **JK** | **einfarbig dunkelbraun**, Flügelfedern schmal heller braun gesäumt; helleres Gesicht mit dunklerem Scheitel und Zügel; **Kehle braun-weiß marmoriert**.

S | Ruft wie Star schnurrend *tjärr*; auch Gesang ähnlich Star, aber einige schärfere Pfeiftöne und insgesamt mehr auf- und absteigend, lauter.

F | Flugprofil und -verhalten wie Star. Gegen das Sonnenlicht können Flügelspitzen dunkel rotbraun wirken.

Star *Sturnus vulgaris*

1 | **G** 19–22 cm | **SP** 35–40 cm

Schlank, kleinköpfig; kleiner als Amsel mit **kürzerem Schwanz** und spitzem Schnabel. **Geht/läuft am Boden** mit hochgehaltenem Schwanz. Wirkt auf Entfernung schwarz. Gesellig, bildet dichte Schwärme in Bäumen, am Boden und im Flug. **PK** | schwarz mit **purpurnem und grünem Glanz**; beige Federsäume am Flügel und am Schwanz. Schnabelbasis blau beim ♂, rosa beim ♀. **SK/1W** | **große weiße Flecke** auf Unterseite. Kopf und Kehle dicht weiß gepunktet (schnell abgenutzt), **Zügel dunkel**. Beine **orangebraun**. **JK** | braun; spitzer, **schwärzlicher Schnabel**; **Zügel dunkel**. Mausert zu schwarzem Körper mit weißem Flecken, während Kopf/Hals durch Ausbleichen hellbraun werden, dadurch typisches Muster von **dunklem Körper/hellem Kopf**.

S | Ruft schnurrend *tjärr* sowie schrill quietschende Pfiffe. Warnruf scharf *plick*. Häufiges „Geschwätz" aus abgehackten Tönen und tiefes nasales Quietschen. Singt mit aufgeplusterter Kehle und leicht geöffneten Flügeln; Mischung aus langem Rasseln, Pfiffen und Zwitschern, auch viele Imitationen anderer Vogelstimmen und metallische Geräusche; oft auch vom Ansitz oder vom Boden aus als Subsong.

F | **Spitzer Kopf**, **eckiger Schwanz**, **dreieckige Flügel**. Trupps wenden, wirbeln durcheinander, finden plötzlich wieder zusammen. An abendlichen Sammelplätzen fliegen Schwärme von Hunderten bis zu Millionen mit eindrucksvollen synchronen Manövern. Oft im Flug auf Insektenjagd. Einzelvögel unternehmen weite, direkte Flüge zur Versorgung der Brut.

Sehr häufiger Brut- und Gastvogel

Offenland aller Art, Waldränder, Schilfbestände, Gärten

Sieben schwer zu bestimmende SSPP.: ***vulgaris*** (verbreitet); ***faroensis*** (Färöer) **AK** dunkler, matter mit weniger weißen Flecken, **JK** schwärzlich; ***zetlandicus*** (Shetlands) **JK** schwarzbraun; ***granti*** (Azoren) kleiner; ***purpurascens*** (O-Türkei), ***poltaratskyi*** (Ural) und ***caucasicus*** (Kaukasus) **AK** weniger Grün, mehr Purpur.

STARE IM FLUG *S. 37*

LC Rosenstar *Pastor roseus*

JK: Star *S. 379*

LC ❶ | **G** 19–22 cm | **SP** 37–42 cm

Sehr seltener Gastvogel Mai–Okt

Äcker und Wiesen mit Bäumen

Gestalt und Verhalten typisch für Stare, aber **Schnabel kurz und stumpf**, Kopf groß und rundlich. **PK** | unverwechselbar **rosa-schwarz** mit **struppigem Schopf**. **SK** | rosa Bereiche schmutzig braun. **JK** | mausert später als Star, bis Okt/Nov noch anders als **AK**. Hell beigebraun, Unterseite und **Bürzel hell**; braune Flügelfedern beige gesäumt. **Schnabel gelb mit dunkler Spitze** (bei Star schwärzlich). Großes dunkles Auge in einfarbig hellem Gesicht ohne dunklen Zügel. **1W** | nach fleckigen Übergangsformen matte Version des **SK**: oben graubraun, unten beigerosa.

S | Rufe wie Star, aber weniger scharf; aus Trupps tönt sanftes Schwatzen.

F | Spitzer Kopf, breite Flügel an Basis schmal, weniger dreieckig als bei anderen Staren. Im **JK** Kontrast zwischen hellem Bürzel und dunklem Schwanz/dunklen Flügeln (gelegentlich auftretende sandfarbene Stare sind einfarbiger). Große Trupps sind langgezogen und zeigen wie Stare synchrone Flugmanöver.

Im Herbst manchmal einzelne Jungvögel in Staren-Trupps.

Wasseramseln **1 Art** Klein, gedrungen, kurzer Schnabel, aber Beine und Zehen kräftig; mmer am Wasser (an der Küste nur bei rauem Wetter). **Flug** schwergewichtig mit kurzen, runden Flügeln; chnell, niedrig. **Geschlechts- und Altersbestimmung, Mauser** Geschlechter gleich gefärbt, aber Männchen rößer, keine saisonalen Unterschiede; Jungvögel bis Okt erkennbar, im 1LJ einige weiß gesäumte Flügeldecken.

Nasseramsel
Cinclus cinclus

2 | **G** 17–20 cm | **SP** 25–30 cm

Jnverwechselbarer, starengroßer Vogel n **Fließgewässern**; **Körper rund**, **chwanz kurz**, Proportionen ähnlich Zaunkönig *(S. 372)*. Steht meist auf Stein m Fluss oder am Ufer, dabei immer wieder mit den Beinen **knicksend**, häufig m Wasser **schwimmend/tauchend**. **AK** | **schwarzbraun**, **Brust weiß**. **JK** | natt, graubraun-schwärzlich marmoriert, weiße Brust durch dunkle Federäume „schmuddelig". **1W** | einige Flügeldecken schmal weiß gesäumt; Auge dunkel (nach 3–4 Jahren rotbraun).

F | Fliegt bei geringster Störung ab oder flitzt dem Wasserlauf folgend mit schwirrenden Flügelschlägen und rufend vorbei.

Mittelhäufiger Brut-/ Jahresvogel

Fließgewässer mit Steinen oder Bäumen am Ufer, auch Seeufer; im Winter auch größere Flüsse

1W

alle SSP. ***cinclus***

| Ruft durchdringend hart und tief *zrrt*. Singt langsam mit rau zwitschernden, nirschenden und quietschenden Tönen gegen das Rauschen des Wassers an.

ganzjährig*

Jungvogel oben mit hellen Säumen und dunkler Fleckung an der Brust, dadurch weniger Kontrast, aber durch Gestalt und Charakter unverwechselbar.

JK
Mär–Aug

*abgebildet **1W** (Aug–Mär) – einige Flügeldecken mit weißen Säumen

Es kommen mindestens fünf SSPP. vor, aber komplizierte Verhältnisse: ***gularis*** (Britannien) Kopf matt braun; ***hibernicus*** (W-Schottland, Irland) Kopf/Oberseite am schwärzesten; ***aquaticus*** (M-, S-Europa bis Griechenland) oben heller; ***caucasicus*** (Türkei bis Kaukasus) kleiner – bis hier alle mit **rotbraunem Bauch**; ***cinclus*** (NW-, O-Europa, N-Spanien, Korsika) mit **schwarzem Bauch** und brauner Oberseite, aber es gibt braunere Vögel und das Schwarz wird durch Abtragung brauner. Bauchfarbe variiert individuell und mit Alter; in Spanien kommen ***cinclus***- und ***aquaticus***-Typen nebeneinander vor.

AK SSP. ***hibernicus*** (ganzjährig)

AK SSP. ***gularis*** (ganzjährig)

AK SSP. ***aquaticus*** (ganzjährig)

Häherlinge

1 Art Ähnlich langschwänziger Drossel *(S. 383)* mit gerundetem Schwanz (oft hochgestellt) und dickem, gebogenem Schnabel. Meist in Trupps. **Geschlechts- und Altersbestimmung**, **Mauser** Geschlechter gleich, keine saisonalen Unterschiede; Jungvögel heller, weniger gestrichelt als Altvögel. Bei Altvögeln lange Vollmauser von Mär–Nov, abhängig vom Brutgeschäft; Jungvögel mausern Mai–Dez.

LC NT Rieddrosselhäherling
Argya altirostris

2 | **G** 20–24 cm | **SP** 25–26 cm

Schlank, drosselartig; **Schwanz lang**, **schmal**, **spitz zulaufend**, **leicht gebändert**, oft hochgestellt. Schwanzform erinnert an großen Rohrsänger *(S. 412)*, aber Schnabel kurz, dick und etwas **abwärts gebogen**. Typischerweise in kleinen Trupps. **AK** | Oberseite hellbraun, Scheitel dunkel gestreift, Rücken leicht grau gestreift. Unterseite heller beige, Flanke kräftiger beigeorange, Kehle weißer. **JK** | heller und feiner gestreift.

S | Hohe, weich trillernde Rufe; Gesang ähnlich, aber allmählich abfallend.

F | Niedrige kurze flatternde Flüge zwischen federnden Hüpfern am Boden.

Bülbüls

5 Arten [1 Ausnahmegast, 2 eingebürgert] *(S. 382, 592, 620)* Wie kleine Drosseln *(S. 383)*, aber kurzer Schnabel, eckiger Schwanz. Fressen Früchte und Beeren; laute, volltönige Rufe. **Geschlechts- und Altersbestimmung**, **Mauser** Geschlechter gleich, keine saisonale Variation; Jungvögel mit schwächerem Kopfmuster. Altvögel Vollmauser Mai–Nov; Jungvögel Teilmauser Mai–Nov.

Graubülbül S. 592

F | Schnell, flatternd; drosselähnlich, Schwanz recht kurz und eckig.

LC LC Gelbsteißbülbül
Pycnonotus xanthopygos

1 | **G** 20–25 cm | **SP** 20–25 cm

Wie eine kleine graue Drossel mit **schwarzem**, **nach oben spitzem Kopf** sowie einem weißen Augenring. Schwarzer Schnabel kurz, leicht abwärts gebogen. **AK** | kräftig **gelbe** Unterschwanzdecken, dunkler Schwanz. Unterseite hell beigegrau. **JK** | düster gräulich; matt schwarzes Gesicht, Kehle/Scheitel/Nacken dunkel graubraun.

S | Kurze, klare Strophen, *schip-är schip*-är oder *ship-schüp*, auch härter *tschärp tschärp*.

Drosseln, Schnäpperverwandte, Seidenwürger

MÖGLICHE VERWECHLUNGSGRUPPEN Heckenbraunelle *(S. 373)* dünner Schnabel, gestreifte Flanke | **Ammern** *(S. 508–522)* dicker Schnabel, meist weiße Schwanzseiten, aufrecht auf Ansitz und waagerecht am Boden | **Schnäpper** *(S. 448–451)* aufrecht auf kurzen Beinen; breiter Schnabel

DROSSELN 21 Arten [**13 Ausnahmegäste: 7 aus Amerika, 6 aus Asien** *(S. 596–598, 611)*]
Klein bis mittelgroß, größer als Schnäpperverwandte und Stare *(S. 378)*, kleiner als Tauben *(S. 239)*. Kompakt gebaut, kurzer Schnabel, kräftige Beine, relativ langer, breiter Schwanz. Typischerweise am Boden hüpfend und laufend, dazwischen aufrecht stehend und mit nach unten oder zur Seite gerichtetem Schnabel sichernd. Einige Arten sind Standvögel, andere sind Langstreckenzieher, wieder andere haben nicht ziehende und ziehende Populationen, die im Winter gemeinsam vorkommen können. Manche Arten leben außerhalb der Brutzeit gesellig, dabei auch gemischte Trupps aus mehreren Arten. Viele Arten sind gute Sänger. **Flug** Kraftvoll, direkt, oft in Deckung hinein- oder zu einer Sitzwarte hinauffliegend; recht langflügelig. **Alters- und Geschlechtsbestimmung, Mauser** Geschlechter entweder gleich oder mit kleinen bzw. großen Unterschieden. Jungvögel unterscheiden sich von Altvögeln, ähneln diesen aber nach der Herbstmauser und sind noch an hellen Spitzen der Flügeldecken und ausgeblichenen Handschwingen zu erkennen. Altvögel mit Vollmauser zwischen Mai und Okt, je nach Art, Ort und Brutzeit; Jungvögel mit Teilmauser Jul–Okt.

Unter den amerikanischen Ausnahmegästen befinden sich zwei ähnliche Arten *(S. 598)*, die anderen fünf sind kleiner und runder mit mehr oder weniger stark gefleckter Unterseite *(S. 611)*.

ROTDROSSEL

Bestimmung: Färbung | Vorhandensein/Fehlen von Flecken | Kopf-/Brustmuster | Bürzel-/Schwanzmuster | Unterflügelfärbung

SCHNÄPPERVERWANDTE 23 Arten (**1 nur auf Makaronesischen Inseln**, *S. 525*) [**7 Ausnahmegäste** *(S. 593–594)*]
Größere Schnäpperverwandte wirken wie kleine Drosseln, kleine dagegen rundlich und kurzschwänzig mit kräftigen Beinen. Einige Arten Standvögel, andere Langstreckenzieher. Obwohl insgesamt variabel haben viele einen gedrungenen Körper mit relativ kurzem Flügel und Schwanz, aber einen kurzen, kräftigen Schnabel. Die dicken Beine und Füße sind nicht so sehr zum Klammern geeignet, Schnäpperverwandte sind daher nicht so geschickt im Geäst wie beispielsweise Meisen *(S. 452)*. Ihre Nahrung suchen sie am oder nahe dem Boden. **Flug** Kompakt, mit rundlichen Flügeln und breitem Schwanz; niedrig, flink, schnelles Aufsteigen zu Sitzwarte. **Alters- und Geschlechtsbestimmung, Mauser** *(S. 389)* Bei den meisten Arten unterscheiden sich die Geschlechter deutlich, bei einigen sind sie nahezu gleich (z. B. Rotkehlchen, Nachtigall). Oft geringe saisonale Unterschiede. Jungvögel anfangs oft anders als Eltern, im ersten Winterkleid Abweichungen meist nur gering. Altvögel von Jul–Okt Vollmauser, bei manchen Arten folgt Jan–Apr Teilmauser. Jungvögel Teilmauser von Jun–Sep, bei einigen Arten weitere von Jan–Apr.

GARTENROTSCHWANZ

Bestimmung: Färbung/Muster von Kopf und Brust | Bürzel- und Schwanzmuster

STEINSCHMÄTZER 14 Arten [**4 Ausnahmegäste** *(S. 595)*]
Gut abgegrenzte Gruppe von Schnäpperverwandten mit Nahrungssuche auf offenem Boden oder in niedrigem Pflanzenbewuchs. Der dickbäuchige Körper verjüngt sich zu Kopf und breitem Schwanz; ziemlich aufrechter Stand. Die meisten Arten zeigen ein grobes Muster, einschließlich des schwarz-weißen Bürzel-Schwanz-Bereichs (meist eine Art T-Muster, das durch schwarze zentrale Steuerfedern und eine schwarze Endbinde gebildet wird). **Flug** Niedrig und schnell auf recht langen, breiten Flügeln. Manche Arten mit kurzem Singflug. **Alters- und Geschlechtsbestimmung, Mauser** Geschlechter unterschiedlich; Jungvögel und Männchen im Schlichtkleid ähneln den Weibchen, ab dem ersten Herbst wird die Altersbestimmung schwierig. Bei Altvögeln Vollmauser von Jun–Sep und Teilmauser ins Prachtkleid Jan–Mär; Jungvögel mit Teilmauser ins 1. Winterkleid von Jun–Sep, nochmals Teilmauser von Jan–Apr.

NONNENSTEINSCHMÄTZER

Bestimmung: Kopfmuster | Bürzel- und Schwanzmuster

SEIDENWÜRGER 1 Art [**Ausnahmegast**] *(S. 592)*
Wirkt wie eine Mischung aus Würger *(S. 466)* und einem schlanken Bülbül *(S. 382)*: schmal, aufrecht, rundköpfig und langschwänzig; Scheitel kann gesträubt werden. **Flug** Niedrig, flink mit kurzen, gerundeten Flügeln; langer, schmaler, rund endender Schwanz. **Alters- und Geschlechtsbestimmung, Mauser** Geschlechter gleich, keine jahreszeitlichen Unterschiede; Jungvögel sandbraun mit dunkler Schwanzspitze. Altvögel mit Vollmauser von Mai–Nov.

DROSSELN IM FLUG S. 38

LC Ringdrossel
LC *Turdus torquatus*

2 | **G** 24–27 cm | **SP** 41–45 cm

Große, **dunkle** Drossel; Flügel und Schwanz lang, Beine dunkel. Am Boden schlank mit flachem Rücken; Schwanz oft aufgerichtet, aber beim Landen nicht auffällig angehoben oder abgesenkt. **♂PK** | **schwarz mit weißem Brustband**. Helle Federränder sorgen für **silbrig graues Flügelfeld**. **♂SK** | Unterseite mit hellem Schuppenmuster; Brustband matt. **♀AK** | brauner als **♂AK**, **helle Federränder** auf Flügeln und Oberseite, Brustband schmuddelig weiß. **1W** | Flügelfeld matt, helle Federränder, Brustband diffus. **♂1S** | einige Flügeldecken noch mit heller Spitze.

Amsel
Schwarzkehldrossel S. 596
Schieferdrossel S. 597

S | Hart schimpfend *tak tak tak*, gepresst *tschrrit*. Gesang laut und ähnlich Misteldrossel *(S. 387)*, voneinander getrennte Phrasen aus drei bis vier Tönen wie *tüliii tüliii tüliii*.

F *(siehe S. 388)* | Schnell, Serien schneller Flügelschläge zwischen Gleitphasen; gleiten oft auf nur halb geöffneten Flügeln. **Helles Oberflügelfeld** auffälliger als weißlicher Unterflügel.

BV (nur Alpen, Mittelgebirge), DZ Apr–Okt

Steinige Berghänge, lichte Nadelwälder; auf dem Zug auch Felder und Wiesen

JK *(links)* ohne deutliches Brustband, aber mit weißlichen Binden auf der dunklen Unterseite und gebogenen hellen Stricheln auf der Oberseite; **♀1W** *(rechts)* wenig gezeichnet, mit nur leicht aufgehelltem Flügelfeld, blassen Federrändern (erzeugen schuppigen Effekt) und nur angedeutetem Brustband.

Die drei vorkommenden Unterarten variieren leicht in der Ausprägung der hellen Federsäume: ***torquatus*** (N-Europa, Britische Inseln) dunkel; ***alpestris*** (M-/S-Europa) heller, mit hellerem Flügelfeld und deutlicherer Schuppung auf Unterseite; ***amicorum*** (Kaukasus) weißes Brustband breiter.

Amsel *Turdus merula*

2 | **G** 23,5–29 cm | **SP** 40–45 cm

ɜroße, **dunkle** Drossel; Kopf rund, **ɩchwanz lang**, Beine dunkel. Nach kur-ɛem Flug wird **Schwanz aufgestellt** ɪnd ganz langsam gesenkt. **♂AK** | tief **ɩchwarz**; **Schnabel und Augenring ɡelb**. **♂1W** | schwärzlich, Flügel braun; ɩchnabel bis Dez/Jan schwarz. **♂1S** | ɩchwarz, Flügel dunkelbraun. **♀** | braun, **ɗunkler** und langbeiniger als Singdrossel *S. 386)*. Kehle oft weißlich; Brust dunkel-ɔraun, schwärzlich gestrichelt. Schnabel ɗunkel oder **gelb mit dunkler Spitze**. **JK** | **rostbraun**, Unterseite braun und ɔeige gebändert und gefleckt (♂ hat ɩchwarzen Schwanz); einige sind unten ötlich, angedeutetes helles Brustband nöglich. **♂JK** | kurzzeitig schwärzlicher Körper, doch dann zu Beigebraun ausblei-ɩhend, wie mausernde junge Stare *(S. 379)*.

Ringdrossel | Star *S. 379* | Blaumerle *S. 390*
Schwarzkehldrossel S. 596 | *Schieferdrossel S. 597*
Einfarbdrossel S. 598 | *Wanderdrossel S. 598*
Rotflügelstärling S. 609

S | Ruft rau *srriii*, weich *tschok*, laut *tschak* und (besonders in der Abenddämmerung) wiederholt *pink pink pink* – Letzteres bei geringer Gefahr endlos vorgetragen; bei größerer Gefahr **kreischendes Klappern**. Gesang vor allem in der Dämmerung: lange, **melodische Strophen aus sanften Flötentönen**, mit Übergängen zu gepressten und klappernden Tönen.

F *(siehe S. 388)* | Schnell, kräftig, niedrig durch das Unterholz; längere Flüge mit unregelmäßigen Flügelschlägen zwischen kurzen Gleitphasen auf halb geöffneten Flügeln. **Handflügel heller**; langer, gerundeter Schwanz.

Sehr häufiger Brut- und Gastvogel

Wälder, Gärten, Parks, offene Landschaft mit Hecken und Gehölzen

Altersabfolge der ♂-Kleider der Amsel: **JK** (Mär–Sep) rostbraun und fleckig mit schwarzem Schwanz (♀ hat braunen Schwanz); **1W** (Jul–Mär) mit dunklem Schnabel bis Dez/Jan und Braun im Flügel; **1S** (Mär–Sep) behält Braun im Flügel, Schnabel gelb; anschließend wie **AK**. ACHTUNG: ♀ folgen einem ähnlichen Muster, doch sind die Farbunterschiede im Flügel geringer.

Es kommen fünf SSPP. vor: ***merula*** (verbreitet); ***azorensis*** (Azoren) und ***cabrerae*** (Madeira) ♂ mit stärkerem Glanz; ***aterrimus*** (SO-Europa) beide Geschlechter kleiner und matter; ***syriacus*** (Türkei) beide Geschlechter grauer.

Rotdrossel | Misteldrossel
Seltene amerikanische Drosseln S. 611

LC
LC
Singdrossel
Turdus philomelos

2 | **G** 20–22 cm | **SP** 33–36 cm

Kleine, kompakte, **gefleckte** Drossel; typischerweise in Paaren oder Familien, aber **nicht in größeren Trupps** auftretend. **AK** | Oberseite **warm hellbraun**, Flügel ungezeichnet. Unterseite weißlich bis gelbbeige mit **schwärzlichen v-förmigen Flecken**. **JK** | Rückenfedern und Flügeldecken mit hellem Strich. **1W** | wie **AK**, aber einige Große Decken mit großen hellen Flecken an den Federspitzen.

S | Ruft dünn, scharf *tik* oder *sip*; Warnrufe ähnlich Amsel *(S. 385)*, aber heller klingend. Durchdringender Gesang aus vollen flötenden und quietschenden Tönen; kurze Phrasen aus zwei bis vier Tönen werden stets wiederholt, im Unterschied zur Amsel und Misteldrossel (Gesang fließender). Lauter Schlag beim Zerschmettern einer Schneckenschale an einem Stein.

Drei SSPP.: ***philomelos*** (verbreitet); ***clarkei*** (Britische Inseln) etwas dunkler; ***hebridensis*** (Inseln W-Schottland) oben am dunkelsten, unten weißer.

F *(siehe S. 388)* | Fliegt bei Störung niedrig in Deckung. Höherer Flug mit schnellen, regelmäßigen Flügelschlägen. Unterflügel hell orangebeige; Schwanz einfarbig.

Sehr häufiger BV und DZ Feb–Nov

Wälder, Parks, Gärten, offene Landschaft mit Gehölzen

Singdrossel | *Rostflügeldrossel S. 597*
Weißbrauendrossel S. 598

NT
LC
Rotdrossel *Turdus iliacus*

2 | **G** 19–23 cm | **SP** 30–34 cm

Kleine, dunkle, gefleckte/gestrichelte Drossel mit **auffälliger Kopfzeichnung**. Auf dem Zug und im Winter zusammen mit Wacholder- und anderen Drosseln. Rast oft hoch in Bäumen. **AK** | Oberseite dunkelbraun. **Breiter weißlicher Überaugenstreif**, weißlicher Bartstreif unter **dunkler Wange**. **Streifen aus dunklen Stricheln** auf weißlicher Unterseite; Flanke **ziegelrot**. **JK** | brauner Rücken hellbeige gestrichelt. **1W** | wie **AK**, helle Spitzen an einigen Großen Decken.

S | Hoch, dünn, etwas rau *siiiih* (oft beim nächtlichen Zug zu hören); auch gackernde Laute. Gesang aus kurzen Phrasen mit Flötentönen und unterdrückten kratzenden Lauten. Oft Schwarmgesang von Rastvögeln.

Zwei SSPP.: ***iliacus*** (N-, O-Europa); ***coburni*** (brütet in Island, überwintert vor allem in NW-Schottland und Irland) dunkler, breite Strichel auf der Unterseite fast verschmolzen.

F *(siehe S. 388)* | Schnell, manchmal etwas flatterig wie Feldlerche *(S. 355)*, aber schlanker, langköpfig. Kleiner als Wacholderdrossel. Trupps bei Nahrungssuche wachsam, niedrig abfliegend. **Unterflügeldecken ziegelrot**; heller Fleck neben Schwanz.

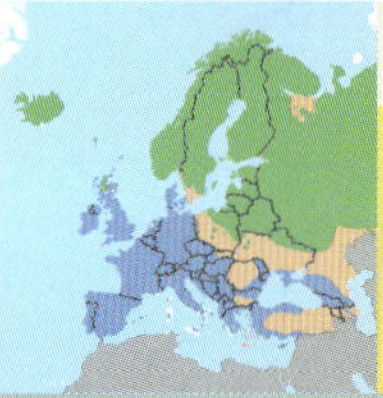

Sehr häufiger DZ und WG Sep–Apr

Brütet in Wäldern; im Winter auf Wiesen und Feldern, in Laubwäldern, Parks und Gärten

*gezeigter Vogel im **1W** (Aug–Mär) – einige Flügeldecken mit schmalen beigen Säumen

Singdrossel | Wacholderdrossel

Misteldrossel
Turdus viscivorus

2 | **G** 26–29 cm | **SP** 43–45 cm

Große, langschwänzige, häufig **aufrecht** stehende, **gefleckte** Drossel. Kraftvolles Hüpfen am Boden. Deutlich größer und relativ kleinköpfiger als Singdrossel. Meist in Paaren oder Gruppen von bis zu 10–20 Vögeln. **AK** | Oberseite hell gräulich braun; **dunkle Flecke an der Schulter**, **helle Federränder** auf dem Flügel; Ecken und Außenseiten des Schwanzes weiß. Unterseite gelblich weiß mit **runden schwarzen** Flecken (an Brustseite oft breiter und verschmelzend). **JK** | hell, beige, Rücken mit **tropfenförmigen**, **dunkel umrandeten**, **cremefarbenen Flecken**; helle Flügelbinden. **1W** | wie **AK**, aber Unterseite kräftiger beige.

S | Trocken schnarrend *tchrrr-tchrrr-tchrrr*. Gesang ähnlich Amsel *(S. 385)*, aber härter und weniger variationsreich; kurze, fließende, weittragende Phrasen, oft von Baumspitze aus vorgetragen.

In Europa lebt SSP. ***viscivorus***.

F *(siehe S. 388)* | Schnell, **oft hoch**, etwas schwanzlastig. Lange, flache Bögen, recht langsame Flügelschläge. Kleiner Kopf, langer, eckiger Schwanz, breite Flügel. Familienverbände oder kleine Trupps, oft in Reihe fliegend. Auffällige **weiße Unterflügel** (wie Wacholderdrossel); **weiße Schwanzaußenkanten**.

Häufiger Brut-, Jahres- und Gastvogel.

Wälder aller Art, Parks, Gärten, Kulturlandschaft mit alten Bäumen

Misteldrossel

Wacholderdrossel
Turdus pilaris

2 | **G** 24–28 cm | **SP** 40–42 cm

Große, kontrastreich gefärbte Drossel. Im Winter oft in Trupps von mehreren Hundert Vögeln, gern zusammen mit Rotdrosseln; ernährt sich auch von Beeren in Büschen. Sieht von vorn orangebeige aus, von hinten braun-grau-schwarz. **AK** | **Kopf grau**, Rücken rotbraun, **Bürzel grau**, **Schwanz schwarz**. Brust hell bis intensiv **orange**, **schwarz gestrichelt** (im Frühjahr schwärzliche Flanke). Breiter, schwarzer Schwanz, Bauch/Steiß weiß. Schwarz um das Auge und Gelb am Schnabel tragen zum bunten Eindruck bei. ♂ | bläulicher Scheitel schwarz gestrichelt, Schwanz schwarz; ♀ | matter Scheitel grau gestrichelt, Schwanz brauner. **JK** | brauner Rücken hellbeige gestrichelt. **1W** | wie **AK**, Große Flügeldecken meist mit hellen Spitzen.

S | Tief, kehlig, kichernd *tschek-tschek-ek* oder *tschak-ak-ak-ak*, oft als Chor eines Trupps; nasal *swii-iip* (fast wie ein Kiebitz, *S. 163*). Zurückhaltender Gesang aus schwatzenden, wiederholten Sequenzen. Im Frühjahr manchmal leiser Gesang ganzer Trupps.

F *(siehe S. 388)* | Kraftvoll, direkt, mit langen, flachen Bögen und recht langsamen Flügelschlägen. Trupps fliegen oft in ungeordneten Reihen; **Unterflügel weiß** (Misteldrossel ähnlich, aber länglicher und mit hellem Schwanz).

Häufiger Brutvogel, sehr häufiger Wintergast

Wälder, Gehölze, Parks; im Winter Felder und Wiesen

Drosseln im Flug

;chnäpperverwandte: \lter/Geschlecht:

ɜei den meisten Schnäpperver-
vandten sehen ♂ und ♀
ınterschiedlich aus.
/leist gibt es auch saiso-
ıale Unterschiede.
**;chnäpperverwandte im Jugend-
:leid** (hier abgebildet) sind matter
ınd stärker gefleckt als Altvögel.
/ögel im 1W und 1S können von
\ltvögeln durch ausgeblichene-
ıbgetragene Federn in Flügel und
;chwanz unterschieden werden.

NACHTIGALL
(S. 394)
Mai–Aug

ROTKEHLCHEN
(S. 392)
Mai–Sep

MAUREN-/BALKAN-STEINSCHMÄTZER
(S. 406)
Jun–Jul

GARTENROT-SCHWANZ
(S. 396)
Jun–Sep

SCHWARZKEHLCHEN
(S. 400)
Mai–Aug

STEINSCHMÄTZER
(S. 404)
Mai–Aug

HAUSROTSCHWANZ
(S. 397)
Jun–Sep

BLAUKEHLCHEN
(S. 393)
Mai–Sep

Nauserverlauf ɔei Erdsängern

m Jugendkleid Geschlechter
ıleich, aber nach Mauser ins
W-Kleid unterschiedlich.

1W-Kleid behält aus dem Jugendkleid Schwungfedern, Schwanz, Schirmfedern und viele Flügeldecken – jeweils brauner und abgetragener als die neuen Federn; schwer von Altvögeln zu unterscheiden, wenn im folgenden Sommer stark abgenutzt.

LC Blaumerle *Monticola solitarius*

LC ❷ | **G** 21–23 cm | **SP** 37–40 cm

Großer, dunkler, drosselähnlicher Vogel mit langen Flügeln, breitem, dunklem Schwanz und **langem Schnabel**. **♂PK** | blaugrau, Flügel und Schwanz schwärzer; wirkt auf Entfernung dunkel, aus der Nähe jedoch **lebhaft blau**. **♂SK** | Blau teils hinter helleren Federrändern verborgen. **♀** | matt dunkelbraun, **Flügel und Schwanz dunkler**; Unterseite mit dunkel gerandeten, beigen Flecken. **JK** | wie **♀AK**, aber oben grauer, unten gelblich mit dunklen Binden an der Flanke. **♂1LJ** | wie **♂AK**, aber blasser, heller, oft fein gebändert, mit einigen brauneren Flügeldecken und Schirmfedern, die sich von den blauen Schulterfedern absetzen.

S | Kräftig pfeifend *piip-iip* und hart *tschuk*. Gesang laut, variabel mit melodischen Phrasen ähnlich einer simplen Misteldrossel *(S. 387)*.

F● | Schießt mit kräftigen, schnellen Flügelschlägen über Schluchten. Wirkt dunkel, einfarbig, langflügelig, langschwänzig. Stürzt sich steil von einem Felsvorsprung oder fliegt am Horizont entlang, dann Abtauchen hinter einem Felsen/Gebäude.

👁 ♀: Steinrötel [♀]

Ausnahmegast aus S-Europa, BV in S-Schweiz

Felsen im Hochland, Klippen, Schluchten, felsige Küsten, Gebäude

Zwei ähnliche SSPP.: ***solitarius*** (SW-, S-Europa); ***longirostris*** (von Griechenland ostwärts) etwas kleiner und heller, ♀ weniger gefleckt.

♂SK
Aug–Mär

Helle Bänder und Säume nutzen sich bis zum Frühjahr ab und lassen das Blau hervortreten.

♂PK

alle SSP. ***solitarius***

♂PK
Feb–Jul

♀
ganzjährig

dunkelbraun, Unterseite mit tropfenförmigen hellbeigen, dunkel gerandeten Flecken

Steinrötel *Monticola saxatilis*

3 | **G** 18 cm | **SP** 32–35 cm

Aittelgroßer, drosselähnlicher Vogel mit langen Flügeln und kurzem, **otbraunem Schwanz**. Sitzt auf Felsen und Leitungen. **♂PK** | **Kopf lau, Flügel dunkelbraun**. **Weißes Feld auf dem Rücken**. **Unerseite orange**. **♂SK** | Farben teilweise durch beige Federränder erdeckt. **♀** | rötlich sandbraun; oben dunkel mit beigen Federrän-lern, die sich im Sommer abnutzen. Feine schwärzliche Bänderung ler orangebeigen Flanke. **Rotbrauner Schwanz**. **JK / 1W** | heller, rauer; oben breite weißliche Federränder, weiße Spitzen an Hand-chwingen; **Unterseite blass orangebeige**. **♂1S** | oft nicht von ♀ nterscheidbar.

| Hart *tschak*, *tschak-tschak* und flötende Pfiffe. Gesang aus melodi-chen Strophen mit Imitationen, oft in flatterndem Singflug wie Stein-chmätzer *(S. 403)*.

● | Schnell auf langen, dunklen, leicht gerundeten Flügeln (weniger reieckig als Star). Kurzer **Schwanz und Unterflügel rotbraun**.

👁 ♀: Blaumerle [♀]

SCHNÄPPERVERWANDTE IM JUGENDKLEID S. 38

LC Rotkehlchen *Erithacus rubecula*

LC ❷ | **G** 12,5–14 cm | **SP** 22–25 cm

Blaukehlchen | Blauschwanz *S. 398*
JK: Gartenrotschwanz [JK] *S. 389*
JK: Nachtigall/Sprosser [JK] *S. 389*

Sehr häufiger Brut- und Gastvogel

Wälder, Parks, Gärten, Gebüsche in offener Landschaft

Kleiner Schnäpperverwandter im Unterholz und am Boden, oft um Gebäude. Kann aufrecht und schlank oder gedrungen und rundlich wirken, aber Verhalten und Profil bleiben charakteristisch. Knickst und beugt sich vor, zuckt mit Flügeln und Schwanz. Wechsel zwischen Hüpfen und Stillstand, oder schneller Sprung zum Boden mit schneller Rückkehr zur Sitzwarte. **AK** | oben braun; **Gesicht und Brust rotorange**. Im Spätsommer (Jul–Sep) **AK** ausgeblichen; ab Sep–Okt wieder frisch. Rot nicht leuchtend, kann aber selbst in dunklen Winkeln auffällig sein, bietet andererseits gute Tarnung im bunten herbstlichen Laub. Unterseite olivbeige, oft mit weißem Fleck nahe Flügelbug. **JK** *(S. 389)* | ohne Rot; oben helle Flecke, unten dunkle sichelförmige Flecke; gelbliche Flügelbinde, matter Schwanz; helle Beine (junger Gartenrotschwanz hat schwarze Beine). Roter Brustfleck entwickelt sich allmählich von Jun–Sep, dann wie **AK**. **1LJ** | wie **AK**, aber oft mit Kontrast in Großen Flügeldecken (einige mit gelbbraunen Säumen aus dem **JK**, andere neu, oliv, meist ohne helle Spitzen wie **AK**).

S | Scharf *tik*; dünn, hoch, unauffällig *sii*. Gesang **lang**, perlend, melodisch, **mehr oder weniger melancholisch**; **häufige Geschwindigkeitswechsel**; typisch sind langgezogene Töne am Strophenanfang. **Singt oft nachts** nahe Straßenlaternen.

F● | Kurze, schnelle, wendige Flüge durch Geäst; längere Flüge langsam, mit unregelmäßigen Serien von Flügelschlägen. Flügel rundlich, Schwanz schmal. Kein Rücken-Schwanz-Kontrast.

Es kommen vier SSPP. vor: ***rubecula*** (verbreitet) hell, oliv, bläuliches Halsfeld, wachsam; ***melophilus*** (Britische Inseln) brauner, zutraulich, häufiger Gartenvogel. SSP. ***marionae*** (Gran Canaria) und ***superbus*** (Teneriffa) kontrastreicher, weißer Augenring, intensiv rote Brust.

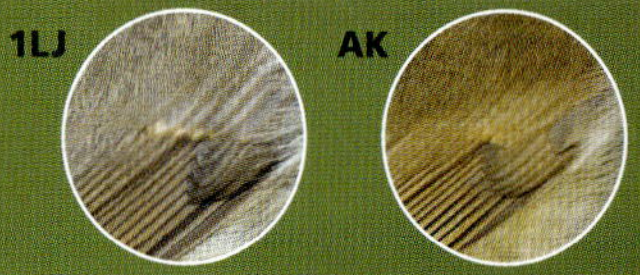

Helle Federspitzen und Kontrast zwischen den Großen Decken weisen auf Vogel im 1LJ hin, aber einige mausern alle Deckfedern, sodass sie im AK und 1LJ einheitlich sein können; alle Decken bleichen zum Sommer aus und werden im Herbst erneuert.

Blaukehlchen *Luscinia svecica*

3 | **G** 13–14 cm | **SP** 23–25 cm

Kleiner Schnäpperverwandter, wirkt wie ein dunkles Rotkehlchen; läuft/hüpft, **schmaler Schwanz** wird aufgeregt aufgestellt und heruntergedrückt. **♂PK** | Oberseite dunkelbraun; **weißer Überaugenstreif**; **metallisch blaue Brust**, darunter schwarzes, weißes und rotbraunes Band. Kehle blau, mit rotem oder weißem Punkt – je nach Unterart. **♂SK** | Brust mit **blauem**, **schwarzem**, **weißem und kastanienbraunem Band** (Unterarten nicht sicher bestimmbar). **♀** | sehr variabel (Unterarten nicht unterscheidbar): Scheitel und Wange dunkel, weißer Überaugenstreif; weiße Kehle mit dunklem Streifen als Begrenzung. Meist ohne Blau, aber manche sind fast so blau wie ♂. **JK** *(S. 389)* | (Mai–Jul/Sep) schwärzlich und beige gestreift. **1W** | wie **♀AK**, einige Große Flügeldecken mit heller Spitze; ♂ Kehle und Brust können zumindest etwas Blau und Braun zeigen; ♀ stets weißlich an Kehle und Brust

S | Ruft laut und schmatzend *schlak* und pfeifend *hüüt*. Lauter Gesang beginnt mit klaren Pfeiftönen, gefolgt von variablem Gezwitscher, einschließlich Imitationen anderer Arten.

Rotkehlchen | Gartenrotschwanz [♀] *S. 396* | *Rubinkehlchen* [♀] *S. 594*

Mittelhäufiger Brutvogel und Durchzügler Mär–Sep

Gebüsche an Gewässern, Schilfbestände

Es kommen sechs SSPP. vor: mit rotem Kehlfleck ***svecica*** (N-Europa, Alpen), ***volgae*** (O-Europa) und ***namnetum*** (SW-Frankreich); mit weißem Kehlfleck (oder selten ganz blau) ***cyanecula*** (S-, M-Europa); mit ganz blauer Kehle ***azuricollis*** (Iberien) und ***luristanica*** (O-Türkei, Kaukasus).

F● | Niedriger Flug in Deckung, längere Flüge schnell und direkt. Flügel breit, gerundet; Schwanz breit mit **roten Seiten** und **schwärzlicher Spitze**.

SCHNÄPPERVERWANDTE IM JUGENKLEID S. 389

Nachtigall und **Sprosser** sind zwei sehr ähnliche, verborgen lebende Schnäpperverwandte, die sich in dichtem Gebüsch oder auf dem Boden darunter aufhalten. Sie singen sehr laut, sind aber nur mühsam auf einer Singwarte mitten im Gebüsch oder unter tiefhängenden Ästen am Boden zu entdecken. Schwanz oft aufgestellt und auffällig über langen Unterschwanzdecken, beim Sitzen aber auch nach unten gerichtet. Rotbraun oder braun mit hellerer Unterseite; Kopf ungezeichnet, Auge groß, dunkel und mit hellem Ring. **F•** | Niedrig, langsam, mit Serien von Flügelschlägen zwischen Gleitphasen. Schlank, recht langflügelig und langschwänzig. **Nachtigall**: Kein Kontrast, warm brauner Rücken **geht in rötlicheren Schwanz über** (Gartenrotschwanz, *S. 396*), mit dunklerer Mitte im röteren Schwanz); **Sprosser**: graubrauner Rücken mit **Kontrast zu rostrotem Schwanz**.

LC LC

Nachtigall
Luscinia megarhynchos

2 | **G** 15–16,5 cm | **SP** 26–28 cm

Kurze äußerste Handschwinge ragt unter Handdecken hervor. Bei angelegtem Flügel sind sieben Federspitzen sichtbar. **AK** | Oberseite rostbraun, **Bürzel intensiver gefärbt**; Hals grauer. Kehle weiß; Brust einfarbig graubraun, Unterseite und Unterschwanz einfarbig weißlich beige. **JK** *(S. 389)* | Oberseite beige gefleckt, schwache dunkle Fleckung auf beiger Brust. **1LJ** | Spitzen der Schirmfedern und Großen Decken beige (SSP. *golzii* **1LJ**: innere Große Decken heller als äußere).

S | Tief, **knarrend** *kerrrr*; klar pfeifend *üühp*. **Gesang variiert hinsichtlich Geschwindigkeit**, Tonhöhe und Klangfarbe: **lange**, **dünne Töne** wechseln **abrupt** mit **schmetternden tiefen Tönen** und schluchzendem Crescendo *ssiii sssiii sssiii siiii*, dann wieder Schmettern.

Häufiger Brutvogel und Durchzügler Apr–Aug

Dichte, oft feuchte Gebüsche und Waldränder

Drei SSPP.: ***megarhynchos*** (verbreitet); ***africana*** (Kaukasus, Türkei) heller; ***golzii*** (Ausnahmegast aus Asien) am hellsten, stärkere Kopfzeichnung, heller Überaugenstreif, Schwanz und Flügel länger und mit hellen Federrändern.

LC LC

Sprosser *Luscinia luscinia*

2 | **G** 16 cm | **SP** 27–28 cm

Aus der Nähe oder auf Fotos können ein langer gelber Schnabelwinkel und das **Fehlen** einer sichtbaren äußersten Handschwinge (normalerweise unter Handdecken verborgen) zu erkennen sein. Bei angelegtem Flügel sind acht Handschwingenspitzen zu sehen. **AK** | **Kontrast** zwischen graubrauner Oberseite und rotbraunem Schwanz. Kehle weiß mit feiner dunkler Umrandung; Brustband **sanft olivbraun gewölkt**. Schwache graue Bänderung unter dem Schwanz. **JK** | oben hellbeige gefleckt; Brust gräulich, dunkler gefleckt.

S | Gesang laut und weittragend; viele tiefe, kehlige, knarrende Töne, im Vergleich zur Nachtigall mehr schmetternde/schlagende Abschnitte und keine Crescendo-Sequenz.

Seltener BV und mittelhäufiger DZ Apr–Aug

Dichte, feuchte Gebüsche

Heckensänger | Gartenrotschwanz [♀] *S. 396*
JK: Rotkehlchen [JK] *S. 389* | *Weidenmusendrossel S. 611*

Nachtigall und **Sprosser** sind schwer zu sehen und zu bestimmen. Wenn der Vogel gut zu sehen ist, dann auf Details an Kehle und Vorderbrust achten, besonders aber auf die Struktur der Flügelspitze (Anzahl sichtbarer Handschwingenspitzen) und die Farbe der Alula.

Heckensänger *Cercotrichas galactotes*

2 | **G** 15–16 cm | **SP** 26–28 cm

Schlanker, **langschwänziger**, aufrechter, hellbrauner oder gräulicher Schnäpperverwandter, meist auf oder nahe dem Boden; mit kräftigen Beinen hüpfend, **Schwanz wird oft aufgerichtet**, gefächert und langsam wieder abgesenkt. Schnabel lang; heller Überaugenstreif und helle Wange, darunter dunkler Bartstreif und weißliche Kehle. **AK** | Oberseite und Flügel recht eintönig. **JK** | heller, mehr beige mit helleren Säumen der Flügelfedern. **1LJ** | hellere Spitzen an einigen Großen Flügeldecken.

S | Hohes Pfeifen oder tiefes Surren. Singt mit vibrierender Kehle und wippendem Schwanz; unzusammenhängender, dünner Gesang mit kurzen schnellen Phrasen und Pausen wie eine geschwächte Singdrossel *(S. 386)*.

F● | Niedrig; längere Flüge recht langsam, mit Serien langsamer, gleichmäßiger Flügelschläge. Spitze, dreieckige Flügel; langer Schwanz. Bei westlichen Vögeln ganz rotbrauner Schwanz, **schwarz-weiße Flecke** an der Spitze nur im Flug oder bei gespreiztem Schwanz sichtbar. Bei östlichen Vögeln dunklere Schwanzmitte und ausgedehntere schwarze Abzeichen.

Nachtigall | Sprosser

Ausnahmegast aus S-Europa

Offene, buschige Hänge, Obstgärten, Feigenkaktusbestände

Drei SSPP.: ***galactotes*** (Iberien) Oberseite einfarbig rostbeige mit rotbraunem Schwanz; ***syriaca*** (Balkan bis W- & S-Türkei) und ***familiaris*** (SO-Türkei) matter, brauner, grauer auf Oberseite und Scheitel, rotbraun nur an Bürzel und Schwanzseiten.

 SCHNÄPPERVERWANDTE IM JUGENDKLEID *S. 389*

LC Gartenrotschwanz *Phoenicurus phoenicurus*

LC ❷ | **G** 13–14,5 cm | **SP** 25 cm

Wie ein schlankes Rotkehlchen, ständig mit dem **Schwanz zitternd**. Sitzt hoch in Bäumen oder tiefer in Büschen. **♂PK** | **Stirn weiß**; **Gesicht und Kehle schwarz**, **Rücken grau**. Brust, Bürzel und Schwanz orangerot. **♂SK** | weiße Stirn und schwarzes Gesicht teilweise durch beige Federränder verborgen. Flügel dunkel, oft mit weißem Feld. Prachtkleid entwickelt sich durch Abnutzung im Verlauf von Winter und Frühjahr. **♂1W** | brauner, Kopfzeichnung noch undeutlicher. **♂1S** | blasser als **AK**, Flügel brauner. **♀/♀1W** | oben braun, unten **orangebeige**. Einfarbiges Gesicht mit großem dunklem Auge und hellem Augenring. **Schwanz rostbraun**. **JK** *(S. 389)* | (Jun–Aug/Sep) fleckig, **Schwanz rostbraun**. Schwarze Beine (junge Rotkehlchen haben helle Beine).

S | Ruft sanft *hüit* (ähnlich Buchfink, *S. 500*, oder Zilpzalp, *S. 432*); Bei Gefahr *uiit-tik tik* oder schnell tickend (wie Kernbeißer, *S. 485*). Gesang oft von hoher Warte, scheinbar unvollendet; beginnt meist mit drei klaren Tönen (*di-da-da*), denen abwechlungsreiches Gezwitscher folgt.

Hausrotschwanz | *Spiegelrotschwanz S. 593* | Riesenrotschwanz *S. 398*
♀: Blaukehlchen [♀] *S. 393*
♀: Blauschwanz [♀] *S. 398*
♀: Weißkehlsänger [♀] *S. 398*
♀: Nachtigall/Sprosser *S. 394*
JK: Rotkehlchen [JK] *S. 389*
♀: *Diademrotschwanz* [♀] *S. 593*
♀: *Sprosserrotschwanz* [♀] *S. 593*

Häufiger Brutvogel und Durchzügler Apr–Okt

Misch-/Laubwälder, Heide, Gärten

Bei ♀ Altersbestimmung schwierig

Zwei SSPP.: ***phoenicurus*** (verbreitet); ***samamisicus*** (Türkei, Kaukasus) **♂PK** zeigt strahlend weiße Ränder an Schirmfedern, Arm- und Handschwingen. **♂1W** mit beigeweißem Flügelfeld (ähnlich bei einigen **♂SK/♂1W** der SSP. ***phoenicurus***).

F | Kurze, flatterige Flüge dicht über dem Boden; gleitet in starkem Wind auf breiten Flügeln. Längere Flüge drosselähnlich *(S. 383)*; Körper und Schwanz recht lang, Flügel breit.

alle SSP. ***phoenicurus***

ɫausrotschwanz *Phoenicurus ochruros*

| **G** 13–14,5 cm | **SP** 25 cm

lein, rundlich, grau-schwarz; Verhalten am Boden, auf Felsen und ebäuden ähnlich Steinschmätzer *(S. 404)*. **♂PK** | **aschgrau, :hwärzer im Gesicht und an der Brust**, weißes Flügelfeld. Ober-:hwanzdecken und Schwanzseiten rostorange. **♂SK/♂1LJ** | (oft in iesem Gefieder brütend) grauer; Flügel brauner. **♀/1W** | **bräunlich rau** (am grauesten bei ♂); Kopf einfarbig grau, aber heller Augen-ng; Flügelfeld schwach. Oberschwanzdecken und Schwanzseiten ›strot (beim Gartenrotschwanz reicht Rotbraun bis zum Bürzel).

K *(S. 389)* | Kehle, Bauch und Steiß graubeige; Brust mit schwa-nem dunklem Schuppenmuster, nicht gefleckt. Beine schwarz (bei ıngen Rotkehlchen hell, *S. 389*).

.CHTUNG: Gelegentlich vorkommende männliche Hybriden zwischen aus- und Gartenrotschwanz sehen oft wie die östlichen SSPP. vom ausrotschwanz aus.

| Ruft scharf *wiit* oder *wiit-t-t'k t'k*. Gesang nicht laut, aber weittragend: iller gefolgt von trockenem Knirschen und anschließend einigen Pfeiftönen.

Gartenrotschwanz
Wasserrotschwanz S. 593

Häufiger BV und DZ Mär–Nov

Klippen, Schluchten, steinige Berghänge, Städte, Dörfer, Industriegebiete

F | Kurze, flatternde Flüge dicht über dem Boden; bei starkem Wind auf breiten Flügeln gleitend. Längere Flüge drosselähnlich *(S. 383)*; Körper und Schwanz relativ lang, Flügel breit.

SSP. ***ochruros/ semifrufus***

♂PK
Jan–Sep

SSP. ***phoenicuroides/ rufiventris***

♂PK
Jan–Sep

♂PK

♀/1W

Bis zu sechs SSPP. wurden in Europa nachgewiesen: ***gibraltariensis*** (verbreitet) wie oben beschrieben; ***ochruros*** (von Z-Türkei ostwärts) und kleinere ***semirufus*** (SO-Türkei) variabel matt rotbraun am Bauch mit schwachem Flügelfeld. Diese gehen über in SSPP. ***phoenicuroides, xerophilus, rufiventris*** (Ausnahmegäste aus Zentralasien): **♂PK** | Stirn oft weiß. Brust schwarz; Hinterbrust, Flanke und Bauch orangerot; Flügel ganz schwarz. **♀AK** | graubraun, Bauch weißlich. **♂1W** | Stirn/Rücken grau; Brust schwärzlich, ausgedehnter als bei Gartenrotschwanz-♂; unten rötlich. **♀1W** | nicht von ***gibraltariensis*** unterscheidbar.

alle SSP. ***gibraltariensis***

♂1LJ
ganzjährig

recht eintönig bräunlich grau

♀/♀1W
ganzjährig

♂PK
Jan–Sep

LC NT

Riesenrotschwanz

Phoenicurus erythrogastrus

2 | **G** 15–16 cm | **SP** 30 cm

Größer als Gartenrotschwanz, **Bürzel und Schwanz einfarbig rotbraun**. ♂ | Stirn weiß, Rücken und Kehle schwarz; **ausgedehntes weißes Flügelfeld**. **Unterseite tief rotbraun**. ♀ | einfarbig sandbraun, unten heller mit leichter beigeoranger Fleckung oder kräftiger beigeoranger Unterseite mit davon abgesetzter grauer Kehle; Bürzel und Schwanz rotbraun. **JK** | grau, leicht beige gefleckt; Bürzel und Schwanz blasser; Flügel matt braun. **1W** | graue Kehle dunkel gefleckt; unten beigeorange; bei ♂ mattweißes Flügelfeld.

Gartenrotschwanz *S. 396* | *Spiegelrotschwanz S. 593* | ♀: *Sprosserrotschwanz* [♀] *S. 593*

LC LC

Weißkehlsänger

Irania gutturalis

2 | **G** 15–17 cm | **SP** 25–27 cm

Großer Schnäpperverwandter, der am Boden Nahrung sucht. Erinnert an kleine, schlanke, schmalschwänzige Drossel (*S. 383*). ♂**PK** | Oberseite hellgrau, **Unterseite orange**. Weißer Überaugenstreif, **Kopfseite schwarz**, schmaler **weißer Kehlfleck**. Unterschwanz weiß, Schwanz mattschwarz. ♀ | hell gräulich, Gesicht grau, Wange brauner; **weißer Augenring**. Brustband hellorange, mehr oder weniger grau gewölkt; Flanke und Unterflügel matt oder kräftiger **orange**. Weiß unter schwärzlichem Schwanz. **JK** | wie ♀, aber Unterseite beige gefleckt, Flügeldecken mit beigen Spitzen; Brustband grau mit beigen Flecken. **1W** | wie die jeweiligen **AK**, aber Flügel brauner, helle Spitzen an Flügeldecken, Abnutzung bis **1S**.

♀: Gartenrotschwanz [♀] *S. 396*
♀: Blauschwanz [♀]

LC LC

Blauschwanz

Tarsiger cyanurus

2 | **G** 14 cm | **SP** 25–26 cm

Kleiner Schnäpperverwandter mit **bläulichem Schwanz**. Zuckt mit Flügeln, wippt mit Schwanz. Recht scheu und zurückgezogen. Oft im Unterholz verborgen. ♂**PK** | Oberseite blau, weißer Überaugenstreif. **Kehle weiß**, Brust gräulich, **Flanke orange**, Bauch weiß. **Lebhaft blauer Schwanz**. ♀ | Oberseite hell gräulich olivbraun. Deutliche **weiße Kehle** und **weißer Augenring**. Halsseite geht in hellbraune Brust über; **Flanke hellorange**. **Schwanz graublau**. Beine schwarz. **JK** | olivbraun, Kopf und Rücken beige gefleckt; Kehle und Augenring weißlich. **1W** | wie ♀, aber Flügeldecken mit hellen Spitzen.

Rotkehlchen *S. 392* | ♀: Gartenrotschwanz [♀] *S. 396* | ♀: Weißkehlsänger [♀]
♀: *Blaunachtigall* [1W] *S. 594*

| Ruft sanft *tsii*, härter
›k oder *tak-tak-tak*;
ei Gefahr laut *tsiii-tek-*
›*k*. Abgesetzte, kurze
esangsabschnitte aus
elodischen, etwas
etallisch klingenden
ötentönen.

F | Niedrig, direkt, Flügel lang, breit und spitz; **bei ♂ langes weißes Flügelband**.

♀
ganzjährig

Ausdehnung der grauen Kehle variabel

♀
ganzjährig

Kein Vorkommen in ME

Hoch gelegene Berghänge und steinige Plateaus

In Europa kommt SSP. ***erythrogastrus*** vor.

| Ruft quiekend *tsip*,
ei Gefahr harter Triller.
chneller, flötender Ge-
ang mit wiederholten
arten und rollenden
önen.

F● | Direkt, wendig. Flügel lang, gerundet; Schwanz lang, recht breit. Grau mit schwärzlichem Schwanz.

♀
ganzjährig

Möglicher Ausnahmegast aus SW-Asien

Hohe steinige, buschige Hänge

| Ruft hart *tak* und
harf, dünn, pfeifend
ip szip. Gesang ähn-
h Gartenrotschwanz,
er Strophen sind kür-
er, tiefer und klarer.

F● | Niedrig, flatternd; längere Flüge langsam, wendig mit Flügelschlagserien zwischen Gleitphasen. Flügel breit, gerundet. Schwanz schmal, blau oder schiefergrau.

♀/1W
ganzjährig

Ausnahmegast aus N-Eurasien

Nadelwälder; auf dem Zug auch Laubgehölze, besonders Bergahorn

 SCHNÄPPERVERWANDTE IM JUGENDKLEID S. 38

LC
LC

Schwarzkehlchen
Saxicola rubicola

2 | **G** 11,5–13 cm | **SP** 21–23 cm

Klein, dunkel, dickbäuchig; sitzt auf Buschspitzen oder Pfählen, mitunter in Bäumen. **♂PK** | Oberseite **schwarzbraun**. **Kopf einschließlich Kehle schwarz**, dazu im Kontrast **weißer Halsfleck**. Bürzel weiß, fein schwarz gestrichelt. **Brust rotbraun**, Flanke orange, Bauch weiß. Weißes Flügelfeld wird bei der Balz gezeigt. **♂SK** | dunkle Bereiche heller braun durchdrungen, Unterseite matt beigebraun. **♀/1W** | Oberseite braun mit schwarzen Stricheln. Kopf dunkelbraun; Halsfleck schmutzig weiß; Kehle dunkel, oft heller am unteren Rand. Bürzel braun, schwarz gefleckt. **JK** *(S. 389)* | heller Überaugenstreif, weißliches Kinn (mehr wie Braunkehlchen, aber Überaugenstreif kürzer, Kehle gestrichelt und mit weißlichem Unterrand, Schwanz ganz dunkel).

S | Scharf pfeifend *hüit* oder *hüit-tek-tek*. Kurzer Gesang aus klirrendem Zwitschern, manchmal im Flug vorgetragen.

Zwei SSPP. brüten in Europa: ***hibernans*** (Britische Inseln, W-Frankreich, Portugal); ***rubicola*** (verbreitet), kann in S-Europa wie eine der sibirischen Arten aussehen *(siehe gegenüber)*, mit ungezeichnetem weißem Bürzel und weißem Halsband bis zum Nacken, aber ♂ | Flanke orange, ♀ | Bürzel stärker gefleckt.

F● | Niedrig und schwirrend; landet mit schnell zuckenden Flügeln. Kopf klein; Flügel kurz, rund. Weißes Feld an beiden Seiten des Rückens. Schwanz kurz, breit, schwarz.

Mittelhäufiger Brutvogel und Durchzügler Feb–Okt

Heide, Moore, offene Landschaft mit Mauern, Zäunen oder Gebüschen

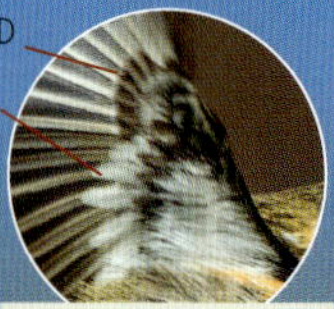

UNTERFLÜGEL: Handdecken (HD) **dunkler** als Armdecken (AD).

Schwarz- und Braunkehlchen ähnlich
Kanarenschmätzer S. 525

LC
LC

Braunkehlchen
Saxicola rubetra

3 | **G** 12–14 cm | **SP** 22–24 cm

Klein, aufrecht, **heller Überaugenstreif**. **Weißes Feld auf beiden Seiten der Schwanzbasis**. ♂ | Oberseite schwarz und strohbraun gestreift. **Schwarze Maske** zwischen langem weißem Überaugenstreif und weißem Kinnstreif; Kehle und Brust orange. Weißes Feld auf Handflügel. Bis Jul/Aug ausbleichend, dann weniger bunt. ♀ | hell, beige; Rücken hellbraun mit langen dunklen Streifen; Überaugenstreif hellbeige, helle Kehle verlängert bis unter die dunkle Wange. Unterseite beige. **JK/1W** | beide Geschlechter oben mehr beige; Überaugenstreif weniger auffallend; Kontrast Kehle/Wange schwächer und wie bei manchen Schwarzkehlchen, aber dennoch weiße Felder an Schwanzseiten.

S | Weich *jü* und *jü-tek tek*. Gesang variabel, manchmal ähnlich Rotkehlchen *(S. 392)* mit zusätzlichem Rasseln und Schnalzen, oft trockene, tickende Sequenz vor melodischem Zwitschern.

Sitzt typischerweise auf Buschspitze, auf einzelner Staude oder auf Pfahl, mitunter aber auch höher in einem Baum.

Die östlichen Arten **Pallasschwarzkehlchen *S. maurus*** (SSPP. ***maurus***, ***hemprichii***, ***variegatus***) und **Stejnegerschwarzkehlchen *S. stejnegeri*** (Ausnahmegäste aus Asien) sind **nur mithilfe einer DNA-Analyse sicher zu bestimmen**. **Bürzel ungestrichelt** rötlich beige (weißer im Winter**)**. Bei ♂ auf Unterflügel **Armdecken schwarz**, **Handdecken heller** (bei Schwarzkehlchen der SSPP. ***hibernans/rubicola*** Armdecken grau, Handdecken dunkler); gräulich bei allen ♀. **♂PK** | wie ♂ ***rubicola***-Schwarzkehlchen, aber weißes Halsband reicht bis zum Nacken; orangenes Brustfeld kleiner; Bauch weißer. **♀PK** | Kehle hell. **SK/1W** | Überaugenstreif und Kehle hell; Wange und Nacken beige, braun gestrichelt. Rücken gräulich/beige, dunkler gestrichelt. SSPP. ***maurus*** und ***stejnegeri*** oft nicht unterscheidbar, aber ***stejnegeri*** meist dunkler, wärmer beigebraun; helle Hals- und Bürzelfelder kleiner, Schnabel ein wenig breiter (4,7–5,7 mm; ***maurus*** 4,2–4,9 mm). Bei den kaspischen SSPP. ***hemprichii/variegatus*** ♂ | mit viel Weiß an Schwanzbasis, Weiß am Flügel und am Hals ausgedehnter; ♀ mit beiger Basis der äußeren Schwanzfedern.

F● | Fliegt niedrig, langsam und unregelmäßig flatternd durch die Vegetation. Flügel und Schwanz kurz. **Weiß an beiden Seiten der Schwanzbasis**; ♂ mit weißem Schulterfeld.

Seltener Brutvogel, häufiger Durchzügler
Apr–Sep

Feuchte Wiesen, Brachflächen, Heide, Moore, junge Nadelbaumpflanzungen

Steinschmätzer – Männchen im Prachtkleid

Die Steinschmätzer-Arten haben konstante Bürzel-Schwanz-Muster in allen Kleidern. Männchen im Prachtkleid sind zudem charakteristisch hinsichtlich der Oberseitenfärbung und des Musters von Scheitel, Maske und Kehle; wichtig ist, ob das Schwarz im Gesicht mit Flügel oder Rücken verbunden ist.

TRAUER-STEINSCHMÄTZER *(S. 403)*

ROSTBÜRZEL-STEINSCHMÄTZER *(S. 410)*

STEINSCHMÄTZER *(S. 404)*

ISABELL-STEINSCHMÄTZER *(S. 405)*

KAUKASUS-STEINSCHMÄTZER *(S. 410)*

MAUREN-/BALKANSTEINSCHMÄTZER *(S. 406)*
Ausdehnung von Schwarz am Schwanz bei beiden Arten variabel.

NONNENSTEINSCHMÄTZER *(S. 408)*

WÜSTEN-STEINSCHMÄTZER *(S. 410)*

FELSEN-STEINSCHMÄTZER *(S. 408)*

ZYPERN-STEINSCHMÄTZER *(S. 408)*

Steinschmätzer im Flug

Saharasteinschmätzer S. 595
Elsterschmätzer S. 594

Trauerstein-schmätzer

Oenanthe leucura

3 | **G** 18 cm | **SP** 30 cm

Großer, dunkler Steinschmätzer an felsigen Hängen. **Schwarz mit auffälligem weißem Hinterende**; dunkles Gefieder wird durch Abnutzung brauner. Bürzel, Steiß und Unterschwanz **weiß**. **Schwanz weiß mit schwarzem „T", gleichmäßig breite schwarze Schwanzendbinde** (von unten Schwanz weiß mit schwarzer Spitze). **♂AK** | matt **schwarz**. **♀AK** | schwarzbraun. **JK** | matter, gräulich.

(ACHTUNG: Dem als Ausnahmegast auftretenden Saharasteinschmätzer fehlt das Weiß am Scheitel im 1LJ; weißer Schwanz mit dunkler Mitte, an der Spitze aber nur dunkle Flecke.)

In Europa lebt SSP. ***leucura***.

S | Ruft dünn *pii-pii-pii* oder hart schmatzend *tschek*. Gesang wirkt entfernt, unterdrückt: schnelles Zwitschern, oft in wellenförmigem Singflug.

F | Schnell, niedrig mit langen Flügeln. Wirkt ganz dunkel mit viel Weiß an Bürzel und Schwanz und schwarzem „T".

Kein Vorkommen in Mitteleuropa

Steinige Hänge, Felsen

STEINSCHMÄTZER-MÄNNCHEN IM PRACHTKLEID IM VERGLEICH S. 40

LC Steinschmätzer

LC *Oenanthe oenanthe*

3 | **G** 14–16,5 cm | **SP** 27–28 cm

Mittelgroße Steinschmätzer-Art. Beine kräftig, Schwanz kurz. Ausgedehnt weißer Bürzel und weißer Schwanz mit schwarzer Mitte und Endbinde (T-Form). **♂PK** | oben bläulich grau; schwarze Maske, schwärzliche Flügel; unten rosa- bis gelblich beige, bis Jul zu Weiß ausgeblichen (**♂1S** wie **♂PK**, aber Flügel dunkelbraun). **♀PK** | oben graubraun; heller Überaugenstreif über etwas dunkleren Ohrdecken, dunkelbraune Flügel. Unterseite beige. Bleicht oben zu braun aus, unten bis Jul weißer, dadurch dunkles Diagonalband. **♂SK** | ab Aug ähnlich ♀, aber schwärzlicher Zügel; Flügel dunkler braun mit gräulichen Federrändern. **♀SK/♂1W** | Flügel braun, Federn breit beige gesäumt; Zügel schwärzlich oder braun. **♀1W** | Zügel braun (bei einigen **1W**-Vögeln Geschlecht nicht bestimmbar). **JK** *(S. 389)* | bis Jul/Sep helle Flecke auf dem Rücken.

S | Pfeifend *hiit* und hart *tschak*. Gesang oft in flatterndem Flug oder von Ansitz aus vorgetragen: kurze, explosive Strophe aus zwitschernden und knirschenden Tönen mit eingeflochtenem *hiit*.

Isabellsteinschmätzer
Mauren-/Balkansteinschmätzer *S. 406*
♀/Imm: Nonnensteinschmätzer *S. 408*
♀/Imm: Wüstensteinschmätzer *S. 410*

Seltener Brutvogel, häufiger Durchzügler Mär–Okt

Offenes, trockenes Gelände, steinige Hänge; auf dem Zug Äcker und Wiesen, Strand

F● | Flügel lang und breit, aber spitz, dadurc eleganterer Flug als bei anderen Steinschmätze Arten; Schwanz breit und kurz. Auffällige weißer Bürzel, schwarzes „T" auf dem Schwanz Unterflügel grau

♂PK

Unterflügeldecken grau, schwarz gefleckt

♂PK

♂SK
Sep–Feb

heller Überaugenstreif am weißesten und breitesten **hinter** dem Auge

1W
Aug–Mär

alle SSP. ***oenanthe***

Rücken bläulich grau

♂PK
Feb–Sep

dunkle Flügeldecken

♀
ganzjährig

Steinschmätzer-Unterarten Es kommen drei SSPP. vor. SSP. ***leucorhoa*** (Durchzügler in NW-Europa im Mai und etwas weniger im Sep/Okt, wenn viele aus Kanada und Grönland nonstop nach Spanien/N-Afrika fliegen) größer als ***oenanthe*** (verbreitet), **♂PK** | Rücken brauner, Unterseite beigeorange, aber manche *oenanthe* (einschließlich **♂1S**) auch im Frühjahr dunkel. Im Herbst nur anhand von Maßen zu unterscheiden, aber bei *leucorhoa* sieben bis acht und bei *oenanthe* sechs bis sieben sichtbare Handschwingenspitzen. SSP. ***libanotica*** (Spanien, Griechenland) **♂PK** | oben heller, **♀** | Maske schwärzer und Rücken grauer als bei *oenanthe*. **Atlassteinschmätzer *O. seebohmi*** (Ausnahmegast aus Afrika, galt früher als SSP. des Steinschmätzers) **♂PK** | schwarze Kehle.

„GRÖNLÄNDISCHER STEINSCHMÄTZER"
leucorhoa

SSP. ***libanotica***

ATLASSTEINSCHMÄTZER
SSP. ***Oenanthe seebohmi***

Isabellsteinschmätzer

Oenanthe isabellina

3 | **G** 15–16,5 cm | **SP** 26–28 cm

Steinschmätzer
Wüstensteinschmätzer [♀] *S. 410*
Mauren-/Balkansteinschmätzer [♀] *S. 406*
Nonnensteinschmätzer [♀] *S. 403*

Großer, aufrechter, auffällig heller Steinschmätzer, hellbeige. Recht einfarbige Flügel (hellere Federränder ab Aug), aber **Alula schwärzlich**. Weißlicher Überaugenstreif wird hinter dem Auge schmaler. Schnabel dick. **♂PK** | Zügel schwarz. **♀PK** | Zügel braun. **JK/1W** | beim angelegten Flügel breite hellbeige Federränder, heller Überaugenstreif am weißesten und breitesten vor dem Auge (beim Steinschmätzer umgekehrt).

S | Ruft tief *tschiü* und *tschak*. Gesang oft im Singflug, enthält zwitschernde Töne, schnelle, stotternde Laute und charakteristische längere Flötentöne (*wiüü*).

Ausnahmegast aus SO-Europa und SW-Asien

Kurzes Gras, steinige Äcker und Halbwüsten

F● | Flügel lang und breit, Schwanz kurz. Breite schwarze Schwanzendbinde, „T" mit kurzem Stiel. Unterflügel silbrig grau/weißlich, aber schwer zu sehen.

LC Mauren-/Balkan- LC steinschmätzer

Oenanthe hispanica/ melanoleuca

SCHWANZMUSTER-VARIATION

3 | **G** 13,5–15,5 cm | **SP** 25–26 cm

Nonnensteinschmätzer *S. 408*
Steinschmätzer *S. 404*
Felsensteinschmätzer *S. 408*
Wüstensteinschmätzer *S. 410*
♀/Imm: Isabellsteinschmätzer *S. 405*

Kleine, schlanke Steinschmätzer, früher zur einer Art („Mittelmeer-Steinschmätzer") zusammengefasst. Männchen mit dunkler oder heller Kehle. **♂PK** | hell; **Flügel/Schulterband schwärzer** und breiter als beim Steinschmätzer, erreicht bei Vögeln mit dunkler Kehle diese nicht. **JK** (*S. 389*).

Ausnahmegäste aus S-Europa

Trockene buschige und steinige Gebiete, Hochplateaus

S | Hart, tief, raspelnd *tschrek* oder *tschak*. Gesang aus schneller, trocken zwitschern der Strophe, oft im Flug vorgetragen.

F● | Niedrig, flink, direkt. Breite Flügel, kurzer Schwanz. Bürzel weiß; **schwarze Schwanzendbinde variabel – schmal** oder durch Weiß unterbrochen, **zieht sich an den Schwanzseiten hoch**. Unterflügel schwärzlich (bei ♀ grauer).

Vergleich zwischen Mauren- und Balkansteinschmätzer

	Maurensteinschmätzer	**Balkansteinschmätzer**
♂PK	OBERSEITE: beigeorange, wird bis Jun/Jul weißer	OBERSEITE: matt weißlich, wird bis Mär/Apr weiß
	SCHWARZ ÜBER SCHNABELBASIS: fehlt	SCHWARZ ÜBER SCHNABELBASIS: dünnes Band
	schmale schwarze Maske bzw. Schwarz von Gesicht/Kehle **reicht nicht bis zur Brust**	**breite** schwarze Maske bzw. Schwarz von Gesicht/Kehle **reicht bis zur Brust**
♂SK	wie **♂PK**, aber mit hellen Federsäumen auf dem Flügel	**grauer**, dunkler; weniger helle Federsäume an Kopf und Flügeldecken als Maurensteinschmätzer
♀	Flügel dunkler als Oberseite	
	Oberseite braun oder **rostbraun**; Augenstreif dunkelbraun/schwärzlich; einige mit hellem Kinn/dunkler Kehle, bei den meisten die Unterseite aber ganz hell und **wenig Kontrast**	Oberseite braun (**stets weniger rötlich als Maurensteinschmätzer**); Augenstreif dunkelbraun; einige mit dunkler Kehle; meist Kontrast zwischen oranger Brust und hellerem Bauch
JK/1W	braun, kräftig beige gefleckt; Flügel schwarz mit breiten, gelblich beigen Federrändern; ♂1W intensiver gefärbt als ♀1W – *siehe gegenüber*	
1S (♂+♀)	ähnlich wie **AK**, aber Scheitel und Rücken dunkler. Einige haben blasse Federränder auf dem Rücken (wie Nonnensteinschmätzer; oft sind diese Arten nicht unterscheidbar)	

Vögel im **SK** und besonders im **1W**-Kleid sind schwer zu unterscheiden oder vom Nonnensteinschmätzer zu trennen. **Maurensteinschmätzer**: Rücken orangebeige, Unterseite hell; **Balkansteinschmätzer**: Rücken braun, Brust dunkler als Bauch (♂ 1W bei beiden Arten kräftiger gefärbt als ♀, ab Aug einige schwarze Flügeldecken); **Nonnensteinschmätzer**: Rücken kalt graubraun mit hellen Säumen; Brust/Flanke brauner als Bauch, Steiß/Unterschwanz rein weiß.

Drei ähnliche Arten – siehe auch
Mauren-/Balkansteinschmätzer *S. 406*
♀: Steinschmätzer [♀] *S. 404*
♀/Imm: Isabellsteinschmätzer *S. 405*
♀/Imm: Wüstensteinschmätzer [♀] *S. 410*
Kappen- + Schwarzrücken-Steinschmätzer S. 595

LC LC Nonnensteinschmätzer
Oenanthe pleschanka

3 | **G** 14–16,5 cm | **SP** 25–26 cm

Kleiner Steinschmätzer; Männchen im Prachtkleid eindeutig, aber andere Kleider sehr ähnlich Mauren-/Balkansteinschmätzer (**einige Vögel unbestimmbar**). **♂PK** | **schwarz-weiß**; **Schwarz durchgehend von Kehle bis Flügelspitze**. Die meisten haben eine schwarze Kehle, eine Minderheit mit weißer Kehle und schwarzer Maske. Scheitel und Hinterhals grau-weiß meliert. Unterseite weiß mit beigem Anflug. **♂SK** | hellgraue Federränder verdecken das Schwarz. **♀PK** | Oberseite **graubraun**. Unterseite beige. Kehle meist **düster grau**, darunter diffuses beigebraunes Brustband. **♀SK** | wie **♀PK**, aber Oberseite **kalt graubraun**, **hell geschuppt**. **JK/1W** | Oberseite braun, beige gefleckt; Flügel schwarz mit breiten gelblich braunen Federrändern; ♂ mit undeutlich dunkler Kehle; ♀ Kehle gräulich oder weißlich, darunter diffuses Brustband.

LC LC Zypernsteinschmätzer
Oenanthe cypriaca

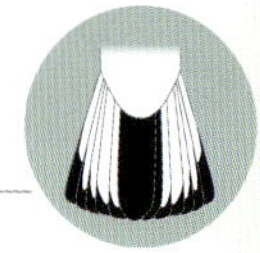

3 | **G** 13,5 cm | **SP** 25 cm

Wie Nonnensteinschmätzer, aber kleiner. **♂PK** | **schwarz-weiß**; Scheitel und Nacken grau mit weißer Umrandung (ab Mai ganz weiß). Oberseite schwarz. Unterseite **orangebeige**, bis Mai zu Weiß ausbleichend. **♀PK** | wie brauneres ♂; dunkelgrauer Scheitel weiß umrandet; ab Jul schwarz-weiß wie **♂PK**. **♂SK/♀SK** | Scheitel und Rücken dunkelgrau; Unterseite rostbeige. **JK/1W** | Rücken/Brust gräulich, beige gefleckt; schmale orange Flügelbinde.

LC LC Felsensteinschmätzer
Oenanthe finschii

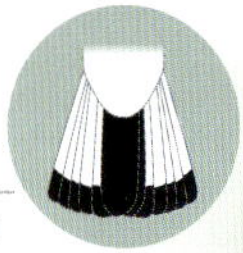

3 | **G** 15–16 cm | **SP** 25–26 cm

Mittelgroßer Steinschmätzer. **♂PK** | **schwarz-weiß**; Scheitel weiß mit rosa Hauch, nach Abnutzung Mitte grauer; **Weiß durchgehend** vom Nacken über den Rücken zum Bürzel (aber oft verdeckt). Ausgedehnt **schwarze Kehle in Verbindung mit schwarzem Flügel**. **♂SK** | weiße Partien beige. **♀** | Rücken und Schulter hellgrau; helle Säume der Handdecken umrahmen dunkles Band auf Flügelmitte; schwarze Alula. Kehle und Wange grau-schwarz oder beigegrau mit braunerer Wange. **JK** | sanft weißlich gefleckt.

F● | Direkt, niedrig mit spitzen Flügeln. Weißer Bürzel; einige mit breitem „T" auf dem Schwanz, die meisten haben eine **schmale**, **nach außen breiter werdende Endbinde**. Unterflügeldecken schwärzlich.

S | Ruft trocken raspelnd oder schmatzend *tschak*; Gesang zwitschernd mit pfeifenden, abgehackten Trillern, oft im Singflug.

(dunkelkehliger Balkansteinschmätzer hat kleineren dunklen Kehlfleck über deutlich abgegrenztem orangenem Brustband)

Ausnahmegast aus SO-Europa

Felsige Hänge, karges Grünland

F● | Niedrig, direkt; breite Flügel, kurzer Schwanz. **Durchgehende schwarze Schwanzendbinde mit schwarzem „T". Unterflügel ganz schwärzlich**.

S | Gesang aus wiederholtem Summen oder Raspeln *bizz bizz bizz*, meist von hoher Singwarte aus.

Ausnahmegast aus Zypern

Steinige Hänge

F● | Niedrig, flink, direkt; beim Landen rhythmisches Schwanzwippen. Bei ♂ **weiß von Scheitel bis Bürzel**. Flügel schwärzlich, Handflügel heller. Unterflügel silbrig, Deckfedern schwarz. Schwanz weiß mit schwarzem „T", **Endbinde gleichmäßig breit**.

S | Kurz *tsit* und hart *tschek-tschek*. Im Singflug langsam pfeifende und knarrende Strophen.

Kein Vorkommen in Mitteleuropa

Felsige Hänge und Bergkuppen

Zwei SSPP.: ***finschii*** (Z-, SO-Türkei); ***barnesi*** (O-Türkei, Kaukasus) Schnabel und Flügel länger.

STEINSCHMÄTZER-MÄNNCHEN IM PRACHTKLEID IM VERGLEICH *S. 40*.

LC
LC

Rostbürzel-Steinschmätzer

Oenanthe xanthoprymna

3 | **G** 14–15 cm | **SP** 25 cm

Kleiner, dunkel **graubrauner** Steinschmätzer mit **rostrotem Bürzel**; **Schwanz weiß mit schwarzer Spitze**. ♂ | schwarze Kehle in Verbindung mit schwärzlichem Band auf angelegtem Flügel; weißer Überaugenstreif. Unterseite cremefarben, Steiß rostrot. **♀ | ♂ 1W** | grauer, dunkle Wange und Kehle weniger kontrastreich abgesetzt; Steiß rostrot. **JK** | Kopf und Rücken beige gefleckt.

Rostbürzel-Steinschmätzer und Kaukasussteinschmätzer sind sich sehr ähnlich
Fahlbürzel-Steinschmätzer S. 595

LC
VU

Kaukasussteinschmätzer

Oenanthe chrysopygia

3 | **G** 14–16 cm | **SP** 27–28 cm

Kleiner, hellgrauer Steinschmätzer mit schwacher Kopfzeichnung, **heller Kehle**, grauem Nacken/Hinterhals, braunerem Rücken und hell rostroter Flanke. Bürzel und Schwanz beigeorange, geschlossener Schwanz schwarz. Individuelle Variation erschwert die Geschlechtsbestimmung, aber **♂ PK** | um die dunkle Wange herum über dem Auge, um den Nacken und an den Halsseiten bläulich grau; Zügel schwärzlich. **♀ PK** | wie ♂, aber Kopf/Hals oft einfarbiger, brauner. **SK / 1W** | hell und grau, Flügel- und Schwanzfedern mit rötlich beiger Spitze (Vögel mit den grauesten Köpfen sind vermutlich ♂). **JK** | wie **♀ AK**, mit rostroter Flügelbinde und rostroten Säumen der Schwungfedern; Schwanzseiten heller.

Mauren-/Balkansteinschmätzer *S. 406*
Steinschmätzer *S. 404* | Felsensteinschmätzer *S. 408* | ♀: Isabellsteinschmätzer *S. 405*

LC
NT

Wüstensteinschmätzer

Oenanthe deserti

3 | **G** 14–15,5 cm | **SP** 25–26 cm

Klein, **sandfarben** mit **schwarzem Schwanz**. **♂ PK** | **Schwarz durchgehend von Gesicht/Kehle bis Flügel**. **♀ PK** | oben gelblich beige mit grauem Anflug; Unterseite weißer; Schulter hell, helle Armdecken. **♂ SK / ♂ 1W** | schwärzliches Gesicht durch helle Federränder verborgen. **SK / ♀ 1W** | wie **♀ PK** mit hellen Federrändern am Flügel; **JK** | graubraun; schwache helle Fleckung an Kopf und Rücken, weißliche Federränder am schwärzlichen Flügel; helle Kehle.

F● | **Bürzel rostrot**; Schwanz **weiß** mit dickem schwarzem „T“; Handflügel dunkel. **1W** | Schwanz rostrot mit schwarzem „T“. Unterflügel silbrig grau, Flügeldecken schwärzlich.

S | Ruft pfeifend oder schnalzend *tschak*. Gesang aus wiederholter, rollender Tonfolge.

Kein Vorkommen in Mitteleuropa

Felsige Hänge und Bergkuppen

F● | Bürzel und **Schwanz beigeorange mit schwarzem „T“**; Handflügel (oben) und Unterflügeldecken heller als beim Rostbürzel-Steinschmätzer. Schwanzunterseite einfarbig rostrot.

S | Ruft schnell, tief, nasal *tscher-tscher-tscher*. Gesang aus kurzen, melodischen Phrasen.

Kein Vorkommen in Mitteleuropa

Karge, felsige Hänge

F● | Niedrig, flink, direkt. Schwanz ganz schwarz, eckiger weißer Bürzel, dunkle Unterflügeldecken.

Zwei SSPP.: ***deserti*** (brütet im äußersten SO-Europa), ***homochroa*** (Ausnahmegast aus Afrika) kleiner, ♂ leicht rosa.

S | Trockener, ratternder Ruf. Singt kurze Reihe abfallender Flötentöne, langsam wiederholt.

Ausnahmegast aus SW-Asien und N-Afrika

Steppen, Halbwüsten

Zweigsänger (Rohr- und Laubsänger, Spötter, Grasmücken u. a.)

ZWEIGSÄNGER 101 Arten (1 nur auf Kanarischen Inseln)
[16 (+1 möglich) Ausnahmegäste] *(S. 416–447, 527, 599–602)*
Alle mit schmalem „Insektenfresserschnabel", dünnen Beinen und schlankem Körper, im Gegensatz zu Meisen mit dickerem Schnabel und rundlicherem Körper *(S. 452)*. Das Gefieder ist bei manchen blass, bei anderen farbintensiv, bei manchen einfarbig, bei anderen deutlich gemustert. Sie lassen sich in mehrere größere, nicht miteinander verwandte Gruppen einteilen, die als Ausgangspunkt für die Bestimmung dienen können. **Flug** Flügel kurz, breit, gerundet; Schwanz schmal. Selten oberhalb von Baumwipfeln zu sehen (manche haben einen bogenförmigen Singflug); flink, etwas ruckartig und zögerlich. **Geschlechts- und Altersbestimmung**, **Mauser** Geschlechter sind oft gleich gefärbt, aber besonders bei Grasmücken gibt es Unterschiede. Jungvögel weichen leicht von Altvögeln ab; das Jugendkleid wird schnell durch ein 1W-Kleid ersetzt. Im Frühjahr haben weniger als ein Jahr alte Vögel (1S) noch einige Federn des Jugendkleids am Flügel.

Bestimmung: allgemeine Gestalt und Färbung | Schwanzform | Verhalten

Seidensänger 1 Art *(S. 418)*
Klein, in dichter Ufervegetation versteckt. GESTALT: untersetzt; breiter Schwanz. GEFIEDER: Geschlechter gleich; dunkel rotbraun und hell beigegrau. RUF: kurz *plitt*. GESANG: laut schmetternd, typische Struktur.

Schwirle 6 Arten
[2 Ausnahmegäste]
(S. 416–417, 599)
Aussehen wie Rohrsänger, extrem versteckt in Gras/Ufervegetation. GESTALT: dünner Schnabel, flacher Kopf; kurze Flügel mit deutlich **gebogenem Vorderrand**. Schwanz stufig; gefleckte **Unterschwanzdecken (USD) so lang wie äußere Steuerfedern**. GEFIEDER: Geschlechter/Altersklassen gleich; olivbraun bis rostbraun, einfarbig oder gestreift. GESANG: meist insektenartiges Schwirren, oft in Dämmerung oder nachts.

Bestimmung: Gefiederdetails, besonders Unterseite und Schwanzmuster

Rohrsänger 10 Arten
[2 Ausnahmegäste]
(S. 418–423, 599)
Vorkommen in Röhricht und anderer Ufervegetation. GESTALT: die meisten Arten mit relativ langem Schnabel und flachem Kopf. Flügel kurz, **Schwanz relativ lang**; einfarbige **Unterschwanzdecken (USD) lang**, aber nicht äußere Steuerfedern erreichend. GEFIEDER: Geschlechter/Altersklassen gleich; oben einfarbig oder gestreift, unten ungezeichnet beige. GESANG: meist schnell und rhythmisch (bei einigen Arten Singflug).

Bestimmung: Flügeldetails | geringe Unterschiede in Gestalt und Gefieder, besonders Kopfzeichnung und Bürzelfarbe

Spötter 8 Arten
(S. 424–428)
GESTALT: meist etwas größer und stämmiger als Laubsänger, breite Schnabelbasis, **eckiges Schwanzende** und **kurze Unterschwanzdecken (USD)**. GEFIEDER: Geschlechter gleich; bei Jungvögeln kräftig gefärbte Federsäume am Flügel. Ungestrichelt grünlich/bräunlich; einige mit hellen Rändern an Flügel- und Schwanzfedern. RUF: meist harte Töne. GESANG: schnell, fast, sprunghaft, mit Wiederholungen.

Bestimmung: Flügeldetails | geringe Unterschiede in Gefieder und Verhalten

Grasmücken 20 Arten
[**3 Ausnahmegäste**]
(S. 436–447, 602)
Kleine bis mittelgroße Zweigsänger, in Gebüschen und Wäldern. GESTALT: relativ **dicker Schnabel**, **dicke Beine**; Scheitel kann gesträubt werden. Flügel kurz, Schwanz kurz und eckig bis lang und zugespitzt. GEFIEDER: Geschlechter oft unterschiedlich, bei manchen Arten gleich; Jungvögel ähnlich adulten Weibchen oder mit unvollständiger Männchen-Färbung. Kein allgemeines Färbungsmuster, aber Untergruppen untereinander sehr ähnlicher Arten. RUF: meist kurz und hart, *tak* oder ratternde Laute. GESANG: (manche Arten mit Singflug) schnelles, kratziges Schwatzen oder volltonige, melodische Strophen.

Bestimmung: Kopfzeichnung | Rückenfärbung | Ruf und Gesang

Laubsänger 22 Arten
(1 nur auf Kanaren)
[**9 (+1 möglich) Ausnahmegäste**]
(S. 429–435, 527, 600–601)
Sehr kleine und kleine Zweigsänger, in Büschen/Bäumen; lebhaft, nicht oft am Boden. GESTALT: dünner Schnabel; **dünne Beine**; **Schwanz eckig/gekerbt**, **Unterschwanzdecken kurz**. GEFIEDER: Geschlechter gleich; Jungvögel bei einigen Arten anfangs gelblicher als Altvögel, aber nach Herbstmauser nur noch geringe Unterschiede; meist ungestrichelt, grünlich, verschiedene Kombinationen von Überaugen-, Augen- und Scheitelstreif, hellem Augenring und hellen Flügelbinden. RUF: meist weicht, flötend, zweisilbig *(hü-iit)*, aber manche rufen eher hart wie Grasmücken. GESANG: melodisch oder wiederholtes Stakkato, auch metallische Triller; keine rauen Laute.

Bestimmung: Beinfarbe | Flügelbinden | Kopfmuster | Stimme

Goldhähnchen 4 Arten
(1 nur auf Madeira)
[**1 Ausnahmegast aus Amerika**]
(S. 414, 526, 615)
Akrobatische Nahrungssuche im Laub, vom Boden bis zum Baumwipfel. GESTALT: winzig, rundlich, Schwanz und Flügel kurz. GEFIEDER: Geschlechter leicht unterschiedlich. Grünlich, Scheitel mit gelbem/orangem/rotem Zentrum, meist unauffällig, aber bei der Balz gesträubt; Unterseite hell, ungezeichnet; Flügel mit weißer Flügelbinde und schwarzem Fleck. RUF: hohe, dünne Töne. GESANG: einfache, rhythmische Strophen oder Triller. **Geschlechts- und Altersbestimmung**, **Mauser** Jungvögel anfangs ohne den typischen Scheitelstreif. Altvögel mit Vollmauser Jun–Okt; Jungvögel mit Teilmauser Jul–Nov.

Bestimmung: Kopfzeichnung

Halmsänger 1 Art *(S. 415)*
Sehr klein, in hohem Gras. GESTALT: Schwanz **kurz**, **gerundet**. GEFIEDER: Geschlechter gleich; hell beigebraun, gestreift; **schwarzweiße Flecke unter der Schwanzspitze**. GESANG: wiederholter scharfer, hoher Ton.

Prinien 1 Art *(S. 415)*
Sehr klein, in niedrigem Gestrüpp. GESTALT: Schwanz **sehr lang**, **schmal**. GEFIEDER: Geschlechter gleich; hellbraun, gestreift. GESANG: metallisches Trillern.

Waldsänger 28 Arten
[**alle Ausnahmegäste aus Amerika**]
(S. 612–615).
Erinnern strukturell an die Zweigsänger in Eurasien und Afrika. Erscheinen vor allem im Herbst im 1W-Kleid, viele Arten sind sehr auffällig gefärbt und unterscheiden sich deutlich von europäischen Vögeln vergleichbarer Größe.

Goldhähnchen sind winzig, rundlich, laubsängerähnlich: olivgrün; Flügel mit weißer Binde und schwarzem Fleck. Oft hoch in Baumkronen, aber auch in Bodennähe, gelegentlich rüttelnd; Gesang erleichtert Bestimmung.
F● | Schneller, hüpfender Flug.

LC
LC

Sommergoldhähnchen
Regulus ignicapilla

❷ | **G** 9–10 cm | **SP** 14–15 cm

Kopf deutlich gezeichnet. **1LJ/AK** | Oben leuchtend grün mit **orangegelber Schulter**. **Weißer, keilförmiger Überaugenstreif über schwarzem Augenstreif**. **Scheitel schwarz mit zentralem, gelbem/orangem Streifen**. Unterseite weiß. **JK** | bis Aug/Sep ohne Scheitelstreif.

Sehr häufiger Brutvogel und Durchzügler Mär–Nov

Wälder, große Gärten

Vier SSPP.: ***ignicapilla*** (verbreitet); ***caucasicus*** (W-Kaukasus) und ***tauricus*** (Krim) schwer abgrenzbar; ***balearicus*** (Balearen) heller, grauer.

♂
ganzjährig

Bei ♂ ist der Scheitelstreif orange, er kann bei der Balz gespreizt werden; bei ♀ überwiegend gelb.

Wintergoldhähnchen
Goldhähnchen-Laubsänger S. 601
Gelbbrauen-Laubsänger *S. 434*
Madeiragoldhähnchen S. 526

S | Rufe einzeln oder zwei bis drei Töne, der erste länger *sii-si-si* (kann sehr ähnlich Wintergoldhähnchen klingen). Gesang aus ansteigendem Triller im Gegensatz zum Wintergoldhähnchen ohne einen wiederholenden Rhythmus und ohne Endschnörkel: *si-si-si-sisisisisisi*

JK
Mai–Aug

alle SSP. ***ignicapilla***

weißer Überaugenstreif

1LJ/AK
ganzjährig

LC
LC

Wintergoldhähnchen
Regulus regulus

❷ | **G** 8,5–9,5 cm | **SP** 14–15 cm

Gesicht fast ungezeichnet. **1LJ/AK** | oben hell olivgrün. Heller Bereich um das Auge; **schwacher schwarzer „Schnurrbart"**. **Scheitel schwarz mit zentralem gelbem Streif** (gespreizt beim ♂ lebhaft orange). Unterseite weißlich. **JK** | bis Aug–Okt ohne Scheitelstreif.

Sehr häufiger Brut- und Gastvogel

Misch- und Nadelwälder, Parks, Gärten; auf dem Zug auch in Gebüschen

Sieben SSPP.: ***regulus*** (verbreitet); ***buturlini*** (Krim) etwas grauer, weniger gelblich; fünf SSPP. auf den Ostatlantischen Inseln (siehe *S. 526*).

♂
ganzjährig

Der Scheitelstreif ist bei ♂ orange (wirkt ohne Spreizung gelb) und bei ♀ vollständig gelb.

Sommergoldhähnchen
Blaumeise *S. 463*
Gelbbrauen-Laubsänger *S. 434*
Rubingoldhähnchen S. 615

S | Ruft wispernd drei bis vier Töne *srii-srii-srii* (gefühlvoller als Schwanzmeise, *S. 460*) oder einzelne, etwas kräftigere Töne; Trupps rufen scharf *sit*. Gesang sehr hoch, rhythmisch mit **Endschnörkel** *si-sissi si-sissi si-sissi sissi-siswü-it."*

JK
Mai–Aug

alle SSP. ***regulus***

ohne weißen Überaugenstreif

1LJ/AK
(wahrscheinlich ♀)
ganzjährig

Schilfrohrsänger S. 423
Seggenrohrsänger S. 422

Zistensänger
Cisticola juncidis

1 | **G** 10–11 cm | **SP** 12–15 cm

Sehr klein, hellbraun. Schwanz schmal und eckig, gefächert, aber rundlich. Sitzt aufrecht niedrig im Gras oder Busch, dabei nervös mit den Flügeln zuckend. **AK** | Oberseite schwarz und beigebraun gestreift, wird durch Abnutzung dunkler und eintöniger. Kehle weiß, Unterseite beige. Schwanz schwarz-beige gestreift mit **weißen Flecken an der Spitze**, am größten auf der Unterseite. Auge hellbraun. Gaumendach bei ♂**PK** schwarz, bei ♀ rosa. **JK** | rötlicher als **AK**, mit mattbraunen Streifen und dunklerem Auge. **1W** | wie **AK** (wenige mit Kontrast zwischen alten und neuen Schwungfedern).

S | Ruft schnell *tschip-tschip-tschip-tschip*. **Hoher**, **wellenartiger Singflug**, dabei endlos wiederholt, metallisch *dzip, dzip, dzip* ….

Es kommen drei SSPP. vor: ***cisticola*** (W-Frankreich, Iberien, Balearen); ***juncidis*** (S-Frankreich bis W-Türkei) oben mehr beige, weniger braun; ***neuroticus*** (Zypern) Bürzel weniger rötlich.

F | Kurze, breite Flügel; kurzer, breiter Schwanz, oben zur Spitze hin schwärzlich, unten mit **großen, schwarz-weißen Flecken**.

Ausnahmegast aus SW-Europa

Gras- und Offenland, Getreidefelder

Orientprinie
Prinia lepida

3 | **G** 10–11 cm | **SP** 12 cm

Winzig, bräunlich, kurze Flügel. Sitzt auf niedrigen Pflanzen, dabei den **langen**, **schmalen Schwanz** hebend und schwenkend. Oberseite graubraun, fein grau gestreift. Unterseite weiß. ♂**PK** | Schnabel schwarz; beim Singen ist das schwarze obere Gaumendach zu sehen. ♂**SK**/♀/**JK** | Schnabel hell.

S | Ruft metallisch trillernd *prrr-rr-rrrrt*. Singt hell, abfallend trillernd *schrr-rr-rr-rr-rr* oder rhythmischer *schi-jip schi-jip schi-jip schi-jip*.

In Europa (S-Türkei) lebt die SSP. ***akyildizi***, die früher als SSP. der **Streifenprinie *Prinia gracilis*** galt.

F | Schnell, niedrig, schwirrend; Flügel sehr kurz, Schwanz lang und schmal.

Kein Vorkommen in Mitteleuropa

Dichtes Gebüsch, hohes Gras

LC LC Feldschwirl
Locustella naevia

4 | **G** 12,5–13,5 cm | **SP** 16–18 cm

Kleiner, heimlich lebender, recht länglicher, gestreifter Zweigsänger; **klettert** durch dichte, niedrige Vegetation. **Lange**, **dunkel gestrichelte Unterschwanzdecken** reichen weit am Schwanz entlang. Dunkle Schirmfedern mit **diffusen** hellen Säumen. **AK** | Oberseite oliv- bis gelblich braun; Unterseite beige, einige mit diffuser Flankenstrichelung. **JK / 1W** | oft mehr gelblich; einige an der Kehle fein gestrichelt.

S | Ruft scharf *tik* oder *psit*. Gesang aus **minutenlangem**, **heuschreckenartigem**, **mechanischem Schwirren** (beim Rohrschwirl schneller, summender).

F● | Kann aus sehr kurzer Entfernung auffliegen, huscht dann auf gerundeten Flügeln voraus, dabei Rücken geknickt und **gerundeter Schwanz** gespreizt; **wirkt hell**, **blass gelblich**; Bürzel kaum vom Rücken abgesetzt.

Es kommen drei SSPP. vor: ***naevia*** (verbreitet); ***obscurior*** (O-Türkei, Kaukasus) etwas mehr oliv; beide größer und dunkler als ***straminea*** (osteuropäisches Russland) mit kontrastreicherer Strichelung.

Mittelhäufiger BV und häufiger DZ Apr–Sep

Feuchte Wiesen und Brachflächen, Gewässerufer mit Büschen

Feld- und Strichelschwirl sind sich sehr ähnlich.
Schilfrohrsänger *S. 423*
Seggenrohrsänger *S. 422*
Streifenschwirl *S. 599*

LC LC Strichelschwirl
Locustella lanceolata

4 | **G** 12 cm | **SP** 16–18 cm

Kleiner, sehr heimlicher, kurzschwänziger, **deutlich gestrichelter** Zweigsänger. **Lange Unterschwanzdecken** reichen weit am Schwanz entlang. **Schirmfedern schwärzlich** mit **deutlich abgesetzten**, schmalen, hellen Säumen. **AK** | Oberseite graubraun, schwärzlich gestrichelt; Flügel leicht rötlich; weißliche Unterseite und beige Flanke fein schwärzlich gestrichelt. **JK** | Unterseite gelblich mit diffuser schwärzlicher Strichelung (ausgedehnter als bei juvenilem Feldschwirl).

S | Ruft scharf *tschick*. Gesang ausdauerndes metallisches Schwirren, schärfer und durchdringender als Feldschwirl, aber Strophen kürzer.

F● | Kurze, niedrige Flüge auf gerundeten Flügeln.

In Europa kommt SSP. ***lanceolata*** vor.

Ausnahmegast aus NO-Europa/ Sibirien

Sümpfe, Feuchtwiesen, nasses Gestrüpp

Zwei sehr ähnliche Schwirle mit einfarbiger Oberseite. **F●** | Niedrig, recht langsam auf kurzen, dreieckigen Flügeln; Kopf spitz; Schwanz oft zu Oval gespreizt; Kopf und Schwanz oft leicht angehoben. Kontrastarmes Gefieder.

Schlagschwirl
Locustella fluviatilis

4 | **G** 14,5–16 cm | **SP** 16–18 cm

Recht kleiner, schlanker, graubrauner Zweigsänger. Einfarbiger Flügel mit deutlichem hellem, langem, gebogenem Außenrand. Erinnert an Rohrschwirl, aber **Kehle und Brust sind leicht dunkel gestrichelt**, die langen, dunklen Unterschwanzdecken haben **helle**, **schuppenförmige Spitzen**, und der **Gesang ist eindeutig**. **AK** | Oberseite graubraun. Undeutlicher, heller Überaugenstreif, braun fleckige Wange. Unterseite matt weiß, Brust beige mit diffuser brauner Strichelung, Flanke etwas brauner. **JK/1W** | Tendenz zu gelblicherer Unterseite als **AK**, aber Kleider jeweils variabel; ab Feb wie **AK**.

S | Ruft scharf *sik sik*. **Gesang** monoton, minutenlang anhaltend, metallisch, rhythmisch wetzend *dze-dze-dze-dze-dze* … (klingt wie Nähmaschine).

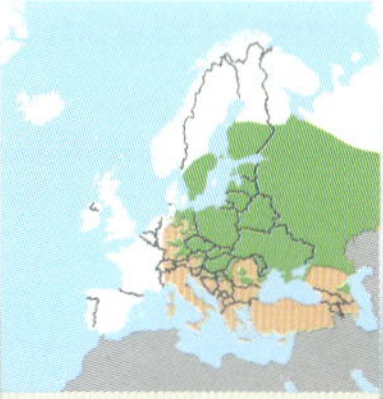

Seltener BV und mittelhäufiger DZ Mai–Jul

Feuchte Gebüsche, dichte Gehölze an Flüssen

Rohrschwirl und Schlagschwirl sehr ähnlich | Teichrohrsänger *S. 419*
Sumpfrohrsänger *S. 420*
Buschrohrsänger *S. 420*
Riesenschwirl *S. 599*

Rohrschwirl
Locustella luscinioides

4 | **G** 13,5–15 cm | **SP** 16–18 cm

Mittelgroßer, kräftig gebauter, bräunlicher Zweigsänger; Schnabel schmal, Kopf flach, **Unterschwanzdecken sehr lang und braun**, Schwanz breit. Angelegter Flügel mit auffällig gebogenem Außenrand und stumpfer Spitze. Einfarbiges Gefieder ähnlich Teichrohrsänger. Meist durch den **typischen Gesang in Schilfgebieten** zu entdecken. **AK** | Oberseite **einfarbig** bräunlich; Unterseite hellbeige, Unterschwanz **dunkler** (Teichrohrsänger hat kürzere, schmalere, weißere Unterschwanzdecken). **JK/1W** | Unterseite matter als im **AK**.

Es kommen drei SSPP. vor: ***luscinioides*** (verbreitet) und ***sarmatica*** (Ostrand Europas) sehr ähnlich, aber Letztere etwas mehr olivbraun; ***fusca*** (von der Türkei ostwärts) grauer.

S | Ruft scharf, metallisch *pwit*. **Lang anhaltender Gesang** vor allem nachts und ähnlich Feldschwirl, aber **tiefer**, **schneller** und eher summend als schwirrend.

Seltener BV und mittelhäufiger DZ Apr–Sep

Große Schilfbestände

LC Seidensänger *Cettia cetti*

LC ❸ | **G** 13–14 cm | **SP** 18–20 cm

Mittelgroßer, dunkler, plumper Zweigsänger; leicht zu hören, aber kaum einmal zu sehen, selbst bei Wechsel der Singplätze im Gebüsch. (Zaunkönige sind oft im selben nassen Lebensraum und überqueren offene Bereiche in gleicher Weise.) Geschlechter/Altersklassen unterscheiden sich nicht: Oberseite dunkel **rotbraun**, Schwanz rotbraun und durch Abnutzung mattschwarze Spitze. **Heller Überaugenstreif**. Kehle weißlich, **Wange und Brust grau**; Flanke rotbraun. Unterschwanzdecken **braun mit hellen Spitzen**.

S | Ruft kurz, hart, scharf *quilp!* oder *plit*: laut und auffällig oder stumm. Explosiver Gesang (beide Geschlechter): kurze Töne, kleine Pause, dann schnelle Serie klangvoller Töne *tschwi-tschwi – tschuwi-wi-wi-wi-tschi-witt!*

Sehr seltener Gastvogel Feb–Nov

Feuchtgebiete, Ufergebüsche, überwachsene Gräben

F● | Niedrig, flink mit gerundeten Flügeln; halb fliegend, halb zwischen Grasbüscheln hüpfend. Schwanz **lang**, **eckig**, **dunkel rotbraun**.

Teichrohrsänger | Zaunkönig *S. 372*
Mariskenrohrsänger *S. 422*

Zwei SSPP. gehen ineinander über: ***cetti*** (verbreitet); ***orientalis*** (O-Türkei, Zypern) auf Rücken grauer, zu Bürzel/Schwanz kontrastierend.

Hauptmerkmale einfarbig brauner Rohrsänger

Zur Brutzeit ist der **Teichrohrsänger** der „Standard" unter den ungestreiften Rohrsängern in Schilfbeständen, aber an manchen Orten können andere Arten genauso häufig sein. Zu achten ist auf Ruf/Gesang, Kopfmuster, Länge der Flügelspitze, Anzahl sichtbarer Handschwingenspitzen und Kontraste durch helle Federsäume.

Gesamteindruck		Kopfmuster	Schirmfedern	Flügelspitze	
Sumpfrohrsänger *(S. 420)*	Oliv; Bürzel kaum kräftiger gefärbt	Schwacher Überaugenstreif; deutlicherer Augenring	Starker Kontrast zu hellen Säumen; kaum länger als die Armschwingen	Handschwingenprojektion lang Helle Handschwingenspitzen, 8 sichtbar (im Sommer abgetragen)	
Teichrohrsänger *(S. 419)*	Warm braun; Bürzel/Schwanz rötlicher	Schwacher Überaugenstreif; weiße Kehle	Wenig Kontrast zu hellen Säumen; genauso lang wie die Armschwingen	Handschwingenprojektion lang Helle Handschwingenspitzen, 7 sichtbar (blass)	
Buschrohrsänger *(S. 420)*	Oliv; sehr eintönig	Überaugenstreif vorn breiter	Einfarbig	Handschwingenprojektion kurz Helle Handschwingenspitzen 6 sichtbar 1W mit bronzenem Feld auf Armschwingen	
Feldrohrsänger *(S. 421)*	Farbintensiv; sand-/rostfarben. Langer Schwanz	Überaugenstreif oben und unten dunkel begrenzt	Auffällig hellere Säume	Handschwingenprojektion kurz Helle Handschwingenspitzen 5–7 sichtbar	

Teichrohrsänger *Acrocephalus scirpaceus*

4 | **G** 12,5–14 cm | **SP** 18–20 cm

Kleiner, schlanker, ungestreifter, brauner Zweigsänger. Klettert an vertikalen Halmen empor, taucht wieder nach unten ab oder saust über offene Bereiche hinweg. Nahrungssuche im Schilf, aber oft auch in Büschen (besonders auf dem Zug). Brutvögel sind am besten am **Gesang** zu erkennen, sonst aber schwer von Sumpf- und Buschrohrsänger zu unterscheiden. Schnabel schmal, spitz; Nacken gerundet, Scheitel oft gesträubt. Schwanz schmal, eckig. Heller Überaugenstreif kräftiger als der blasse Augenring. **Schirmfedersäume und Handschwingenspitzen etwas heller**, Alula etwas dunkler. Beine graubraun. **AK** | Oberseite braun, **Bürzel und Schwanz mehr rostbraun**. Kehle weiß, beim Singen aufgeplustert; Unterseite hell beigeweiß. **JK/1W** | wie **AK**, aber Oberseite einfarbig rostbraun.

S | Ruft tief, rollend *trrrr*, weicher *tschärr*, schnalzend *tschäk*. Gesang von aufrechtem Halm aus (kein Singflug!): rhythmisch, jede Phrase zwei- bis viermal wiederholt, tiefer und gleichmäßiger als Schilfrohrsänger *(S. 423)*, ohne hohe Triller, *kara-kara, krrik-krrik-krrik, tarri tarri tarri* ...

Sumpfrohrsänger *S. 420*
Buschrohrsänger *S. 420*
Rohrschwirl *S. 417*
Feldrohrsänger *S. 421*
Drosselrohrsänger *S. 421*
Busch-/Steppenspötter *S. 427*
Blass-/Isabellspötter *S. 426*

Häufiger Brutvogel und Durchzügler Apr–Okt

Brütet in Schilfbeständen; auf dem Zug Gebüsche, vorzugsweise in Wassernähe

F● | Niedrig, flink; oft raschelt es vor dem Abflug im Schilf. Flügel dreieckig; Kopf spitz; Schwanz recht lang. Rücken und Bürzel ohne Kontrast.

Drei SSPP.: ***scirpaceus*** (verbreitet), ***ambiguus**** (Iberien, S-Frankreich) ein wenig mehr beige, weniger ziehend; ***fuscus*** (Zypern, Türkei, Ausnahmegast im W) heller, grauer, Bürzel sandgrau, Überaugenstreif und Unterseite weißer. *ACHTUNG: ***ambiguus*** wird auch als Unterart des **Zimtrohrsängers *Acrocephalus baeticatus*** angesehen.

 UNGESTREIFTE ROHRSÄNGER IM VERGLEICH S. 41

Ungestreifte Rohrsänger der Gattung *Acrocephalus* sind einfarbig oliv- bis rotbraune Vögel in Feuchtgebieten, die oft aufrecht an hohen Halmen sitzen. Die Unterschwanzdecken sind länger als bei der Gattung *Iduna* *(S. 426–428)*, aber kürzer als bei Schwirlen *(S. 416–417)*. Brutvögel sind am besten am Gesang zu bestimmen; auf dem Zug ist die Unterscheidung schwierig (auch Busch- und Steppenspötter sehen ähnlich aus). **Alle sind mit dem Teichrohrsänger zu vergleichen**.

Teichrohrsänger (s. *S. 418–419*) | Rohrschwirl *S. 417* | Busch- und Steppenspötter *S. 427*

LC Sumpfrohrsänger

LC *Acrocephalus palustris*

4 | **G** 13–15 cm | **SP** 18–20 cm

Olivbraun. Schnabel minimal kürzer und dicker als beim Teichrohrsänger; Nacken kantig. Augenring kräftiger als der kurze helle Überaugenstreif. **Schirmfedersäume und Handschwingenspitzen sind hell abgesetzt** (im **AK** von Aug–Dez abgenutzt); **Alula dunkel**. Beine gelblich rosa. **AK** | Oberseite gräulich olivbraun, Bürzel kräftiger getönt, aber **nicht rotbraun**. Unterseite **gelblich beige**. **JK/1W** | wie **AK**, aber Bürzel wärmer braun; Handschwingen mit weißlichen Spitzen.

S | Ruft trocken rollend *terrrr* oder weich *tschek*. Lebhafter, fließender Gesang mit pfeifenden, quietschenden und knarrenden Tönen, vor allem aber einer Vielzahl von Imitationen anderer Vogelstimmen. Höchste Gesangsaktivität in der Dämmerung (auch nachts), tagsüber oft zurückhaltender.

Häufiger Brutvogel und sehr häufiger Durchzügler Mai–Aug

Dichte Vegetation an Gewässern und Gräben, Brachflächen

F● | Niedrig, flink, auf dreieckigen Flügeln; Schwanz relativ lang, Kopf spitz. Rücken matt, Schwanz etwas farbintensiver.

LC Buschrohrsänger

LC *Acrocephalus dumetorum*

2 | **G** 12,5–14 cm | **SP** 16–18 cm

Matt olivbraun. **Schnabel lang**, **schmal**, **hell**, **mit undeutlich ausgeprägter dunkler Spitze**; flache Stirn. Schwanz gerundet; **Flügel kurz und einfarbig** **Deutlicher heller Überaugenstreif**, schwacher Augenring. Beine dunkel graubraun. Im Sitzen manchmal Kopf und Schwanz angehoben (charakteristische „Bananen-Pose"). **AK** | Oberseite gräulich oliv; Unterseite beige. **JK/1W** | wie **AK**, Bürzel jedoch wärmer braun; bronzefarbenes Feld auf angelegtem Flügel.

S | Ruft hart *tek*. Gesang langsam, mit Wiederholungen, ohne Rhythmus des Teichrohrsängers, aber mit vielen Imitationen anderer Vogelstimmen. Charakteristisch sind pfeifende, in der Tonhöhe fallende Sequenzen.

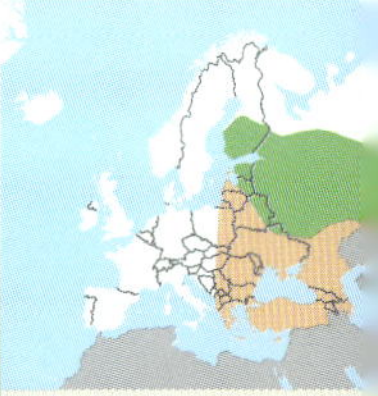

Sehr seltener Gast aus NO-Europa Mai–Sep

Nasse Waldränder, Flussufer

F● | Niedrig, flink, auf dreieckigen Flügeln; Schwanz relativ lang, Kopf spitz. Einfarbig olivbraun.

1W mit bronzenem Feld auf Armschwingen.

Feldrohrsänger
Acrocephalus agricola

2 | **G** 12–13,5 cm | **SP** 15–17 cm

Kräftig rotbraun. Schnabel kurz, relativ dick, gelblich mit deutlicher dunkler Spitze. Schwanz lang; **Flügel kurz** mit dunklen Zentren der Schirmfedern. Beine hellbraun. Blassere oder hellere Individuen ähneln sehr Busch- und Steppenspötter. **AK** | Oberseite rostbraun, Unterseite kräftig beige. Deutlicher **heller Überaugenstreif über dunklem Augenstreif**; **Scheitel braun, an der Seite dunkler**. Bürzel/Oberschwanz oft **intensiv rostbraun**. **JK/1W** | Schwungfedern beige gesäumt, aber nicht unterscheidbar von einigen Altvögeln, die vor dem Zug ihre Flügel mausern.

S | Rollender *tscherr*-Ruf. Gesang langsamer und weicher als bei Sumpfrohrsänger, mit vielen Imitationen.

F● | Niedrig, flink, auf kurzen, recht oval geformten Flügeln; Schwanz schmal. Bürzel und Schwanz intensiver rotbraun als der Rücken.

Ausnahmegast aus SO-Europa

Schilfbestände

In Europa lebt SSP. ***septimus***.

Teichrohrsänger *S. 419* | Olivenspötter *S. 424*
Basrarohrsänger, Dickschnabelspötter *S. 599*

Drosselrohrsänger
Acrocephalus arundinaceus

LC LC

3 4 | **G** 16–20 cm | **SP** 25–30 cm

Großer, **stämmiger** Zweigsänger, einfarbig rötlich braun mit deutlicher Kopfzeichnung. Schnabel groß und kräftig, mit dunkler Spitze. Laute Bewegung im hohen Schilf. **AK** | Oberseite rotbraun. **Breiter heller Überaugenstreif** bis hinter das Auge, **dunkler Augenstreif**. Unterseite weißlich, Flanke beige. **JK/1W** | wie **AK**, aber Unterseite kräftiger beige.

S | Ruft hart *krack*. Gesang laut und grob, kratzend, tiefer als Teichrohrsänger, aber auch mit hohen Quietschtönen, meist gleichmäßig etwa *krr krr kriik kriik kriik krrr krr grik grik schwiii schwiii schwiii kerra kerra kerra …*

F● | Niedrige, kurze Flüge, mit Schwenkbewegungen ins Schilf eintauchend; Flügel lang und spitz, Schwanz lang, breit und oft etwas angehoben. Relativ langer Kopf, oft ebenfalls leicht angehoben.

Mittelhäufiger Brutvogel und Durchzügler Apr–Sep

Schilfbestände

Es kommen zwei SSPP. vor: ***arundinaceus*** (verbreitet); ***zarudnyi*** (SO-europäisches Russland) heller und grauer.

AK
ganzjährig
SSP. ***arundinaceus***

Schilfrohrsänger
Seidensänger *S. 418*

LC LC Mariskenrohrsänger
Acrocephalus melanopogon

1 | **G** 12–13 cm | **SP** 15–17 cm

Dunkel, rotbraun; angelegte Flügelspitze kurz. Zuckt häufig mit dem Schwanz oder richtet ihn auf; kippt vor dem Abtauchen in Deckung nach vorn. **AK** | Oberseite rotbraun, leicht dunkelgrau gestrichelt, durch Abnutzung allmählich einfarbiger und weniger rötlich; Flügel schwärzlich gezeichnet; schwärzliche Schirmfedern mit hellbeigen Säumen. **Scheitel schwärzlich** (leicht gestrichelt); **breiter**, **weißer Überaugenstreif**, der hinter dem Auge breiter wird; Wange grau, schmaler, **dunkler Bartstreif**. Weiße Kehle im **Kontrast zu rotbrauner Flanke** und rotbrauner Brustseite; Bauch weiß. **Beine dunkel**; Schnabel schwärzlich. **JK / 1W** | wie **AK**, aber Unterseite leicht schwärzlich gestrichelt.

S | Ruft tief, hart *trrk*. Singt schneller und gleichmäßiger als Teichrohrsänger *(S. 419)*, mit wiederholten Flötentönen, die an Nachtigall *(S. 394)* erinnern.

Drei Unterarten kommen vor: ***melanopogon*** (S-Europa bis W-Türkei); ***albiventris*** (Ostrand Europas) und ***mimicus*** (von O-Türkei ostwärts), jeweils größer, weniger rötlich, mit braunerem Scheitel und hellerer Flanke (mehr an Schilfrohrsänger erinnernd).

BV nur O-Österreich, sonst AG aus S-Europa Mär–Okt

Schilfbestände, dichter Uferbewuchs

F● | Niedrig, flink. Flügel gerundet; Schwanz relativ lang und schmal. Dunkel rotbrauner Bürzel wenig kontrastierend.

Schilfrohrsänger
Zistensänger *S. 415*
Feldschwirl *S. 416*

VU VU Seggenrohrsänger
Acrocephalus paludicola

4 | **G** 11,5–13 cm | **SP** 16–18 cm

Ockergelb mit langen, schwarzen Streifen; Flügelspitze recht kurz und rundlich; Oberschwanzdecken **spitz**. **AK** | Rücken mit gelblichen und schwärzlichen Streifen; Bürzel orangebraun, schwarz gestrichelt. **Scheitel schwärzlich mit zentralem**, **gelbbeigem Streif**; breiter Überaugenstreif ebenfalls gelbbeige. Dunkler Augenstreif, aber **Zügel hell**. Brust und Flanke gräulich beige mit **feinen schwarzen Stricheln**. Beine hellrosa. **JK** | ähnlich **AK**, aber Scheitelstreif gestrichelt (Zeichnung dennoch sehr kontrastreich); Unterseite ohne Strichel.

S | Ruft schnalzend *tschak*, *tscht* oder *tak*. Singt langsamer als Schilfrohrsänger, mit häufigem hartem, trockenem *trrrrt* zwischen schrillen Pfeiftönen.

F● | Niedrig, flink. Flügel recht schmal; Schwanz ziemlich lang, schmal. Wenig Kontrast am gestrichelten Bürzel.

Sehr seltener BV (nur NO-Deutschland) und DZ Apr–Sep

Seggensümpfe

Gestreifte Rohrsänger sind kleine, gedrungene, kurzschwänzige Bewohner von Feuchtgebieten. Sie sind auf dem Rücken und den Flügeln mehr oder weniger stark gestreift und zeigen eine starke Kopfzeichnung. Bürzel gestrichelt oder einfarbig. Im Vergleich zu Schwirlen *(S. 416–417)* sind die Unterschwanzdecken kürzer, der Schwanz ist eckiger. Sie sitzen zwar niedrig, oft jedoch recht frei.

Schilfrohrsänger

Seggenrohrsänger

Verwechslungsgefahr, besonders im Spätsommer/Herbst, wenn kräftig gezeichnete junge Schilfrohrsänger einen deutlichen hellen Scheitelstreif zeigen können.

Schilfrohrsänger

Acrocephalus schoenobaenus

4 | **G** 11,5–13 cm | **SP** 18–20 cm

Hell, rötlich beige mit dunklen Streifen; Flügelspitze recht lang und spitz; Oberschwanzdecken **gerundet**. **AK** | Rücken beigebraun, **diffus dunkel graubraun gestreift**; Bürzel **ungezeichnet sandfarben**, begrenzt von dunkelbraunen Schirmfedern mit hellen Säumen. Wird bis Aug dunkler und einfarbiger, aber Flügel bleiben streifig. Scheitel dunkel graubraun; **weißer Überaugenstreif** wird hinter dem Auge breiter; dunkler Augenstreif reicht bis zum Schnabel. **Kehle weiß**; Unterseite beige, an der Flanke kräftiger gefärbt. **Beine hell** bräunlich; Schnabelbasis hell. **JK / 1W** | wie **AK**, jedoch gelblicher; heller Scheitelstreif; dunkler Augenstreif bis zum Schnabel. Brust fein dunkel gestrichelt.

Seggenrohrsänger | Mariskenrohrsänger
Zistensänger *S. 415* | Feldschwirl *S. 416*

Beim Singflug schnelle, tiefe Schläge mit steifen Flügeln – einfaches Aufsteigen und Abtauchen.

S | Hart *tak* und kurz, rollend *trrrr*. Gesang **schnell und abwechslungsreich**, ohne den Rhythmus des Teichrohrsängers *(S. 419)*, mit vielen Imitationen. Singt aufrecht sitzend (frei oder versteckt) oder im **Singflug**.

Mittelhäufiger Brutvogel und Durchzügler Apr–Sep

Schilfbestände mit Gebüschen

F● | Niedrige, flinke Flüge zwischen Büschen oder im Schilf; Flügel gerundet, schmal; Schwanz schmal. **Einfarbiger**, **heller** Bürzel **kontrastiert zum Rücken**.

Dornspötter
Blass-/Isabellspötter *S. 426*
Drosselrohrsänger *S. 421*

LC
LC

Olivenspötter
Hippolais olivetorum

4 | **G** 16–18 cm | **SP** 22–24 cm

Großer, länglicher, gräulicher Zweigsänger; Größe wie Sperbergrasmücke *(S. 437)* oder Drosselrohrsänger, aber bei einzelnem Vogel schwer einzuschätzen. Bewegt sich kraftvoll durch Baumkronen, dabei den Schwanz wie ein Würger *(S. 466)* schwenkend und manchmal abwärts schlagend wie ein Blassspötter. **Große Handschwingenprojektion**, Flügelspitze fast so lang wie Schirmfedern; **Schwanz lang**, **Schnabel lang**, **kräftig**, spitz. **AK** | gräulich, im Frühjahr mehr oliv, wird bis Jul/Aug matter, brauner oder dunkler bläulich grau. Kurzer heller Überaugenstreif mit dunkler Abgrenzung nach oben; heller Augenring. Angelegter Flügel mit hellem Feld aus **weißlichen Federsäumen** (bis Aug/Sep abgenutzt). Schwanz schwärzlich mit weißen Seiten/Ecken. Schnabel hell orangegelb mit dunklem First; Beine blaugrau. **JK** | matt; Augenring dunkler; Schwanzseiten gräulich.

F● | Direkt, flüssig, auf langen, etwas spitzen Flügeln; Schwanz eckig, Kopf länglich.

S | Tief *tak*, ratternder Warnruf und nasales Krächzen ähnlich Eichelhäher *(S. 473)*. Langsamer Gesang aus wiederholten, rauchig klingenden Sequenzen: *tschak-tschi-tschak- tschu tschu-tschak-krik krik tschak*.

Kein Vorkommen in Mitteleuropa

Offene Wälder, Olivenhaine, Mandelplantagen

Olivenspötter
Blass-/Isabellspötter *S. 426*

LC
LC

Dornspötter
Hippolais languida

4 | **G** 14–15 cm | **SP** 21–25 cm

Mittelgroßer Zweigsänger mit dunklem Schwanz; erinnert an den größeren Olivenspötter bzw. den etwas kleineren Blassspötter. Schnabel, Beine und Schwanz auffällig lang. **Schwenkt den Schwanz**. Handschwingenprojektion mittellang, etwa drei Viertel der Länge der Schirmfedern. **AK** | Kopf und Rücken graubraun, Flügel brauner, Schwanz schwärzer mit weißlichen Seiten; helles Flügelfeld nur angedeutet. Unterseite beigeweiß. Scheitelseiten etwas dunkler, heller Überaugenstreif bis zum Hinterrand des Auges, weißer Augenring; Zügel dunkel. Schnabel orangegelb. **JK/1W** | wie **AK**, aber helle Säume an den Flügelfedern (bei Altvögeln abgenutzt bis zur Mauser im Dez).

S | Hart *zak* und rollende Laute. Gesang schnell, variabel, nasal mit wiederholten Phrasen.

F● | Direkt, flüssig; leicht spitze Flügel; Schwanz eckig.

Kein Vorkommen in Mitteleuropa

Gebüsche, Obstgärten, karge Hänge

Gelb- und Orpheusspötter haben eine ungezeichnete Oberseite. **F●** | Direkt, aber leicht flatterig; Flügel gerundet, Schwanz relativ lang. Kopf länglich.

Fitis *S. 430*
Blass-/Isabellspötter *S. 426*

ɜelbspötter *Hippolais icterina*

❹ | **G** 11,5–13 cm | **SP** 22 cm

ʌittelgroßer, grün-gelber Zweigsänger mit steiler ›tirn, eckigem Scheitel und langem Körper; lebhaft, ıuffällig. Etwas größer und stämmiger als Fitis, auch ;chnabel und Beine sind kräftiger. **Zügel hell**. Wich-ig ist die **Flügelstruktur**: Die Handschwingenprojek-ion **gleicht der Länge** der längsten Schirmfeder, ladurch wirkt die **Flügelspitze lang**. **Helles Flügel-'eld** (abgetragen bei einigen Altvögeln, schwächer ɔei Jungvögeln). **AK** | Oberseite hell graugrün; Un-erseite gelb (am intensivsten im Frühjahr, weißer im ʌug/Sep, dann heller als Orpheusspötter). **JK/1W** | Jnterseite weiß; Kehle und Vorderbrust hellgelb.

; | Gelegentlich harte *tek*-Rufe. Gesang **abgehackt**, nit scharfem *tschip tschip* und sperlingsartigem Rattern ›owie schnellen, nasalen Schwirr- und Summlauten, erner viele Imitationen anderer Vogelstimmen.

ɨANDSCHWINGENPROJEKTION = längste Schirmfeder (**wirkt ıangflügelig**); meist auffälliges, helles Flügelfeld.

Häufiger Brutvogel und Durchzügler Mai–Aug

Wälder, Feldgehölze, Parks

LC Orpheusspötter *Hippolais polyglotta*

LC ❹ | **G** 12–13 cm | **SP** 20–21 cm

Mittelgroßer, grün-gelber Zweigsänger mit rundlichem Kopf (Scheitel bei Gefahr/Gesang gesträubt), Körper rundlicher als bei Gelbspötter; lebt versteckt und zurückgezogen. Typischerweise mit **einfarbigem Flügel**. Flügelstruktur wichtig: Handschwingenprojektion nur **halbe Länge** der längsten Schirmfeder, dadurch wirkt die **Flügelspitze kurz**. **AK** | Oberseite olivgrün; Unterseite gelb (im Vergleich zum Gelbspötter oben grüner und unten gleichmäßiger gelb, selbst im Herbst, wenn beide Arten abgetragenes, ausgeblichenes Gefieder haben). **JK/1W** | frische Schwungfedern mit hellen Säumen, aber nur selten ein helles Flügelfeld.

S | Gedämpftes, sperlingsartiges Rattern und kurz *tschret-tret*. Gesang schnell und relativ gleichmäßig, melodischer als Gelbspötter und mit kurzen Imitationen anderer Vogelstimmen.

HANDSCHWINGENPROJEKTION = ½ längste Schirmfeder (**wirkt kurzflügelig**); meist kein helles Flügelfeld.

Seltener Brutvogel (nur SW-Deutschland) und Durchzügler Apr–Aug

Gebüsche und Gehölze, Obstgärten

IDUNA-SPÖTTER IM VERGLEICH *S. 42*

Isabell- und Blassspötter sind mittelgroß, ungezeichnet, hellbraun und am besten anhand des Beobachtungsortes zu unterscheiden. F● | Niedrig, direkt; Flügel und Schwanz breit, Kopf relativ lang. Keine Kontraste.

Busch-/Steppenspötter | Teichrohrsänger *S. 419* | Olivenspötter *S. 424*
Im Vorkommensgebiet: ISABELLSPÖTTER: Orpheusspötter *S. 425* | BLASSSPÖTTER: Dornspötter *S. 424* | Gelbspötter *S. 425*

LC Isabellspötter
LC *Iduna opaca*

❹ | **G** 13–14 cm | **SP** 18–21 cm

Schwanz einfarbig (keine weißlichen Ränder), **wird nicht abwärts geschlagen**. **AK** | Oberseite graubraun. Keine deutliche Kopfzeichnung, abgesehen von **durchgehendem**, **weißlichem Augenring**. Flügel blass braun ohne helles Feld. Schnabel lang, breit, orangegelb. Unterseite weißlich, kleiner graubeiger Fleck an der Flanke. Beine graubraun. **JK/1W** | deutliche helle Federränder (bei Altvögeln bis zur Mauser im Okt oder Nov abgetragen).

S | Ruft schnalzend *tzack* und hart *trrrt*. Singt plaudernd, ähnlich Teichrohrsänger, aber weniger wiederholend; ohne die zyklische Struktur des Blassspötters.

Kein Vorkommen in Mitteleuropa

Macchie, Waldränder, Baumgruppen, Obstgärten

LC Blassspötter
LC *Iduna pallida*

❹ | **G** 12–13,5 cm | **SP** 18–21 cm

Schwanz wird **regelmäßig abwärts geschlagen**. **AK** | Oberseite hell bräunlich grau. Stirnseiten dunkler; **dünner dunkler Zügelstreif**, darüber schwacher Überaugenstreif. **Weißlicher Augenring dünn und unterbrochen**. Angedeutetes helles Feld auf angelegtem Flügel. **Schwanz mit weißen Kanten** und Spitzen an den äußeren Federn. Schnabel lang, breit, orangegelb. Unterseite ganz beigeweiß. Beine graubraun. **JK/1W** | deutliche helle Federränder (bei Altvögeln sind Federn bis zur Mauser im Okt abgetragen).

S | Ruft weich *tschat tschat*; schnelles, sperlingsartiges Rattern. Gesang wenig melodisch, schnell, kratzend mit zyklischer Wiederholung.

In Europa lebt SSP. ***elaeica***.

Häufiges Abwärtsschlagen des Schwanzes.

Ausnahmegast aus SO-Europa

Offene Wälder, Obstgärten, Baumgruppen

Isabell-/Blassspötter | Teich- *S. 419* | Sumpf- *S. 420* | Buschrohrsänger *S. 420* | Taigazilpzalp *S. 433*

Buschspötter
Iduna caligata

4 | **G** 11–12,5 cm | **SP** 18–21 cm

Kleiner, hellbeiger bis graubrauner Zweigsänger; großer Kopf, spitzer Schnabel. Sehr ähnlich Steppenspötter, aber der Körper ist kürzer und der tiefe Bauch endet abrupt vor den **kurzen** Unterschwanzdecken (wie bei einem Laubsänger). Nahrungssuche niedrig (wie Rohrsänger), mit häufigem Flügel-/Schwanzzucken. **AK** | **kurzer**, **heller Überaugenstreif hinter dem Auge** deutlich ausgeprägt; **schwacher**, **dunkler Zügelstreif erreicht den Schnabel**; Scheitelseite kann dunkel wirken. **Schnabel kurz**, **dünn**, **meist mit dunkler Spitze**. **Schirmfedern mit dunklen Zentren**, **Spitzen mit gleichmäßigem Abstand**; kurze Handschwingenprojektion. Schwanz eckig, mit sehr schmalen weißen Rändern, Schäfte dunkler. Beine rosabraun. **JK/1W** | wie **AK**, Flügelfedern hell gesäumt (bei Altvögeln bis zur Mauser ab Dez abgetragen).

F● | Niedrig, flink, Flügel kurz und gerundet; Kopf rundlich, Schwanz eckig.

S | Ruft kurz, trocken *tschek*. Leiser, schneller, schwatzender Gesang mit Wiederholungen, ähnlich Teichrohrsänger, aber weniger rhythmisch; voller und kehliger als Steppenspötter.

Steppenspötter
Iduna rama

4 | **G** 11,5–13 cm | **SP** 18–21 cm

Kleiner, heller, ungezeichneter Zweigsänger, sehr ähnlich Buschspötter, aber der **längere Körper** verschmälert sich gleichmäßiger aufgrund längerer Unterschwanzdecken (wie bei Rohrsängern, *S. 412*). Nahrungssuche höher (wie Laubsänger), dabei häufiges Zucken von Flügeln und Schwanz. Auch Blassspötter und Buschrohrsänger sind sehr ähnlich. **AK** | weißlicher Überaugenstreif hinter dem Auge **diffus**; meist heller Zügel; Scheitelseiten dunkel. **Schnabel lang**, **ganz hell**. **Schirmfedern ungezeichnet**, **Spitzen ungleichmäßig angeordnet**; kurze Handschwingenprojektion. Schwanz **gestaffelt**, schmale weiße Federränder beim **häufigen Schwanzzucken** sichtbar; Schäfte nicht dunkler. Beine rosabraun bis grau. **JK/1W** | wie **AK**, aber Flügelfedern hell gesäumt (bei Altvögeln bis zur Mauser ab Dez abgetragen).

S | Ruft kurz, trocken *tschek*. Gesang schneller und strukturierter als Buschspötter, mit Einflechtung kratzender, trillernder und pfeifender Töne.

F● | Niedrig, schnell, Flügel kurz und gerundet; Kopf rundlich; Schwanzende gerundet, Schwanzseiten hell.

ACHTUNG. Gefiedermerkmale und Körpermaße bei außerhalb ihres Verbreitungsgebiets auftretenden Busch-/Steppenspöttern erscheinen manchmal widersprüchlich.

Iduna-Spötter

Teich- *S. 419* | Sumpf- *S. 420* | Busch- *S. 420* | Feldrohrsänger *S. 421*

Die vier Arten der Gattung *Iduna* ähneln sich sehr, da sich die Merkmalsausprägungen überlappen. Busch- und **Steppenspötter** sehen fast identisch aus, und der **Steppenspötter** gleicht nahezu **Isabell-** und **Blassspötter**, die ihrerseits fast nur anhand des Vorkommensgebiets unterscheidbar sind. Zudem gibt es Ähnlichkeiten zu Rohrsängern (*Acrocephalus*), allerdings **haben die *Iduna*-Spötter kürzere Unterschwanzdecken**. Unterschiede zwischen den Arten sind unten zusammenfassend dargestellt. (Der Dornspötter aus der Gattung *Hippolais* *(S. 424)* weicht durch langen Schnabel und dunklen Schwanz ab.) Verwechslungsgefahr auch mit Gartengrasmücke *(S. 437)* und ausgeblichenem Zilpzalp *(S. 432)*.

	Buschspötter *(S. 427)*	**Steppenspötter** *(S. 427)*	**Blassspötter** *(S. 426)*	**Isabellspötter** *(S. 426)*
Gestalt	wie Laubsänger	länglicher als Buschspötter; wie Rohrsänger	länglicher Körper; wie Rohrsänger	
	leichtes Flügel-/Schwanzzucken	**häufiges Schwanzzucken aufwärts/seitwärts**	**regelmäßiges Abwärtsschlagen des Schwanzes**	**kein Schwanzschlagen**
Verhalten	Nahrungssuche niedrig (wie Rohrsänger)	Nahrungssuche höher (wie Laubsänger); schnelle, „nervöse" Aktion	Nahrungssuche hoch und niedrig; entspannt, weniger „nervöse" Aktion	Nahrungssuche hoch und niedrig
Ruf	scharf *tschek*		kurz, tief *tschat*	kurz, hart *tzack*
Kopf	HELLER ÜBERAUGENSTREIF deutlich (weißlich bis rostbeige), **reicht bis hinter das Auge**; SCHEITEL an Seite dunkel; ZÜGEL **diffuser dunkler Fleck**; Auge groß 	HELLER ÜBERAUGENSTREIF **diffus** (variabel, aber nie rostbeige), **hinter dem Auge sehr kurz**; SCHEITEL an Seite **kaum dunkler**; ZÜGEL hell 	wirkt dickhalsig, großköpfig; HELLER ÜBERAUGENSTREIF schwach, kurz (beige); AUGENRING unterbrochen; ZÜGEL **diffuser dunkler Streif** vom Schnabel zum Auge 	HELLER ÜBERAUGENSTREIF kurz, unter etwas dunkler Scheitelseite/Stirn; AUGENRING vollständig; ZÜGEL **hellbraun** 
Schnabel	typischerweise **kurz** bis mittellang, Unterschnabel mit diffuser dunkler Spitze (kann schwach sein oder fehlen)	**lang**, **dünn**, gerade; Spitze hell (kann leicht schmutzig dunkel sein)	lang, an Basis breit, orangegelb; leicht abwärts gebogen, Schneidekanten gebogen	auffällig lang und breit (deutlicher als bei Blassspötter); orange, First und Spitze dunkel
Oberseite	**hell beigebraun**	gräulich braun	hell bräunlich grau, Hauch von Oliv	hellbraun, ohne Oliv
Unterseite	weißlich, **Flanke kräftiger** beige/ockergelb	weißlich, ohne kräftigere Flankenfärbung	intensiv hell und „sauber"; Flanke graubraun getönt	Kehle weißlich; Flanke hell graubeige
Beine	rosabraun	hell gräulich rosa	gräulich	graubraun
Flügel	FLÜGELSPITZE kurz; Handschwingenprojektion < halbe Schirmfederlänge   Kontrast zu hellen Säumen	eintönig 	FLÜGELSPITZE länger; Handschwingenprojektion ± halbe Schirmfederlänge   manche mit leicht aufgehelltem Feld	kein helles Feld 
	SCHIRMFEDERN (+ GROSSE DECKEN) dunkel mit **Kontrast zu hellen Säumen**; ABSTAND ZWISCHEN SCHIRMFEDERSPITZEN **gleich**	SCHIRMFEDERN **eintönig**; ABSTAND ZWISCHEN SCHIRMFEDERSPITZEN **unterschiedlich**	SCHIRMFEDERN eintönig; Abstand zw. SCHIRMFEDERSPITZEN **gleich** Armschwingen können leicht aufgehelltes Feld zeigen	Armschwingen ohne helles Feld
Schwanz	mittlere Länge, diffus/sehr wenig Weiß am äußeren Federpaar, reicht nicht auf Innenfahne	lang, diffus weiße Spitze am äußeren Federpaar kann bis auf Innenfahne reichen	lang; **weißliche Kanten und Spitzen** an äußeren Federn	breit, gerundet; eintönig; weiße Spitze an äußerer Feder sehr schmal oder fehlend

Laubsänger

Kleine, überwiegend grünliche Zweigsänger mit weißer bis gelblicher Unterseite. Zu beachten sind Vorhandensein/Fehlen/Details der Kopfzeichnung (Scheitelstreif, Überaugenstreif, Augenstreif: Wird der Schnabel erreicht oder nicht?), Flügelbinden, helle Säume/Spitzen an Schirmfedern und Bürzel. Auch die Beinfarbe kann Hinweise geben. Rufe und Gesänge sind oft wichtige Bestimmungsmerkmale. Ausnahmegäste *(S. 600–601)* vereinigen/kombinieren ähnliche Merkmale.

Flug meist kurz, niedrig, etwas zögerlich.

Ohne Flügelbinden
S. 429–433, 600

Mit Flügelbinden
S. 434–435, 601

Typische Rufe in der Region brütender Laubsänger		
Zilpzalp	***S. 432***	nahezu einsilbig *hüit* oder *hiip*
Fitis	***S. 430***	weicher als Zilpzalp, deutlich zweisilbig *huu-iit*
Iberienzilpzalp	***S. 433***	**abfallend** *fiü*
Waldlaubsänger	***S. 429***	hoch, weich, wehmütig *tüh*
Taigazilpzalp	***S. 433***	gerade, einsilbig *swii* (ähnlich Heckenbraunelle, *S. 373*)
Bergzilpzalp	***S. 433***	leicht abfallend *tüü* (ähnlich Taigazilpzalp)
Berglaubsänger	***S. 431***	zweisilbig, ansteigend *tü-iii*
Balkanlaubsänger	***S. 431***	**unverkennbar kurz** *tschip*
Gelbbrauen-Laubsänger	***S. 434***	scharf, **hoch**, **laut**, **ansteigend** *tsu-iiist*
Wanderlaubsänger	***S. 434***	hart, rau *dzri*
Grünlaubsänger	***S. 435***	scharf, zweisilbig *tsi-li*
Wacholderlaubsänger	***S. 435***	hoch *tsi-lii* oder dreisilbig *tsi-lu-lii* (wie Bachstelze, *S. 366*)

Fitis *S. 430*
Berg-/Balkanlaubsänger *S. 431*

Waldlaubsänger

Phylloscopus sibilatrix

❹ | **G** 11–12,5 cm | **SP** 16–22 cm

Kleiner, intensiv grüner Laubsänger im Baumkronenbereich von Wäldern, oft nur aufgrund des **Gesangs** zu bemerken (Berg-/Balkanlaubsänger klingen ähnlich). Breiter bauch; lange Flügel oft etwas hängend neben dem kurzen, breiten Schwanz; lange, weiße Unterschwanzdecken. **AK** | Oberseite satt grün; **langer gelber Überaugenstreif** und breiter dunkler Augenstreif. Ohrdecken, Kehle und Brustseiten hell zitronengelb mit Kontrast zur weißen Unterseite (manche haben kaum Gelb außer im Gesicht). Flügel **dunkel mit gelbgrünen Federrändern**, Schirmfedern in der Mitte schwärzlich. **JK/1W** (s. *S. 431*) | wie **AK**, aber blasser; Schirmfedern weiß gesäumt, Handschwingen mit kleiner weißer Spitze.

F● | Flügel recht lang, Schwanz kurz; fliegt mit tiefen Flügelschlägen.

S | Ruft hoch, weich, wehmütig *tüh*. Zwei ganz unterschiedliche Gesänge. Schwirrend *sip-sip-sip-sip-sirrrrr* und weich, wehmütig, abfallend *dü-dü-dü-dü-dü*.

Singt aus dem Kronendach, aber auch von freien Ästen näher am Boden aus.

Häufiger Brutvogel und Durchzügler Apr–Aug

Laub- und Mischwälder ohne dichten Unterwuchs

im frischen Gefieder manchmal angedeutete, sich schnell abnutzende Flügelbinde

 LAUBSÄNGER-RUFE S. 429

ZILPZALP *(S. 432)* Schnabel klein, überwiegend dunkel; Kopf rund; weiße Augenklammer; Flügel/Schwanz kurz; Beine dunkel.

FITIS Schnabel überwiegend hell; schräg ansteigende Stirn; langer Überaugenstreif; Flügel/Schwanz lang; Beine hell.

Fitis und **Zilpzalp** sind die mit Abstand häufigsten Laubsänger der Region. Einige Individuen sind verwirrend, da die Färbung von Beinen und Gefieder etwas variiert. Am sichersten zu unterscheiden sind die Arten in allen Kleidern anhand der Handschwingenprojektion, wie oben abgebildet.

Wald-/Berg-/Balkanlaubsänger
Zilpzalpe *S. 432–433*
Grünlaubsänger *S. 435*
Wacholderlaubsänger *S. 435*
Pamirlaubsänger S. 600

Häufiger BV, sehr häufiger DZ Apr–Okt

Wälder, Moore, Heide, Baumgruppen

LC
Fitis
LC
Phylloscopus trochilus

❹* | **G** 11–12,5 cm | **SP** 15–21 cm

Kleiner, heller, grüner Laubsänger. Ähnlich Zilpzalp, aber etwas intensiver gefärbt, etwas länger. Kopf flach, Schnabel kräftiger als bei Zilpzalp; **lange Handschwingenprojektion**, **helle** Beine. Zuckt mit den Flügeln, schlägt den Schwanz, aber nicht so konstant wie der Zilpzalp. **AK** | Oberseite hell grünlich; Unterseite hell gelblich, Bauch und Steiß weiß*. **Recht deutlicher gelblicher Überaugenstreif**; Augenring schwach; Wange hell, Schnabel mit oranger Basis. **Beine orangebraun** (manche dunkel mit hellen Füßen). Flügel ungezeichnet. **JK/1W** (s. *oben*) | gelber Überaugenstreif, Unterseite ganz **gelb**, einschließlich Unterschwanz.

S | Ruft *hü-it*, deutlicher **zweisilbig** als Zilpzalp. **Gesang** eindeutig: sanft pfeifende, abfallende Kadenz mit kleinem Schnörkel am Ende.

F● | Kurze, gerundete Flügel; leichte, oft ruckartige Zickzack-Aktionen.

Es kommen zwei SSPP. vor: ***trochilus*** (verbreitet); ***acredula*** (Skandinavien bis O-Europa) oben grauer, unten weißer, aber aufgrund hoher Variabilität können einzelne Individuen nicht immer bestimmt werden.

*bei Altvögeln zweimal im Jahr Vollmauser

WALDLAUBSÄNGER *(S. 429)* Grün, gelb und rein weiß; kräftige Kopfzeichnung.

BERG- UND BALKANLAUBSÄNGER sehen fast identisch aus: matt olivgrau, gelblich und weiß; sehr schwache Kopfzeichnung.

Die sehr ähnlichen **Berg- und Balkanlaubsänger** sind sehr klein, schlank und hell, grauer als Fitis und Waldlaubsänger, mit grün abgesetztem Flügel, Bürzel und Schwanz. Zu beachten sind die Säume der Schirm- und Schwanzfedern. Oft anhand des Gesangs zu lokalisieren; bei Ausnahmegästen außerhalb der Verbreitungsgebiete ist der Ruf entscheidend. **F●** | Kurze gerundete Flügel, recht kurzer Schwanz. Leichte, etwas ruckartige Aktion.

	Berglaubsänger	Balkanlaubsänger
Ruf	zweisilbig, ansteigend *tü-iii*	**unverkennbar kurz** *tschip*
Gesang	klarer, lachender Triller *prr-r-r-r-r-r-r-r-r-r* (weniger metallisch und langsamer als Waldlaubsänger, ohne dessen einleitende *sip*-Laute)	sehr ähnlich Berglaubsänger, aber ein wenig kürzer, straffer oder flacher

Fitis | Waldlaubsänger *S. 429*
Berglaubsänger: Iberienzilpzalp *S. 433*

Berglaubsänger	Balkanlaubsänger

Bergls.: seltener BV Apr–Aug; Balkanls.: AG	
Wälder; Waldränder und Lichtungen	Wälder, oft Eichen- oder Kiefernwälder

Berglaubsänger
Phylloscopus bonelli

❹ | **G** 10,5–11,5 cm | **SP** 18–20 cm

AK | Oberseite bräunlich grün; **Bürzel leuchtend gelblich grün**. Flügel- und Schwanzfedern **hellgrün gesäumt**. **Kopf kaum gezeichnet**, nur kurzer heller Überaugenstreif; Ohrdecken grau. Unterseite **seidenweiß**; Unterflügel kräftig gelb. Schnabel robust, Basis hell, Spitze dunkel; Beine mittel- oder dunkelbraun. **JK/1W** (*siehe oben*) | wie **AK**, jedoch brauner, Oberseite eintöniger.

Balkanlaubsänger
Phylloscopus orientalis

❹ | **G** 11–12 cm | **SP** 18–20 cm

AK | Oberseite gräulich; Bürzel **leuchtend grün**. Schirm- und Schwanzfedern **weiß gesäumt**. **Kopf nur schwach gezeichnet**. Unterseite weiß; Unterflügel weißlich. Schnabel robust, Basis hell, Spitze dunkel; Beine dunkelbraun. **JK/1W** (*siehe oben*) | wie **AK**, aber brauner, Oberseite eintöniger.

 LAUBSÄNGER-RUFE S. 429

Zilpzalpe – sehr kleine, zarte, aktive, matt grünliche/bräunliche Laubsänger mit höchstens einer Andeutung einer Flügelbinde; heller Augenring und heller Überaugenstreif. Im Laub vom Boden bis zur Baumkrone. Sie zucken mit den Flügeln und schlagen **regelmäßig und rhythmisch den Schwanz**. Beine dünn, sehr dunkel. Alle haben Rufe, die auf dem Grundmuster der Laubsänger basieren (*hüit* oder *swioo*), aber die Gesänge sind charakteristisch. **F●** | Kurz, gerundete Flügel, mittellanger Schwanz. Leichte, oft etwas ruckartige Aktion.

Zilpzalpe im Vergleich

	Zilpzalp	Iberienzilpzalp	Taigazilpzalp	Bergzilpzalp
AK allgemeine Färbung	düster olivgrün/bräunlich; FLÜGEL dunkel, mit grünen Säumen; UNTERSEITE matt	OBERSEITE hellgrün; FLÜGEL gelbliche Säume; UNTERSEITE weiß	graubraun und beige; kein Grün an Kopf oder Rücken; FLÜGEL/SCHWANZ grüne Säume bis MÄR; UNTERSEITE weißlich, Flanke beige	graubraun, oliv angehaucht; FLÜGEL weißlich oder oliv gesäumt (kein Grün); Kehle weißlich; UNTERSEITE matt weißlich, Brust gelber
Kopf	heller Überaugenstreif, dunkler Augenstreif; starke weiße Augenklammer; Wange matt	langer, heller Überaugenstreif, vorn am stärksten gelb; schwache helle Augenklammer; Wange hell	langer, breiter, beiger Überaugenstreif; breiter, dunkler Augenstreif; Wange beigebraun/rötlich braun	kurzer, weißer Überaugenstreif, Hinterende diffus auslaufend
Unterschwanz	weißlich	gelb	weißlich	beige
Schnabel	dunkel	Unterschnabel hell	schwarz, Basis heller	dunkel
Beine	schwarzbraun	hell/braun	schwarz	schwärzlich
Flügelspitze	kurz	mittellang (kurz in S-Iberien)	kurz	sehr kurz
JK / 1LJ wie AK, aber …	… manchmal Kontrast zwischen alten und neuen Flügeldecken, aber nicht immer verlässlich			
	… Unterseite tendenziell gelblicher		… tendenziell brauner	

Fitis *S. 430* | Berg-/Balkanlaubsänger *S. 431* | Busch-/Steppenspötter *S. 427* | Wanderlaubsänger *S. 434*
Grünlaubsänger *S. 435* | *Dunkellaubsänger S. 600* | *Bartlaubsänger S. 600*
Bei überlappendem Vorkommen *Eichenlaubsänger S. 600* | *Kanarenzilpzalp S. 527*

LC
LC

Zilpzalp

Phylloscopus collybita

❸ | **G** 10–12 cm | **SP** 15–21 cm

Ähnlich Fitis, aber Kopf runder, Schnabel dünner, **Flügel kurz**, **Beine dunkel**.

S | Ruft nahezu einsilbig *hüit* (Fitis eher zweisilbig). Im Jul/Aug gedämpft *hiip*. Im Sep–Okt bei Durchzüglern auch *huut*. Gesang meist monoton *zilp-zalp zilp-zalp …*, manchmal etwas stotternd; hin und wieder eingefügt *grrt-grrt*.

Sehr häufiger Brutvogel und Durchzügler Mär–Nov

Wälder, Parks, große Gärten, Ufergehölze

Fünf SSPP.: ***collybita*** (verbreitet) oliv-gelb; ***abietinus*** (Skandinavien, O-Europa bis Ural) oben grauer, unten weißer (beide SSPP.: sehr variabel); ***brevirostris*** (N-Türkei) sehr ähnlich ***collybita***; ***caucasicus*** (vom Kaukasus ostwärts) unten weißer, Beine schwärzer; ***tristis*** (siehe rechts).

Bergzilpzalp
Phylloscopus sindianus

❸ | **G** 10–11 cm | **SP** 12–18 cm

Sehr ähnlich Zilpzalp (dunkler und brauner, größtenteils ohne Grün und Gelb) und Taigazilpzalp. Flügel mit braunem, olivem oder beigem Rand, ohne Gelb oder Grün.

In Europa lebt SSP. ***lorenzii***.

S | Ruft *pjüi*, ähnlich Taigazilpzalp. Gesang wie Zilpzalp, aber unregelmäßiger.

Iberienzilpzalp
Phylloscopus ibericus

❸ | **G** 11–12 cm | **SP** 15–21 cm

Sehr ähnlich Zilpzalp (einige am Gefieder nicht unterscheidbar), aber Kopfzeichnung mehr wie beim Fitis. Flügelspitze etwas kürzer, Beine und Schnabel heller.

ACHTUNG: Im Süden Iberiens ist die Handschwingenprojektion kürzer, wie beim Zilpzalp.

S | Ruft abfallend *fiü*. Gesang dreiteilig beginnt ähnlich, aber etwas monotoner als Zilpzalp, gefolgt von schnellen, trockenen oder pfeifenden Tönen oder Trillern.

Taigazilpzalp
Phylloscopus collybita tristis

❸ | **G** 10–12 cm | **SP** 15–21 cm

Sehr ähnlich Zilpzalp. Wirkt „kalt" grau, bei starkem Licht auch beigebraun. Grüne Säume der Flügelfedern erinnern an Berg-/Balkanlaubsänger, nach Abnutzung bis Mär aber ähnlicher Busch-/Steppenspötter. Gelb höchstens auf den Unterflügeln zu sehen.

Gilt als Unterart des Zilpzalps.

S | Ruft pfeifend, höchstens leicht abfallend *swii* oder *swiie*, ähnlich Heckenbraunelle (*S. 373*). Singt schneller, fließender und abwechslungsreicher als europäische Zilpzalpe.

LAUBSÄNGER-RUFE S. 429

LC LC Wanderlaubsänger

Phylloscopus borealis

4 | **G** 11,5–13 cm | **SP** 17–19 cm

Kleiner, stämmiger, aber langhalsiger Laubsänger. Sehr ähnlich Grünlaubsänger, aber Schwanz kürzer und Beine dicker. Ruf diagnostisch. **AK** | Oberseite matt, etwas dunkel olivgrün. **Langer**, **breiter**, **grüner Augenstreif bis zur Schnabelbasis**. Wange fleckig grün-gelb. **Langer**, **gelblicher Überaugenstreif** bis weit in den Nacken, **erreicht aber nicht den Schnabel**. **Helle Flügelbinde** und manchmal angedeutete zweite Flügelbinde; Abnutzung bis Jun/Jul. Unterseite gräulich weiß, manchmal mit feinen dunklen Stricheln. Schnabel kräftig mit **dunkler Markierung** am Unterschnabel kurz vor der Spitze. Beine hell, Füße gelblicher. **JK/1W** | ähnlich **AK**, aber intensiver grünlich und weiß; Flügelbinde auffälliger als beim abgetragenen **AK**.

S | Ruft scharf und rau *dzrit*. Schwirrender Gesang, tiefer als Waldlaubsänger *(S. 429)*; angedeutet zweisilbig *djidji - djidji - djidji - djidji - djidji …*

F● | Kurze, gerundete Flügel; etwas größer und kräftiger als Zilpzalp *(S. 432)*; oft recht ruckartig hin und her fliegend.

Grünlaubsänger | Wacholderlaubsänger
Middendorff-Laubsänger S. 601
Kronenlaubsänger S. 601
Ussurilaubsänger S. 601
Brauenwaldsänger S. 614

Ausnahmegast aus NO-Europa und Sibirien

Birken- und Mischwälder, Gebüsche

LC LC Gelbbrauen-Laubsänger

Phylloscopus inornatus

3 | **G** 9–10,5 cm | **SP** 15–16 cm

Sehr kleiner, aktiver, aber oft unauffälliger Laubsänger; **ruffreudig**. Flügel/Schwanz ständig zuckend. **AK** | Oberseite gräulich oder olivgrün; **langer gelblicher Überaugenstreif** und dunkler Augenstreif; Scheitelmitte diffus aufgehellt. **Zwei gelbliche Flügelbinden**, weiße Schirmfederspitzen. Unterseite seidenweiß, sehr feine, gräuliche Strichel. **JK/1LJ** | vom **AK** kaum zu unterscheiden; einige sind ein wenig brauner.

S | Ruft **laut und scharf**, **hoch**, **ansteigend** *tsu-ih* oder *tswist*, wirkt aus Entfernung wispernd; manchmal für eine Minute oder länger in schneller Folge. Gesang kurz, hoch, dünn und etwas an Rotkehlchen *(S. 392)* erinnernd *tsu tsuwi-si-siiii*.

F● | Flügel und Schwanz kurz, an Goldhähnchen erinnernd; leichte, oft ruckartige Aktion.

Sommer- und Wintergoldhähnchen *S. 414*
Goldhähnchen-Laubsänger S. 601
Tienschan-Laubsänger S. 601

Sehr seltener Durchzügler Sep–Nov

Wälder

Grünlaubsänger
Phylloscopus trochiloides

4 | **G** 9,5–10,5 cm | **SP** 16–18 cm

Sehr kleiner, grüner Zweigsänger; zuckt mit Flügeln und Schwanz. Sehr ähnlich Wanderlaubsänger, aber Beine dünner, Schwanz länger. Ruf diagnostisch. **AK** | Oberseite hellgrün mit gräulichem Anflug. Kopfmuster und Schnabelfarbe variabel, aber meist **erreicht der dunkle Augenstreif nicht den Schnabel**; **weißlicher Überaugenstreif** läuft bis zur Stirn. **Dünne helle**, **etwas diffuse Flügelbinde**, die nach innen schmaler wird. Unterseite ungezeichnet weißlich. Schnabel klein, Unterschnabel in der Regel **ganz hell**. Beine dunkel graubraun. **JK/1W** | wie **AK**, aber Flügelbinde kräftig (im **AK** bis Jun/Jul dünn, blass oder abgetragen).

S | Ruft klar und hoch, zweisilbig *tsi-lip* (ähnlich Bachstelze). Singt ruckartige Strophe aus hohen, scharfen Tönen mit Schnörkel am Ende.

F● | Kurze, gerundete Flügel, mittellanger Schwanz. Leichte, oft recht ruckartige Bewegung.

In Europa lebt SSP. ***viridanus***.

Wanderlaubsänger | Wacholderlaubsänger
Fitis *S. 430*
Middendorff-Laubsänger S. 601
Kronenlaubsänger S. 601
Ussurilaubsänger S. 601

Sehr seltener Brutvogel und Durchzügler
Mai–Okt

Misch- und Laubwälder, waldähnliche Parks

Bei Grün- und Wanderlaubsänger sieht der Überaugenstreif sehr ähnlich aus, aber beim Grünlaubsänger treffen sich die Streife beider Kopfseiten über dem Schnabel, während sie beim Wanderlaubsänger (und ebenso bei Wacholder- und Middendorff-Laubsänger) vor dem Schnabel enden.

Wacholderlaubsänger
Phylloscopus nitidus

4 | **G** 10–11 cm | **SP** 15–17 cm

Sehr kleiner, grün-gelber Laubsänger; lebt in Bäumen, zuckt mit Flügeln und Schwanz. **AK** | Oberseite intensiv grünlich; Unterseite **gelb** (kräftiger gefärbt als Grün- und Gelbbrauen-Laubsänger), mit langem hellgelbem Überaugenstreif; Kehle und Wange **gelblich**. **Zwei gelbe Flügelbinden** (vordere durch Abnutzung dünner und unterbrochen, aber bis Sep/Okt erkennbar). Beine dunkel graubraun. **JK/1W** | intensiv grün, hellgelbe Flügelbinden.

S | Ruft hoch *tsi-lui* oder dreisilbig *tsi-su-lii* (ähnlich Bachstelze, *S. 366*), manchmal einsilbige Rufe. Gesang aus wispernder, etwas bedächtig dahinplätschernder Strophe wie *sui sui sui-pi-tu suisch-tuu*.

F● | Kurze, gerundete Flügel, mittellanger Schwanz. Leichte, oft recht ruckartige Bewegung.

Grünlaubsänger | Wanderlaubsänger
Fitis *S. 430*
Middendorff-Laubsänger S. 601

Ausnahmegast aus SW-Asien

Mischwälder an Berghängen

Grasmücken

Trotz einiger gemeinsamer Merkmale wie kurzem, dickem Schnabel, eckigem Kopfprofil, „aufgeplusterter" Kehle, kurzen Flügeln und schmalem Schwanz sind Grasmücken eine sehr variable Gruppe, wenngleich es untereinander sehr ähnliche Artenpaare/-trios gibt. Manche Arten haben einen langen, schmalen Schwanz, der aufgestellt werden kann. Die Färbung variiert von nahezu einheitlich graubraunem (Gartengrasmücke) oder grauem (Sardengrasmücke) zu kontrastreichem (Maskengrasmücke) oder farbenfrohem (Dorngrasmücke) Gefieder. Bei den meisten Arten unterscheiden sich die Geschlechter. Rufe sind kurz und hart, ganz anders als die weichen Rufe der Laubsänger *(S. 429)*. Die Gesänge können sehr melodisch sein (z. B. Mönchsgrasmücke) oder aus schnellen, kratzigen oder ratternden Elementen bestehen.

MÖNCHS-GRASMÜCKE

Flug direkt, schwerer, weniger flatternd als Laubsänger

Gartengrasmücke | ♂: Sumpf-/Weidenmeise *S. 464* | Samtkopf-Grasmücke *S. 446* | Orpheus-/Nachtigallengrasmücke *S. 444*

Mönchsgrasmücke

LC LC

Sylvia atricapilla

❷ | **G** 13,5–15 cm | **SP** 20–23 cm

Sehr häufiger Brutvogel und Durchzügler Mär–Nov

Wälder, Gebüsche, Gärten

Klein, untersetzt, etwas träge. Sumpf- und Weidenmeise auf den ersten Blick ähnlich, aber im Profil gedrungener und haben schwarzen Kehlfleck. ♂ | graubraun, unten heller; rundliche schwarze Kappe endet kurz oberhalb des Schnabels; hellgrauer Kragen. **♀/JK** | hell graubraun, unten beige, heller Unterschwanz wirkt von der Seite wie Streifen; Kappe rotbraun. **♀1W** | Kappe braun; **♂1W** | Kappe braun-schwarz.

Es gibt fünf sehr ähnliche SSPP.: ***atricapilla*** (verbreitet); ***gularis*** (Azoren) langschnäbelig; ***heineken*** (Iberien, Madeira, Kanaren) klein, dunkel; ***pauluccii*** (O-Spanien bis S-Italien, Mittelmeerinseln) gräulich; ***dammholzi*** (O-Türkei) heller, gräulich.

S | Ruft hart *tek* oder *tak*, bei Gefahr in schneller Reihe. Schneller, kräftiger, **wohlklingender und melodischer Gesang**, **der mit klaren**, **langen Flötentönen endet**. Bei der Gartengrasmücke sind die Strophen länger und schneller, die Flötentöne am Ende fehlen. Die Nachtigall *(S. 394)* singt langsamer, härter und abwechslungsreicher. Beim Singen sitzen Mönchsgrasmücken meist im Gebüsch oder höher in Bäumen, gelegentlich liefern sich mehrere Vögel „Duelle" mit besonders langen Strophen.

F● | Recht schnell, direkt
Flügel schmal, gerundet
Etwas leichter als Gartengrasmücke

Sumpf- und **Weidenmeise** *(S. 464)* sind ähnlich wie Mönchsgrasmücken-♂ gefärbt, sind aber gedrungener und haben einen **schwarzen Kehlfleck**.

♂1W
Jul–Mär

JK
Mai–Okt

Kappe bei **♀AK** intensiver rotbraun als im **JK**

Sperbergrasmücke
Curruca nisoria

3 | **G** 15,5–17 cm | **SP** 22–25 cm

Große, lange Grasmücke mit kräftigem Körper und eckigem Schwanz; Schnabel drosselähnlich *(S. 383)*. Bewegt sich langsam und bleibt lange im Gebüsch verborgen. ♂ | Oberseite stahlgrau; **zwei weiße Flügelbinden**, **weiße Schirmfederspitzen**; weiße Unterseite **grau gebändert**. Gelbe Iris in dunklem Gesicht. ♀ | ähnlich ♂, aber Bänderung der Unterseite lückiger; Auge generell dunkler, aber manchmal Unterscheidung schwierig. **JK/1W** | **graubeige**, unten heller. Heller Ring um **dunkles Auge**; kurzer heller Überaugenstreif. Helle Ränder der Flügeldecken bilden zwei **schmale Flügelbinden**; helle Schirmfederspitzen. Bürzel hell gebändert; Schwanz lang, **dunkel mit weißer Kante**. Unterseite hell gräulich; schuppenförmige Flecke an Hinterflanke und Unterschwanz.

F● | Kraftvoll mit langen, dreieckigen Flügeln; Schwanz lang, an der Basis schmal. Direkt, niedrig mit vollen, gleichmäßigen Flügelschlägen (etwas an Wendehals erinnernd, *S. 337*).

Seltener Brutvogel und mittelhäufiger Durchzügler Mai–Okt

Hohe Gebüsche mit einzelnen Bäumen in offener Landschaft

In Europa lebt SSP. ***nisoria***.

S | Lange, laut ratternde Rufe *trr-rrrr-t-t-t*. Schneller, rauer Gesang mit eingefügten ratternden Rufen, manchmal in einem aufsteigenden, flatternden Singflug.

Gartengrasmücke
Sylvia borin

4 | **G** 13–14,5 cm | **SP** 20–22 cm

Mittelgroße, graubraune Grasmücke mit blaugrauem, relativ **dickem**, **stumpfem Schnabel** sowie grauen Beinen. Hält sich bevorzugt mitten im Gebüsch auf. **AK** | Geschlechter gleich. Oberseite hellbraun. **Kopf einfarbig** mit dünnem, weißlichem Augenring und leicht aufgehelltem Überaugenstreif; Halsseite diffus gräulich. **JK/1W** | wie **AK** mit hellen Federrändern an Flügel und Schwanz.

Häufiger Brutvogel und sehr häufiger Durchzügler Apr–Okt

Lichte Wälder, Feldgehölze, buschige Parks

Mönchsgrasmücke [♀]
Grauschnäpper *S. 449*

Zwei ähnliche SSPP.: ***borin*** (W-, Z-, N-Europa); ***woodwardi*** (O-, SO-Europa) etwas heller, grauer.

F● | Recht schnell, direkt, gerundete Flügel; etwas kraftvoller als Mönchsgrasmücke.

ACHTUNG: **AK** sehr ähnlich, aber Flügel einfarbiger.

S | Ruft *tschek* oder *tsek*, schmatzender als Mönchsgrasmücke; Warnruf weicher *dja dja dja*. Gesangsstrophen länger, einfacher und gleichmäßiger als bei der Mönchsgrasmücke, mit schnellem, brodelndem Tempo und ohne flötenden Endschnörkel. Singt von niedrigen Ästen aus oder höher im Baum, ist dabei aber selten zu sehen.

LC Dorngrasmücke
LC *Curruca communis*

3 | **G** 13–15 cm | **SP** 18–22 cm

Lebhafte, mittelgroße, farbenfrohe Grasmücke mit **Rotbraun** am Flügel, **weißer Kehle** und langem Schwanz. Hebt und schwenkt häufig den Schwanz, taucht immer wieder ins dichte Gebüsch ein. Aufgeregte Männchen sträuben den Scheitel und plustern die Kehle auf. **Flügelfedern breit rotbraun gesäumt** (Schirmfedern mit **breiten**, **runden** dunklen Zentren). Schwanz lang und schmal mit **weißen Außenkanten**. Beine **hell gelborange**. ♂ | Kopf **grau** (im Aug/Sep brauner), mit unterbrochenem weißem Augenring; Iris hell; **Kehle weiß**. Rücken braun. ♀ | Kopf graubraun, Wange gelblich; einige sind fast so grau wie ♂ (im Herbst mitunter kaum unterscheidbar). **Rotbraunes Flügelfeld**, Rücken und Bürzel blass oliv. **JK/1W** | adrett, intensiv gefärbt; Auge dunkel; Flügelmuster diffus, Schwanzseiten matt.

Es kommen drei SSPP. vor: ***communis*** (verbreitet); ***icterops*** (Türkei) etwas dunkler; ***volgensis*** (europäisches Russland) größer, heller, Oberseite grauer, Unterseite weißer.

S | Viele verschiedene Rufe, darunter nasal, leicht summend *wähd-wähd-wähd*, länger, rau *tschärrrr* und rhythmisch *widschäti-widschäti*. Gesang in **„hüpfendem" Singflug**, von Buschspitze oder aus dichter Deckung heraus; schnelle, kurze, **rau zwitschernde** Strophen mit schnellem Auf-und-Ab-Rhythmus.

Häufiger Brutvogel und sehr häufiger Durchzügler Apr–Okt

Gebüsche und Hecken in offener Landschaft

F● | Schnell, ruckarti mit zuckender Schwanz, dabei weiß Außenkanten sichtba direkter Flug leich wendig, Flügel kurz un gerunde

Unausgefärbte rotbraune Grasmücken

In Jugendkleid und 1. Winterkleid haben Dorngrasmücke, Brillengrasmücke und die drei Bartgrasmücken einen braunen oder graubraunen Kopf mit weißem Augenring, eine deutlich abgesetzte weiße Kehle, eine grau- bis rotbraune Oberseite, breite oder schmale rotbraune Säume an den Flügelfedern einen langen Schwanz mit weißen Außenkanten und sind unten rosa oder beige. Für die Bestimmung wichtige Kennzeichen sind die Größe, das Muster auf Großen Decken und Schirmfedern, die Handschwingenprojektion gegenüber den Schirmfedern, der Augenring, Details im Schwanzmuster und die Rufe.

DORNGRASMÜCKE Groß, lang, farbintensiv; Flügelspitze recht lang; Große Decken mit dunklen Zentren.

Dorn- und Brillengrasmücke sehr ähnlich | ♀/JK/1W: Iberien-, Balkan-, Ligurien-Bartgrasmücke *S. 440–441*
Tamariskengrasmücke *S. 446* | *Atlasgrasmücke S. 602* | Klappergrasmücke *S. 445* | *Wüsten-/Saharagrasmücke S. 602*

Brillengrasmücke

Curruca conspicillata

3 | **G** 12–13 cm | **SP** 18–20 cm

Kleine, aktive Grasmücke mit **Rotbraun** am Flügel und **weißer Kehle**; ähnlich Dorngrasmücke, aber kleiner, mit kleinerem Schnabel, kürzerer Flügelspitze und längerem Schwanz. Breite **rotbraune Säume** an den Flügelfedern (Schirmfedern mit schmalen, spitzen dunklen Zentren). Beine kräftig gelborange. **♂** | **blaugraue Kapuze**, **schwarze Maske** und weißer Augenring. Weiße Kehle mit **grauem Zentrum**, das in die dunklere Brust übergeht. Bürzel und Hinterflanke grauer. **♀** | Kopf beigebraun, deutliche weiße Markierung über und unter dem Auge; **intensiv rotbraunes Flügelfeld**. **JK/1W** | wie **♀AK**, aber blasser, brauner.

Zwei SSPP.: ***conspicillata*** (Festland-Europa); ***orbitalis*** (Standvogel Madeira und Kanaren) etwas dunkler.

S | **Ruft trocken**, **raspelnd** *drrrt* oder länger, schnell ratternd *drrrr-rr-rr-rr-rr-rrr*. Singt hoch zwitschernd mit eingeflochtenen Flötentönen, oft in schnell flatterndem Singflug.

F● | Direkt, leicht schwirrend, Flügel gerundet; schmaler Schwanz wird geschlagen und geschwenkt.

Ausnahmegast aus S-Europa

Trockene Heide, buschige Berghänge, Salzwiesen

BRILLENGRASMÜCKE Klein, kurz, intensiv gefärbt; Flügelspitze kurz; Große Decken einfarbig rotbraun

IBERIEN-, BALKAN- UND LIGURIEN-BARTGRASMÜCKE *(S. 440–441)* Lang, gräulich; Flügelspitze kurz; Rücken und Flügel düster

 UNAUSGEFÄRBTE ROTBRAUNE GRASMÜCKEN S. 438

Die Arten im **Bartgrasmücken-Komplex** sind sich sehr ähnlich, die Bestimmung ist nicht gerade einfach. Derzeit unterscheidet man als Arten die **Iberien-Bartgrasmücke** (Iberien, S-Frankreich, NW-Italien), die **Ligurien-Bartgrasmücke** (N-Italien, Korsika, Sardinien) und die **Balkan-Bartgrasmücke** mit den SSPP. ***cantillans*** (Z-, S-Italien, Sizilien) und ***albistriata*** (NO-Italien, Balkan bis W-Türkei). **♂** | abgesehen von Schwanzmuster und Ruf sind die Unterschiede gering, zumal die Farben je nach Lichtbedingungen unterschiedlich wirken können. **♀/JK** | alle sehr ähnlich; Schwanzmuster und Ruf für die Bestimmung unverzichtbar. (Siehe *Tabelle gegenüber.*) **F●** | Niedrig, flink, Flügel kurz und gerundet; recht langer Schwanz mit weißen Außenkanten.

Iberien-/Balkan-Bartgrm.

Ligurien-Bartgrasmücke

Ausnahmegäste aus S-Europa

Buschige Landschaft, Gehölze, Obstgärten

Tamariskengrasmücke *S. 446* | JK/1W: Dorngrasmücke *S. 438* | Brillengrasmücke *S. 439*
Samtkopf-Grasmücke *S. 446* | Provencegrasmücke *S. 442* | *Atlasgrasmücke S. 602* [JK/1W]

LC Iberien-/Balkan-Bartgrasmücke
LC *Curruca iberiae/cantillans*

3 | **G** 12–13 cm | **SP** 17–21 cm

Kleine, heimliche Grasmücken mit kurzem Schnabel, kurzen Flügeln und schmalem Schwanz. Männchen können durch das Sträuben der Federn an Scheitel und Kehle großköpfiger wirken. Wichtige Kennzeichen (auch im Vergleich zur sehr ähnlichen Ligurien-Bartgrasmücke) sind in der *Tabelle gegenüber* zusammengefasst. **♂** | Oberseite **bläulich grau**; Unterseite hell bräunlich bis **ziegelrot** oder **rosa** (im Herbst von weißen Federspitzen versteckt); **weißer Bartstreif**. Auge und Augenring rot. **♀/JK/1W** | heller, brauner als ♂ (alte ♀ können aussehen wie die blassesten ♂); Unterseite weißlich oder cremefarben; leichter weißer Bartstreif. **Weißlicher Augenring** um **ziegelroten Lidring**.

Weibchen sind nur bei gutem Blick auf den Schwanz (Fotos!) oder anhand der Rufe bestimmbar.

S | Rufe sehr wichtig für die Bestimmung (siehe *Tabelle gegenüber*). Gesang (beide Arten) **schnell** und abwechslungsreich mit klaren, hellen Tönen sowie schnurrenden und stotternden Elementen.

Iberien-Bartgrasmücke

Balkan-Bartgrasmücke
SSP. *cantillans*

Balkan-Bartgrasmücke
SSP. *albistriata*

Iberien-Bartgrasmücke

Balkan-Bartgrasmücke
SSP. *cantillans*

Bestimmung von Iberien-, Balkan- und Ligurien-Bartgrasmücke – Zusammenfassung der wichtigen Kennzeichen

	Kriterium	Ruf	Schwanzmuster	Männchen
Balkan-Bartgrasmücke SSP. *albistriata*	VON IBERIEN- UND LIGURIEN-BARTGRASMÜCKE: Schwanzmuster Für Bestimmung oft DNA erforderlich	**Trocken, rollend *trret***	Weiß auf zweitäußerster Feder (S5) **reicht bis zum Kiel**, dadurch weißer „Keil"; **viel Weiß** auf drittäußerster Feder (S4) 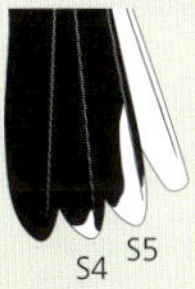	OBERSEITE: hellgrau; UNTERSEITE: Kehle und obere Brust ziegelrot, manchmal matter, zum weißlichen Bauch kontrastierend; WEISSER BARTSTREIF: breiter
Balkan-Bartgrasmücke SSP. *cantillans*		wie Iberien-Bartgrasmücke		
Iberien-Bartgrasmücke	VON BALKAN-BARTGRASMÜCKE: Schwanzmuster; VON LIGURIEN-BARTGRASMÜCKE: Ruf	Hart trocken schnalzend *tek* oder *tek-tek-tek*	Kleine weiße Spitze an zweitäußerster Feder (S5) **reicht nicht bis zum Kiel**; **wenig Weiß** auf drittäußerster Feder (S4) 	OBERSEITE: blaugrau, düster oder leicht violett; Flügel brauner grau; UNTERSEITE: Brust und Flanke rostorange bis tief rosa, Bauch kaum heller; WEISSER BARTSTREIF: schmaler
Ligurien-Bartgrasmücke	VON BALKAN-BARTGRASMÜCKE: Schwanzmuster; VON IBERIEN-BARTGRASMÜCKE: Ruf	**Trocken schnurrend *trrrr***, ähnlich Zaunkönig *(S. 372)*, aber am Ende nachlassend		OBERSEITE: hellgrau; UNTERSEITE: lachsrosa, bis zum Bauch leicht lila überhaucht; WEISSER BARTSTREIF: mittelbreit

Ligurien-Bartgrasmücke

Curruca subalpina

3 | **G** 11,5–13 cm | **SP** 18–21 cm

Kleine, heimliche Grasmücke. Sehr ähnlich Balkan-Bartgrasmücke (siehe Beschreibung der Art *gegenüber* und *Tabelle oben* für Unterschiede.

5 | **Ruf diagnostisch: trocken schnurrend *trrrr***, wie Zaunkönig *(S. 372)*, am Ende nachlassend. Gesang ein schnelles, hohes Zwitschern mit scharfen Tönen auf gleichmäßiger Tonhöhe.

♀/JK/1W | Iberien- und Ligurien-Bartgrasmücke können nur am **Ruf** unterschieden werden; Balkan- und Ligurien-Bartgrasmücke können anhand des **Schwanzmusters** bestimmt werden.

Meist sehr verborgen lebend, aber an frei stehenden Vögeln ist gut das typische Profil zu erkennen.

SSP. ***dartfordiensis***

NT Provencegrasmücke *Curruca undata*

NT ❷ | **G** 13–14 cm | **SP** 16–18 cm

Kleine, kurzflügelige, dickbäuchige Grasmücke, die durch ihren **langen**, schmalen Schwanz schlanker und größer wirken kann. Schwanz oft, aber nicht immer aufgestellt. Anhand von Ruf oder Gesang festzustellen, aber nur selten gut zu sehen. ♂ | Oberseite **dunkel blaugrau**, durch Abnutzung wird der Rücken brauner. Kehle und Brust **dunkel weinrot**. ♀ | matt bräunlich grau, Kehle heller. Unterseite hell beigeorange, Bauch weiß. **JK / 1W** | gräulich, Unterseite heller; Flügel braun.

S | Markanter weicher, leicht summender Ruf (aber Dorngrasmücke, *S. 438*, kann ähnlich rufen): tief, nasal *tchää-ärr*. Gesang aus schneller Abfolge von pfeifenden und kratzenden Tönen, meist von einem halb oder ganz versteckten Sitzplatz im Ginster aus.

F● | Niedrig, langsam, direkt mit **schwirrenden** Flügelschlägen; Schwanz auffällig **lang und schmal**, im Flug knicksend oder zuckend.

Sardengrasmücke | Balearengrasmücke
♀/1W: Bartgrasmücken [♀/1W]
S. 440–441
Atlasgrasmücke *S. 602*

Ausnahmegast aus SW- & W-Europa

Buschige Heide, Ginstergestrüpp

Es gibt zwei ähnliche SSPP.: ***dartfordiensis*** (S-England, W-Europa); ***undata*** (S-Europa) dunkler grau.

1W
Aug–Mär

♂
SSP. ***dartfordiensis***

♀ **AK**

weiße Kehlstrichel nutzen sich schnell ab

SSP. ***undata***

♂ **AK**

Es ist nahezu unmöglich, **Sarden-** und **Balearengrasmücke** zu unterscheiden – nur die Stimme erlaubt dies. Die Vorkommen sind allerdings räumlich voneinander getrennt. Beide Arten sind klein und halten sich in dichtem, niedrigem Gestrüpp auf. Größe, Gestalt und Verhalten gleichen der Provencegrasmücke. Sie können schlank oder rundlich wirken; der Schwanz ist oft angehoben. Das Gefieder ist fast **ganz grau** (Weibchen oben etwas brauner), **Auge und Augenring rot**, **Beine hell orangebraun**. **F** | Niedrig, langsam, direkt mit **schwirrenden** Flügelschlägen; Schwanz auffällig **lang und schmal**, im Flug knicksend oder zuckend.

Provencegrasmücke

Balearengrasmücke *Curruca balearica*

LC

2 | **G** 12–13 cm | **SP** 15–16 cm

Kein Vorkommen in Mitteleuropa

Steinige, buschige Hänge, bevorzugt nahe der Küste

Im Vergleich zur Sardengrasmücke ist der Körper kleiner und Schwanz länger. Schnabel schmal, spitz, orangerot, zur Spitze hin allmählich schwarz. ♂ | angedeuteter dunkler Augenstreif; Kehle hellgrau/weißlich. **Unterseite hellgrau**, **Flanke beigebraun angehaucht**. ♀ | wie ♂, aber Flanke mit rosa Anflug. **JK/1W** | ähnlich ♀, aber insgesamt matter.

S | Ruft kurz, nasal *churr*, weich *tset* oder *tret*. **Gesang** schnell, mit Wiederholungen, **kratzend** und ratternd, häufige Wechsel der Tonlage.

Sardengrasmücke *Curruca sarda*

LC

2 | **G** 12–13 cm | **SP** 15–16 cm

Kein Vorkommen in Mitteleuropa

Steinige, buschige Berghänge, buschige Felsküste

Gegenüber Balearengrasmücke Körper kräftiger, Schwanz kürzer und breiter; **Unterseite dunkler grau ohne bräunliche Tönung**. Schnabel kurz, breit, rosa mit schwarzer Spitze. ♂ | Stirn und Zügel schwärzlich; Kehle dunkelgrau; kleiner weißer Kinnfleck. ♀ | wie ♂, aber Oberseite leicht braun angehaucht. **JK/1W** | düster, Flanke braun getönt.

S | Ruft kurz, rau *tschrit*, oft in klappernde Reihe übergehend, oder klangvoller *tschrak*. **Gesang** kurz, schnell, **flüssig**, weniger kratzend und mehr trillernd als Balearengrasmücke.

Klappergrasmücke | Mönchsgrasmücke *S. 436*

Orpheus- und **Nachtigallengrasmücke** sind sich sehr ähnliche, recht große Arten, deren Vorkommen räumlich getrennt ist. Altvögel sind graubraun und haben einen **dunkelgrauen Scheitel**, der in noch **dunklere Wangen** übergeht. Die dadurch gebildete **dunkle Kapuze** kontrastiert zur weißlichen Kehle; Schnabel recht lang und kräftig; Beine dick, grau. **♂AK** | Iris weißlich. Außerhalb der normalen Vorkommensgebiete am besten anhand von Details der Unterschwanzdecken und der äußersten Steuerfeder zu bestimmen. **F●** | Direkt, schnell, Flügel recht lang; langer Schwanz mit weißen Außenkanten.

Nachtigallengrasmücke zeigt diagnostisches Schwanzmuster und Grau auf den Unterschwanzdecken (vgl. *gegenüber*).

LC Orpheusgrasmücke
LC *Curruca hortensis*

3 | **G** 15 cm | **SP** 25 cm

Unterschwanzdecken **ungezeichnet beige**. Äußerste Steuerfeder mit langem **weißem Streifen**, der sich über Innen- und Außenfahne zieht. **♂AK** | Oberseite grau mit geringem Anflug von Braun. Unterseite weißlich, nur schwacher Rosahauch an der Brust. **♂1S** | wie **♂AK**, aber Auge dunkel. **♀** | ähnlich ♂, aber etwas heller, Oberseite brauner. **JK/1W** | Oberseite graubraun; Kapuze grau mit dunkler Wange; Auge dunkel. Kehle weiß, Unterseite beige.

S | Ruft trocken surrend *trr-trr-t* oder wie Mönchsgrasmücke *tak*. **Gesang** aus mehrfach wiederholten, kurzen Elementen wie *tlui tlui tlui, tsii-ip tsii-ip tsii-ip*.

In Europa lebt SSP. ***hortensis***.

LC Nachtigallengrasmücke
LC *Curruca crassirostris*

3 | **G** 15 cm | **SP** 25 cm

Unterschwanzdecken weiß mit grauen, pfeilförmigen Flecken. Äußerste Steuerfeder mit breitem, weißem Fleck und weißer Außenkante; kleine weiße Spitzen an den nächsten drei Steuerfedern. **♂AK** | Oberseite bräunlich grau. Unterseite rosabeige. **♂1S** | wie **♂AK**, aber Auge dunkel. **♀** | ähnlich ♂, aber Scheitel und Nacken etwas heller, Rücken brauner, Brust beige (weniger rosa). **JK/1W** | Oberseite graubraun; Kapuze grau mit dunklerer Wange; Auge dunkel. Kehle weiß, Unterseite beige.

S | Rufe hart *tak* und starkes Rattern. **Gesang** länger, **melodischer und abwechslungsreicher** als bei Orpheusgrasmücke.

In Europa lebt SSP. ***crassirostris***.

RPHEUSGRASMÜCKE ÄUSSERSTE STEUER-EDER (S6) langer wei-ßer Streifen zieht sich entlang Innen- und Außenfahne

S6

Unter-schwanz einfarbig

NACHTIGALLEN-GRASMÜCKE ÄUSSERSTE STEUER-EDER (S6) weißer Streifen auf Außen-ahne, breite weiße Spitze auf Innen-ahne

S6

Unter-schwanz mit pfeilförmi-gen Flecken

Orpheusgrasmücke

Nachtigallengrasmücke

Ausnahmegäste aus S-Europa

Laubwälder, offenes Gelände mit Baumgruppen

Klappergrasmücke

Curruca curruca

3 | **G** 11,5–13,5 cm | **SP** 17–22 cm

Kleine, schlanke Grasmücke ohne auffällige Farben; wirkt wie eine kompakte, kurzschwänzige, gräuliche Dorngrasmücke. Lebt oft versteckt. Geschlechter gleich. **AK** | Oberseite blass graubraun, **ohne Rottöne**. Kopf grau, **dunkle Wange scharf von weißer Kehle abgegrenzt**. **Beine blaugrau**; Auge dunkel. Äußere Steuerfedern weiß. **JK/1W** | sauber, hell. Weißer Augenring; dunkler Zügel. Schwungfedern dunkelbraun mit hell braungrauem Rand. Altersbestimmung im Herbst schwierig.

Orpheus-/Nachtigallengrasmücke
Dorngrasmücke *S. 438*

S | Ruft hart schnalzend *tek* oder *tak*, schärfer als Mönchsgrasmücke *(S. 436)*; auch hoch *sii*. Beim Gesang folgt auf ein leises, oft kaum hörbares Schwatzen ein lautes, hölzernes, leicht abfallendes **Klappern**: *kla-kla-kla-kla-klakaka* (manchmal steht das Klappern vor dem Schwatzen, oder es fehlt eines der Elemente).

F● | Niedrig, schnell mit kurzen, gerundeten Flügeln; schlanker Schwanz mit weißen Außenkanten.

Häufiger Brutvogel und sehr häufiger Durchzügler Apr–Okt

Gebüsche und Hecken in offener Landschaft, Gärten

AK ganzjährig

Beide SSP. ***curruca***

1W Jul–Mär

Es kommen drei bis vier SSPP. vor: ***curruca*** (verbreitet); ***blythi*** (Ausnahmegast aus Asien) Kopf heller, Überaugenstreif weißer; ***minula/halimodendri*** (Ausnahmegäste aus Asien) Nacken braun, Flanke beige, Zügel hell, Flügel kurz, Schwanz lang, viel Weiß am Außenschwanz, meisenähnlicher Ruf. (SSP. ***minula*** wird heute oft als eigenständige Art **Buschgrasmücke** betrachtet.)

1W Jul–Mär

SSP. ***blythi***

1W Jul–Mär

SSP. ***halimodendri***

Samtkopf-, Tamarisken, Schuppen- und Maskengrasmücke sind sich recht ähnlich | Mönchsgrasmücke *S. 436*
♀/JK/1W: Bartgrasmücken [♀/JK/1W] *S. 440–441*

LC Tamariskengrasmücke
LC *Curruca mystacea*

❸ | **G** 13 cm | **SP** 20–25 cm

Kein Vorkommen in Mitteleuropa

Büsche in offenem Gelände

Kleine Grasmücke; schmaler, dunkler Schwanz wird oft angehoben und offenbart weißen Steiß. ♂ | Oberseite grau; Scheitel und Wange dunkelgrau, davon **strahlend weiße Kehle deutlich abgesetzt**. **Roter Lidring mit weißem Rand**. Flügel und Schwanz brauner. Unterseite weiß mit rosa Anflug. **♀/JK** | heller als ♂, Oberseite bräunlich grau; Kopf graubraun; breiter **weißlicher Lidring**; Kehle matt gräulich weiß. **♂1W** | Unterseite oft weißlich rosa. **♀1W** | Unterseite hellgrau.

Zwei SSPP.: ***rubescens*** (SO-Türkei) ♂ mit weißlicher Kehle; ***mystacea*** (NO-Türkei, Kaukasus, Kaspisches Meer) bei ♀ Kehle/Brust weißlich rosa, weiß unter dunkler Wange.

S | Ruft schnell zeternd *tchrr-rr-t*. Schneller, schwatzender Gesang aus knirschenden, kratzenden und flötenden Tönen.

F● | Niedrig, direkt; Flügel kurz, gerundet; Schwanz schmal.

LC Samtkopf-Grasmücke
LC *Curruca melanocephala*

❸ | **G** 13–14 cm | **SP** 18–22 cm

Ausnahmegast aus S-Europa

Gebüsche, offene Wälder, Gärten

Mittelgroß, gräulich. Schwanz lang, schmal, schwärzlich mit weißer Außenkante. In niedriger Vegetation schwer zu finden. ♂ | grau mit über die Wange reichender, **schwärzlicher Kapuze**, Kehle weiß; Lidring rot. ♀ | düster bräunlich grau. **Kapuze grau**. **JK/1W** | braun, Kehle weiß, Unterseite dunkel; Scheitel bei ♂ schwärzlich, bei ♀ brauner.

Zwei SSPP.: ***melanocephala*** (S-Europa) aschgrau; ***leucogastra*** (Kanaren) dunkler graubraun.

S | Ruft laut und hart *tsek*, besonders aber auffällig ratternd *trrat-trrat-trrat*. Gesang schnell und rau auf gleichbleibender Tonhöhe schwatzend, auch in flatterndem Singflug.

F● | Niedrig, schnell mit kurzen Flügeln und langem, schmalem Schwanz (beim niedrigen Flug zum nächsten Busch zeigen sich **weiße Schwanzecken**).

Maskengrasmücke
Curruca ruppelli

3 | **G** 14 cm | **SP** 23–25 cm

Kein Vorkommen in Mitteleuropa

Dichtes Dornengestrüpp, felsige Hänge mit einzelnen Bäumen

Mittelgroße, gräuliche Grasmücke; adulte Männchen unverwechselbar, andere Kleider schwieriger zu bestimmen. ♂ | grau, **dunkle Kapuze und schwarze Kehle**, dazwischen **weißer Bartstreif**. Lidring rot. Flügelfedern weißlich gesäumt; Schwanz dunkel mit weißer Kante. ♀ | grau; dunkelgraue Kapuze, **weißer Bartstreif**; Kehle weißlich, manchmal mit dunklen Flecken. Alula schwärzlich. **JK/1W** | sehr ähnlich ♀ **AK**, aber Kehle hell, Oberseite brauner, weniger Weiß auf zweit- und drittäußerster Schwanzfeder. Matt weißlicher Lidring; schwärzliche Schirmfedern hell gesäumt. Helle Spitzen der Handschwingen nutzen sich bis Aug/Sep ab (dann im **AK** noch frisch).

S | Schnalzend *tak* und wie beim Aufziehen einer Uhr *tiktiktiktiktik*. Gesang oft in fallschirmartigem Singflug, kurz, trocken, schwatzend mit einzelnen klaren Pfeiftönen.

F● | Niedrig, flink, direkt; Flügel gerundet, Schwanz schmal.

LC Schuppengrasmücke
LC *Curruca melanothorax*

3 | **G** 13 cm | **SP** 16–18 cm

Nicht in Mitteleuropa, nur auf Zypern Mär–Okt, einige überwintern dort

Buschige Hänge

Eher kleine, schlanke Grasmücke; grau mit dunkler Kapuze, weißem Bartstreif und rotem Lidring. Stellt oft den Schwanz auf. ♂ | Oberseite grau; **weißer Bartstreif** unter schwarzer Wange. Unterseite **dicht grauschwarz gefleckt** mit weißen Federsäumen (oft am dunkelsten an der Kehle); Bauch weiß, **Unterschwanz mit grauen v-förmigen Flecken**.
♀ | bräunlich grau; Kehle und Brust gräulich mit schwarzen Flecken. **JK/1W** | Oberseite beigegrau. Flügel dunkler; schwärzliche Deckfedern und Schirmfedern mit weißen Säumen. Unterseite hellgrau, Kehle weiß, Brust ungezeichnet, Unterschwanzdecken dunkelgrau gefleckt.

S | Ruft schnell *tsche-tsche-tsche-tsche* oder *tchk tchk*. Gesang: kurzes, tiefes, schnelles, kratzendes Zwitschern.

F● | Niedrig, schnell, direkt; Flügel gerundet, Schwanz schmal.

Schnäpper 9 Arten [4 Ausnahmegäste (ohne amerikanische Tyrannen, *S. 603*)]

Schnäpper sind klein, schlank oder rundlich mit langen Flügeln, schmalem Schwanz und sehr kurzen Beinen. Sie sitzen aufrecht an oft exponierten Sitzwarten und bewegen sich weniger im Laub umher als Zweigsänger. Sie fangen Insekten mit an der Basis breitem Schnabel, der dicker aussieht als bei vielen Zweigsängern und von Borsten umgeben ist. **Flug** Lange Flügel, schmaler Schwanz; kurze Flüge vom Ansitz aus, Insekten werden bei kurzen, wendigen Verfolgungsflügen erbeutet. **Geschlechts- und Altersbestimmung**, **Mauser** Die Geschlechter unterscheiden sich bei den sechs *Ficedula*-Arten, sehen aber bei den drei *Muscicapa*-Arten gleich aus; Jungvögel sind immer von Altvögeln unterscheidbar. Bei der Gattung *Muscicapa* (z. B. Grauschnäpper) führen Jungvögel von Mitte Jul–Sep eine Teilmauser und im Winter eine Vollmauser durch; Altvögel haben eine Teilmauser von Jul–Sep und eine Vollmauser von Nov–Mär, sodass Vögel im 1. Sommerkleid höchstens anhand eines frischeren Gefieders erkannt werden können. Bei den *Ficedula*-Arten (z. B. Trauerschnäpper) folgt bei Jungvögeln der Teilmauser (Jun–Aug) eine weitere Teilmauser im Winter; Altvögel zeigen eine Vollmauser von Jun–Sep sowie ein Teilmauser von Jan–Mär, daher sind Vögel im 1. Sommerkleid oft an noch vorhandenen (ausgeblichen braunen) Federn im Flügel anzusprechen.
ACHTUNG: In Europa wurden bisher acht Arten amerikanischer Tyrannen festgestellt, die Ähnlichkeiten zu den europäischen Schnäppern zeigen, aber nicht mit diesen verwandt sind. In diesem Buch sind sie bei den amerikanischen Ausnahmegästen *(S. 610)* einsortiert.

Bestimmung: Gefiederfärbung | Flügelzeichnung | Schwanzmuster

LC Zwergschnäpper
LC *Ficedula parva*

3 | **G** 11–12 cm | **SP** 18,5–21 cm

Kleiner, kurzbeiniger Schnäpper. Ansitz in geringer Höhe am Rand von Lichtungen oder sehr mobil im Baumkronenbereich. Lässt Flügelspitzen hängen, **hebt den Schwanz**. Oberseite dunkelbraun; Bürzel/Oberschwanzdecken braun. **Schwanz schwarz mit rechteckigem weißem Feld an jeder Seite** – im Sitzen kaum zu sehen, beim Fliegen auffällig. Unterseite beige bis weiß. Schnabelbasis hell. **♂PK** | Kopf grau; **Kehle orangerot**. **♂SK** | Kopf bräunlich, Kehle bleibt rot. **♂1S** | Kehle beige. **♀** | Kopf und Rücken hell olivbraun; deutlicher weißer Augenring; Kehle hell. **JK** | Oberseite beige gefleckt; Kehle und Brust beige, dunkel gefleckt. **1W** | ähnlich ♀, aber schmale, blass rostbeige Flügelbinde und Schirmfedersäume.

Taigaschnäpper S. 603

Weiße Felder am Schwanz fallen besonders beim Stelzen des Schwanzes auf. Das Rot reicht bei alten Männchen bis auf die Brust.

S | Ruft weich *tak* oder *tik* sowie kurz und hart *t't* oder länger trocken *trrt*. Gesang pfeifend mit fester, meisenähnlicher Strophe *sit-sit-sitsu-sit-su, sitsu-su-su-su-su*.

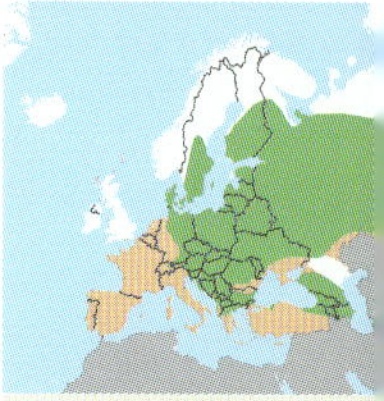

Seltener Brutvogel und Durchzügler Mai–Okt

Laub- und Mischwälder, oft nah am Wasser

F● | Kurze, schnelle Jagdflüge, dabei **Weiß im Schwanz** auffällig; wellenförmiger als Zweigsänger.

Grauschnäpper

Muscicapa striata

4 | **G** 13,5–15 cm | **SP** 23–25,5 cm

Trauerschnäpper [♀] *S. 451* | Gartengrasmücke *S. 437*
Braunschnäpper S. 603 | *Rußschnäpper S. 603*

Mittelgroßer Schnäpper; aufrecht, kurze Beine, blass braun, zwischen kurzen Jagdflügen inaktiv auf Sitzwarte. Großer Kopf mit flacher Stirn, Nacken rundlich; Auge groß und dunkel, Schnabel dick und breit. **Flügelspitze und Schwanz lang**. Beim Sitzen schnelles, ruckartiges Flügelzucken und/oder Schwanzschlagen. Geschlechter gleich. **AK** | Oberseite hell, blass bräunlich; **Scheitel dunkelbraun gestrichelt**. Flügel dunkelbraun mit silbrig beigen Federrändern (Trauerschnäpper mit weißeren Streifen/Abzeichen). Unterseite graubeige oder matt weiß, Brust graubraun gestrichelt; Unterschwanz weiß. Beine kurz, schwarz. **JK** | Rücken und Flügel beige gefleckt; gelblich beige Flügelbinde. **1W** | gräulich braun; Flecke des **JK** gehen bis Sep verloren.

Jungvögel ersetzen gefleckte Kopf- und Rückenfedern schnell durch einfarbige.

S | Ruft im Flug oder auf dem Ansitz dünn, kratzend, leicht vibrierend *srrri* oder *sirrr*. Variabler Gesang als schwache Wiederholung von Rufen oder länger, melodiöser mit dünnen, quietschenden Abschnitten.

Häufiger BV und sehr häufiger DZ Apr–Okt

Waldränder und Lichtungen, Parks, Gärten

F● | Sitzt auf offenen Warten (meist Ästen), fliegt kurz zum Fangen eines Insekts und kehrt zum selben Ansitz oder in dessen Nähe zurück. Direkter Flug mit kurzen Flügelschlagserien.

Es kommen fünf SSPP. vor: ***striata*** (verbreitet); ***inexpectata*** (Krim) und ***neumanni*** (Kreta bis Kaukasus) heller, mehr grau-weiß. Die Unterarten ***balearica*** (Balearen) und ***tyrrhenica*** (Korsika, Sardinien) sind kleiner, heller, wärmer braun und weniger gestrichelt; sie werden inzwischen als eigenständige Art **Mittelmeer-Grauschnäpper** ***M. tyrrhenica*** betrachtet.

Trauerschnäpper und nah verwandte Arten sind mittelgroße Singvögel, bei denen die Männchen auffällig schwarz-weiß gefärbt sind. Zu achten ist auf das Kopf-/Halsmuster, die Ausdehnung weißer Bereiche auf dem Flügel und die Farbe des Bürzels. Weibchen und Jungvögel sind schwieriger zu bestimmen, wichtig sind Details der weißen Flügelabzeichen (einschließlich des Flecks an der Basis der Handschwingen) und Farbe/Kontrast am Bürzel. **F ●** | Flink, flatternd; lange Flügel; gehen zur Nahrungssuche oft zum Boden, fliegen dann wieder zum Ansitz hoch.

Trauer-, Halsband- und Halbringschnäpper sehr ähnlich | ♀: Grauschnäpper *S. 449*

Trauerschnäpper und Verwandte im Vergleich

♂PK	Trauerschnäpper	Halbringschnäpper	Halsbandschnäpper
Kopf/ Hals	STIRN 1 oder 2 Flecke; WEISSE KEHLE **unter der Wange gebogen**	STIRN weißer Fleck; WEISSE KEHLE **als schmales, unterbrochenes Band verlängert**	STIRN breites weißes Feld; WEISSE KEHLE **als breites Halsband verlängert**
Flügel	WEISSES FELD ausgedehnt; WEISSER HANDSCHWINGENFLECK klein; VORDERE FLÜGELBINDE fehlt	WEISSES FELD breit; WEISSER HANDSCHWINGENFLECK mittelgroß; VORDERE FLÜGELBINDE **vorhanden**	WEISSES FELD sehr breit; WEISSER HANDSCHWINGENFLECK breit; VORDERE FLÜGELBINDE fehlt
Bürzel	schwarzgrau	hellgrau	**weiß**
♀/1W	braun-weiß; **ohne Halsband**	graubraun-weiß; angedeutetes Halsband (bei manchen Vögeln nicht erkennbar)	graubraun-weiß; angedeutetes Halsband
Flügel	WEISSE SCHIRMFEDERRÄNDER schmal; WEISSER HANDSCHWINGENFLECK schmal, **gerade, endet vor Flügelkante**; VORDERE FLÜGELBINDE fehlt/schwach	WEISSE SCHIRMFEDERRÄNDER schmal; WEISSER HANDSCHWINGENFLECK wird Richtung Flügelkante breiter; VORDERE FLÜGELBINDE **vorhanden**	WEISSE SCHIRMFEDERRÄNDER **breit**; WEISSER HANDSCHWINGENFLECK erweitert sich zu breitem rundem Ende nahe Flügelkante; VORDERE FLÜGELBINDE fehlt
Bürzel	braun	braun	matt weißlich
Ruf	scharf *püt*, weich *hüit*, *hüit-tik*	einfach *tüüp* (tiefer als Halsbandschnäpper)	scharf *hiiip* oder *tett*
Gesang	schneller, rhythmischer Gesang aus unregelmäßig wiederholten Motiven	ähnlich Trauerschnäpper, aber leiser und auf gleicher Tonhöhe bleibend	Wiederholte, kurze Motive aus langen Pfeiftönen sehr unterschiedlicher Tonhöhen

TRAUERSCHNÄPPER

♂PK
Mär–Aug

Sehr variabel: Stirn bei einigen mit zwei weißen Flecken, bei anderen mit einem einzigen schmalen Feld.

alle SPP. ***hypoleuca***

Im **SK** ähneln Männchen aller drei Arten den jeweiligen Weibchen, haben aber eine kräftigere weiße Zeichnung auf schwärzerem Flügel.

♂SK
Jul–Mär

♂PK
Mär–Aug

SSP. ***iberiae***

♂PK
Mär–Aug

Atlasschnäpper
SSP. ***speculigera***

TRAUERSCHNÄPPER Zwei SSPP.: ***hypoleuca*** (verbreitet); ***iberiae*** (Iberien), **♂PK** | am Hals ausgedehnter weiß, manchmal fast geschlossenes Halsband, größerer Stirnfleck, breiteres weißes Flügelfeld. Das afrikanische Pendant (Ausnahmegast) gilt inzwischen als eigenständige Art **Atlasschnäpper *F. speculigera***, **♂PK** | mit großem weißem Flügelfeld und großem weißem Stirnfleck.

Trauerschnäpper

Ficedula hypoleuca

❸ | **G** 12–13,5 cm | **SP** 21,5–24 cm

Wichtige Merkmale *siehe Tabelle gegenüber*. Der am weitesten verbreitete schwarz-weiße Schnäpper. **JK** | ähnlich ♀, aber Oberseite beige gefleckt, Unterseite graubeige, Kehle graubraun umrandet.

Mittelhäufiger BV und häufiger DZ Apr–Okt

Laubwälder, Parks, Gärten; Durchzügler auch in Gebüschen

Halbringschnäpper

Ficedula semitorquata

❸ | **G** 12–13,5 cm | **SP** 22,5–24,5 cm

Wichtige Merkmale *siehe Tabelle gegenüber*. Zwischen Trauer- und Halsbandschnäpper; **♀/Imm** am besten am Beobachtungsort zu bestimmen; Durchzügler schwer zu unterscheiden. **JK** | ähnlich jungem Trauerschnäpper, aber vordere Flügelbinde kürzer.

Kein Vorkommen in Mitteleuropa, Ausnahmegast CH

Laub- und Mischwälder

Halsbandschnäpper

Ficedula albicollis

❸ | **G** 12–13,5 cm | **SP** 22,5–24,5 cm

Wichtige Merkmale *siehe Tabelle gegenüber*. Verbreitung überschneidet sich gebietsweise mit Trauerschnäpper. Auf dem Durchzug im Herbst schwer zu bestimmen. **JK** | ähnlich jungem Trauerschnäpper, aber Unterschiede wie bei **♀/1W**.

Seltener Brutvogel und Durchzügler Apr–Jun

Laubwälder, Parks

Kleiber, Baumläufer und Mauerläufer

KLEIBER 6 Arten [**1 Ausnahmegast**, *S. 615*] **KLEIBER**
Relativ großer, keilförmiger Kopf, halslose Gestalt, flacher Rücken und kurzer Schwanz; Beine kurz, aber Füße groß; nutzt kräftigen Halt zu freierem Klettern als Baumläufer und Spechte *(S. 329)*, in alle Richtungen; hämmert, stochert und sondiert mit spitzem Schnabel. Hängt oft kopfüber an Ästen, dabei wird der Kopf rechtwinklig gehalten. **Flug** Langer Kopf, gerundete Flügel, sehr kurzer Schwanz. Kräftig und wellenförmig, mit Serien schneller Flügelschläge. **Geschlechts- und Altersbestimmung**, **Mauser** Keine jahreszeitliche Variation und nur geringe Unterschiede zwischen Geschlechtern und Altersklassen. Altvögel mit Vollmauser von Mai–Aug; bei Jungvögeln zweimal Teilmauser von Mai–Aug und erneut von Jan–Jul.

Bestimmung: Kopfzeichnung | Schwanzmuster | Verbreitung und Lebensraum

BAUMLÄUFER 2 Arten *(S. 457)* **WALDBAUMLÄUFER**
Klein, schlank, spitzer Schwanz und dünner, gebogener Schnabel; Oberseite braun, Unterseite weißlich; mit Unterstützung des Schwanzes ruckartig an Baumstämmen emporkletternd (gelegentlich auch an Felsen/Mauern, selten am Boden). **Flug** Schlank, schmaler Kopf, gerundete Flügel und sehr schmaler Schwanz. Schwach, wellenförmig, hektisch, mit Serien schneller Flügelschläge. **Geschlechts- und Altersbestimmung**, **Mauser** Geschlechter und Altersklassen sehen gleich aus. Bei Altvögeln Vollmauser von Jun–Sep; Jungvögel mit Teilmauser von Jun–Sep und noch einmal von Jan–Jul.

Bestimmung: Rufe und Gesang | Kontrast Ober-/Unterseite | Flügelmuster

MAUERLÄUFER 1 Art *(S. 456)* **MAUERLÄUFER**
Klein, einzigartig gefärbt, runder Flügel, kurzer Schwanz, dünner Schnabel; Nahrungssuche an Felsen, sowohl ganz offen als auch unter Vorsprüngen oder in feuchten Höhlungen, von tiefen Schluchten bis zu hohen Gipfeln, stellenweise an Gebäuden/Brücken. **Flug** Sehr breite, runde Flügel, kurzer Schwanz. Ungleichmäßig, flatternd, dazwischen leicht wellenförmig gleitend. **Geschlechts- und Altersbestimmung**, **Mauser** Färbung mit kleinen Unterschieden hinsichtlich Geschlecht und Jahreszeit, Jungvögel erkennbar. Vollmauser bei Altvögeln von Jun–Sep; Teilmauser bei Jungvögeln jeweils Jun–Sep und Jan–Jul.

Meisen

14 Arten (**1 nur Kanaren**, *S. 526*) **BLAUMEISEN**
Kleine, lebhafte Bewohner von Wäldern, Gärten, Hecken und oft Schilfbeständen (Bartmeisen sogar ausschließlich im Schilf). Zumeist gedrungen mit dickem Hals, kurzen Flügeln und kurzem Schwanz, weniger schlank als die meisten Zweigsänger. Kurzer, stumpfer, dreieckiger Schnabel, der zum Aufhämmern von Samen, Aushöhlen weichen Holzes, Stochern in der Baumrinde und Herauspicken von Insekten aus Laub und Borke benutzt wird. Schwanz-, Bart- und Beutelmeise sind nicht näher mit den anderen Meisen verwandt und gehören zu unterschiedlichen Familien; bei Schwanz- und Bartmeise ist der Schwanz viel länger als bei den anderen. Lautäußerungen sind oft sehr variabel, dennoch wichtig bei der Bestimmung. **Flug** Gerundete Flügel, schmaler Schwanz (bei manchen Arten auch lang). Flink; kleine Arten schwach, ruckartig, zwischen kleinen Bögen schwirrender Flügelschlag; größere Arten ausgeprägter bogenförmig. **Geschlechts- und Altersbestimmung**, **Mauser** Bei manchen Arten sehen die Geschlechter gleich aus, bei anderen gibt es geringe Unterschiede, Jungvögel sind erkennbar. Bei den echten Meisen (z. B. Kohlmeise) durchlaufen Altvögel von Mai–Sep eine Vollmauser, Jungvögel haben eine Teilmauser von Jul–Okt und behalten die Handdecken. Bei Schwanz- und Bartmeise gibt es bei Alt- und Jungvögeln eine Vollmauser von Mai–Dez, anschließend ist eine Altersbestimmung nicht mehr möglich. Adulte Beutelmeisen haben eine Vollmauser von Jul–Sep und eine Teilmauser von Okt–Dez; je eine Teilmauser bei Jungvögeln von Jul–Sep und Okt–Dez.

Bestimmung: Stimme | Kopfmuster | Schwanzlänge

Klippen-/Felsenkleiber *S. 454* | Türkenkleiber *S. 455*
Rotbrustkleiber S. 615

Kleiber *Sitta europaea*

❷ | **G** 12–14,5 cm | **SP** 22,5–27 cm

Mittelgroßer Kleiber, wachsam, lebhaft. Klettert an Baumstämmen und Ästen rauf und runter, systematisch nach Nahrung stochernd, oft kopfüber hängend. Manchmal an Mauern und gelegentlich am Boden hüpfend. **AK** | Oberseite **blaugrau**, **schwarzer Augenstreif**. Unterseite beige/weiß, Flanke rötlicher. Unterschwanz fleckig rostbraun und beige. **Schwanz kurz**, **eckig mit schwarz-weißen Ecken**. ♂ | Flanke und Unterschwanz intensiver kastanienbraun als ♀ und **JK**.

S | Ruft laut, klare Pfeiftöne, oft in schneller Serie *chwit* oder *twit twit twit*, auch meisenähnlich *(S. 452) zit*. Singt laut pfeifend *tüii tüii tüii*.

F | Flatternd, leicht bogenförmig, recht hoch, aber nicht sehr wendig; kräftiger Körper, sehr kurzer Schwanz.

Sehr häufiger Brut-/Jahresvogel

Misch- und Laubwälder, Parks, Gärten

Die acht Unterarten teilen sich Kopf- und Schwanzmuster, unterscheiden sich aber in Größe, Färbung der Unterseite und Schnabelgröße. Viel Überschneidung, aber im Mittel gilt: ***caesia*** (verbreitet) Schnabel dick, unten beige, Flanke dunkler; ***europaea*** (Skandinavien) groß, Schnabel stumpf, unten weiß, Hinterflanke rostbraun (♂), Beine beige; ***asiatica*** (unregelmäßiger Gast aus Russland) klein und hell; Schnabel spitz, unten weiß, Flanke ohne Braun, weiße Linie über dünnem Augenstreif, Beine schwärzlich; ***hispaniensis*** (Iberien) klein; Schnabel spitz, unten hell, Flanke orangebeige; ***cisalpina*** (Schweiz, Kroatien, Italien) klein, unten kräftig gefärbt; ***levantina*** (S-Türkei) unten mehr rosa, weniger beige; ***persica*** (SO-Türkei) klein; Schnabel spitz; ***caucasica*** (NO-Türkei, Kaukasus) oben dunkler, weißliche Linie über kurzem, dickem Schnabel, unten tief orangebeige.

LC Klippenkleiber
LC *Sitta tephronota*

2 | **G** 15–16 cm | **SP** 25–30 cm

Großer, heller Kleiber mit **langem, kräftigem Schnabel**. Klettert über Felsen, oft unter Vorsprüngen angeklammert und stochernd. Geschlechter und Altersklassen sehen gleich aus. Oberseite hellgrau; langer, **breiter schwarzer Augenstreif setzt sich bis an die Nackenseite fort**. Unterseite weiß, zum Bauch und Unterschwanz hin beigebraun. Schwanz **grau** mit **dunklen Ecken**.

S | Ruft kräftig pfeifend *tjü-tjü-tjü* und nasal, starenähnlich *(S. 379)* trillernd *tschärrrp tschärrrp*. Gesang drosselähnlich (*S.386*) *twui twui-twui-twui tüp tüp*.

Kein Vorkommen in Mitteleuropa

Hohe, steinige Hänge, Schluchten, auch Bergwälder

Klippen- und Felsenkleiber sind sehr ähnlich. Kleiber *S. 453*

Zwei ähnliche SSP.: ***dresseri*** (SO-Türkei); ***obscura*** (NO-Türkei) kleiner, dunkler.

F | Flink, sprunghaft, direkt mit gerundeten Flügeln; Schwanz sehr kurz.

LC Felsenkleiber
LC *Sitta neumayer*

2 | **G** 13,5–14,5 cm | **SP** 23–25 cm

Mittelgroßer Kleiber mit **langem Schnabel** (länger als beim Kleiber). Klettert oft an Felsen und Ruinen. Geschlechter und Altersklassen sehen gleich aus. Oben hellgrau; schwarzer Augenstreif **verjüngt** sich hinter dem Auge. Unterseite hellbeige; **keine dunklen Abzeichen an Flanke oder Unterschwanz** (kann an Kleiber-SSPP. in SO-Europa erinnern, die heller sind als die in W-Europa). **Schwanz einfarbig grau**.

S | Laut, flüssig *wit-wit-wit-wit*, schärfer *plü plü plü* und kratzend, nasal summend *tchrr*. Lauter Gesang aus **Serien wiederholter Pfiffe**, die in Tonhöhe und Geschwindigkeit variieren.

Kein Vorkommen in Mitteleuropa

Felsen, antike Ruinen

Vier ähnliche SSPP.: ***neumeyer*** (S-Balkan) groß; ***zarudnyi*** (Lesbos, W-Türkei) klein, hell; ***rupicola*** (N-Türkei bis Kaukasus) dunkler, Schnabel dünner; ***syriaca*** (SO-Türkei) hell, kurzschnäbelig.

F | Flink, etwas ruckartig, gerundete Flügel; Schwanz sehr kurz.

Kleiber *S. 453*
Rotbrustkleiber S. 615

Türkenkleiber
Sitta krueperi

2 | **G** 12,5 cm | **SP** 21–23 cm

Kleiner, dünnschnäbeliger Kleiber in Kiefernwäldern. Oberseite und größter Teil der Unterseite grau; **Brustfleck und Steiß rostbraun**. Schwanz grau mit schwarzen Seiten und hellen Ecken. ♂ | **Vorderscheitel schwarz** (deutlich abgesetzte Kappe), weißer Überaugenstreif, schwarzer Augenstreif, weiße Wange. ♀ | Kopfmuster wie ♂, aber Schwarz an Vorderscheitel weniger deutlich abgegrenzt; Unterseite heller, mit beigem Anflug. **JK** | blasser als ♀, Brustfleck kleiner.

S | Sehr ruffreudig: laut, nasal *piaa-ia-ia-iaia*. Gesang kurz *schek-e-schek-e-schek* oder schneller trillernd.

Kein Vorkommen in Mitteleuropa

Meist Nadelwälder

F | Flink, direkt, wellenförmig, gerundete Flügel; Schwanz sehr kurz.

Rotbrustkleiber *S. 615*

Korsenkleiber
Sitta whiteheadi

2 | **G** 12 cm | **SP** 21–22 cm

Kleiner Kleiber mit recht kurzem, schmalem, dolchförmigem Schnabel; kommt nur auf **Korsika** vor. Gestalt und Bewegung wie Kleiber; hängt in jedem Winkel an der Borke, hält sich aber meist wie eine Meise *(S. 452)* an dünneren, äußeren Zweigen auf. Oberseite grau, Unterseite beige; **Kopf auffällig gezeichnet**. ♂ | Scheitel und Augenstreif schwarz, **breiter weißer Überaugenstreif**. **♀/JK** | Kopfmuster wie ♂, aber Augenstreif und Scheitel grau.

S | Ruft nasal, jaulend *tschu-tschu-tchu-tscht-tju* und hart *tscher-tscher*. Gesang klar, schnell trillernd.

Kein Vorkommen in Mitteleuropa, nur auf Korsika

Kiefernwälder in den Bergen

F | Flink, etwas ruckartig, gerundete Flüge; Schwanz sehr kurz.

LC LC

Mauerläufer
Tichodroma muraria

❷ | **G** 16 cm | **SP** 27–32 cm

Unverwechselbarer kleiner, grauer, kurzschwänziger, kurzbeiniger Vogel mit Rot im Flügel. Flattert/klettert in federnder Bewegung um Klippen und Felsnasen und stochert mit dem dünnen Schnabel nach Nahrung; rastet mit eng anliegenden Flügeln, dabei häufiges rhythmisches Zucken mit dem Handflügel. Oberseite grau; Flügel schwarz und **leuchtend rot** mit **großen weißen Flecken**, wenn geöffnet. **♂PK** | schwarze Kehle. **♀PK** | schwarze Kehle weiß umrandet. **SK** | weiße Kehle. **JK** | bräunliche Kehle.

S | Ruft zwitschernd *wit-it-it*. Gesang langsam, unmelodisch und gepresst pfeifend.

F | Fliegt mühsam flatternd mit langsamen Flügelschlägen. Treibt mit **breiten, runden Flügeln** in Aufwinden. Kopf/Schnabel dünn; Schwanz kurz. **Vorderflügel purpurrot**; Handflügel schwarz mit Reihen **weißer Flecke**. Auf Entfernung sind schwarzer Unterflügel und weiße Flecke auffälliger als das Rot.

Sehr seltener Brut-/Jahresvogel (nur Alpen)

Felswände und Schluchten im Hochgebirge; im Winter tiefer, auch Gebäude, Brücken, Steinbrüche

In Europa lebt SSP. ***muraria***.

Baumläufer sind kleine, schmale, braunrückige Vögel mit spitzem braunem Schwanz und weißer Unterseite; Geschlechter und Altersklassen sehen gleich aus. **Klettern** meist in ruckartiger Bewegung und **vom Schwanz gestützt** an Baumstämmen oder großen Ästen empor. Gelegentlich an Felsen/Wänden, selten am Boden. Schwer zu bestimmen, aber **Rufe und Gesang diagnostisch**. Struktur und Gefieder der beiden Arten nahezu gleich, siehe *Tabelle rechts*: **Wichtig sind die beige Binde am angelegten Flügel und der Kontrast zur Unterseite**.

F | Hektisch flatternd, bogenförmig; auffälliges **breites, helles Band auf Ober- und Unterflügel**.

Gartenbaumläufer

Häufiger Brut-/Jahresvogel

Wälder, Parks, Gärten

Vier SSPP., am stärksten rotbraun im W: ***megarhynchos*** (W-Europa); ***brachydactyla*** (S-, Z-, SO-Europa); ***rossocaucasica*** (Kaukasus); ***dorotheae*** (S-Griechenland, Kreta, Zypern) am grauesten, mit weißester Unterseite und langsamem Gesang.

Waldbaumläufer

Häufiger Brut-/Jahresvogel

Laub-, Misch-, Nadelwälder

Sechs SSPP., am hellsten in N- und O-, am dunkelsten in S- und W-Europa: ***familiaris*** (Fennoskandien, O-Europa bis NW-Türkei) unten am weißesten; ***britannica*** (Britische Inseln) am dunkelsten. SSPP. ***macrodactyla*** (W-, Z-, S-Europa), ***caucasica*** (N-Türkei bis Kaukasus) und ***persica*** (SO-Aserbaidschan) farblich dazwischen. SSP. ***corsa*** (Korsika) unten beige.

Gartenbaumläufer
Certhia brachydactyla

2 | **G** 13 cm | **SP** 17,5–21 cm

LC LC Waldbaumläufer
Certhia familiaris

2 | **G** 12,5–14 cm | **SP** 17,5–21 cm

Hinterkralle beim Gartenbaumläufer *(links)* kürzer

	Gartenbaumläufer		Waldbaumläufer	
Überaugenstreif	Matt, vorn undeutlich, **erreicht nicht** die Stirn		Lang, breit, weißlich/weiß, **erreicht** die Stirn	
Stirn	Einfarbig braun		Weiß gestrichelt	
Kehle	Weiß; **Kontrast** zur Unterseite		Weiß; **kein Kontrast** zur Unterseite	
Unterseite	Grau/beige; FLANKE mehr rotbraun		Seidenweiß; FLANKE grau/beige	
HAND-SCHWINGEN	WEISSE SPITZEN **groß** 	HINTERRAND DER BEIGEN BINDE **scharfe Spitzen oder „Sägezähne“ ragen ins Schwarzbraun** 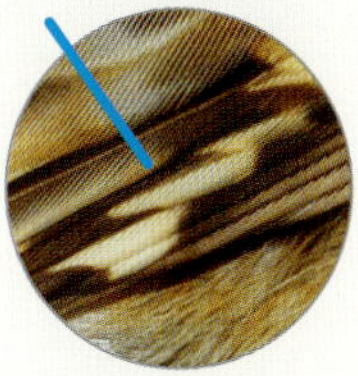	WEISSE SPITZEN **klein** 	HINTERRAND DER BEIGEN BINDE **Stufe ohne Spitze neben Schwarzbraun** 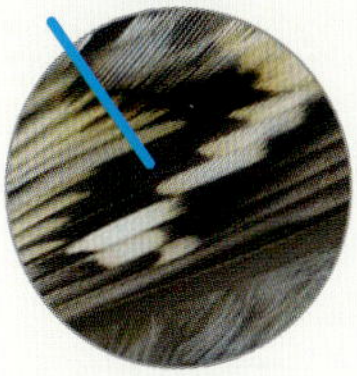
Ruf	Kräftig, durchdringend ***tüüt***		Dünn, lang, vibrierend ***srriii***	
Gesang	Kurz, **abgehackt**, hoch, ansteigend, ohne Endschnörkel *tii tii ti-tliü-it*		Dünn, scharf, hoch, leise (aber weittragend), **flüssig** mit Triller am Ende	

Meisen im Vergleich

Die meisten Meisen sind leicht am Kopfmuster erkennbar.

Braune Meisen mit dunkler Kappe Fünf sehr ähnliche Arten *(S. 464–465)*

LAPPLANDMEISE

HAUBENMEISE *(S. 460)*

BLAUMEISE *(S. 463)*

LASURMEISE *(S. 463)*

TANNENMEISE *(S. 460)*

KOHLMEISE *(S. 462)*

SCHWANZMEISE *(S. 460)*

Bartmeise

LC

LC

Beutelmeise

Remiz pendulinus

❷ | **G** 10–11,5 cm | **SP** 16–17,5 cm

Kleiner, akrobatischer, meisenähnlicher Singvogel (nicht mit Meisen verwandt); sehr dünner, spitzer Schnabel und schwarze Beine. **AK** | Rücken **rostbraun**, dunkel purpurbraunes Band über Flügel; Unterseite beige; Kopf hellgrau. ♂ | rotbraunes Band über **breiter schwarzer Maske**. ♀ | schmaleres rotbraunes Band, schmale Maske oft unter dem Auge unterbrochen. **JK** | **Gesicht einfarbig beige**, Auge schwarz; Flügel kastanienbraun. Beine schwarz.

Vier SSPP.: ***pendulinus*** (verbreitet) und ***menzbieri*** (S-, O-Türkei, Armenien) sehr ähnlich; ***caspius*** (SW-Russland) oft mit kastanienbrauner Kapuze, schwarzer Maske und rötlich beiger Brust, aber häufig Hybriden/ Übergangsformen; ***jaxarticus*** (überwintert in S-Türkei) klein, hell; Schnabel sehr dünn.

S | Ruf eindeutig (aber beachte dünne, hohe Rohrammer-Rufe, *S. 512*): lang, dünn, leicht abfallend *tsiiie*. Gesang leise, hoch *tsiu-siu sir siiu*.

F | Winzig, rundlich, Flügel kurz und gerundet. Langsam, hektisch, ähnlich wie Zweigsänger, mit kurzen Bögen, etwas im Zickzack.

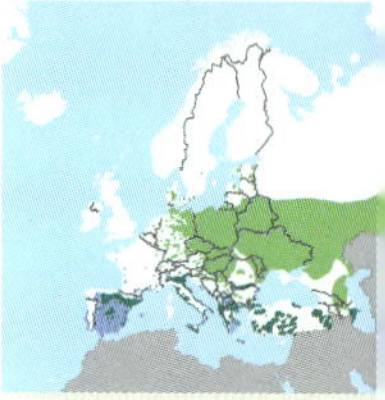

Seltener Brutvogel, mittelhäufiger Durchzügler Mär–Nov

Gewässerufer mit Weiden oder Pappeln; im Winter Sümpfe, Schilf

Bartmeise *Panurus biarmicus*

❶ | **G** 14–15,5 cm | **SP** 16–18 cm

Klein, **langschwänzig**, meisenähnlich (nicht mit Meisen verwandt); heimlich und generell an Schilfbestände und dichte, niedrige Vegetation gebunden. Akrobatisch zwischen Schilfhalmen; Nahrungssuche am Boden. **Intensiv braunorange Flügel mit schwarzen und cremefarbenen Streifen**. Schnabel kurz, dreieckig, goldorange. Auge gelb. **♂AK** | Kopf mit schmalem Scheitel, **blaugrau** mit langem, spitzem, **schwarzem „Bart"**. Unterschwanz schwarz. **♀AK** | Kopf einfarbig. Unterschwanz weiß, langer Schwanz braun mit weißer Kante. **JK** | Rücken und Schwanz schwärzlich gestreift: **♂JK** | schwarzer Zügel vor gelbem Auge; **♀JK** | dunkler Zügel zwischen dunklem Schnabel und dunklem Auge.

S | **Charakteristische Rufe**: recht laut, nasal/metallisch *pjing* oder *p'jing*, oft im Chor. Gesang selten zu hören, weich *tchick-tchick-tchirr*.

Beutelmeise

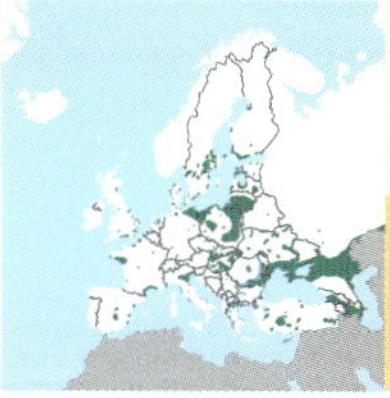

Seltener Brutvogel und Wintergast

Schilf; im Winter auch andere feuchte Vegetation

Drei ähnliche SSPP. mit geringen Unterschieden im Gefieder: ***biarmicus*** (verbreitet); ***russicus*** (OZ-, O-Europa bis Z-Türkei) etwas heller; ***kosswigi*** (S-Türkei) etwas dunkler.

F | Kurze, niedrige Flüge über dem Schilf mit schwirrenden Schlägen der kurzen Flügel; Schwanz lang; gelegentlich schnelle, weite „Höhenflüge".

LC Schwanzmeise
LC *Aegithalos caudatus*

1 | **G** 13–15 cm | **SP** 16–19 cm

Klein, akrobatisch, meisenähnlich (nicht mit Meisen verwandt), **langer**, **schmaler Schwanz**, **winziger Schnabel**. Geschlechter gleich gefärbt. **AK** | schwarz, rosa, matt weiß; Schwanz schwarz mit weißer Kante. **JK** | matt grauschwarz und weißlich; Gesicht braun. Erreicht **AK** nach Mauser (ab Mai–Jul, abhängig vom Schlupfdatum).

S | Hoch dünn *sii-sii-sii*; abrupt *brr-p* gemischt mit trocken trillerndem *ts-rrit* und metallischem *pit*.

F | Unstet, schwach, leicht hüpfend, flatternd mit kurzen, rundlichen Flügeln; langer, schmaler Schwanz. Meist im Trupp.

LC Tannenmeise
LC *Periparus ater*

2 | **G** 10–11,5 cm | **SP** 17–21 cm

Kleine, großköpfige Meise; **ohne kräftige Gelb-, Blau- oder Grüntöne**. Flink, akrobatisch. Geschlechter gleich, Altersbestimmung ab Aug schwierig. **1LJ/AK** | Oberseite olivgrau; **zwei weiße Flügelbinden**. **Unterseite graubeige**. Kopf schwarz, mit **weißem Rechteck im Nacken**; **Wange weiß**, **Kehle schwarz**. **JK** (siehe auch *S. 462*) | ähnlich **AK**, Kopf und Rücken jedoch grünlich angehaucht, Wange und Unterseite gelblich.

S | Ruft scharf *tsuuu* oder *tsii*, verschiedene melancholische Variationen; kurz, scharf *split*. Empathischer Gesang mit Rhythmus aus zwei Tönen *sii-tuu, sii-tuu* (erinnert an Kohlmeise, aber weicher).

F | Schnell, leicht bogenförmig; kurze, gerundete Flügel.

Haubenmeise ähnlich. | Kohlmeise *S. 462* | Sumpf-/Weidenmeise *S. 464*

LC Haubenmeise
LC *Lophophanes cristatus*

2 | **G** 10,5–12 cm | **SP** 17–20 cm

Kleine, beigebraune Meise; **typisches Kopfmuster** und **spitze Haube**. Geschlechter gleich. **1LJ/AK** | Unterseite beige; schwarzer Augenstreif um die Wange herum verlängert; **Kehle und Halsband schwarz**. Auge rotbraun. **JK** | am Kopf etwas brauner als **AK**; Haube stumpf; Auge grau/braun, wird allmählich farbiger.

S | Dünner, trillernder, brodelnder Ruf mit charakteristischem Rhythmus *p'trrr-üp* oder *burrurur-it*; auch hoch und dünn *siiit*. Gesang aus Mischung dieser Rufe, dünn *si-si-si si-r-rrüp*.

F | Schnell, etwas wellenförmig; Flügel kurz, gerundet.

Häufiger Brut-/Jahresvogel

Wälder, Gehölze, Hecken, Gärten

Vierzehn SSPP. Lassen sich in drei Gruppen einteilen: „***caudatus***-Gruppe" (N-Europa) **weißer Kopf**; „***europaeus***-Gruppe" (S-, W-Europa) **schwarzes Band am Kopf**, variabel rosa auf der Oberseite; „***alpinus***-Gruppe" (mediterranes Europa) **grauer oder brauner** an Kopf und Rücken, mit oder ohne Rosa. Übergangsformen erschweren die Unterartbestimmung außerhalb des normalen Vorkommensgebiets.

Sehr häufiger Brut-/Jahresvogel

Misch- und Nadelwälder, Gehölze

Es kommen zehn SSPP. mit geringen, aber erkennbaren Unterschieden im Grau des Rückens, im Gelbton der Wange und im Vorkommen einer winzigen, spitzen Haube vor, aber Übergangsformen können verwirren: ***ater*** (verbreitet); ***britannicus*** (Großbritannien); ***hibernicus*** (Irland); ***vieirae*** (Iberien); ***sardus*** (Korsika, Sardinien); ***cypriotes*** (Zypern); ***moltchanovi*** (S-Krim); ***michalowskii*** (Kaukasus); ***derjugini*** (NO-Türkei); ***phaeonotus*** (SO-Aserbaidschan).

Häufiger Brut-/Jahresvogel

Misch- und Nadelwälder

Sieben SSPP. mit geringen Unterschieden: ***cristatus*** (N-, O-Europa) am grauesten, Kopfseite weiß, kleiner schwarzer Kehlfleck; ***scoticus*** (Schottland) und ***weigoldi*** (Iberien) Rücken graubraun, Flanke kräftig beige; ***abadiei*** (W-Frankreich) und ***mitratus*** (S-Mitteleuropa) Rücken rotbraun, Flanke rostbeige, Kopfseite graubeige, ausgedehnt schwarze Kehle; ***baschkirikus*** (Ural) und ***bureschi*** (Balkan) heller und grauer.

MEISEN IM VERGLEICH *S. 458*

Junge Meisen sind von Apr–Sep zu sehen. Sie sind blassere, gelbliche Versionen der entsprechenden Altvögel.

KOHLMEISE

BLAUMEISE

TANNENMEISE *(S.460)*

LC Kohlmeise *Parus major*

LC ❷ | **G** 13,5–15 cm | **SP** 18–20 cm

Blaumeise | Tannenmeise *S. 460*

Sehr häufiger Brut-/Jahresvogel

Wälder, Parks, Hecken, Gärten

Große, markant gemusterte Meise; akrobatische Nahrungssuche, auch in niedrigem Pflanzenbewuchs und am Boden. **AK** | **Kopf bläulich schwarz mit großer weißer Wange**. Rücken grün; Flügel blaugrau mit weißer Binde; **Schwanzaußenkanten weiß**. Unterseite gelb; **schwarze Kehle setzt sich als zentraler Streifen fort** (wird bei ♂ breiter und bei ♀ schmaler). **JK** | matt grün, grau, gelblich beige; Scheitel grünlich, Wange grünlich gelb. **1LJ** | wie **AK**, aber die matten Handdecken des **JK** bleiben bis Mai/Jun erhalten.

S | Verschieden laute Rufe: *pink* oder *tschink*, auch *pink-ä-tschii tschii*, *zwiitt* und *zi-uti-uti*. Gesang als Auf-und-Ab aus zwei oder drei klaren Tönen: *zi-ta zi-ta zi-ta* oder *zi-zi-bää zi-zi-bää*.

F | Kräftig, wellenförmig, recht schnelle Flügelschlagserien. Flügel breit und gerundet, Schwanz recht lang.

Es kommen acht SSPP. vor, geringe Unterschiede (z. B. Schnabelgröße) im Feld nicht erkennbar: ***major*** (verbreitet); ***newtoni*** (Britische Inseln); ***corsus*** (Iberien); ***mallorcae*** (Balearen); ***ecki*** (Sardinien); ***aphrodite*** (S-Italien, Griechenland, Zypern); ***niethammeri*** (Kreta); ***karelini*** (SO-Aserbaidschan).

Blaumeise

Lasurmeise
Cyanistes cyanus

2 | **G** 13–14 cm | **SP** 16–18 cm

Mittelgroße, langschwänzige, **blau-weiße** Meise; lebhaft, akrobatisch an belaubten Zweigen; wie Blaumeise, aber Schwanz länger und rund endend. Geschlechter gleich gefärbt. **AK** | **Scheitel weiß**; Schwanz blau mit **weißer Kante und Spitze**. Blauschwarzer Augenstreif bis um den Nacken; Wange und Unterseite weiß; breites weißes Band über dunkelblauem Flügel. **JK** | Scheitel und Rücken hell gräulich. **1LJ** | wie **AK**, aber Handdecken des **JK** bleiben bis Mai/Jun erhalten.

Ausnahmegast aus O-Europa

Wälder, baumbestandene Flussufer

Zwei SSPP.: ***cyanus*** (O-Europa) geht in ***hyperriphaeus*** (SW-Ural) über, letztere heller, grauer, weniger blau.

F | Recht langsam, wellenförmig mit kurzen Serien schneller Flügelschläge. Flügel kurz und gerundet; Schwanz recht lang.

S | Ruft kurzen, scharfen Pfiff und nasales Summen. Gesang *zi-zi-tschurr-zi-zi-tschurr* (ähnlich Blaumeise).

1LJ/AK ganzjährig

1LJ/AK ganzjährig

Kohlmeise | Lasurmeise
Kanarenmeise S. 526

Blaumeise
Cyanistes caeruleus

2 | **G** 10,5–12 cm | **SP** 17–18 cm

Kleine, auffällig gefärbte Meise; akrobatische Nahrungssuche. Erscheint grün oder gelb mit weißer Wange; Kinn, Augenstreif und Halsband schwärzlich. **AK** | blauer Scheitel von weißem Band umgeben. Flügel und Schwanz blau, weiße Flügelbinde. Unterseite gelb mit dünnem bläulichem Streif in der Mitte. Geschlechter sehr ähnlich, aber ♂**PK** | Flügel und Schwanz von Mär–Jun lebhaft blau. **JK** | Scheitel grünlich; blass gelb. **1LJ** | wie **AK**, aber Handdecken des **JK** noch bis Mai/Jun.

S | Hoch, scharf *si-si-si*, oft rhythmisch *sisi-du* und *zisi-di-di-di* rufend. Gesang aus hohen Tönen mit weichem Endtriller *sii-sii-surrrr*.

Sehr häufiger Brut-/Jahresvogel

Wälder, Gebüsche, Hecken, Gärten, Schilfbestände

1LJ/AK ganzjährig

Hybriden Lasurmeise × Blaumeise (und Nachkommen) variabel von Ähnlichkeit zu Lasurmeise mit weniger Weiß am Schwanz und ein wenig Gelb an der Brust bis zu Aussehen wie Blaumeise mit weißlicher Unterseite.

Sieben SSPP. mit geringen Unterschieden in Größe und Farbintensität, nach Osten hin blasser: ***caeruleus*** (verbreitet); ***obscurus*** (Britische Inseln), ***balearicus*** (Mallorca); ***ogliastrae*** (Iberien); ***calamensis*** (Griechenland); ***orientalis*** (SO-europäisches Russland); ***satunini*** (Kaukasus).

F | Recht langsam, direkt, kurze Serien schneller Flügelschläge; Flügel kurz und gerundet.

1LJ/AK ganzjährig

SSP. ***caeruleus***

Braune Meisen mit dunkler Kappe haben keine Grün-, Blau- oder Gelbtöne. Geschlechter sehen gleich aus, Jungvögel sind blasser (im **1LJ** manchmal mattere Handdecken, aber im Feld schwer zu erkennen). **Sumpf-** und **Weidenmeise** weit verbreitet mit schwarzer Kappe, Bestimmung nach Details und Stimme. **Lappland-**, **Balkan-** und **Elbursmeise** haben große graue oder graubraune Kappe, bestimmbar am Vorkommensgebiet. **F●** | Recht langsam, wellenförmig mit Serien schneller Flügelschläge. Flügel kurz, gerundet.

Weiden- und Sumpfmeise bzw. Lappland-, Balkan- und Elbursmeise sehr ähnlich | Tannenmeise *S. 460* | Mönchsgrasmücke [♂] *S. 436*

LC

LC

Weidenmeise

Poecile montanus

2 | **G** 12–13 cm | **SP** 17–20 cm

1LJ/AK | breite, **diffus begrenzte** weiße Wange und typisches **helles Flügelfeld**.

Mittelhäufiger Brut-/Jahresvogel

Wälder, Hecken, feuchte Gebüsche

Sumpf- und Weidenmeise im Vergleich (orange hinterlegt: Überschneidung der Arten)		
	Weidenmeise	**Sumpfmeise**
Eindeutige Rufe	Tief, nasal *zi-zi dääh-dää*	Klar ***pit-tschä***
Schnabel	Meist ganz dunkel (einige mit hellem Fleck)	Meist mit hellem Fleck an Kante des Oberschnabels
Schwarze Kappe	Meist matt	Meist glänzend
Kinnfleck	Eher klein, breit, umgekehrtes „V"	Klein, schmal, rechteckig
Wange	Breit, weiß, diffus begrenzt	Weiß, deutlich begrenzt
Helles Flügelfeld	**Deutlich ausgeprägt**	Schwach oder fehlend
Flanke	Weiß/rostbraun	Matt beige
Trupps	Oft in gemischten Trupps	Seltener in gemischten Trupps

S | Ruft erst kurz, dann gedehnt *zizi däääh däääh*, surrend *tschärr* (länger, nasaler als Sumpfmeise) oder kurz, scharf *zi-zi*. Gesang aus abfallender Reihe melancholisch klingender Flötentöne *tjü tjü tjü …*

Sechs SSPP.: ***borealis*** (N-Europa) und ***uralensis*** (SO-europäisches Russland) **Oberseite grau, Unterseite und Flügelfeld weiß;** ***kleinschmidti*** (Großbritannien) Oberseite braun, Flanke **rötlich beige**; ***rhenanus*** (NW-Frankreich bis N-Italien), ***salicarius*** (N-Mitteleuropa) und ***montanus*** (O-Europa) Oberseite braun, Flanke beige.

LC

LC

Sumpfmeise

Poecile palustris

2 | **G** 11,5–13 cm | **SP** 18–19,5 cm

1LJ/AK | Wange weiß, deutlich begrenzt, Flügel einfarbig.

Häufiger Brut-/Jahresvogel

Wälder, Parks, Gebüsche

S | Klar, explosiv *pistja!* Dünn *si-si*; schnell *zi-zi-de-de-de-de-de* und nasal *zi-när-när-när* (weniger hart als Weidenmeise). Gesang als klappernde Folge gleicher Töne *tjüp-tjüp-tjüp-tjüp-tjüp-tjüp*. Oder mehr klingelnd *wita-wita-wita-wita …*

Fünf SSPP., im O etwas größer und heller: ***palustris*** (verbreitet); ***dresseri*** (Großbritannien, W-Frankreich); ***italicus*** (Französische Alpen, Italien); ***stagnatilis*** (O-, SO-Europa); ***kabardensis*** (Kaukasus, NO-Türkei).

Lapplandmeise
Poecile cinctus

❷ | **G** 13,5–14 cm | **SP** 17–18 cm

Große, braune, großköpfige Meise. **1LJ/AK** | Oberseite **braun**, Unterseite bräunlich weiß mit rostbeiger Flanke. Kappe **braun** mit grauem Anflug; Wange weiß, breit; Kehle ausgedehnt schwarz (besonders zur Brutzeit). Flügel gräulich mit heller Binde.

Kein Vorkommen in Mitteleuropa

Alte Nadel- und Birkenwälder, buschige Hänge

Zwei unzureichend abgegrenzte, sich vermischende SSPP.: ***lapponicus*** (Skandinavien bis N-europäisches Russland); ***cinctus*** (NO-europäisches Russland).

S | Ruft ähnlich Weidenmeise *zizi tääăh tääăh*. Gesang heiser schnurrend *tji-urr tji-urr tji-urr*.

Balkanmeise
Poecile lugubris

❷ | **G** 14–15 cm | **SP** 18–20 cm

Große, gräuliche Meise; aktiv in Bäumen, Büschen, um Felsen. **1LJ/AK** | Oberseite **gräulich**, Unterseite hellgrau mit beigem Anflug. Kappe groß, **schwärzlich braun**; Wange mit großem, dreieckigem, weißem „Keil"; Kehle ausgedehnt schwarz.

Kein Vorkommen in Mitteleuropa

Bergwälder, buschige Hänge

Drei schlecht abgrenzbare SSPP. mit kleinen Unterschieden in Größe und Färbung: ***lugubris*** (Balkan); ***lugens*** (Griechenland); ***anatoliae*** (Türkei).

S | Schnurren, schnelles Trillern, Zirpen: *sip-ch-rrr-rrr*. Gesang aus simpler Wiederholung scharfer, harter und rauer Töne.

Elbursmeise
Poecile hyrcanus

❷ | **G** 14–15 cm | **SP** 18–20 cm

Große Meise mit **brauner Kappe**. **1LJ/AK** | Oberseite grau mit hellem Feld auf den Armschwingen; **Kappe braun**; schwärzliche Kehle geht in hellen Hals über, Unterseite graubeige mit leicht rosa Flanke.

Kein Vorkommen in Mitteleuropa

Bergwälder

S | Ruft dünn *zit* und nasal *tjü tjü*. Singt melancholisch, rhythmisch *si-djü-djü-djü-djü*.

Würger 12 Arten [6 Ausnahmegäste *(S. 604–605)*]

Drosselgroße *(S. 383)*, falkenähnliche Singvögel in offenem Gelände mit Hecken oder Gebüschen, die oft frei auf Büschen, Pfählen oder Freileitungen ansitzen. Sie können sich jedoch auch lange am Boden oder im Gebüsch aufhalten, wo sie schwer auszumachen sind. Alle Arten haben kräftige Füße mit scharfen, gekrümmten Krallen zum Ergreifen und Wegtragen der Beute sowie einen leicht hakenförmigen Schnabel. **Flug** Die meisten Arten haben kurze Flügel und einen langen Schwanz. Aufgrund kurzer Phasen mit schnellen Flügelschlägen ist ihr Flug ausgesprochen wellenförmig. **Geschlechts- und Altersbestimmung**, **Mauser** Bei einigen Arten unterscheiden sich Männchen und Weibchen, zeigen aber geringe saisonale Variation. Jungvögel (**JK** und **1W**) sind oft brauner und starker gebändert. Die meisten Arten sind Langstreckenzieher mit einer Teilmauser von Jul–Sep sowie einer Vollmauser von Nov–Apr (nur beim Braunwürger gibt es zweimal eine Vollmauser). Bei Jungvögeln folgt einer Teilmauser von Aug–Sep eine Vollmauser von Nov–Apr. Nach der winterlichen Mauser ist eine Altersbestimmung nicht mehr möglich, außer bei **1S**-Rotkopfwürgern, die ältere Flügelfedern behalten. Beim Iberienraubwürger, der Standvogel ist, findet eine Vollmauser von Jun–Okt statt, eine Teilmauser von Feb–Apr; bei Jungvögeln gibt es je eine Teilmauser von Jul–Nov und von Feb–Apr.

Bestimmung: Gesamtfärbung | Kopfzeichnung | Kopf/Rücken/Bürzel-Kontraste | Schwanzfärbung und -muster | Proportionen von Flügel/Schwanz und Handschwingenprojektion beim angelegten Flügel

LC Neuntöter *Lanius collurio*

LC ❹ | **G** 16–18 cm | **SP** 24–27 cm

Kleiner Würger, aufrecht, drosselartig *(S. 383)*; Ansitz auf frei stehenden Zweigen oder unauffälliger an der Seite von Busch oder Hecke; leicht zu übersehen. Breiter, rundlicher Kopf; dicker Schnabel mit hakenförmiger Spitze. **Schwanz lang und schmal** (oft gespreizt und mit Seitwärtsschwenk zur Schau gestellt). Männchen unverwechselbar; andere Kleider mit Andeutung einer dunklen Maske und feinen, wellenförmigen Bändern auf der Unterseite (ausnahmsweise vorkommende Braunwürger im **JK/1W** sehr ähnlich, siehe Vergleich *S. 605*). **♂AK | Scheitel und Nacken blaugrau**; **schwarze Maske**, weiße Kehle; Rücken rotbraun; Brust hellrosa. **Schwanz schwarz mit weißer Kante**, Bürzel grau. **♀AK** | starker Kontrast Ober-/Unterseite. Rücken rotbraun; **dunkle Maske vom Schnabel bis zur Wange**; Scheitel, Nacken und Bürzel gräulich; Unterseite weiß mit feiner, wellenförmiger Bänderung. **JK/1W** | Oberseite rotbraun, dunkelbraun gebändert. Zügel hell, Auge dunkel; **dunkle Wange** im Kontrast zur hellen Kehle. Scheitel, Nacken und Bürzel **graubraun**. Unterseite weißlich mit wellenförmiger, dunkelbrauner Bänderung an Brust und Flanke. Schwanz dunkel- bis rotbraun, unten gräulich.

JK: Rotkopfwürger [JK] *S. 470*
♀/JK: *Isabell-/Rotschwanz-/Braunwürger S. 604*

Häufiger Brutvogel und Durchzügler Mai–Sep

Offene Landschaft mit dornigen Büschen und Hecken

S | Kurze, schnalzende Rufe, auch nasal *wääw*. Leiser Gesang aus scharfen Pfeiftönen und zwitschernden Strophen.

F● | Niedrig, schnell, wellenförmig mit recht langen, schmalen Flügeln, kurze Gleitphasen; Schwanz lang, eckig.

Maskenwürger *Lanius nubicus*

❸ | **G** 17–18,5 cm | **SP** 25–26 cm

Kleiner, schlanker Würger mit rundlichem Kopf, langem, schmalem Schwanz und kleinem Schnabel mit Hakenspitze. **♂AK** | **schwarz-weiß**. **Oberseite schwarz**, **Stirn**, **Halsseite und Schulter weiß**. Kehle weiß, Unterseite weißlich, Flanke **hellorange**. **♀AK** | ähnlich ♂, aber Oberseite dunkelgrau. **JK/1W** | Oberseite graubraun, graubeige gebändert; Bürzel und Schwanz matt schwarz. Schulter und Flügeldecken wellenförmig schwarz-weiß gebändert, nach der Mauser von Jul–Aug kann sich weißes Schulterfeld bilden. Unterseite hell graubeige, Flanke fein hellbraun gebändert.

S | Hart *tschäärk* und trockenes Rattern. Monotoner Gesang mit Wiederholungen rauer und ratternder Phrasen.

F● | Fliegt relativ schwächlich, kaum wellenförmig; Flügel kurz und gerundet, Schwanz lang und schmal.

JK: Rotkopfwürger [JK] *S. 470*

Ausnahmegast aus SO-Europa

Buschiges Gelände, Obstgärten

Obwohl Maskenwürger schlanke Vögel sind, können sie wie alle Würger eine rundlichere Pose einnehmen.

WÜRGER IM FLUG S. 467

LC NT Raubwürger *Lanius excubitor*

3 | **G** 21–26 cm | **SP** 30–34 cm

Heller, drosselgroßer, grau-weiß-schwarzer Würger. Kann aus der Entfernung als großer weißer Punkt auf Buschspitzen, Bäumen oder Freileitungen ins Auge stechen, bleibt oft aber auch unauffällig. Kopf recht groß, Schnabel dick. Flügel kurz, Schwanz lang und schlank (zum Ausbalancieren gespreizt, geneigt oder gedreht). **AK** | sehr hell, Oberseite grau, Unterseite weiß. **Schwarze Maske** mit dünner weißer Linie darüber; **Flügel und Schwanz schwarz-weiß**. ♀ etwas dunkler als ♂, Unterseite grauer mit sehr schwacher dunkler Bänderung. **JK** | Unterseite leicht gebändert. **1W/1LJ** | wie **AK**, jedoch braunere Flügeldecken.

Fünf SSPP. nachgewiesen: ***excubitor*** (verbreitet); ***homeyeri*** (SO-Europa); ***pallidirostris*** (manchmal als eigenständige Art betrachtet; Ausnahmegast aus Asien) sehr hell, mit hellerem Schnabel, schwächerer Maske, größerem weißem Handschwingenfeld, längerer Flügelspitze und kürzerem Schwanz; ***koenigi*** (Kanaren – siehe *S. 525)* Oberseite dunkel, Unterseite gräulich, schwarze Maske schmal bis über die Schnabelbasis laufend; ***algeriensis*** (möglicher Ausnahmegast aus Afrika) mittelgrau-weiß mit großer schwarzer Maske und sehr kurzer weißer Linie über dem Auge.

Schwarzstirn- und Iberienraubwürger
Taigaraubwürger S. 605

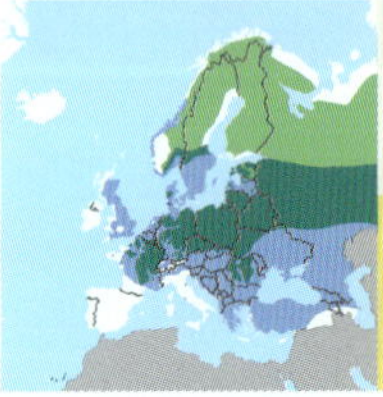

Seltener Brut- und Gastvogel

Heide, Moore, offene Landschaft mit Gehölzen

F | Kurze Flüge mit Aufsteigen zum Ansitz; bei wiederholter Störung Ortswechsel in wellenförmigem Flug, dabei mitunter auf halb angelegten Flügeln gleitend. Rüttelt bis zu 40 Sekunden lang. Langes weißes Band auf dem Handflügel oder bis auf den Armflügel reichend; weiße Schwanzaußenkanten.

S | Schriller Ruf wie Trillerpfeife. Knirschender, schwatzender Gesang; tiefer Vorgesang.

Schwarzstirnwürger
Lanius minor

4 | **G** 19–21 cm | **SP** 28–30 cm

Mittelgroßer, grau-schwarz-weißer Würger. Gegenüber den ähnlich gefärbten Arten gedrungener, mit „Stiernacken" und aufrechter sitzend; angelegter **Flügel etwas länger und spitzer**, **Flügelspitze überragt die Schwanzbasis**; Schnabel dicker und stumpfer. **♂AK** | Oberseite grau, Unterseite blass **rosa**. Schwarze Maske setzt sich als **breites schwarzes Band über die Stirn** fort. **♀AK** | ähnlich ♂, Maske bräunlich schwarz; Unterseite matt weißlich. **JK/1W** | schwärzliche Flügelfedern mit hellen Säumen. Scheitel und Rücken hellgrau mit schwacher Bänderung; Unterseite ungezeichnet; kein Stirnband, aber schwache Maske.

Ehemaliger Brutvogel, heute Ausnahmegast aus S-Europa

Offene Landschaft mit einzelnen Bäumen, Obstgärten, Heide

S | Schackernder Ruf oder bei Gefahr *tsek-tsek-tsek-tsek*. Variabler, eiliger Gesang mit rauem Gezwitscher, kreischenden Tönen und sperlingsartigen Lauten.

F● | Anders als bei den anderen grauen Würgern kein bogenförmiger Flug; Flügel werden kaum einmal angelegt. Weißes Flügelfeld breiter als bei den anderen grauen Würgern; breite weiße Schwanzaußenkanten.

Iberienraubwürger
Lanius meridionalis

3 | **G** 24–25 cm | **SP** 30–33 cm

Großer grau-schwarz-weiß-rosa Würger, sehr ähnlich dem Raubwürger, aber **dunkler**. **AK** | Oberseite **schiefergrau**. Weiße Kehle im Kontrast zur **rosagrauen** Unterseite. Grauer Scheitel setzt sich vom dünnen weißen Überaugenstreif ab, darunter schwarze Maske. Kann **unterseits fast so grau wirken wie auf der Oberseite**. ♂ | Unterseite blassrosa. ♀ | Unterseite rosagrau oder beigegrau. **JK/1W** | Flügeldecken beige gesäumt; Unterseite matt bräunlich grau. **1S** | wie **AK**, aber Handschwingen können brauner sein.

Kein Vorkommen in Mitteleuropa

Trockenes, steiniges Offenland mit einzelnen Bäumen

S | Ruft leicht trillernd *trriip*, nasal summend *närr* oder längere jammernde Laute. Unbedeutender Gesang aus unregelmäßigen Wiederholungen zwitschernder Laute.

F | Fliegt in langen Bögen und kurzen Gleitphasen, bei denen die Flügel halb angelegt sind. Rüttelt. Weißes Flügelfeld nur auf den Handschwingen.

LC NT Rotkopfwürger *Lanius senator*

4 | **G** 24–25 cm | **SP** 25–27 cm

Kleinerer, gedrungener, relativ kurzschwänziger Würger; Ansitz oft auf Freileitungen und Buschspitzen. **AK** | Rücken dunkel mit **ovalem weißem Feld an jeder Seite**; breites weißes Flügelfeld (außer bei SSP. *badius*). Unterseite weiß. ♂ | **schwarze Maske**; Scheitel und Nacken rotbraun; Rücken schwärzlich, Bürzel heller. ♀ | schwarze Maske von weißen Abzeichen unterbrochen, Scheitel hell rotbraun; Rücken und Bürzel bräunlich grau. **JK/1W** | Oberseite „kalt" **gräulich**, **Bürzel weißlich** mit grauer Bänderung. Entlang der Schulter Linie aus **weißlichen Federn**, die jeweils eine dunkle Subterminalbinde aufweisen. Unterseite weißlich mit grauer Bänderung („schuppiger" Effekt). **1S** | wie **AK**, aber mit einigen brauneren Flügeldecken und Schwungfedern.

S | Kurze trockene und heisere Rufe. Singt schnell, laut und variabel, mit zwitschernden und knirschenden Lauten sowie Imitationen.

F● | Schnell, direkt, wellenförmig. Rüttelt gelegentlich. Weiße Felder an den Seiten des Rückens; weißes Band auf Handflügel (fehlt bei SSP. *badius*).

JK: Maskenwürger [JK] *S. 467*
JK: Neuntöter [JK] *S. 466*

Sehr seltener Brutvogel und Durchzügler Mai–Aug

Buschiges Offenland, Obstgärten, Waldlichtungen

Es kommen vier SSPP. vor: ***senator*** (verbreitet) breites weißes Handschwingenfeld, wenig Weiß an zentralen Steuerfedern; ***rutilans*** (Iberien) wenig Weiß in Handschwingen; ***badius*** (westliche Mittelmeerinseln) Schnabel dicker, weniger Schwarz an der Stirn, weißes Handschwingenfeld fehlt; ***niloticus*** (Zypern, von S-Türkei ostwärts) ausgedehnt weiß auf den zentralen Steuerfedern.

Krähenverwandte **16 Arten [3 Ausnahmegäste und 2 eingebürgerte Arten** *(S. 608)*]

Große, kräftig gebaute Vögel mit kurzem, gewölbtem Schnabel und kräftigen Füßen. Mit dem Schnabel kann kleine Beute getötet und andere Nahrung aufgebrochen werden, während die Füße dabei kaum benutzt werden. Typische Krähenvögel sind schwarz oder schwarz-grau, oft mit farbigem Glanz. Häher (3 Arten) und Elstern (2 Arten) sind bunter gemustert und intensiver gefärbt. Die meisten Arten sind gesellig, zumindest bei der Nahrungssuche, Saatkrähen sind Koloniebrüter. Manche Arten wie Alpenkrähen/-dohlen und Häher sind an bestimmte Habitate und Nahrung gebunden, während andere anpassungsfähig und opportunistisch sind. So können Raben- und Nebelkrähen in fast jedem Lebensraum von Städten bis hin zu Berggipfeln angetroffen werden. Sie brüten einzeln, sammeln sich aber zum Fressen an nahrungsreichen Plätzen wie Feldern oder Müllkippen. Lautäußerungen sind meist einfach und kurz, können aber auch in längerer, komplexerer Form (dann eher unterdrückt) vorgetragen werden. **Flug** Kombination aus tiefen Flügelschlägen und kurzem Gleiten, aber große Unterschiede zwischen den Arten. Kolkrabe, Saatkrähe, Alpendohle und andere können gut kreisen und gleiten häufig; bei Hähern und Elstern ist die Flugweise aufwendiger. Krähen sind meist auffällig und leicht zu entdecken; Häher sind viel heimlicher. **Geschlechts- und Altersbestimmung, Mauser** Bei allen Arten sehen die Geschlechter gleich aus, saisonale Unterschiede fehlen. Jungvögel ähneln den Altvögeln, sind aber etwas matter gefärbt. Die Mauser unterscheidet sich zwischen den Arten. Bei den meisten Krähen zeigen Altvögel eine Vollmauser von Mai–Okt (Kolkrabe Mär–Okt), Jungvögel haben je eine Teilmauser von Jun–Sep und Jan–Mär. Adulte Eichelhäher und Elstern mausern von Jun–Okt, die Teilmauser der Jungvögel erfolgt von Jun–Okt. Beim Tannenhäher mausern Altvögel von Apr–Aug, Jungvögel mit Teilmauser von Mai–Aug.

Bestimmung: Größe und Gestalt | Kopf-Hals-Körper-Kontraste | Schwanzform und -farbe | Stimme

SCHWARZE KRÄHEN IM VERGLEICH

Krähenverwandte im Flug

Eichelhäher
Garrulus glandarius

2 | **G** 32–35 cm | **SP** 50 cm

Mittelgroßer, breitflügeliger, breitschwänziger, kontrastreich gefärbter Häher. Insgesamt düster rosa, Rücken grauer; Flügel **schwarz-weiß**, **Bürzel weiß**, Schwanz schwarz. Scheitel weiß mit schwarzen Stricheln, **schwarzer Bartstreif**. Am Flügelbug **blau-schwarz** gebändertes Feld. **AK** | Blau am Flügel dicht dunkel gebändert. **JK** | Blau am Flügel mit unregelmäßigen schwarzen Bändern.

Es kommen 15 SSPP. vor, die leicht in der Größe variieren und sich gering in den Farbtönen (Grau, Rotbraun oder Rosa) unterscheiden, einige mit Schwarz am Scheitel (*): ***glandarius*** (N-Europa bis Ural); ***hibernicus*** (Irland); ***rufitergum*** (Großbritannien, Frankreich); ***fasciatus*** (Iberien); ***corsicanus*** (Korsika); ***ichnusae*** (Sardinien); ***albipectus*** (Italien, Balkan); ***graecus*** (W-Balkan); ***cretorum*** (Kreta); ***glaszneri*** (Zypern); ***samios*** (Samos); ***anatoliae**** (Türkei); ***iphigenia**** (S-Krim); ***krynicki**** (NO-Türkei, Kaukasus); ***hyrcanus**** (SO-Aserbaidschan).

Wiedehopf S. 328 | Unglückshäher S. 478

S | Klagendes *hijäh* (ähnlich Mäusebussard), häufiger laut und heiser *tschrrä* als Warnruf. Gesang kaum hörbar.

F | Flügel breit, gerundet; federnde, elastische Flügelschläge mit gespreizten, nach vorn gedrückten Flügelspitzen; Kopf angehoben, Schwanz abgesenkt. **Großer weißer Bürzel**. Flink und verborgen in dichten Bäumen, fliegt aber höher beim Wechsel zwischen Gehölzen und auf dem Zug.

Häufiger Brutvogel, sehr häufiger Gastvogel

Wälder, Parks, Gärten

SSP. ***rufitergum***
AK

AK
SSP. ***krynicki***

AK
ganzjährig

SSP. ***glandarius***

AK
SSP. ***anatoliae***

Einige Raben- und Nebelkrähen (und wenige Saatkrähen und Kolkraben) haben ein auffälliges, symmetrisches weißes Muster auf den Flügeln und seltener auf dem Schwanz. Dieser Teilalbinismus ist Ausdruck einer genetischen Abweichung.

Saatkrähe | Kolkrabe | Dohle *S. 476*
Alpenkrähe/-dohle *S. 477*
Glanzkrähe S. 621
Leuzisten: *Schildrabe S. 608*
Elsterdohle S. 608

LC Rabenkrähe und LC Nebelkrähe

Corvus corone und *C. cornix*

2 | **G** 44–51 cm | **SP** 85–90 cm

Große Krähen: **ganz schwarz** (**Rabenkrähe**) oder **grau-schwarz** (**Nebelkrähe**; früher wurden beide Formen zu einer Art zusammengefasst). **Scheitel breit**, **flach**; **Schnabel kurz**, **gewölbt**. Gesicht schwarz. Mit Saatkrähen zusammen bei der Nahrungssuche, aber nicht in deren Brutkolonien; Trupps meist kleiner als die der Saatkrähe, aber gelegentlich dennoch zu Hunderten (besonders an abendlichen Sammelplätzen).
Rabenkrähe: **AK** | glänzend schwarz. Ähnlich junger Saatkrähe, aber Gefieder „sauberer", Schnabel kürzer/schwarz und Schnabelborsten kürzer. **JK/1W** | wie **AK**, etwas matter, bräunlicher. **1S** | wie **AK**, mit einigen abgetragenen/braunen Federn im Flügel.
Nebelkrähe: **AK** | hellgrau; Kopf, Flügel und Schwanz schwarz. **JK/1W** | wie **AK**, aber matter. **1S** | wie **AK**, mit einigen abgetragenen/braunen Federn im Flügel.

S | Rufe variabel, aber weniger „melodisch" als bei der Saatkrähe: hart, rau *kraang-kraang-kraang* oder *kraaa*; auch härter, schneller *därr därr* oder schnarrend *krr-krr-krr*.

F | Kopf/Hals/Schnabel kurz; **Schwanz kurz**, **eckig**. Flügel länglich mit breiter Spitze, recht gerade gehalten. Kreist seltener als Saatkrähe; direkter Flug gleichmäßiger.

Bei der Nebelkrähe kommen drei SSP. vor: ***cornix*** (verbreitet); ***sharpii*** (weit im O/SO Europas, Balkan, Kreta, S-Italien, Sardinien) heller; ***pallescens*** (S-Türkei, Zypern) kleiner, noch heller.

Hybrid RABEN- × NEBELKRÄHE

In der schmalen Zone gemeinsamen Vorkommens gibt es häufig Mischbruten von Raben- und Nebelkrähen. Bei den Nachkommen ist das Muster der Nebelkrähe angedeutet, aber die bei der Nebelkrähe grauen Bereiche sind dunkler oder schwarz gestrichelt. Die Merkmale von Hybriden bleiben über mehrere Generationen hinweg erhalten.

Häufige Brut-/Jahresvögel

Offene Landschaft mit Gehölzen, Parks und Gärten in Städten

Rabenkrähe | Kolkrabe
Dohle *S. 476* | Alpenkrähe/-dohle *S. 477*

Saatkrähe
Corvus frugilegus

❷ | **G** 41–49 cm | **SP** 80–90 cm

Große, schwarze Krähe. Stirn steil, **Scheitel spitz**; **Schnabel lang mit breiter Basis, spitz**. **Federn an Flanke und Bauch oft abstehend**. Brutkolonien in Bäumen. **AK** | schwarz, violett schimmernd; vor Schnabelbasis **nackte graue Haut**. **JK** | vor Schnabelbasis schwarz.

S | Tief, heiser *kraa*; laut, hoch *krruu-kr-ruu-krruu*; gedämpfte trompetende Töne und melodisches Quietschen; im Flug mechanisches Rattern.

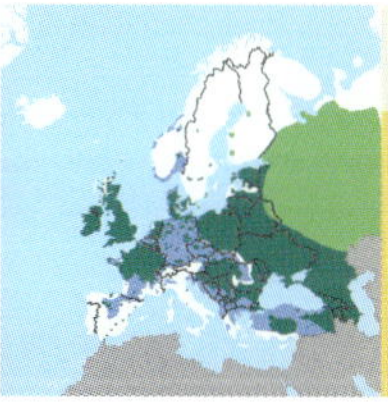

Mittelhäufiger BV, häufiger GV

Nahrungssuche in der Agrarlandschaft; Brutkolonien in Gehölzen, auch in Siedlungen

F | Kopf/Schnabel lang; Schwanz lang, gerundet (s. Kolkrabe); Flügelspitze schmal, oft nach hinten gerichtet. Akrobatische Flugmanöver; oft hoch kreisend. Fliegt mit langsamen, tiefen Flügelschlägen oder gleitet mit v-förmig angehobenen Flügeln.

In Europa kommt SSP. ***frugilegus*** vor.

Rabenkrähe | Saatkrähe
Wüstenrabe S. 608
Borstenrabe S. 608

Kolkrabe *Corvus corax*

❷ | **G** 54–67 cm | **SP** 125–135 cm

Sehr große, schwarze Krähe (bei einzelnen Vögeln Größe manchmal schwer zu schätzen). Scheitel gerundet, spitz oder flach; Kehlbefiederung kann aufgeplustert werden. **Kräftiger**, **stark gewölbter Schnabel**. **Rufe eindeutig**. Oft in Trupps (bis über 100). **AK** | **ganz schwarz**. **JK/1LJ** | matter, etwas bräunlicher als **AK**.

S | Laut, hohl, rollend *krrok*, auch gereiht; schallend *klong* und verschiedene andere Laute von Paaren.

F | Flügel lang, schlank und spitz, oft nach **hinten gelegt** oder **abgewinkelt**. Schwanz **lang**, **gerundet** oder **keilförmig**. **Häufig kreisend**. Flugspiele, einschließlich kurzzeitigem Fliegen auf dem Rücken.

Es kommen fünf sehr ähnliche SSPP. vor: ***corax*** (verbreitet) mit violettem Glanz; ***varius*** (Island, Färöer) matter; ***hispanus*** (Iberien, Mittelmeerinseln) blauer; ***laurencei*** (O-Griechenland, Türkei, Zypern) Hals brauner; ***canariensis*** (Kanaren) am kleinsten, kurzschnäbelig, schwarzbraun.

Mittelhäufiger Brut-/Jahresvogel

Offene Landschaft, Gebirge, Brut oft in Wäldern

Alpenkrähe, Alpendohle und Dohle sehr ähnlich | Rabenkrähe *S. 474* | Saatkrähe *S. 475*

LC Dohle *Coloeus monedula*

LC ❷ | **G** 30–34 cm | **SP** 70–75 cm

Kleine, schwarz-graue Krähe; von der Statur her an eine Straßentaube erinnernd *(S. 241)*; Kopf rundlich, aber breit; **Schnabel kurz und kräftig**. In Trupps von bis zu mehreren Hundert. **AK** | schwarz-grau, **Gesicht und Scheitel schwarz** gegenüber **hellgrauem Nacken und Hals**. Auge **weißlich**. **JK** | matter als **AK**, Scheitel dunkel, weniger scharf abgegrenzt. **1LJ** | schimmernde Flügeldecken, Schwungfedern und Schwanz brauner.

S | Metallisch *jak*, *kjak* oder *kja*, recht variabel: Ein einzelner Vogel kann eine lange, schnelle, sprunghafte Folge kurzer, scharfer, bellender oder quietschender Laute von sich geben. Zum Schlafplatz fliegende Trupps oder Schwärme sind sehr ruffreudig.

F | Flügel leicht gerundet, oft mit **gewölbtem** Vorderrand nach hinten gedreht; rundlicheres Profil als Saatkrähe oder Alpendohle/Alpenkrähe. Fliegt schnell mit **flatternden Flügelschlägen**; häufig kreisend, Trupps dabei mit synchronen Richtungsänderungen. Häufig zusammen mit anderen Krähen und Tauben.

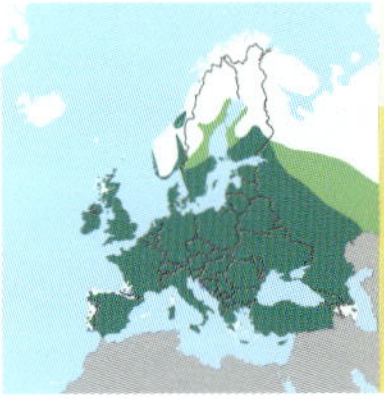

Häufiger Brut-/Gastvogel

Brütet in Wäldern, Klippen und Städten; Nahrungssuche auf Feldern und Wiesen

Drei SSPP.: ***spermologus*** (W-, Z-, S-Europa); ***monedula*** (Skandinavien) grauer, Halsseite grau bis weißlich; ***soemmerringii*** (O-, SO-Europa) kräftiges weißliches Nackenband.

Alpendohle
Pyrrhocorax graculus

2 | **G** 37–39 cm | **SP** 75–85 cm

Mittelgroße, ganz schwarze, gesellige Krähe. Gegenüber Alpenkrähe **runderes Profil**, kleinerer, runderer Kopf und längerer, **über die Flügelspitze hinausragender Schwanz** (bei Alpenkrähe Schwanz nicht hinausragend). **AK** | Schwarz glänzend. **Schnabel leuchtend gelb**, Beine rot. **JK** | matt, Beine und Schnabelspitze dunkel.

S | Scharfe kreischende Laute erinnern an Alpenkrähe, jedoch oft zischende, **schrille, hohe Rufe** *zrii*, *schriiiii* oder *chirrisch*.

F | Flügel **gerundet** (weniger eckig endend als bei Alpenkrähe), Schwanz lang, **gerundet**. **Flügeldecken schwärzer als Schwungfedern**. Flug mit akrobatischen Manövern und langem Gleiten. Oft große Trupps (Hunderte), die in der Luft herumwirbeln oder sich zur Nahrungssuche über Bergwiesen verteilen. Trupps dichter als bei der Alpenkrähe, ständiges Kreisen von vielen Rufen begleitet.

Es kommen zwei ähnliche SSPP. vor: **graculus** (verbreitet); **digitatus** (Türkei) Schnabel und Füße kräftiger.

Seltener Brut-/Jahresvogel (nur Alpen)

Hochgebirge, Klippen, Schluchten

Alpenkrähe
Pyrrhocorax pyrrhocorax

2 | **G** 37–41 cm | **SP** 75–90 cm

Mittelgroße, **glänzend** schwarze Krähe mit langem Körper und langem, dünnem, **abwärts gebogenem Schnabel**. Bewegt sich hüpfend und laufend, dabei **lange Flügel** hängend oder angehoben und Kopf oft geneigt. Bei ♂ Schwanz kürzer als angelegter Flügel, bei ♀ gleich lang (bei Alpendohle Schwanz länger als Flügel). Meist Trupps von 10–100 Vögeln. **AK** | schwarz mit grünlichem oder bläulichem Glanz; **Schnabel und Beine rot**. **JK** | im Vergleich zu **AK** Schnabel kürzer, orange; Beine blasser. **1W** | Flügel brauner als bei **AK**.

S | Ruft scharf pfeifend *kiach*, *tjia* oder *tjrää* (ähnlich Dohle, aber energischer).

F | Flügel breit, **eckig endend**, **von unten zweifarbig schwarz mit graueren Schwungfedern**; Kopf recht lang und schmal; Schwanz kurz und eckig. Hinabstoßen mit halb geschlossenen Flügeln, oft gefolgt von steilem Aufstieg.

Vier SSPP.: **erythroramphos** (verbreitet) groß, grünlicher Glanz; **pyrrhocorax** (Britische Inseln) klein, bläulicher Glanz; **barbarus** (Kanaren) langflügelig, grünlicher Glanz; **docilis** (SO-Europa) kleinschnäbelig, matt grünlich glänzend.

Sehr seltener Brutvogel (nur Alpen Schweiz)

Felsige Steilküsten, Klippen, Schluchten, Steinbrüche und umliegendes Grünland

Star *S. 379*

LC Tannenhäher
LC *Nucifraga caryocatactes*

2 | **G** 32–34 cm | **SP** 40–50 cm

Mittelgroßer, großköpfiger, aufrechter Häher; stämmig, kurzschwänzig, oft auf hohem, offenem Ansitz. **AK** | **braun** mit **schwärzlicher Kappe**, großes **weißes Feld am Unterschwanz**. Kopf, Hals und Körper mit **weißen Flecken** übersät, aber Flügel einfarbig schwärzlich mit Glanz. Schwanz mit breiter weißer Endbinde. **JK** | wie **AK**, aber mit breiter weißer Binde auf dem blasseren Oberflügel. **1LJ** | schwarze Flügeldecken mit dünnen weißen Linien an der Spitze (im **AK** kleine weiße Dreiecke).

S | Ruft tief, hölzern *rrraaa*, auch mehrfach wiederholt; dünnes, quietschendes Miauen.

F | Dickbäuchig; Flügel breit und gerundet, Schwanz kurz und breit. Schnelle, flatternde, tiefe Flügelschläge und kurzes Gleiten. Kann vom hohen Ansitz aus mit angelegten Flügeln zum Boden stoßen.

Zwei SSPP.: ***caryocatactes*** (Europa) mit etwas kürzerem, dickerem Schnabel als der „Sibirische Tannenhäher" ***macrorhynchos*** (vom Ural ostwärts), von dem in Jahren mit Mangel an Kiefernzapfen viele Vögel westwärts wandern.

AK

Seltener Brut-/Jahresvogel

Hochgelegene Nadelwälder, Bergwiesen mit Bäumen

AK ganzjährig

„dünnschnäbelig" SSP. ***macrorhynchos***

1LJ ganzjährig

„dickschnäbelig" SSP. ***caryocatactes***

Eichelhäher *S. 473*

LC Unglückshäher
LC *Perisoreus infaustus*

2 | **G** 25–31 cm | **SP** 40–48 cm

Kleiner, rundköpfiger, sehr kurzschnäbeliger und recht langschwänziger Häher. Hängt oft beim Fressen unter Ästen. **AK** | **bräunlich grau** mit **rostroten Feldern am Flügel sowie an Schwanzbasis und -seite**. Dunkle Kappe über großem dunklem Auge; kleiner weißer Fleck über der Schnabelbasis. **JK** | Gefieder etwas blasser als bei **AK**.

S | Ruft klagend *miä* und pfeifen *kuii*. Als Gesang dient ein leises Gezwitscher.

Kein Vorkommen in Mitteleuropa

Alte, dichte Nadelwälder

Zwei ähnliche SSPP.: ***infaustus*** (von Skandinavien ostwärts) rostrot; ***rogosowi*** (NO-europäisches Russland), grauer.

F | Kurze, runde Flügel und ziemlich langer Schwanz. Olivgrau mit leuchtend rostroten Feldern im Handflügel, am Bürzel und an den Schwanzseiten. Leichtes Gleiten, kreist oft zum Ansitz hinunter.

AK

AK ganzjährig

SSP. ***infaustus***

Schildrabe S. 608

Elster *Pica pica*

❷ | **G** 40–51 cm (inkl. Schwanz 20–30 cm) | **SP** 56–61 cm

Unverwechselbarer großer, **langschwänziger**, **schwarz-weißer** Vogel; meist einzeln oder in Paaren, manchmal bis zu 40 Vögel. **AK** | Kopf und Brust matt schwarz; Flügel blau glänzend; **Schulterfeld und Bauch weiß**. Langer schwarzer Schwanz glänzt grün, blau und purpurn. **JK** | Schwanz kürzer als im **AK**, dennoch unverwechselbar.

S | Laut schackerndes Stakkato *tscha-tscha-tscha*, mit Variationen.

Häufiger Brut-/ Jahresvogel

Städte, Dörfer, Gärten, Parks, Waldränder, Hecken

Drei SSPP.: ***pica*** (verbreitet) Bürzel grau mit Schwarz und Weiß; ***fennorum*** (von N-Skandinavien ostwärts) etwas größer, mehr Weiß an Bürzel und Flügel; ***melanotos*** (Iberien) Bürzel schwarz, manchmal bläulicher Fleck hinter dem Auge.

F | Flügel kurz, gerundet; Schwanz sehr lang. **Weiße Flügelspitzen**, weiße Schultern, schwarzer Rücken. Flatternder, geradliniger Flug; typisches steiles Abtauchen zum Sitzplatz.

Blauelster *Cyanopica cooki*

❷ | **G** 34–36 cm | **SP** 45–50 cm

Recht großer, schlanker, langschwänziger, geselliger Krähenverwandter. **AK** | Körper rosabeige mit deutlich abgesetzter, **glänzend schwarzer Kappe** und **weißer Kehle**. Flügel und langer schmaler Schwanz **hell schieferblau** (klarer blau in gutem Licht). **JK** | brauner als **AK**, Kappe weiß gesprenkelt. **1W** | ähnlich **AK**, aber mit Mischung alter (matt) und frischer (farbintensiv) Flügel- und Schwanzfedern.

S | Lauter, rollender Warnruf und lange, ansteigende, nasale Laute.

Kein Vorkommen in Mitteleuropa

Waldränder, Obstgärten, Offenland mit einzelnen Bäumen (besonders Kiefern)

F | Flügel breit und gerundet, Schwanz lang, schmal, mit keilförmiger Spitze. Kleine, lebhafte Trupps bewegen sich rasch durch Bäume oder kommen kurz an den Boden. Flug von Baum zu Baum in schneller, flatternder, wellenförmiger Aktion; Aufwärtsschwenk zum Ansitz.

Finkenverwandte und Sperlinge sind

kleine Vögel, für die kurze, dreieckige Schnäbel, kurze Beine, breite rundliche oder flache Köpfe, breite Flügel und kurze, meist gekerbte Schwänze typisch sind. Am Boden hüpfen alle mit beiden Beinen oder bewegen sich wie Ammern *(S. 508)* fort, nicht wie Lerchen oder Pieper *(S. 348)*. **Flug** Schwirrende Flügelschläge, oft in Serien zwischen Abschnitten mit angelegten Flügeln, dadurch wellenförmiger Flug. Trupps entweder ungeordnet (z. B. Buchfink, Sperlinge) oder gut synchronisiert (z. B. Erlenzeisig).

FINKENVERWANDTE 33 Arten (4 nur in Makaronesien) [3 Ausnahmegäste] *(S. 492–484, 527–529, 606, 616)*
Stand- oder Zugvögel; einige kolonieähnlich brütende Arten sind ganzjährig gesellig, andere bilden außerhalb der Brutzeit Trupps (oft mehrere Arten gemischt). Trotz Insektennahrung im Sommer ist der Schnabel eine Anpassung an das Fressen von Pflanzensamen in anderen Jahreszeiten, von weichen Samen (Stieglitz, Girlitz) und Knospen (Gimpel) bis zu harten Kernen von Früchten (Kernbeißer) und Samen in großen, harten Zapfen (Kreuzschnäbel). Einige Arten sind hervorragende Sänger (oft mit typischen Singflügen).

Bestimmung: Schnabelform/-farbe | Gefiederfarbe | Kopfmuster | Flügel- und Schwanzmuster | Bürzelfarbe | Ruf und Gesang

SPERLINGE 8 Arten *(S. 504–507)*
Zumeist Standvögel, aber einige (wie Weiden-, Moabsperling) sind in manchen Gebieten Zugvögel. Einige Arten sind gesellig und bilden große Trupps (z. B. Haussperling), manche brüten in Kolonien (z. B. Weidensperling). Insgesamt ähnlich den Finken. Bei einigen Arten Männchen mit auffälligem Prachtkleid, aber Stein-/Fahlsperlinge ganzjährig eher schlicht. Gesang weniger entwickelt als bei Finken.

Bestimmung: Kopfmuster | Schwanzmuster

Geschlechts- und Altersbestimmung, Mauser

FINKENVERWANDTE ♂ und ♀ unterschiedlich gefärbt, teils deutliche jahreszeitliche Unterschiede. JK bis zur Teilmauser (Jul–Sep) von AK unterscheidbar, bei manchen Arten auch noch in der ersten Hälfte des folgenden Jahres (oft durch kleine Unterschiede in Muster und Struktur einiger Federn). Altvögel mit Vollmauser im Zeitraum Jul–Okt, die Farben des Prachtkleids kommen aber oft erst durch den Verlust heller Federspitzen im Spätwinter/Frühjahr zur Geltung.

SPERLINGE ♂ und ♀ nur bei einigen Arten gleich; saisonal wenige Unterschiede. JK ähnlich wie ♀, Mauser von Jun–Sep. Altvögel mausern Jun–Sep/Okt, helle Federsäume verstecken zunächst das PK, welches erst nach Abnutzung dieser Säume im Frühjahr zu Tage tritt. Der Mausertermin variiert hinsichtlich Brutzeit und Bruterfolg (und auch individuell), sodass jederzeit verschiedene Stadien des Gefieders zu sehen sind.

Verschiedene Typen von Finkenverwandten

Es gibt verschiedene Gruppen von Finken, die mit Erfahrung anhand ihrer Lautäußerungen bestimmbar sind.

Grünfink, **Blut-** und **Berghänfling** haben helle (gelbe oder weiße) Streifen auf den Außenfahnen ihrer Schwung- und Steuerfedern. Nur der **Grünfink** ist weitgehend einfarbig, d. h. in den meisten Kleidern ungestrichelt grün. Der **Erlenzeisig** (*gegenüber*) ist grün, aber stark gestrichelt, mit breiten Flügelbinden. **Stieglitz** und **Erlenzeisig** sowie der streifig braune **Birkenzeisig** hängen beim Fressen an hohen Stängeln und Fruchtständen, während **Blut-** und **Berghänfling** am Boden bleiben, sich mit dem Schnabel zum Fruchtstand recken oder diesen unter einen Fuß klemmen. **Erlenzeisig**, **Birkenzeisig** und **Stieglitz** ernähren sich auch in Baumwipfeln.

Buchfink und **Bergfink** sind fast gleich in Gestalt, Struktur und Muster, unterscheiden sich aber in Färbungsdetails. Sie fressen meist am Boden, picken aber im Sommer auch Raupen von Blättern.

Der **Kernbeißer** kann mit seinem sehr dicken Schnabel auch harte Samen wie Kirschkerne bewältigen, frisst aber auch Bucheckern am Boden. Der eher heimliche **Gimpel** bevorzugt Knospen, Schösslinge und Beeren.

Kreuzschnäbel bleiben meist in Baumkronen, wo sie mit ihrem speziell geformten Schnabel die Schuppen von Zapfen aufbrechen. Beim Abfliegen sind sie besonders ruffreudig.

Wüstengimpel (und Steinsperlinge) bewohnen Klippen und felsige Hänge warmer Regionen, wo sie am Boden sitzen und mit häufigem Rufen auf sich aufmerksam machen. Der **Berggimpel** ist ein Beispiel für Arten, die sich an unwirtliche Bedingungen in Bergregionen SO-Europas angepasst haben.

AMERIKANISCHE FINKEN & AMMERN
Ausnahmegäste aus N-Amerika (*S. 616–617*). Die Neuweltammern bilden eine eigene Familie.

Ausgewählte Finkenverwandte und Sperlinge im Flug

GIMPEL
(S. 486)
♂
♂
♀
BERG-
HÄNFLING
(S. 495)
SK
SK
SK
SK
BIRKENZEISIG
(S. 492)
♂PK
KERNBEISSER
(S. 485)
SK
SK
BLUTHÄNFLING
(S. 494)
SK
AK
AK
FELDSPERLING
(S. 505)
STEINSPERLING
(S. 507)
♂PK
ITALIENSPERLING
(S. 504)
♂SK
AK
HAUSSPERLING
(S. 505)
♂PK
♀
AK
WEIDENSPERLING
(S. 504)
♂SK
♂PK
SCHNEESPERLING
(S. 484)

FINKENVERWANDTE UND SPERLINGE IM FLUG *S. 482–483*

LC Schneesperling *Montifringilla nivalis*

LC ❶ | **G** 17–18 cm | **SP** 30–34 cm

Kein Finkenverwandter, sondern ein stämmiger Sperling, meist am Boden. **Schwarz-weiße Flügel** schließen alle anderen Arten aus (außer Schneeammer, aber Vorkommen überschneidet sich nicht). **Kopf gräulich**, **Oberseite braun**, Unterseite weiß. **♂PK** | (Mär–Aug) Kopf blaugrau, Kehle schwarz; Schnabel schwarz; Bürzel schwarz. **♂SK** | Kopf bräunlich, Schwarz an der Kehle teilweise verborgen, Schnabel orange. **♀** | Kopf bräunlich grau, kleiner schwarzer Kehlfleck, von Aug–Mär von hellen Federspitzen verdeckt. Bürzel braun. **JK** | (bis Aug–Okt) Kopf braun, Kehle grau; nach Mauser zu **1W** wie **AK**.

Drei SSPP.: ***nivalis*** (S-Europa) Kopf grau, Oberseite braun; ***leucura*** (S-, O-Türkei) Kopf graubraun, kaum Kontrast zum graubraunen Rücken; ***alpicola*** (Kaukasus) Scheitel braun, Nacken gräulich, Rücken dunkelbraun.

Schneeammer *S. 509*

Seltener Brutvogel (nur Alpen)

Hochgebirge, felsige Plateaus und Schneefelder

S | Raue, rollende und piepende Laute; stotternder, sperlingsartiger Gesang.

F | Lange, breite, spitz zulaufende Flügel, weiß mit schwarzer Spitze; Schwanz lang mit weißen Seiten. Flug schnell, direkt, wellenförmig.

SSP. ***nivalis***

AK
ganzjährig

SSP. ***nivalis***

SK
Sep–Mär

langes weißes Band entlang des angelegten Flügels

Unterseite weiß

♀
ganzjährig

SSP. ***nivalis***

Kopf grau

♂PK
Mär–Sep

SSP. ***nivalis***

Kernbeißer
Coccothraustes coccothraustes

2 | **G** 16,5–18 cm | **SP** 29–33 cm

Großer bunter Fink mit **großem hellem Schnabel**, scheu und oft unauffällig. Sitzt mitunter aufrecht auf Baumspitze, stämmig und an Kreuzschnabel *(S. 498)* erinnernd. Nahrungssuche oft am Boden. **AK** | Oberseite braun, Kinn schwarz. **Weißes Flügelband**. Unterseite beige. Schnabel bläulich und schwarz (von Sep–Mär gelblich). **♂** | Stirn und Wange **kräftig orangebeige**, Hinterhals grau; Zügel schwarz; Armschwingen stahlblau. **♀** | Kopf matt bräunlich; Zügel graubraun; Armschwingen grau, (bilden helles Feld). **JK** | hell beigebraun, unten schwärzlich gebändert oder gefleckt. Breites **weißes Flügelfeld**, **weiße Schwanzspitze**. **1W** | ähnlich ♀, aber Kopf einfarbiger und Flügel grauer.

Abendkernbeißer S. 616

S | Ruft scharf, trocken, metallisch *tix!* (sehr ähnlich Rotkehlchen, *S. 392*), im Flug im Wechsel mit langgezogenem, dünnem *ziit*. Leiser, knirschender Gesang, enthält auch die Rufe.

F | Flügel lang, breit, mit rundlichem Hinterflügel; Schwanz kurz. Auffallende **weiße Schwanzspitze**, besonders im Schatten unter Bäumen; von unten **langer**, **breiter**, **weißer Flügelstreif**. Schnell, direkt, leicht wellenförmig; Trupps bis 50.

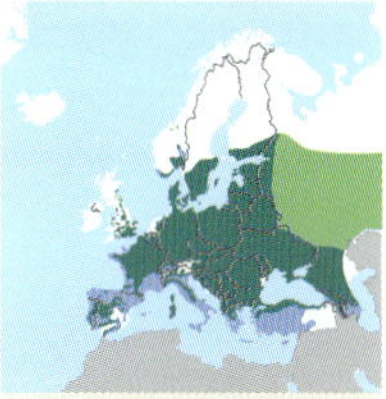

Häufiger Brut-/Gastvogel

Laubwälder, Parks, große Gärten

Zwei ähnliche SSPP.: ***coccothraustes*** (verbreitet); ***nigricans*** (Krim, Z-, S-Kaukasus, NO-Türkei) mit dunklerem Rücken (aber Übergangsformen).

♀ SK / 1W
Sep–Mär

Kopf und Schnabel im Winter blasser

alle SSP. ***coccothraustes***

♂ PK
Feb–Aug

weißliches Flügelband und graues Flügelfeld

♀ PK
Feb–Aug

weiße Schwanzspitze

LC Gimpel *Pyrrhula pyrrhula*

LC ❷ | **G** 15,5–17 cm | **SP** 22–29 cm

Großer, kompakter, breitköpfiger, kurzschnäbeliger Fink. **Bürzel und Steiß weiß**, bläulich schwarze Flügel mit breiter **weißer Flügelbinde** in allen Kleidern. Leise und zurückgezogen, aber nicht unbedingt scheu. Beim Fressen papageiähnliche Aktion; rüttelt gelegentlich. Ruf eindeutig. ♂ | **Kappe, Kinn und Schnabel schwarz**, Oberseite grau, **Brust rosarot**. ♀ | Kappe und Kinn schwarz, Oberseite graubraun, Unterseite **ungestrichelt gräulich rosabeige**. **JK** | wie ♀, aber Kopf einfarbig, Kappe und Kinn nicht schwarz.

S | Ruft tief, hohl flötend *püh* oder *juuh*, besonders penetrant im Frühjahr. Leise zwitschernder Gesang mit schrillen und knarrenden Tönen. Vögel der SSP. *pyrrhula* lassen oft einen trompetenartigen Ruf vernehmen.

F | Plump, kurzhalsig, breitflügelig. Bürzel und Steiß weiß (breiter als beim Bergfink, *S. 500*). Flügel von unten hell; weißer Steiß und eckiger, dunkler Schwanz kennzeichnend. Selten in größeren Trupps.

Hakengimpel *S. 496*

Häufiger Brutvogel, sehr häufiger Wintergast

Laubwälder, Obstgärten, Parks, große Gärten

Sechs SSPP., Unterschiede meist gering, aber ***pyrrhula*** (N-, O-Europa) größer als südliche SSPP., ♂ unten tief rot, weißer Bürzel reicht bis auf den blaugrauen Rücken; ***europaea*** (N-, W-Europa) blass; ***pileata*** (Britische Inseln) klein; ***iberiae*** (SW-Europa) ♂ kräftig rosa, ♀ hell und grau; ***rossikowi*** (N-Türkei, Kaukasus) ♂ kräftig rot, ♀ dunkel graubraun; ***caspica*** (Aserbaidschan) im Übergang zu ***rossikowi***, klein, aber mit großem Schnabel.

Kopf einfarbig

JK
Mai–Okt

Stieglitz *Carduelis carduelis*

❷ | **G** 12–13,5 cm | **SP** 20–25 cm

Häufiger Brutvogel, sehr häufiger Wintergast

Offene Landschaft mit Büschen und Bäumen, Waldränder, Gärten

Unverwechselbarer kleiner, schlanker Fink mit **breitem gelbem Band auf schwarzem Flügel**; Schwanz tief gekerbt. Oft fünf bis zehn, auch Schwärme von Hunderten. **AK** | hellbraun und beige; Brustseiten dunkelbeige. **Gesicht rot**, **Wange weiß**, **dahinter schwarz**. **JK** | Kopf **gräulich beige**; Flügel und Schwanz mit beigen Federspitzen. **1W** | Flügeldecken des **JK** können zwischen den neuen schwarzen erhalten bleiben.

S | Ruf ähnlich Rauchschwalbe *(S. 344)*, verschluckt *plitt*, *telitt* dreisilbig *ti-telitt*; auch hartes Raspeln. Schneller, klingelnder Gesang mit Zwitschern und Trillern.

F | Flügel lang und breit. Breites helles Band auf schwarzem Flügel; Bürzel weiß; von unten heller Körper und dunkler Hinterflügel. Leicht, unregelmäßig, wie vom Wind verweht. Trupps nur wenig koordiniert.

Neun, oft nicht unterscheidbare SSPP.: ***carduelis*** (verbreitet); ***britannica*** (Britische Inseln, NW-Frankreich bis W-Niederlande) oben dunkler; ***parva*** (SW-Europa, Balearen, Madeira, Kanaren) klein, gräulich; ***tschusii*** (Korsika, Sardinien, Sizilien), ***balcanica*** (Balkan, Griechenland, Kreta, NW-Türkei), ***brevirostris*** (O-Türkei), ***colchica*** (Krim, N-Kaukasus) und ***niediecki*** (Rhodos, W-, SZ-, NO-Türkei, S-Kaukasus, Zypern) alle gräulich; ***volgensis*** (S-Ukraine, SO-europäisches Russland) größer.

Bluthänfling *S. 494* | Berghänfling *S. 495*

Rotstirngirlitz *Serinus pusillus*

LC

LC ❷ | **G** 11,5–12 cm **SP** 18–20 cm

Kein Vorkommen in Mitteleuropa

Hochlandwälder, Wiesen, Schluchten

Kleiner, plumper, dunkler Fink mit winzigem schwärzlichem Schnabel. Bürzel und Schwanzaußenkanten **orangegelb**. **AK** | Kopf schwärzlich, **Stirn rot**. Oberseite braun, schwarz gestrichelt; Schulter rotbraun; Flügel schwarz-gelb, zwei weiße Flügelbinden. Unterseite gelblich beige, schwarz gestrichelt. **JK** | Kopf und Rücken rostbraun, schwarz gestrichelt. **Breite rotbraune** Flügelbinden. Unterseite beige, graubraun gestrichelt. **1W** | wie **AK**, aber rote Stirn erst ab Okt–Dez.

S | Zwitschernder Triller. Langer, schneller Gesang mit hohen Trillern.

F | Flügel breit, gerundet. Flug wellenförmig, ruckartig; dichte Trupps.

FINKENVERWANDTE UND SPERLINGE IM FLUG *S. 482–483*

Kleine, gestreifte Finkenverwandte im Jugendkleid

Ohne Vergleich zu Altvögeln können gestreifte, junge Finken schwer zu bestimmen sein (und bei Verdacht auf einen Ausnahmegast sind Gefangenschaftsflüchtlinge zu erörtern, z. B. verschiedene Varianten des Kanarengirlitzes, *S. 527*). Zu prüfen sind die Grundfärbung, das Muster um Auge und Wange, die Färbung von Flügel, Flügelbinden und Schirmfedersäumen, das Vorhandensein/Fehlen von Stricheln/Feldern an der Seite des Schwanzes, Schnabelform und -größe, die Beinfarbe und Lautäußerungen.

BIRKENZEISIG
(S. 492)
Apr–Sep
Braun, dunkle Strichel; Kopf klein, einfarbig; Flügelbinde **beige**; Beine **schwarz**.

BERGHÄNFLING
(S. 495)
Apr–Sep
Beigebraun, wenig gestrichelt; **Kehle beige**; Flügelbinde **beige**; **weiße Säume** an Flügel und Schwanz; Beine rosa, ab Aug **dunkel**.

BLUTHÄNFLING
(S. 494)
Apr–Sep
Rostbeige, Brust braun gestrichelt; **helle Halbkreise** über und unter dem Auge; Flügelbinde **rostbeige**; **weiße Säume** an Flügel und Schwanz; Beine **hell**.

LC Erlenzeisig *Spinus spinus*

LC ③ | **G** 11–12,5 cm | **SP** 18–22 cm

Kleiner, schlanker, grünlicher Fink mit tief gekerbtem Schwanz. Akrobatische Nahrungssuche im Trupp mit anderen Finken oder Meisen. Trupps bis über 100. Breite **schwarze und gelbe** Binden auf dem Flügel; weißer Bauch; gelbe Schwanzaußenkante. ♂ | **Kappe und Kinn schwarz**. Oberseite grün, Bürzel gelb; Brust gelb, Bauch weiß. ♀ | Oberseite gräulich. Unterseite weiß mit langen schwarzen Stricheln. **JK** | ähnlich ♀, aber stärker gestrichelt, Flügelbinden schmal. **1W/1S** | wie **AK**, aber einige Flügeldecken brauner.

Girlitz | Grünfink *S. 490* | Zitronenzeisig *S. 491* | Korsenzeisig *S. 491* | *Kanarengirlitz* (einschließlich Gefangenschaftsflüchtlinge) *S. 527*

S | Ruft *tlui* oder *dliüh*. Schneller zwitschernder Gesang mit Trillern und leisem Summen. Trupps singen wirr durcheinander.

F | Kurze, breite Flügel; kurzer, eingekerbter Schwanz. Langer gelber Streif auf schwarzem Flügel. Leicht, bogenförmig; in großen Trupps **eng beieinander**.

Mittelhäufiger BV, sehr häufiger DZ/WG

Nadelwälder; im Winter Erlen-/Birkenbestände, Gärten

ERLENZEISIG
Mai–Okt
Grünlich; **Gelb** am Kopf; zwei **gelbliche** Binden auf braunem Flügel; Beine **hell**.

ROTSTIRNGIRLITZ
(S. 487)
Mai–Sep
Rotbraun; Kopf rostbraun; **breite**, **dunkel rotbraune** Binden und Schirmfedersäume an schwärzlichem Flügel; Beine **hell**.

ZITRONENZEISIG
(S. 491)
Apr–Okt
Gräulich; zwei **beige-weiße** Binden an schwärzlichem Flügel; Beine **hell**.

GIRLITZ
Jun–Sep
Rotbraun/beige; schmale **rötlich beige** Binden an graubraunem Flügel; Beine **hell**.

Girlitz *Serinus serinus*

2 | **G** 11–12 cm | **SP** 18–22 cm

Kleiner, **kleinschnäbeliger**, **gestreifter** Fink, Altvögel mit gelbem Bürzel. Aufrecht, unauffällig in Baumkronen; am Boden hockend/hüpfend. ♂ | **Stirn gelb**. Oberseite olivgrün, schwarz gestrichelt. Kehle und Brust gelb, Flanke schwarz gestrichelt. ♀ | weniger gelb als ♂, Scheitel braun gestrichelt. **JK** | beigebraun, schwarz gestrichelt; Flügelbinde rötlich beige. Bürzel beige. **1W/1S** | wie **AK**, aber noch einige Flügeldecken aus **JK** mit braunerem Zentrum.

Erlenzeisig | Zitronenzeisig *S. 491*
Korsenzeisig *S. 491* | Grünfink *S. 490*
Bluthänfling [JK] *S. 494* | *Kanarengirlitz* (einschließlich Gefangenschaftsflüchtlinge) *S. 527*

S | Klingelnder Triller; aufsteigend *tü-ih*. Klirrender Gesang, oft im Singflug.

F | Flügel breit, Schwanz schmal, tief eingekerbt. Gelber Bürzel. Leicht, schnell, federnd oder ruckartig.

Mittelhäufiger Brutvogel, häufiger Gastvogel

Gärten und Parks mit Büschen u. (Nadel-)Bäumen, Obstgärten, Dörfer

FINKENVERWANDTE UND SPERLINGE IM FLUG *S. 482–483*

LC Grünfink *Chloris chloris*

LC ❷ | **G** 14–16 cm | **SP** 24–27 cm

Großer, **dickschnäbeliger** Fink mit **gelbem Streifen entlang der Flügelkante**. Rastet aufrecht, beim Fressen am Boden aber waagerecht; frisst in Feldern und unter Bäumen. ♂ | **apfelgrün**; Grau am Flügel. **Schnabel hell**, kegelförmig; **breiter gelber Streifen** entlang Flügelkante und an Schwanzseite. Im Winter (Sep–Mär) blasse Federsäume. ♀ | bräunlich grün, oben leicht dunkler gestrichelt; schmaler gelber Streifen entlang Flügelkante. **JK** | wie ♀, aber viel blasser und diffus braun gestrichelt; ebenfalls mit schmalem gelbem Streifen entlang Flügelkante. **1W** | kann Kontrast zwischen Flügel- und Schwanzfedern aus **JK** und **AK** zeigen, aber Altersbestimmung oft unmöglich.

Alters-/Geschlechtsbestimmung kann schwierig sein. Streif an Flügelkante bei 1W schmaler als im AK, bei ♂ breiter als bei ♀ gleichen Alters.

Zitronenzeisig | Korsenzeisig | Kreuzschnäbel [♀] *S. 498–499* | Erlenzeisig *S. 488* | Girlitz *S. 489* | *Kanarengirlitz* (einschließlich Gefangenschaftsflüchtlinge) *S. 527*

S | Ruft kurz *jüp*; unregelmäßige Serien wie *jüp-jüp-üp-üp*, kräftiger und lauter als beim Bluthänfling *(S. 494)*, weniger metallisch als Birkenzeisig *(S. 492)* und laut *tschüp* ähnlich Fichtenkreuzschnabel. Singt im Sitzen oder im Flug mit Trillern, Zwitschern und charakteristischem, nasal krächzendem *dschääääh*, viele Tonhöhen- und Geschwindigkeitswechsel.

F | Kräftiger Körper, lange, zugespitzte Flügel, kurzer Schwanz mit Einkerbung. Gelbe Streifen am Flügel, von hinten aber **Gelb am Schwanz** auffälliger. Flügelschläge energischer als beim Buchfink *(S. 500)*, dadurch lange Bögen. Fledermausartiger **Singflug mit gestreckten Flügeln**. Trupps geordneter als beim Buchfink, bis zu 300 Vögel.

Sehr häufiger Brut-/Gastvogel

Wälder, Gehölze, offene Landschaft, Gärten

Acht ähnliche SSPP., diejenigen in S- und O-Europa am intensivsten grün: ***chloris*** (verbreitet); ***harrisoni*** (Britische Inseln); ***muehlei*** (SO-Europa); ***aurantiiventris*** (Spanien bis Griechenland, Madeira, Kanaren); ***madaraszi*** (Korsika, Sardinien); ***vanmarli*** (NW-Spanien, Portugal); ***chlorotica*** (von ZS-Türkei ostwärts); ***bilkevitchi*** (Krim, Kaukasus, NO-Türkei).

Zitronen- und Korsenzeisig sehr ähnlich | Grünfink | Erlenzeisig *S. 488* | Girlitz *S. 489* | Bluthänfling [JK] *S. 494* | *Kanarengirlitz* (Gefangenschaftsflüchtlinge) *S. 527*

Zitronenzeisig *Carduelis citrinella*

2 | **G** 11,5–13 cm | **SP** 20–22 cm

Kleiner, geselliger Fink; oft in kleineren Trupps, selten mehr als 200. Grün, gelb und grau. Größe und Struktur erinnern an Erlenzeisig, aber der Schwanz ist länger und das AK ist **ungestrichelt**. Flügel schwärzlich, **zwei breite helle Flügelbinden**. ♂ | Oberseite grün, Gesicht gelblich, Nacken und Halsseite grau. Zwei breite, grünlich gelbe Flügelbinden. Unterseite gelbgrün. ♀ | Kopfseite, Nacken und Rücken matt grau mit bräunlichem Anflug. Kehle und Brust grünlich grau oder grau. **JK** | hell beigebraun. Kopf gräulich; Kehle und Unterseite beige braun mit braunen Stricheln. Zwei breite weißliche Flügelbinden.

Sehr seltener BV (Alpen, Schwarzwald), mittelhäufiger BV Mär–Okt

Bergwälder mit Lichtungen und angrenzende Bergwiesen

S | Ruft einfach, dünn *teh*. Kurzer zwitschernder Gesang ähnlich Stieglitz mit gequetschtem Schlusston, manchmal im Singflug.

F | Flügel breit und spitz, Schwanz schmal. Leicht bogenförmiger Flug, Trupps ungeordnet.

Korsenzeisig *Carduelis corsicana*

2 | **G** 11 cm | **SP** 20 cm

Kleiner Fink mit kleinem Schnabel, rundem Kopf, **gelber Unterseite** und **zwei breiten hellen Flügelbinden**. ♂ | Stirn, Wange und Kehle gelb, Nacken und Halsseite hellgrau; sehr ähnlich Zitronenzeisig (bestimmbar anhand des Beobachtungsortes), aber Rücken **warm braun mit grauen Stricheln**. Unterseite leuchtend gelb. ♀ | Stirn bräunlich, Gesicht grünlich gelb, Rücken graubraun gestrichelt; Unterseite grünlich gelb mit feinen grauen Stricheln. **JK** | **Kopf hell**, **beige mit mehr Gelb an der Kehle**, Oberseite braun mit dunkelbraunen Stricheln, Flügel dunkel mit zwei schmalen beigen Flügelbinden; Schwanz schmal, Außenkanten weißlich (wie bei **♀/JK** Bluthänfling).

Kein Vorkommen in Mitteleuropa, nur auf Korsika und Sardinien

Buschige Berghänge

S | Ruft hoch, dünn *tsiit* und kurzes Schnalzen. Gesang aus schnellen Trillern (eintöniger als Zitronenzeisig).

F | Flügel breit, Schwanz schmal. Typischer, leicht bogenförmiger Finkenflug.

LC Birkenzeisig
LC *Acanthis flammea*

2 | **G** 11–14 cm | **SP** 16–26 cm

Berghänfling *S. 495* | Bluthänfling *S. 494*
Karmingimpel *S. 496*

Kleiner, schlanker, streifig brauner Fink mit kurzem Schnabel. **Vorderscheitel rot**; kleiner, unauffälliger **schwarzer Kinnfleck**. **Weißliche Flügelbinde**. **♂PK** | (Jan–Jul) **Brust rosarot**, Bürzel rosa. **♂SK** | Rosa unter beigen Säumen verborgen. **♀** | wenig Rot am Scheitel, um Schnabel und Auge schwarz. Unterseite weiß, Flanke beige mit **schwarzen Stricheln**. **JK** | ohne Rot am Scheitel, manchmal auch noch im **1W**, dann auch Mischung aus matten und kräftiger gefärbten Großen Decken.

S | Ruft schnell, hart und metallisch *tschett-tschett-tschett* und nasal *djüih* (kräftiger als Bluthänfling, metallischer als Grünfink). Beim federnden Singflug Mix aus Rufen und vokallosem Triller *tsrrrrr*.

F | Breiter Flügel, schmaler Schwanz; federnder Wellenflug in dichten Trupps (bis über 100 Vögel).

Mittelhäufiger BV, häufiger WG

Birken- und Mischwälder, Heide, Gärten; im Winter an Birken, Pappeln und Weiden

Fünf Unterarten, die meistens als drei Arten behandelt werden:

„Alpenbirkenzeisig" SSP. *cabaret* (S-Schweden bis Alpen, Britische Inseln) klein, dunkel; Bürzel beige mit braunen Stricheln; breite **beige Flügelbinde**, bis Mär/Apr zu Weiß ausbleichend.

„Taigabirkenzeisig" SSP. *flammea* (N-Europa) groß, recht hell, besonders am Kopf; Rücken weißlich gestreift, **Bürzel weiß/gräulich** mit kurzen dunklen Stricheln; **Flügelbinde und Säume der schwärzlichen Flügelfedern weißlich**; *rostrata* (Grönland, Ausnahmegast) groß, dunkel, stark gestrichelt.

„Polarbirkenzeisig" SSPP. *hornemanni* (NO-Kanada, Grönland) und *exilipes* (N-Eurasien) groß, Kopf groß, **Schnabel sehr kurz**, **Unterschwanz mit grauem Strichel** (manchmal ein bis drei bei *hornemanni*) **oder ganz weiß** (dunkel gestrichelt bei anderen SSPP.). Kopf ab Aug/Sep **kräftig beige** (bei *exilipes* bis Jan fast weiß; stärker orangebeige bei *hornemanni*, oft bis Mär/Apr); weiße Flanke schwach oder ungezeichnet (aber drei bis fünf Strichel bei manchen *hornemanni*). **♂** | *exilipes* kann auffällig weiß sein, aber andere Kleider weniger eindeutig. **AK** | breite weiße Flügelbinde, **großer weißer Bürzel**. ♂ Brust hellrosa; Bürzel rosa Mär–Mai. **JK** | am Bürzel ungezeichnetes weißes Band, davor gestrichelt (oder ganzer Bürzel fein gestrichelt, dann ähnlich Taigabirkenzeisig).

„ALPENBIRKENZEISIG"
SSP. ***cabaret***

♂PK
Jan–Jul

„TAIGABIRKENZEISIG"
SSP. ***flammea***

♂PK
Feb–Jul [Mär]

„POLARBIRKENZEISIG"
SSP. ***exilipes***

♂PK
Jan–Jul [Mai]

„ALPENBIRKENZEISIG“
SSP. ***cabaret***
Klein, dunkel; dunkelste Flügelbinde (bleicht aus); Bürzel braun/rosa; Flügel mit beigen Säumen; Unterschwanz gestrichelt.

„ALPENBIRKENZEISIG“
Unterschwanz deutlich gestrichelt

„TAIGABIRKENZEISIG“
SSP. ***flammea***
Unterschwanz mit Stricheln

„POLARBIRKENZEISIG“
Unterschwanz ungestrichelt weiß (selten ein bis drei Strichel)

„TAIGABIRKENZEISIG“
Groß, hell; Flügelbinde weiß; Bürzel gräulich, dunkel gestrichelt; weiße Säume am schwärzlichen Flügel; Unterschwanz gestrichelt.

„POLARBIRKENZEISIG“
Großer, runder Kopf, der kleine Schnabel ist scheinbar ins Gesicht hineingedrückt. Bürzel weiß oder mit weißem Band. ♂ AK oft eindeutig bestimmbar, bei ♀ oder JK ist es schwieriger.

FINKENVERWANDTE UND SPERLINGE IM FLUG *S. 482–483*

LC Bluthänfling
LC *Linaria cannabina*

2 | **G** 12,5–14 cm | **SP** 20–24 cm

Kleiner, kurzschnäbeliger, kurzbeiniger, brauner Fink. Eindeutiges Kopfmuster, grauer Schnabel. Bei der Nahrungssuche stehend, nicht an Stängeln hängend. **♂PK** | **Rücken einfarbig hell rotbraun**; **Kopf grau**, Stirn rot. **Weiße Streifen an Flügel und Schwanzkante**. Unterseite beige, **Brust rot**. **♂SK** | beige Säume verdecken das Grau und das meiste Rot. **♀/♀1W** | ohne Rot; Kopf gräulich, Rücken leicht gestrichelt. Brust fein gestrichelt, Bauch weiß. Kehle, Wangenfleck und Augenring weißlich. **JK** | beigebraun, Brust und Flanke kräftig braun gefleckt. **♂1W** | meist mit Rot an Gesicht/Brust, aber von beigen Säumen verdeckt.

Berghänfling | Birkenzeisig *S. 492*
Girlitz [JK] *S. 489*
Rotstirngirlitz *S. 487*
Zitronenzeisig [JK] *S. 491*
Korsenzeisig [JK] *S. 491*

S | Ruft trocken *tschet-ett-ett* (weicher als Grünfink und Birkenzeisig). Auch näselnd *tsuih*. Melodischer Gesang aus schmetternden, zwitschernden und rollenden Tönen.

F | Spitz zulaufender Flügel und gekerbter Schwanz mit **weißen Säumen** an den äußeren Federn. Flügelschlagserien zwischen langen Bögen mit angelegten Flügeln. Trupps gut koordiniert, fallen eher in niedrige Vegetation als in Bäume ein.

Häufiger Brut- und Gastvogel

Offene Landschaft mit Büschen, Gärten, Siedlungen; im Winter auf Feldern

Sieben ähnliche SSPP.: ***cannabina*** (verbreitet); ***autochthona*** (Schottland) dunkler, stärker gestrichelt; ***mediterranea*** (Iberien, Mittelmeerinseln, Italien, Griechenland) Schnabel dünn; ***bella*** (Krim, von WZ-Türkei ostwärts, Kaukasus, Zypern) heller, rote Bereiche mehr rosa, Schnabel dick; ***guentheri*** (Madeira), ***meadewaldoi*** (W-, Z-Kanaren) und ***harterti*** (O-Kanaren) alle kleiner.

Berghänfling
Linaria flavirostris

❷ | **G** 12,5–14 cm | **SP** 22–24 cm

Kleiner, geselliger, brauner Fink, sehr ähnlich Bluthänfling. Vereinigt **beigebraunen** Körper und beige Flügelbinde des Birkenzeisigs mit den **weißen Streifen an Flügel und Schwanz** des Bluthänflings; **Kehle beige**. Trupps fressen in der Bodenvegetation. **♂PK** | hellbraun, kräftig schwarz-braun gestrichelt; Kehle beige; **Bürzel tief rosa**. Schnabel gräulich. **♀PK** | wie ♂, aber ohne Rosa. **SK** | **Kehle senfgelb**, **Schnabel gelb** (beim Bluthänfling grau), Flügelbinde beige. Langer weißer Streifen an Kanten von Schwanz und angelegtem Flügel. **JK/1W** | ähnlich **♀AK**, aber Oberseite mehr rotbraun, Kehle heller beige und dünn braun gestrichelt: **♂1W** | Bürzel rosa, wenige Strichel; **♀1W** | Bürzel braun, dunkel gestrichelt.

Bluthänfling | Birkenzeisig *S. 492*
Girlitz [JK] *S. 489*
Rotstirngirlitz *S. 487*

S | Ruft im Flug *dschätt-dschätt-schätt* (metallischer als Bluthänfling) und kennzeichnend nasal *twäjt*. Zwitschernder, trillernder Gesang mit eingestreuten Rufen.

F | Breite, spitz zulaufende Flügel und schmaler, eingekerbter Schwanz, jeweils mit **weißen Rändern** an den äußeren Federn. Schnelle, federnde Aktion; im Winter in dichten, gut synchronisierten Trupps.

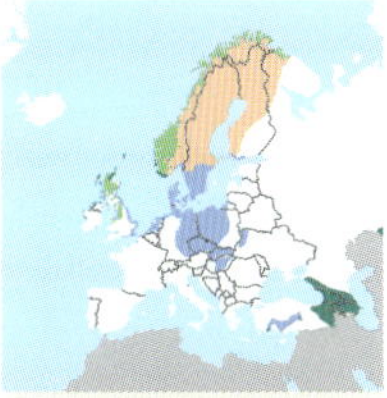

Mittelhäufiger Wintergast (fast nur küstennah) Okt–Apr

Moore, Küstenheide; im Winter Salzwiesen, Brach- und Ruderalflächen

Drei SSPP.: ***pipilans*** (Britische Inseln) dunkel, gestrichelt; ***flavirostris*** (N-Skandinavien, N-europäisches Russland) heller; ***brevirostris*** (Türkei, Kaukasus) – siehe *Bildunterschrift links*.

SSP. ***brevirostris*** (O-Türkei, Kaukasus) mit wärmer braunem Rücken (grauer nach Abnutzung) und weißer Flügelbinde; Unterseite beige, kräftig schwarz gestrichelt.

FINKENVERWANDTE UND SPERLINGE IM FLUG *S. 482–483*

LC Karmingimpel
LC *Carpodacus erythrinus*

2 | **G** 13,5–15 cm | **SP** 24–25 cm

Recht großer Fink mit rundlichem Schnabel. **Großes dunkles Auge** in einfarbigem Gesicht; unterscheidet sich durch einfarbigen Schwanz von fast allen Ammern. ♂ **PK** | **Kopf, Brust und Bürzel intensiv rot** (am kräftigsten Mär–Jun); Bauch und Schirmfederspitzen rosaweiß. **♀/♂ 1S** | Oberseite olivbeige, unauffällig braun gestrichelt; **zwei hellbeige Flügelbinden**; Unterseite weiß, Brust leicht braun gestrichelt. **JK/1W** | wie ♀ **AK**, Flügelbinden breiter (dünn bis Jan).

S | Ruft weich, ansteigend *djüi*. Gesang rhythmisch, laut flötend *tühi-tühu*.

F● | Breite Flügel, gekerbter Schwanz; direkt, mit kurzen, gleichmäßigen Bögen; fliegt oft hoch über Baumwipfeln).

LC Berggimpel
LC *Carpodacus rubicilla*

2 | **G** 19–20 cm | **SP** 25–30 cm

Großer, langschwänziger, zumeist bodenbewohnender Fink mit kräftigem Schnabel. ♂ | Scheitel, Kehle und Unterseite **tief rot** mit **hellen Flecken**. Bürzel rosarot. ♀ | hellbraun, **Kopf fein gestrichel**t; Unterseite beige, dicht graubraun gestrichelt. **JK/1W** | ähnlich ♀, aber mehr beige, mit dünneren Stricheln auf der Unterseite.

S | Ruft hoch, klar *so-ii* oder *sui-susui*; kürzer *tjip*. Gesang zögerlich, sperlingsähnlich *tsui-si tji-tju-tju*.

F | Lange Flügel; dunkler Schwanz im Kontrast zu hellem Bürzel.

LC Hakengimpel
LC *Pinicola enucleator*

2 | **G** 18–20 cm | **SP** 30–35 cm

Großer, klobiger (bei Kälte) oder recht schlanker, schmalschwänziger Fink mit **rundlichem Schnabel** und **weißen Flügelbinden**. ♂ | hell **rot-grau**, Flügel schwärzlich. ♀ | gelborange-grau (Gelb ausgedehnt oder beschränkt auf Kopf und Hals); Handschwingen gelbgrün gerandet. **JK/1LJ** | wie ♀ **AK**, aber Handschwingen weiß gerandet; ♂ können etwas Orangerot zeigen und erinnern dann an ein junges Kreuzschnabel-Männchen.

S | Ruft hell flötend *tjülidie*. Auch Gesang hell und flötend mit Phrasen ähnlich denen des Rotkehlchens *(S. 392)*.

F | Klobig, breitflügelig und langschwänzig; direkt, drosselartig *(S. 383)*. Trupps bis 20, selten über 100 Vögel.

Birkenzeisig *S. 492* | Wüstengimpel *S. 502* | Berggimpel
Rosen- & Meisengimpel S. 606
Indigofink S. 616

Sehr seltener Brutvogel, seltener Durchzügler Mai–Okt

Waldränder, größere (feuchte) Gebüsche

Zwei SSPP.: ***erythrinus*** (verbreitet); ***kubanensis*** (N-, O-Türkei, Kaukasus) Männchen heller rosarot.

Karmingimpel

Kein Vorkommen in Mitteleuropa

Felsige Hänge und Wiesen im Gebirge

In Europa lebt SSP. ***rubicilla***.

Kreuzschnäbel *S. 498–500*
Gimpel *S. 486*

Ausnahmegast aus N-Europa

Größere Nadelwälder; manchmal in Parks und Gärten

In Europa lebt SSP. ***enucleator***.

Fichten-, **Schottland-** und **Kiefernkreuzschnäbel** weisen große Ähnlichkeiten in ihren Eigenschaften und Kleidern auf. Sie sind daher nicht leicht zu bestimmen. Wichtige Merkmale sind die Größe von Kopf und Schnabel sowie die Rufe. Selbst Kiefern- und Fichtenkreuzschnabel sind oft schwer auseinanderzuhalten, während der dazwischen anzusiedelnde Schottlandkreuzschnabel oft nur nach Analyse aufgenommener Stimmen identifizierbar ist. Suche Nadelbäume ab, achte auf fallende Zapfen; Kreuzschnäbel sind beim Fressen sehr leise, können aber plötzlich laut rufend abfliegen. Häufig kommen sie zum Trinken an Pfützen.

	Schnabel und Wange	Stimme
Fichtenkreuzschnabel*	am kleinsten  Spitze oft lang, gebogen	Tiefe, schnurrende Töne, beim Abfliegen hoch, metallisch *glipp-glipp*. Im Flug härter *kipp* (generell höher als Kiefernkreuzschnabel, aber variabel). Gesang aus summenden, trillernden und zwitschernden Lauten.
Schottlandkreuzschnabel	hoch  Wange „gewölbt"	Zwischen Fichten- und Kiefernkreuzschnabel: Analyse von Tonaufnahmen für die Bestimmung erforderlich.
Kiefernkreuzschnabel	am höchsten, am rundesten  Spitze kaum gekreuzt; Wange „flach"	Ruft meist *tüp* oder *tüp-tüp-tüp* … (generell tiefer und härter als Fichtenkreuzschnabel). Gesang zögerlich, verschiedene trillernde und zwitschernde Laute, *tsip-tsip-tsip, ssii-trü sii-triu, stip-rri-rrip*.

*Fichtenkreuzschnabel-Populationen aus verschiedenen Regionen könnten anhand von analysierten Tonaufnahmen differenzierbar sein: Trupps im selben Gebiet, aber in verschiedenen Jahren könnten zu unterschiedlichen Populationen gehören (die letztendlich als SSPP. unterschieden werden könnten).

Bindenkreuzschnabel *S. 500*
Grünfink [JK] *S. 490*
Kiefernkreuzschnabel *S. 496*

LC LC

Fichtenkreuzschnabel

Loxia curvirostra

❷ | **G** 15–17cm | **SP** 27–30cm

Großer, rundköpfiger Fink; **Schnabel rundlich mit gekreuzter Spitze**. Oft aufrecht auf Baumspitze (ähnlich Kernbeißer, *S. 485*). Bei der Nahrungssuche agil. **♂AK** | matt rot, **Bürzel kräftig rot**. **♂Imm** | grünlich mit orangeroten Partien. **♀** | **grünlich**, **Bürzel gelb**; **Flügel einfarbig** (im Gegensatz zum Grünfink). **JK** | matt, dunkelbraun gestrichelt; kann dünne weiße Flügelbinden und Schirmfederränder zeigen (wie Bindenkreuzschnabel, aber Schirmfederspitzen niemals weiß).

F | Körper rundlich, Kopf groß; Flügel schmal, spitz zulaufend; Schwanz kurz, gekerbt. Schnell, in Bögen über den Baumwipfeln, oft über größere Strecken. Trupps ruffreudig, koordiniert, dicht oder in Linie, oft 10–20, selten mehr als 100.

Mittelhäufiger Brutvogel, häufiger Gastvogel

Nadelwälder, Parks/Gärten mit Nadelbäumen, Friedhöfe

Fünf SSPP., die sich nach Schnabelgröße, Intensität des Rots und der Stimme gering unterscheiden: ***curvirostra*** (verbreitet); ***balearica*** (Z-, S-Spanien, Balearen); ***corsicana*** (Korsika); ***poliogyna*** (S-Italien); ***guillemardi*** (O-Balkan, Türkei, Kaukasus, S-Ukraine).

alle SSP. ***curvirostra***

JK
Jan–Okt

♂Imm
Jan–Okt

♀
ganzjährig

♂
ganzjährig

F● | Alle Kreuzschnäbel fliegen direkt, in Bögen und wirken großköpfig. Sie sind dabei sehr ruffreudig. Der Kiefernkreuzschnabel hat einen recht dicken Hals, davon abgesehen sind sich die Arten sehr ähnlich. Der stämmige Körper geht abrupt in den gegabelten Schwanz über. Die Flügel sind an der Basis breit, eckig und verjüngen sich zur Spitze hin.

Schottlandkreuzschnabel *Loxia scotica*

❷ | **G** 16–18 cm | **SP** 27–30 cm

Steht zwischen Fichten- und Kiefernkreuzschnabel und **kann nur nach Analyse von Tonaufnahmen verlässlich bestimmt werden**. In N-Schottland sind alle drei Arten nebeneinander im Wald zu finden. Schnabel hoch und kräftig; Kopf mit recht „dicken“ Wangen.

F | Bogenförmiger Flug; nicht vom Fichtenkreuzschnabel unterscheidbar.

Kein Vorkommen in Mitteleuropa

Kiefernwälder und -pflanzungen

Kiefernkreuzschnabel *Loxia pytyopsittacus*

❷ | **G** 17–18 cm | **SP** 30–33 cm

Größter Kreuzschnabel, trotzdem oft schwer zu bestimmen. Schnabel hoch, gerundet (wie ein ins Gesicht gedrückter Ball), etwas „hängend“; Spitze mit Haken, wenig gekreuzt. Frisst an großen Kiefernzapfen. **♂AK** | matt rot, Bürzel kräftig rot. **♂Imm** | graugrün mit orangeroten Feldern. **♀/1W** | graugrün; Schnabel kleiner als bei ♂, aber im Mittel hat der Kiefernkreuzschnabel einen größeren, höheren und stumpferen Schnabel, breiteren Kopf (d. h. dickeren Hals, oft wie „Kragen“ erscheinend) sowie kleineres Auge als Fichtenkreuzschnabel.

F | Kräftiger Kopf und Körper, spitz zulaufende Flügel, aber Profil und Bewegungsweise nicht vom Fichtenkreuzschnabel zu unterscheiden; Trupps umfassen meist unter 20, selten mehr als 50 Vögel.

Sehr seltener Wintergast Okt–Apr

Kiefernwald

LC Bindenkreuzschnabel
LC *Loxia leucoptera*

2 | **G** 14–16 cm | **SP** 25–29 cm

Kleiner Kreuzschnabel mit **schmalem Schnabel**, **breiten weißen Flügelbinden** und **weißen Schirmfederspitzen**. ♂ | **himbeerrot**. ♀ | hell graugrün. **JK** | olivgrau; weiße Binden und Säume schmal. Fichtenkreuzschnäbel können schmale weiße Binden, aber kein Weiß auf Schirmfedern zeigen.

Zwei SSPP.: ***bifasciata*** (regulär); ***leucoptera*** (Ausnahmegast aus N-Amerika) Schnabel ein wenig schmaler.

LC Buchfink *Fringilla coelebs*
LC

2 | **G** 14–16 cm | **SP** 24–28 cm

Recht großer, länglicher Fink; **breite Flügelbinde**, **Schulterfeld und Schwanzaußenkante weiß**. Bürzel **olivgrün**. **♂PK** | Wange und Brust rosarot; Scheitel, Nacken und Schnabel bläulich. **♂SK** | beige Federränder (bis Mär abgenutzt); Schnabel rosa. **♀/JK** | matt olivgrau; dunkle Nackenseite. Unterseite **ungestreift olivbeige**. **1W** | ähnlich **AK**, einige Flügeldecken matter.

In Europa sieben ähnliche SSPP.: ***coelebs*** (verbreitet); ***gengleri*** (Britische Inseln); ***solomkoi*** (Balkan, Krim, W-Kaukasus); ***transcaspia*** (S-Kaukasus); ***sarda*** (Sardinien); ***syriaca*** (Zypern, von SO-Türkei ostwärts); ***alexandrovi*** (überwintert O-Türkei). Weitere fünf SSPP. mit markant gefärbten ♂ leben auf den ostatlantischen Inseln (s. *S. 528*).

LC Bergfink
LC *Fringilla montifringilla*

2 | **G** 14–16 cm | **SP** 25–26 cm

Recht großer, länglicher Fink mit oranger Schulter und weißem Bürzel; Bauch abgesetzt weiß, Flanke schwarz gefleckt. **♂PK** | Kapuze, Schnabel und Rücken schwarz; Schulter und Brust orange, Bauch weiß. **♂SK** | Schnabel kräftig orange. Helle Säume an Kopf/Rücken nutzen sich bis Feb/Mär ab. Brust orange gegenüber weißem Bauch. **♀/JK** | hellgraues Nackenband; Brust blass orange; Schulter und Flügelbinde beige. **1W** | wie **AK**, aber Große Decken und/oder Handdecken brauner und Schwanzfedern spitz (im **AK** rund endend).

Fichtenkreuzschnabel *S. 498* Buchfink

Sehr seltener Gastvogel Jul–Mär

Lärchenwald

S | Ruft hoch und scharf *tjip-tjip-tjip* (ähnlich Buchfink); arttypisch nasal gequetscht *twääht* („Kindertrompete"). Variabel klappernder, klirrender Gesang.

F | Schlank, schmale Flügel, gekerbter Schwanz. Schnell, direkt, leicht wellenförmig.

Bergfink | Bindenkreuzschnabel

Sehr häufiger Brut-/Gastvogel

Wälder, Parks, Gärten, Felder mit Hecken, auch in Städten

S | Ruft hell *pink*; im Flug weich *tjüp*. im Frühjahr/Sommer monoton *hüüt*. Lauter, schmetternder, in Tonhöhe fallender Gesang mit Überschlag am Ende.

F | Breite Flügel, langer, gekerbter Schwanz. Auffallendes Weiß an Flügel und Schwanz; Bürzel dunkel. Lockere, ungeordnete Trupps, bis zu 300 Vögel.

Buchfink

Sehr häufiger DZ und WG Sep–Mai

Brütet in Birkenwäldern; im Winter Wälder, Parks, Gärten, Ackerland

S | Ruft nasal quäkend *äääng*; im Flug hart *tjäck*. Einfacher Gesang, surrend *rrrrrü*.

F | Breite Flügel, langer, gekerbter Schwanz. Schmaler **weißer Bürzel**. Etwas ruckartig/zögerlich; im Flug lockere Trupps bis 300 (an manchen Schlafplätzen aber Zigtausende und mehr).

LC Wüstengimpel *Bucanetes githagineus*

LC ❷ | **G** 12,5–15 cm | **SP** 21–25 cm

Kleiner, geselliger, rundköpfiger, sperlingsähnlicher Vogel mit **kurzem, hohem Schnabel**. **Ungestreift** beigegrau und rosa. **Rosa im Flügel**. **♂PK** | Gesicht rosarot; schwarzes Auge mit weißem Augenring; Scheitel und Wange grauer. Breite **graue und rosa Ränder am Flügel** (mit schwarzer Spitze) und am Schwanz. Unterseite rosa, Bürzel und Steiß dunkler rosa. **Schnabel orange oder rot**. **♀PK** | sandfarben; schmale rosa Ränder am Flügel (wenige mit Rosa im Gesicht). Schnabel orangegelb. **♂SK/♀SK/1W** | wie **♀PK**, aber grauer, Schnabel gelb. **JK** | beigebraun, Steiß rosa; Schnabel gelb.

S | Ruft kurz, nasal, dünn *ääp*. Singt nasal trompetend *äääääääähp*.

F | Flink in kurzen Bögen, schwirrende Flügelschläge. Unterflügel dunkelgrau mit breitem hellem Band über die Schwungfedern.

Mongolengimpel
Karmingimpel *S. 496*

Ausnahmegast aus N-Afrika, brütet auch in S-Spanien

Steinige Halbwüste

Drei ähnliche SSPP.: ***zedlitzi*** (SO-Spanien) am blassesten; ***amantum*** (Z-, O-Kanaren); ***crassirostris*** (von S- und O-Türkei ostwärts) am hellsten, Schnabel groß.

LC Mongolengimpel *Bucanetes mongolicus*

LC ❷ | **G** 12–13 cm | **SP** 18–20 cm

Kleiner, hellbrauner Gimpel mit kurzem gelblichem Schnabel und weißem Bauch. **AK** | Kopf einfarbig braun; Oberseite hellbraun, Rücken dunkelgrau gestrichelt, Bürzel ungezeichnet. Flügel rosa und schwarz gestrichelt, **zwei weißlich rosa Flügelbinden**. **Schwanzaußenkante weiß**. **♂** | kräftig rosa-braun; Bürzel rosa. **♀** | rosa Partien blasser als bei ♂, mehr auf Kehle und Flanke beschränkt. **JK** | beigebraun, ohne Rosa; ähnlich Wüstengimpel, aber Schnabel kleiner, zwei beige Flügelbinden und helle Schirmfederspitzen; hellbeiges Feld auf angelegten Armschwingen.

F | Flink, schwirrend, plump, rundflügelig. **AK** helle Flügelbinde und **weißes Feld am Hinterflügel**; **JK** einfarbiger, brauner.

Wüstengimpel

Kein Vorkommen in Mitteleuropa

Hoch gelegene, felsige Bergregionen

S | Ruf ansteigend *wüit*. Singt kurze melodische Strophe.

Weißflügelgimpel

Rotflügelgimpel

Rhodopechys sanguineus

2 | **G** 13–15 cm | **SP** 21–25 cm

Gedrungener, großköpfiger Gimpel mit **kurzem, hohem Schnabel**. Braun, schwarze Flecke an Wange, Rücken und Brust; Bauch weiß. **Rosa im Flügel**. **♂PK** | **Scheitel schwarz**. Oberseite rotbraun. Breites **rosarotes Band** auf Flügel mit schwarzer Spitze. **Bürzel und Schwanzaußenkante rosa**. Schnabel gelb. **♀PK** | matt braun; Scheitel grau, Bürzel braun. Rosa Flügelband schmal. Schnabel gelb. **♂SK/♀SK/1W** | wie **♀PK**, aber Schnabel grau. **JK** | Schnabel gelb; Kopf ungezeichnet sandfarben.

F | Breite Flügel, federnder Flug und Stimme erinnern an Heidelerche *(S. 349)*. Heller Bürzel im Kontrast zu dunklen Flügeln und schwärzlichem Schwanz (mit schmalen, hellen Kanten).

Kein Vorkommen in Mitteleuropa

Hoch gelegene, felsige Bergregionen, Schluchten; im Winter tiefer

S | Tiefe Rufe *tschiw* oder *tschiw-li*. Melodische Strophe wird von Fels aus oder im Flug gesungen.

Jahreszeitliche Veränderung: Durch Abnutzung der blassen Federsäume werden die Farben kräftiger, Feb–Jul.

Weißflügelgimpel

Rhodospiza obsoleta

2 | **G** 13–14 cm | **SP** 20 cm

Kleiner, heller, sperlingsähnlicher, geselliger Gimpel. Kopf und Körper graubeige; **Flügelspitze schwarz-weiß**; Schwanz **weiß mit schwarzem Zentrum**. **AK** | Flügel rosa und schwarz gestreift. **PK** | Schnabel schwarz. **SK** | Schnabel gelblich. **♂** | Zügel schwarz; Schirmfedern schwarz mit weißem Rand. **♀** | Zügel braun oder schwärzlich; Schirmfedern grau mit weißlichem Rand. **JK** | Flügel ohne Rosa; Schnabel hell rosagrau.

F | Stämmig, kurzer Schwanz. Flügel und Schwanz dicht **schwarz-rosa-weiß** gestreift. Breites **helles Band** auf grauem Unterflügel.

Rotflügelgimpel

Kein Vorkommen in Mitteleuropa

Offene Landschaft, halbtrockene Felder

S | Ruft rau pfeifend *prrrip*. Gesang eine Abfolge unterschiedlicher Töne und Triller.

Kaum jahreszeitliche Unterschiede, aber Schnabel gelblich von Aug–Feb und blasseres, abgetragenes Gefieder bis Jul–Aug.

FINKENVERWANDTE UND SPERLINGE IM FLUG *S. 482–483*

Die **häufigeren Sperlinge** sehen sich recht ähnlich. **Haus-**, **Italien-** und **Weidensperling** sind gesellig und ruffreudig; Trupps können Hunderte von Vögeln umfassen. Der **Feldsperling** ist etwas unauffälliger. **F** | Rundlicher Körper, großer Kopf; Flügel breit, gerundet, eher schwanzlastig. Matt bräunlich, Bürzel beigegrau. Alle Arten bilden **dichte**, **lebhafte Trupps**.

LC Weidensperling *Passer hispaniolensis*

LC **1** | **G** 15–16 cm | **SP** 18–25 cm

Möglicher Ausnahmegast aus S-Europa

Gebüsche und Baumgruppen, oft um Gebäude und Storchennester

Bei ♂ Unterseite **dick gestrichelt**. **♂PK** | **rotbrauner Scheitel** und schwarze Kehle im Kontrast zur **weißen Wange**, auch **Nackenband und unterbrochener Überaugenstreif weiß**. Oben rotbraun und schwarz. Unten schwarz gestrichelt (manche nur von Mär–Apr an Brustseiten). **♂SK** | Scheitel graubraun, wenige Bruststrichel. **♀/JK** | wie Haussperling-♀; unten oft leicht grau gestrichelt; **♀AK** kann Andeutungen von dunklem Kinn und heller Wange haben.

S | Schnelle Serie von tschilpenden Lauten, *tschli-tschli-tschli …*

Zwei SSPP.: ***hispaniolensis*** (verbreitet); ***transcaspicus*** (Zypern, O-Türkei) heller.

alle SSP. ***hispaniolensis***

VU Italiensperling *Passer italiae*

VU **1** | **G** 15–16 cm | **SP** 18–25 cm

Seltener Brutvogel (nur S-Schweiz)

Städte und Dörfer, Felder

Oberseite braun mit beigen und schwarzen Streifen, Unterseite **ungezeichnet**. Kleider wie Haussperling, aber bei **♂AK** erinnert das Kopfmuster an den Weidensperling. **♂PK** | Scheitel und Hinterhals kräftig rotbraun. Wange weiß, Kinn schwarz, aber Unterseite ohne Strichel. (ACHTUNG: In S-Italien ♂ mit Bruststrichelung, wirken eher wie Weidensperling) **♂SK** | Kinnfleck klein, Scheitel mit gräulichen Federsäumen. **♀/JK** | nicht vom Haussperling unterscheidbar.

S | Rufe wie Haussperling. Lauter, weitläufiger Chor an Rastplätzen.

ACHTUNG: Wirkt in S-Italien eher wie Weidensperling.

Alle vier Arten ähnlich | Moabsperling [♀] *S. 506* | ♀: Stein-/Fahlsperling *S. 507* | Neuweltammern *S. 617*

Haussperling *Passer domesticus*

❶ | **G** 14–16 cm | **SP** 18–25 cm

Sehr häufiger BV/JV

Städte und Dörfer, Felder

Oberseite gestreift, **Unterseite ohne Strichel**. **♂PK** | grauer Scheitelstreif, Hinterhals rotbraun. Wange hellgrau; **Kinn und Kehle schwarz**. Oberseite rotbraun mit beigen und schwarzen Streifen; Bürzel gräulich. Breite weiße Flügelbinde. Unterseite hellgrau. Schnabel schwarz. **♂SK | kleiner schwarzer Kinnfleck**; grauer Scheitel unter beigen Federspitzen verborgen. Schnabel gelblich. **♀/JK** | Oberseite **hellbraun, beige gestreift**; **breiter beiger Streif hinter dem Auge**. Unterseite graubeige. Schnabel gelblich.

S | Laut in Gruppen rufend, *tschilp* und *tschürrp*; schnell ratternd *tschärrrr*. Gesang aus aneinandergereihten Rufen.

Vier ähnliche SSPP.: ***domesticus*** (verbreitet); ***balearoibericus*** (S-Europa) und ***biblicus*** (Zypern, SO-Türkei) heller; ***hyrcanus*** (SO-Aserbaidschan) klein.

alle SSP. ***domesticus***

LC Feldperling *Passer montanus*

LC ❶ | **G** 12–14 cm | **SP** 18–22 cm

Sehr häufiger Brut-/Jahresvogel

Dörfer, Gehölze, Obstgärten, Felder

Kleiner, dickschnäbeliger, eher ruhiger Sperling. Oberseite gestreift, unten einfarbig. **Geschlechter gleich gefärbt**. Hüpft mit aufgerichtetem Schwanz; rundköpfiges, kleinschnäbeliges Erscheinungsbild. **AK | Scheitel und Nacken ganz braun**; Wange weiß mit eckigem **schwarzem Fleck**. Weißes Halsband, schwarzer Kinnfleck. Oberseite beige-braun-schwarz gestreift, Bürzel beigebraun. Unterseite ungezeichnet gräulich. Schnabel von Aug–Feb bläulich grau, von Feb–Aug schwarz. **JK** | Scheitelmitte diffus grau; ab Aug–Okt wie **AK**.

S | Ruft hart *tek* oder *tet-et-et* sowie *tchuwit*. Gesang als schnelle Folge hoher schwatzender Laute.

Zwei SSPP.: ***montanus*** (verbreitet); ***transcaucasicus*** (von O-Türkei ostwärts, Kaukasus) Oberseite grauer, Unterseite weißer.

♀: Haussperling [♀] *S. 505*
♀: Weidensperling [♀] *S. 504*
♀: Stein-/Fahlsperling

LC Moabsperling
LC *Passer moabiticus*

1 | **G** 12 cm | **SP** 15–18 cm

Kleiner, geselliger Sperling. Oberseite schwarz und braun gestreift, unten einfarbig. ♂ | kräftiges **rotbraunes Feld auf Flügelmitte**. ♂**PK** | eindeutiges Kopfmuster: Scheitel grau, beigegelber Überaugenstreif, weißer, **in Gelb übergehender Bartstreif unter grauer Wange**. Schnabel, Zügel und **Kehle schwarz**. ♂**SK** | Kopf brauner, schwarzes Kehlfeld kleiner; **gelbbeiger Halbkreis unter der Wange**. ♀**/JK** | Oberseite graubraun-beige gestreift, wie ein kleines, helles Haussperling-♀; langer heller Überaugenstreif, helle Kehle reicht seitlich bis zu gelblichem Punkt unter der Wange. Breiter **beiger Fleck an der Basis der Handschwingen**.

Kein Vorkommen in Mitteleuropa

Ufergestrüpp, Tamariskenbestände in halbtrockenen Regionen

F | Flügel kurz, gerundet; Schwanz kurz. Schnelle, schwirrende Bewegung; ♂ zeigt rotbraunes Feld auf Armflügel und grauen Bürzel.

S | Ruft hoch *trrirp*. Gesang aus rhythmischer Folge von Rufen (melodischer als Haussperling).

Im Bearbeitungsgebiet SSP. ***moabiticus***.

♀: Stein-/Fahlsperling

LC Gelbkehlsperling
LC *Gymnoris xanthocollis*

1 | **G** 13–14 cm | **SP** 18–20 cm

Schlanker, heller Sperling mit langem, spitzem Schnabel. Oberseite graubraun, unten beigeweiß. Zwei weiße Flügelbinden: vordere breit, hintere schmal. ♂ | Schulter kastanienbraun. ♂**PK** | Schnabel schwarz; Kinn weiß, Kehle gelb. ♂**SK** | Schnabel hell. ♀**/JK** | Kopf graubeige mit diffusem Überaugenstreif. Weiße vordere Flügelbinde am braunen Flügel.

Kein Vorkommen in Mitteleuropa

Offene Wälder, Gebüsche, Gärten, Plantagen

F | Flügel recht lang und spitz zulaufend; schnelle, schwirrende Bewegung.

S | Ruft *tschirrüp* oder *tschilp*. Gesang aus schnellen Serien von Rufen (schneller als Haussperling, *S. 505*).

Im Bearbeitungsgebiet SSP. ***transfuga***.

Stein- und Fahlsperling ähneln sich | Haus-, Italien und Weidensperling [♀] *S. 504–505*
Moabsperling [♀] | Gelbkehlsperling [♀]

Steinsperling
Petronia petronia

❶ | **G** 14–15 cm | **SP** 20–22 cm

Kleiner, heller Sperling, vor Felsen oder am Boden mitunter schwer zu sehen und nur aufgrund von Rufen zu entdecken. Kleine Trupps. Geschlechter gleich, ähnlich ♀ der *Passer*-Arten. Oben **hell graubraun mit dunkelbraunen Streifen**; unten heller beige mit breiten, **graubraunen Flankenstricheln**. **Kopf breit gestreift: hellbeiger Überaugenstreif und Scheitelstreif**, **dazwischen dunkler Scheitelseitenstreif**. Zwei weiße Flügelbinden und helle Schirmfederspitzen, die bis Apr–Jul abnutzen. **Schnabel groß**, an der Basis hellorange. **AK** | hellgelber Brustfleck. **JK** | ohne Gelb.

Kein Vorkommen in Mitteleuropa mehr

Klippen, Schluchten, Felsblöcke, Hohlwege, Ruinen

Drei SSPP.: ***petronia*** (S-Europa bis W-Türkei, Madeira, Kanaren) recht dunkel; ***puteicola*** (S-Türkei) deutlich heller, sehr großer Schnabel; ***exigua*** (Z-Türkei bis Kaukasus) hell mit brauneren Streifen.

F | Rundlicher Körper, großer Kopf; lange Flügel, auffällig kurzer Schwanz. Schnelle, schwirrende Bewegung. Helle Spitzen der Steuerfedern bilden Reihe **weißer Flecke**.

S | Ruft nasal, schneidend, oft doppelt *twäjüid-twäjüid* oder kurz *tjiü*. Gesang bloße Aneinanderreihung von Rufen.

Fahlsperling
Carpospiza brachydactyla

❶ | **G** 14–15 cm | **SP** 20–22 cm

Schlanker, länglicher, ungestreifter, hellbrauner Sperling. Geschlechter sehen gleich aus und erinnern an verwaschenes Haussperling-♀. Oberseite **einfarbig** graubraun; unten weißlich beige. **Schnabel dick**, **etwas gewölbt**. **AK** | Kopf graubraun mit diffusem hellem Überaugenstreif und weißlicher Kehle. Zwei helle Flügelbinden (können bis Mai abgenutzt sein); Flügelspitze schwärzlich, beige gerandet. **JK** | heller, mehr beige als **AK**, unten weißer, Kopf einfarbiger.

Kein Vorkommen in Mitteleuropa

Halbtrockenes oder buschiges Hügelland

F | Flügel breit, gerundet. Schwanz mit **kleinen weißlichen Flecken** an der Spitze, am deutlichsten von unten.

S | Flugruf weich *dvuip*. Mechanisch summender kurzer Gesang.

Ammern

Ausnahmsweise auftretende amerikanische Neuweltammern sind mit unseren Ammern eng verwandt (s. *S. 616–617*).

24 Arten [**6 Ausnahmegäste** *(S. 606–607)*] Kleine Körner und Insekten fressende Vögel mit Ähnlichkeit zu Finken (s. *S. 480*). Bewohnt werden verschiedenste Lebensräume von trockenen Wüsten bis zur arktischen Tundra. Viele Arten sind Zugvögel und im Winter gesellig, auch in gemischten Trupps mit Finken und anderen Vögeln. Im Frühjahr sind Ammern territorial; die Männchen singen oft recht einfache Strophen von einem Ansitz aus. Der Schnabel ist kurz und dick (Oberschnabel oft kleiner als der breite, hohe Unterschnabel mit wulstiger Kante, bei manchen Arten bildet der Schnabel aber ein kleines, gleichmäßiges Dreieck). Anders als die meisten Finken haben viele (nicht alle) Ammern einen dunklen Schwanz mit weißen Außenkanten. Viele (erneut nicht alle) sind oben und unten gestreift. **Flug** Recht flink, etwas ruckartig, mit Serien schneller Flügelschläge und leichten Bögen. Manche Arten bilden Trupps.

Bestimmung: Kopf-, Flügel-, Bürzel- und Schwanzmuster | Streifung | Beinfarbe | Rufe und Gesang

Geschlechts- und Altersbestimmung

Bei den meisten Arten sehen Männchen und Weibchen unterschiedlich aus; Männchen tragen ein typisches Prachtkleid. **JK/1W** sind als solche erkennbar. **Alt- und Jungvögel haben einmal im Jahr eine Vollmauser.**

ROHRAMMER

Jul–Sep: normalerweise bleiben die meisten Armschwingen, Handschwingen und Steuerfedern sowie einige Deckfedern zurück. Unvermauserte Handdecken des JK sind dunkelbraun mit rotbraunem Rand, abgenutzt und ausgefranst. Die Iris ist anfangs graubraun und wird allmählich kastanienbraun.

Jul–Sep: Vollmauser nach der Brutzeit. Frische Handdecken haben solide graue Spitzen. Die Iris ist dunkel kastanienbraun. Im frischen Gefieder verdecken helle Federsäume das Färbungsmuster, das im Frühjahr durch Abnutzung dieser Säume zu Tage tritt.

Ammern können sehr schwer zu bestimmen sein. In diesem Buch wird meist eine recht einfache Sprache bei der Beschreibung der Vögel benutzt. Mithilfe weiterer Fachbegriffe fällt es leichter, einige Kernmerkmale bei der Bestimmung zu erläutern, besonders bei den selteneren Ammern. Die bei dieser Zwergammer markierten Gefiederdetails sind auch bei anderen Arten in diesem Buch anwendbar (siehe auch die Vogeltopografie auf *S. 7* und der inneren Umschlagseite).

ZWERGAMMER

Schneesperling S. 484
Weißflügellerche S. 352

Schneeammer
Plectrophenax nivalis

2 | **G** 15,5–18 cm | **SP** 32–38 cm

Große, kurzbeinige, bodenbewohnende Ammer; wenig scheu und gut getarnt. **Unterseite ungezeichnet**. **Im Flug weiße Flügelfelder**. **Beine kurz, schwarz**. Trupps mitunter aus mehreren Hundert Vögeln, aber selten zusammen mit anderen Arten. Prachtkleid entsteht durch Abnutzung von Federsäumen. In allen Kleidern sind ♂ an mehr Weiß auf Flügeldecken und breiten schwarzen Zentren der Schulterfedern zu erkennen; ♀ haben Flügeldecken mit dunklem Zentrum und Spitze, in der Mitte braune Schulterfedern. **♂PK** | **überwiegend weiß**; Oberseite, Flügelspitze und Schwanz schwarz. Schnabel schwarz. **♀PK** | Kopf und Oberseite beige mit schwarzen Stricheln. Unterseite matt weiß. **SK** | Scheitel, Wange und Brustseite **gelblich braun**. Schnabel gelb. Gelbbraune Federspitzen nutzen sich bis Apr ab. **1W** | wie **AK**, Altersbestimmung schwer, aber **1W** haben eher abgetragene, ausgeblichene Schirmfedern, spitze Steuerfedern und eine Mischung alter und neuer Deckfedern (mit Kontrast; im **AK** alle gleich, außer während der Mauser Aug–Sep). Bei SSP. *insulae* ist der gräuliche Kopf kennzeichnend. **JK** | Kopf und Oberseite grau; Unterseite hellgrau, sanft dunkelgrau gestrichelt.

S | Charakteristischer rollender Ruf *pirrrit*, oft gefolgt von pfeifendem *pju*. Gesang kurz mit lockerer Folge von zwitschernden und pfeifenden Phrasen.

F | Lange, breite Flügel; breiter, gekerbter Schwanz. Schnell, direkt; in Trupps „flimmern" die weißen Flügelfelder. **♂ weißer Flügel** mit schwarzer Spitze; ♀ mit kürzerem weißem Flügelband; bei **1W** weniger Weiß im Flügel als im **AK**.

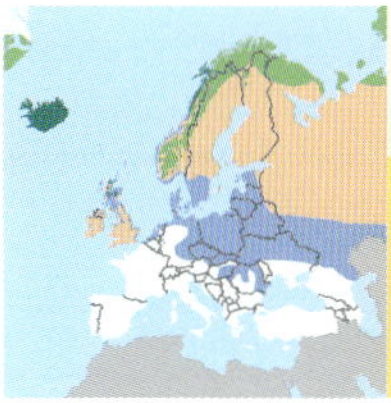

Seltener Wintergast (fast nur Küste) Sep–Apr

Berggipfel und -plateaus, offene steinige Hänge, Tundra; im Winter Salzwiesen, Strände

Es kommen drei SSPP. vor: ***nivalis*** (N-Europa) ♂ Bürzel rostbeige, nach Abnutzung ganz weiß, **♀/1W** graubeige Rückenmitte von dunkelbraunen Schulterfedern abgesetzt, Bürzel hell, Brustband rostbeige; ***insulae*** (Island) ♂ Bürzel weiß mit breiten dunklen Stricheln, **♀/1W** Rücken/Schulterfedern dunkel rotbraun oder braun (wenig Kontrast), Bürzel und Brustband dunkel rotbraun; ***vlasowae*** (NO-europäisches Russland) groß, hell, mit sehr weißem Bürzel.

Ammern im Vergleich

Im Prachtkleid unterscheiden sich **Ammer-♂** vor allem beim Kopfmuster. Es gibt mehrere Gruppen ähnlicher Arten. Zu achten ist auf die Schnabelfarbe, die Muster an Scheitel und Wange sowie die Farbe der Streifen zwischen Wange und Kehle.

PALLASAMMER *(S. 513)*

ROHRAMMER *(S. 512)*

WEIDENAMMER *(S. 518)*

SPORNAMMER *(S. 510)*

WALDAMMER *(S. 514)*

GOLDAMMER *(S. 520)*

ZAUNAMMER *(S. 522)*

FICHTENAMMER *(S. 521)*

ZIPPAMMER *(S. 514)*

BRAUNKOPFAMMER *(S. 518)*

KAPPENAMMER *(S. 518)*

FICHTEN- × GOLDAMMER *(S. 521)*

SCHNEEAMMER *(S. 509)*

ORTOLAN *(S. 516)*

GRAUORTOLAN *S. 516)*

STEINORTOLAN *(S. 516)*

TÜRKENAMMER *(S. 514)*

LC
LC

Spornammer

Calcarius lapponicus

2 | **G** 15–16 cm | **SP** 24–27 cm

Große, kurzbeinige, am Boden lebende Ammer. **Rotbraunes, seitlich von zwei weißen Flügelbinden begrenztes Flügelfeld**. Beine schwärzlich. Trupps von bis zu 100 Vögeln. **♂PK** | Scheitel schwarz; Gesicht und Kehle schwarz, von **weißem Band** umgeben; Schnabel gelb. Nacken kastanienbraun. Oberseite rotbraun-schwarz gestreift. Unterseite weiß; Brustseite/Flanke schwarz gefleckt. **♂SK** | breiter beiger Überaugenstreif; **Wange schwarz umrandet**; Hinterhals rotbraun. Kehle schwärzlich meliert; **Flanke kräftig schwarz gestreift**. **♀PK** | Kopf wie ein mattes **♂PK**, aber Kehle und Wange hell. **♀SK/1W** | **heller Streif auf Scheitelmitte**; schwarze „Ecken" um Wange. Hinterhals gräulich bis rotbraun. Oberseite braun-schwarz-cremefarben gestreift. Unterseite weiß, Flanke schwarz gestrichelt. **JK** | Kopf bräunlich, gestrichelt.

S | Ruft trocken rollend *trrr-r-r-r-t* oder *trr-r-r-t'k* (härter als Schneeammer); weicher und länger *tjüü*. Kurzer, klingelnder Gesang mit melancholischem Klang.

F | Flügel lang, Schwanz relativ kurz (Profil eher Schnee- als Rohrammer); direkt, flach; am besten am Ruf zu bestimmen.

Die **Kleider von ♀ und 1W** sind bei Ammern recht ähnlich; einige Artenpaare/-gruppen sind schwer bestimmbar. Wichtige Merkmale sind das Scheitelmuster (z. B. zentraler Streif), der Überaugenstreif, der Augenring, das Wangenmuster (einschließlich der Ausdehnung der dunklen Umrandung und des hellen Flecks am Hinterrand), die Färbung der Streifen zwischen Wange und Kehle sowie die Rufe.

PALLASAMMER *(S. 513)*

ROHRAMMER *(S. 512)*

ZWERGAMMER *(S. 513)*

WEIDENAMMER *(S. 518)*

SPORNAMMER *(S. 510)*

WALDAMMER *(S. 514)*

GOLDAMMER *(S. 520)*

ZAUNAMMER *(S. 522)*

FICHTENAMMER *(S. 521)*

ZIPPAMMER *(S. 514)*

BRAUNKOPFAMMER *(S. 518)*

KAPPENAMMER *(S. 518)*

GRAUAMMER *(S. 522)*

SCHNEEAMMER *(S. 509)*

ORTOLAN *(S. 516)*

GRAUORTOLAN *(S. 516)*

STEINORTOLAN *(S. 516)*

TÜRKENAMMER *(S. 514)*

Waldammer *S. 514*
Rohrammer *S. 512*
Neuweltammern S. 617

Sehr seltener DZ/WG Sep–Apr

Weidendickichte, Tundra, Bergplateaus; im Winter Salzwiesen und Offenland an der Küste

In Europa lebt SSP. ***lapponicus***.

Pallasammer | Spornammer *S. 510* | Waldammer *S. 514*
Goldammer [JK/♀] *S. 520* | Fichtenammer *S. 521*
♀/JK: *Maskenammer S. 607* | *Neuweltammern S. 617*

LC Rohrammer *Emberiza schoeniclus*

LC ❸ | **G** 14–16 cm | **SP** 21–28 cm

Große, schlanke, gestreifte Ammer; **Schwanz schwärzlich mit weißen Kanten**. Randdecken rötlich. Schnabel leicht gewölbt. Beine grau. Trupps von 10–20, manchmal bis zu 50–100. **♂PK | Kopf schwarz** mit breitem **weißem Kragen**. Oberseite schwarz-rotbraun-cremefarben gestreift. Unterseite weiß mit grauen Stricheln. **♂SK** | helle Federspitzen verbergen bis Mär den schwarzen Kopf. Bürzel gräulich. **♀PK** | Oberseite schwarz-braun-cremefarben gestreift; Bürzel braun. **Heller Überaugenstreif**; Wange dunkel mit **schwärzerer Umrandung**; Unterseite weiß, grau gestrichelt. **♀SK/JK/1W** | beiger Überaugenstreif, Wange hell. Schmaler heller Augenring; dunkle Streifen im Gesicht erreichen den Schnabel. Bürzel graubraun.

S | Ruft einfach *dzü* oder sanft, dünn *ziüh* (kein metallischer *tick*-Ruf). Singt monoton wiederholend, langsam und abgehackt von niedrigem Ansitz aus *tsit tsrit tsrit tsrelitt*.

F | Flügel kurz und stumpf; Schwanz recht lang. Schießt flach über Gräben und Wege; langer schwarz-weißer Schwanz auffällig.

Häufiger Brutvogel, sehr häufiger Durchzügler

Feuchtgebiete von Gräben bis Seen, gern an Schilfbeständen

Zehn SSPP., geringe Färbungsvariation, aber Unterschiede bei Schnabelgröße und Gesang. Dünnschnäbelige Gruppe: ***schoeniclus*** (N-, W-Europa); ***lusitanica*** (Iberien) dunkler. Mittlere Gruppe: ***stresemanni*** (SO-Europa) dunkel; ***ukrainae*** (Ukraine, SW-europäisches Russland) heller; ***incognita*** (SO-europäisches Russland) sehr hell, Bürzel grauweiß. Dickschnäbelige Gruppe: ***witherbyi*** (Iberien, S-Frankreich, Mittelmeerinseln) dunkel; ***intermedia*** (Italien, Balkan) Flanke rotbraun gestrichelt; ***tschusii*** (Donau in Bulgarien & Rumänien) hell; ***caspia*** (O-Türkei bis Kaukasus) und ***reiseri*** (S-Balkan bis Z-Türkei) groß, dunkel. Einige brüten bei geografischer Überschneidung nicht untereinander, Taxonomie wird überarbeitet.

Zwergammer *Emberiza pusilla*

❸ | **G** 12–13,5 cm | **SP** 18–20 cm

Kleine Ammer; erinnert an **♀/1W** Rohrammer, aber Schnabel klein, mit **geradem First**. **Weißer Augenring in einfarbig rotbraunem Gesicht**. Augenstreif und Unterrand der Wange nur angedeutet dunkel, **erreichen nicht den Schnabel**. Randdecken blass; **Beine hellrosa**. **♂PK** | Scheitel schwarz mit zentralem rotbraunem Streif. Oberseite grau-schwarz-braun gestreift. Unterseite weiß, schwarz gestrichelt. **♀PK** | blasser als ♂, Gesicht brauner. **SK/JK/1W** | Oberseite matt braun; Wange rotbraun, Scheitel rotbraun mit dunklen Seiten.

Sehr seltener Durchzügler Sep–Nov

Misch- und Nadelwälder

Rohrammer [1W/♀] | Waldammer *S. 514*
Gelbbrauenammer S. 607 | *Bandammer S. 607*

F● | Breite gerundete Flügel, schmaler Schwanz. Direkt, finkenartig *(S. 480)*, leicht wellenförmig.

S | **Ruf** erregt Aufmerksamkeit: scharf und kurz *zik* oder *tik*. Gesang laut, melodisch, Beginn ähnlich Buchfink *(S. 500)* oder Goldammer *(S. 520)*, gefolgt von unterschiedlichen Elementen; Strophen kurz, aber oft wiederholt.

Pallasammer
Emberiza pallasi

❸ | **G** 13–13,5 cm | **SP** 20–25 cm

Kleine, gestreifte, langschwänzige Ammer; kleiner Schnabel mit geradem First. Oberseite graubeige, schwarz gestreift; Bürzel beige oder weißlich. **Randdecken matt grau**. **♂PK** | Kopf schwarz, breiter weißer Kragen; Oberseite hell beigebraun mit schwarzen Streifen; Unterseite weiß. **♂SK/♀/1W** | Scheitel hellbraun mit dunkler Seite, kein dunkler Augenstreif; **helle Wange** mit **schwarzem Fleck** in der unteren Ecke. Randdecken und Bürzel braun; zwei weißliche Flügelbinden. Unterseite nahezu **ungezeichnet**. Schnabelbasis rosa. **JK** | Brust schwärzlich gestrichelt (Ausnahmegäste können in diesem Kleid auftauchen).

S | Ruft sperlingsähnlich *(S. 504) tschialp*. Einfacher Gesang, ähnlich Rohrammer.

F | Flügel breit, Schwanz schmal; leicht wellenförmig.

Möglicher Ausnahmegast aus Sibirien

Offenes, feuchtes Grasland, Ufervegetation

In Europa kommt SSP. ***polaris*** vor.

Rohrammer
♀/SK/1W: Waldammer *S. 514*

AMMERN IM VERGLEICH *S. 510–511*

VU LC Waldammer
Emberiza rustica

❸ | **G** 13–14,5 cm | **SP** 20–24 cm

Kleine Ammer mit spitzem Scheitel, **rotbrauner Fleckung an Brust und Flanke** sowie weißen Flügelbinden. Bürzel ungezeichnet **rotbraun**. Schnabel rosa mit dunkler Spitze. **♂PK | Kopf schwarz**, **Überaugenstreif**, Nacken, Wangenfleck und Kehle **weiß**. Oberseite rotbraun, schwarz gestreift. Unterseite weiß mit **rotbraunem Brustband**. **♂SK/♀PK** | ähnlich **♂PK**, aber Muster verwaschener; Brustband rotbraun gestrichelt. **JK/1W** | Scheitelmitte hell, **Seite schwarz gestrichelt**; beiger Überaugenstreif; Augenstreif und Rand der Wange schwarz, weißer Wangenfleck.

F● | Flügel kurz und breit, Schwanz lang mit weißen Seiten. Direkt, aber leicht wellenförmig.

LC LC Zippammer *Emberiza cia*

❷ | **G** 16 cm | **SP** 20–27 cm

Große, langschwänzige Ammer. Selten im Trupp. Oberseite braun mit schwarzen Streifen. Unterseite rotbraun. Schwache **weiße Flügelbinden**; Schwanz schwarz mit weißer Seite. **♂PK** | Kopf und Kehle grau; Scheitelseitenstreif, Augenstreif und **untere Wangenbegrenzung schwarz**, dadurch wirkt Kopf **gestreift**. Schnabel schwarz-grau. **♀PK** | individuell variabel: einige erinnern an **♂PK**, aber mit dunkler Flankenstrichelung und weniger deutlichem Scheitelseitenstreif; andere haben viel blassere Streifen am Kopf. **SK** | Kopfmuster unter blassen Federsäumen verborgen. **JK** | Kopf fein gestrichelt, keine schwarzen Streifen. **♂1W** | Kopf grau, schwärzliche Kopfstreifung ab Okt; Brust einfarbig. **♀1W** | Kopf bräunlich, Streifen schwach ausgeprägt; Brust gestrichelt.

F | Flügel kurz und breit, Schwanz lang und schmal. Direkt, etwas wellenförmig. Weiße Schwanzaußenkanten.

alle SSP. ***cia***

NT NT Türkenammer
Emberiza cineracea

❸ | **G** 16–17 cm | **SP** 22–25 cm

Große, langschwänzige, **gräuliche**, bodenbewohnende Ammer; große weiße Spitzen an äußeren Steuerfedern. Schnabel **grau**. **♂** | Oberseite hell graubraun, fein dunkler grau gestrichelt; Kopf gelblich grün getönt; gelber Bartstreif; **Kehle gelb**; weißer Augenring. Unterseite ungezeichnet. **♀** | Oberseite braun, grau gestrichelt; zwei schmale weiße Flügelbinden; heller Augenring; Kehle gelblich beige. **JK/1W** | graubraun; Scheitel und Wange fein braun gestrichelt. Unterseite beige, braun gestrichelt, Bauch und Unterschwanz weiß. **Schnabel grau**.

F | Flügel breit, gerundet. Direkt, leicht wellenförmig.

S | Ruft kurz und scharf *zit*. Kurzer, flötender, drosselähnlicher Gesang, regelmäßige Wiederholungen.

Spornammer *S. 510* | Rohrammer *S. 512* | Zwergammer *S. 513*
Fichtenammer *S. 521*
Goldammer *S. 520*
Gelbbrauenammer S. 607
Neuweltammern S. 617

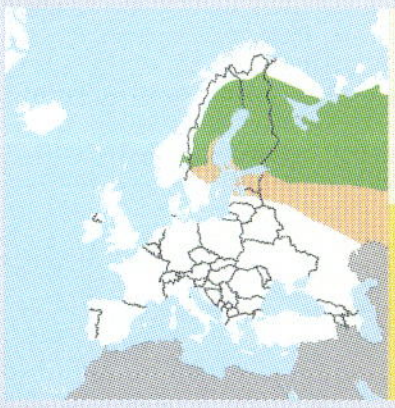

Ausnahmegast aus N-Europa

Feuchte Misch- und Nadelwälder

S | Ruft ausdauernd dünn *tsi* (unauffällig, ähnlich Zaunammer, *S. 522*). Hoher, klarer Gesang mit schnellem, klingelndem Ende.

Hausammer S. 606
Wüstenammer S. 606

Sehr seltener Brut-/Jahresvogel

Felsen, steinige Hänge, Klippen, Schluchten

Zwei SSPP. mit allmählichem Übergang: ***cia*** (Z-, S-Europa bis Balkan und N-Türkei); ***par*** (Krim, Kaukasus, von O-Türkei ostwärts) etwas dunkler.

S | Ruft scharf *tschirp*. Gesang kurz, rollend oder leicht kratzig *zrie zrrää-rrä zrriä*.

Ortolan, Grauortolan und Steinortolan *S. 516*
Zaunammer *S. 522*

Kein Vorkommen in Mitteleuropa

Steinige Hänge, trockenes Offenland

Zwei SSPP.: ***cineracea*** (O-griechische Inseln, W-Türkei) **♂ AK** unten einfarbig grau, Bauch weiß; ***semenowi*** (SO-Türkei) **♂ AK** unten gelb, Brust graugrün.

Ortolan, Grauortolan und Steinortolan sind große, schlanke Ammern mit ähnlichem Muster; Männchen haben einen grünen, blaugrauen oder grauen Kopf, einen hellen Augenring und eine helle Kehle. Weibchen und **JK/1W** sind undeutlicher gefärbt und schwerer zu unterscheiden. **F** | Flügel breit, spitz zulaufend; Schwanz recht lang mit weißer Kante. Direkt, leicht wellenförmig.

LC Ortolan
LC *Emberiza hortulana*

❸ | **G** 15–16,5 cm | **SP** 21–27 cm

Helle Ammer. **Weißer oder gelber Augenring** in einfarbigem Gesicht. Schnabel und Beine **rosa**. ♂**PK** | **Kopf** und **Brustband grün**; **Kehle** und **Bartstreif gelb**. Oberseite braun, schwarz gestreift (dunkler bis Jul); **Bürzel beige**. Unterseite **orange**. ♂**SK** | Federsäume hellbeige (nutzen sich bis Mär ab). ♀| Scheitel und Brust graugrün, fein schwärzlich gestrichelt; Unterseite orangebeige, Brust schwarz gestrichelt. **JK/1W** | Kopf braun mit **weißem Augenring**. Rücken und **Bürzel braun**, Schirmfedern beige gesäumt. Unterseite beige, Brust schwarz gestrichelt.

LC Grauortolan
LC *Emberiza caesia*

❸ | **G** 14–15,5 cm | **SP** 23–26 cm

Rotbraune Ammer. **Weißer Augenring** in einfarbigem Gesicht. Schnabel dick, **orangerosa mit grauem First**; Beine rosa. ♂**PK** | Kopf und Brustband blaugrau; Kehle und Bartstreif **rostrot**. Oberseite einschließlich Bürzel und Unterseite **rotbraun**. ♂**SK** | Federsäume hellbeige, am Kopf dunkle Strichel und weiße Sprenkel (Abnutzung bis Mär). ♀| Scheitel und Brustband beigebraun; weißer Augenring; Bartstreif **orangebeige**. Unterseite rostrot, am intensivsten unter dem Schwanz. **JK/1W** | Kopf blass braun mit weißem Augenring; Rücken, **Bürzel und Schirmfedersäume rotbraun**. Unterseite beige, schwarz gestrichelt.

LC Steinortolan
LC *Emberiza buchanani*

❸ | **G** 14–15,5 cm | **SP** 23–26 cm

Helle, rotbraune Ammer. **Weißer Augenring** in einfarbigem Gesicht. Schnabel **schlank**, **ganz orangerosa**; Beine rosa. ♂**PK** | **Kopf grau mit kräftigem weißem Augenring**; Kehle und Bartstreif **sehr hell** gelb. Oberseite **hell rostbraun**, braun gestrichelt; **Bürzel gräulich**. Unterseite orangerot und beige marmoriert. ♂**SK** | Federsäume hellbeige (Abnutzung bis Mär). ♀| ähnlich ♂, aber Unterseite heller beige. **JK/1W** | Kopf graubraun mit weißem Augenring; Rücken hell **graubraun**, Schirmfedersäume und Bürzel hell rostrosa. Unterseite beige, wenig gestrichelt.

Ortolan, Grauortolan und Steinortolan ähnlich. Zippammer *S. 514*

S | Ruft klar, klickend *plütt* oder abwechselnd metallisch *sli* und voller *plit*. Singt kurze, flötende, rhythmische Strophe aus drei bis fünf Tönen, am Ende etwas tiefer – *srü srü sru-sru wrrrrr*, manchmal in anderer Tonhöhe wiederholt.

1W
Aug–Mär

Schirmfedersäume/
Bürzel beige

Seltener Brutvogel und Durchzügler
Apr–Sep

Trockene, buschige Hänge, sandige Felder mit Bäumen und Hecken

S | Ruft ähnlich Ortolan, aber schärfer und rauer. Auch Gesang ähnlich, mit zwei oder drei kurzen Tönen und einem längeren am Ende, aber weniger klar klingend.

1W
Aug–Mär

Schirmfedersäume/
Bürzel rotbraun

Ausnahmegast aus SO-Europa

Trockene, buschige, steinige Hänge, felsige Berge

S | Ruft kurz und scharf *tschüp*. Gesang tief, schnell, mit langem hohem Ton vor Endschnörkel *tsii-tsii-tsii suusi-sria*.

1W
Aug–Mär

Schirmfedersäume/
Bürzel hell rostrosa

Ausnahmegast aus SW-Asien

Kahle Bergregionen

Im Bearbeitungsgebiet lebt SSP. ***cerrutii***.

Braunkopf- und Kappenammer sind große, schlanke Ammern; Männchen sind eindeutig bestimmbar, bei Weibchen und Jungvögeln ist es dagegen meist sehr schwer und oft nur mithilfe einer DNA-Analyse möglich. **F** | Länglich; Flügel breit, aber spitz, langer Schwanz **ohne Weiß**. Direkt, leicht wellenförmig.

LC Braunkopfammer
LC *Emberiza bruniceps*

❸ | **G** 15–16,5 cm | **SP** 20–21 cm

Große, schlanke Ammer mit langem, **einfarbig braunem Schwanz**. **♂PK** | **Kopf und Brust rotbraun**; Rücken gelb und schwarz gestreift. **Unterseite**, **Hals und Bürzel gelb**. **♂SK** | Farbmuster von hellen Federspitzen verdeckt; Flügelfedern breit rotbraun gesäumt. **♀/JK/1W** | Oberseite matt braun, Unterseite beige. **Bürzel hell**, **meist hell gelb/grün getönt**; Scheitel **ungestrichelt**.

LC Kappenammer
LC *Emberiza melanocephala*

❸ | **G** 15,5–17,5 cm | **SP** 20–23 cm

Große, schlanke Ammer mit langem, **einfarbig gräulichem** Schwanz. Manchmal Trupps von 10–50 Vögeln. **♂PK** | **schwarze Kapuze**; Rücken rotbraun, Bürzel rotbraun oder goldgelb. Kehle, Hals und **Unterseite gelb**. **♂SK** | Muster unter weißen Federspitzen verborgen; Flügelfedern breit weiß gesäumt. **♀** | Oberseite matt beigebraun, leicht grau gestreift; gräuliche Kapuze. Kehle und Unterseite **hellgelb**. **Bürzel braun oder leicht rostbraun**. **JK/1W** | ähnlich ♀, jedoch matter, unten graubeige, Unterschwanz gelb. Bürzel meist **rostbraun**; Scheitel **fein schwärzlich gestrichelt**.

CR Weidenammer
CR *Emberiza aureola*

Goldammer *S. 520* | *Gelbbrauenammer S. 607*

❸ | **G** 15 cm | **SP** 20–22 cm

Recht große, schmale Ammer mit gelblicher Unterseite und **rosa Schnabel**. **♂PK** | Oberseite und Bürzel kastanienbraun; weißes Schulterfeld; **Gesicht schwarz**; **Unterseite gelb mit braunem Brustband**. **♂SK** | Muster von hellen Federspitzen verdeckt. **♀** | Oberseite matt braun, grau gestrichelt. Unterseite **hellgelb**, schwarz gestrichelt. **Heller Scheitelstreif**, **dunkler Scheitelseitenstreif** und dunkler Augenstreif. **JK/1W** | Oben gelblich braun mit schwarzen und beigen Streifen. **Heller Scheitelstreif**; Wange gräulich mit schwarzem Rand und gelbem Fleck; Kehle hellgelb. **Zwei weiße Flügelbinden**. Bürzel graubraun, schwarz gestrichelt; weiße Schwanzkanten.

S | Verschiedene Rufe, u. A. wie Ortolan *tschüp*. Singt mit erhobenem Kopf, aufgeplustertem Bürzel und hängenden Flügeln – oder im Singflug: einfach, rollend, mit Beschleunigung tickende *sip*-Töne mit Übergang zu höherem Triller und dünnem Endschnörkel.

Ausnahmegast aus SW-Russland, Gefangenschaftsflüchtling

Steppe, Gebüschen, Halbwüste

ACHTUNG: Bestimmung von **JK/1W** Kappen- und Braunkopfammern ist oft nur mithilfe von DNA-Proben möglich.

S | Ähnlich Braunkopfammer. Ruft dünn, hoch *psip*. Singt simple metallische Töne, die sich zu klarem Flöten steigern.

Ausnahmegast aus S-Europa

Offenes buschiges Ackerland, Obstgärten, verstreute Bäume

F | Flügel kurz, spitz; Schwanz kurz, schwarz mit weißen Kanten. Leicht wellenförmig.

S | Ruft hoch, scharf, metallisch *tsip*. Zögerlicher Gesang mit wiederholten Flötentönen.

Ausnahmegast aus NO-Europa

Laubwälder, Gebüsche in Feuchtgebieten

In Europa lebt SSP *aureola*

AMMERN IM VERGLEICH *S. 510–511*

LC Goldammer *Emberiza citrinella*

LC **2** | **G** 16–17 cm | **SP** 23–29 cm

Große, schlanke Ammer. Kopf und Unterseite **gelb** oder gelblich; oben braun mit schwarzen Streifen. **Bürzel rotbraun**, **Schwanz schwärzlich mit weißer Kante**. Trupps bis über 100 Vögel, oft zusammen mit anderen Ammern und Finken. **♂PK** | Kopf und Brust **leuchtend gelb**, Scheitel und Wange schwarz umrandet; grünliches Brustband; Flanke rotbraun gestrichelt. **♂SK/♀** | Scheitel gelblich mit dunkler Seite; Wange dunkel mit hellem Fleck. Scheitelfedern größtenteils gelb mit höchstens feinem dunklem Strichel (♂) oder weniger gelb mit deutlichem schwarzem Strichel (♀). Unten **gelblich**, ♀ mit schwarzen Stricheln, am breitesten an der Flanke sowie wenig oder keinem Grün an der Brust. **JK** | Kinn und Kehle gestrichelt; Altersbestimmung nach der Mauser zu **1W** unzuverlässig.

S | Ruft scharf *tsit* und rau *tsrü*. Singt hoch, metallisch, mit gleichbleibender Tonhöhe *si-si-si-si-si-si* mit langgezogenem, tieferem *süüüü* zum Abschluss. Auch schnellere, trillernde Version (ähnlich Zaunammer).

F | Flügel mit breiter Basis; langer, schmaler Schwanz. Steigt rasch zu schnellem, ruckartigem Flug auf, mit langen Bögen. **Rotbrauner Bürzel**, weiße Schwanzkanten.

Zaunammer *S. 522* | Fichtenammer
Rohrammer *S. 512*
Waldammer *S. 514*
Weidenammer *S. 518*
Rötelammer S. 607

Sehr häufiger Brut-/Jahresvogel

Offene Landschaft mit Gebüschen, Hecken und Gehölzen, Waldränder

Drei SSPP.: ***caliginosa*** (W-& N-Britische Inseln) am kleinsten, dunkelsten, Brust grünlich; ***citrinella*** (SO-England, W-Europa bis europäisches Russland und Polen bis Balkan) am intensivsten gelb; ***erythrogenys*** (O-Europa) heller, weniger gestrichelt, Scheitel und Kehle lebhaft gelb.

Fichtenammer *Emberiza leucocephalos*

3 | **G** 16–17,5 cm | **SP** 25–30 cm

Große, schlanke Ammer; Gestalt und Größe wie Goldammer, aber **ohne Gelb**. **♂PK** | **Scheitel**, **Wange und Brustband weiß**; kastanienbrauner Überaugenstreif schwarz umrandet, auch **Kehle kastanienbraun**; **Unterseite weiß, rotbraun gestrichelt**. **♂SK** | Kopfmuster von hellen Federsäumen überlagert, Sep–Mär. **♀** | hellbraun gestreift, wie eine helle Goldammer **ohne Gelb**; **Hand- und Armschwingen weiß gerandet**. **JK/1W** | ähnlich ♀; Kopf bei ♂ kontrastreicher als bei ♀.

S | Ruft wie Goldammer scharf *tsit*. Singt lebhaft *tititi-ti-tip-tip-tip-tip tssiiiee* (ähnlich Goldammer, aber etwas schriller).

Goldammer | Rohrammer *S. 512*
Waldammer *S. 514*

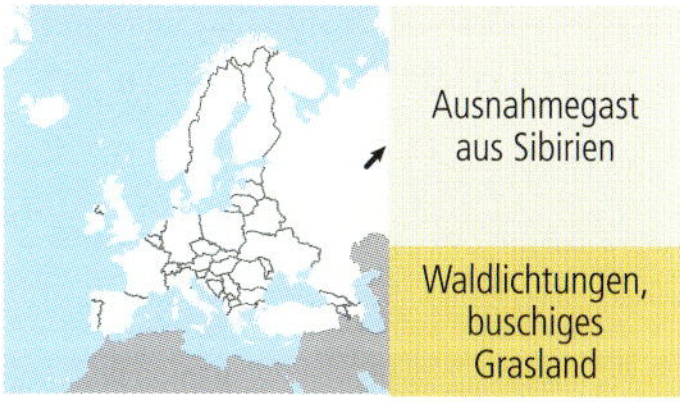

F | Flügel mit breiter Basis; langer, schmaler Schwanz; lange Bögen. **Rotbrauner Bürzel**, weiße Schwanzkanten.

Gelegentlich kommen Übergangsformen oder Hybriden mit der Goldammer vor: Viele zeigen eine intermediäre Merkmalsausprägung; am nächsten an der Fichtenammer stehende Hybriden haben zumindest gelbe Handschwingensäume.

AMMERN IM VERGLEICH *S. 510–511*

Goldammer
Weidenammer *S. 518*
Türkenammer *S. 514*

LC Zaunammer *Emberiza cirlus*

LC **3** | **G** 16–16,5 cm | **SP** 22–25 cm

Bürzel bei der **Zaunammer** *(links)* olivgrau, bei der **Goldammer** *(rechts)* rotbraun.

Sehr seltener Brut-/Gastvogel

Offene, hügelige Landschaft mit Hecken und Baumgruppen, Weinberge

Große, schlanke Ammer mit rötlicher Ober- und gelblicher Unterseite. Ähnlich Goldammer, aber **Bürzel olivgrau**. **♂PK** | grünes Brustband, **Gesicht schwarz-gelb**, **Kehle schwarz**. **♂SK** | schwarze Bereiche von beigen Federspitzen verdeckt. **♀/JK/1W** | Scheitel dunkel; dunkler Streif hinter dem Auge; Wange mit dunklem Rand und auffälligem weißem Fleck; Augenring hell. Oberseite braun mit schwarzen Streifen, an Schultern etwas Rotbraun. Unterseite gelbbeige, fein schwarz gestrichelt, besonders an der Vorderbrust; Flankenstrichel schmal.

S | Ruf eindeutig, aber unauffällig: hoch, dünn, leise *si* oder *zit*. Gesang: kurzer, metallischer Triller **auf einer Tonhöhe** *dsre-dsre-dsre-dsre-dsre-dsre-dsre*, ähnlich Goldammer, aber ohne deren langen Schlusston. Weniger hölzern und klappernd als Klappergrasmücke *(S. 445)*.

F | Flügel mit breiter Basis; langer, schmaler Schwanz; lange Bögen. Olivgrauer Bürzel, weiße Schwanzkanten.

LC Grauammer
LC *Emberiza calandra*

1 | **G** 16–19 cm | **SP** 26–32 cm

Mittelhäufiger Brut-/Jahresvogel

Felder, Wiesen

Große, braune, gestreifte Ammer mit **einfarbigem** Schwanz. Kleine Trupps, gern zusammen mit anderen Ammern und Finken. Kopf und Oberseite **hell beigebraun**, schwärzlich gestreift. Brust weißlich mit dunklen Stricheln, die zu zentralem Feld zusammenlaufen. **Schnabel dick**, **gekrümmt**; **Schwanz einfarbig braun**. **AK** | Geschlechter gleich; saisonale Unterschiede minimal. **JK** | heller, gelblicher als **AK**, Wange stärker dunkel umrandet; ab Aug/Okt wie **AK**.

S | Ruft scharf *zick* oder vokallos trocken *b't*. Sehr charakteristischer Gesang: kurzer, monotoner, knirschender Gesang *tük-tük-tük-tük-tssr-tssrrriii* (klingt am Ende wie klirrendes Glas).

F | Flügel breit, Schwanz lang. Bei Störung fliegen Trupps rasch zu Busch, Hecke oder Leitung. **Kein Weiß** im Schwanz.

Drei ähnliche SSPP.: ***calandra*** (verbreitet); ***clanceyi*** (Hebriden) dunkler; ***buturlini*** (SO-Türkei) heller, grauer.

Endemische Landvögel der Atlantischen Inseln

Drei Inselgruppen im Ostatlantik – die Azoren, Madeira und die Kanaren – werden in diesem Buch behandelt. (Zusammen mit den Kapverden werden diese Inselgruppen als Makaronesien bezeichnet.) Die unterschiedliche geografische Lage dieser Inseln spiegelt sich in ihrer Tierwelt wider. Die der Azoren ähnelt derjenigen Europas, während die anderen mehr afrikanische Elemente aufweisen. Einige Vogelarten sind in Makaronesien endemisch (d. h. sie brüten nirgends sonst auf der Welt) und kommen auf einer oder mehreren Inselgruppen vor, auch wenn einige Arten nur auf einer einzigen Insel innerhalb eines Archipels leben. Endemische Landvögel (und ebenso die Kanarenmeise), die noch nicht in anderen Teilen des Bearbeitungsgebiets dieses Buchs nachgewiesen wurden, werden in diesem Abschnitt des Buchs dargestellt (die endemischen Arten sind mit einem **E** im grünen Kreis im Verbreitungskasten gekennzeichnet). Weitere Arten, vor allem Seevögel *(S. 96–97)*, Einfarbsegler *(S. 342)* und Saharakragentrappe *(S. 238)* brüten im Bearbeitungsgebiet zwar nur in Makaronesien, treten aber als Zugvögel oder Ausnahmegäste in Europa auf und sind deshalb im Hauptteil des Buchs zu finden.

Die folgende Tabelle fasst die Verbreitung der endemischen Landvögel Makaronesiens zusammen. Dazu gehört auch das Wintergoldhähnchen *(S. 414)*, dessen Unterarten auf den Kanaren von einigen Autoren als eigenständige Arten geführt werden. Von vielen anderen Arten gibt es in Makaronesien endemische Unterarten, die sich nur wenig von denen auf dem europäischen Kontinent unterscheiden und deshalb im Hauptteil des Buchs behandelt werden. Das gilt jedoch nicht für die stark abweichenden Unterarten des Buchfinken, die in diesem Abschnitt zu sehen sind *(S. 528)*.

Art		Seite	Azoren	Madeira	Kanaren							Bemerkungen
					El Hierro	La Palma	La Gomera	Teneriffa	Gran Canaria	Fuerteventura	Lanzarote	
Silberhalstaube		*524*		●								
Kanarentaube		*524*			●	●	●	●				
Lorbeertaube		*524*			●	●	●	●				
Einfarbsegler		*342*		●	●	●	●	●	●	●	●	Auch Iberien (sehr selten)
Kanarenpieper		*525*		●	●	●	●	●	●	●	●	
Kanarenschmätzer		*525*								●		
Kanarenzilpzalp		*527*			●	●	●	●	●			
Madeiragoldhähnchen		*526*		●								
Wintergoldhähnchen	SSP. *ellenthalerae*	*526*			○	○						Manchmal als eigene Art betrachtet
	SSP. *teneriffae*						○	○				
	SSP. *inermis*		○									W- und Z-Azoren
	SSP. *sanctaemariae*		○									Santa Maria, SO-Azoren
	SSP. *azoricus*		○									São Miguel, O-Azoren
Kanarenmeise	SSP. *teneriffae*	*526*					○	○				Im Bearbeitungsgebiet nur auf den Kanaren. Manchmal als eine oder mehrere Arten von den nordafrikanischen Vögeln abgetrennt
	SSP. *degener*									○	○	
	SSP. *hedwigii*								○			
	SSP. *palmensis*					○						
	SSP. *ombriosus*				○							
Azorengimpel		*528*	●									
Kanarengirlitz		*527*	●	●	●	●	●	●	●	●	●	
Teidefink		*529*						●				
Gran-Canaria-Fink		*529*							●			

Makaronesische Tauben Drei Taubenarten sind auf die Lorbeer- und Baumheidezonen an den Berghängen Madeiras und der Kanaren beschränkt. Sie sind heimlich und vor allem beim Überfliegen der Baumbestände und Lichtungen zu sehen, wagen sich bei der Nahrungssuche aber auch in offenere Gebiete.

Ringeltaube *S. 243*

LC Silberhalstaube

LC *Columba trocaz*

G 40–45 cm | **SP** 70–75 cm

Große dunkelgraue Taube. **AK** | silbergrauer Halsfleck. **JK** | brauner, ohne Halsfleck.

S | Sing heiser und schwach *ku uh-uh-huuh-huuhhu-hu*.

F | Breites hellgraues Schwanzband. Unterflügel dunkel.

E Madeira Seltener Standvogel	Lorbeer-/Baumheidewald, felsige Hänge, angrenzende Felder

LC Kanarentaube

LC *Columba bollii*

G 35–37 cm | **SP** 65–68 cm

Große, tiefbrüstige, breitflügelige Taube. **AK** | dunkel gräulich, Brust purpurrosa; grün glänzender Fleck auf jeder Halsseite. **JK** | Oberseite dunkelbraun, Unterseite rotbraun.

S | Singt tief, leise, viersilbiges Gurren.

F | Dunkel, helleres Band auf Flügelmitte. Schwanz dunkel, oben und unten mit **grauem Band**. Unterflügel dunkel (im selben Gebiet Felsen-/Straßentauben *(S. 241)* mit weißem Bürzel und weißen Unterflügeln).

E W-Kanaren Seltener Standvogel	Lorbeer-/Wacholder-/Baumheidewald

NT Lorbeertaube

NT *Columba junoniae*

G 37–38 cm | **SP** 65–70 cm

Große, dunkel graubraune Taube. **AK** | Kopf mit grünem und unterer Hals mit purpurnem Glanz; Rücken und Bürzel blaugrau; Unterseite rosabraun. **JK** | matt braun mit hellen Federrändern.

S | Singt hohl klingendes, rhythmisches Gurren.

F | Dunkel bräunlich; **Bürzel hellgrau**, in **weißliche Schwanzspitze** übergehend. Schwanzunterseite dunkel mit auffällig **breiter**, **weißer Spitze**; Schwanz oft gefächert.

E W-Kanaren Seltener Standvogel	Lorbeer-/Wacholder-/Baumheidewald und benachbartes Offenland

Lachtaube
Streptopelia roseogrisea

Kanaren | Eingebürgerter Standvogel

Gärten, Felder

G 29–30 cm | **SP** 48–50 cm

Wie eine kleine, helle Türkentaube, aber weniger Kontrast in Flügelspitze.

S | Sanft *koo krruuh*.

Türkentaube *S. 245*

Raubwürger: SSP. ***koenigi*** (Kanaren) ist eine endemische, charakteristisch gefärbte Unterart des Raubwürgers: oben dunkel, unten gräulich; schwarze Maske reicht schmal über den Schnabel.

Ⓔ **Makaronesien** | Häufig

Steinige Hänge, Felder, Heide

Kanarenpieper
Anthus berthelotii

G 15–18 cm | **SP** 24–26 cm

Heller, gräulicher Pieper mit breiten beigen Säumen an den Flügelfedern; Reihe schwärzlicher Flecke an Schulter; heller Überaugenstreif. Unterseite kalt beigeweiß, dunkle Bruststrichel.

S | Ruft kurz *tsrie*. Häufig singend, wiederholt trocken *tschilp tschilp tschilp …*

Zwei ähnliche SSPP.: ***berthelotii*** (Kanaren); ***madeirensis*** (Madeira) Brust dicht gestrichelt.

Wiesenpieper *S. 362*

Kanarenschmätzer
Saxicola dacotiae

Ⓔ **Fuerteventura** | Seltener Standvogel

Halbtrockenes Offenland

G 11–12 cm | **SP** 20–25 cm

Kleiner, aufrechter Schmätzer. **♂** | Kopf schwarzbraun, **weißer Überaugenstreif**, **weiße Kehle**. Oben braun, weißes Schulterfeld. Unterseite beige/weiß. Mausert Mai–Jul, frisches Gefieder hell, Halsfleck blass; braune Federsäume nutzen sich bis Dez ab, dann Kopf und Oberseite schwarz, Unterseite weißer mit orangem Brustfeld; **Halsfleck breit und weiß**. **♀/JK** | brauner; Überaugenstreif schmal. **♂1W** | Flügeldecken braun.

S | Trockene Rufe wie Schwarzkehlchen *wist trak-trak*; Gesang kurz und dünn zwitschernd.

Schwarz-/Braunkehlchen *S. 400*

LC Kanarenmeise *Cyanistes teneriffae*

LC **G** 11–12 cm | **SP** 20–25 cm

Etwas verschiedene Insel-Unterarten (von manchen als bis zu fünf eigenständige Arten betrachtet). Verhalten und Muster wie Blaumeise, aber mehr Kontrast. **AK** | Rücken graublau, Scheitel schwärzlich blau; breites schwarzes Halsband; Flügel blaugrau; Unterseite leuchtend gelb. **JK** | Kopf teilweise gelblich.

S | Rufe u. a. *dji-djer-djer-er-er-errr*; Gesang melodisch *djidji-djiridji-djiridjii*.

Kanaren Recht häufig	Waldland, Gärten, trockenes Gebüsch

Kanarenmeise: Gefiederdetails der Unterarten auf den Kanaren		
palmensis	La Palma	Bauch weiß; Flügelbinde dünn, Rücken grünlich blau
ombriosus	El Hierro	Bauch gelb; Flügelbinde dünn, Rücken grünlich
teneriffae	La Gomera, Teneriffa	Bauch gelb; Flügelbinde fehlt, Rücken schiefergrau
hedwigii	Gran Canaria	wie SSP. *teneriffae*, aber andere Rufe
degener	Lanzarote, Fuerteventura	Bauch gelb; Flügelbinde auffällig, Rücken blaugrau

Blaumeise *S. 463*

E Madeira Recht häufig	Baumheide, Ginster, Lorbeerwald

LC Madeiragoldhähnchen
LC *Regulus madeirensis*

G 8–9 cm | **SP** 15–20 cm

Wie dünnschnäbeliges, langbeiniges Sommergoldhähnchen. **AK** | Scheitel- und Gesichtsmuster von grauem Nacken und Hals umgeben; großes schwarzes Flügelfeld. **JK** | Kopf grau, unterbrochener weißer Augenring, kein Scheitelstreif.

S | Rufe wie Sommergoldhähnchen, aber auch schrill *wiiz*. Gesang hoch, dünn *sii si-si-si-si soo sisip*, wenig rhythmisch und ohne die Beschleunigung des Sommergoldhähnchens.

MAKARONESISCHE WINTERGOLDHÄHNCHEN

Zwei SSPP. des **Wintergoldhähnchens** *(S. 414)* sind endemisch auf den Kanaren: ***teneriffae*** (Teneriffa, La Gomera) blass mit schwarzem Stirnband, tiefe Rufe; ***ellenthalerae*** (La Palma, El Hierro) anhand des Beobachtungsortes bestimmbar. Beide sehen den Wintergoldhähnchen am europäischen Festland sehr ähnlich, erhalten aber mitunter Artrang. Ferner drei SSPP. auf den Azoren: ***azoricus*** (São Miguel, O-Azoren), ***sanctaemariae*** (Santa Maria, SO-Azoren), ***inermis*** (W-, Z-Azoren) wie am Festland, aber Gesang ungleichmäßig und weniger rhythmisch.

Sommergoldhähnchen *S. 414*

Zilpzalp *S. 432*

Kanarenzilpzalp
Phylloscopus canariensis

G 12–14 cm | **SP** 18–22 cm

Kleiner, dunkelbeiniger Laubsänger; wie Zilpzalp (Frühjahrs-/Herbstdurchzügler auf den Kanaren), wirkt aber dunkler und langschwänziger (wegen kürzerer Flügel), kein Schwanzwippen. Klammert sich oft an aufrechte Stängel, um an großen Blüten zu fressen. Oben grauoliv bis kräftiger grünlich; Kehle weißer, dunklere Brustseite, oder unten sauberer gelb; langer, schmaler Überaugenstreif.

S | Ruft tief *hüüt* oder *hüit*, auch finkenartig zwitschernd *titip*. Gesang mit schnellem, lebhaftem Rhythmus *tschiptschaptscheff-tscheff-tscheff-tschiptschap …*

E Kanaren | Häufig	Wälder, Gärten, Parks

Zwei ähnliche SSPP.: ***canariensis*** (W-Kanaren); ***exsul*** (Lanzarote, wahrscheinlich ausgestorben) heller, dunkle Beine.

Girlitz *S. 489* | Erlenzeisig *S. 488* | Grünfink *S. 490*

Kanarengirlitz *Serinus canaria*

G 12–13 cm | **SP** 20–30 cm

Kleiner grünlicher Fink; gegenüber dem Girlitz größer, Flügel kürzer, Schwanz und Schnabel länger. **♂ AK** | Band um Wange und gesamte Unterseite blassgelb (Girlitz ist kontrastreicher gelb-weiß); Bürzel grünlich gelb. Flügel schwärzlich mit zwei gelben Flügelbinden. **♀ AK** | blasser, stärker gestrichelt; Scheitel, Halsseite und Vorderbrust grau. **JK** | brauner, gestrichelt, wie ein junger Girlitz; Größe und Struktur wichtig für die Bestimmung.

S | Verschiedene Rufe, u. a. piepsend *suii*, schnell *wi-ti-tip* und abfallend *siu*. Gesang (weniger klangvoll als domestizierte Vögel) verschiedene Triller, rollende Abschnitte und weiche Töne.

E Makaronesien Häufig; auch entflogene Vögel	Felder, trockenes Gebüsch, Gärten

E São Miguel, Azoren | Selten | Wälder

Azorengimpel

VU VU *Pyrrhula murina*

G 16–17 cm | **SP** 25–29 cm

Beide Geschlechter wie Gimpel-♀, mit beiger Flügelbinde und matterem Bürzel. Einige ♂ | unten leicht rosa. **JK** | ohne schwarze Kappe.

S | Kurzer, flötender Pfiff.

Gimpel [♀] *S. 486*

MAKARONESISCHE BUCHFINKEN

Auf den ostatlantischen Inseln leben fünf lokale Unterarten des **Buchfinken** *(S. 500)*, alle mit charakteristischer weißer Schulter, weißer Flügelbinde und weißen Schwanzkanten. ♂**AK** jedoch unterschiedlich gefärbt:

Madeira: SSP. ***maderensis***, Kappe dunkel bläulich, Vorderrücken grün.
Kanaren: SPPP. ***ombriosa*** (El Hierro), ***palmae*** (La Palma), ***canariensis*** (La Gomera, Teneriffa, Gran Canaria), oben schieferblau, Kehle/Brust rosa, Flanke grau.
Azoren: SSP. ***moreletti***, ähnlich *canariensis*, aber Rücken kräftig grün.

S | (alle SSPP.) Gesang volltönig, aber oft ohne den Endschörkel der SSPP. am europäischen Festland; einige Rufe stark abweichend, z. B. lang, einzeln oder im Duett, sprudelnd *tschu-tschuit-tschuit*.

Teidefink *Fringilla teydea*

E **Teneriffa, Kanaren** | Häufig | Kiefernwälder

G 16–18 cm | **SP** 26–29 cm

Gestalt und Verhalten wie Buchfink, aber ♂ **AK** | graublau mit gräulichen Flügelbinden. ♀ **AK** | recht dunkel gräulich, Oberseite brauner; **kein Weiß im Schwanz**; Schnabel blaugrau.

S | Ruft hoch *tschi-tschip*, holprig *tschi-tschu-a* oder tiefer *tschi-tschruwa*. Kurzer, schwacher Gesang ähnlich Buchfink *tschi-tschi-tschi-tschüp tsche-dairr*.

Gran-Canaria-Fink
Fringilla polatzeki

G 16–17 cm | **SP** 26–29 cm

Ähnlich Teidefink, aber ♂ **AK** | mit größerem schwärzlichem Fleck über der Schnabelbasis; matter, unten heller, mit **deutlichen weißen Flügelbinden**. ♀ **AK** | sehr ähnlich Buchfink-♀, mit auffälligen Flügelbinden, aber **einfarbig bläulichem Schwanz**; Schnabel groß, blaugrau.

Teidefink und Gran-Canaria-Fink sehr ähnlich, aber Vorkommen auf unterschiedlichen Inseln. ♀ beider Arten sehr ähnlich Buchfink-♀ *S. 500* und Arten auf der *Seite gegenüber*.

E **Gran Canaria, Kanaren** | Selten | Kiefernwälder

S | Ruft *tjrooit*. Gesang wie Teidefink, aber kräftiger und in Tonhöhe variierend.

Ausnahmegäste in Europa

Europa ist eine große Region mit langer Landgrenze im Osten, einer Küstenlinie von enormer Länge und vielen Inseln und Inselgruppen, von Island bis zu den Kanaren, von den Balearen bis Zypern. Aufgrund dieser geografischen Lage gelangen immer wieder Vögel, die auf dem Zug falsch orientiert sind oder verdriftet werden, nach Europa. Seevögel agieren großräumig in den Ozeanen und können fast überall an Küsten oder auf See auftauchen. Kleine Singvögel, die eigentlich von Nord- nach Südostasien ziehen, werden im Herbst immer häufiger weit westlich ihres Zugwegs festgestellt, vor allem an Europas Küsten. Inseln und Landvorsprünge an den Küsten sind für das häufige Auftreten von Ausnahmegästen bekannt, vor allem im Frühjahr und Herbst. Im September/Oktober den Atlantik überquerende Wetterfronten bringen erstaunlich viele nordamerikanische Landvögel nach Westeuropa.

Alle in Europa sicher nachgewiesenen Ausnahmegäste werden in diesem Buch behandelt, die meisten auf den folgenden Seiten, einige aber bereits weiter vorn bei ähnlichen Arten einsortiert. Einige Arten warten noch auf eine formelle Bestätigung des Nachweises, werden hier aber der Vollständigkeit halber aufgeführt. Bei manchen Arten ist es problematisch, die Herkunft eines Vogels zu klären. Bei Albatrossen im Nordatlantik, amerikanischen Watvögeln an der westeuropäischen Küste oder asiatischen Schwalben ist recht sicher von einem echten Ausnahmegast auszugehen. Ein Schildrabe dagegen kann sowohl ein Ausnahmegast oder ein entflogener Käfigvogel sein, mag aber auch an Bord eines Schiffes Europa erreicht haben. Die meisten kleinen, asiatischen Singvögel sind höchstwahrscheinlich Ausnahmegäste, bei einigen Arten wie dem Mugimakischnäpper gibt es jedoch Zweifel, weil Importe von Käfigvögeln bekannt sind. Ungewöhnliche Bülbüls im Südosten der Türkei könnten Wildvögel sein, werden dort aber auch als Käfigvögel gehalten, manchmal sogar in Kabinen von Lastwagen – entkommene Vögel sind also auch möglich. Bei etlichen Arten gibt es sowohl sichere Nachweise von Wildvögeln als auch Hinweise auf Gefangenschaftsflüchtlinge. Daher ist beim Antreffen eines ungewöhnlichen Vogels an verschiedene Möglichkeiten seiner Herkunft zu denken.

Insgesamt wurden erstaunliche 331 Arten nur als Ausnahmegäste in Europa festgestellt, das ist mehr als ein Drittel aller in Europa vorkommenden Arten. Darin nicht enthalten sind Arten, die in Teilen Europas brüten, in anderen aber nur ausnahmsweise auftreten. Auf den folgenden Seiten werden auch einige Gefangenschaftsflüchtlinge behandelt, die mit regelmäßig oder selten erscheinenden Arten verwechselt werden können. Und auch solche, die sich in einigen Teilen Europas etabliert haben oder deren Status noch diskutiert wird.

Mit der Bestimmung ist es bei Ausnahmegästen genauso wie bei allen anderen Vögeln: manche sind unverwechselbar, andere benötigen eine sorgfältige Prüfung einer Reihe von Merkmalen, bis man sich sicher sein kann. Vorbeifliegende Seevögel wird man nie wieder sehen, während ein Albatros in einer Basstölpel-Kolonie oder eine seltene Drossel im Stadtpark für Monate verweilen können. Ökologisch oder im Hinblick auf den Naturschutz ist der „Wert" von Ausnahmegästen diskutabel, aber ganz sicherlich ist es beim Beobachten von Vögeln ein unverhofftes und faszinierendes Ereignis, einen Blick auf die Vogelwelt eines anderen Kontinents zu bekommen.

Ausnahmegäste in Europa zusammengefasst

Diese Tabelle zeigt für die verschiedenen Vogelgruppen die Anzahl der in Europa als Ausnahmegast nachgewiesenen Arten und ihre Herkunft (Arten, die aus zwei Regionen stammen können, sind mit * gekennzeichnet).

	VOGELGRUPPE	Nordamerika	Afrika	Asien	Ozeanien	Summe	Seiten
	Entenvögel	21*	1*	3	—	24	*32, 57, 68–71, 532–537*
	Lappentaucher	1	—	—	—	1	*538*
	Seetaucher	1	—	—	—	1	*538*
	Kormorane	1	—	—	—	1	*538*
	Seevögel (Röhrennasen, Tölpel, Tropikvögel, Fregattvögel)	—	—	—	24	24	*95, 96, 539–544*
	Alke	5	—	—	—	5	*545*
	Möwen	7	2	3	—	12	*546–551*
	Seeschwalben	5*	2*	—	3	9	*552–554*
	Raubmöwen	—	—	—	1	1	*555*
	Watvögel	23	2	14	—	39	*157, 169, 555–568*
	Großvögel am Wasser (Flamingos, Löffler, Störche, Kraniche, Pelikane, Reiher, Ibisse)	9*	10	4*	—	22	*569–575*
	Rallen	3	4	—	—	7	*576–577*
	Tauben	1	—	2	—	3	*578*
	Flughühner	—	1*	2*	—	2	*579*
	Nachtschwalben	1	1*	1*	—	2	*579*
	Eulen	—	1	—	—	1	*584*
	Greifvögel und Falken	4	5	4	—	13	*580–583*
	Singvogelähnliche (Kuckucke, Spinte, Racken, Eisvögel, Spechte)	5	2	1	—	8	*584–586*
	Luftjäger (Schwalben, Segler)	4	3	4	—	11	*586–588*
SINGVÖGEL	Lerchen	—	4***	6***	—	7	*590–591*
	Pieper und Stelzen	1*	—	4*	—	4	*369, 589*
	Seidenwürger, Stare, Seidenschwänze, Bülbüls	1	—	3	—	4	*592, 609*
	Schnäpperverwandte und Steinschmätzer	—	3*	9*	—	11	*593–595*
	Drosseln	7	—	6	—	13	*596–598, 611*
	Rohr- und Laubsänger, Grasmücken u. a.	—	2	14	—	16	*599–602*
	Fliegenschnäpper	—	—	4	—	4	*603*
	Würger und Buschwürger	1	1	4	—	6	*604–605*
	Finkenverwandte	1	—	2	—	3	*606, 616*
	Ammern	—	1	5	—	6	*606–607*
	Krähenverwandte	—	1	3	—	4	*608*
	Stärlinge	6	—	—	—	6	*609*
	Tyrannen	8	—	—	—	8	*610*
	Spottdrosseln	3	—	—	—	3	*611*
	Waldsänger, Goldhähnchen, Vireos	33	—	—	—	33	*612–615*
	Kleiber	1	—	—	—	1	*615*
	Kardinäle und Finkenverwandte	6	—	—	—	6	*616–617*
	Neuweltammern	10	—	—	—	10	*616–617*

LC Kanadapfeifente

Mareca americana

G 48–56 cm | **SP** 76–89 cm

Typische Pfeifentengestalt. **♂PK** | von Pfeifente durch **weißen Scheitel** über **dunklem Kopfband** und graues Gesicht unterscheidbar; Körper hell purpur/rosa. **♀/Imm/♂SK** | schwer zu entdecken und zu bestimmen. Etwas stärkerer Kontrast zwischen grauerem Kopf und mehr orangem Körper als Pfeifenten-♀, zudem mindestens Andeutung des Kopfmusters des Männchens mit dunklem Kopfband und heller Stirn (aber einige Pfeifenten ähnlich).

Pfeifente *S. 39*
Hybriden mit Pfeifente *S. 67*

Alljährlicher Ausnahmegast aus N-Amerika

Seen, Feuchtwiesen

NT Sichelente

Mareca falcata

G 46–53 cm | **SP** 70–75 cm

Mittelgroße Schwimmente. **♂PK** | grau; **Kopf dunkel mit grünem Glanz**, dicker Nacken, weißes Kinn; **verlängerte sichelförmige Schirmfedern** über beige-schwarzem Körperende. **♀** | wie braune Pfeifente mit längerem grauem Schnabel; lange, dunkle Schirmfedern.

♀: Pfeifente *S. 39*
♂: Löffel- × Schnatterente *S. 67*

Ausnahmegast aus Asien

Seen, Feuchtwiesen

LC Dunkelente

Anas rubripes

G 53–61 cm | **SP** 85–96 cm

♂/♀ | Wie Stockenten-♀, aber dunkler (beachte fehlfarbene Stockenten in Parks etc.), mit Kontrast zu hellem Kopf/Hals; Schnabel gelblich (bei ♂ am kräftigsten gefärbt), Beine orange. **Dunkler, purpurblauer Flügelspiegel ohne weiße Streifen**. **JK** | Oberflügel wie Altvögel, aber gestreift; wie dunkles Stockenten-♀, Kopf/Hals jedoch deutlich heller, dunkler Augenstreif. Schnabel dunkeloliv, in der Mitte schwärzer.

Stockente [♀] *S. 40*

Ausnahmegast aus N-Amerika

Seen, Feuchtwiesen, Watten

Bestimmung seltener kleiner GRÜNDELENTEN: Männchen: einfach; Weibchen/Jungvögel sehr ähnlich **Krick-** *(S. 44)* und **Knäkente** *(S. 45)*. Flügel und Kopfmuster wichtig bei Bestimmung.

Carolinakrickente

Anas carolinensis

G 34–38 cm | **SP** 53–59 cm

Kleine Schwimmente, sehr ähnlich Krickente. **♂PK** | **senkrechtes weißes Band auf Brustseite**; ohne hellbeigen Rand des grünen Kopfbands und ohne waagerechte weiße Linie entlang des Körpers. **♀/Imm/♂SK** | wie Krickente (kann stärkere Kopfstreifen und hellen Fleck an Schnabelbasis haben) und sehr ähnlich anderen, noch selteneren Arten.

Krickente *S. 44* | ♀: Knäkente *S. 45*

Alljährlicher Ausnahmegast aus N-Amerika

Seen, Feuchtwiesen, Watten

Blauflügelente

Spatula discors

G 37–41 cm | **SP** 58 cm

Kleine Schwimmente. **♂PK** | **weißer Halbmond** an Vorderkopf; Schnabel schwarz; rötlich braune Flanke dunkel gepunktet, weißer Fleck am Körperende. **♀/Imm/♂SK** | wie Knäk- und Zimtente, aber mit **unterbrochenem hellem Überaugenstreif**, weißem Augenring, **weißem Fleck an der Schnabelbasis** vor **einfarbiger Wange**, großem schwarzem Schnabel und **gelblichen Beinen**.

♀: Knäkente *S. 45*
♂: Zimtente *S. 71*

Alljährlicher Ausnahmegast aus N-Amerika

Seen

Gluckente

Sibirionetta formosa

G 39–43 cm | **SP** 55–60 cm

Kleine Schwimmente. **♂PK** | unverwechselbar: **schwarz-weiß-beige-grünes Kopfmuster**. **♀/Imm/♂SK** | wie Krick-/Knäkente, aber einfarbige Wange, an Schnabelbasis **heller Fleck mit dunklem Rand**, kleiner heller Streifen neben Schwanz.

♀: Krickente *S. 44* | Knäkente *S. 45*

Ausnahmegast aus Asien

Seen

LC Ringschnabelente
Aythya collaris

G 37–46 cm | **SP** 65–70 cm

Mittelgroße Tauchente. **♂PK** | (Sep–Jun) wie Reiherente mit spitzem Scheitel (kein Schopf) und grauer (nicht weißer) Flanke (weiß umrandet und mit **weißem Fleck an Front**); weiße Schnabelbinde. **♂SK/♀/1W** | wie Reiherente, aber weißlicher Bereich um Schnabel reicht bis Kinn/Kehle; Augenring und Linie hinter Auge weiß; Schnabelbinde wie ♂ (s **♀/JK** Tafel-, Rotkopfente).

F | Breites graues statt weißes Flügelband bis zur Flügelspitze.

Reiherente *S. 48*
Hybriden *S. 67*
♀: Tafelente [♀/JK] *S. 51*
♀: Rotkopfente [♀/JK]

Alljährlicher Ausnahmegast aus N-Amerika

Seen

LC Kanadabergente
Aythya affinis

G 38–45 cm | **SP** 60–65 cm

Mittelgroße Tauchente. **♂** | wie Bergente, aber grob grau gebänderter Rücken, weiße Flanke und **kleine „Beule" am Hinterkopf**. **♀/Imm** | wie dunkle Bergente mit kleiner „Beule" am Hinterkopf; Rücken grauer und weniger Schwarz am Schnabel als Reiherente. Vorsicht mit Hybriden!

F | Flügelband innen weiß, außen grau.

Bergente *S. 49*
♀: Reiherente *S. 48*
Hybriden *S. 67*

Alljährlicher Ausnahmegast aus N-Amerika

Seen

Bestimmung Kanadabergente-♀

Kanadabergente: Kopf spitz am Hinterkopf; Schnabel mit kleiner schwarzer Spitze

Bergente: Kopf rundlich, höher an Stirn; Schnabel mit größerer schwarzer Spitze

Reiherente: Kopf mit Schopf im Nacken; Schnabel mit breiter schwarzer Spitze

Übrigens: weißer Gesichtsfleck meist klein oder fehlend

Büffelkopfente
Bucephala albeola

G 32–39 cm | **SP** 55–60 cm

Kleine Tauchente. ♂ | unverkennbar; Kopf dunkel, schillernd, mit **breitem weißem Dreieck**. ♀ | kleines weißes Feld hinter dem Auge, Körper brauner.

Ausnahmegast aus N-Amerika, GF

Seen, Flüsse

Kappensäger
Lophodytes cucullatus

G 42–50 cm | **SP** 75–80 cm

Mittelgroßer Säger. ♂ | unverwechselbar: schwarzer Kopf mit schwarz eingefasster, weißer **Nackenhaube**; Brust weiß, Flanke rotbraun; **Schnabel schwarz**. **♀/Imm** | graubraun mit dunklem Gesicht, das in breite, fächerartige, rostbraune Haube übergeht; Schnabel hell.

♀: Mittelsäger *S. 55*

Ausnahmegast aus N-Amerika/GF

Seen, Flüsse

Rotkopfente
Aythya americana

G 44–51 cm | **SP** 65–70 cm

Wie große, dunkle Tafelente mit runderem Kopf und steiler Stirn/**wulstigem Vorderscheitel** (manchmal Schwanz aufgestellt). ♂ | **Auge goldgelb**, Schnabel hellgrau mit diffusem hellem Band vor breiter schwarzer Spitze. ♀ | dunkle Kappe, einfarbig helles Gesicht; Körper einfarbiger als bei Tafelente, aber weißlicher Unterschwanz.

Tafelente *S. 51*

Ausnahmegast aus N-Amerika

Seen

Riesentafelente
Aythya valisineria

G 49–56 cm | **SP** 70–80 cm

Wie große, lange Tafelente mit **langem, spitzem, ganz schwarzem Schnabel**, der in flache Stirn übergeht.

Tafelente *S. 51*

Ausnahmegast aus N-Amerika

Seen

Schwarze Meeresenten mit **dunklen Flügeln**

LC **Brillenente**
Melanitta perspicillata

G 45–56 cm | **SP** 75–85 cm

Stämmige, dickschnäbelige Meeresente, taucht mit geöffneten Flügeln ab. ♂ | großer, **schwarzer** Kopf mit **weißem Nacken** und weißem Stirnfleck. Kräftiger Schnabel orange mit weißem Feld und schwarzem Fleck. ♀ | wie Samtente mit doppelten Kopfseitenflecken, oft weißer Nackenfleck; kräftiger **Schnabel dreieckig, leicht konvex**. **Flügel dunkel**.

Alljährlicher Ausnahmegast aus N-Amerika

Auf See (selten Binnenland)

NT **Pazifiktrauerente**
Melanitta americana

G 44–54 cm | **SP** 70–85 cm

Sehr ähnlich Trauerente. ♂ | mit großem, **gelborangem Schnabelhöcker**. ♀ | mit **„Beule"** und einigen gelben Streifen an Schnabelbasis.

Ausnahmegast aus N-Amerika

Auf See (meist unter Trauerenten)

Schwarze Meeresenten mit **weißem Flügelfeld**

LC **Höckersamtente**
Melanitta deglandi

G 50–57 cm | **SP** 78–95 cm

Große Meeresente. ♂ | Schwarzer Schnabelhöcker als **„Stufe"** zwischen Stirn und **rosarot-gelbem Schnabel**; weißer Augenfleck hinten ansteigend. Stirn zu hohem Vorderscheitel ansteigend. ♀ | Schnabel leicht **„geschwollen"** (wie Brillenente, aber mit weißem Flügelfeld).

Ausnahmegast aus N-Amerika

Auf See (meist unter Samtenten)

LC **Kamtschatkasamtente**
Melanitta stejnegeri

G 50–57 cm | **SP** 78–95 cm

Große Meeresente. ♂ | **niedriger Scheitel und flache Stirn**; Schnabel rosarot mit gelbem Streifen und **eckigem Höcker**; kurzer, nach hinten ansteigender, weißer Augenfleck. ♀ | wie Höckersamtente, aber flachere Stirn.

Ausnahmegast aus O-Asien

Auf See

Die **Bestimmung der dunklen Meeresenten** kann schwierig sein, besonders auf größere Entfernung. Zu beachten ist das Fehlen oder Vorhandensein eines weißen Flügelfelds, dann Konzentration auf Merkmale am Kopf. Männchen: Schnabelmuster und -form. Weibchen: Kopfmuster und Schnabelform.

MÄNNCHEN — „WEISSFLÜGELIG" | „DUNKELFLÜGELIG"

WEIBCHEN — „WEISSFLÜGELIG" | „DUNKELFLÜGELIG"

SAMTENTE | BRILLENENTE 1W | SAMTENTE | BRILLENENTE

HÖCKERSAMTENTE | TRAUERENTE | HÖCKERSAMTENTE | TRAUERENTE

KAMTSCHATKA-SAMTENTE | PAZIFIKTRAUERENTE | KAMTSCHATKA-SAMTENTE | PAZIFIKTRAUERENTE

Plüschkopfente

Somateria fischeri

G 50–58 cm | **SP** 90–100 cm

Große, kräftige Meeresente, Gestalt wie Eiderente. **♂PK** | oben weiß, unten schwarz; Kopf grün mit weißer „Scheibe" um Auge; weißes Band über orangem Schnabel. **♂SK/♀/Imm** | rotbraun-schwarz gebändert, hellbeige „Scheibe" um Auge; kurzer grauer Schnabel.

Ausnahmegast aus NO-Sibirien

Auf See

LC Bindentaucher
Podilymbus podiceps

G 31–38 cm | **SP** 45–62 cm

Kleiner Lappentaucher. Großer, „reptilienartiger" Kopf mit fast dreieckigem, gewölbtem Schnabel, dunkelbraun, Scheitel dunkler; Körperende weißlich. **PK** | schwarzes Kinn, weißer Schnabel mit senkrechtem schwarzem Band; weißer Augenring. **SK/Imm** | hellere Kehle und matt grauer Schnabel ohne schwarzes Band.

Zwergtaucher *S. 75*

Alljährlicher Ausnahmegast aus N-Amerika

Seen

LC Pazifiktaucher
Gavia pacifica

G 60–63 cm | **SP** 109–122 cm

In allen Kleidern wie Prachttaucher, aber Kopf runder (variiert mit Körperhaltung) und **Schnabel kleiner**. **SK** | **ohne weißen Fleck an Hinterflanke**; dunkler **„Kinnriemen"** und dunkle Querbinde über Steiß. **JK** | wie **SK**, aber mehr helle schuppenförmige Bänder auf Oberseite.

Prachttaucher *S. 81*

Alljährlicher Ausnahmegast aus N-Amerika

Küstenmeer, Seen

LC Ohrenscharbe
Phalacrocorax auritus

G 76–90 cm | **SP** 135 cm

Schwer vom Kormoran zu unterscheiden; 12 (statt 14) Steuerfedern. **AK** | **dunkler Zügel** trennt hellen Streifen über dem Auge vom unbefiederten Kinn; nackte Haut gelb (beim Kormoran oft ähnlich) bis **tief orange**; sehr wenig oder kein Weiß zwischen Gesicht und umliegenden dunklen Federn. Im Frühjahr dünne, krause Federn über dem Auge. **Imm** | Brust heller als Bauch (beim Kormoran normalerweise andersherum, aber beide Arten variabel).

Kormoran *S. 84* | Krähenscharbe *S. 85*

Ausnahmegast aus N-Amerika

Küsten

Dunkelsturmtaucher *S. 91*

Kurzschwanz-Sturmtaucher
Ardenna tenuirostris

G 42 cm | **SP** 85–95 cm

Stämmiger Sturmtaucher; wie Dunkelsturmtaucher, aber steilere Stirn und recht kurzer, dunkler Schnabel; Kehle und Unterseite heller und grauer. Unterflügeldecken matt weißlich, hellgrau oder bräunlich. **F** | Zwischen Gleitphasen schnelle, tiefe Flügelschläge auf recht geraden, schmalen Flügeln. Füße ragen knapp unter dem Schwanz hervor.

Ausnahmegast aus dem Pazifik

Blassfuß-Sturmtaucher
Ardenna carneipes

G 40–48 cm | **SP** 99–116 cm

Großer, dunkelbrauner Sturmtaucher; erinnert an Dunkelsturmtaucher, aber breitflügeliger und **Unterflügel dunkel** außer hellem Anflug an Handschwingen. **Schnabel auffallend hell** graurosa mit dunkler Spitze. **F** | Flügel lang, leicht gebogen; Schwanz eckig.

Ausnahmegast aus Indischem Ozean/Pazifik

Weißkinn-Sturmvogel
Procellaria aequinoctialis

G 51–58 cm | **SP** 134–147 cm

Großer Sturmvogel; erinnert an Dunkelsturmtaucher, ist aber größer und schwärzer. **Unterflügel schwarz**, nur wenig heller an Handschwingen. **Dicker, gelblich weißer Schnabel**; kleiner weißer Kinnfleck (fehlt bei einigen Vögeln). **F** | Zwischen Gleitphasen langsame, elegante Schläge mit langen, gebogenen, spitz zulaufenden Flügeln.

Ausnahmegast aus Ozeanen der Südhalbkugel

Langflügel-Sturmvogel
Pterodroma macroptera

G 42–45 cm | **SP** 95 cm

Großer Sturmvogel; bis auf variablen, hellen Gesichtsfleck dunkelbraun. **Unterflügel dunkel**, nur an der Handschwingenbasis ein heller Halbmond. Schwarzer, recht kurzer Schnabel. **F** | Lange, spitz zulaufende Flügel, Brust/Bauch dunkel; Schwanz keilförmig. Steigt bei langem, kurvigem Gleiten recht hoch auf, dazwischen wenige kräftige Flügelschläge.

Ausnahmegast aus den südlichen Ozeanen

Desertas-, Kapverden-, Madeirasturmvogel *S. 96* | Eissturmvogel *S. 91*

EN Bermudasturmvogel
Pterodroma cahow

G 35–38 cm | **SP** 85–92 cm

Gedrungener, dickschnäbeliger, langflügeliger Sturmvogel; oben dunkel, unten weiß. Diffuse schwärzliche Maske, Stirn und Kehle weiß; **weißer Halbmond vor dunklem Schwanz**. Unterflügel **weiß** mit schmalem schwarzem Hinterrand und **breiterem schwarzem Vorderrand**, der sich bis in die Flügelmitte in Richtung Achsel zieht.

Ausnahmegast aus dem W-Atlantik

LC Weichfeder-Sturmvogel
Pterodroma mollis

G 35 cm | **SP** 70 cm

Mittelgroßer Sturmvogel. Dunkle Maske, weißer Fleck über dem Auge. Scheitel, Nacken und **fast vollständiges Brustband** grau. Kehle und Unterseite weiß. Oberseite grau, mit **bräunlichem „W"** über Flügel/Bürzel; helles Band auf Flügelmitte. Unterflügel **dunkel** (wie Madeirasturmvogel, *S. 96*); Flügeldecken und Hinterflügel schwärzlich, Flügelmitte/Handschwingen hellgrau.

Ausnahmegast aus dem S-Atlantik

EN Teufelssturmvogel
Pterodroma hasitata

G 40 cm | **SP** 98–105 cm

Großer, langflügeliger Sturmvogel mit weißer Stirn und **schwarzer Kappe/Nacken** über vollständigem **weißem Kragen**; **weißer Bürzel**. Unterflügel weiß mit **breitem schwarzem Hinterrand** und **schwarzem Diagonalband**, das auf der Flügelmitte in Richtung Achsel spitz zuläuft.

Ausnahmegast aus dem W-Atlantik

VU Trinidadesturmvogel
Pterodroma arminjoniana

G 35–40 cm | **SP** 90–102 cm

Agiler, mittelgroßer, langflügeliger Sturmvogel. Kopf, Oberseite und Kehle **dunkelbraun**. Helle Morphe: Unterseite weiß, Kehle braun. Dunkle Morphe: graubraun gefleckt. Unterflügel dunkel mit grau-weiß geflecktem Band, **schwärzliche Deckfedern und Flügelspitze** bilden ein langes „W"; **Unterschwanz schwarz**.

Ausnahmegast aus S- und W-Atlantik

ACHTUNG: Unterscheidung von Heraldsturmvogel *P. heraldica* und Hendersonsturmvogel *P. atrata*, beide aus dem Pazifik stammend, ist auf See wahrscheinlich nicht möglich. Es gibt einige unbestätigte Beobachtungen aus dem NO-Atlantik.

Kapsturmvogel
Daption capense

G 39 cm | **SP** 85 cm

Wie untersetzter, oberseits schwarz-weiß gescheckter Sturmtaucher; dunkle Kappe, unten weiß; weißer Schwanz mit breiter schwarzer Endbinde.

Ausnahmegast aus dem S-Atlantik

Riesensturmvogel
Macronectes giganteus

G 86–99 cm | **SP** 185–205 cm

Wohl nicht vom **Hallsturmvogel** *M. halli* [nicht nachgewiesen, nicht abgebildet] zu unterscheiden. Sehr großer, dunkelbrauner, buckliger, dickbäuchiger, albatrosähnlicher Seevogel. **AK** | dunkelbraun, Gesicht/Vorderhals hell; großer, dicker, gelblicher Schnabel; helle Augen. **JK** | rußbraun, dunkle Augen, Schnabel hellrosa oder gelblich.

Ausnahmegast aus dem S-Atlantik

Swinhoewellenläufer
Oceanodroma monorhis

G 18–21 cm | **SP** 45–48 cm

Kleiner, dunkelbrauner Seevogel; Größe und Gestalt wie Wellenläufer, kleiner als Bulwersturmvogel, mit **Gabelschwanz** und dunklem Bürzel; **kurze helle Schaftstriche an äußeren Handschwingen**. Nachweise durch verdriftete Vögel am Strand per Biometrie/DNA-Sequenzierung. Auf See schwer von Wellenläufern mit dunklem Bürzel zu unterscheiden.

Ausnahmegast aus dem Indischen Ozean; manchmal zurückkehrende Vögel im Sommer

Schwarzbauch-Sturmschwalbe
Fregetta tropica

G 20 cm | **SP** 46 cm

Schnelle Sturmschwalbe mit flottem, scherendem Flug. **Weißer Bürzel mit weißer Unterseite und Unterflügel verbunden**. Meist mit schmutzigem Streifen am Bauch; wenn nicht, evtl. weißbäuchige Morphe oder ähnliche **Weißbauch-Sturmschwalbe** *F. grallaria* [in Europa bisher unbestätigt, nicht abgebildet]. Bei Schwarzbauch- reicht Schwarz von Kopf/Hals an Brust weiter nach hinten als bei Weißbauch-Sturmschwalbe.

Ausnahmegast aus dem S-Atlantik

Wellenläufer *S. 99*
Bulwersturmvogel *S. 97*

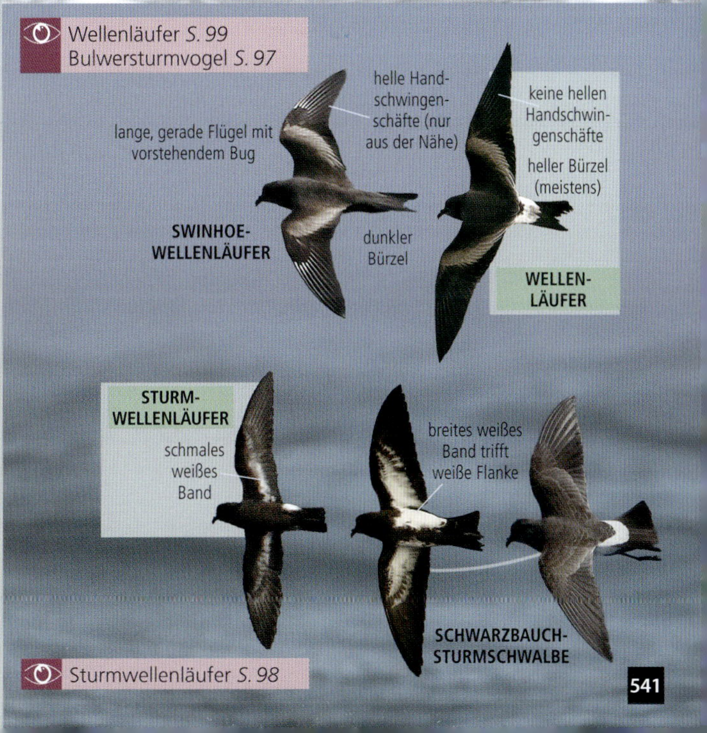

Sturmwellenläufer *S. 98*

LC **Maskentölpel**
Sula dactylatra

G 75–90 cm | **SP** 140–165 cm

Ähnlich Basstölpel. **AK** | weiß mit mehr Schwarz auf Flügel und Schwanz, **dunkle Maske**, an der Basis breiter gelber Schnabel. **JK** | braun mit dunklem Kopf, schwärzlichem Gesicht, **hellem Kragen** und fleckigem Bürzel; dunkle Brust scharf von **weißem** Bauch abgesetzt; **Gesichtshaut und Schnabel hell grau oder gelblich** (beim Basstölpel dunkel).

Ausnahmegast aus Karibik/S-Atlantik

LC **Weißbauchtölpel**
Sula leucogaster

G 67–74 cm | **SP** 132–150 cm

Von Gestalt und Verhalten her wie ein kleiner Basstölpel. **AK** | kräftig **dunkelbraun** mit **hellem Schnabel** und gelblicher Gesichtshaut; Bauch und Unterflügelband weiß; gelbe Beine. **JK** | ganz dunkel; Gesicht und Schnabel gelblich grau; dunkle Brust scharf gegen fleckigen, hellen Bauch abgesetzt (Maskentölpel im JK schwärzer um Auge, dunkle Brust/weißer Bauch).

Ausnahmegast von den Kapverden

LC **Rotfußtölpel** *Sula sula*

G 70 cm | **SP** 100 cm

Gestalt und Verhalten wie Basstölpel; verschiedene Gefiedervarianten. **AK** | **bläulicher Schnabel**, **rosa Gesichtshaut**, **rote Beine**. Weiße Morphe hat schwarze Schwungfedern, einige auch mit schwarzem Schwanz. Braune Morphe meist ganz dunkelbraun; Bürzel, Schwanz und Bauch können weiß sein. **JK** | braun, am Kopf und unten heller; Schnabel dunkel, wird gräulich oder rosa mit dunkler Spitze; Beine rosa.

Ausnahmegast aus dem tropischen Atlantik

EN **Kaptölpel** *Morus capensis*

G 85–90 cm | **SP** 165–175 cm

Sehr ähnlich Basstölpel: **AK** | weiß mit **schwarzem Hinterflügelband** (außer innerste Federn), **schwarzem Schwanz** und gelblichem Kopf. **Langer schwarzer Kehlstreif** reicht bis auf den Vorderhals und schließt fast adulte Basstölpel aus (diese mit dunklen Flecken auf Unterflügel und ungleichmäßigem Hinterflügelband). **Imm** | normalerweise unbestimmbar, es sei denn, der Kehlstreif ist gut zu sehen.

Ausnahmegast aus dem S-Atlantik

Basstölpel S. 90

Schwarzbrauenalbatros
Thalassarche melanophris

G 80–95 cm | **SP** 200–235 cm

Meist auf See, selten küstennah. Viel größer als Basstölpel *(S. 90)*; kräftiger Schnabel, rundlicher Kopf, **eckiger Schwanz**; sehr lange, schlanke Flügel. **AK** | weiß, Rücken/Oberflügel schwarz, **Schwanz schwärzlich** (vgl. immature Basstölpel und adulte Mantelmöwe, *S. 123*). Unterflügel wichtig: **breites weißes Band, schmaler schwarzer Hinterrand, breiterer weißer Vorderrand**. Schnabel gelborange; schwarze „Augenbraue". **Imm** | wie **AK**, aber dunklere Schnabelspitze, gräulicher Kragen und schmutziges Unterflügelband.

Alljährlicher Ausnahmegast aus dem S-Atlantik; vereinzelt lange Aufenthalte in Basstölpel-Kolonien

Gelbnasenalbatros
Thalassarche chlororhynchos

G 90 cm | **SP** 200–210 cm

Gestalt und Verhalten typisch für Albatrosse. **AK** | **Schnabel schwarz** (kann heller grau schimmern) **mit gelbem Streifen auf dem First** und **schmale schwarze Umrandung des weißen Unterflügels**. Kopf weiß mit grauem Anflug am Hals. **Imm** | Kopf weiß, Schnabel schwarz.

Ausnahmegast aus dem S-Atlantik

Tristanalbatros
Diomedea dabbenena

G 110 cm | **SP** 275–305 cm

Riesiger Albatros mit sehr langen Flügeln. **AK** | weiß mit schwarzem Oberflügel und schwarzer Flügelspitze an weißem Unterflügel; langer, heller Schnabel. Das weiße Gefieder entwickelt sich individuell unterschiedlich im Verlauf von 20 oder mehr Jahren. Fast identisch mit Wanderalbatros *Diomedea exulans* [nicht nachgewiesen, nicht abgebildet], dessen Schnabel etwas länger ist; normalerweise können beide Arten auf See nicht unterschieden werden.

Ausnahmegast aus dem S-Atlantik

Fregattvögel

F | Fliegen mit **angewinkelten Flügeln**; können in großer Höhe über dem Meer oder über Land kreisen oder dicht über den Wellen andere Vögel oder fliegende Fische jagen.

LC Prachtfregattvogel
Fregata magnificens

G 90–114 cm | **SP** 215–245 cm

Riesiger, langflügeliger Seevogel mit langem Gabelschwanz (kann zusammengelegt sein, wirkt dann lang und spitz); langer Hakenschnabel. ♂ | schwarz mit Purpurglanz, roter Kehlsack. ♀ | ganz dunkel, nur Brust weiß. **JK** | weißer Kopf und weißes Bauchfeld (reicht nicht bis zu Unterflügeln wie beim jungen Adlerfregattvogel).

Ausnahmegast aus der Karibik

Auf See, selten landeinwärts geweht

VU Adlerfregattvogel
Fregata aquila

G 85–105 cm | **SP** 205–230 cm

Sehr ähnlich Prachtfregattvogel und auf See praktisch nicht zu unterscheiden. ♂ | schwarz mit grünem Glanz, roter Kehlsack. ♀ | meist bis auf heller braune Brust ganz dunkel, aber einige mit weißem Brustfeld. **JK** | weißer Kopf; Weiß auf Brust/Bauch reicht bis zum unteren Armflügel (bei Prachtfregattvogel nur Bauch weiß). Ausdehnung des Weiß auf Unterflügel nimmt mit dem Alter zu.

Ausnahmegast aus dem S-Atlantik

Auf See/gestrandet

LC Weißschwanz-Tropikvogel
Phaeton lepturus

G 71–80 cm | **SP** 89–95 cm

Weißer Seevogel mit schmalen Flügeln und langem Schwanz; schwarzes Diagonalband auf Armflügel, schwarz gestreifte Flügelspitze; lange weiße oder gelbliche Schwanzspieße; schwarze Maske. Schnabel gelb bis orange.

Rotschnabel-Tropikvogel *S. 97*

Ausnahmegast aus der Karibik

Auf See

Langschnabelalk
Brachyramphus perdix

G 25 cm | **SP** 45 cm

Wie eine winzige Trottellumme *(S. 103)* mit weißen Schulterfeldern, schlankem Schnabel und weißer Wange/Kehle.

Krabbentaucher *S. 101*

Ausnahmegast aus dem Pazifik

Meer/Küste

Silberalk
Synthliboramphus antiquus

G 27 cm | **SP** 45–48 cm

Winziger, hellgrauer Alk; Kappe, Wange und Kehle schwarz; weißer Streif hinter Auge; weißer Hals; kleiner, heller Schnabel.

Krabbentaucher *S. 101* | Papageitaucher *S. 101*

Ausnahmegast aus N-Amerika

Auf See, Klippen

Rotschnabelalk
Aethia psittacula

G 23 cm | **SP** 44–48 cm

Winziger Alk, Kopf und Oberseite schwarz, unten weiß; kleiner, roter Schnabel, weißer Streifen hinter Auge.

Ausnahmegast aus dem Pazifik

Meer/Küste

Schopfalk *Aethia cristatella*

G 18–20 cm | **SP** 40–50 cm

Kleiner Alk. **PK** | ganz schwärzlich, roter Schnabel, dünne weiße Linie hinter Auge, aufrechter, nach vorn gebogener Schopf. **SK / 1W** | Schnabel matt, Schopf kleiner.

Ausnahmegast aus dem Pazifik

Auf See

Gelbschopflund
Fratercula cirrhata

G 36–41 cm | **SP** 60–63 cm

Stämmiger Alk; wie Papageitaucher, aber schwarz mit rotem Schnabel, weißem Gesicht und gelblichem Schopf.

Papageitaucher *S. 101*

Ausnahmegast aus dem Pazifik

Auf See

LC EN Rosenmöwe *Rhodostethia rosea*

1W, SK: Zwergmöwe *S. 122* | 1W: Dreizehenmöwe *S. 114*

2 **G** 29–32 cm | **SP** 73–80 cm

Kleine, taubenartige, rundköpfige Möwe mit **spitzem Schwanz**, **kurzem dunklem Schnabel** und kurzen roten Beinen. **PK** | grau und rosa, **schwarzer Halsring**. **SK** | wie **PK**, aber Nacken grau. **1W** | mit schwarzem Band entlang des Flügels; Flügelspitze schwarz; Beine rosa; schwarzer Halsring entsteht im **1S**.

S | Im Winter rau glucksend *tschag-ak*.

F | **AK** Oberflügel hell mit **breitem weißem Hinterrand** bis kurz vor die **graue Flügelspitze**; **Unterflügel grau**. **1W** mit dunklem „W" über die Oberflügel, wie Zwergmöwe und die größere Dreizehenmöwe, aber langer weißer Keil in das Schwarz der äußeren Handschwingen hinein; Unterflügel im Gegenlicht mit durchscheinendem weißem Band. Schwarzes Feld an Schwanzspitze.

Seltener Zugvogel/Ausnahmegast

Brütet in der Arktis; im Winter auf See, Küste

NT VU Elfenbeinmöwe *Pagophila eburnea*

Polarmöwe *S. 131*
Vorsicht mit abweichend „weißen" Individuen häufigerer Möwenarten

2 **G** 41–47 cm | **SP** 100–113 cm

Mittelgroße, taubenartige, **weiße** Möwe mit langen Flügeln und kurzen **schwärzlichen** Beinen. **AK** | **ganz weiß**; **Schnabel blau- oder grünlich grau mit gelber Spitze** (im Frühjahr Spitze kräftiger orangerot). **JK** | weiß mit **verstreuten** schwärzlichen Flecken und **grauem Gesicht**.

S | Quiekende Laute und seeschwalbenartig *kriä*.

F | Elegant, aber relativ schwerer Körper; Flügel sanft spitz zulaufend. Fliegt manchmal mit etwas herabhängenden Beinen. **1W** mit Reihen dunkler Flecke auf Flügeldecken sowie an den Spitzen von Schwung- und Steuerfedern.

Ausnahmegast

Brütet in der Arktis; im Winter auf See, Küste

Anders als alle anderen Möwen Altvögel mit nur einer Mauser (zwischen Apr und Aug); Jungvögel mausern direkt ins Alterskleid (zwischen Apr und Aug).

Ringschnabelmöwe
Larus delawarensis

③ **G** 41–49 cm | **SP** 112–124 cm

Wie Sturmmöwe, aber etwas größer, **Rücken heller**; **weniger Weiß** auf Schirmfedern. **PK** | **Auge gelb** mit dunklem Ring; **Schnabel dick**, **gelb mit schwarzer Binde** und heller Spitze (wirkt auf Entfernung wie dunkle Spitze); Kopf weiß. **SK** | wie **PK**, aber Kopf gestrichelt, Nacken graubraun gefleckt. **1W** | Rücken hell; Schnabel dick, rosa (bis Mär gelb) mit schwarzer Spitze. **2W** | wie **SK**, aber kleinere weiße Flecke in Flügelspitze; bei manchen dunkle Flecke auf Schirmfedern.

S | Hohes, nasales Quieken, das in wiederholte, kurze *kjau*-Laute übergeht.

F | **AK** wie helle Sturmmöwe, aber Flügel breiter, mit mehr Schwarz und kleineren Subapikalflecken. **1W** wie Sturmmöwe, aber Flügelspitze und Flügelhinterrand schwärzer, Flügelmitte und innere Handschwingen recht hell, Schwanzbinde weniger deutlich abgegrenzt. **2W** wie **AK**, aber mehr Schwarz in Flügelspitze, ein kleiner weißer Subapikalfleck; schwärzliche Abzeichen auf Hinterflügel/Schwanz (selten bei Sturmmöwe).

Sturmmöwe *S. 116*
Silbermöwe *S. 128*

Alljährlicher Ausnahmegast aus N-Amerika

Küste, Seen

Thayermöwe
Larus glaucoides thayeri

④ **G** 55–60 cm | **SP** 125–140 cm

Deutlich abweichende Unterart der Polarmöwe *(S. 131)*, **etwas dunkler** als diese. **PK/SK** | Kleider ähnlich Silbermöwe, aber **blasserer Schnabel**, **dunkleres Auge**, intensiv rosa Beine. **JK** | Flügelspitze mittelbraun; Schirmfedern braun mit hellen Säumen; Bürzel/Unterschwanz breit braun gebändert; Schnabel dunkel, schlank; wird heller während **1W**. **2W** | Flügelspitze dunkelbraun mit breiten hellen Federspitzen. **3W** | wie **AK** mit variablen dunklen Markierungen auf dem Oberflügel, mehr Schwarz in Flügelspitze.

F | **AK lange weiße Striche** oder Flecke in der **schwärzlichen Flügelspitze** (sehr dunkle Polarmöwen der SSP. *kumlieni* können ähnlich sein, aber die meisten haben kleinere graue Flecke).

Silbermöwe *S. 128*
Polarmöwe SSP. *kumlieni S. 131*

Ausnahmegast aus N-Amerika

Küste, Müllkippen

LC Kanada-/Ostsibirienmöwe

Larus smithsonianus/vegae

4 **G** 53–67 cm | **SP** 120–155 cm

Kanadamöwe (N-Amerika) wie große, dunkle Silbermöwe (viele nicht unterscheidbar). **SK** | breite dunkle Strichel an weißem Kopf und Brust. **1W** | **Bauch dunkel**. **Ostsibirienmöwe** (NO-Asien) **AK** | wie Silbermöwe, aber Rücken dunkler; breite weiße Schirmfeder-„Sichel"; Beine matt rosa (selten gelblich); Schnabel dünn, grünlich gelb mit rotem Fleck (manchmal klein); Lidring purpurrot. **SK** | Kopf und Hals stark gestrichelt. Handschwingenmauser noch im Jan/Feb (bei Silbermöwe im Dez/Jan abgeschlossen).

F | **Kanadamöwe AK** Schwarz reicht auf äußeren sechs Handschwingen zwischen lange graue „Finger". **1W** Bürzel weißlich, dicht dunkelbraun gebändert; Schwanz schwärzlich; dunkles Band über Große Decken; Unterflügel dunkel mit helleren Schwungfedern. **Ostsibirienmöwe AK** wie Kanadamöwe, aber „Finger" auf Handschwingen weißlich. **1W** wie **1W Silbermöwe**, aber helle innere Handschwingen mit auffälligerem schwarzem Streifen nahe der Flügelspitze.

Silbermöwe *S. 128*

Ausnahmegast aus N-Amerika, NO-Asien

Küste

LC Dominikanermöwe

Larus dominicanus

4 **G** 55–65 cm | **SP** 125–160 cm

Große, schwarzrückige Möwe; Schnabel dick mit **hohem Gonyseck**; Beine lang. **AK** | Rücken **schwarz**; Kopf und Brust weiß; **breiter weißer Flügelhinterrand**, auch beim angelegten Flügel erkennbar; **Beine grünlich gelb**. Auge **dunkel** mit gelblichem Ring. **1W** | dunkel graubraun mit weißlichen Säumen auf Oberseite; Schnabel schwarz (individuell variabel). **2W** | Kopf und Körper weiß. **3W** | wie matter Altvogel mit dunkler Schnabelbinde.

F | **AK** Oberflügel schwarz mit weißem Hinterrand und einem kleinen Subapikalfleck. **1W** Oberflügel wie Heringsmöwe; Schwanz mit breiter schwarzer Endbinde. **2W** Kopf weiß; Rücken schwarz; Schwanz weiß mit schwarzen Flecken; Oberflügel braun. **3W** wie **AK**, aber einige dunkle Flecke.

Mantelmöwe *S. 123*
Heringsmöwe *S. 124*

Ausnahmegast vom S-Atlantik (SSP. ***vetula***, S-Afrika)

Meer, Küste

ACHTUNG: Die Dominikanermöwe lebt auf der Südhalbkugel, daher ist der Mauserablauf an dortige Jahreszeiten angepasst (bei langen Aufenthalten können sich Ausnahmegäste aber an den Ablauf im Norden anpassen).

Beringmöwe
Larus glaucescens

④ **G** 48–56 cm | **SP** 117–134 cm

Große, kräftige Möwe, wie Eismöwe mit **dunkler Flügelspitze**. **AK** | grau und weiß; **Flügelspitze dunkler grau mit langen weißen Flecken**. Auge dunkel (bei Eismöwe hell). **SK** | Kopf weiß, beigebraun gefleckt. **JK** | hellbeige, oben graubraun gefleckt, unten einfarbig; **Schnabel schwarz**. **1W** | recht einheitlich graubeige; Handschwingen hell mit weißlichen Säumen; Schnabel schwärzlich. **2W** | oben hellgrau; unten weiß mit bräunlichen Flecken; Schnabel rosa mit schwarzer Binde. **3W** | wie **AK**, aber Flügeldecken beige; dunkle Schnabelbinde (individuelle Variation).

F | **AK graue Flügelspitze mit weißen Punkten und großem weißem Subapikalfleck. 1W Oberflügel einschließlich Spitze einfarbig hell graubraun**; am Unterflügel kontrastierend helle Schwungfedern. **2W** Flügelspitze **düster braun** mit helleren Federsäumen; Schwanz einfarbig beigegrau. **3W** wie **AK**, aber gräuliche Schwanzendbinde und weniger Weiß an Flügelspitze.

Eismöwe *S. 130*

Kamtschatkamöwe
Larus schistisagus

④ **G** 61–66 cm | **SP** 145–150 cm

Große, **dunkelrückige** Möwe. Zwei Formen: **PK** | Oberseite dunkelgrau (Farbton wie SSP. *graellsii* der Heringsmöwe) oder heller (wie Mittelmeermöwe); Kopf weiß, Auge immer dunkel. **Breite weiße Schirmfeder-„Sichel". Beine rosa**. **SK** | wie **PK**, aber Kopf gestrichelt. **1W** | sandbraun, Unterseite einfarbig; Handschwingen dunkelbraun mit hellen Säumen; Schwanz dunkelbraun; Auge dunkel. **2W** | heller als **1W**, etwas Grau auf dem Rücken. **3W** | Rücken grau, wie **SK**, aber braune Felder auf dem Flügel.

F | **AK breiter weißer Flügelhinterrand** (einschließlich Schirmfedern); **Reihe weißer Flecke** zwischen Grau und Schwarz der Handschwingen 4–6. **1W** hellbraun; Hinterflügelband und Spitzen der äußeren Handschwingen dunkelbraun; Bürzel beige, braun gebändert; Schwanz einfarbig braun mit schmalem beigem Ende. **2W** wie **1W**, aber graue Flecke auf Rücken; Flügel braun; Bürzel weißlich; schmale schwarzbraune Schwanzendbinde. **3W** wie **AK**, aber Flügel überwiegend braun.

Heringsmöwe *S. 124*
Mittelmeermöwe *S. 126*

Lachmöwe *S. 119*
Schwarzkopfmöwe *S. 120*

Alle Ausnahmegäste aus N-Amerika

LC Bonapartemöwe
Chroicocephalus philadelphia

(2) **G** 31–34 cm | **SP** 79–84 cm

Wie eine **kleine**, zierliche Lachmöwe mit kleinem Kopf und **schwarzem Schnabel**. **PK** | **Kapuze schwarz**; schmale weiße Augenklammern. **SK/1W** | Kopf weiß mit dunklem Ohrfleck; Nacken grau; **Beine rosa**.

F | **AK Unterflügel weiß** mit schwarzem Hinterrand. **1W** wie Lachmöwe, aber innere Handdecken hell, äußere dunkel; Hinterflügelband und Diagonalband auf Armflügel schwärzer. Unterflügel weiß; schmaler schwarzer Hinterrand. **1S** wie **1W**, aber schwarze Kapuze.

Küste, Seen

LC Präriemöwe
Leucophaeus pipixcan

(2) **G** 32–36 cm | **SP** 81–93 cm

Kleine Möwe mit schiefergrauer Oberseite. **PK** | **Kapuze schwarz**; breite weiße Augenklammern laufen hinter dem Auge zusammen. **SK/1W/1S** | **dunkle halbe Kapuze**; Gesicht und Augenklammern weiß.

F | **AK** weißer Flügelhinterrand biegt nach vorn und umgibt schwarz-weiße Flügelspitze; Schwanzmitte grau. **1W** Hinterflügel, Handflügel und Schwanzendbinde schwärzlich.

Seen, Sümpfe

LC Aztekenmöwe
Leucophaeus atricilla

(3) **G** 36–41 cm | **SP** 98–110 cm

Kleine bis mittelgroße Möwe mit **schiefergrauer Oberseite**. **PK** | **Kapuze schwarz**; weiße Augenklammern treffen sich nicht hinter dem Auge; **Schnabel und Beine rot**. **SK** | Kopf weiß, Nacken und Wange grau. **1W** | Rücken grau; **Brustband und Flanke grau**; Schnabel schwärzlich; Beine dunkelgrau. **2LJ** | wie **AK**, aber Flanke und Flügelspitze brauner.

F | **AK** weißer Flügelhinterrand; **großes schwarzes Dreieck vor Flügelspitze**; Handschwingenspitzen weiß (bis Aug abgenutzt). **1W** Rücken grau; Armflügel braun mit grauem Band in der Mitte, Handflügel schwärzlich; schwarze Schwanzendbinde und graue Schwanzaußenseiten.

Küste, Seen

Graukopfmöwe
Chroicocephalus cirrocephalus

2 **G** 39–42 cm | **SP** 100–115 cm

Mittelgroße, grau-weiße Möwe. **PK** | **Kapuze grau** mit dunklerer Umrandung; **Auge hell**; Beine und Schnabel dunkelrot. **SK** | Beine und Schnabel intensiver rot; Kopf wie Lachmöwe, aber Auge hell. **1W** | wie Lachmöwe mit dunkleren Flügeldecken, Schnabel größer. **2W** | wie **AK**, mit Braun auf Flügel.

F | **AK** Oberflügel mit auffallendem **weißem Feld** neben der schwarzen Flügelspitze; weiße Subapikalflecke; Unterflügel grau. **1W** Armflügel grau/braun mit breitem schwarzem Hinterflügelband; streifiges **weißes Feld** im ansonsten **schwarzem Handflügel**. **2W** wie **AK**, aber Braun auf Oberflügel.

Lachmöwe *S. 119*
PK: Schwarzkopfmöwe [2S] *S. 120*

Ausnahmegast aus Afrika

Seen, Küste

Reliktmöwe *Ichthyaetus relictus*

2 **G** 42–46 cm | **SP** 85–100 cm

Mittelgroße, helle Möwe; relativ kurzer, **dicker**, **schwärzlicher** Schnabel. **PK** | Kapuze schwarz mit weißen Augenklammern; Beine dunkelrot. **SK** | graue Flecke auf weißem Kopf. **1W** | **Kopf hell**; Hals **gefleckt**; Beine schwärzlich.

F | **AK** Flügelspitze mit **schwarzen Streifen** (wie **2LJ** Schwarzkopfmöwe); Unterflügel weiß. **1W** Oberflügel wie Schwarzkopfmöwe, aber schwaches Hinterflügelband; weißer Punkt an äußerster Handschwinge; Schwanzendbinde unvollständig.

SK: Sturmmöwe *S. 116*
Schwarzkopfmöwe *S. 120*

Ausnahmegast aus Asien (nur Ringfunde)

Seen, Sümpfe

Weißaugenmöwe
Ichthyaetus leucophthalmus

3 **G** 39–43 cm | **SP** 100–110 cm

Mittelgroße, dunkelgrau-weiße Möwe mit **weißem Kragen**, **langem rotem Schnabel** und gelben Beinen. **PK** | **Kapuze und Kehle schwarz**; weiße Augenklammern. **SK** | dunkle gestrichelte Kapuze reicht bis zur Vorderbrust.

F | Flügel lang, mit schwarzer Spitze und weißem Hinterrand.

Ausnahmegast vom Indischen Ozean

Küste

Zügel- und **Rußseeschwalbe**
Große, schlanke „Meeres-"Seeschwalben, oben dunkel und unten weiß; Schnabel und Beine schwarz. Die Rußseeschwalbe ist die etwas größere und dunklere der beiden und hat kontrastreicheren Unterflügel.

LC VU

Rußseeschwalbe

Onychoprion fuscatus

G 42–45 cm | **SP** 72–80 cm

AK | Rücken schwärzlich, nach Ausbleichung brauner/grauer, aber kaum Kontrast zur **schwarzen Kappe**. **Weiße Stirn reicht als breites, rundliches Feld bis zum Auge**. **JK** | dunkelbraun, oben mit hellen Bändern; Brust dunkel, Bauch hell. **F** | Oben schwärzlich, unten weiß; Schwanz lang, gegabelt, schwärzlich mit breiten weißen Seiten. Unterflügel weiß mit **breitem schwärzlichem** Hinterrand und dunkler Flügelspitze.

Ausnahmegast aus tropischen Meeren; hat gebrütet (Makaronesien)

Küste/auf See

LC

Zügelseeschwalbe

Onychoprion anaethetus

G 37–42 cm | **SP** 65–72 cm

AK | **Rücken graubraun**, **Kontrast zur schwarzen Kappe**; **weiße Stirn reicht bis hinter das Auge**, von vorn gesehen zeichnet sich ein deutliches **„V"** ab. **F** | Oben dunkelbraun, unten weiß; Schwanz lang, gegabelt, dunkelbraun mit schmalen weißen Seiten. Unterflügel weiß mit **schmalem dunkelgrauem** Hinterrand.

Ausnahmegast aus tropischen Meeren

Auf See, selten im Binnenland

VU

Aleutenseeschwalbe

Onychoprion aleuticus

G 32–34 cm | **SP** 75–80 cm

Kleine, hellgraue Seeschwalbe mit schwarzer Kappe; dunkler als Küstenseeschwalbe. **AK** | **grau mit schwarzer Kappe**; **weiße Stirn** reicht bis genau über das Auge; Unterseite hellgrau. **Schnabel und Beine schwarz**. **F** | Mittelgrau; Unterflügel weißlich, **breiter dunkler Hinterrand** an Armschwingen und äußeren Handschwingen (unterbrochen an inneren Handschwingen). Bürzel und langer, gegabelter Schwanz weiß.

Flussseeschwalbe *S. 142*
Küstenseeschwalbe *S. 14*

Ausnahmegast aus dem N-Pazifik

Küste

Antillenseeschwalbe
Sternula antillarum

G 21–25 cm | **SP** 41–47 cm

Sehr kleine, grau-weiße Seeschwalbe mit schwarzer Kappe; Bürzel und Schwanz grauer als bei der sehr ähnlichen Zwergseeschwalbe.

Zwergseeschwalbe *S. 139*

Ausnahmegast aus N-Amerika

Küste

S | Am besten zu bestimmen anhand von Aufnahmen des typischen **quiekenden Doppelrufes** (Zwergseeschwalbe ruft rauer).

Forsterseeschwalbe
Sterna forsteri

G 33–36 cm | **SP** 64–70 cm

Kleine, helle Seeschwalbe, sehr ähnlich der Flussseeschwalbe, aber **Oberflügel heller**. **PK** | Schnabel rot mit schwarzer Spitze; Beine rot; Schwanz **grau mit weißer Kante**. **Unterseite weiß**. **SK** | Schnabel schwarz; breite, **schwarze Maske**. Oberflügel silbrig, äußere Handschwingen mit schwarzer Spitze, ab Jan/Feb Kontrast zu hellen inneren Handschwingen. **1LJ** | Handschwingen grau.

Flussseeschwalbe *S. 142*
Küstenseeschwalbe *S. 143*
Rosenseeschwalbe *S. 144*
SK: Lachseeschwalbe *S. 140*

Ausnahmegast aus N-Amerika

Küste

Braunnoddi *Anous stolidus*

G 38–45 cm | **SP** 75–86 cm

Mittelgroßer, **dunkelbrauner** Seevogel mit **diffuser weißer Kappe**; Schnabel und Beine schwarz. **Schwanz gerundet** oder keilförmig.

Ausnahmegast aus tropischen Meeren

Auf See

„Orangeschnäbelige" Seeschwalben ähneln sich und sind schwer zu bestimmen. Wichtige Merkmale sind Größe und Gestalt (am besten im Vergleich zu Raub-/Brandseeschwalbe), Größe, Form und Farbe des Schnabels sowie die Form des Schopfes.

LC Königsseeschwalbe

Thalasseus maximus

G 42–49 cm | **SP** 86–92 cm

Groß (größer als Brandseeschwalbe). Schnabel robust; gelborange bis kräftig rot (bei Raubseeschwalbe noch **kräftiger**). **PK** | Scheitel und kurzer, eckiger Schopf schwarz. **SK** | **Auge von Weiß umgeben** (bei Raubseeschwalbe dunkel).

F | Kraftvoll; langflügelig. **AK** Bürzel und Schwanz **weiß**.

Ausnahmegast aus N-Amerika

Küste

LC Rüppellseeschwalbe

Thalasseus bengalensis

G 33–40 cm | **SP** 76–82 cm

Mittelgroße, grau-weiße Seeschwalbe (Größe wie Brandseeschwalbe). Schnabel lang, recht dünn, **kräftig orange** oder orange mit hellerer Spitze. **PK** | Kappe und kurzer, leicht zugespitzter Schopf schwarz. **SK** | Stirn weiß, **um Auge schwarz**.

F | Flügel recht breit (Brand- und Schmuckseeschwalbe haben schmalere, stärker gewinkelte Flügel). **Bürzel und Schwanz hellgrau**.

Ausnahmegast aus Afrika, hat gebrütet

Küste

NT Schmuckseeschwalbe

Thalasseus elegans

G 39–43 cm | **SP** 76–81 cm

Mittelgroße, grau-weiße Seeschwalbe (Größe/Gestalt wie Brandseeschwalbe). **Schnabel lang**, **schmal**, **Spitze leicht abwärts gebogen**; orange mit roter Basis und gelblicher Spitze. **PK** | **Kappe und langer**, **herabhängender Schopf schwarz**. **SK** | Stirn weiß, **breites schwarzes Feld ums Auge**.

F | Lange, gewinkelte Flügel (schmaler als bei Rüppellseeschwalbe). Bürzel und Schwanz weiß.

Ausnahmegast aus N-Amerika, hat gebrütet

Küste

Südpolarskua
Stercorarius maccormicki

G 50–55 cm | **SP** 120–130 cm

Große, braune Raubmöwe, sehr ähnlich Skua: dunkle Vögel im Herbst und ausgeblichene, hellere Vögel im Sommer kaum unterscheidbar. Kragen heller, einfarbig kalt graubraune Unterseite, sehr dunkle Unterflügel und schmalerer weißer Handschwingenfleck sind typisch für die Südpolarskua, aber beide Arten zeigen bei diesen Merkmalen etwas Variation.

Skua *S. 150*

Ausnahmegast aus dem S-Atlantik

Auf See

Wilsonwassertreter
Phalaropus tricolor

G 22–24 cm | **SP** 40–42 cm

Größter Wassertreter mit langem, dünnem, schwarzem Schnabel. **♀PK** | Scheitel und Hinterhals grau; schwarzer Augenstreif geht in rotbraunen Streifen an der Halsseite über; Beine schwarz. **♂PK** | Rücken grau, dunkel gefleckt; Augenstreif grau; Hals blass orangebeige. **SK** | hellgrau-weiß; Beine dunkel graugrün. **JK/1W** | sehr hell, wie **SK**; dunkle Zeichnung durch das Auge, aber kein richtiger Augenstreif; Beine gelblich.

F | Flügel einfarbig; Bürzel weiß.

S | Flugruf kurz, nasal *wit*.

Andere Wassertreter *S. 196–197*
JK: Teichwasserläufer *S. 176*
JK: Dunkelwasserläufer *S. 179*
JK: Kampfläufer *S. 192*

Alljährlicher Ausnahmegast aus N-Amerika

Süßwassertümpel, Lagunen

LC Graukopfkiebitz
Vanellus cinereus

G 34–37 cm | **SP** 75 cm

Mittelgroßer, langbeiniger Kiebitz, Oberseite hellbraun, Unterseite weiß; Kopf und Hals grau; erinnert mit breitem weißem Flügelband und gelben Beinen an Weißschwanzkiebitz, hat aber eine gelbe Schnabelbasis, ein schmales schwarzes Brustband und eine schwarze Schwanzbinde.

Weißschwanzkiebitz *S. 164*

Ausnahmegast aus Asien

Wiesen

LC Krokodilwächter
Pluvianus aegyptius

G 19–21 cm | **SP** 47–51 cm

Unverwechselbarer kleiner Watvogel mit kurzem Schnabel und flachem Kopf. Schmaler schwarzer Streifen am Rücken hinunter; Flügel blaugrau; Unterseite orangebeige. Kleiner, schwarzer Schnabel; schwarze Wange geht in den Rückenstreifen und ein schmales Brustband über, jeweils weiß begrenzt.

Ausnahmegast aus Afrika

Gewässer

LC Reiherläufer
Dromas ardeola

G 38–41 cm | **SP** 66–78 cm

Großer, kiebitzähnlicher Watvogel. **AK** | weiß; Rücken und Unterrand des geschlossenen Flügels schwarz. Schnabel schwarz, dick, dolchförmig. **1W** | wie **AK**, aber grau fleckig; Scheitel und Flügel hell graubraun.

Säbelschnäbler *S. 158*

Ausnahmegast vom Indischen Ozean

Küste

Eskimoregenpfeifer
Charadrius semipalmatus

G 16–17,5 cm | **SP** 31–32 cm

N-Amerikanisches Gegenstück zum sehr ähnlichen Sandregenpfeifer: klein, **Ruf** erregt die Aufmerksamkeit. Kleine Spannhäute zwischen den Zehen (nur eine winzige beim Sandregenpfeifer). Kopf runder und Schnabel kürzer als beim Sandregenpfeifer. **PK/1S** | schwacher weißer Streif unterhalb Scheitel (kräftig beim Sandregenpfeifer), Brustband dünner. **JK/1W** | matt; weiße Kehle dehnt sich als weißer Fleck bis über Schnabelwinkel aus (Sandregenpfeifer dort dunkel).

S | Ruft ansteigend *tschiui*, etwas an Dunkelwasserläufer erinnernd *(S. 179)*.

Ausnahmegast aus N-Amerika

Küste

Sandregenpfeifer *S. 170*

Hirtenregenpfeifer
Charadrius pecuarius

G 12–14 cm | **SP** 40–44 cm

Klein, langbeinig, erinnert an Seeregenpfeifer. **AK** | oben **braun mit beigen Federrändern**; unten orangebeige; weiße Stirn setzt sich als Überaugenstreif bis zu einem Nackenband fort; Kehle weiß; **schwarzes Stirnband geht in Augenstreif über, der bis zum Nacken reicht. Schnabel und Beine schwärzlich. JK/1W** | ohne schwarz-weißes Kopfmuster des **AK**; kein dunkles Brustband.

Ausnahmegast aus Afrika

Wiesen, Gewässer

Seeregenpfeifer *S. 170*
Mongolenregenpfeifer S. 558

Keilschwanz-Regenpfeifer
Charadrius vociferus

G 23,5–26 cm | **SP** 59–63 cm

Wie großer, langschwänziger Flussregenpfeifer *(S. 170)*; oben braun, unten weiß. **PK | doppeltes Brustband. SK/1W** | zimtbraune Federränder an Kopf und Rücken; unteres Brustband weiß gefleckt.

S | Ruft lang, ansteigend *klüiiih*.

F | Schwärzliche Flügel mit langem, breitem, weißem Streif; **Bürzel kräftig rotbraun**, geht in langen, dunklen Schwanz über.

Ausnahmegast aus N-Amerika

Küste, Wiesen

Sand- und Seeregenpfeifer (SK) S. 170 | *Hirtenregenpfeifer S. 557*

Wüsten- und Mongolenregenpfeifer wirken wie große Sandregenpfeifer. Sie haben jeweils typische schwarz-weiß-rotbraune Prachtkleider, aber nahezu identische Schlicht- und Jugendkleider, daher sind Größe und Struktur sehr wichtige Kennzeichen. Die Variation der Unterarten hinsichtlich Größe, Schnabellänge und Prachtkleid sorgt für weitere Bestimmungsprobleme.

LC NT Wüstenregenpfeifer
Charadrius leschenaultii

G 22–25 cm | **SP** 53–60 cm

Größer als Sandregenpfeifer, stämmig mit tiefem Bauch und kräftigem Hinterkörper; Kopf groß; Auge groß; Schnabel lang, zugespitzt; Beine lang, graugrün oder olivgrün. SSP. *columbinus* (Brutvogel) mit kleinstem Schnabel, fast wie Mongolenregenpfeifer, aber nicht so stumpf; SSPP. *scythicus* und *leschenaultii* (Ausnahmegäste aus Asien) haben längeren Schnabel. **♂PK** | schwarze Maske, Vorderscheitel/Nacken rotbraun; Stirn und Kehle weiß; Brustband rotbraun. **♀PK** | Maske braun oder grau; Brustband hell orangebeige. **SK/1W** | Brustseite dunkelbraun; Reste von Orange bei einigen Altvögeln. **JK** | wie **SK/1W**, aber Rücken beige geschuppt; Brust beige.

S | Ruft trillernd *trrrr*, Gesang ein rhythmisch wiederholtes *pip-ru-irr*.

F | Schwärzlicher Flügel mit breitem weißem Streif; Bürzel und Schwanz dunkel mit weißen Seiten, nahe der Schwanzspitze dunkler; Zehen überragen den Schwanz.

WÜSTEN-REGENPFEIFER

Schnabel kräftig, aber spitz: Nagel nimmt mehr als die Hälfte der Länge ein

MONGOLEN-REGENPFEIFER

Schnabel stumpf: Nagel nimmt weniger als die Hälfte der Länge ein

Ausnahmegast aus SW-Asien

Steppe, trockenes Grasland, Gewässer, Schlammflächen

ACHTUNG: In Europa deutet PK im Feb/Mär (oder JK im Jun/Jul) auf Wüstenregenpfeifer SSP. ***columbinus*** hin; PK nach Mitte Aug dagegen auf Mongolenregenpfeifer.

LC Mongolenregenpfeifer
Charadrius mongolus

G 19–21 cm | **SP** 55–61 cm

Etwas kleiner als Wüstenregenpfeifer; Kopf runder; Auge klein; Schnabel kürzer, dick, stumpf; Hinterkörper kurz, schlank; Beine kürzer, dunkelgrau. **♂PK** | schwarze Maske; Nacken und Brustband rotbraun; Stirn schwarz (SSP. *atrifrons* zu Beginn der Brutzeit) oder weiß (SSPP. *stegmanni*, *pamirensis*). **♀PK** | wie **♂PK**, aber Schwarz reduziert. **SK/JK/1W** | Gefieder wie Wüstenregenpfeifer.

S | Scharf *trik* und trillernd *trrrr* (Überlappung mit Wüstenregenpfeifer).

F | Weißer Flügelstreif; Bürzel mit weißen Seiten, Schwanz oft einfarbig; Zehen ragen oft nicht über den Schwanz hinaus.

Ausnahmegast aus Z- und NO-Asien

Küste, Schlammflächen

REGENPFEIFER IM FLUG *S. 162*

Wermutregenpfeifer

LC
EN

Charadrius asiaticus

G 18–20 cm | **SP** 55–61 cm

Mittelgroßer, schlanker, dünnschnäbeliger, langbeiniger Regenpfeifer. Oben hellbraun, unten weiß. Schnabel schwarz; Beine graugrün. **♂PK** | Scheitel dunkel, Überaugenstreif, Stirn und Kehle weiß; breites **rotbraunes**, **unten schwarz begrenztes Brustband**. **♀/♂SK** | Brustband graubraun; Überaugenstreif, Zügel und Kehle gelblich beige. **JK/1W** | wie **♀/♂SK**, aber helle Federränder auf der Oberseite.

S | Ruft kurz *tschüpp*; im Singflug wiederholt dreisilbige Laute *tü-or-lii*.

Ausnahmegast aus Z-Asien

Halbwüste, Steppe, Gewässer

F | Armflügel hell, Handflügel dunkel, kurzer weißer Flügelstreif. Unterflügel **hellbraun und weiß**. Zehen ragen über den Schwanz hinaus.

Steppenregenpfeifer

Charadrius veredus

G 22–25 cm | **SP** 46–53 cm

Ähnlich Wermutregenpfeifer, aber **♂PK** | hat größtenteils **weißen Kopf**; Brustband rotbraun mit schwarzer unterer Begrenzung. **♀PK** | ähnlich ♂, jedoch Kopf und Brustband beigebraun. **SK/JK/1W** | graubraun, unten weiß; weißlicher Überaugenstreif; Schnabel relativ kräftig, schwarz; Beine orangegelb.

S | Ruft pfeifend *tschip-tschip-tschip* und *hwiit*.

F | Oben einfarbig braun, nur etwas hellerer Flügelstreif; Bürzel dunkel. Unterflügel **einfarbig braun**.

Ausnahmegast aus O-Asien

Feuchtgebiete

Seltene Sumpfschnepfen und Bekassine (S. 194) sind schwer unterscheidbar

LC Spießbekassine
LC *Gallinago stenura*

G 25–27 cm | **SP** 44–47 cm

Heimliche, dunkelbraune, langschnäbelige Sumpfschnepfe; oben braun, unten heller. Sehr ähnlich Bekassine, aber Schnabel und Schwanz etwas kürzer. Hellbeige Linien auf dem Rücken sind schmaler, weniger durchgehend.

S | Ruft sehr leise *kjiärr*. Bei der Flugbalz **quiekende** und wimmernde Töne, dann zischende Laute.

F | Langsamer als Bekassine. Flügel **ohne hellen Hinterrand**. Oberflügel matt braun; Unterflügel einheitlicher dicht gebändert als Bekassine.

Möglicher Ausnahmegast aus W-Asien

Tundra, Feuchtgebiete

LC Waldbekassine
NT *Gallinago megala*

G 27–29 cm | **SP** 40–50 cm

Von der Spießbekassine nur zu unterscheiden, wenn die diagnostischen Rufe bei Balzflügen zu hören sind (was in Europa schon festgestellt wurde).

S | Beim Auffliegen meist stumm. Beim Balzflug wiederholt **hart und schnell hölzern raspelnd** *krrt-krrt-krrt-krrt-krrt*, einem Heulen beim Sturzflug folgt dann ein finaler *krrt*-Laut.

Ausnahmegast aus Asien

Feuchtwiesen

LC Wilsonbekassine
Gallinago delicata

G 23–28 cm | **SP** 41–44 cm

Sehr ähnlich der Bekassine; an Details von Unterflügel und Schwanz bestimmbar. Wilsonbekassine mit breiteren Streifen auf den Achselfedern und dunklerem, intensiver gebändertem Unterflügel mit etwas schmalerem weißem Hinterrand. Äußere Steuerfedern mit vier oder mehr dunklen Binden (Bekassine zwei bis vier).

Ausnahmegast aus N-Amerika

Feuchtwiesen

Fotos von Unterflügel und Schwanz helfen beim Erkennen der Details.

Grasläufer
Calidris subruficollis

G 18–20 cm | **SP** 43–47 cm

Kleiner Watvogel im Grasland, kleiner runder Kopf und **gelbe Beine**. **AK** | Oberseite braun mit hellen Federrändern; Unterseite beige, Unterschwanz weiß. **JK** | wie **AK**, hellere Federränder auf der Oberseite erzeugen geschupptes Aussehen.

S | Meist stumm.

Ausnahmegast aus N-Amerika

Grasland, Feuchtwiesen

Prärieläufer
Bartramia longicauda

G 28–32 cm | **SP** 50–55 cm

Kleiner, heller, länglicher Watvogel; langer Schwanz überragt die Spitzen der angelegten Flügel. Schnabel gerade, dünn; **Beine gelb**. **Zwei dunkle Scheitelstreifen**; cremefarbene Federränder auf der Oberseite, Schirmfedern hell eingekerbt.

S | Meist stumm.

Ausnahmegast aus N-Amerika

Grasland

Zwergbrachvogel
Numenius minutus

G 29–32 cm | **SP** 57–63 cm

Kleiner, beigebrauner Brachvogel mit kurzem Schnabel und **dunklem Bürzel**. **AK** | Scheitel braun mit beigem Mittelstreifen; Überaugenstreif hellbeige, darunter schwarzer Streif hinter dem Auge. **JK** | grauer als **AK** mit weißen Flecken auf der Oberseite; Scheitel schwärzlich.

S | Flugruf höher und dünner als Regenbrachvogel, aufsteigend *kui-kui-kui*.

Ausnahmegast aus Asien

Feuchtgrünland, Gewässerufer

Dünnschnabel-Brachvogel
Numenius tenuirostris

G 36–41 cm | **SP** 80–92 cm

Kleiner Brachvogel mit dünnem, schwärzlichem Schnabel; Beine schwärzlich mit weißen „Schenkeln" (Vorsicht bei kleinen/jungen Brachvögeln). **AK** | Unterseite weiß mit **tropfenförmigen schwärzlichen Flecken**. **JK** | wie **AK**, aber Flanke gestrichelt. **S** | Hoch *küi-lii* und schnell *kui*.

Sehr seltener Durchzügler (mglw. ausgestorben)

Feuchtwiesen

LC Tüpfelgelbschenkel
Tringa melanoleuca

G 29–33 cm | **SP** 65–67 cm

LC (Kleiner) Gelbschenkel
Tringa flavipes

G 23–25 cm | **SP** 65–67 cm

Ausnahmegäste aus N-Amerika

Küste, Feuchtwiesen

Grünschenkel *S. 177* | Rotschenkel *S. 178* | Bruchwasserläufer *S. 176* Teichwasserläufer *S. 176*

Diese beiden graubraunen, **gelbbeinigen** Watvögel sind schwer zu bestimmen, wenn die Größe nicht einschätzbar ist. Neben der Größe sind Schnabelform, Rufe und Verhalten wichtige Merkmale. Die Unterschiede sind in nachfolgenden Texten und in der Tabelle erklärt. Der **Tüpfelgelbschenkel** ist so groß wie ein Grünschenkel, der **Gelbschenkel** wirkt dagegen wie ein kleiner, schlanker, langbeiniger Rotschenkel. Gefieder heller als Rotschenkel, Brust weißer; Kopfzeichnung ausgeprägter mit breitem weißem Überaugenstreif über schwärzlichem Zügelstreif. **PK** | Rücken und Brust dunkel gefleckt. **SK / 1W** | einfarbiger und grauer als **PK**, Brust weißer. **JK** | Rücken fein beige gesprenkelt.

F | **Bürzel weiß, eckig**; **Flügel dunkel** (Rotschenkel, Grünschenkel und Teichwasserläufer haben langen weißen Keil auf dem Rücken).

Tüpfelgelbschenkel (links) kräftiger, weniger langhalsig wirkend als **Gelbschenkel** (rechts); Größe bei Einzelvögeln schwer zu schätzen.

Bestimmung von Tüpfelgelbschenkel und Gelbschenkel – wichtigste Merkmale

	Tüpfelgelbschenkel	Gelbschenkel
Schnabel	**lang** (**länger als Kopf** und **≥ Tarsus**); **leicht aufwärts gebogen**; Basis hellgrau	**kurz** (kaum länger als Kopf, **< Tarsus**); **dünn**, **gerade**; Basis dunkel/gelblich
Angelegte Flügelspitze	überragt **kaum** den Schwanz	überragt **deutlich** den Schwanz
PK | Flanke	**gebändert**	**ungezeichnet**
JK | Brust	kräftig gestrichelt	diffus gestrichelt
Flug | Hinterflügel	fein hell gefleckt	ungezeichnet
Stimme	drei bis vier harte, rhythmische Töne *klü-klü-klü* (Grünschenkel lauter, gleichmäßiger)	ein bis vier helle, zögerliche Töne *tju* (Rotschenkel schneller *tjü-dü-dü*)

Breite Flanke mit dunklen Bändern betont die rundliche Körperform.

Schmale, rein weiße Flanke und schlanke Gestalt.

Tundraschlammläufer
Limnodromus scolopaceus

G 27–30 cm | **SP** 48–50 cm

LC Moorschlammläufer
Limnodromus griseus

G 25–29 cm | **SP** 48–50 cm

Ausnahmegäste aus N-Amerika

Küste, Feuchtwiesen

Bindenstrandläufer S. 565

Schlammläufer sind schwer bestimmbar, besonders **SK/1W**. Die Schnabellängen beider Arten variieren und überschneiden sich. Am besten am Ruf zu unterscheiden, weitere Kennzeichen sind in der Tabelle zusammengefasst. Wie übergroßer Knutt *(S. 191)*, mit langem Schnabel ähnlich Bekassine *(S. 194)* und langen, grünen Beinen. Bei der Nahrungssuche nähmaschinenartig stochernd. Dunkle Kappe über breitem weißem Überaugenstreif (von vorn wie helles „V") und dunkler Zügelstreif. **PK** | rötlich braun oder zimtfarben, mit schwärzlicher Zeichnung. **SK/1W** | gräulich; unten hell, Flanke grau gebändert/gefleckt. **JK** | Rücken braun mit rotbraunen Federrändern; Brust beige, Unterseite weiß mit grauen Bändern/Flecken an der Flanke.

F | Flügel dunkel mit breitem weißem Hinterrand; weißes Rücken-Dreieck geht in weißen Bürzel über, Schwanz schwarz-weiß gebändert.

Bestimmung von Schlammläufern – wichtigste Merkmale		
	Tundraschlammläufer	**Moorschlammläufer**
Schnabel	sehr leicht gebogen; meist 2× Kopflänge	leicht gebogen, Spitze dick; meist 1,5× Kopflänge
Körper	untersetzt, Rücken im Profil rund	schlank, Rücken im Profil flach
Schwanzbinden	Binden gleich breit oder **schwarze Binden breiter als weiße**	Binden gleich breit oder **schwarze Binden schmaler als weiße**
Stimme	kurz, scharf ***kip*** oder ***kjipp***, manchmal verwirrend mit zwei oder drei kurzen Tönen	kurz zwei- oder dreisilbig, leicht klappernd ***tüdü*** oder ***tüdüdü***

Brustseite rotbraun mit **dunklen Bändern (Mär–Jun, im Jul bereits abgenutzt)**.

Brustseite rotbraun mit **dunklen Flecken (Mär–Jun, im Jul bereits abgenutzt)**.

In diesem Kleid sind Schwanz und Ruf die besten Kennzeichen, weitere sind unten zusammengefasst.

Schulterfedern: **unregelmäßig gezeichnet**; Schirmfedern: **dunkel mit rotbraunen Binden/Flecken**; **Säume rotbraun/beige**.

Weißer unterer Augenrand undeutlich; Wange: heller; Vorderbrust: oft heller, variabel gefleckt; Flanke: graue „V"-Abzeichen.

Schulterfedern: deutliche rostbraune Säume/Einbuchtungen; Schirmfedern: einfarbig dunkel mit **schmalen**, hell rostbraunen Säumen, keine Zeichnung in der Federmitte.

Weißer unterer Augenrand deutlicher; Wange: dunkler; Vorderbrust: oft aschgrau verwaschen; Flanke: graue Bänder.

LC Hudsonschnepfe
Limosa haemastica

G 37–42 cm | **SP** 67–79 cm

Ähnlich Uferschnepfe, aber etwas kleiner; Schnabel dünner. **♂PK** | Unterseite einfarbig rostrot. **♀PK** | unten grau-weiß-rostrot gebändert; größer und langschnäbeliger als ♂. **SK** | Oberseite graubraun, Unterseite hellbeige.

S | Ruft kurz und hoch *tuitt*, oft doppelt.

F | **Unterflügel schwärzlich**; **schmaler** weißer Flügelstreif.

Uferschnepfe *S. 181*

Ausnahmegast aus N-Amerika

Küste, Feuchtwiesen

LC Drosseluferläufer
Actitis macularius

G 18–20 cm | **SP** 37–40 cm

Sehr ähnlich Flussuferläufer, aber **Schwanz kürzer**. **PK** | Rücken gebändert, Unterseite weiß mit **runden schwarzen Flecken**, Schnabel rosa. **SK** | gegenüber Flussuferläufer Augenstreif kräftiger, Schnabel heller, Brustseite grauer und einfarbiger, Beine gelber. **JK** | Schirmfedern einfarbiger als bei Flussuferläufer.

S | Ruft scharf *tiip-tiip*.

F | Flügelstreif kürzer als bei Flussuferläufer, am breitesten in der Mitte; Schwanz an den Seiten mit weniger Weiß.

Flussuferläufer *S. 174*

Ausnahmegast aus N-Amerika

Gewässerufer, Küste

LC Einsiedelwasserläufer
Tringa solitaria

G 18–21 cm | **SP** 50 cm

Wie ein kleiner, zierlicher Waldwasserläufer, aber weißer Augenring kräftiger und Körperende spitzer.

S | Hoch *tüwitt-witt*.

F | **Bürzel dunkel** (nicht weiß wie beim Waldwasserläufer).

Waldwasserläufer *S. 175*

Ausnahmegast aus N-Amerika

Küste, Gewässer

Bindenstrandläufer
Calidris himantopus

G 18–23 cm | **SP** 38–47 cm

Mittelgroßer, schlanker Watvogel, wie großer Sichelstrandläufer oder kleiner Schlammläufer, aber Beine länger, grünlich gelb; Schnabel leicht abwärts gebogen, **Spitze stumpf**. **PK** | **Unterseite gebändert**; Wange rotbraun. **SK/1W** | grau-weiß; dunkler Scheitel; graue Flankenstrichel. **JK** | wie **SK**, aber helle Federränder auf Oberseite.

S | Tief *tjüp*, manchmal rollend wie Sichelstrandläufer.

F | **Bürzel weiß**.

Sichelstrandläufer *S. 189*
Schlammläufer S. 563

Ausnahmegast aus N-Amerika

Küste, Teiche

Im Prachtkleid gebänderte Unterseite, rotbraune Wange.

Graubrust-Strandläufer
Calidris melanotos

G 19–23 cm | **SP** 43–47 cm

Größer als Alpenstrandläufer *(S. 188)*, kleiner als Kampfläufer. Läuft/schleicht durch nasse Vegetation, Schlamm, Schilfbestände. **Brustband gestrichelt**; **Bauch weiß**; **Beine hell**; Schnabel leicht abwärts gebogen, an der Basis hell. **AK** | Rücken dunkelbraun. **JK** | Rücken braun mit **cremefarbenen Federrändern** und **weißem „V"**; **Brustband fein gestrichelt**. Beine **ockergelb** oder grünlich gelb.

S | Ruft kurz trillernd *krrrt*.

F | Bürzel in der Mitte dunkel; ähnlich Alpenstrandläufer, aber weißer Flügelstreif undeutlich.

Kampfläufer *S. 192* | *Spitzschwanz-Strandläufer*

Sehr seltener Durchzügler Apr–Okt

Gewässer, Feuchtwiesen

Spitzschwanz-Strandläufer
Calidris acuminata

G 17–21 cm | **SP** 36–43 cm

Ähnlich Graubrust-Strandläufer, aber **PK** | mit **rotbraunem Scheitel**, **gefleckter Brust** und **v-förmigen** Abzeichen an der Flanke. **JK** | Scheitel rotbraun; Brust orangebeige, an den Seiten und am Vorderhals gestrichelt (**kein Brustband**).

S | Hoch, kurz, wiederholt *schilip-schip*.

F | Wie Graubrust-Strandläufer.

Kampfläufer *S. 192* | *Graubrust-Strandläufer*

Ausnahmegast aus Asien

Feuchtwiesen, Seen

Zwergstrandläufer S. 184 | Sanderling S. 190

SELTENE KLEINE STRANDLÄUFER Zu den kleinen Strandläufern rechnet man die sieben Arten dieser Doppelseite sowie Zwerg- und Temminckstrandläufer *(S. 184–185)*. Die Bestimmung ist schwierig: zu beachten sind Beinfarbe (schwärzlich oder hell), Schnabelform, Vorhandensein oder Fehlen eines hellen „V" auf dem Rücken sowie die Färbungsmuster der Oberseite (besonders bei Jungvögeln) und des Bürzels (im Flug).

Die Arten auf dieser Seite ähneln dem Zwergstrandläufer; im Flug weißer Flügelstreif und weißer Bürzel mit dunkler Mitte. **Rufe unterschiedlich**.

ZEHEN: kleine Spannhäute zwischen den Vorderzehen

Ausnahmegast aus N-Amerika

Küste, Teiche

NT Sandstrandläufer

Calidris pusilla

G 13–15 cm | **SP** 27–29 cm

Ähnlich Zwergstrandläufer; **Schnabel dicker**, **Spitze stumpf**. **PK** | Brust ockerbraun; Flanke grau gestrichelt. **SK** | bräunlich grau, unten weiß. **JK** | (s. *Tabelle*).

S | Ruft schwirrend *tschrrrp*.

Ausnahmegast aus N-Amerika

Küste, Teiche

LC Bergstrandläufer

Calidris mauri

G 14–17 cm | **SP** 27–29 cm

Ähnlich Sandstrandläufer; Schnabel **länger und dünner**. **PK** | Rücken rotbraun, dunkle **v-förmige Abzeichen** an Flanke. **SK** | wie Sandstrandläufer. **JK** | (s. *Tabelle*).

S | Ruft hoch und dünn *tjit*.

Ausnahmegast aus O-Asien

Küste, Teiche

ZEHEN: ohne Spannhäute [wie Zwergstrandläufer]

NT Rotkehl-Strandläufer

Calidris ruficollis

G 13–16 cm | **SP** 28–30 cm

Ähnlich Zwergstrandläufer, aber Schnabel kurz, dick; Beine kürzer; Körper länger. **PK** | Wange/Hals **orangerot**. **SK** | Rücken gräulich, Schulterfedern mit dunklem zentralem Strich. **JK** | (s. *Tabelle*).

S | Ruft hoch und rau *kriit*.

Bestimmung dunkelbeiniger kleiner Strandläufer im Jugendkleid

	Zwergstrandläufer	Rotkehl-Strandläufer	Bergstrandläufer	Sandstrandläufer
Scheitel	Seite hell	gleichmäßig gestrichelt		
Überaugenstreif	gegabelt	kaum gegabelt	nicht gegabelt	nicht gegabelt
Wange	diffus	ganz grau	rötlich verwaschen	grau verwaschen
Schulterfedern dunkles Zentrum:	ALLE: rund	OBERE: rund; UNTERE: „Anker"	ALLE: spitze „Anker"	ALLE: stumpfe „Anker"
Ränder:	beige/rötlich/weißlich	beige	intensiv rotbraun	weißlich
Schirmfedern Zentrum:	schwärzlich	grau	graubraun	grau
Ränder:	rotbraun	wollweiß	weißlich/beige	beige
Rücken-„V"	kräftig	undeutlich/fehlend	undeutlich	undeutlich/fehlend

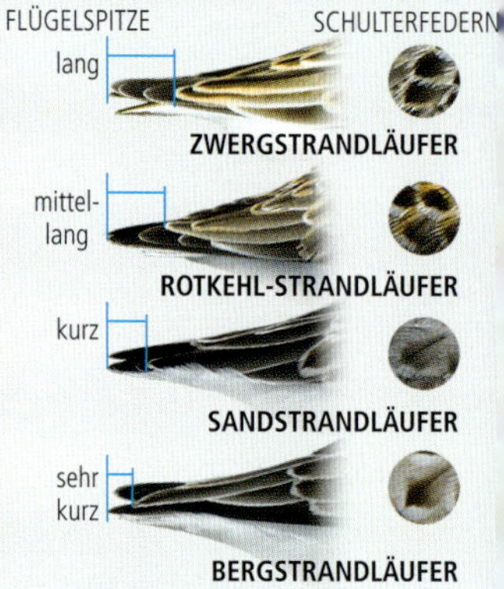

SANDSTRANDLÄUFER

ACHTUNG: Es gibt graue und mehr rotbraune Varianten. Nahrungssuche langsamer als Zwergstrandläufer; pickt von der Oberfläche.

Zwergstrandläufer

S | Ruft ***tit-tit***.

Klein, roter Hals.

Alpenstrandläufer S. 188 | Zwergstrandläufer S. 184

Bairdstrandläufer
Calidris bairdii

G 14–17 cm | **SP** 40–43 cm

Relativ kurzbeiniger Strandläufer; **Flügel weit über den Schwanz ragend**. Beine dunkel. **PK** | Rücken und Brust rotbraun, beige und schwarz; breite helle Federränder. **SK** | matt braun; unten weiß. **JK** | **Kopf und Brust beige**; Oberseite graubraun mit schwarzen Flecken und feinen, weißen Säumen, dadurch **geschupptes** Aussehen; Schnabel ganz dunkel.

S | Ruft surrend *prrit*.

F | **Bürzelmitte dunkel** (anders als Weißbürzel-Strandläufer).

Weißbürzel-Strandläufer
Calidris fuscicollis

G 16–18 cm | **SP** 38–40 cm

Etwas kleiner als Alpenstrandläufer; Flügel überragt den Schwanz. Beine kurz, dunkel. **PK** | Rücken kräftig braun mit schwarzen Flecken. **SK** | gräulich; **Brust grau**, dunkle Flankenstrichel. **JK** | wie juveniler Zwergstrandläufer mit weißem Rücken-„V", aber Brust grau gestrichelt; **Schnabel dunkel mit heller Basis**.

S | Ruft hoch und dünn *tsiit*.

F | **Weißes halbkreisförmiges** Feld an Schwanzbasis.

Wiesenstrandläufer
Calidris minutilla

G 13–14,5 cm | **SP** 27–28 cm

Sehr klein; Beine **gelb**. **PK** | Rücken braun und schwarz gefleckt. **SK** | Rücken grau, fein schwärzlich gestrichelt. **JK** | Rücken schwarz-rotbraun mit **hellem „V"**; Scheitel rotbraun, gleichmäßig schwarz gestrichelt; beiger Überaugenstreif nicht gegabelt; **breiter** dunkler Zügelstreif; Brustband beige, an den Seiten braun gestrichelt.

S | Ruft hoch, trillernd *krrrit* oder *krrrü-ip*.

F | Schmaler weißer Flügelstreif.

Langzehen-Strandläufer
Calidris subminuta

G 14–15,5 cm | **SP** 27–29 cm

Sehr klein; **Beine gelb**; **Zehen lang**. **PK** | Rücken braun-rotbraun-cremefarben. **SK** | Rücken gräulich, fein schwärzlich gestrichelt. **JK** | Rücken rotbraun mit **hellem „V"**; Scheitel rotbraun, schwarz gestrichelt, heller Längsstreifen; beiger Überaugenstreif über dem Auge am breitesten und vor dem Auge am hellsten; **schmaler** dunkler Zügelstreif.

S | Ruft tief trillernd *tschrrüp*.

F | Schmaler weißer Flügelstreif.

EN Anadyrknutt
Calidris tenuirostris

G 24–27 cm | **SP** 58 cm

Ähnlich Knutt, aber **Schnabel länger und dicker**; **Flügel länger**, Kopf relativ klein. **PK** | Rücken rotbraun gefleckt, Brust **schwarz gefleckt**. **SK/1W** | grau; Brust weißlich, **undeutlich grau gefleckt**.

S | Meist stumm.

Knutt *S. 191*
Meerstrandläufer *S. 186*

Ausnahmegast aus NO-Asien

Küste

LC Schlammtreter
Tringa semipalmata

G 33–41 cm | **SP** 55–66 cm

Wie ein untersetzter, grauer Rotschenkel; Schnabel **dick**, **grau**; Beine gräulich oder grünlich. **PK** | grau, unten heller, Brust/Flanke gebändert. **SK/JK/1W** | Unterseite matt weiß, Brustseite grau.

S | Ruft nasal *uii-up* und hell *kli-li-li-li*, bei Gefahr *plip-plip-plip*.

F | Auffallend breiter weißer Flügelstreif; Unterflügel schwarz-weiß.

Rotschenkel *S. 178* | Knutt *S. 191*

Ausnahmegast aus N-Amerika

Küste

NT Grauschwanz-Wasserläufer
Tringa brevipes

G 23–27 cm | **SP** 51 cm

Mittelgroßer, grauer Watvogel; wie Rotschenkel, aber gefärbt wie Knutt im Schlichtkleid; **Beine gelb**.

S | Melodisch pfeifend *tüi-üitt*.

Rotschenkel *S. 178* | Knutt *S. 191*

Ausnahmegast aus O-Asien

Küste

LC Kanadaschnepfe
Scolopax minor

G 25–31 cm | **SP** 40–51 cm

Gestalt wie Waldschnepfe; Rücken braun und hellgrau; dunkler Zügelstreif, dunkle Bänder am Nacken; unten **orange**.

Waldschnepfe *S. 193*

Ausnahmegast aus N-Amerika

Wälder, Lichtungen

Rosaflamingo *S. 202*

Zwergflamingo
Phoeniconaias minor

G 90–105 cm | **SP** 90–105 cm

Kubaflamingo
Phoenicopterus ruber

G 120–145 cm | **SP** 120–130 cm

Chileflamingo
Phoenicopterus chilensis

G 110–130 cm | **SP** 120–130 cm

BESTIMMUNG VON FLAMINGOS

	Rosafl.	Zwergfl.	Kubafl.	Chilefl.
Schnabel	hellrosa und schwarz	dunkelrot und schwarz	hellgrau, rosa und schwarz	hellrosa und schwarz
Auge	gelb	rot	gelb	gelb
Beine	**rosa**	**rot**	**graurosa**	**grau, Gelenk rot**

Ausnahmegast aus Afrika
Seen

Gefangenschaftsflüchtling
Seen, Teiche

GF, sehr seltener Brutvogel
Seen

Rotgesichtlöffler
Platalea alba

G 90–95 cm | **SP** 125–135 cm

Wie Löffler, aber **Gesicht rot**, Schnabel grau und **Beine rosa** (nicht schwarz).

Löffler *S. 208*

Möglicher Ausnahmegast aus Afrika, manchmal Ausreißer
Flache Seen

LC Nimmersatt *Mycteria ibis*

G 90–105 cm | **SP** 150–165 cm

Wie Weißstorch, aber **Gesicht rot**; Schnabel kräftig **gelb**, **abwärts gebogen**; Flügeldecken rosa gebändert, Schwungfedern schwarz; Beine rosa.

Weißstorch *S. 206*

Ausnahmegast aus Afrika
Feuchtwiesen

LC Marabu
Leptoptilos crumenifer

G 120–130 cm | **SP** 300–350 cm

Riesiger, **grau-weißer Storch**; gewaltiger, **dolchförmiger**, hellgrauer Schnabel; Kopf **rosa**; Beine grau. Im Flug Oberflügel einfarbig grau.

Ausnahmegast aus Afrika
Offenes Gelände, Müllkippen

CR Schneekranich
Leucogeranus leucogeranus

G 140 cm | **SP** 210–230 cm

Sehr großer, **weißer** Kranich mit schwarzen Handschwingen (oft verborgen); **AK** | **Gesicht rot**, Schnabel schwärzlich; Beine dunkelrosa. **JK/1W** | überwiegend hell zimtbraun.

F | Ganz weiß mit schwarzer Flügelspitze.

Durchzügler aus russischer Arktis (es gibt nur noch ein Individuum)

Feuchtgebiete

LC Kanadakranich
Antigone canadensis

G 90–120 cm | **SP** 160–230 cm

Großer, hellgrauer Kranich (oft brauner getönt). **AK** | Stirn und Scheitel rot; Auge gelb; Kehle und Wange weiß; Hals hellgrau. Schirmfedern buschig, grau. **1LJ** | brauner als **AK**; Kopf rotbraun, Kehle weiß.

F | Unterflügel hellgrau, Spitze und Hinterrand dunkler

Neue Federn hellgrau, durch Abnutzung kommen braunere Töne zum Vorschein.

Kranich S. 204

Ausnahmegast aus N-Amerika

Offenes Gelände

LC Rötelpelikan
Pelecanus rufescens

G 125–132 cm | **SP** 215–290 cm

Relativ kleiner Pelikan, **bräunlich weiß**. **Auge schwarz mit wulstigen weißen „Augenlidern"**. **AK** | Schnabel gelblich bis rosa oder grau, Beine grau bis gelblich, im Frühjahr rötlich. **JK/Imm** | hell bräunlich; Kopf, Hals und Schnabel hellgrau, Färbung der Altvögel wird im Verlauf mehrerer Jahre erreicht.

Andere Pelikane S. 200–201

Ausnahmegast aus Afrika

Flache Seen, Küste

F | Oberflügel matt rosa, Hinterrücken und Bürzel **hellrosa**; Unterflügel hell mit dunklen Schwungfedern und breitem **weißlichem Streifen über Flügelmitte**.

Zur Brutzeit rosa überhaucht (individuell variabel), sonst ganz matt weiß.

Kanadareiher
Ardea herodias

G 95–135 cm | **SP** 165–200 cm

Wie Graureiher, aber etwas größer und **dunkler schiefergrau**; Scheitelmitte weißer, darunter schwarzer Streif; Hals bräunlich grau. **AK** | Flankenstreifen, Abzeichen am Vorderflügel und „Schenkel“ **rotbraun**, **Beine schwärzlich**. **Imm** | blasser als **AK**; Rücken und Flügeldecken rostbeige gesäumt; Scheitel matt.

Imm
ganzjährig

F | Unterflügel dunkelgrau, einfarbiger als beim Graureiher, ohne schmalen weißen Vorderrand.

AK
ganzjährig

GRAUREIHER

Graureiher *S. 212*

Ausnahmegast aus N-Amerika

Feuchtgebiete

LC Schwarzhalsreiher
Ardea melanocephala

G 92–96 cm | **SP** 150 cm

Großer, schlanker, blaugrauer Reiher. **AK** | **Scheitel und Hinterhals schwarz**; Gesicht und Kehle weiß; Beine dunkelgrau. **Imm** | matter als **AK**; Scheitel und Hinterhals grauer; wie Graureiher, matt bis zur folgenden Herbstmauser. Beine **dunkelgrau** (beim Graureiher gelblich).

AK

F | **Unterflügel schwarz-weiß**.

AK
ganzjährig

Imm
ganzjährig

Graureiher *S. 212*

Ausnahmegast aus Afrika

Grasland

Krabbenreiher
Nyctanassa violacea

G 55–75 cm | **SP** 100–112 cm

Mittelgroßer, plumper, dickschnäbeliger Reiher. **AK** | gräulich; **Kopf und Schnabel schwärzlich**, **Scheitel und Wange hell**. **JK / 1W** | braun; wie Nachtreiher mit weißen Stricheln an Kehle und Vorderhals, helle Federränder auf dem Flügel schmaler. **Schnabel schwarz**, **kräftig**.

1W
Okt–Mai

JK: Nachtreiher [JK] *S. 214*

AG aus N-Amerika

Teiche, Feuchtwiesen

LC Pharaonenibis
(Heiliger Ibis)
Threskiornis aethiopicus

G 68 cm | **SP** 112–124 cm

Unverwechselbarer großer, weißer Schreitvogel mit **gekrümmtem Schnabel**, nacktem **schwarzem Kopf** und flaumigen Schmuckfedern über dem schwarzen Schwanz.

AK

F | Schwungfedern mit schwarzen Spitzen; rotes Unterflügelband.

AK
ganzjährig

GF, auch freifliegende Populationen

Feuchtgebiete, offene Landschaft, Küste

Weiße Reiher ähneln sich sehr | Kuhreiher *S. 209*
Seidenreiher *S. 210*
Silberreiher *S. 211*

LC Mittelreiher

Ardea intermedia

G 56–72 cm | **SP** 105–115 cm

Mittelgroßer weißer Reiher (Größe zwischen Seiden- und Silberreiher); Kopf gewölbt; Schnabel relativ **kurz**, **gelb**, oft mit kleiner schwarzer Spitze; Beine und Füße ganz dunkel. **Streif unter dem Zügel** reicht nur **bis unter das Auge** (bei Silberreiher bis hinter das Auge).

Ausnahmegast aus Afrika

Feuchtwiesen

LC Blaureiher *Egretta caerulea*

G 60–76 cm | **SP** 95–105 cm

Mittelgroßer Reiher. **AK** | **vollständig blaugrau** mit blauem Gesicht; **Schnabel blau mit schwarzer Spitze**; Beine dunkelgrau bis gelbgrün. **JK/1W** | weiß mit dunkler Flügelspitze, Schnabel hell mit schwarzer Spitze, Beine grün.

F | Heller Oberflügel, **Hinterrand und Spitze schwärzlich**.

Ausnahmegast aus N-Amerika

Teiche

LC Dreifarbenreiher

Egretta tricolor

G 50–76 cm | **SP** 90–95 cm

Kleiner, schlanker, dunkler Reiher; dunkelgrau mit **weißem Vorderhals und weißen „Schenkeln"**. **Gesicht gelb**; Schnabel lang, schmal, hell mit dunklem First und dunkler Spitze; Beine gelbgrün. **AK** | Kinn weiß, Kehle kräftig beige, Halsseiten purpurbraun. **JK/1W** | Oberseite dunkel schiefergrau mit kastanienbraunen Federrändern.

Ausnahmegast aus N-Amerika

Gewässer

Schmuckreiher
Egretta thula

G 47–68 cm | **SP** 84–91 cm

Mittelgroßer, weißer Reiher, ähnlich Seidenreiher, aber beim **AK** | zieht sich die intensivere **goldgelbe** Färbung der Füße als Streifen **an der Rückseite der Beine** empor; **nackter Gesichtsfleck größer**, **Auge kräftig gelb**. **PK** | mit buschigem weißem Schopf und langen, **aufwärtsgebogenen** Schmuckfedern am Rücken. **JK** | Füße und Rückseite der Beine grünlich.

Ausnahmegast aus N-Amerika

Feuchtgebiete

Auch der Seidenreiher kann ein gelbliches Gesicht haben, doch niemals so groß, kräftig gefärbt und deutlich abgegrenzt wie beim Schmuckreiher; außerdem nur dünne Schmuckfedern am Kopf, kein buschiger Schopf.

Küstenreiher *Egretta gularis*

G 55–65 cm | **SP** 86–104 cm

Mittelgroßer Reiher, ähnlich Seidenreiher, aber **Schnabel dicker**, **gelblich** getönt; Beine dicker, bis zum Gelenk gelb verwaschen. Zwei Morphen: **dunkle Morphe schiefergrau**; **Kehle weiß**; **weiße Morphe** ganz weiß. Seidenreiher sind sehr selten ganz oder fleckig dunkelgrau, wirken dabei aber immer weniger schwärzlich als die dunkle Morphe des Küstenreihers.

Ausnahmegast aus Afrika

Felsküste

Glockenreiher
Egretta ardesiaca

G 42–66 cm | **SP** 105–110 cm

Kleiner **schiefergrauer** Reiher (wirkt aus Distanz schwärzlich). Schnabel lang, grau; Beine grau mit matt**gelben** Füßen. Hals dick; lange, spitze Federn vom Nacken herabhängend; lange Schmuckfedern an der Brust. Seidenreiher sind sehr selten ganz oder fleckig dunkelgrau und wirken dabei stets weniger schwarz als der Glockenreiher.

Seidenreiher (graue Vögel) *S. 210*

Ausnahmegast aus Afrika

Gewässer

Bacchus- und Paddayreiher einander und zu Rallenreiher *S. 209* sehr ähnlich

LC Bacchusreiher
Ardeola bacchus

G 42–52 cm | **SP** 79–90 cm

Kleiner Reiher; Schnabel gelb-schwarz, Beine gelbgrün. **PK** | **Kopf und Hals purpurbraun**, Rücken **blaugrau**, Flügel und Unterseite weiß. **SK/1W** | wie Rallenreiher, aber oft breitere dunkle Strichel am matt beigeweißen Gefieder von Hals und Brust (schmale Strichel auf intensiverem Beige beim Rallenreiher).

Ausnahemgast aus Asien

Teiche

LC Paddyreiher *Ardeola grayii*

G 39–46 cm | **SP** 75–90 cm

Ähnlich Bacchusreiher, aber im **PK** | Kopf/Hals mehr beigebraun; Rücken dunkel rotbraun; Flügeldecken beige, restlicher Flügel weiß. **SK/1W** | nicht immer von Bacchusreiher und Rallenreiher unterscheidbar; einige haben einen dunkleren Zügelstreif; breite Bruststrichel auf matt beigeweißer Brust.

Gefangenschaftsflüchtling

Teiche

LC Schwarzbart-Rohrdommel
Botaurus lentiginosus

G 58–85 cm | **SP** 105–125 cm

Großer Reiher: Größe, Gestalt und Verhalten wie Rohrdommel, aber braun gestreift, auch Gesicht gestreift und breite **dunkel rotbraune Streifen** am Vorderhals.

Rohrdommel *S. 215*

Ausnahmegast aus N-Amerika

Schilfbestände

Grünreiher
Butorides virescens

G 35–48 cm | **SP** 62–70 cm

Kleiner, **dunkler** Reiher. **AK** | oben **schiefergrau**; **Hals kastanienbraun**, weiß gestreift; Beine gelborange. **JK / 1W** | bräunlich grau (im **JK** Hals rotbraun); Kappe mattschwarz; Gesicht/Hals **breit braun-weiß gestreift**; Schnabel und Beine gelbgrün. Sehr ähnlich: **Mangrovereiher** *Butorides striata* mit grauerem Hals.

Ausnahmegast aus N-Amerika (bzw. Mangrovereiher aus Nahost)

Gewässer

Mandschurendommel
Ixobrychus eurhythmus

G 33–42 cm | **SP** 48–59 cm

Kleine, dunkle Dommel. **♂** | [nicht abgebildet] Scheitel dunkel; Wange, Hinterhals und Rücken dunkel purpurbraun; großes beiges Feld auf Flügeldecken; Unterseite beige. **♀ / JK / 1W** | oben kastanienbraun mit weißen Flecken, unten weiß mit dunklen Streifen; **♂ 1W** Flügel einfarbig.

Zwergdommel *S. 215*

Ausnahmegast aus Asien

Teiche

Indianerdommel
Ixobrychus exilis

G 23–25 cm | **SP** 40–45 cm

Winzige Dommel, ähnlich Zwergdommel, aber bei ♂ | Gesicht, Hals und Flügelfelder **dunkler rostbeige**; **weißer Streifen entlang beider Rückenseiten**. **♀ / JK / 1W** | Scheitel brauner als bei ♂, Hals breit gestreift.

Zwergdommel *S. 215*

Ausnahmegast aus N-Amerika

Feuchtwiesen

Graurückendommel
Ixobrychus sturmii

G 25–30 cm | **SP** 45–50 cm

Winzige Dommel. **AK** | **Kopf, Hals und Rücken schiefergrau**; Vorderhals und Unterseite beige mit schwarzen Streifen. **JK / 1W** | [nicht abgebildet] beige Federränder auf Oberseite; Unterseite orangebeige mit dunklen Streifen.

Ausnahmegast aus Afrika

Feuchtgebiete

LC Zwergteichhuhn
Paragallinula angulata

G 22–23 cm | **SP** 40–50 cm

Wie ein kleines Teichhuhn, **Stirnfeld spitz**. **AK** | eher dreickiger gelber Schnabel und rotes Stirnfeld; **Beine grün oder rosa**. ♂ | Gefieder wie Teichhuhn. ♀ | Gesicht und Unterseite hellgrau. **JK / 1W** | dunkelbraun, unten heller und grauer; weißer Flankenstreif diffus; Schnabel gelblich braun.

Teichhuhn *S. 218*

Ausnahmegast aus Afrika

Sümpfe, Teiche

LC Bronzesultanshuhn
Porphyrio alleni

G 22–25 cm | **SP** 48–52 cm

AK | wie kleines, grünrückiges, violett-brüstiges Teichhuhn mit roten Beinen und bläulichem Stirnfeld. **JK / 1W** | grünlich braun mit beigen Federrändern (nutzen sich ab); Unterschwanz beige; Schnabel und Beine rötlich braun.

Teichhuhn *S. 218*

Ausnahmegast aus Afrika

Sümpfe

LC Zwergsultanshuhn
Porphyrio martinica

G 29–33 cm | **SP** 50–55 cm

AK | wie ein grünrückiges Teichhuhn mit blauem Körper, blauem Stirnfeld, rot-gelbem Schnabel und gelben Beinen. **JK** | kräftig beige, Rücken grünlich. **1W** | intensiv purpurblaue Brust, Schnabel und Stirnfeld matt blau, Beine gelblich. Unterschwanz rein weiß (ohne zentrales dunkles Band des Teichhuhns).

Teichhuhn *S. 218*

Ausnahmegast aus N-Amerika

Seen, Feuchtwiesen

Graukehl-Sumpfhuhn
Aenigmatolimnas marginalis

G 18–21 cm | **SP** 28–30 cm

Kleine, blasse, dunkel graubraune Ralle, oben beige gestreift; Auge rot; Schnabel und Beine grün; **Hinterflanke und Unterschwanz zimtbraun**.

Tüpfelsumpfhuhn *S. 217*

Ausnahmegast aus Afrika

Feuchtwiesen

Savannenralle *Crex egregia*

G 20–23 cm | **SP** 40–42 cm

Erinnert an Wasserralle, aber Rücken braun gefleckt, deutlich abgesetzter dunkler Scheitel, graueres Gesicht, braunere Brust, **Hinterflanke deutlicher schwarz-weiß gestreift**, roter Augenring und **kurzer**, **dicker**, **rötlicher Schnabel** mit grüner Spitze.

Wasserralle *S. 221*

Ausnahmegast aus Afrika

Sümpfe

Carolinasumpfhuhn
Porzana carolina

G 18–21 cm | **SP** 35–40 cm

Ähnlich Tüpfelsumpfhuhn. **AK** | **gelber Schnabel ohne Rot**; **Gesicht/Kehle/Vorderhals schwarz**. **JK/1W** | **einfarbig braune Brust**, brauner Scheitel mit dünnem, zentralem, schwarzem Streifen. In allen Kleidern Schirmfedern **braun mit dunklen Zentren** (beim Tüpfelsumpfhuhn weiß gebändert.

Tüpfelsumpfhuhn *S. 217*

Ausnahmegast aus N-Amerika

Gewässer

Indianerblässhuhn
Fulica americana

G 34–43 cm | **SP** 58–71 cm

Dunkel, wie Blässhuhn, aber **weißer Unterschwanz**; Schnabel mit **dunkler Binde** nahe Spitze; schwarzes Gesicht grenzt sanft gerundet an den Schnabel, ohne schwarze Spitze zwischen Schnabel und kleinem Stirnfeld; Oberkante des Stirnfelds dunkelrot.

Andere Blässhühner *S. 219*

Ausnahmegast aus N-Amerika

Seen

LC Orientturteltaube
Streptopelia orientalis

G 30–35 cm | **SP** 55–60 cm

Wie eine kräftige, dunkle Turteltaube; zwei Unterarten. Flügel mit diffusen weißen Binden. Angelegte Flügelspitze (mit fünf sichtbaren Federspitzen) ebenso lang wie die Schwanzprojektion; bei der Turteltaube länger, schmaler (sechs bis sieben Spitzen). Lidring **dünn**, rosa (breit mit nacktem Feld um Auge bei der Turteltaube). Halsfleck matt grau.

SSP. ***orientalis*** untersetzt; Flügeldecken schmal rotbraun gesäumt. Bürzel grau; Schwanzspitze gräulich; Bauch dunkel, Unterschwanz gräulich.

SSP. ***meena*** schlank; Flügeldecken breit, hell rotbraun gesäumt. Bürzel grau; Schwanzspitze weiß; Bauch hell; Steiß/Unterschwanz cremefarben.

(**Turteltaube**: Bürzel braun; Schwanzspitze weiß; Brust/Flanke rosa, Bauch bis Unterschwanz weiß.)

Turteltaube *S. 244*

Ausnahmegast aus Asien

Offenes Gelände, Gärten

LC Carolinataube
Zenaida macroura

G 28–33 cm | **SP** 37–45 cm

Kleine, schlanke Taube mit langem, spitzem Schwanz. **AK/1W** | oben hell olivbraun; Kopf und Brust rosa; Flügeldecken mit vereinzelten dunklen Flecken. **JK** | Flügeldecken schwarz mit hellen Säumen.

Türkentaube *S. 245*
Palmtaube *S. 245*

Ausnahmegast aus N-Amerika

Offenes Gelände

LC Kaptäubchen *Oena capensis*

G 22–28 cm | **SP** 28–33 cm

Winzige sandbraune Taube mit dunklen Flecken auf dem Flügel; Schwanz lang, keilförmig. ♂ | Kopf grau, Gesicht und Brust schwarz, Schnabel rot-gelb. ♀ | Kopf einfarbig.

S | Weich, traurig *ku-huuu*.

F | Steigt mit gefächertem Schwanz auf; Flug rasant. Viel Rotbraun im Flügel.

Ausnahmegast aus Nahost

Offenes Gelände

Andere Flughühner *S. 246–247*

Tropfenflughuhn
Pterocles senegallus

G 30–35 cm | **SP** 53–65 cm

Hell gelblich beiges Flughuhn mit Schwanzspießen. ♂ | Hals und Vorderbrust grau; rotbrauner Fleck am Scheitel; Gesicht hell gelborange; Flügeldecken dunkelbraun mit Reihen heller Flecke. ♀ | Scheitel, Hals und Brustband beige mit schwarzen Flecken; Flügeldecken beige mit schwarzbraunen Flecken.

Ausnahmegast aus Afrika/Nahost

Steinige Wüsten

Braunbauch-Flughuhn
Pterocles exustus

G 31–33 cm | **SP** 48–51 cm

Helles Flughuhn mit Schwanzspießen; Gesicht und Hals orange; oben braun mit beigen Flecken und schwarzen Bändern auf dem Flügel. ♂ | Brust rosabeige mit dünnem schwarzem Band. ♀ | Brust gefleckt, feines dunkles Band.

Ausnahmegast aus Asien

Grasige Ebenen

Falkennachtschwalbe
Chordeiles minor

G 22–25 cm | **SP** 51–61 cm

Kleine, gräuliche Nachtschwalbe mit unruhigem Flug. Weißes „V" an der Kehle; Unterseite weißlich, dunkel gebändert. **F** | Unterflügel gebändert, Handflügel schwarz; breites helles Band auf dem Oberflügel; **weißes Querband über Handschwingen**. Schwanz dunkel (mit dünnem weißem Band bei ♂ **AK**), leicht **gegabelt**.

Ausnahmegast aus N-Amerika

Offenes Gelände, Städte, Vorstädte

Pharaonennachtschwalbe
Caprimulgus aegyptius

G 24–26 cm | **SP** 50–60 cm

Hellgräuliche Nachtschwalbe mit **sandfarbenen** Flecken und wenigen dunklen Abzeichen; Unterseite beige, fein braun gebändert. **F** | Hell sandfarben; Schwungfedern dunkel, beige gebändert; Schwanz schwach gebändert. ♂ mit kleinen weißen Flecken nahe der Flügelspitze.

Ausnahmegast aus Afrika/Nahost

Halbwüsten, Dünen

Steppenadler S. 293 | große braune Adler *S. 288–298*

Ausnahmegast aus Afrika

Offene Ebenen

VU **Savannenadler**
Aquila rapax

G 60–75 cm | **SP** 160–183 cm

Großer, recht plumper, **heller**, kurzflügeliger Adler. **AK** | beige bis dunkelbraun. **JK** | sandbraun.

F | **Flügel gerade/gebogen**. In allen Kleidern **innere drei Handschwingen kurz und hell**. **AK** helles „U" auf Oberschwanzdecken; Unterseite beige, Schwanz dunkel, ungebändert; Unterflügel schmal gebändert. **JK** weißrandiges, dunkles Band auf dem Oberflügel; Bürzel weiß. Von unten Vorderflügel beige, schwarze Flügelspitze, Hinterflügel grau.

Heller Savannenadler ähnlich JK des Iberienadlers; JK des Kaiseradlers mit deutlich gestreiftem Körper.

Imm: Seeadler *S. 298*
Steinadler [Imm] *S. 292*

Ausnahmegast aus Asien

Feuchtgebiete

EN **Bindenseeadler**
Haliaeetus leucoryphus

G 72–84 cm | **SP** 180–215 cm

Sehr groß; ähnlich Seeadler, aber Schwanz länger.

F | Flügel lang, Ränder gerade; Schwanz länglich. **AK** oben dunkel, Kopf und Hals hell; **Schwanz weiß**, oben und unten mit **schwarzer Endbinde**; Unterflügel dunkel, zur Spitze hin heller. **JK** graubraun; dunkle Maske; Unterflügel schwarz an Vorderkante, Hinterrand und Spitze, Diagonalband und innere Handschwingen weißlich; Schwanzbasis hell.

Imm: Seeadler [Imm] *S. 298*

Ausnahmegast aus N-Amerika

Gewässer

LC **Weißkopf-Seeadler**
Haliaeetus leucocephalus

G 70–100 cm | **SP** 180–230 cm

Sehr groß; ähnlich Seeadler, aber Schwanz etwas länger.

F | Flügel gerade oder gebogen. **AK** schwärzlich; **Kopf und Schwanz weiß**, Schnabel gelb. **Imm** sehr ähnlich Seeadlern gleichen Alters, aber etwas leichter gebaut, Kopf weniger hervorstehend; Unterflügel weißlich mit schwarzem Hinterflügel und schwarzer Spitze wie Bindenseeadler, aber Schwanz kürzer, keilförmig, weiß mit dunklen Federrändern; Unterkörper dunkel.

Afrikanische Geier Drei große Arten, wie Gänsegeier mit sehr langen, breiten Flügeln und kurzem Schwanz.

Geier untereinander sehr ähnlich – siehe auch Mönchsgeier *S. 268* | Gänsegeier *S. 268*

Offene Ebenen

Weißrückengeier
Gyps africanus

G 95 cm | **SP** 218 cm

AK | Kopf und Hals hell graubraun; Schnabel **schwärzlich grau**; Körper blassbraun. **JK/Imm** | Kopf weißlich, Halskrause schiefergrau, Unterseite beige gestreift.

F | **Flügel beim Kreisen angehoben**. **AK** beim Auffliegen fällt **weißer Hinterrücken** auf, **Unterflügeldecken hell**. **JK** einzelne dünne weiße Linie entlang der Unterflügeldecken, wie bei Sperbergeier.

AK

AK
ganzjährig

Offene Ebenen, Klippen

CR Sperbergeier
Gyps rueppelli

G 100 cm | **SP** 230–280 cm

AK | braun, **breit beige geschuppt**; Kopf und Hals grau; **Schnabel hell**. **JK/Imm** | Oberseite einfarbig graubraun; Unterseite gestreift (wie Weißrückengeier, aber Schnabel heller).

F | **Flügel beim Kreisen gebogen**, Hinterrand s-förmig. **AK/Imm** Unterflügel mit weißer Linie nahe der Vorderkante und Reihen weißer Flecke auf den Deckfedern. **JK** mit nur einer weißen Linie, der Rest der Unterflügeldecken ist einfarbig (wie bei **JK** Weißrückengeier).

AK

AK

AK
ganzjährig

Offene Ebenen

EN Ohrengeier
Torgos tracheliotos

G 115 cm | **SP** 270–280 cm

Kopf nackt, rosa; Körper dunkelbraun; großer, hoher Schnabel. **AK** | Schnabelbasis blau; Kopf und Nacken **rosarot**. **Imm** | Kopf gräulich; Unterseite ganz braun.

F | Breite, eckige Flügel beim Kreisen **gerade/gesenkt**. Oben dunkel; Unterseite dunkel mit langer weißer Linie am Unterflügel; Oberschenkel weiß.

AK

AK
ganzjährig

LC Schwalbenweih
Elanoides forficatus

G 52–66 cm | **SP** 119–136 cm

AK | unverwechselbarer, schlanker, langflügeliger Greifvogel mit langem Gabelschwanz; Kopf und Unterseite weiß, Rücken, Flügel und Schwanz schwarz. Unterflügel weiß mit schwarzen Schwungfedern. **JK** | blasser; Schwanz weniger tief gegabelt als bei **AK**.

Ausnahmegast aus N-Amerika

Offenes Gelände

EN Gaukler
Terathopius ecaudatus

G 55–70 cm | **SP** 168–190 cm

Einzigartiger Adler; lange, breite **Flügel laufen spitz zu**. **Schwanz extrem kurz**. Fliegt schwankend mit **aufgerichteten Flügeln**. **AK** | **schwarz** mit rotem Gesicht, rotbraunem Rücken und weißem vorderem Armflügel. Unterflügel weiß, beim ♂ **hinteres Drittel schwarz**, ♀ mit schwarzem Hinterrand. **JK** | braun mit graugrünem Gesicht; erreicht AK nach 7–8 Jahren.

Ausnahmegast aus Afrika

Offene Ebenen

Wespenbussard S. 275

LC Schopfwespenbussard
Pernis ptilorhynchus

G 52–68 cm | **SP** 115–155 cm

Wie ein breitflügeliger Wespenbussard, Gefieder individuell variabel. **AK** | unten grau, beige oder dunkelbraun gebändert; Unterflügel hell oder stark dunkelgrau gebändert; Schwanz schwarz mit **breitem weißem Band**. ♂ **AK** | Kopf hellgrau. ♀ **AK** | Kopf braun. **JK** | beige; enge beige-graue Schwanzbänderung ähnlich wie beim Wespenbussard.

Ausnahmegast aus Asien

Orte mit starkem Greifvogelzug im O

Kornweihe S. 284

LC Hudsonweihe
Circus hudsonius

G 41–50 cm | **SP** 97–122 cm

Sehr ähnlich Kornweihe, aber ♂ **AK** | oben leicht graubraun gebändert; Unterseite und Unterflügel weiß mit rotbraunen und schwarzen Flecken; Schwanz oben mit schwarzer Spitze, unten dunkel gebändert. ♀ **AK** | nicht von Kornweihe-♀ **AK** unterscheidbar. **JK** | dunkle Wange, schmaler heller Kragen, rostroter Hals. Unten rotbraun, Kehle/Vorderbrust braun gestrichelt; fünf bis sechs Binden auf äußeren Handschwingen (bei Kornweihe vier bis fünf).

Ausnahmegast aus N-Amerika

Wiesen, Moore

Eleonorenfalke *S. 315*
Rotfußfalke [♂AK] *S. 313*

Schieferfalke
Falco concolor

G 32–36 cm | **SP** 75–88 cm

Mittelgroßer Falke. **AK** | ähnlich dunkler Morphe des Eleonorenfalken, aber heller grau; Lidring, Schnabelbasis und Beine gelb.

F | **AK Oberflügel hellgrau mit dunklerem Handflügel**; Unterflügel einfarbig hellgrau (Eleonorenfalke hat dunklere Deckfedern). **JK** | wie **JK** des Eleonorenfalken, aber Oberseite einfarbiger, ohne Binden oder Schwanzband; Unterflügeldecken kaum dunkler als Schwungfedern; blass beigebraune Brust (ohne Rottöne) kräftig schwarz gefleckt. Dunkler Bartstreif unauffälliger als bei JK des Baumfalken *(S. 314)*.

usnahmegast aus Nahost/Afrika

Offenes Gelände

Rotfußfalke *S. 313*
Baumfalke *S. 314*

LC

Amurfalke
Falco amurensis

G 28–30 cm | **SP** 63–71 cm

Wie Rotfußfalke, aber **♂AK** | mit **weißen Unterflügeldecken**. **♂1S** | wie **♂AK**, aber grau gebänderte Unterflügeldecken zunehmend durch weiße Federn ersetzt. **♀AK/♀1S** | Oberseite „kalt" grau, **Scheitel grau**; unauffällige dunkle Maske. Unterseite weiß, Federn mit dunkelgrauen v-förmigen Binden.

Ausnahmegast aus Asien

Klippen, Flussauen

LC

Buntfalke
Falco sparverius

G 21–31 cm | **SP** 51–61 cm

Kleiner, farbenfroher Falke mit rundlichem Körper. **♂AK** | Oberseite rotbraun; **Flügel grau** mit weißen Flecken auf den Handschwingen; **Schwanz rotbraun** mit schwarzem Band; Kopf hell mit je einem vertikalen **schwarzen Band** vor und hinter der Wange und einem **schwarzem Nackenfleck**. **♀AK/1W** | wie **♂AK**, aber unten rotbraun gestrichelt; Flügel rotbraun, dunkel gebändert; Kopfmuster weniger kontrastreich.

Ausnahmegast aus N-Amerika

Offenes Gelände

Beide Ausnahmegäste aus N-Amerika

LC Gelbschnabelkuckuck

Coccyzus americanus

G 29–32 cm | **SP** 38–43 cm

Ziemlich großer, graubraun-weißer Kuckuck; **rotbraunes Flügelfeld**. Langer Schwanz in der Mitte braun und mit **großen weißen Spitzen** an den schwärzlichen äußeren Steuerfedern (von unten auffallend schwarz-weiß); von oben äußerste Steuerfeder mit weißer Kante. Unterseite weiß von Kehle bis Schwanz. **Schnabel gelb-schwarz**.

Gelbschnabelkuckuck (oben) mit kräftigem Flügelfeld und ausgeprägtem Schwanzmuster (beides beim Schwarzschnabelkuckuck blasser).

Wälder und buschige Landschaft

LC Schwarzschnabelkuckuck

Coccyzus erythrophthalmus

G 28–31 cm | **SP** 40–44 cm

Ziemlich großer Kuckuck; ähnlich Gelbschnabelkuckuck, aber matter, Flügel nicht so kräftig gefärbt. Langer graubrauner Schwanz mit **kleinen weißen Spitzen** der äußeren Steuerfedern (von unten matt wirkend). Weiße Brust, aber Kehle und **Unterschwanz beige**. **Schnabel grau**.

LC Goldkuckuck

Ausnahmegast aus Afrika

Buschige Landschaft

Chrysococcyx caprius

G 18–20 cm | **SP** 35–40 cm

Kleiner Kuckuck mit weißer Unterseite und weißen Schulterflecken. Dunkle Kapuze mit weißem Streif hinter dem Auge; kurze dunkle Bänder auf weißer Flanke; weiße Flecke am Schwanz. ♂ | Oberseite glänzend grün, Unterseite weiß. ♀ | Oberseite grünlich kupferbraun, Unterseite beige getönt.

LC Kapohreule

Ausnahmegast aus Afrika

Grasland, Feuchtwiesen

Asio capensis

G 31–38 cm | **SP** 82–99 cm

Ähnlich Sumpfohreule *(S. 257)*, oben jedoch **einfarbig graubraun**; beigegrauer Schleier dunkel graubraun umrandet, dunkler Bereich um die **dunklen Augen**.

F | Wenige breite, dunkle Schwanzbänder; breiter **heller Hinterrand** am dunklen Oberflügel, mit orangebeige gebänderten Handschwingen.

Sumpfohreule *S. 257*

Ausnahmegast aus Asien | Halbtrockenes Buschland, Waldränder

Smaragdspint *Merops orientalis*

G 26–28 cm | **SP** 30–35 cm

Kleiner, schlanker, langschwänziger, **grüner** Spint mit bronzefarbenem Nacken, schwarzem Augenstreif und türkisgrüner Kehle über schwarzem Band.

S | Nasal rollend *triie triie triie*.

Ausnahmegast aus Afrika | Halbtrockenes Buschland, Waldränder

LC Senegalracke *Coracias abyssinicus*

G 28–30 cm (+ 12 cm Schwanzspieße) | **SP** 35–36 cm

Ähnlich Blauracke. **AK** | zwei **lange**, **gerade Schwanzspieße**, **purpurne** Oberschwanzdecken, **blaue** Handschwingen. **JK** | heller, blasser als **AK**, keine Schwanzspieße; nicht sicher von Blauracke zu unterscheiden.

Gelbbauch-Saftlecker
Sphyrapicus varius

Ausnahmegast aus N-Amerika | Wälder

G 18–22 cm | **SP** 34–40 cm

Kleiner, unauffälliger Specht. Schwarz-weiß mit breitem **weißem Band entlang** des gebänderten Flügels. Deutliches Kopfmuster: schwarzer Augenstreif, **weißes Band über Wange**, Weiß im Nacken. **AK** | Stirn rot; ♂ Kehle rot; ♀ Kehle weiß. **JK** | wie **AK**, aber matter, ohne Rot. **1W** | wie **JK**, fleckig rote Stirn bei Beginn des Herbstzugs (Aug–Okt); ♂ Kehle rot; ♀ Kehle weiß.

F | Ruckartige, federnde Bögen.

S | Nasal miauende Rufe.

LC Goldspecht
Colaptes auratus

Ausnahmegast aus N-Amerika | Wälder, Gärten; Ausnahmegast in offenem Gelände, an Mauern etc.

G 28–36 cm | **SP** 42–54 cm

Großer, **brauner** Specht. Schwarzer Schnabel, schwarzes Auge in einfarbigem Gesicht, **grauer Scheitel** und **roter Nacken**. Oberseite schwarz gebändert. Unterseite weißlich, schwarz gefleckt. Unterflügel gelb. ♂ | schwarzer Bartstreif. **♀/JK/1W** | Gesicht einfarbig rosabeige.

F | Schwungvolle Bögen.

S | Lang, laut, scharf *kiää*.

Ausnahmegast aus N-Amerika | Flüsse, Seen

LC **Gürtelfischer** *Megaceryle alcyon*

G 28–33 cm | **SP** 48–58 cm

Sehr groß; großer Kopf, doppelte Haube; schwarzer, dolchförmiger Schnabel. Oben **blaugrau**; **weißes Halsband**; **unten weiß**. ♂ | breites graues Brustband. ♀ | schmales, graues oberes und rotbraunes unteres Brustband, Flanke rotbraun.

S | Schnelles, hartes Rattern.

F | Oft hoch, schnell; Flügel lang, breit, mit **großem weißem Feld** nahe der Spitze.

♂

Beim Jagen oft kurzes Rütteln.

♀ 1W
Sep–Mär
rotbraune Flecke in Brustbändern

♂
ganzjährig

Ausnahmegast aus N-Amerika | Offene Landschaft

LC **Purpurschwalbe** *Progne subis*

G 20 cm | **SP** 39–41 cm

Große Schwalbe. ♂ | ganz purpurblau schillernd. **♀/JK/1LJ** | oben dunkelbraun, **Scheitel und Schultern bläulich**; **helles Nackenband**, dunkle Wange; unten weißlich mit dunklen Stricheln, dezentes, dunkles Brustband. **Schwanz ganz dunkel** (siehe Felsenschwalbe).

helles Nackenband

JK/1LJ
ganzjährig

JK/1LJ
ganzjährig

JK/1LJ
ganzjährig

Felsenschwalbe *S. 346*

Ausnahmegast aus N-Amerika | Lichtungen, offenes Gelände

Mehlschwalbe *S. 346* | Uferschwalbe *S. 346*

LC **Sumpfschwalbe** *Tachycineta bicolor*

G 15 cm | **SP** 30–32 cm

AK | ähnlich Mehlschwalbe, aber **Bürzel dunkel**; oben glänzend grünlich blau; unten weiß. **JK/1W** | ähnlich Uferschwalbe; oben einfarbig schieferbraun; unten rein weiß mit hellgrauem Brustband und dunkler Stirn.

AK
ganzjährig

dunkler Bürzel

1W

1W
Sep–Apr

Brustband hell, gräulich

JK
Mai–Sep

Ausnahmegast aus Asien | Offene Landschaft

Mehlschwalbe *S. 346*

LC **Kaschmirschwalbe** *Delichon dasypus*

G 12 cm | **SP** 28 cm

Wie eine matt gefärbte Mehlschwalbe mit breitem Körper. Bürzel weiß, **grau gestrichelt**; **unten gräulich**, Kontrast zur weißen Kehle. Unterflügeldecken **dunkel**.

AK/1W
ganzjährig

AK/1W

weiße Kehle im Kontrast zur grauen Unterseite

weißer Bürzel mit grauen Stricheln (Mehlschwalbe ungestrichelt weiß)

Fahlstirn- und Braunscheitelschwalbe sehr ähnlich | Mehlschwalbe [JK] *S. 346* | Rötelschwalbe *S. 345*

Ausnahmegast aus N-Amerika | Offene Landschaft

Fahlstirnschwalbe

Petrochelidon pyrrhonota

G 13 cm | **SP** 28–30 cm

Kleine, untersetzte Schwalbe; oben dunkel, nur **Bürzel hell rotbraun**; unten beigeweiß; Schwanzende gerade. **AK** | **Kopf rotbraun**, Stirn beige; **hellbeiges Nackenband**. **JK/1W** | wie **AK**, aber mit hellen Federsäumen, Vorderbrust grau und beige gefleckt; Kehle hell oder dunkel.

Ausnahmegast aus Asien | Offenes Gelände

LC Braunscheitelschwalbe

Petrochelidon fluvicola

G 12 cm | **SP** 30 cm

Kleine, kurzschwänzige Schwalbe mit hellbraunem Bürzel und **gestrichelter Unterseite**. **AK** | Kopf und Hals **hellbraun, dunkelbraun gestrichelt**; oben tief blau mit weißlichen Stricheln; Bürzel hellbraun; unten beige; Kehle und Brustseite fein **schwarz gestrichelt**; Schwanz kurz, **eingekerbt**. **JK** | ähnlich **AK**, jedoch brauner; Oberseite beige gebändert.

Ausnahmegast aus Afrika | Offenes Gelände

Uferschwalbe *S. 346* | Felsenschwalbe *S. 346* | *Wüstenschwalbe*

Braunkehl-Uferschwalbe

Riparia paludicola

G 10–11 cm | **SP** 20–25 cm

Wie kleine Uferschwalbe, aber kurze, breite Flügel; Oberseite hell gräulich sandfarben; **Kinn und Kehle beigegrau**, in Weiß übergehend; **kein Brustband**. Unterflügel heller als bei größerer Felsenschwalbe; Schwanz ohne helle Flecke.

Ausnahmegast aus Afrika | Klippen, Schluchten

Uferschwalbe *S. 346* | Felsenschwalbe *S. 346* *Braunkehl-Uferschwalbe*

LC Wüstenschwalbe

Ptyonoprogne obsoleta

G 11–13 cm | **SP** 28 cm

Ähnlich Felsenschwalbe, aber Oberseite **heller braun**, Kehle weißer, ungefleckt. Helle Flecke am Schwanz, **Unterflügeldecken heller**.

LC **Pazifiksegler** *Apus pacificus*

G 17–18 cm | **SP** 40–44 cm

Mittelgroßer, schlanker Segler mit langem Hinterkörper und zu Spitze zusammengelegtem Gabelschwanz; Kehle weiß; **rechteckiges weißes Bürzelfeld** (weniger sichelförmig als beim kleineren Weißbürzelsegler); Flügel einfarbig; weiße Schuppung an Unterseite (am breitesten im **JK**).

F | Schnell, flatterig; kurzes Gleiten.

Mauersegler *S. 340* | Fahlsegler *S. 341*

Ausnahmegast aus Asien

Nur im Luftraum

LC **Horussegler** *Apus horus*

G 13–15 cm | **SP** 30 cm

Kleiner, schwärzlicher Segler; wie Haussegler, aber Schwanzspitze **gekerbt**. Kopf breit, Kinn weißlich. **Weißer Bürzel** in der Größe zwischen Haus- und Weißbürzelsegler.

F | Schnell, flatterig.

Haussegler *S. 343*
Weißbürzelsegler *S. 343*

Ausnahmegast aus Afrika

Nur im Luftraum

LC **Stachelschwanzsegler** *Hirundapus caudacutus*

G 19–21 cm | **SP** 50–54 cm

Großer, untersetzter Segler; sehr dunkel, aber heller Rücken, **weiße Kehle** und **weißes „U" unter dem sehr kurzen Schwanz**.

F | Schnelle, steife Flügelschläge; Flügel recht gerade; zwischen Gleitphasen dramatische Wechsel der Flughöhe.

Ausnahmegast aus Asien

Nur im Luftraum

VU **Schornsteinsegler** *Chaetura pelagica*

G 12–13 cm | **SP** 27–30 cm

Kleiner, klobiger Segler; Handflügel breit, Basis schmal; **Schwanz kurz und eckig mit kleinen, spitzen Federspitzen**. Düster graubraun, Kehle heller.

F | Schnell, mit steifen Flügeln; Flügel scheinen manchmal abwechselnd zu schlagen.

Ausnahmegast aus N-Amerika

Nur im Luftraum

Steppenpieper
Anthus godlewskii

G 15,5–17 cm | **SP** 23–28 cm

Großer, beiger oder rötlicher Pieper; ähnlich Spornpieper, aber mehr schleichend, Beine etwas kürzer, Hinterkralle kürzer. **Schnabel kürzer und dünner**; Schwanz etwas kürzer; Unterseite einheitlicher orangebeige. Zügel **hellbeige**. Scheitel stark **gestreift**. **1W** | (meist in Europa) Mittlere Armdecken weiß gesäumt, einige frisch vermauserte mit **stumpfem** schwärzlichem Zentrum und deutlich abgesetztem beigem Saum (**1W** Spornpieper: frische Mittlere Armdecken **spitzes** dunkles Zentrum, diffuse Abgrenzung zum beigem Saum). Bei beiden Arten äußerste Steuerfeder und Außenfahne der zweitäußersten weiß; Innenfahne der zweitäußersten bei Steppenpieper mit weißem Feld, bei Spornpieper mit langem Strich.

S | Ruft etwas höher als Spornpieper, weniger rau *pschiu*. **Diagnostisch** ist tiefes *tschüp* oder *tschip*.

Spornpieper *S. 364*

Mittlere und Große Armdecken von Steppen- und Spornpieper: Muster im Feld schwer zu erkennen; hier gezeigt sind Mittlere Armdecken:

JUGENDKLEIDER: scharf abgesetztes, spitzes Zentrum, Seite beige, Spitze weiß

1W (NEU)

SPORNPIEPER: schwärzliche Spitze des Zentrums geht in braunen Saum über

STEPPENPIEPER: schwarzes Zentrum stumpfer, deutlich vom Saum abgesetzt

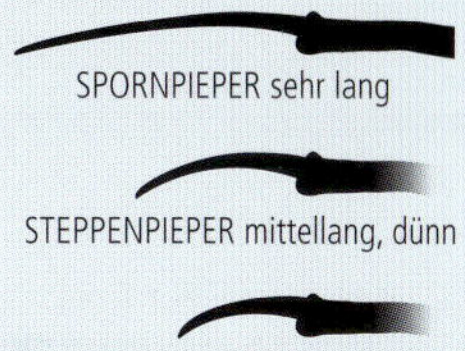

SPORNPIEPER sehr lang

STEPPENPIEPER mittellang, dünn

BRACHPIEPER mittellang, gekrümmt

Pazifikpieper
Anthus rubescens

G 15–16 cm | **SP** 22–25 cm

Großer, **dunkelbeiniger** Pieper. SSP. ***rubescens*** (N-Amerika): **SK** | wie großer Wiesenpieper, aber Oberseite nur schwach gestreift. Zügel **hell**. **Unterseite beige**, fein grau gestrichelt. **Beine dunkel**. SSP. *japonicus* (Asien): **SK / 1W** | Oberseite graubraun; Unterseite **weißlich**, **von dunklem Halsfleck ausgehende**, **schwarze Strichel**. **Beine bräunlich rosa**.

S | Ruft quietschend *psiip*, näher am Wiesen- als am Bergpieper.

F | Weiße Schwanzaußenkante. Wellenförmig.

Bergpieper *S. 360*
Wiesenpieper *S. 362*

Langschnabelpieper
Anthus similis

G 16–17 cm | **SP** 25–26 cm

Großer, langschwänziger, langschnäbeliger Pieper. Oberseite gräulich; Unterseite sehr hell mit kräftig beiger Flanke und grauer Bruststrichelung (ausgedehnter als beim Brachpieper). Sehr langer beiger Überaugenstreif.

S | Abfallend *tschiü* und scharf *tsiip*.

F | Schwanzkanten hellbeige. Flug kraftvoll, direkt.

Brachpieper *S. 365*

LC Orientfeldlerche
Alauda gulgula

G 16 cm | **SP** 25 cm

Große Lerche; warm braun, schwarz und beige gestreift; schwarz gestricheltes Brustband geht in beige Unterseite über. Wie kleine, kompakte Feldlerche, aber Schnabel und Beine länger. Haube sehr **klein**, spitz. Abgesehen vom langen weißlichen Überaugenstreif ist das Kopfmuster schwächer ausgeprägt als bei der Feldlerche. Flügelfedern **rotbraun** gesäumt.

S | Weich schwirrend oder Stakkato *bas bas*.

F | **Kurzer Schwanz und breite Flügel** (ähnlich Heidelerche, *S. 349*); Flügelhinterrand und Schwanzkante rostbeige.

Offenes Grasland

Ausnahmegast aus Asien

LC Knackerlerche
Ramphocoris clotbey

G 17–18 cm | **SP** 36 cm

Groß, stämmig. Schnabel **groß**, **gewölbt**, **hellgrau**; Oberseite braun; Schwanz schwärzlich, Seite beige; Unterseite weiß, stark schwarz gefleckt. **♂ AK** | **Gesicht/ Wange schwarz** mit weißer Klammer unter dem Auge und **weißem Wangenfleck**. **♀ AK** | Kopfmuster weniger deutlich.

S | Ruft sanft pfeifend *tsuii*.

F | Hinterflügel schwarz mit breitem **weißem Rand**; Schwanz **weiß** mit schwarzer Endbinde.

Ausnahmegast aus N-Afrika

Wüste, trockenes Gestrüpp

LC Wüstenläuferlerche
Alaemon alaudipes

G 19–22 cm | **SP** 35 cm

Große, schlanke, langbeinige Lerche. Oben gräulich sandbraun. Kopf gräulich, weißer Überaugenstreif, schwarzer Augenstreif und weiße Wange mit schwarzem Rand. Unterseite weiß, Brust etwas schwarz gestrichelt. **Schnabel lang**, **schmal**, **abwärts gebogen**. Beine lang, hellgrau.

S | Ruft kurz *tjip* und länger, rollend *zrrrüü*.

F | Sehr auffällige **schwarz-weiße Flügel**.

Ausnahmegast aus Nahost/N-Afrika

Halbwüste

Ausnahmegast aus Nahost/Afrika | Halbwüste, Steppe

Ohrenlerche *S. 356*

C Saharaohrenlerche *Eremophila bilopha*

G 14–15 cm | **SP** 25–30 cm

Wie eine **sandfarbene** Ohrenlerche. **AK** | Gesicht **schwarz-weiß** (ohne Gelb); kleine „Federohren“ am Scheitel. **JK** | Oberseite hell sandbraun, Unterseite weißer mit ungezeichneter Brust. Dunkles Auge in einfarbigem Gesicht.

S | Ruft einfach *tsiip*.

F | Niedrig, flink, direkt.

Ausnahmegast aus Nahost | Halbwüste, Wüste

Sandlerche | Steinlerche *S. 357*

LC Arabienlerche *Eremalauda eremodites*

G 15–19 cm | **SP** 30 cm

Große, stämmige, hell sandbraune Lerche mit gekrümmtem **rosa** Schnabel; Oberseite leicht gestrichelt, nach Abnutzung einförmiger; Unterseite hellbeige; sehr geringe Handschwingenprojektion.

S | Ruft pfeifend *daa-dii*, abrupt *di-juh*; im Flug *suii*.

F | Flügel einfarbig; Schwanz rostbeige mit **schwarzen Seiten**, unten **schwarz**.

Ausnahmegast aus Nahost | Trockenes Grasland

Kurzzehenlerche *S. 350*

C Weißstirnlerche *Eremopterix nigriceps*

G 12–13 cm | **SP** 20–25 cm

Kleine, finkenähnliche Lerche. **Schnabel dick**, **spitz**, hellgrau. **♂AK** | Oberseite braun; **Kopf und Unterseite schwarz**; **Wange und Stirn weiß**. **♀AK** | hellbraun mit weißlichem Halsband, weißem Bauch und Flügeldecken mit dunklen Zentren.

S | Ruft rau *rrüüü* und hell *tjipp*.

F | Schwanzkante weiß; bei beiden Geschlechtern **Unterflügel schwärzlich**.

Ausnahmegast aus Nahost/N-Afrika | Halbtrockene Ebenen

Arabienlerche | Steinlerche *S. 357*

LC Sandlerche *Ammomanes cinctura*

G 13–14 cm | **SP** 25 cm

Kleine, recht schlanke, sandbraune Lerche ohne Haube; Schirmfedern hell, Flügelspitze dunkel; Handschwingenprojektion deutlich; Kehle und Brust ungestrichelt. Kopf etwas gewölbt, Schnabel kleiner und mehr rosa, Beine dünner als bei der ähnlichen Steinlerche.

S | Ruft *tjüp* und *trit*.

F | Flügel rotbraun; Schwanz orangebeige mit scharf abgesetzter, **schmaler schwarzer Endbinde**.

LC Mongolenstar
Agropsar sturninus

Ausnahmegast aus Asien/ Gefangenschaftsflüchtling

Wälder

G 17 cm | **SP** 35 cm

Statur wie ein kleiner Star mit kurzem Schnabel. **1W** | hellgrau mit dunkelgrauem Rücken; Flügel und Schwanz dunkel grünlich schwarz; weißes Flügelfeld; breiter weißer Bürzel, dunkler, spitzer Schnabel; dunkelgraue Beine. ♂ mit Glanz an den Flügeln; ♀ matter.

S | Quietschendes Gezwitscher *slii-slii-slii-slii-slii* und trillernde Laute.

Stare *S. 378–380*

LC Seidenwürger
Hypocolius ampelinus

Ausnahmegast aus Nahost

Wälder, Baumbestände an Flussufern

G 23 cm | **SP** 25 cm

Schlank, langer Schwanz, kurzer Schnabel. Hell beigegrau, Schwanzspitze schwarz. ♂ | **schwarze Maske** bis zum Nacken. ♀ | angedeutete Maske über rosa Kehle.

S | Sanft miauend *mijee*, weiche Triller.

F | ♂ **Handflügel schwarz mit weißer Spitze**; ♀ Flügel einfarbig grau.

Beachte: Im 1W Flügelspitze dunkel.

Ausnahmegast aus N-Afrika

Wälder, Gebüsche, Stadtrand

LC Graubülbül *Pycnonotus barbatus*

G 18 cm | **SP** 20–25 cm

Schlanker, drosselähnlicher Bülbül mit spitzem Scheitel, leicht abwärts gebogenem, schwarzem Schnabel und eckigem Schwanz. Matt braun mit dunklerer Kapuze (wie ein matter junger Gelbsteißbülbül, aber braune Kapuze mit wenig Kontrast zum Nacken), **kein Augenring**.

S | Ruft laut und heiser. Gesang mit drosselartigen Strophen.

F | Schnell, flatterig; breiter Schwanz schwärzlich, Kontrast zum Bürzel.

In Europa kommt SSP. ***barbatus*** vor.

ACHTUNG: brütet seit 2013 an der Südspitze Spaniens.

Gelbsteißbülbül *S. 382*

Ausnahmegast aus Nahost

Wälder, Gebüsche

LC Weißohrbülbül *Pycnonotus leucotis*

G 18 cm | **SP** 20–25 cm

Unverwechselbarer Bülbül mit schwarzem Kopf und **breiter weißer Wange**; Oberseite grau; Unterseite beige, **Steiß gelb**. Schwanz schwarz, unten weiße Spitze.

S | Schnelle, laute und klare Rufe.

F | Schnell, flatterig; Oberseite graubraun, Schwanz schwarz mit weißer Endbinde.

Spiegelrotschwanz
Phoenicurus auroreus

Ausnahmegast aus Asien | Wälder, Gärten

G 14–15 cm | **SP** 22 cm

Mittelgroßer Rotschwanz. ♂ | Scheitel hellgrau; Gesicht, Kehle, Rücken schwarz; Bürzel, Unterseite und Schwanz **rotbraun**. **Breites weißes Flügelfeld**. Von Aug–Feb Farben von beigen Federsäumen verdeckt. **♀/1W** | olivbraun; kleines weißes Flügelfeld, Bürzel und Schwanz orange.

S | Hoch *tsiip* und hart *tak*.

F | ♂ Bürzel und Schwanz rotbraun, weißes Flügelfeld.

Gartenrotschwanz *S. 396* | *Sprosserrotschwanz*
Riesenrotschwanz *S. 398*

LC Sprosserrotschwanz
Phoenicurus erythronotus

Ausnahmegast aus Asien | Bergwälder; trockenes Offenland (Winter)

G 15 cm | **SP** 25–27 cm

Großer Rotschwanz. **Bürzel und Schwanzseite rotbraun**. **♂PK** | **Scheitel grau, schwarze Maske**; **Kehle und Rücken rotbraun**. **Weißer Schulterstreif**. **♂SK** | Farben von weißen Federsäumen verdeckt. ♀ | graubraun; Flügel dunkel mit heller Flügelbinde und hellem Handschwingenfleck.

S | Ruft laut, hart, rau *krrk-rrk*.

F | Rücken/Bürzel und Schwanzseiten rotbraun; **Weiß auf Armflügel**.

Gartenrotschwanz *S. 396* | *Spiegelrotschwanz*
♀: Riesenrotschwanz [♀] *S. 398*

Ausnahmegast aus Asien | Flussufer

♂: Hausrotschwanz *S. 397*

Wasserrotschwanz
Phoenicurus fuliginosus

G 14 cm | **SP** 20 cm

Mittelgroßer, rundlicher Rotschwanz. ♂ | **schieferblau**; Bürzel, Steiß und Schwanz **intensiv rotbraun**. **♀/♂1LJ** | **grau**, Unterseite weiß gefleckt; **Bürzel und Steiß weiß**; Schwanz schwarz mit **weißen Seiten**.

S | Ruft hoch, dünn *siiit't't*.

F | Niedrig, flatterig; ♂ dunkel mit rotbraunem Schwanz, **♀/♂1LJ** dunkel mit weißem Bürzel und weißen Schwanzseiten.

Ausnahmegast aus N-Afrika | Trockengebiete

Gartenrotschwanz *S. 396*

LC Diademrotschwanz
Phoenicurus moussieri

G 12 cm | **SP** 20–22 cm

Kleiner, kurzschwänziger Rotschwanz. ♂ | oben schwarz, langer weißer Überaugenstreif, weißes Flügelfeld; unten orange. **♀/1W** | oben graubraun, Bauch, Bürzel und Schwanzseiten hell rotbraun; weißlicher Augenring.

S | Ruft pfeifend *hit* oder kratzig summend *sjü-dzzzzz*.

F | ♂ kurzer dunkler Schwanz mit rotbraunen Seiten; **breites weißes Band auf Flügelmitte**. ♀ braun; Bürzel rotbraun, Schwanz dunkler.

LC Elsterschmätzer
Saxicola caprata

G 13–14 cm | **SP** 20–25 cm

Gestalt wie Schwarzkehlchen. ♂ | schwarz; Flügelbinde, Steiß und Bürzel weiß. ♂ **1W** | ohne Flügelbinde. ♀ | grau mit rostbraunem Bürzel, kurzer dunkelgrauer Schwanz.

Schwarzkehlchen *S. 400*
Trauersteinschmätzer *S. 403*

Niedriges Gebüsch, Grasland

LC Rubinkehlchen
Calliope calliope

G 15 cm | **SP** 26–27 cm

Robuster, langbeiniger, rundlicher (aber aufrechter), brauner Schnäpperverwandter; hüpft; stelzt oft den Schwanz. **Weißer Überaugenstreif über schwarzem Augenstreif**; schwarze und weiße Streifen unter der Wange. ♂ | Kehle in allen Kleidern **lebhaft rot**. ♀ | in allen Kleidern weißliche Kehle.

S | Ruft lang, abfallend pfeifend *psii-üüp*.

Blaukehlchen [♀] *S. 393*

Waldland, Gestrüpp

LC Schwirrnachtigall
Larvivora sibilans

G 14 cm | **SP** 21–22 cm

Kleiner rundlicher Schnäpperverwandter mit langen hellrosa Beinen; hüpft. Graubraun mit **breitem**, **beigem Augenring**; Brust hell mit **olivbraunem Wellenmuster**, Flanke braun; Bürzel und kurzer Schwanz **rotbraun**.

S | Ruft hoch *tsü-ii*.

F | Unterflügel einfarbig (dunkel mit hellem Band bei ähnlichen amerikanischen Musendrosseln).

Weiden-/Einsiedler-Musendrossel *S. 611*

Waldland, Gestrüpp

LC Blaunachtigall
Larvivora cyane

G 12 cm | **SP** 20–22 cm

Kleiner, kurzschwänziger Schnäpperverwandter; lange, hellrosa Beine; hüpft. Schnelles Schwanzzittern. ♂ | unverwechselbar: **oben dunkelblau**, **unten weiß**. ♂ **1W** | bläulich. **♀/♀ 1W** | oben braun; Brust beige, dunkel gewölkt; Bauch weiß, Schwanz bläulich.

S | Ruft hoch, kräftig, metallisch *schriit*.

Blauschwanz *S. 398*

Waldland, Gestrüpp

Alle bewohnen Wüsten/trockene, steinige Gebiete

Saharasteinschmätzer
Oenanthe leucopyga

G 18–19 cm | **SP** 26–29 cm

Großer **schwarzer** Steinschmätzer, Bürzel und Steiß weiß; **Schwanz ohne vollständig schwarze Spitze**. **AK** | glänzend schwarz, Scheitel **meist weiß**. **JK / 1W** | matt; Scheitel schwarz.

F | Schwanz weiß mit schwarzem Mittelstreif, **dunkle Flecke entlang Schwanzende**.

Ausnahmegast aus Nahost/N-Afrika

Trauersteinschmätzer *S. 403*
Basaltsteinschmätzer

Kappensteinschmätzer
Oenanthe monacha

G 15–17 cm | **SP** 26–27 cm

Mittelgroßer, **langschnäbeliger** Steinschmätzer. **♂** | **schwarz-weiß**; Scheitel und Unterseite weiß; Gesicht/Kehle, Oberseite und Flügel schwarz. **♀** | braun-beige, Flügel braun; Wange hell rotbraun, Unterseite beige.

S | Ruft pfeifend *wit*.

F | Bürzel weiß. **♂** Schwanz weiß, Mitte schwarz; Oberflügel ganz dunkel; **♀** Schwanz rotbraun, Mitte schwarz.

Ausnahmegast aus Nahost

Kappen- und Schwarzrücken-Steinschmätzer sehr ähnlich
Nonnensteinschmätzer *S. 408* | Felsensteinschmätzer *S. 408*

Schwarzrücken-Steinschmätzer
Oenanthe lugens

G 16 cm | **SP** 26–27 cm

Mittelgroßer, kurzschnäbeliger Steinschmätzer. Geschlechter gleich. Scheitel grauweiß; Kehle, Rücken und Flügel schwarz, frisch gemauserte Handdecken mit weißer Spitze; Unterseite weiß, **Steiß hellbeige**.

S | Ruft hart *tak*.

F | Bürzel/Schwanz weiß mit kurzem schwarzem „T"; Schwungfedern hell.

Ausnahmegast aus Nahost

Der **Basaltsteinschmätzer *O. warriae*** (Ausnahmegast aus Nahost) galt bis vor kurzem als Unterart des Schwarzrücken-Steinschmätzers. Schwarz; kleiner weißer Bürzel, breite schwarze Schwanzspitze, Steiß weiß.

Trauersteinschmätzer *S. 403*
Saharasteinschmätzer

Fahlbürzel-Steinschmätzer
Oenanthe moesta

G 16 cm | **SP** 25–29 cm

Mittelgroßer Steinschmätzer mit **rotbraunem Bürzel**; Schwanz **größtenteils schwarz**. **♂** | Scheitel und Nacken hellgrau, Gesicht/Kehle schwarz; Rücken dunkelgrau, Flügel bräunlich gesäumt; Unterseite hellgrau, Steiß hellbeige. **♀** | Kopf und Hinterflanke rotbraun.

S | Ruft hart *tak*.

F | Bürzel rotbraun; Schwanz schwarz.

Ausnahmegast aus N-Afrika

Kaukasussteinschmätzer *S. 410* | Rostbürzel-Steinschmätzer *S. 410*

LC Erddrossel
LC *Zoothera aurea*

G 27–31 cm | **SP** 35–40 cm

Große Drossel; bei der Nahrungssuche kurze Laufstrecken zwischen Pausen. **AK** | oben kräftig beige mit **halbmondförmigen Flecken** (Misteldrossel-**JK** mit hellen, dunkelrandigen Flecken). Schwarzes Band über Handdecken. Unterseite cremeweiß mit schwarzen Halbmondflecken. **JK** | Unterseite gefleckt. **1W** | Flügel- und Schwanzfedern abgetragen (im **AK** ab Jul/Aug frisch).

S | Flugruf scharf, hoch *ziit*. Singt in langsamer Folge lange, hohe Pfeiftöne in variierender Tonhöhe.

Misteldrossel *S. 387*

LC Schwarzkehldrossel
LC *Turdus atrogularis*

G 23–25,5 cm | **SP** 40–45 cm

Große, gräuliche Drossel mit heller Unterseite; Schnabel **gelb mit schwarzer Spitze**. ♂ | **Gesicht/Kehle schwarz**, Wange grau. ♀ | blass, **dunkler Schwanz** (ohne Rotbraun); Zügel dunkel; **graue Flecke oder Strichel an der Brust**, **graue Strichel an der Flanke**. **JK** | Rücken braun mit hellen Stricheln; Kehle weiß; Brust beige mit schwarzen Flecken; Flanke rotbraun. **1W** | rotbraune Spitzen der Deckfedern bilden helle Flügelbinde; Strichel an Kehle und Flanke verschmelzen bei ♂ zu schwarzem Brustband.

S | Ruft schnell, nasal *uiip-uiip* sowie tiefes Klappern. Langsamer Gesang aus Serie voller Töne.

Amsel *S. 385*
Ringdrossel *S. 384*
Rotkehldrossel

SCHWARZKEHLDROSSEL

♂SK

F (Schwarzkehl- und Rotkehldrossel) | Schnell, direkt; Unterflügel rostrot getönt.

LC Rotkehldrossel
Turdus rucollis

G 23–25,5 cm | **SP** 35–39 cm

Große, gräuliche Drossel, oben graubraun, unten weißer; **Schwanzseiten rost-/rotbraun**. ♂ | Brust und Gesicht **ziegelrot**, im Winter fleckiger. ♀ | Oberseite hellgrau; Unterseite heller grau mit schwachen rostbeigen Markierungen an Kehle und Hals, graue Strichel am Bauch. **1W** | wie ♀, aber Flügeldecken heller grau gerandet; Unterseite mit intensiverer dunkler Strichelung; bei ♂ Brust rotbraun.

S | Ruft schnell, nasal *uiip-uiip* sowie tiefes Klappern.

Schwarzkehldrossel

Alle Ausnahmegäste aus Asien

Wälder, Gärten, buschiges Gelände

Schieferdrossel

Geokichla sibirica

G 20–21 cm | **SP** 35 cm

Kleine, dunkle Drossel mit **weißem Überaugenstreif**. **♂ AK** | **schiefergrau**. **♀ AK** | braun; unten weißlich mit **dunklen halbmondförmigen Flecken**. **♂ 1LJ** | wie **♂ AK**, aber matter, brauner. **♀ 1LJ** | ähnlich **♀ AK**, Flügeldecken mit beigen Spitzen.

S | Ruft leise, sehr hoch, dünn *stit*.

F | Direkt; **schwarz-weiße Bänder auf Unterflügel**, ♂ mit weißer Schwanzspitze.

Amsel *S. 385*
Ringdrossel *S. 384*

Rostflügeldrossel

Turdus eunomus

G 21–24 cm | **SP** 34–38 cm

Kleine, rotbraune Drossel mit weißer Unterseite; Scheitel, Augenstreif und Wange dunkel; Überaugenstreif und Streif unter der Wange **beigeweiß**. **Schwärzliche Brustfleckung** und v-förmige Markierungen an der Flanke; Bürzel rotbraun. **♂ AK** | breites **rotbraunes Flügelfeld**. **♂ 1LJ** | am meisten Rotbraun an der Schulter; helle Deckfedersäume unterbrechen das matt rotbraune Flügelfeld; Kopf/Kehle fleckiger. **♀ 1LJ** | ohne Rotbraun, Schulter und Flügelfeld beigebraun.

S | Wie Rotschwanzdrossel.

F | Schnell, direkt; Oberflügel dunkel mit rotbraunen Decken, Unterflügel rostrot.

Rotdrossel *S. 386*
Rostschwanzdrossel

Rostschwanzdrossel

Turdus naumanni

G 21–24 cm | **SP** 35–40 cm

Kleine, rotbraune Drossel. **AK** | Oben olivbraun; orangebeiges Flügelfeld; unten stark **orangerot** gefleckt. Bürzel und Schwanz rostbraun. Geschlechter gleich, ♀ etwas blasser als ♂. **1LJ** | wie **AK**, aber brauner, Bürzel matt; Spitzen der Großen Decken hell.

S | Ruft nasal quietschend *gwiek-gwiek*; Flugruf *tjap-tjap*.

F | Schnell, direkt; Schwanz orangebraun; Unterflügel gräulich.

Rostflügeldrossel

Ausnahmegast aus Asien | Wälder

Rotdrossel *S. 386*

LC **Weißbrauendrossel** *Turdus obscurus*

G 20,5–23 cm | **SP** 37–40 cm

Kleine, helle Drossel. **AK** | Kopf und Vorderbrust grau; **weißer Streif über und unter dem Auge**; Flanke orange. **1W** | brauner; Kopf graubraun, **weißer Überaugenstreif**, dunkler Augenstreif; **Flanke hell orange**; Bauch und Steiß weiß.

S | Warnruf scharf *tschip-tschip-tschip*; Flugruf dünn, scharf *tsiiip*.

F | Schnell, direkt; Unterflügel hell gräulich.

Ausnahmegast aus Asien | Wälder

Amsel *S. 385*

LC **Einfarbdrossel** *Turdus unicolor*

G 20–25 cm | **SP** 30–40 cm

Kleine, gräuliche Drossel. **♂** | **aschgrau**, am Bauch weißer; **Schnabel und Lidring gelb**; Beine gelbbraun. **♀** | braun, unten heller; **Schnabel und Beine gelb**. **Dunkle Linie** unter der Wange, Kehle gefleckt; Vorderbrust leicht grau gefleckt, Unterseite hell beigegrau. **1W** | Scheitel, Wange und Flügel cremefarben gestrichelt, dunkle halbmondförmige Flecke an Vorderbrust.

S | Scharf *twik* und tief klappernd *trrt-rr-rrt*.

F | Direkt; Unterflügel **grau mit rotbraunen Decken**.

Ausnahmegast aus N-Amerika | Wälder

LC **Halsbanddrossel** *Ixoreus naevius*

G 24 cm | **SP** 35–40 cm

Große, grau-orange Drossel, Überaugenstreif und Flügelbinden **orangebeige**; **Wange und Brustband dunkel**. (Auch eine seltene grau-weiße Variante wurde in Europa nachgewiesen.)

S | Tief *tjock* und kurzes, hartes Rattern.

F | Schwanz schwarz mit weißen Spitzen an den äußeren Federn; Unterflügel dunkel mit breitem hellem Band.

Ausnahmegast aus N-Amerika | Wälder, Gärten

LC **Wanderdrossel** *Turdus migratorius*

G 22–25 cm | **SP** 38–40 cm

Größe, Gestalt und Verhalten wie Amsel. **AK** | oben schiefergrau, helle Säume an Flügelfedern. Schwärzliche Kapuze, kräftige **weiße Markierungen um das Auge**; Kehle heller, gestrichelt. Unterseite hell **ziegelrot/orange**, bei ♂ dunkler. Unterschwanz weiß mit schwarzen Stricheln. **1W** | heller, Unterseite mit beigen Federsäumen.

S | Amselähnlich *kück* und schrill *piik*.

F | Schwanz schwarz mit weißen Spitzen der äußeren Federn.

Amsel *S. 385*

Ausnahmegast aus Nahost | Schilfbestände

Drosselrohrsänger *S. 421*

Basrarohrsänger *Acrocephalus griseldis*

G 17–18 cm | **SP** 25–26 cm

Wie ein **großer**, dunkler, gräulicher Teichrohrsänger *(S. 419)* mit langem Schnabel, langen Flügeln und langen dicken Beinen. Dunkler Scheitel oft gesträubt; kann Schwanz heben und schwenken. Heller Überaugenstreif, dunkler Zügel; **auffallender unterbrochener weißer Augenring**.

S | Kurz, harsch, rau *tscharr*.

F | Niedrig, flink; Größe und Statur zwischen Teich- und Drosselrohrsänger.

Ausnahmegast aus Asien | Gebüsche, Dickichte

Drosselrohrsänger *S. 421*

LC Dickschnabelspötter *Arundinax aedon*

G 16–17 cm | **SP** 24–28 cm

Wie ein heller Drosselrohrsänger mit **kräftigem, leicht gekrümmtem Schnabel mit heller Basis**; der orange Schnabelwinkel reicht fast bis zum Auge. Kopf einfarbig, aber **Scheitel etwas dunkler**. **Zügel hell**; weiße Kehle über rostbeige getönter Brust. Angelegter Flügel kurz.

S | Ruft energisch *tsak* oder *tsick-tsick*.

F | Kurze Flügel; **Schwanz lang, gerundet, kräftig rotbraun**.

Ausnahmegast aus Asien | Feuchtwiesen, Schilf

Feldschwirl *S. 416*

Streifenschwirl *Helopsaltes certhiola*

G 13–14 cm | **SP** 16–18 cm

Kleiner, heimlicher Schwirl, wie ein kontrastreicher Feldschwirl, aber Scheitel gräulich mit dunkelgrauen Stricheln; **weißlicher Überaugenstreif**. **Flügeldecken und Schirmfedern schwärzlich mit weißen Spitzen**; **Bürzel rotbraun, gestrichelt**. Schwanz dunkel, leicht gebändert, **zur weißen Schwanzspitze hin dunkler**.

S | Ruft schnalzend *klick* und länger *trrrrt*.

F | Niedrig, schnell; Schwanz wird zur weißen Spitze hin schwärzer.

Ausnahmegast aus Asien | Feuchtwiesen, Dickicht

Rohrschwirl *S. 417* | Schlagschwirl *S. 417*

LC Riesenschwirl *Helopsaltes fasciolatus*

G 16–18 cm | **SP** 18–25 cm

Großer, sandbrauner, nahezu ungestreifter Schwirl; lang, **stämmig**, **dunkler Schnabel**, langer Schwanz. Kopf gräulich mit braunerem Scheitel und langem hellem Überaugenstreif. Kehle weißlich, Brust diffus grau gestrichelt; Bürzel und **Steiß orangebeige**.

S | Ruft hart, dunkel *tschock-tock-tock*.

Alle Ausnahmegäste aus Asien [*alljährlich]

LC Eichenlaubsänger
Phylloscopus neglectus

G 9–10 cm | **SP** 15 cm

Winzig, recht eintönig. Oberseite bräunlich grau; Flügel ungezeichnet. Undeutlicher heller Überaugenstreif; kleine weißliche Klammer unter dem Auge. Unterseite hell gräulich. Beine dunkelbraun.

S | Sperlingsähnlich *(S. 504) tschliip*.

Zilpzalpe *S. 432–433*

LC Pamirlaubsänger
Phylloscopus griseolus

G 10–11 cm | **SP** 15–20 cm

Sehr klein, oft an Felsen. Kopf dunkel, Scheitelseite dunkelgrau; **langer, kräftig gelber Überaugenstreif**; dunkler Zügelstreif; kleine weiße Klammer unter dem Auge. **AK** | Oberseite grau, wird bis Apr/Mai olivbraun; Unterseite grünlich gelb, leicht grau gestrichelt. **1W** | Oberseite gräulich; Unterseite beige, weniger gelb.

S | Ruft kurz, hastig *tschik*.

Fitis *S. 430*

LC Dunkellaubsänger*
Phylloscopus fuscatus

G 10,5–12 cm | **SP** 16–19 cm

Klein, heimlich, wie ein **graubrauner** Zilpzalp. Ähnlich Bartlaubsänger (manchmal eindeutig, manchmal kaum unterscheidbar), aber schlanker, brauner. **Langer heller Überaugenstreif**, vor dem Auge schmal, **hinter dem Auge breiter und beige**. **Unterschwanz beige oder cremefarben**. **Schnabel fein**, **spitz**. Beine braun mit gelben Zehen, manchmal ganz gelb oder rosa.

S | Ruft hart *teck*, manchmal wie beim Zaunkönig *(S. 372)* wiederholt, oder weicher, verschluckt *dj'k* oder *tsuk*.

Dunkel- und Bartlaubsänger sehr ähnlich | Zilpzalp *S. 432*

LC Bartlaubsänger*
Phylloscopus schwarzi

G 11,5–12,5 cm | **SP** 17–19 cm

Klein, heimlich, gedrungen, dickbeinig. Ähnlich wie Dunkellaubsänger (manche schwer bestimmbar), aber mehr oliv. **Langer heller Überaugenstreif** vor dem Auge beige und diffus auslaufend, nach hinten dagegen deutlich abgegrenzt weiß. **Unterschwanz orangebeige**. **Schnabel dick**, orange/rosa; Beine orangegelb.

S | Recht weich *djep*, unterdrückt oder lauter, manchmal in langen Reihen; *tschrep*.

Alle Ausnahmegäste aus Asien [*alljährlich] | Wälder, Gebüsche

Gelbbrauen-Laubsänger S. 434

Tienschan-Laubsänger*

Phylloscopus humei

G 9–10,5 cm | **SP** 15–16 cm

Winzig, lebhaft; schnelles Flügel-/Schwanzzucken. Einige nur am **Ruf** vom Gelbbrauen-Laubsänger unterscheidbar, aber Oberseite meist etwas grauer oder brauner; Überaugenstreif **beige getönt**; Flügelbinden eher **Beige auf Grau** (weniger Gelb auf Grün); Schirmfederspitzen blasser. Beine dunkler.

S | **Ruft** weich *ds-witt* oder länger, leicht abfallend *dsii-o*.

1LJ/AK
ganzjährig

Gelbbrauen-Laubsänger S. 434
Sommergoldhähnchen S. 414

LC Goldhähnchen-Laubsänger*

Phylloscopus proregulus

G 9–9,5 cm | **SP** 14–16 cm

Winzig, **leuchtend grün** mit **hellgelbem Bürzel**; unten weißlich. **Sehr langer gelber Überaugenstreif über schwarzem Augenstreif**; schmaler **hellgelber Streif auf grünschwarzem Scheitel**. **Breite gelbe Flügelbinde**; Schirmfedersäume hell.

S | Ruft sanft, ansteigend *tjui*, generell wenig ruffreudig.

1LJ/AK
ganzjährig

Grünlaubsänger S. 435
Wacholderlaubsänger S. 435

LC Middendorff-Laubsänger

Phylloscopus plumbeitarsus

G 10–11 cm | **SP** 15–20 cm

Sehr klein, matt grün. Heller Überaugenstreif kann vor dem Schnabel enden; Wange grün und gelb gewölkt. Deutlich ausgeprägte, **lange, gleichmäßig breite hintere Flügelbinde**; **vordere Flügelbinde** meist vorhanden; Schirmfedern einfarbig. Unterschnabel gelblich rosa. Beine rötlich braun.

S | Ruft zweisilbig *tsu-wi* oder einsilbige Laute.

1W
Sep–Mär

Wanderlaubsänger S. 434 | Grünlaubsänger S. 435

Kronenlaubsänger

Phylloscopus coronatus

G 11–12 cm | **SP** 18–20 cm

Klein; ähnlich Wanderlaubsänger, aber kräftiger grün auf Flügel und Schwanz; **zwei schmale weißliche Flügelbinden**. Diffuser **heller Streif auf dunkeloliv/schwärzlichem** Scheitel; Überaugenstreif vorn grünlich gelb, hinten cremefarben; weiße Klammer unter dem Auge. **Unterschwanzdecken gelb**.

S | Laut, abfallend *tjiü*.

1W
Aug–Mär

LC Ussurilaubsänger

Phylloscopus tenellipes

G 10–11 cm | **SP** 15–21 cm

Sehr klein, bräunlich grün; erinnert an Wanderlaubsänger. **Scheitel und Augenstreif dunkel grauoliv**; **langer** cremefarbener Überaugenstreif endet vor der Stirn; unter dem Auge weißlich, angedeuteter dunkler Bartstreif, fleckige Wange; zwei schmale weißliche Flügelbinden (vordere undeutlich); Unterseite cremeweiß; Beine hellrosa.

S | Hoch, dünn, kurz *tsiip*.

Ussuri- und **Sachalinlaubsänger *Phylloscopus borealoides*** sind nur in der Hand oder an der Stimme bestimmbar (Nachweis des Ussurilaubsängers in Europa durch DNA-Untersuchung bestätigt; bei einer weiteren Feststellung blieb die Art offen).

AK
ganzjährig

SACHALIN-LAUBSÄNGER

AK/1W
ganzjährig

LC VU

Wüstengrasmücke
Curruca nana

G 11,5–12,5 cm | **SP** 18–20 cm

Kleine, helle, rundköpfige Grasmücke; ähnlich Dorngrasmücke, aber Gesicht kaum gezeichnet, Auge gelb. Oberseite hell graubraun, Scheitel gräulich. Bürzel und Schwanz rötlich braun, mittlere Schwanz- und Schirmfedern mit schwarzen Schaftstrichen.

S | Ruft schnell, nasal, meisenähnlich *(S. 452) tr-rr-tscherr-tscherr*.

Dorngrasmücke *S. 438*
Saharagrasmücke

Ausnahmegast aus Asien (früher am Rand des Bearbeitungsgebiets brütend)

Halbtrockene Gebiete

LC

Saharagrasmücke
Curruca deserti

G 11,5–12,5 cm | **SP** 18–20 cm

Wie Wüstengrasmücke, aber heller, **kräftiger rötlich sandbraun** und weniger rotbraun am Schwanz; Scheitel orangebeige; Schirmfedern und mittlere Steuerfedern **einfarbig**, ohne dunkle Zentren (kein Kontrast).

S | Ruf meisenähnlich *(S. 452)*, sehr ähnlich Wüstengrasmücke.

Dorngrasmücke *S. 438*
Saharagrasmücke

Ausnahmegast aus N-Afrika

Halbtrockene Gebiete

LC

Atlasgrasmücke
Curruca deserticola

G 12 cm | **SP** 18 cm

Klein; sehr ähnlich Provencegrasmücke; rundlich, kurzflügelig und langschwänzig, aber ♂ | oben einfarbiger grau, abgesehen von matt **rostbraunem Flügelfeld**, weißem Augenring und angedeutetem hellem Bartstreif über weiß gefleckter Kehle; helle Schnabelbasis. ♀ | heller, Oberseite olivbraun. **1W/1S** | unten heller.

S | Ruft hart, metallisch *tchrett*.

Provencegrasmücke *S. 442*
Iberien-/Balkan-Bartgrasmücke *S. 440*
Ligurien-Bartgrasmücke *S. 441*

Ausnahmegast aus N-Afrika

Trockene, buschige Heide

Alle sind Ausnahmegäste aus Asien

Braunschnäpper
Muscicapa dauurica

G 12–13 cm | **SP** 19,5–21,5 cm

Wie ein kleiner, einfarbiger, gräulicher, breitschnäbeliger Grauschnäpper. **AK** | oben graubraun, unten beigeweiß; Kopf und Brust **ungezeichnet; großes Auge mit weißem Ring**; Schnabel auffällig **breit, an der Basis hell**. **JK** | beige Flecke. **1W** | helle Säume an Flügelfedern.

S | hoch, unbedeutend *tsi*.

Grauschnäpper *S. 449*

Rußschnäpper
Muscicapa sibirica

G 13–14 cm | **SP** 20–21 cm

Ähnlich Grauschnäpper. **Flügelspitze länger** als bei Braunschnäpper. **AK** | Flanke gestrichelt, dunkler Kinnstreif, helle Kehle, heller Augenring. **JK / 1W** | Rücken braun (bis Sep–Okt beige gefleckt), Flügeldecken und Schirmfedern rostbeige gesäumt; unten graubraun gestrichelt, besonders an Flanke und Unterschwanzdecken.

S | Ruft dünn, scharf *tsi*.

Mugimakischnäpper
Ficedula mugimaki

G 12–13 cm | **SP** 18–20 cm

Kleiner Schnäpper mit langem Flügel und kurzem Schwanz. ♂ | **oben schiefergrau; weiß hinter dem Auge, weiße Schulter; unten orange**; Schwanz schwärzlich mit schmalem weißem Rand an der Basis. ♀ | hellgrau mit Aufhellung hinter dem Auge; schmale weiße Flügelbinde; Kehle/Vorderbrust hellorange, Bauch weiß. Schwanz ganz dunkelgrau. **♂1W** | ähnlich ♀, oben brauner, an Kehle und Brust kräftiger orange.

S | Ratternde Rufe.

Taigaschnäpper
Ficedula albicilla

G 11–12,5 cm | **SP** 18,5–21 cm

Ähnlich Zwergschnäpper, aber **Oberschwanzdecken schwärzlich**; Schnabel größtenteils schwarz. **♂PK** | **kleiner oranger Kehllatz; Wange und Brustband grau**. **♂SK / ♀ / JK / 1W** | Oberseite braun, Brust gräulich; Flügelbinde und Schirmfedersäume weiß.

S | Trockenes Knarren als Ruf. Flötender Gesang mit schnellem Triller.

Zwergschnäpper *S. 448*

Braune Würger Drei asiatische Arten erscheinen ausnahmsweise und bevorzugen offene, buschige Landschaft. In allen Kleidern ähneln sie weiblichen oder jungen (**JK/1W**) Neuntötern *(S. 466)*. Sie sind nicht immer sicher bestimmbar, es ist auf oft nur geringe Unterschiede in Struktur und Gefiederfärbung zu achten, darunter Grundfarbe, Kontraste, Schwanzfärbung und Details der Flügelspitze.

LC Isabellwürger
Lanius isabellinus

G 16,5–18 cm | **SP** 26–28 cm

Erinnert an Neuntöter *(S. 466)*. **Schwanz oben und unten rotbraun**. Kleiner weißer Fleck auf Handschwingen (kann bei ♀ fehlen, bei Neuntötern selten vorhanden); bei angelegtem Flügel sechs bis sieben Handschwingenspitzen sichtbar (beim Neuntöter meist acht). ♂**AK** | Nacken gräulich, Stirn kräftiger beige, Überaugenstreif beige, schwarze Maske. **Oben gräulich, unten beige**. ♀**AK** | unten leicht gewellt; schwacher beiger Überaugenstreif. **JK/1W** | oben und unten sandbeige; Nacken wie Rücken; keine deutliche Maske. **Bürzel und Schwanz rostrot**, auch von unten. Unterseite beige mit gelbbrauner, welliger Bänderung.

LC Rotschwanzwürger
Lanius phoenicuroides

G 16,5–18 cm | **SP** 26–28 cm

Ähnlich Isabellwürger, aber in allen Kleidern oben dunkler und unten weißer; **Scheitel**, **Nacken und Bürzel rötlicher braun** als der Rücken; bei angelegtem Flügel sechs bis sieben Handschwingenspitzen sichtbar. ♂**AK** | weißer Überaugenstreif, schwarze Maske; **oben matt braun**, **unten weißlich**. ♀**AK** | Unterseite leicht gewellt; **weißer Überaugenstreif** deutlich ausgeprägt. **JK/1W** | wie Isabellwürger, aber meist weißliche Säume an Flügelfedern, oben dunkler als unten; schwärzliche Maske.

LC Braunwürger
Lanius cristatus

G 18–20 cm | **SP** 25–28 cm

Erinnert an Neuntöter-♀ *(S. 466)*, Isabell- und Rotschwanzwürger, aber Kopf größer, **Schnabel dicker** und Schwanz länger, **dunkel rotbraun**. Kurze Flügelspitze, fünf bis sechs Handschwingen sichtbar. ♂ | oben braun, Scheitel und Bürzel rotbraun; schwarze Maske unter weißem Überaugenstreif; unten beige. ♀**/JK/1W** | von Scheitel bis Bürzel braun, oben dunkler als unten; Bürzel kräftiger gefärbt. Ausgeprägte **schwarze Maske**. Wellung der Unterseite ähnlich wie Neuntöter, aber kräftiger beige. Schnabel dunkel, an der Basis graurosa.

Alle Ausnahmegäste aus Asien

Offene, buschige Landschaft

Neuntöter *S. 466*

Ausnahmegast aus Asien

Offenes Gelände

Schachwürger

Lanius schach

G 22–27 cm | **SP** 25–26 cm

Größter Würger: vereinigt grauen Scheitel/Rücken, schwarze Maske und weiße Kehle mit **braunem Bürzel**, **kräftig beiger Unterseite** und **langem Schwanz**, der oft auf und nieder bewegt wird.

S | Ruft nasal *tjärrk tjärrk*.

Ausnahmegast aus N-Amerika

Offenes Gelände, Waldränder

LC Taigaraubwürger

Lanius borealis

G 21–26 cm | **SP** 30–34 cm

Sehr ähnlich Raubwürger, aber Oberseite mit leichtem ockerbraunem Anflug; unten etwas dunkler mit **feiner dunkler Wellung**.

F | Bogenförmig, Flügel und Schwanz kräftig schwarz-weiß gemustert.

Raubwürger *S. 468*

Ausnahmegast aus N-Afrika

Trockenes Gestrüpp

LC Senegaltschagra

Tchagra senegalus

G 21–24 cm | **SP** 30–32 cm

Ein Buschwürger, der mit großem schwarzem Hakenschnabel an Würger erinnert. Gräulich, Kopf schwarz-weiß gestreift, Flügel rotbraun.

S | Ruft lang und laut, ratternd *skrärrrrr*.

F | Langer, stufiger Schwanz mit weißen Ecken.

LC Meisengimpel
Carpodacus sibiricus

G 18 cm | **SP** 25 cm

Rundlicher Fink mit sehr kurzem Schnabel und langem, schmalem Schwanz. **Schulter**, Flügelbinde und Schirmfedersäume **weiß**. ♂ | Oberseite **dunkelgrau und rosa** gestrichelt. **Augenstreif und Kragen dunkelrot**. Unterseite rosa. **♀/Imm** | Kopf und Oberseite braun, Unterseite beige/weiß, braun gestrichelt.

S | Ruft hoch *zii zi-si-sii*.

LC Rosengimpel
Carpodacus roseus

G 16–17 cm | **SP** 25 cm

Großer, dickschnäbeliger Fink mit rötlichem Bürzel, hellen Flügelbinden und hellen Schirmfedersäumen. ♂ | **tief rosa**, **oben schwarz gestrichelt**; **Stirn weißlich**; **Kehle weiß gefleckt**. **♀/Imm** | hell bräunlich, **Scheitel und Kehle rosa**. Bürzel rosarot, Schwanzseite rosa. Unterseite **rosabeige**, braun gestrichelt.

S | Ruft sehr dünn und hoch *zi-si-si*.

LC Hausammer
Emberiza sahari

G 13–14 cm | **SP** 22–23 cm

Kleine, kaum gezeichnete Ammer; Oberseite ungestrichelt, Schwanzseite beige. **♂PK** | Kopf grau, schwächer gestreift als Zipp- und Wüstenammer, heller Bartstreif. Kehle grau, gestrichelt. Unterseite intensiv orangebeige. **♀/JK/1W** | Kopf bräunlich grau.

S | Ruft kurz *tjüp* oder *düiit*.

Haus- und Wüstenammer sehen sich sehr ähnlich | Zippammer *S. 514*

LC Wüstenammer
Emberiza striolata

G 13–14 cm | **SP** 20 cm

Klein, wie eine matte Zippammer oder **gestrichelte** Hausammer. ♂ | **Kopf und Kehle gestrichelt**; Mittlere Armdecken dunkel, keine weiße Flügelbinde; Unterseite blass beige. **♀/JK/1W** | ähnlich ♂, Kopf grauer.

S | Ruft laut, sperlingsähnlich *(S. 504)* *tschepp* oder *tschärrp*.

Alle sind Ausnahmegäste aus Asien

Buschige Landschaft

Rötelammer
Emberiza rutila

G 14–15 cm | **SP** 20–21 cm

Kleine Ammer. **Bürzel rotbraun**; Schwanz braun, **ohne Weiß**. **♂PK** | Kopf und Oberseite einfarbig rotbraun. **♀/1W** | Oberseite braun, schwarz gestrichelt; Flügel rotbraun, zwei beige Flügelbinden. Hellgrauer Überaugenstreif, weißliche Kehle. Unterseite gelblich, schwarz gestrichelt.

S | Ruft scharf *zick*.

Rötel- und Bandammer sehr ähnlich | Zwergammer *S. 513*

Bandammer
Emberiza fucata

G 15–16 cm | **SP** 20–22 cm

Große, langschwänzige Ammer. **♂PK** | Kopf grau, **Wange dunkel rotbraun**; Kehle weiß mit schwarzen Streifen. **♂SK** | Brust gelblich, schwarz gestrichelt, darunter kastanienbraunes Band. **♀/1W** | **Wange kastanienbraun**, unterer Rand schwarz, mit beigem Fleck; weißer Augenring. Schulter rotbraun; zwei beige Flügelbinden. Bürzel kastanienbraun. Flanke beige, einige schwarze Strichel.

S | Ruft explosiv *zick*.

Maskenammer
Emberiza spodocephala

G 14–15,5 cm | **SP** 20–23 cm

Kleine, schlanke Ammer; Schwanzseite weiß. Braun, grau und schwarz gestreift. **♂AK/1W** | Kopf grau (ab Dez Gesicht schwarz). **♀AK/1W** | ähnlich einer blassen Rohrammer, aber Hals und Bürzel grauer. Unterseite blass gräulich oder gelblich.

S | Ruft leise, dünn, metallisch *tip*.

Heckenbraunelle *S. 373*
Rohrammer *S. 512*

Gelbbrauenammer
Emberiza chrysophrys

G 13–14 cm | **SP** 20–25 cm

Kleine Ammer. **♂PK** | Wange/Scheitel schwarz, weißer Scheitelstreif, breiter gelber Überaugenstreif. **♂SK/♀/1W** | Scheitel schwarz, Scheitelstreif beige, **weiße Linie im Nacken**; Überaugenstreif vorn rotbraun, über dem Auge **gelb, nach hinten weiß auslaufend**; Wange kastanienbraun mit schwarzem Rand und weißem Fleck. Unterseite weiß, schwarz gestrichelt.

S | Ruft dünn, hoch *sip*.

Zwergammer *S. 513*
Waldammer *S. 514*

LC Borstenrabe
Corvus rhipidurus

G 45–52 cm | **SP** 100–110 cm

Große, stämmige, schwarze Krähe mit kurzem, **hohem**, **gewölbtem Schnabel**; im Sitzen überragt die Flügelspitze den Schwanz. **AK** | schwarz, **JK/1W** | brauner.

F | Unterflügel zweifarbig; **sehr kurzer**, **breiter Schwanz**; breiter Armflügel.

Kolkrabe *S. 475*

LC Wüstenrabe *Corvus ruficollis*

G 52–56 cm | **SP** 90–95 cm

Große, schwarze Krähe mit schmalen Flügeln und schmalem Schwanz. **Hals und Unterseite bräunlich** (oft schwer zu erkennen). Schnabel lang (schlanker als bei Kolkrabe).

F | Kopf ragt deutlich hervor; Flügel lang, an der Spitze schmal; Schwanz gerundet oder keilförmig (Form zwischen Kolkrabe und Saatkrähe); Unterflügeldecken schwarz gegenüber helleren Schwungfedern.

Kolkrabe *S. 475* | Saatkrähe *S. 475*

LC Elsterdohle
Coloeus dauuricus

G 34–36 cm | **SP** 75 cm

Kleine, **schwarz-weiße Krähe**: schwarz, Hinterhals und Unterseite weiß. Kurzer, stämmiger Schnabel.

F | Von unten Kopf, Unterflügel, Steiß und Schwanz schwarz, Bauch weiß; von oben schwarz mit weißem Kragen.

Dohle *S. 476*
Nebelkrähe *S. 474*

LC Schildrabe *Corvus albus*

G 46–52 cm | **SP** 85–90 cm

Große, dickschnäbelige Krähe; schwarz, **Vorderrücken und Unterseite weiß**.

F | Kopf ragt deutlich hervor; Flügel lang und schmal; Schwanz kurz, leicht keilförmig (Form zwischen Kolkrabe *(S. 475)* und Nebelkrähe).

Nebelkrähe, Rabenkrähe (Leuzisten) *S. 474* | Elster *S. 479*

Seltene Sperlingsvögel aus Nordamerika

80 Arten [alle Ausnahmegäste]
(6 Arten auf *S. 586–587, 598, 605* behandelt)
Erstaunlicherweise wurden bereits 80 nordamerikanische Sperlingsvogelarten in Europa festgestellt. Alle bis auf sechs werden in diesem Abschnitt behandelt. Weitere 86 Nicht-Singvogelarten aus Nordamerika sind ausnahmsweise in Europa erschienen (ohne amerikanische Unterarten auch in Europa lebender Arten). Die meisten davon sind auf den vorangegangenen Seiten zu finden, mit Ausnahme einiger Wasservögel, die mit einheimischen Arten leicht zu verwechseln sind oder die gelegentlich aus Gefangenschaft entweichen (s. *S. 32, 68–71*).
Jedes Jahr erreicht eine bemerkenswerte Anzahl nordamerikanischer Landvögel Europa. Im Herbst erscheinen besonders Insekten fressende Arten, entweder ohne Unterstützung oder vom Jetstream getragen, oft in Verbindung mit Stürmen über dem Atlantik. Im Frühjahr kommen vor allem Körnerfresser an, oft an Bord von Schiffen. Die meisten dieser Ausnahmegäste treten an der Westküste Europas und auf Inselgruppen im Ostatlantik auf. **Nur Kleider**, **die bereits in Europa festgestellt wurden**, **werden hier gezeigt**, nach Möglichkeit von Individuen, die tatsächlich in Europa fotografiert wurden.

SEIDENSCHWÄNZE Stämmig, mit Haube; kurze Beine. Bäume, Büsche mit Beeren.

LC Zedernseidenschwanz
Bombycilla cedrorum

G 15–19 cm | **SP** 30 cm
Wie Seidenschwanz, aber Flügel **ungezeichnet**, Unterschwanz **weiß**, Bauch gelb.

Seidenschwanz *S. 377*

STÄRLINGE Länglich, aber kräftiger Körper mit spitzem, dreieckigem Schnabel; sehr farbenfroh oder weitgehend schwarz; Büsche, Bäume, Wiesen.

LC Reisstärling
Dolichonyx oryzivorus

G 16–18 cm | **SP** 19–26 cm
Ammerähnlich *(S. 508)*, mit spitzem Schnabel und spitzen Steuerfedern. **1W** | gelblich; Scheitel dunkler mit **beigem Streifen in der Mitte**; **zwei cremeweiße Streifen laufen den Rücken hinunter.**

LC Brillenstärling
Xanthocephalus xanthocephalus

G 21–26 cm | **SP** 42–44 cm
♂ | schwarz; Kopf und Brust gelb; weißes Flügelfeld. ♀ | braun; Überaugenstreif, Wange und Kehle gelb. **JK / 1W** | beigebraun; Flügel und Schwanz schwarz.

LC Braunkopf-Kuhstärling
Molothrus ater

G 16–22 cm | **SP** 34–36 cm
Elegant, stämmig, meist am Boden; dicker dreieckiger Schnabel. ♂ | glänzend schwarz, **Kopf braun**. ♀ **/ 1W** | graubraun, Kopf heller. Schmaler Schwanz oft angehoben.

LC Baltimoretrupial
Icterus galbula

G 17–22 cm | **SP** 23–30 cm
Gestalt und Größe wie Star *(S. 379)*. **AK** | orangegelb; dunkle Flügel; zwei weiße Flügelbinden. Schnabel lang, spitz, dreieckig, grau. ♂ **AK** | Kopf schwarz. ♂ **1W** | Bürzel hellorange.

LC Rotflügelstärling
Agelaius phoeniceus

G 22–23 cm | **SP** 37–40 cm
Drosselähnlich *(S. 383)*, aber **spitzer, dreieckiger Schnabel**. ♀ **/ 1W** | **dicht braun und beige gestreift**; breiter heller Überaugenstreif, Wange und Kehle hell. Unterflügel schwärzlich.

NT Purpurgrackel
Quiscalus quiscula

G 26–27 cm | **SP** 36–40 cm
Drosselähnlich *(S. 383)*, aber Stirn flach; Schnabel dreieckig; Schwanz lang, gerundet, mit breiter Spitze. **AK** | bronzeschwarz, Kopf purpurblau; Auge weiß. **JK** | braun, Schwanz dunkler; Auge dunkel.

TYRANNEN Innerhalb der Ordnung der Sperlingsvögel gehören die Tyrannen zur Unterordnung der Schreivögel und nicht, wie alle europäischen Arten, zu derjenigen der Singvögel. Die verschiedenen aufrechten, großköpfigen, großschnäbeligen Tyrannen fangen aber Insekten wie in Europa die Schnäpper. Ausnahmegäste sind meist in Bäumen und Büschen zu finden.

LC Zwergschnäppertyrann
Empidonax minimus

G 13–14 cm | **SP** 19–22 cm
Klein; runder Kopf; heimlich. **Zuckt mit Flügeln** und Schwanz. **Kleiner Schnabel, kurzer Schwanz; angelegter Flügel kurz**. **1W** | Kopf gräulich; Rücken grünlich oder grau; **beigeweiße** Flügelbinden und Schirmfedersäume.

S | Ruft laut, trocken *pitt*.

LC Hellbauch-Schnäppertyrann
Contopus virens

G 13–14 cm | **SP** 19–22 cm
Klein, lebhaft; hoch auf offenem Ansitz. **Scheitel spitz**. Langer, gekerbter Schwanz, **zuckt nicht**; **angelegter Flügel lang**. **1W** | zwei lange beige Flügelbinden.

S | Häufig **rufend**, *püüiii* und *tjip*.

LC Buchenschnäppertyrann
Empidonax virescens

G 12–13 cm | **SP** 17–20 cm
Klein; **angelegter Flügel lang**. **1W** | dünner Augenring; **Kopf und Oberseite olivgrün**. Flügel grau mit zwei **weißen** Flügelbinden, helle Schirmfedersäume. Unterseite gelblich. Schnabel lang, an der Basis rosa; Beine grau.

S | **Ruft** explosiv *pjitt* oder *pjitt-sa*.

LC Weißbauch-Phoebetyrann
Sayornis phoebe

G 13–14 cm | **SP** 18–22 cm
Klein, langer Schwanz. **AK** | Oberseite graubraun; **dunkle Kapuze, kein heller Augenring**; Schnabel ganz dunkel. Zwei **blassbeige Flügelbinden**. Kehle weiß; Brust grau, Unterseite beigeweiß.

S | Ruft scharf *tjipp*.

LC Erlenschnäppertyrann
Empidonax alnorum

G 13–14 cm | **SP** 18–22 cm
Klein; Kopf **dunkel**, rund; **angelegter Flügel kurz**. **1W** | Rücken gräulich; zwei **weiße** Flügelbinden; weiße Kehle; helle Schirmfedersäume.

S | **Ruft** *pip*. (ACHTUNG: **Weidenschnäppertyrann** *E. traillii* sieht ähnlich aus, ruft aber *wit*.)

LC Schieferrücken-Königstyrann
Tyrannus tyrannus

G 19–23 cm | **SP** 33–38 cm
Groß, aufrecht; spitzer Kopf; Schnabel lang, breit. **1W** | großer **dunkler Kopf**. Schwanz **lang**, **schwarz mit weißer Spitze**; Oberseite grau, Flügelfedern weiß gesäumt; Unterseite weiß.

S | Ruft harsch *kit* oder *kitter*.

LC Birkenschnäppertyrann
Empidonax flaviventris

G 13–15 cm | **SP** 18–20 cm
Klein; gewölbter Kopf; kleiner Schnabel; kurzer Schwanz. **1W** | Oberseite kräftig **grünlich**; markanter gelbweißer Augenring. Zwei **gelbweiße Flügelbinden**. Brust oliv, gelb getönt.

S | Ruft *pji* oder *pjüi*.

LC Schmalschnabel-Königstyrann
Tyrannus verticalis

G 20–24 cm | **SP** 38–41 cm
Groß; Kopf groß, rundlich, **grau**; Kehle und Brust hellgrau. Oben graubraun; Schwanz eckig, dunkel mit **weißer Seite**. Unterseite **hellgelb**.

S | Ruft schnelle, zwitschernde Serien von Lauten wie *kwip*.

SPOTTDROSSELN Drosselähnlich *(S. 383)*, ohne nahe Verwandte in Europa; meist in Gebüschen an der Küste festgestellt.

LC Gartenspottdrossel
Mimus polyglottos

G 21–28 cm | **SP** 31–38 cm
Hell, schlank; **langer Schwanz mit weißer Kante**. Oben **grau**, unten weißlich; zwei weiße Flügelbinden und weißes Feld auf gespreiztem Flügel. **AK** | Auge matt gelb. **1W** | Auge dunkel.

LC Rotspottdrossel
Toxostoma rufum

G 23–30 cm | **SP** 29–33 cm
AK | Rostbraun, schlank; Schwanz und Schnabel **lang**; **zwei weiße Flügelbinden**, Schwanz rostbraun. Unterseite weiß, schwarz gestrichelt.

LC Katzenspottdrossel
Dumetella carolinensis

G 20–24 cm | **SP** 22–30 cm
Dunkelgrau mit **langem Schwanz, oft angehoben**. **Grau, Unterschwanz dunkel rotbraun**; **schwarze Kappe**, helle Wange.

AMERIKANISCHE DROSSELN
Unauffällig, heimlich; wirken wie kleine Singdrosseln *(S. 386)* oder einige asiatische Schnäpperverwandte *(S. 594)*. Wander- und Halsbanddrossel sind größer und werden auf *S. 598* zusammen mit seltenen Drosseln aus Asien behandelt.

F | In der Gattung *Catharus* sind die Unterflügel dunkel und haben ein weißes Band in der Mitte.

ZWERGMUSENDROSSEL

Schwirrnachtigall S. 594 (Unterflügel hell)

LC Grauwangen-Musendrossel
Catharus minimus

G 15–17 cm | **SP** 25–30 cm
Oben einheitlich matt olivbraun; **schwacher heller Augenring**, **gräuliche Wange**. Brust beige mit diffusen Flecken; Flanke gräulich, Bauch weiß. **1W** | schmale helle Flügelbinde.

LC Zwergmusendrossel
Catharus ustulatus

G 16–18 cm | **SP** 22–25 cm
Oberseite einheitlich sandbraun; **breiter heller Augenring**, Zügel hell. Vorderbrust weißlich mit diffusen dunklen Flecken; Unterseite weißlich, Flanke leicht grau gefleckt.

LC Walddrossel
Hylocichla mustelina

G 17–18 cm | **SP** 25–30 cm
Rundlich, kurzschwänzig; Oberseite **leuchtend braun** mit **rostbraunem Nacken** (wirkt **nach vorn hin insgesamt rötlich**). Kräftiger **heller Augenring**, Wange dunkel gefleckt. Unterseite weiß, übersät mit **großen schwarzen Punkten**.

LC Weidenmusendrossel
Catharus fuscescens

G 16–18 cm | **SP** 22–27 cm
Dicker Hals, breiter Schwanz; Oberseite **einheitlich warm braun**; Wange gräulich, Scheitel kräftig braun. Kehle beige mit diffusen grauen Flecken; Unterseite weiß, Flanke ungezeichnet gräulich.

LC Einsiedler-Musendrossel
Catharus guttatus

G 16–17 cm | **SP** 20–25 cm
Oberseite braun; Flügelfeld, Oberschwanzdecken und Schwanzbasis **rotbraun** (wirkt **nach vorn hin insgesamt rötlich**). Heller Augenring schwach oder kräftig. Unterseite beige mit schwarzen Flecken auf der Brust und diffusen Stricheln auf der brauneren Flanke.

WALDSÄNGER
Trotz einiger Ähnlichkeiten sind die amerikanischen Waldsänger nicht mit den Zweigsängern in der Alten Welt *(S. 412)* verwandt. Waldsänger erreichen Europa meist nach starken Westwinden. Ihre Prachtkleider (in Europa sehr selten) sind sehr farbenfroh, aber im Herbst (**1W**) ist die Bestimmung eher schwierig. Zu finden sind sie am ehesten in Wäldern, Gebüschen oder Feuchtgebieten. Das Erlernen ihrer Rufe ist eine Herausforderung: Die meisten Arten rufen kurz, hoch, dünn *tsit* und erregen dadurch Aufmerksamkeit.

NT Streifenwaldsänger
Setophaga striata

G 13–15 cm | **SP** 20–25 cm
Zwei **lange**, **gebogene**, **weiße Flügelbinden**. **Unterschwanz weiß**; **Schwanzkante weiß**. Beine orange. **♂PK** | **schwarze Kappe**, weiße Wange. **1W** | olivgrüner Rücken und gelbe Brust mit **leichten grauen Stricheln**; Flanke weißer.

LC Braunkehl-Waldsänger
Setophaga castanea

G 13–15 cm | **SP** 20–23 cm
1W | wie Streifenwaldsänger mit zwei langen, **gebogenen**, **weißen Flügelbinden**, aber **Unterschwanz beige** und Schnabel größer. Rücken grau gestrichelt, **Unterseite ohne Strichel**; Brust gelblich, Flanke beige.

LC Kronenwaldsänger
Setophaga coronata

G 12–15 cm | **SP** 19–24 cm
Bürzel gelb; gelber Fleck an Brustseite; Beine schwarz. **♂PK** | grau mit weißer Kehle. **1W** | Kopf und Rücken braun, weiße Augenklammern. Zwei lange weiße Flügelbinden. Unterseite weißlich; Flanke dunkel gestrichelt.

LC Fichtenwaldsänger
Setophaga fusca

G 11–13 cm | **SP** 20–22 cm
1W | oben grün; **hellgelber** Überaugenstreif; dunkler dreieckiger Wangenfleck; zwei breite weiße Flügelbinden. **Kehle orangegelb**; Unterseite hellgelb, Flanke weißer mit langen grauen Streifen.

LC Tigerwaldsänger
Setophaga tigrina

G 12–14 cm | **SP** 19–22 cm
♂PK | grün-gelb; dunkler Scheitel, **rotbraune Wange**. **1W** | gräulich; weiße Augenklammern; Halsseite hell gelblich. **Diffuse** helle Flügelbinden. Unterseite **grau/weiß mit undeutlichen grauen Stricheln**.

LC Magnolienwaldsänger
Setophaga magnolia

G 11–13 cm | **SP** 16–20 cm
1W | Rücken grünlich, wenige dunkle Strichel; Scheitel grauer; weißer Augenring; **schmale** weiße Flügelbinden. Unterseite **gelb**, Flanke grau gestrichelt. **Weißes Band am gespreizten Schwanz**.

LC Goldkehl-Waldsänger
Setophaga dominica

G 14 cm | **SP** 17–20 cm
Grau, schwarz und weiß; Kopf schwarz-weiß, Kehle leuchtend **gelb**, **eingefasst von langem schwarzem Streifen unter dem Auge**; weißer Halsfleck. Flügel schwarz, zwei **breite weiße Flügelbinden**. Flanke weiß, schwarz gestreift.

LC Rotmantel-Waldsänger
Setophaga discolor

G 12 cm | **SP** 16–17 cm
1W | intensiv **gelb-grün**. Weißer Augenring, dunkler Augenstreif, **dunkler Bogen unter der Wange**. Flügelbinden blass. **Flanke gelb** mit **schwarzen Stricheln**. Schwanzzucken, dabei **weiße Seiten** sichtbar. **♂1W** | etwas Kastanienbraun am Rücken.

LC Gelbscheitel-Waldsänger
Setophaga pensylvanica

G 10–14 cm | **SP** 16–21 cm
Elegant, aber Profil dickbäuchig; grün und grau. **1W** | Scheitel und Oberseite **lindgrün**; weißer Augenring; Wange und Unterseite **hellgrau**. Zumindest ein Hauch von **Kastanienbraun** an Scheitel, Rücken und Flanke.

NT Blauwaldsänger
Setophaga cerulea

G 12 cm | **SP** 16–18 cm
1W | grünlich, **hellblau angehaucht**; **zwei weiße Flügelbinden**. Unten hellgelb, Flanke grau gestrichelt; dunkle Flecke auf Unterschwanzdecken. **SK** | unten weißer, Flankenstrichel deutlich.

LC Rotschwanz-Waldsänger
Setophaga ruticilla

G 13 cm | **SP** 16–23 cm
1W | Kopf grau mit weißem Augenring; Rücken graubraun; dunkler Flügel mit **gelbem Band** (kann fehlen). **Schwanz schwarz** mit **gelbem Feld an der Seite**. Unten weiß, Flanke orange (♂) oder gelb (♀).

LC Kapuzenwaldsänger
Setophaga citrina

G 13 cm | **SP** 18–20 cm
1W | **Gesicht und Wange gelb**, im **Kontrast** zu grünem Scheitel und grüner Oberseite (einige mit angedeutetem schwarzem Rand). Flügel ungezeichnet. **Lange weiße Flecke unter dem Schwanz**. Unterseite gelb. Beine hellrosa.

LC Mönchswaldsänger
Cardellina pusilla

G 10–12 cm | **SP** 16–20 cm
1W | grün-gelb. Gesicht gelb, Wange grüner; **gelber Überaugenstreif** unter **dunklem Scheitel** (schwärzliche Kappe bei ♂). Langer Schwanz ohne weiße Abzeichen. Beine hellrosa/braun mit gelben Fußsohlen.

LC Weidengelbkehlchen
Geothlypis trichas

G 14 cm | **SP** 20–22 cm
Olivbraun und gelb. **♂AK** | **schwarze Maske**, gelbe Kehle. **♀AK** | Wange grauer, **Kehle gelb**. **1W** | Kopf einfarbig; schwacher Augenring; Kehle **bräunlich gelb**. Flanke helloliv. **♂1W** | Wange schwärzlich.

LC Goldwaldsänger
Setophaga aestiva

G 12–13 cm | **SP** 16–20 cm
Olivgrün und gelb; Kopf ungezeichnet, schwacher gelber Augenring. Rücken kann **rotbraun** gestrichelt sein. Schirmfedersäume weiß. **Schwanzseite gelb**, ohne Weiß. **Unten gelb**, mitunter feine rotbraune Strichel. **♂1W** | erlangt leuchtend gelbe Unterseite mit rotbraunen Stricheln.

LC Grünmantel-Waldsänger
Setophaga virens

G 12–13 cm | **SP** 17–18 cm
Lebhaft, großköpfig; grün, gelb und weiß. **Scheitel grün**, **Gesicht gelb**; zwei breite weiße Flügelbinden. Flanke weiß, kräftig **dunkelgrau gestreift**.

LC Blaurücken-Waldsänger
Setophaga caerulescens

G 13 cm | **SP** 17–18 cm
Schwerfällig, untersetzt. **♂PK** | **blau**; weißes Flügelfeld; **Gesicht und Flanke schwarz**. **♀/1W** | matt grün; weißer Überaugenstreif; dunkle Wange; **weiße Klammer unter dem Auge**. **Weißes Feld** auf Handschwingen (manchmal klein); Schwanz einfarbig.

LC Meisenwaldsänger
Setophaga americana

G 11–12 cm | **SP** 16–18 cm
Klein, zart. Grau, grün und gelb. **Kopf grau, weiße Augenklammern. Rücken grünlich gelb**, Flügel grau mit **zwei weißen Binden**. Kehle hellgelb, Brust weiß. **♂1W** | Flügel grau, Federsäume grün. **♀1W** | Flügel grüner.

LC Kletterwaldsänger
Mniotilta varia

G 11–13 cm | **SP** 20–22 cm
Unverwechselbar, **schwarz-weiß gestreift**. Verhalten wie Kleiber *(S. 452)*/Baumläufer *(S. 457)*. Heller Scheitelstreif schließt Streifenwaldsänger *(S. 612)* aus. **♀/1W** | oft mehr grau-beige als **♂1W**.

F | Wirkt im Flug oder bei flüchtiger Betrachtung blaugrau.

LC Brauenwaldsänger
Leiothlypis peregrina

G 11,5 cm | **SP** 18–20 cm
Klein, grünlich, ähnlich Wanderlaubsänger, aber **gelber**. **1W** | **dünner Schnabel mit grauer Basis**. Grünlicher Kopf mit schwachem hellem Überaugenstreif. Dünne Flügelbinde. Unterseite **hell gelblich**, **Unterschwanz weiß**.

Wanderlaubsänger *S. 434*

LC Augenring-Waldsänger
Oporornis agilis

G 13–15 cm | **SP** 22–23 cm
Heimlich, unauffällig; stämmig, langbeinig. Bräunlich, grün und gelb. **1W** | trist gelblich; **vollständiger weißer Augenring**. Flügel und Schwanz einfarbig. Brust etwas dunkler oliv als die gelbliche Unterseite.

LC Kanadawaldsänger
Cardellina canadensis

G 13 cm | **SP** 19–21 cm
1W | grünlich und gelb. **Einfarbiger Kopf** mit **weißem Augenring**. Flügel und langer Schwanz **einfarbig grau**. Beine hell rosaorange. **♂1W** | Andeutung eines grauschwarzen Brustbandes. **♀1W** | Brust einfarbig.

LC Zitronenwaldsänger
Protonotaria citrea

G 13 cm | **SP** 22 cm
Groß, kräftig, dickschnäbelig. **♀/1W** | Rücken grünlich, **Flügel und Schwanz grau**; **unten gelb**; Schnabel und Beine dunkelgrau. **♂1W** | Kopf orangegelb. **♀1W** | Kopf gelbgrün. **♂AK** | Kopf und Brust leuchtend gelb.

LC Palmenwaldsänger
Setophaga palmarum

G 14 cm | **SP** 17–20 cm
Bräunlich, ähnlich Pieper *(S. 359)*, **Nahrungssuche am Boden**, **wippt mit dem Schwanz**. **1W** | oben matt braun; langer heller Überaugenstreif. Unterseite beige, leicht braun gestrichelt; **gelbes Feld** am Unterschwanz. Lange dunkle Beine.

S | Ruft häufig, hart *tscheck*.

LC Drosselwaldsänger
Parkesia noveboracensis

G 12–15 cm | **SP** 21–24 cm
Klein, ähnlich Pieper *(S. 359)*, läuft am Boden, Schwanzwippen wie eine Stelze *(S. 366)*. **1W** | oben braun, langer heller Überaugenstreif bis in den Nacken. Unten beigeweiß mit langen dunkelbraunen Stricheln.

S | laut und scharf *tschink*.

LC Pieperwaldsänger
Seiurus aurocapilla

G 11–14 cm | **SP** 19–26 cm
Klein, rundlich, **läuft** mit bedächtigen Schritten **am Boden**; wippt mit dem Schwanz, wirft Blätter zur Seite. **1W** | oben olivgrün; **weißer Augenring** und **rostroter Scheitelstreif** mit schwarzem Rand. **Unten weiß, schwarz gestreift**.

LC Blauflügel-Waldsänger
Vermivora cyanoptera

G 11,5 cm | **SP** 18–20 cm
Grün, gelb und grau. **Kopf gelb** mit **dunklem Zügel**. Flügel bläulich grau, zwei weißliche Flügelbinden. Unterseite gelb, Unterschwanz weiß. Im Sep/Okt Alter und Geschlecht schwer feststellbar, aber extreme ♂ **AK** mit **schwarzem** Augenstreif und **breiten weißen** Flügelbinden.

Goldflügel- × Blauflügel-Waldsänger
Vermivora chrysoptera × cyanoptera

G 11,5 cm | **SP** 15–16 cm
Hybrid ähnlich Blauflügel-Waldsänger, aber Flügelbinden breit, gelb; Unterseite heller. Nachfolgende Generationen ergeben näher an einer der Ausgangsarten stehende Kleider.

NT Goldflügel-Waldsänger
Vermivora chrysoptera

G 11,5 cm | **SP** 18–20 cm
♂ **AK** | grau, schwarz und gelb. **Stirn gelb**; **breite Maske und Kehle schwarz**, weißer Bartstreif. **Breites gelbes Schulterfeld**. Unten hellgrau. ♀ **AK/1W** | Wange und Kehle dunkelgrau.

VIREOS Wie kräftige, träge Zweigsänger. Wälder/Gebüsch.

LC Rotaugenvireo
Vireo olivaceus

G 13–14 cm | **SP** 22–24 cm
Groß, länglich, **kräftiger Schnabel**. **Weißlicher Überaugenstreif** zwischen **dunklem Scheitelseitenstreif** und **dunklem Augenstreif**. Oberseite grünlich, ohne Flügelbinde; Unterseite weißlich.

LC Gelbkehlvireo
Vireo flavifrons

G 14 cm | **SP** 20–24 cm
Großer Kopf, dicker Schnabel. Geschlechter/Altersklassen ähnlich, aber **AK** | Auge hell, **1W** | Auge dunkel. Kräftig grün, gelb, grau und weiß. **Hellgelbe „Brille“**, **gelbe Kehle**. Flügel grau mit **zwei weißen Flügelbinden**; Unterseite weiß.

GOLDHÄHNCHEN Winzig, ähnlich Laubsängern. Wälder, Gebüsch.

LC Rubingoldhähnchen
Corthylio calendula

G 9–11 cm | **SP** 16–18 cm
Winzig, wie gräuliches Wintergoldhähnchen ohne Kopfzeichnung; weißer Augenring, aber **kein Scheitelstreif** oder Bartstreif. Schwarz-weiße Flügelbinden. ♂ **AK** | kleiner rubinroter Scheitelfleck (meist verborgen).

Wintergoldhähnchen *S. 414*

LC Philadelphiavireo
Vireo philadelphicus

G 13 cm | **SP** 20–23 cm
Matt, rundköpfig. **Stirn/Scheitel dunkelgrau**, dunkler Augenstreif; diffuse **weißliche „Brille“**. Breite, diffuse Flügelbinde. Unterseite zitronengelb, am kräftigsten an Kehle und Steiß.

LC Weißaugenvireo
Vireo griseus

G 11–13 cm | **SP** 17–20 cm
Klein, unauffällig. Graugrün. Scheitel **grau**, **Zügel gelb**, schmaler Augenring. Rücken grünlich; **zwei weiße Flügelbinden** und weiße Schirmfedersäume. Flanke gelb. **1W** | Auge dunkel. **AK** | Auge hell.

KLEIBER Klein; sehr kurze Beine; an Bäumen hängend.

LC Rotbrustkleiber
Sitta canadensis

G 11 cm | **SP** 19–21 cm
Kleiner grauer Kleiber mit intensiv oranger Unterseite; Scheitel und Augenstreif dunkel; kräftiger weißer Überaugenstreif.

S | Laut, erregt *jenk jenk*, wie eine kleine Spielzeughupe.

Kleiber *S. 453–455*

KARDINÄLE, FINKENVERWANDTE, NEUWELTAMMERN Einige Arten dieser Gruppen erinnern an europäische Finken *(S. 480)* und Ammern *(S. 508)*. Einige **Kardinäle** sind schlanke, finkenähnliche Fruchtfresser, andere sind untersetzt und haben einen dicken Schnabel.
Die **Neuweltammern** ähneln den europäischen Ammern. Bei ihnen ist für die Bestimmung eine sorgfältige Betrachtung von Gefiederdetails unerlässlich.

LC Scharlachkardinal
Piranga olivacea

G 16–19 cm | **SP** 25–30 cm
Stämmig, breitschwänzig, gewölbter, kegelförmiger Schnabel; unauffällig, im Laub verborgen. **1W** | grün, mattschwarz und gelblich. **Flügel dunkel graugrün** (♀) oder **schwarz** (♂); Unterflügel weiß. Unterseite **hellgelb**.

LC Sommerkardinal
Piranga rubra

G 17 cm | **SP** 25–27 cm
Stämmig, recht langer kegelförmiger Schnabel; meist hoch in Baumkronen, schnäppert nach Insekten. **1W** | Kopf und Oberseite grünlich braun oder orangebraun, Bürzel intensiver gefärbt. Flügel ungezeichnet oliv; Unterflügel gelb. Unten matt orangegelb.

LC Rosenbrust-Kernknacker
Pheucticus ludovicianus

G 18–22 cm | **SP** 29–33 cm
Groß; **hoher**, **dreieckiger**, **heller Schnabel**. **1W** | Oberseite braun; **heller Scheitelstreif**, breiter heller **Überaugenstreif** und heller Kragen. **Zwei weiße Flügelbinden**. Unterseite beige, braun gestrichelt. **♂AK** | schwarz-weiß mit Rot an der Brust.

VU Abendkernbeißer
Hesperiphona vespertina

G 20 cm | **SP** 30–33 cm
Großer Fink; **dicker heller Schnabel**; Flügel schwarz mit **großem weißem Feld**. **♂AK** | Kopf dunkelgrau, Stirn gelb; Unterseite olivgelb. **♀/1W** | hell gräulich, Nacken grünlich gelb; **Flügelfeld** grau gefleckt. Unterseite hellbeige.

Kernbeißer *S. 485*

LC Azurfink
Passerina caerulea

G 17–19 cm | **SP** 25–28 cm
Untersetzt, aufrecht, **dicker Schnabel**. **♀/1W** | Oberseite rötlich braun; **zwei breite beige Binden** auf braunem Flügel; Unterseite beige. (**♂AK** | blau mit rotbrauner Flügelbinde.)

LC Winterammer
Junco hyemalis

G 13–17 cm | **SP** 18–25 cm
Klein, Gestalt und Verhalten ähnlich Buchfink *(S. 500)*; Nahrungssuche am Boden oder niedrig in Büschen. Grauweiß, sehr heller Schnabel. Schwanzseite und Bauch weiß. **♂AK** | schiefergrau. **♀/1W** | brauner, Bauch weniger deutlich abgesetzt. **♂1S** | wie **♂AK**, Flügel brauner.

LC Rötelgrundammer
Pipilo erythrophthalmus

G 17–23 cm | **SP** 20–28 cm
Kräftig gebaut, schmaler Schwanz; Nahrungssuche in Laubstreu am Boden. **♂AK** | schwarz-weiß-rotbraun, Auge rot. **♀/1W** | Kopf, Brust, Oberseite und Schwanz dunkelbraun; weiße Flügelfelder. **Flanke dunkelorange**, **Bauch weiß**. Weiße Schwanzkante. Auge dunkel.

LC Indigofink
Passerina cyanea

G 11–15 cm | **SP** 18–23 cm
Schlank, rundköpfig, kegelförmiger Schnabel. **1W** | unauffällig; schwarzes Auge an einfarbigem Kopf; zwei schwache beige Flügelbinden. Unterseite beige, leicht braun gefleckt. **♂AK** | **blau**. **♀AK** | braun, **einzelne Spuren von Blau**.

LC Rainammer
Chondestes grammacus

G 15–17 cm | **SP** 28 cm
Schlank, am Boden; braun und grau. **AK | Kopf kräftig schwarz-kastanienbraun-grau gestreift**, weißer Wangenfleck. Unten grau mit dunklem Brustfleck. **1W** | Kopfmuster ähnlich, schwarz-weiß, aber Wange graubraun mit weißem Fleck.

LC Baumammer
Spizelloides arborea

G 13–14 cm | **SP** 18–22 cm
Klein, ähnlich Ammern *(S. 508)*, **rotbraun und grau**. **Scheitel und Augenstreif rotbraun**; breiter grauer Überaugenstreif, Wange und Hals hellgrau. Flügel rotbraun mit zwei **weißen Binden**. Unterseite hellgrau mit dunklem Fleck in Brustmitte. Schnabel oben dunkel, unten gelb.

LC Grasammer
Passerculus sandwichensis

G 11–17 cm | **SP** 18–25 cm
Klein, klobig, „halslos", stark gestreift; Schwanz kurz, schmal. **AK** | Oberseite braun-schwarz gestreift; heller Überaugenstreif (**vorn gelb**); **heller zentraler Scheitelstreif**. Unterseite weißlich, kräftig schwarz und rotbraun gefleckt. **1W** | wie **AK**, aber insgesamt matter.

LC Fuchsammer
Passerella iliaca

G 15–19 cm | **SP** 26–28 cm
Rundlich, streifig; kleiner Schnabel. Oberseite grau und rotbraun gestreift; breiter grauer Überaugenstreif, Wange rotbraun. Unterseite weiß, stark rostbraun gefleckt.

LC Lincolnammer
Melospiza lincolnii

G 12–14 cm | **SP** 18–22 cm
Klein, **schlank**, heimlich, am Boden, ähnlich Ammern *(S. 508)*. Braun, schwärzlich gestrichelt. Scheitel braun mit grauem Streif in der Mitte, **Überaugenstreif und Nacken grau**; weißer Augenring; dunkler Bartstreif. Brust weiß, **schwarz** gestrichelt, Flanke beige; Schwanz einfarbig.

LC Singammer
Melospiza melodia

G 11–18 cm | **SP** 18–25 cm
Dunkel, rotbraun, gestreift, **langer gerundeter Schwanz**. **Wange und breiter Überaugenstreif grau**; Rücken dunkel rostbraun gestrichelt. Unten **weiß**, dunkel rotbraun gestrichelt, schwärzlicher Fleck in Brustmitte.

LC Dachsammer
Zonotrichia leucophrys

G 18 cm | **SP** 24–25 cm
Schlank. **AK** | **weißer Scheitelstreif** mit schwarzem Rand, **breiter weißer Überaugenstreif**; **Kehle grau**. **1W** | Scheitel dunkel **rotbraun und grau** gestreift. Kehle und Unterseite grau, ohne Strichel.

LC Weißkehlammer
Zonotrichia albicollis

G 18 cm | **SP** 24–25 cm
Kopf grau-schwarz, **breiter weißer Überaugenstreif mit gelbem Fleck vor dem Auge**. **Kehle weiß**. Oben braun, schwarz gestreift; zwei weiße Flügelbinden. Unten bräunlich grau. **1W** | und Morphe mit braun gestreiftem **AK** haben beige-braune Kopfstreifung.

LC Rotschulterkardinal
Spiza americana

G 16 cm | **SP** 25 cm
♀/1W | wie kleines Haussperling-♀ *(S. 505)*; gelber Zügelstreif, gelber Bartstreif; Schulter rotbraun.
♂AK | Kopf grau-gelb; im Sommer schwarzer Kehllatz.

Eingebürgerte Arten

Einige nicht einheimische Arten, entweder absichtlich eingebürgert oder aus Gefangenschaft entkommen, haben in Europa frei lebende Brutbestände etabliert. Einige sind viel öfter zu sehen als seltene heimische Arten. Zwar können fast alle Vogelarten aus Haltungen entfliegen, die meisten brüten aber nicht. In diesem Buch werden nur sich selbst erhaltende Bestände behandelt. Einige wurden bereits in vorangegangenen Abschnitten behandelt (z. B. Fasane, *S. 227*), ebenso wie einige Gefangenschaftsflüchtlinge, die mit heimischen Arten verwechselt werden können: einige eingebürgerte oder entkommene Entenvögel *(S. 60–71)*, Flamingos *(S. 569)*, Rotgesichtlöffler *(S. 569)*, Paddyreiher *(S. 574)*, Hühnervögel *(S. 234–235)*, Lachtaube *(S. 525)* und Krähen *(S. 608)*. Die anderen 30 Arten werden in diesem Abschnitt vorgestellt.

Bei einigen Vögeln ist die Herkunft aus Gefangenschaft offensichtlich, andere tauchen auf abgelegenen Inseln und exponierten Halbinseln auf, wo „echte" Ausnahmegäste zu erwarten sind. So wird die Diskussion um die Herkunft kompliziert. Zum Beispiel wurde der Mugimakischnäpper *(S. 603)* hier angesichts eines neuen Nachweises von einem „wahrscheinlichen Gefangenschaftsflüchtling" zu einem Ausnahmegast „aufgewertet" und entsprechend eingeordnet.

Häherlinge Gebüsch

LC Rotschnabel-Sonnenvogel
Leiothrix lutea

G 14–15 cm | **SP** 25 cm

Klein, Schwanz gekerbt. Graugrün mit weißlicher Wange, **Kehle gelb**, Vorderbrust rotbraun, oranges Flügelfeld. **Schnabel rot**, **Beine orange**. ♂ = ♀.

S | Langes Schnattern. Gesang ein langes, komplexes, flottes Trillern.

Lokal recht häufig (Frankreich, Italien, Spanien) [aus Asien].

Papageien leben meist in Vorstädten mit Parks und Gärten, manchmal in lärmenden Trupps. Die hier behandelten Arten haben sich zwar fest angesiedelt, aber einige haben wieder abgenommen.

LC Halsbandsittich
Psittacula krameri

G 37–43 cm | **SP** 42–48 cm

Großer grüner Papagei mit **langem, spitzem Schwanz**. **Schnabel und Auge rot**. **♂** | **Kinn und Halsband schwarz, zum Nacken hin rosa**. **♀/JK** | Kopf einfarbig grün, kein Halsband.

S | Lautes Quietschen und kreischende Töne.

F | Schnell, direkt; lange, schmale Flügel und langer, spießartiger Schwanz. Oft Trupps von 10–20 oder mehr.

Häufig, in Städten, auch in Deutschland, Rastplätze bis 5000 [aus Asien]

NT Alexandersittich
Psittacula eupatria

G 56–62 cm | **SP** 50 cm

Großer grüner Papagei mit **langem, spitzem Schwanz** und **purpurnem Schulterfleck**. **Schnabel rot**, **Auge weiß**. **♂** | **Kinn und Halsband schwarz**, **Hinterhals rosa**; Grau an Hals und Brust. **♀/JK** | Kopf grün, schmales gelbliches Halsband.

S | Klingelnd *trrriie* laut *kriiar*, tief *klak-klak-klak-klak*.

F | Schnell, direkt; schmale Flügel und langer Schwanz; meist 5–10.

Spärlich, lokal (Deutschland, Griechenland) [aus Asien]

LC Mönchssittich
Myiopsitta monachus

G 29 cm | **SP** 48 cm

Kleiner, grüner Papagei; Geschlechter/Altersklassen gleich. Stirn, Wange, Kehle und Brust hellgrau. Flanke und Unterschwanz hellgrün. Handschwingen blaugrau. Schnabel klein, orangerosa.

S | Ruft langgezogen *krrrrrrk*, singt heiser *krk-quak-i-krrrk*.

F | Schnell, direkt; schmale Flügel, Schwanz spitz und schmal. Handflügel dunkel blaugrau.

Weit verbreitet und lokal häufig (Iberien, Mittelmeer, Azoren, Madeira) [aus S-Amerika]

LC Spitzschwanzsittich
Thectocercus acuticaudatus

G 37 cm | **SP** 40–45 cm

Großer, grüner Papagei mit blauer Stirn; **weißer Augenring**. Schnabel klein, rosa. Unterschwanz und -flügel **rostbraun**. ♂ = ♀.

S | Kurzes, nasales Quäken *kwä kwä-kwä*.

Spärlich und lokal (Italien) [aus S-Amerika]

EN Gelbkopfamazone
Amazona oratrix

G 38–43 cm | **SP** 45–50 cm

Großer, robuster, **kurzschwänziger** grüner Papagei; ♂ = ♀. **AK** | Stirn und Gesicht gelb; roter Flügelfleck. **Imm** | Gesicht grün.

S | Ruft laut und nasal *roääk*.

Selten, lokal (Deutschland: Stuttgart) [aus S-Amerika]

LC Rotmaskensittich
Psittacara mitratus

G 34–38 cm | **SP** 40–45 cm

Mittelgroßer, langschwänziger grüner Papagei; ♂ = ♀. **AK** | einfarbig tief grün, nur **Gesicht und Unterschenkel rot**. Weißer Augenring; kräftiger rosa Schnabel. **JK** | ohne Rot.

S | Hoch, etwas rau *kärrk*.

Stellenweise recht häufig (Spanien) [aus S-Amerika]

LC Gelbscheitelamazone
Amazona ochrocephala

G 33–38 cm | **SP** 40–45 cm

Großer, robuster, **kurzschwänziger**, lebhaft grüner Papagei; ♂ = ♀. **AK** | weißer Augenring; Stirn gelb. Rotes Feld and Flügel und Schulter; Flügelspitze blau. **JK** | ganz grün.

S | Verschiedene raue, nasale, heulende Rufe.

Selten, lokal (Deutschland) [aus S-Amerika]

NT Guayaquilsittich
Psittacara erythrogenys

G 33 cm | **SP** 40 cm

Mittelgroßer, langschwänziger, grüner Papagei; ♂ = ♀. **AK** | **Kopf rot**, breiter weißer Augenring; großer rosa Schnabel. Rot an Schulter, Unterflügel und Unterschenkel. **JK** | ohne Rot.

S | Lautes Kreischen und Krächzen.

Lokal und selten (Spanien) [aus S-Amerika]

NT Pfirsichköpfchen
Agapornis fischeri

G 14–16 cm | **SP** 28–30 cm

Sehr kleiner Papagei mit großem Kopf und kurzem Schwanz; ♂ = ♀. **AK** | lebhaft grün, **Kopf orangebraun**, weißer Augenring, kleiner roter Schnabel. **JK** | matter; Braun am Schnabel. Es gibt verschiedene domestizierte Varianten.

S | Laut *tschri-wit*.

Lokal recht häufig (S-Frankreich) [aus Afrika]

LC Nandaysittich
Aratinga nenday

G 32–37 cm | **SP** 40–45 cm

Mittelgroßer, langschwänziger, gelbgrüner Papagei; **Scheitel, Gesicht und Schnabel schwarz**; weißer Augenring. Bläuliches Brustband; Flügelspitze und Schwanz dunkelblau; Unterschenkel rot befiedert. Geschlechter und Altersklassen gleich. **S** | Scharfes, explosives Kreischen.

Selten, lokal (Spanien, Kanaren) [aus S-Amerika]

LC Schwarzköpfchen
Agapornis personatus

G 14–15 cm | **SP** 26–28 cm

Gestalt wie Pfirsichköpfchen (es gibt Hybriden). **AK** | lebhaft grün mit **schwarzer Kapuze**, Hals und Brust gelb, weißer Augenring, roter Schnabel. **JK** | insgesamt blasser.

S | *trüit* und schnelles Plappern.

Lokal häufig (S-Frankreich) [aus Afrika]

Bübüls *(S. 382)* Drosselähnlich, kurzer Schnabel, kurzer Schwanz; laute Rufe; Geschlechter gleich. Waldland.

LC Rotohrbülbül
Pycnonotus jocosus

G 18–20 cm | **SP** 30–35 cm

Kontrastreich **schwarz-braun-weiß; spitze schwarze Haube; roter Wangenfleck**. Unterseite und Spitze der Schwanzunterseite weiß; Steiß rot (nur **AK**).

S | helle, klangvolle Rufe.

Spärlich, lokal (Spanien, Kanaren) [aus Asien]

LC Rotsteißbülbül
Pycnonotus cafer

G 18–20 cm | **SP** 30–35 cm

Braun, **Kopf schwärzlich** mit **stumpfer Haube. Bürzel weiß**. Unterseite beige, braun gefleckt; Steiß **rot**. Schwanz schwarz mit weißer Spitze.

S | Lautes Plappern.

Spärlich, lokal (Spanien, Kanaren) [aus Asien]

Papageimeisen Klein, **langschwänzig**, dicker Bauch, sehr kurzer dicker Schnabel; Geschlechter gleich. Röhricht.

LC Braunkopf-Papageimeise
Sinosuthora webbiana

G 11–12 cm | **SP** 20–25 cm

Hellgrau, **Kappe und Flügel kräftig rotbraun**, **Wange rosa**. **Auge schwarz**, Schnabel grau.

S | Ruft schnell *rit-rit tschididi tssju-tss*.

Selten, lokal (Italien, Niederlande) [aus Asien]

LC Graukehl-Papageimeise
Sinosuthora alphonsiana

G 11–12 cm | **SP** 20–25 cm

Dunkelgrau, besonders Wange, Kehle und Unterseite; Scheitel, Nacken und Flügel rotbraun. **Auge und Schnabel weiß**.

S | Schnelle hohe Rufreihe *tsi-ti-ti-ti-ti*.

Selten, lokal (Italien) [aus Asien]

Weber Groß, stämmig; **♂PK** gelb, **♂SK/♀** wie Sperlings-♀ *(S. 504)*. Gesellig, Brutkolonien in Ufergehölzen.

LC Schwarzkopfweber
Ploceus melanocephalus

G 14 cm | **SP** 30–35 cm

♂PK | Rücken **goldgrün**; Unterseite **gelb-rotbraun; Kopf und Schnabel schwarz; Auge dunkel**. **♀/♂SK/JK** | wie Sperlings-♀, Auge weißlich.

S | Ruft *Zit*. Gesang zischender Triller.

Stellenweise häufig (Iberien) [aus Afrika]

LC Dorfweber
Ploceus cucullatus

G 15–17 cm | **SP** 35 cm

♂PK | **Schwarz-gelber** Rücken; unten **gelb**; **Kopf schwarz**; **Schnabel grau**; **Auge rot**. **♀/♂SK** | wie Sperlings-♀, **Auge rot**. **JK** | Auge braun.

S | Stakkatoartiger Gesang.

Selten (Italien, mglw. ausgestorben Iberien) [aus Afrika]

Weber Klein, wie Finken *(S. 480)*; **♂PK** intensiv gefärbt; **♂SK/♀** farblos – Bestimmung schwer. Oft Trupps am Wasser.

LC Tahaweber
Euplectes afer

G 10 cm | **SP** 20 cm

Sehr klein, kompakt, kurzer Schwanz. **♂PK** | **gelb-schwarz**. **♀/♂SK/JK** | braun/beige, dunkler gestreift; Überaugenstreif/Wange **hellgelb**.

S | Ruft dünn, scharf *szi, sziip*.

Stellenweise häufig (Iberien) [aus Afrika]

LC Feuerweber
Euplectes franciscanus

G 13–15 cm | **SP** 25 cm

Sehr klein, kompakt, kurzer Schwanz. **♂PK** | **rot-schwarz**. **♀/♂SK/JK** | matt braun/kräftig beige, dunkler gestreift, Überaugenstreif **beige**.

S | Hohe quiekende Rufe.

Stellenweise häufig (Spanien, Portugal) [aus Afrika]

Prachtfinken sind klein oder sehr klein, mit kurzem, konischem Schnabel, kurzen Flügeln und langem, schmalem Schwanz. Geschlechter gleich (außer Tüpfelastrild).

LC Wellenastrild
Estrilda astrild

G 10–13 cm | **SP** 20–25 cm

AK | graubraun, braun **gebändert**; **roter Augenstreif**. **Schnabel rot**. Unterseite rosabraun, Bauch und **Steiß schwarz**. **JK** | Schnabel dunkel.

S | Zwitschern; nasales Schnarren.

Sümpfe, hohes Gras

Stellenweise häufig (Iberien, Italien) [aus Afrika]

LC Grauastrild
Estrilda troglodytes

G 10 cm | **SP** 20 cm

AK | hellgrau, **Bürzel schwarz**; **langer roter Augenstreif**. **Schnabel rot**. Unterseite hellbeigebraun, fein gebändert; **Steiß weiß**. **JK** | kein Rot am Kopf.

S | Hart *tchit-tit*; nasal *pjöö*.

Wälder, Gebüsch

Stellenweise häufig (Iberien) [aus Afrika]

LC Orangewangenastrild
Estrilda melpoda

G 10 cm | **SP** 20 cm

AK | grau; Rücken und Flügel hellbraun, **Bürzel rot**; **Wange orange**. **Schnabel rot**. Unterseite hellgrau. **JK** | Schnabel dunkel.

S | Ruft nasal *djep*. Eintönig zwitschernder Gesang.

Ufergehölze

Stellenweise häufig (Iberien) [aus Afrika]

LC Indiensilberschnabel
Euodice malabarica

G 11 cm | **SP** 22 cm

Schlank, bräunlich; Flügel und spitzer Schwanz dunkelbraun; **Bürzel weiß**. **Schnabel blaugrau**. Wange und Kehle gräulich weiß.

S | Ruft schnell, schrill piepsend *tschrip-pi-pi-pi-tschripp*.

Offenes Gelände, Dörfer

Stellenweise häufig (Frankreich) [aus Asien]

LC Tüpfelastrild
Amandava amandava

G 9,5 cm | **SP** 18 cm

♂ | **tiefrot**, Flügel braun; **weiße Punkte** an Flügel und Flanke. **Schnabel rot**. **♀** | olivbraun; schwarzer Zügel, Bürzel rosarot. **JK** | braun; Schnabel dunkel.

S | Ruft dünn *tsiit*; Zwitschern.

Ufergehölze

Stellenweise häufig (Iberien, Italien) [aus Asien]

LC Muskatbronzemännchen
Lonchura punctulata

G 11–12 cm | **SP** 25 cm

Klein, schlank, schmaler Schwanz. **AK** | einfarbig dunkel rotbraun, Bürzel fein weiß gebändert; Unterseite weiß, dicht schwarz geschuppt. **JK** | heller, Unterseite hellbeige.

S | Pfiffe; *tschip tschip*.

Grasland

Stellenweise häufig (Iberien) [aus Asien]

Witwen Klein, **♂PK** langer Schwanz; ♀ wie Weber-♀.

LC Dominikanerwitwe
Vidua macroura

G 13 cm (♂ 33 cm mit Schwanz)
SP 25 cm

Klein, dickschnäbelig. **♂** | schwarzweiß; **langer schwarzer Schwanz**; Schnabel rot. **♀/JK** | beigebraun, Rücken schwarz gestreift; schwarze Streifen am Kopf; Schnabel schwarz.

S | Schnelle, piepsende Rufe.

Gebüsch, Grasland

Lokal (Spanien) [aus Afrika]

Krähen Groß, schwarz-grau; ruffreudig.

LC Glanzkrähe
Corvus splendens

G 37–42 cm | **SP** 68–80 cm

Große, dickschnäblige Krähe. **Dunkelgrau**, **Scheitel und Kehle schwarz**; Hals/Brust manchmal deutlich heller.

F | Lange, schmale Flügel, länglicher Schwanz.

Nebelkrähe *S. 621*
Dohle *S. 621*

Städte, Häfen

Loka eingeführt/entflogen [aus Asien]

Mainas Stämmige Stare *(S. 379)* mit langen, kräftigen Beinen; Geschlechter gleich.

LC **Hirtenmaina**
Acridotheres tristis

G 23 cm | **SP** 40 cm

Tief **schokoladenbraun**, Kopf schwarz; Steiß weiß; nackte Haut hinter dem Auge, Schnabel und Beine gelb.

S | Variables Schwatzen, voll *tchiau*, harte Triller.

F | Weiße Flügelfelder.

Wald, Ackerland, Stadtzentren

Lokal (Portugal) [aus Asien]

LC **Haubenmaina**
Acridotheres cristatellus

G 25 cm | **SP** 40–42 cm

AK | glänzend blauschwarz. Krauser Schopf an flacher Stirn. Weißes Flügelfeld. Auge und Beine gelb. **JK** | grauschwarz; ohne Schopf, Beine grau.

S | Rau *tschrrio*, auch gereiht.

F | Weißes Feld im Armflügel; Schwanzspitze weiß.

Städte, Felder

Lokal (Portugal, vielleicht Spanien) [aus Asien]

Status und Schutz der Vögel Europas

BirdLife International

BirdLife International vereint weltweit 115 Partnerorganisationen, davon 43 in Europa, die sich für den Schutz der Vögel, ihrer Lebensräume und der globalen Artenvielfalt einsetzen. BirdLife ist weithin als weltweit führend im Vogelschutz anerkannt und verbindet exakte wissenschaftliche Fakten mit Ergebnissen aus Projekten vor Ort, um erfolgreiche Schutzprogramme umzusetzen. Die Datenbank von BirdLife im Internet enthält eine Fülle von Informationen über Vögel und ihren Schutz, einschließlich aktueller Karten über ihre weltweite Verbreitung (worauf die Karten in diesem Buch basieren). Weitere Informationen finden sich unter: **http://datazone.birdlife.org/species/search**.

Gefährdungsgrad

Die International Union for Conservation of Nature (IUCN) bewertet regelmäßig den weltweiten Erhaltungszustand von Tieren und Pflanzen und führt eine „Rote Liste". BirdLife International ist die offizielle IUCN-Autorität für die Rote Liste der Vögel, aktualisiert die Kategorien bei Vorliegen neuer Informationen und nimmt alle vier Jahre eine vollständige Überprüfung vor. Ferner leitete BirdLife zwischen 2012 und 2015 ein von der Europäischen Kommission finanziertes Projekt, an dem ein Konsortium ornithologischer Organisationen beteiligt war, das den regionalen Gefährdungsgrad von 533 in Europa natürlich und regelmäßig vorkommenden Vogelarten überprüfte. Der Status jeder Art auf der Roten Liste, sowohl weltweit (Stand 2020) als auch, falls zutreffend, für Europa, ist in diesem Buch enthalten. Die verwendeten Kategorien und ihre durchgehend benutzten Symbole sind nachfolgend zusammengefasst:

Internationale Codes für den Gefährdungsgrad

Schwarze/rote Rahmen (rechte Spalte) zeigen die Aufnahme in die Rote Liste für Europa an.

	RE	**Regionally Extinct** (regional ausgestorben) – Kein begründeter Zweifel, dass die Art in Europa ausgestorben ist.
	PE	**Possibly Extinct** (möglicherweise ausgestorben) – Höchstwahrscheinlich ausgestorben.
CR	CR	**Critically endangered** (vom Aussterben bedroht) – Extrem hohes Risiko, dass die Art ausstirbt
EN	EN	**Endangered** (stark gefährdet) – Sehr hohes Risiko, dass die Art ausstirbt.
VU	VU	**Vulnerable** (gefährdet) – Hohes Risiko, dass die Art in der Natur ausstirbt.
NT	NT	**Near Threatened** (potenziell gefährdet) – Kurz vor Einstufung in CR, EN oder VU.
LC	LC	**Least Concern** (nicht gefährdet) – Kriterien für CR, EN, VU, NT nicht erfüllt.

Literaturhinweise

Aus der Vielzahl von Publikationen über Vögel sind nachfolgend einige Werke aufgeführt, die das vorliegende Buch ergänzen oder vertiefende Informationen liefern können.

Bairlein, F. (2022): **Das große Buch vom Vogelzug. Eine umfassende Gesamtdarstellung**. Aula, Wiebelsheim.

Bairlein, F., J. Dierschke, V. Dierschke et al. (2014): **Atlas des Vogelzugs – Ringfunde deutscher Brut- und Gastvögel.** Aula, Wiebelsheim.

Barthel, P.H., C. Barthel, E. Bezzel, P. Eckhoff, R. van den Elzen, C. Hinkelmann & F.D. Steinheimer (2022): **Die Vögel der Erde – Arten, Unterarten, Verbreitung und deutsche Namen.** 3. Aufl. Vogelwarte 60, Sonderheft: 1-540. Download unter: www.do-g.de.

Barthel, P.H., & P. Dougalis (2019): **Was fliegt denn da? Das Original.** 34. Aufl. Kosmos, Stuttgart.

Barthel, P.H., & T. Krüger (2019): **Liste der Vögel Deutschlands.** Version 3.2. Deutsche Ornithologen-Gesellschaft, Radolfzell. Download unter www.do-g.de.

Bauer, H.-G., E. Bezzel & W. Fiedler (2005): **Das Kompendium der Vögel Mitteleuropas.** 3 Bde. Aula, Wiebelsheim.

Cofta, C. (2021): **Flight Identification of European Passerines and selected Landbirds: An illustrated and phogtographic guide.** Princeton Univ. Press.

Dierschke, V. (2020): **Welcher Vogel ist das?** 4. Aufl. Kosmos, Stuttgart.

Duivendijk, N. van (2022): **Handboek Europese vogels.** 2 Bde. KNNV Uitgeverij, Zeist.

Garcia-del-Rey, E. (2011): **Field Guide to the Birds of Macaronesia – Azores, Madeira, Canary Islands, Cape Verde.** Lynx, Barcelona.

Glutz von Blotzheim, U.N., & K.M. Bauer (Hrsg., 1966–1997): **Handbuch der Vögel Mitteleuropas.** 14 Bde. Aula, Wiesbaden.

Keller, V., S. Herrando, S. Voříšek et al. (2020): **European Breeding Bird Atlas 2: Distribution, Abundance and Change.** European Bird Census Council & Lynx, Barcelona.

Khil, L. (2018): **Vögel Österreichs.** Kosmos, Stuttgart.

Khil, L. (2021): **Handbuch Vögel beobachten – Ausrüstung und Technik, Vorbereitung und Praxis.** Kosmos, Stuttgart.

Lorgé, P., & E. Melchior (2016): **Vögel Luxemburgs.** 10. Aufl. natur&ëmwelt, Luxemburg.

Maumary, L., L. Vallotton & P. Knaus (2007): **Die Vögel der Schweiz.** Schweiz. Vogelwarte, Sempach, & Nos Oiseaux, Montmollin.

Mebs, T., & W. Scherzinger (2020): **Die Eulen Europas – Biologie, Kennzeichen, Bestände.** Kosmos, Stuttgart.

Mischitz, V. (2019): **Birding für Ahnungslose.** Kosmos, Stuttgart.

Moning, C., & C. Wagner & F. Weiß (2012, 2015, 2013): **Vögel beobachten in Süddeutschland/ Norddeutschland/Ostdeutschland.** 3 Bde. Kosmos, Stuttgart.

Reeber, S. (2017): **Entenvögel – Europa, Asien und Nordamerika.** Kosmos, Stuttgart.

Schmidt-Rothmund, D., W. Nachtigall & T. Mebs (2021): **Die Greifvögel Europas.** Kosmos, Stuttgart.

Shirihai, H., & L. Svensson (2018): **Handbook of Western Palearctic Birds. Passerines.** 2 Bde. Helm, London.

Svensson, L., K. Mullarney & D. Zetterström (2023): **Der Kosmos Vogelführer – Alle Arten Europas, Nordafrikas und Vorderasiens.** 3. Aufl. Kosmos, Stuttgart.

Hilfreiche Anschriften

Mit Vogelschutz und Vogelbeobachtung beschäftigt sich der **Naturschutzbund Deutschland**, von dem es fast überall Kreis- und Ortsgruppen gibt. Deren Anschriften finden sich im Internet oder bei der Bundesgeschäftsstelle (NABU, Charitéstr. 3, D-10117 Berlin; www.nabu.de).

In der Schweiz arbeitet der **Schweizer Vogelschutz** (SVS/BirdLife Schweiz, Wiedingstr. 78, CH-8036 Zürich; www.birdlife.ch).

In Österreich hilft die **Gesellschaft für Vogelkunde** (BirdLife Österreich – Gesellschaft für Vogelkunde, Museumsplatz 1/10/8, A-1070 Wien; www.birdlife.at).

Ferner gibt es in vielen Regionen und Städten vogelkundliche Arbeitsgemeinschaften, zu denen man Kontakt suchen kann. Anschriften der einzelnen Landesverbände und Anregungen zur Mitarbeit erhält man auch über den **Dachverband Deutscher Avifaunisten** (DDA), An den Speichern 2, D-48157 Münster; www.dda-web.de).

Eine wissenschaftliche Herangehensweise an die Vogelwelt pflegt die **Deutsche Ornithologen-Gesellschaft** (www.do-g.de).

Vogelwarten

Wenn man einen zu wissenschaftlichen Zwecken beringten Vogel findet, sollte der Ring zusammen mit den genauen Funddaten an die nächste Vogelwarte geschickt werden, ebenso Ablesedaten farbig markierter Vögel. Für Norddeutschland ist dies das **Institut für Vogelforschung „Vogelwarte Helgoland"** (An der Vogelwarte 21, D-26386 Wilhelmshaven; www.ifv-vogelwarte.de), für Ostdeutschland die **Beringungszentrale Hiddensee** (Beringungszentrale Hiddensee, Landesamt für Umwelt-, Naturschutz und Geologie Mecklenburg-Vorpommern, Goldberger Str. 12, D-18273 Güstro; www.beringungszentrale-hiddensee.de), für Süddeutschland die **Vogelwarte Radolfzell** (D-78315 Radolfzell; www.orn.mpg.de), für Österreich die **Österreichische Vogelwarte** (Savoyenstr. 1, A-1160 Wien; www.vetmeduni.ac.at/de/klivv/oesterreichische-vogelwarte) und für die Schweiz die **Vogelwarte Sempach** (Schweizerische Vogelwarte, CH-6204 Sempach; www.vogelwarte.ch).

Danksagung und Fotografen

Seit Arbeitsbeginn an diesem Buch vor fünf Jahren haben viele Menschen direkt oder indirekt zum Endprodukt beigetragen, an die unser aufrichtiger Dank geht. Besonders danken wir den begeisterten Vogelbeobachtern in ganz Europa und darüber hinaus, die einen Großteil der Daten zu Status und Verbreitung der Vögel in der Region beigesteuert haben, auf die wir uns in hohem Maß gestützt haben.

Bei der Erstellung des Buchs haben wir sehr von den Erfahrungen profitiert, die wir bei der Fertigstellung von zwei Ausgaben von „Britain's Birds" gesammelt haben, und insbesondere von den konstruktiven Rückmeldungen und hilfreichen Vorschlägen von Vogelbeobachtern zu Bestimmungsmerkmalen. Besondere Erwähnung muss jedoch **Chris Batty** finden, der akribisch die Art-, Alters- und Geschlechtsbestimmung der Vögel auf jedem der mehr als 20000 Fotos überprüft hat, die in die engere Wahl gekommen waren. Zur Absicherung der Richtigkeit der Bildlegenden war Chris' Beitrag von unschätzbarem Wert, aber die Verantwortung für alle Fehler, die sich dennoch versehentlich eingeschlichen haben, liegt bei uns. **Steve Holmes**, **Bob Self**, **Chris Sharpe**, **Anne Donnelly** und **Brian Clews** lieferten ebenfalls wichtige Beiträge mit sehr hilfreichen Kommentaren zu Bestimmungstipps und Ideen zur Verbesserung des Inhalts. Im Lauf der Jahre haben viele der besten europäischen Vogelkenner aufschlussreiche Kommentare zu einigen wichtigen Bestimmungsfragen gegeben, wofür wir besonders **Nils van Duivendijk**, **Dick Forsman**, **Dani López Velasco** und **Adam Scott Kennedy** danken. Dank gebührt auch **Joe Hobbs** für seine Hilfe bei der Zusammenstellung von Daten zum Auftauchen nordamerikanischer Sperlingsvögel in der Westpaläarktis, dem verstorbenen **D.I.M. Wallace** für seine regelmäßige enthusiastische Unterstützung und Ermutigung sowie vielen Freunden, die uns während der Textbearbeitung mit Informationen versorgt haben.

Dank gebührt auch **Ian Burfield** und **Jim Lawrence** von BirdLife International, die das Projekt von Anfang an unterstützt haben, und insbesondere **Hannah Wheatley** und **Mark Balman** von BirdLife für die Erstellung der Verbreitungskarten, auf denen die in diesem Buch enthaltenen Karten basieren. **Robert Kirk**, Herausgeber von Field Guides & Natural History bei Princeton University Press, hat uns während des gesamten Projekts massiv ermuntert und geholfen. Besondere Erwähnung verdienen auch **Rachel** und **Anya Still**, **Gill Swash** und **Marcella Hume** für ihre Geduld, Hilfe und Unterstützung hinter den Kulissen und ihren Beitrag am Zustandekommen dieses Buchs.

Eine beträchtliche Anzahl der Fotos in diesem Buch wurde von den Autoren aufgenommen. Die unvermeidlichen Lücken in unseren Bildersammlungen mit dem Ziel zu schließen, qualitativ hochwertige Bilder möglichst vieler Kleider der 928 abgebildeten Arten zu zeigen, wäre ohne beträchtliche Hilfe von Kollegen nicht möglich gewesen wäre. Der Schlüssel dazu war unsere sehr enge Zusammenarbeit mit der **Agami Photo Agency** in den Niederlanden (agami.nl), die viele der weltbesten Wildtierfotografen vertritt. Ohne den Zugang zu dieser Sammlung und insbesondere die unermüdliche Hilfe und Unterstützung von **Marc Guyt**, **Roy de Haas** und **Wil Leurs** bei der Beantwortung oft scheinbar seltsamer Anfragen nach Details zur Herkunft bestimmter Bilder oder nach zusätzlichen Fotos von bestimmten Kleidern oder Stellungen wäre es nicht möglich gewesen, ein so reichhaltig illustriertes und umfassendes Buch zu erstellen. Aber selbst mit einer solch fantastischen Quelle gab es einige sehr spezielle Bilder, die wir zur Abrundung der bildlichen Darstellung anderweitig beschaffen mussten. Unser großartiger Freund **Brian Clews** hat sich freundlicherweise bereit erklärt, bei der Beschaffung der meisten dieser Bilder zu helfen und den Kontakt zu sehr vielen Fotografen aus aller Welt geschaffen.

Die Bildqualität in diesem Buch zeugt von den Fähigkeiten und dem Engagement der beteiligten Fotografen. Insgesamt sind erstaunliche 4700 Fotos zu sehen und repräsentieren die Arbeit von 349 Fotografen. Wir danken allen für ihre großartige Unterstützung, möchten aber einige besonders erwähnen, deren Arbeit mit 100 oder mehr Bildern vorgestellt wird: **Daniele Occhiato** (agami.nl), **Markus Varesvuo** (agami.nl), **Ralph Martin** (agami.nl), **Marc Gruit** (agami.nl), **David Tipling** (birdphoto.co.uk) und **Brian E. Small** (agami.nl). Wir möchten uns auch bei einer Reihe anderer Fotografen bedanken, die uns großzügig Zugang zu ihrem gesamten Bildbestand gewährt haben: **Martin Bennett**, **Roger** und **Liz Charlwood** (worldwildlifeimages.com), **Mark Darlaston**, **Greg** und **Yvonne Dean** (worldwildlifeimages.com), der verstorbene **David Kjaer** (davidkjaer.com), der uns freundlicherweise seine umfangreiche Sammlung wunderbarer Bilder vererbt hat, **Michael McKee** (michaelmckee.co.uk) und **Denzil Morgan**.

Nachfolgend findet sich eine vollständige Liste aller beteiligten Fotografen mit Angaben zu ihrer Website (sofern gewünscht) und der Gesamtzahl ihrer in diesem Buch zu sehenden Bilder. Wer mehr über ein bestimmtes Bild erfahren oder herausfinden möchte, welche Bilder ein bestimmter Fotograf aufgenommen hat, kann eine umfassende und vollständig durchsuchbare Liste aller Abbildungen auf der Website von Princeton University Press unter **https://press.princeton.edu/books/ paperback/9780691177656/europes-birds** kostenlos herunterladen.

Insgesamt wurden 39 Bilder unter den Bedingungen einer der folgenden Creative Commons-Lizenzen veröffentlicht: Attribution 2.0 Generic license (CC BY 2.0), Creative Commons Attribution-ShareAlike 2.0 Generic license (CC BY-SA 2.0), Creative Commons Attribution-NoDerivs 2.0 Generic license (CC BY-ND 2.0), Creative Commons Attribution-ShareAlike 3.0 Unported license (CC BY 3.0), Creative Commons Attribution-ShareAlike 3. 0 Unported Lizenz (CC BY-SA 3.0), Creative Commons Attribution-NoDerivs 3.0 Unported license (CC BY-ND 3.0) oder der Creative Commons Attribution- ShareAlike 4.0 International license (CC BY-SA 4.0). Zusätzlich gehört eine zur Public Domain. Die jeweilige Lizenz ist mit dem entsprechenden Code hinter dem Namen des Fotografen in der Liste angegeben.

A **AbdulRahman Al-Sirhan** (birdsofkuwait.com) [1]; **Georgios Alexandris** (shutterstock.com) [1]; **Duha Alhashimi** [2]; **Andrew M. Allport** [3]; **Jim Almond** (shropshirebirder.co.uk) [1]; **Alpsdake** (CC BY-SA 3.0 via Wikimedia Commons) [1]; **Humoud Alshayji** (flickr.com/photos/showaiji/16327252076) [1]; **Amar-Singh HSS** [2]; **Rafael Armada** (Agami.nl) [12]; **Anand Arya** [1]; **Sigmundur Ásgeirsson** (flickr.com/photos/simmi25) [2]; **Aurélien Audevard** (Agami.nl) [12]; **Kelly Colgan Azar** (flickr.com/photos/puttefin (CC BY-ND 2.0)) [1];

B **Jem Babbington** [1]; **Zoltan Baczo** [1]; **David Bakewell** [1]; **Danny Bales** (flickr.com/photos/mudhen) [1]; **Robert Balestra** (flickr.com/photos/183717315@N02) [2]; **Arijit Banerjee** [1]; **Keith Barnes** (tropicalbirding.com) [2]; **Glenn Bartley** (Agami.nl) [48]; **Ferit Başbuğ**[2]; **Bill Baston** (Agami.nl) [6]; **Roy & Marie Battell** (moorhen.me.uk) [1]; **Chris Batty** [1]; **Sam Bayley** [1]; **Tom Beeke** [3]; **Ken Behrens** (tropicalbirding.com) [2]; **Boris Belchev** (borisbelchev.com) [1]; **Darren Bellerby** (flickr.com (CC BY-SA 2.0)) [1]; **Amir Ben Dov** (gull-research.org) [22]; **Martin Bennett** [51]; **Bering Land Bridge National Preserve** (flickr.com/photos/bering_land_bridge (CC BY-SA 2.0)) [1]; **Alex Berryman** [1]; **Joachim Bertrands** (flickr.com/photos/141891542@N04) [7]; **Don Bindler** (flickr.com/photos/pheasantwood) [1]; **Anders Blomdahl** [1]; **Carlos Bocos** (bicheandoatope.blogspot.com) [3]; **Richard Bonser** (rothandb.blogspot.co.uk) [4]; **Bas van den Boogaard** (Agami.nl) [12]; **Pasquale Borla** (flickr.com/photos/xrupex) [1]; **Sándor Borzas** [1]; **Han Bouwmeester** (Agami.nl) [13]; **John Bowler** [1]; **Colin Bradshaw** [1]; **Dermot Breen** (dermotbreen.blogspot.co.uk) [6]; **Tristram Brelstaff** (CC BY 3.0 via Wikimedia Commons) [1]; **Neil Brimacombe** (flickr.com/photos/neilb0147) [6]; **Christian Brinkman** (Agami.nl) [1]; **Mika Bruun** [1]; **Dave Bryan** [1]; **Simon Buckell** [1]; **Karen Burns** (flickr.com/photos/118130027@N03) [1]; **John Burnside** [1]; **Butterfly Hunter** (shutterstock.com) [1]; **Steve Byland** (shutterstock.com) [2];

C **Martin Cade** (portlandbirdobs.com) [1]; **Mark Carmody** (flickr.com/photos/drcarmo) [2]; **Graham Catley** (grahamcatley.com) [1]; **Marek Cech** (shutterstock.com) [1]; **Richard Chandler** [2]; **Keith Chapman** [1]; **Roger & Liz Charlwood** (worldwildlifeimages.com) [13]; **Ivan Chernatkin** [1]; **Choi Soon-Kyoo** (Aveskorea.com) [1]; **Chun Fai Lo** [1]; **Bruce & Joanne Clayton** (butterflyonmyshoulder.ca) [1]; **Trevor Codlin** [8]; **Pete Coe** [2]; **David Cooper** (eastsussexbirding.blogspot.com) [4]; **Luis Costa** (flickr.com/photos/lcmj) [1]; **Richard Crossley** (crossleybooks.com) [3]; **D. Cuddon** [1]; **Stan Culley** [2];

D **Stephen Daly** (flickr.com/photos/sdaly) [10]; **Mike Danzenbaker** (Agami.nl) [75]; **Mark Darlaston** [36]; **Ian Davies** (Agami.nl) [6]; **Kit Day** (kitday.smugmug.com) [2]; **Greg & Yvonne Dean** (worldwildlifeimages.com) [36]; **Jaap Denee** (Agami.nl) [1]; **Harvey van Diek** (Agami.nl) [17]; **Oscar Díez** (Agami.nl) [14]; **Iosto Doneddu** (iosto.net) [1]; **Dennis W. Donohue** (shutterstock.com) [2]; **Jacob Drucker** (flickr.com/photos/58638795@N08) [1]; **Adrian Drummond-Hill** [1]; **Tony Duckett** [1]; **Menno van Duijn** (Agami.nl) [40]; **Nils van Duivendijk** (Agami.nl) [3];

E **Matt Eade** [1]; **Dean Eades** (Birdmad.com) [3]; **James Eaton** (Agami.nl) [15]; **Kari Eischer** (Agami.nl) [13]; **Graham Ekins** (flickr.com/photos/graham_ekins_world_wildlife) [1]; **Ralph Eldridge** (pbase.

com/lightrae) [2]; **Paul Ellis** (flickr.com/photos/the_treerunner) [1]; **Ivan Ellison** (flickr.com/photos/ivanellison) [2]; **Juan Emilio** (flickr.com/photos/juan_e (CC BY-SA 2.0)) [2]; **Agustin Esmoris** (shutterstock.com) [1];

F **Pekka Fagel** (kuwaitbirds.org) [3]; **Frode Falkenberg** (falkefoto.no) [1]; **Efi First** (pbase.com/efifirst) [11]; **Ian Fisher** [1]; **Charles Fleming** (charlesfleming.smugmug.com) [1]; **Dick Forsman** (Agami.nl) [39]; **Clement Francis** (Agami.nl) [1]; **Paul French** (nomadbirder.com) [1]; **Richard Frèze** [2]; **Ian Fulton** (pbase.com/ianfulton) [3];

G **Steve Gantlett** (Agami.nl) [6]; **Jacob Garvelink** (Agami.nl) [3]; **Saverio Gatto** (Agami.nl) [61]; **George Gay** [2]; **Hans Gebuis** (Agami.nl) [10]; **Hans Germeraad** (Agami.nl) [6]; **Alain Ghignone** (Agami.nl) [20]; **Chris Gibbins** (gull-research.org) [2]; **Giedriius** (shutterstock.com) [3]; **Doug Gochfeld** (flickr.com/photos/29840397@N08) [2]; **Ana Gram** (shutterstock.com) [1]; **Danny Green** [2]; **Lee Gregory** (flickr.com/photos/lee_gregory) [1]; **António Guerra** (flickr.com/photos/ajmguerra) [4]; **Antonio Gutiérrez** (gaviotasyanillas.blogspot.com.es) [1]; **Jesús Giraldo Gutiérrez del Olmo** [1]; **Pablo Gutiérrez Varga** [2]; **Marc Guyt** (Agami.nl) [168];

H **Roy de Haas** (Agami.nl) [26]; **Marlin Harms** (flickr.com/photos/marlinharms) [2]; **J.J. Harrison** (CC BY-SA 3.0 via Wikipedia or Wikimedia Commons) [4]; **A.H.J. Harrop** (rutlandbutterflies.wordpress.com) [2]; **Hugh Harrop** (hughharrop.com) [631]; **Peter E. Hart** (flickr.com/photos/pehart (CC BY-SA 2.0)) [1]; **Harum.Koh** (flickr.com/photos/harumkoh (CC BY-SA 2.0)) [1]; **Stanislav Harvančík** [15]; **James Harvey** [1]; **Russell Hayes** (birdmanbirds.blogspot.com) [3]; **hedera.baltica** (flickr.com/photos/hedera_baltica (CC BY-SA 2.0)) [2]; **Tom Heijnen** (flickr.com/photos/theijnen) [1]; **Magnus Hellstrom** (Agami.nl) [2]; **David Hemmings** (Agami.nl) [5]; **Ron Hindhaugh** [1]; **John & Jemi Holmes** (johnjemi.hk) [1]; **Richard Howard** [1]; **Steve Howell** [1]; **Paul Huang** (naturestops.com) [1]; **R.A. Hume** [4];

I **John L. Irvine** [1]; **Eric Isselee** (shutterstock.com) [1];

J **Ayuwat Jearwattanakanok** [3]; **Evan Jenkins** (www.flickr.com/photos/evanjenkins) [2]; **Tom Johnson** [8]; **Gareth Jones** [1]; **Josh Jones** (Agami.nl) [9]; **Arto Juvonen** (Agami.nl) [9];

K **Eugenijus Kavaliauskas** (dantis.net/x3) [2]; **Joe Kearney** (flickr.com/photos/122825362@N04) [1]; **Derek Keats** (flickr.com/photos/dkeats (CC BY 2.0)) [5]; **Lior Kislev** [1]; **David Kjaer** (davidkjaer.com) [37]; **Michal Kocan** (shutterstock.com) [1]; **Steve Kolbe** [1]; **Timothey Kosachev** (shutterstock.com) [1]; **Maxim Koshkin** [3]; **Hannu Koskinen** [1]; **Robert L. Kothenbeutel** (shutterstock.com) [1]; **Aseem Kumar Kothiala** [2]; **Prasanna Kumar Mamidala** (Wprasannak (Own work) (CC BY-SA 4.0 via Wikimedia Commons) [1]; **Miroslaw Krol** (flickr.com/photos/mirekkrol) [1]; **Jainy Kuriakose** [1]; **Fyn Kynd** (flickr.com/photos/79452129@N02 (CC BY 2.0)) [1];

L **Laitche** (CC BY-SA 4.0 via Wikipedia) [1]; **Mike Lane** (nature-photography.co.uk) [12]; **Hugh Lansdown** (shutterstock.com) [1]; **Greg Lavaty** [1]; **Jim Lawrence** [1]; **Vincent Legrand** (Agami.nl) [92]; **Tony Leukering** (flickr.com/photos/tony_leukering) [1]; **Wil Leurs** (Agami.nl) [21]; **James Lidster** [1]; **David Lindo** (theurbanbirderworld.com) [1]; **Andrew Lipczynski** [2]; **Liu Yen Teng** [2]; **Martin Lofgren** (wildbirdgallery.com) [2]; **Lonelyshrimp** (flickr.com/photos/lonelyshrimp (CC BY 2.0)) [1]; **Daniel López-Velasco** (Agami.nl) [6]; **Ann Lowe** [1]; **James Lowen** (jameslowen.com) [1]; **Thomas Luiten** (Agami.nl) [2];

M **Bruce MacQueen** (shutterstock.com) [1]; **Bruce Mactavish** (brucemactavish1.blogspot.com) [2]; **Benoit Maire** [2]; **Ralph Martin** (Agami.nl) [193]; **Jonathan Martinez** (Agami.nl) [1]; **Bence Mate** (Agami.nl) [12]; **Mateusz Matysiak** (fotomatysiak.smugmug.com) [1]; **Karel Mauer** (Agami.nl) [21]; **Gerhard Mauracher** (CC BY-SA 3.0 via Wikimedia Commons) [1]; **James McCormick** [1]; **James McGarry** (flickr.com/photos/41453183@N05) [1]; **Michael McKee** (michaelmckee.co.uk) [49]; **Arnold Meijer** (Agami.nl) [13]; **Tim Melling** (flickr.com/photos/timmelling) [1]; **Eric Menkveld** (Agami.nl) [2]; **Ian Merrill** [1]; **Mike's Birds** (flickr.com/photos/pazzani (CC BY-SA 2.0)) [2]; **Pegah Mirzaei** [1]; **Mjobling** (CC BY-SA 3.0 via Wikimedia Commons) [1]; **David Monticelli** (Agami.nl) [37]; **Dave Montreuil** (shutterstock.com) [2]; **Andy Morffew** (flickr.com/photos/andymorffew (CC BY 2.0)) [1]; **Denzil Morgan** (facebook.com/Denzil-Morgan-Photography-786259851389520) [17]; **Pete Morris** (Agami.nl) [28]; **Tomi Muukkonen** (Agami.nl) [42];

N **Jacques van der Neut** (Agami.nl) [6]; **Steve Nuttall** [1];

O **Jerry O'Brien** [1]; **Daniele Occhiato** (Agami.nl) [597]; **János Oláh** (sakertour.com) [4]; **Rob Olivier** (Agami.nl) [3]; **Klaus Malling Olsen** [2]; **Leif Høgh Olsen** [1]; **Maciej Olszewski** (shutterstock.com) [3]; **Arie Ouwerkerk** (Agami.nl) [96]; **Korhan Özkan** (korhanozkan.org) [1];

P **Vincent Palomares** (oiseaux.net/photos/vincent.palomares) [1]; **Jose M. Pantaleon** [2]; **Jaysukh Parekh "Suman"** [1]; **Tim Parker** (flickr.com/photos/82348328@N05 (CC BY 2.0)) [1]; **Martin D. Parr** (flickr.com/photos/85387952@N00) [4]; **Mital Patel** (shutterstock.com) [1]; **Viral Patel & Pankaj Maheria** [2]; **Tommy Pedersen** (flickr.com/photos/sandmanindubai) [1]; **John Pelechaty** (flickr.com/photos/johnpelechaty) [1]; **Jari Peltomäki** (Agami.nl) [63]; **Joe Pender** (wwwsapphirepelagics.blogspot.co.uk) [3]; **Yoav Perlman** (Agami.nl) [4]; **Lars Petersson** (larsfoto.se) [2]; **Christopher Plummer** (pbase.com/cplummer) [1]; **Jeff Poklen** [1]; **Rene Pop** (Agami.nl) [4]; **Mike Pope** (kuwaitbirds.org/photographers/mike-pope) [6]; **Richard Porter** [1]; **Stephen Powell** (wildaboutspain.com) [1]; **Simon Price** (flickr.com/photos/simons_snapshots) [1]; **Stuart Price** (hakodatebirding.com) [5]; **Rauli Pudas** (flopshots.1g.fi) [1]; **Mathias Putze** (Agami.nl) [2];

R **Brian Rafferty** (flickr.com/photos/brianrafferty) [1]; **Giorgi Rajebashvili** (Ecotours Georgia: ecotours.ge) [2]; **Markku Rantala** (Agami.nl) [17]; **Steve Ray** (flickr.com/photos/26135972@N05) [1]; **rck_953** (shutterstock.com) [1]; **Mike Read** (mikeread.co.uk) [1]; **Keith Regan** [2]; **George Reszeter** [1]; **Steve Reynaert** (flickr.com/photos/walmerwildlife) [1]; **Chris van Rijswijk** (Agami.nl) [46]; **Ghislain Riou** (oiseaux.net/photos/ghislain.riou/photos.html) [1]; **Simon Rix** (oslobirder.blogspot.com) [1]; **Ricardo Rodriguez** [1]; **Arun Roisri** (shutterstock.com) [1]; **Steve Rooke** [1]; **Kris de Rouck** (Agami.nl) [3]; **Ómar Runólfsson** (flickr.com/photos/omarrun (CC BY-SA 2.0)) [2];

S **S1001** (shutterstock.com) [1]; **Juan Sagardia Pradera** [24]; **Pranjal J. Saikia** [3]; **Alan Schmierer** (flickr.com/photos/sloalan (PD)) [1]; **Fabian Schneider** [1]; **Ran Schols** (Agami.nl) [85]; **Reint Jakob Schut** (Agami.nl) [13]; **Ray Scott** [1]; **Will Scott** [1]; **Adam Scott Kennedy** [1]; **Richard Seeley** (shutterstock.com) [2]; **Glyn Sellors** (glynsellorsphotography.com) [6]; **Imran Shah** (flickr.com/photos/gilgit2 (CC BY-SA 2.0)) [2]; **Dubi Shapiro** (Agami.nl) [13]; **Charles Sharp** (flickr.com/photos/93882360@N07) [1]; **Tom Shevlin** (irishbirds.ie) [2]; **Pavel Simeonov** (Agami.nl) [4]; **Dr. Ajay Kumar Singh** (drajaykumarsingh.com) [1]; **Skierx** (shutterstock.com) [1]; **Brian E. Small** (Agami.nl) [102]; **Dave Smallshire** [2]; **Raymond De Smet** (pbase.com/raydes) [20]; **Steve Smith** (birdingpooleharbourandbeyond.blogspot.co.uk) [1]; **Walter Soestbergen** (Agami.nl) [21]; **Song Yingtao** (flickr.com/photos/birdsoong) [1]; **Helge Sørensen** (Agami.nl) [40]; **Mick Southcott** [1]; **Mustafa Sozen** [1]; **Laurens Steijn** (Agami.nl) [14]; **Robert Still** [1, plus 54 Illustrationen]; **Richard Stonier** (birdsonline.co.uk) [4]; **Colby Stopa** (flickr.com/photos/photographybycolby (CC BY 2.0)) [1]; **Brian Sullivan** [17]; **Andy & Gill Swash** (worldwildlifeimages.com) [317];

T **Tom Tams** [3]; **Tanoochai** (shutterstock.com) [1]; **Tim Taylor** (wildimaging.co.uk) [2]; **August Thomasson** (augustthomasson.weebly.com) [1]; **Roger Tidman** [9]; **Matt Tillett** (flickr.com/photos/mattyfioner (CC BY 2.0)) [1]; **David Tipling** (davidtipling.com) [112]; **Robert Tizzard** [1]; **Ralph Todd** [2]; **Mark Tomlins** (marktomlins.co.uk) [1]; **Purevsuren Tsolmonjav** (flickr.com/photos/wildlife_of_mongolia) [2];

U **Underworld** (shutterstock.com) [1]; **Chris Upson** (flickr.com/photos/chris_upson_images_of_nature) [2]; **USFWS Mountain-Prairie** (flickr.com/photos/usfwsmtnprairie (CC BY 2.0)) [1];

V **Mitchell Vanbeekum** (flickr.com/photos/ozzyhead) [1]; **Markus Varesvuo** (Agami.nl) [492]; **Alex Vargas** (Agami.nl) [5]; **Frank Vassen** (flickr.com/photos/42244964@N03 (CC BY 2.0)) [2]; **Aravind Venkatraman** (flickr.com-photos-arvifotoworld) [9]; **Martijn Verdoes** (Agami.nl) [15]; **Francesco Veronesi** (flickr.com/photos/francesco_veronesi (CC BY-SA 2.0)) [1]; **Fred Visscher** (Agami.nl) [6]; **Renate Visscher** (Agami.nl) [1];

W **Wang LiQiang** (shutterstock.com) [1]; **Abi Warne** (shutterstock.com) [1]; **Arend Wassink** (Agami.nl) [9]; **Mike Watson** (mikewatsonfoto.com) [13]; **Ulrich Weber**, Schweiz [1]; **Ian N. White** (flickr.com/photos/ian_white) [1]; **Steve Wilce** (breconbeaconsbirder.com) [1]; **Onno Wildschut** (Agami.nl) [2]; **Wim Wilmers** (Agami.nl) [2]; **Peter J. Wilson** [1]; **Edwin Winkel** (Agami.nl) [24]; **Phil Winter** (flickr.com/photos/philwinter) [2]; **Michelle & Peter Wong** [12];

Y **Steve Young** (birdsonfilm.smugmug.com) [14];

Z **Angelo Zimmitti** [1]; **RazvanZinica** (shutterstock.com) [1] und **Bildagentur Zoonar GmbH** (shutterstock.com) [4].

Register

Das Register enthält die deutschen und wissenschaftlichen Namen sämtlicher in diesem Buch behandelter Vögel.

Deutsche Vogelnamen der ausführlich behandelten Arten sind **fett** gedruckt, *wissenschaftliche Namen kursiv*. GROSSGESCHRIEBENE BEZEICHNUNGEN beziehen sich auf FAMILIEN oder auch Gattungen und Ordnungen. Normaler Text wird für nicht vollständig behandelte Arten oder einige auffällige Unterarten verwendet. Sind *Seitenzahlen kursiv* geschrieben, verweisen sie auf Vergleichstafeln.

Die Autoren

Rob Hume ist seit 40 Jahren als freischaffender Autor und Herausgeber tätig, darunter von 1983–2009 für die Publikationen der Royal Society for the Protection of Birds (RSPB), war Vorsitzender des Seltenheitenausschusses von British Birds, an über 30 Büchern beteiligt und ist auf der Suche nach Vögeln weit gereist.

Robert Still ist Mitbegründer von WildGuides und dort mit seinen Fähigkeiten als Designer und Computergrafiker als Verlagsleiter für Konzept, Gestaltung und Produktion aller Naturführer verantwortlich. Als Ökologe und Naturforscher ist er weit gereist.

Andy Swash war seit 1977 beruflich im Naturschutz tätig und ist Mitbegründer und Geschäftsführer von WildGuides. Als Autor, Herausgeber und geachteter Tierfotograf leitet er weltweit Fotoreisen und war als Entwickler, Mitautor und Herausgeber an vielen Büchern beteiligt.

Hugh Harrop, ein preisgekrönter Fotograf und Gründer des Ökotourismus-Geschäfts Shetland Wildlife, gehört zu den führenden Vogelbeobachtern und Naturforschern der Shetlandinseln. Seine Fotos werden in ganz Europa und Nordamerika veröffentlicht.

Die Übersetzer und Bearbeiter

Volker Dierschke ist promovierter Biologe mit Schwerpunkt Ornithologie, war an den Vogelwarten Hiddensee und Helgoland tätig, hat sich besonders mit Meeresvögeln beschäftigt und ist seit seiner Kindheit begeisterter Vogelbeobachter. Er arbeitet als freiberuflicher ornithologischer Gutachter und Autor.

Peter H. Barthel ist Biologe, hat 26 Jahre die Zeitschrift für Feldornithologie „Limicola" herausgegeben, war Leiter der Deutschen Seltenheitenkommission, hat fast alle in diesem Buch behandelten Vogelarten in der Natur studiert und viele Bücher und Artikel über Vogelbestimmung geschrieben, übersetzt und bearbeitet.